AF869998

高校经典教材同步辅导丛书

微积分（第二版·下册）同步辅导及习题全解

主　编　边文思　黄淑森

编　委（排名不分先后）

程丽园　李国哲　陈有志　苏昭平

郑利伟　罗彦辉　邢艳伟　范家畅

孙立群　李云龙　刘　岩　崔永君

高泽全　于克夫　尹泉生　林国栋

黄　河　李思琦　刘　闯　侯朝阳

中国水利水电出版社
www.waterpub.com.cn

内容提要

本书是高教版《微积分》（第二版·下册）教材的配套学习辅导及习题解答教材。编写的重点在于原教材中各章节全部习题的精解详答，并对典型习题做了很详细的分析和提纲挈领的点评，思路清晰，逻辑缜密，循序渐进地帮助读者分析并解决问题，内容详尽，简明易懂。本书对各章的知识点进行了归纳和提炼，帮助读者梳理各章脉络，统揽全局。在《微积分》教材给出的习题的基础上，根据每章的知识重点，精选了有代表的例题，方便读者迅速掌握各章的重点和难点。

本书可作为工科各专业本科学生《微积分》课程教学辅导材料和复习参考用书及工科考研强化复习的指导书，也可以作为《微积分》课程教师的教学参考书。

图书在版编目（CIP）数据

微积分（第二版）同步辅导及习题全解. 下册 / 边文思，黄淑森主编.—北京：中国水利水电出版社，2009
（高校经典教材同步辅导丛书）
ISBN 978-7-5084-6369-8

I. 微… II.①边…②黄… III.微积分－高等学校－教学参考资料 IV.O172

中国版本图书馆 CIP 数据核字（2009）第 040521 号

策划编辑：杨庆川　责任编辑：杨元泓　加工编辑：陈洁　封面设计：李佳

书　　名	高校经典教材同步辅导丛书 **微积分（第二版·下册）同步辅导及习题全解**
作　　者	主编　边文思　黄淑森
出版　发行	中国水利水电出版社（北京市三里河路 6 号　100044） 网址：www.waterpub.com.cn E-mail：mchannel@263.net（万水） sales@waterpub.com.cn 电话：（010）63202266（总机）、68367658（营销中心）、82562819（万水）
经　　售	全国各地新华书店和相关出版物销售网点
排　　版	北京万水电子信息有限公司
印　　刷	北京市梦宇印务有限公司
规　　格	170 mm×227mm　16 开本　20.5 印张　467 千字
版　　次	2009 年 4 月第 1 版　2009 年 4 月第 1 次印刷
印　　数	0001—6000 册
定　　价	20.80 元

凡购买我社图书，如有缺页、倒页、脱页的，本社营销中心负责调换

版权所有·侵权必究

前 言

本书是与同济大学应用数学系编写的“十五”国家级规划教材《微积分》(第二版)配套的学习辅导书。

《微积分》作为高等数学的重要组成部分，是理工科学生必修的一门重要基础课，也是许多专业研究生入学考试的必考科目。微积分中的概念复杂多样，从基础的变量、函数和极限到复杂的导数、微分和积分，形成了一个无比精美的庞大系统，这个系统不仅内容丰富，更重要的是结构严密，无懈可击。作为进入大学阶段学习的第一门高等数学课程，许多同学在学习过程中感到微积分抽象、难懂，对基本概念以及定理结论在理解上感到困难，具体解题时，缺乏思路，难以下手。本辅导书旨在帮助广大同学更好地掌握微积分的基本概念和基本理论，综合运用各种解题的技巧和方法，提高分析问题和解决问题的能力。

本书主要由如下几个部分组成：

1. **学习指南。**从该课程的知识体系出发，对各个章节在全书中的位置以及其他章节的联系作了简明扼要的阐述，使学习有重点。

2. **本章知识网络图。**每章的知识网络图系统全面的涵盖了本章的知识点，使学生能一目了然地浏览本章内容框架结构，全面把握教材的理论体系。

3. **知识点归纳。**对每章知识点做了简练概括，梳理了各知识点之间的脉络联系，突出各章主要定理及重要公式，使读者在各章学习过程中目标明确，有的放矢。

4. **典型例题解析。**本书尽可能归纳了该课程所涉及的重要题型，这些题型都是在对历年考试和考研所涉及的题型进行深入分析后总结出来的，具有一定的代表性。

5. **课后习题全解。**教材中课后习题丰富、层次多样，许多基础性问题从多个角度帮助学生理解基本概念和基本理论，促其掌握基本解题方法。我们对教材课后的全部习题给了详细的解答。

本书在编写过程中，参考了高等教育出版社出版的《微积分学习辅导与习题选解》一书，在此深表感谢。

由于时间仓促和编者水平有限，书中疏漏之处在所难免，肯请广大读者不吝批评指正。

编者

2009 年 1 月

目 录

第五章　向量代数与空间解析几何

学习指南

1. 理解空间直角坐标系，理解向量的概念及其表示；

2. 掌握向量的运算(线性运算、数量积、向量积、混合积)，了解两个向量垂直、平行的条件；

3. 理解单位向量、方向角与方向余弦、向量的坐标表达式，掌握用坐标表达式进行向量运算的方法；

4. 掌握平面方程和直线方程及其求法；

5. 会求平面与平面、平面与直线、直线与直线之间的夹角，并会利用平面、直线的相互关系(平行、垂直、相交等)解决有关问题；

6. 会求点到直线、点到平面以及直线到平面的的距离；

7. 了解曲面方程和空间曲线方程的概念；

8. 了解常用二次曲面的方程及其图形，会求以坐标轴为旋转轴的旋转曲面及母线平行于坐标轴的柱面方程；

9. 了解空间曲线的参数方程和一般方程，会求空间曲线在坐标平面上的投影，并会求其方程.

本章知识网络图

向量代数与平面解析几何

- 向量
  - 内积
  - 外积
  - 混合积
- 平面和直线
  - 平面—法向量
  - 直线—方向向量
  - 距离
  - 夹角
- 空间曲线和曲面
  - 曲线和曲面的表示
  - 二次曲面的分类

第一、二节　向量及其运算

知识点归纳

1. 向量的定义

向量是既有大小、又有方向的量.

(1) 向量的几何表示　有向线段(与起点无关,称为自由向量).

(2) 向量的坐标表示　$\boldsymbol{a}=(a_x,a_y,a_z)$，其中 a_x、a_y、a_z 为向量 $\boldsymbol{a}$ 在三个坐标轴上的投影. 以 $M_0(x_0,y_0,z_0)$ 为起点、$M(x,y,z)$ 为终点的向量 $\overrightarrow{M_0M}=(x-x_0,y-y_0,z-z_0)$.

(3) 向量的分解表示　$\boldsymbol{a}=a_x\boldsymbol{i}+a_y\boldsymbol{j}+a_z\boldsymbol{k}$,其中 $\boldsymbol{i}=(1,0,0)$,$\boldsymbol{j}=(0,1,0)$,$\boldsymbol{k}=(0,0,1)$.

2. 向量的模与方向余弦

设 $\boldsymbol{a}=(a_x,a_y,a_z)$,则向量的模 $|\boldsymbol{a}|=\sqrt{a_x^2+a_y^2+a_z^2}$,方向余弦为 $\cos\alpha=\frac{a_x}{|\boldsymbol{a}|}$,$\cos\beta=\frac{a_y}{|\boldsymbol{a}|}$,$\cos\gamma=\frac{a_z}{|\boldsymbol{a}|}$,其中 α、β、γ 分别为 $\boldsymbol{a}$ 与 x 轴、y 轴、z 轴正向的夹角(称为 $\boldsymbol{a}$ 的方向角),

$\cos^2\alpha+\cos^2\beta+\cos^2 y=1$.

典型例题与解题技巧

题型Ⅰ:根据定义来求解

【题型分析】　在利用向量定义来运算的时候,要充分弄清楚其表示的意义,严格按照定义的要求来解题.

例 1　设向量 $\boldsymbol{a}=\{3,-4,2\}$,轴 u 的正向与三个坐标轴的正向构成相等的锐角,试求:(1) 向量 $\boldsymbol{a}$ 在轴 u 上的投影;(2) 向量 $\boldsymbol{a}$ 与轴 u 的夹角.

分析　关键是求出 u 轴上的单位向量 $\boldsymbol{u}_0$,再计算有关所求量.

解:设 u 轴上的单位向量为 $\boldsymbol{u}_0$,则

$\boldsymbol{u}_0=\{\cos\alpha,\cos\alpha,\cos\alpha\}$

于是　$3\cos^2\alpha=1$ (方向角应满足 $\cos^2\alpha+\cos^2\beta+\cos^2\gamma=1$)

解得　$\cos\alpha=\frac{1}{\sqrt{3}}$ (注意 α 是锐角)　　$\boldsymbol{u}_0=\{\frac{1}{\sqrt{3}},\frac{1}{\sqrt{3}},\frac{1}{\sqrt{3}}\}$

(1) $\text{Prj}_u\boldsymbol{a}=\boldsymbol{a}\cdot\boldsymbol{u}_0=\frac{1}{\sqrt{3}}(3-4+2)=\frac{1}{\sqrt{3}}$

(2) $\cos(\boldsymbol{a},\hat{\ }\boldsymbol{u}_0)=\frac{\text{Prj}_u\boldsymbol{a}}{|\boldsymbol{a}|}=\frac{\sqrt{3}}{\sqrt{3^2+(-4)^2+2^2}}=\sqrt{\frac{3}{29}}$　　$(\boldsymbol{a},\hat{\ }\boldsymbol{u}_0)=\arccos\sqrt{\frac{3}{29}}$

例 2　已知 $|\boldsymbol{a}|=15$，$|\boldsymbol{b}|=25$，$|\boldsymbol{a}+\boldsymbol{b}|=20$，求 $|\boldsymbol{a}-\boldsymbol{b}|$.

分析　此题型是一种典型题型.由题设无法求出向量 $\boldsymbol{a}$ 和 $\boldsymbol{b}$，因而无法先求向量 $\boldsymbol{a}-\boldsymbol{b}$ 再求其模.考虑到 $|\boldsymbol{a}-\boldsymbol{b}|^2=(\boldsymbol{a}-\boldsymbol{b})\cdot(\boldsymbol{a}-\boldsymbol{b})$ 与 $|\boldsymbol{a}+\boldsymbol{b}|^2=(\boldsymbol{a}+\boldsymbol{b})\cdot(\boldsymbol{a}+\boldsymbol{b})$ 有密切的联系，利用这些关系可求出 $\boldsymbol{a}\cdot\boldsymbol{b}$，从而可求出 $|\boldsymbol{a}-\boldsymbol{b}|$.

解: 由 $|\boldsymbol{a}+\boldsymbol{b}|=20$，可知 $|\boldsymbol{a}+\boldsymbol{b}|^2=(\boldsymbol{a}+\boldsymbol{b})\cdot(\boldsymbol{a}+\boldsymbol{b})$，由此可得 $2\boldsymbol{a}\cdot\boldsymbol{b}=-450$

又 $|\boldsymbol{a}-\boldsymbol{b}|^2=(\boldsymbol{a}-\boldsymbol{b})\cdot(\boldsymbol{a}-\boldsymbol{b})=|\boldsymbol{a}|^2+|\boldsymbol{b}|^2-2\boldsymbol{a}\cdot\boldsymbol{b}=1\,300$，所以得到

$|\boldsymbol{a}-\boldsymbol{b}|=10\sqrt{13}$.

例 3　求向量 $\boldsymbol{a}=(1,\sqrt{2},-1)$ 的模、方向余弦、方向角及与 a 同向的单位向量.

解: $|\boldsymbol{a}|=\sqrt{a_x^2+a_y^2+a_x^2}=\sqrt{4}=2$

$$\cos\alpha=\frac{a_x}{|\boldsymbol{a}|}=\frac{1}{2}\qquad \cos\beta=\frac{a_y}{|\boldsymbol{a}|}=\frac{\sqrt{2}}{2}$$

$$\cos\gamma=\frac{a_z}{|\boldsymbol{a}|}=-\frac{1}{2}\qquad \alpha=\frac{\pi}{3},\beta=\frac{\pi}{4},\gamma=\frac{2\pi}{3}$$

$$\boldsymbol{a}_0=\frac{\boldsymbol{a}}{|\boldsymbol{a}|}=(\cos\alpha,\cos\beta,\cos\gamma)=(\frac{1}{2},\frac{\sqrt{2}}{2},-\frac{1}{2})$$

例 4　已知 $\boldsymbol{a}=(1,5,3)$，$\boldsymbol{b}=(6,-4,-2)$，$\boldsymbol{c}=(0,-5,7)$，$\boldsymbol{d}=(-20,27,-35)$，求数 x，y，z 使向量 $x\boldsymbol{a}$，$y\boldsymbol{b}$，$z\boldsymbol{c}$ 及 $\boldsymbol{d}$ 可构成封闭折线.

解: 按题意，只要 $x\boldsymbol{a}+y\boldsymbol{b}+z\boldsymbol{c}+\boldsymbol{d}=0$ 得

$$\begin{cases}x+6y-20=0\\5x-4y-5z+27=0\\3x-2y+7z-35=0\end{cases}$$

解得 $x=2,y=3,z=5$.

例 5　设 $\boldsymbol{a}=(3,-1,-2)$，$\boldsymbol{b}=(1,2,-1)$，求

(1) $\boldsymbol{a}\cdot\boldsymbol{b}$ 及 $\boldsymbol{a}\times\boldsymbol{b}$；

(2) $(-2\boldsymbol{a})\cdot 3\boldsymbol{b}$ 及 $\boldsymbol{a}\times 2\boldsymbol{b}$；

(3) $\boldsymbol{a}$ 与 $\boldsymbol{b}$ 的夹角的余弦.

解: (1) $\boldsymbol{a}\cdot\boldsymbol{b}=a_xb_x+a_yb_y+a_zb_z=3\times1+(-1)\times2+(-2)\times(-1)=3$

$$\boldsymbol{a}\times\boldsymbol{b}=\begin{vmatrix}\boldsymbol{i}&\boldsymbol{j}&\boldsymbol{k}\\a_x&a_y&a_z\\b_x&b_y&b_z\end{vmatrix}=\begin{vmatrix}\boldsymbol{i}&\boldsymbol{j}&\boldsymbol{k}\\3&-1&-2\\1&2&-1\end{vmatrix}=5\boldsymbol{i}+\boldsymbol{j}+7\boldsymbol{k}=(5,1,7)$$

(2) $(-2\boldsymbol{a})\cdot 3\boldsymbol{b}=-6(\boldsymbol{a}\cdot\boldsymbol{b})=-18$

$\boldsymbol{a}\times 2\boldsymbol{b}=2(\boldsymbol{a}\times\boldsymbol{b})=(10,2,14)$

(3) $\cos(\widehat{\boldsymbol{a},\boldsymbol{b}})=\dfrac{\boldsymbol{a}\cdot\boldsymbol{b}}{|\boldsymbol{a}|\cdot|\boldsymbol{b}|}=\dfrac{3}{\sqrt{3^2+(-1)^2+(-2)^2}\cdot\sqrt{1^2+2^2+(-1)^2}}=\dfrac{3}{2\sqrt{21}}$

题型Ⅱ:向量的线性运算

【题型分析】 向量的加法运算注意方向的确定.

例6 设向量 $\boldsymbol{a}$ 与 $\boldsymbol{b}$ 不共线,问 λ 为何值时,向量 $\boldsymbol{p}=\lambda\boldsymbol{a}+5\boldsymbol{b}$ 与 $\boldsymbol{q}=3\boldsymbol{a}-\boldsymbol{b}$ 共线?

解: $\boldsymbol{p}\times\boldsymbol{q}=(\lambda\boldsymbol{a}+5\boldsymbol{b})\times(3\boldsymbol{a}-\boldsymbol{b})$

$$=3\lambda(\boldsymbol{a}\times\boldsymbol{a})-\lambda(\boldsymbol{a}\times\boldsymbol{b})+15(\boldsymbol{b}\times\boldsymbol{a})-5(\boldsymbol{b}\times\boldsymbol{b})$$
$$=(\lambda+15)(\boldsymbol{b}\times\boldsymbol{a})$$

因 $\boldsymbol{a}$ 与 $\boldsymbol{b}$ 不共线,所以 $\boldsymbol{b}\times\boldsymbol{a}\neq 0$

故当 $\lambda=-15$ 时,$\boldsymbol{p}\times\boldsymbol{q}\neq 0$,$\boldsymbol{p}$ 与 $\boldsymbol{q}$ 共线.

课后习题全解

习题 5－1 解答

1. 设 A、B、C 为三角形的三个顶点,求 $\overrightarrow{AB}+\overrightarrow{BC}+\overrightarrow{CA}$.

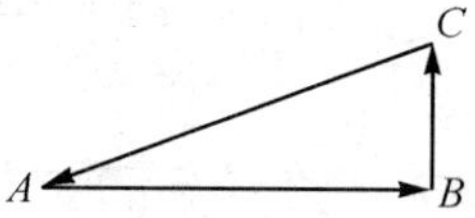

图 5.1

【知识点窍】 向量的加法,三角形法则.

解: 如图 5.1 所示,显然有 $\overrightarrow{AB}+\overrightarrow{BC}+\overrightarrow{CA}=0$

2. 已知正六边形 $ABCDEF$(字母按逆时针向),记 $\overrightarrow{AB}=\boldsymbol{a}$,$\overrightarrow{AE}=\boldsymbol{b}$,试用向量 $\boldsymbol{a}$、$\boldsymbol{b}$ 表示向量 $\overrightarrow{AC}$,$\overrightarrow{AD}$,$\overrightarrow{AF}$ 和 $\overrightarrow{CB}$.

【知识点窍】 向量的运算.

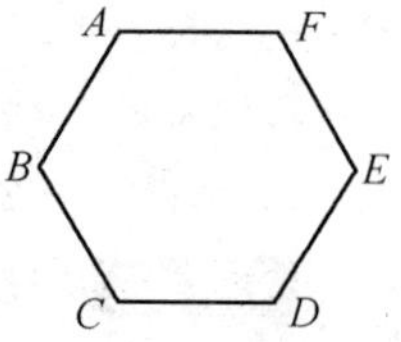

图 5.2

解: 如图 5.2 所示,$\overrightarrow{AC}=\overrightarrow{AB}-\overrightarrow{CB}=\dfrac{3}{2}\boldsymbol{a}+\dfrac{1}{2}\boldsymbol{b}$

$\overrightarrow{AD}=\overrightarrow{AE}+\overrightarrow{ED}=\overrightarrow{AE}+\overrightarrow{AB}=\boldsymbol{a}+\boldsymbol{b}$,

$\overrightarrow{AF}=\overrightarrow{AE}+\overrightarrow{EF}=\overrightarrow{AE}+\overrightarrow{CB}=-\dfrac{1}{2}\boldsymbol{a}+\dfrac{1}{2}\boldsymbol{b}$,

$\overrightarrow{CB}=\dfrac{1}{2}\overrightarrow{DA}=-\dfrac{1}{2}\boldsymbol{a}-\dfrac{1}{2}\boldsymbol{b}$.

3. 设 $\boldsymbol{u}=\boldsymbol{a}+\boldsymbol{b}-2\boldsymbol{c}$,$\boldsymbol{v}=-\boldsymbol{a}-3\boldsymbol{b}+\boldsymbol{c}$,试用 $\boldsymbol{a}$、$\boldsymbol{b}$、$\boldsymbol{c}$ 来表示 $2\boldsymbol{u}-3\boldsymbol{v}$.

解: $2\boldsymbol{u}-3\boldsymbol{v}=2(\boldsymbol{a}+\boldsymbol{b}-2\boldsymbol{c})-3(-\boldsymbol{a}-3\boldsymbol{b}+\boldsymbol{c})=5\boldsymbol{a}+11\boldsymbol{b}-7\boldsymbol{c}$.

4. 用向量法证明:三角形两边中点的连线平行于第三边,且长度等于第三边长度的一半.

【知识点窍】 向量的加法.

解: 设在 $\triangle ABC$ 中(如图 5.3)所示,E 和 F 分别是 AB 边和 AC 边的中点,即

$\overrightarrow{BA}=2\overrightarrow{EA}$,$\overrightarrow{AC}=2\overrightarrow{AF}$,

所以有

$\overrightarrow{BC}=\overrightarrow{BA}+\overrightarrow{AC}=2\overrightarrow{EA}+2\overrightarrow{AF}=2\overrightarrow{EF}$,

即结论成立.

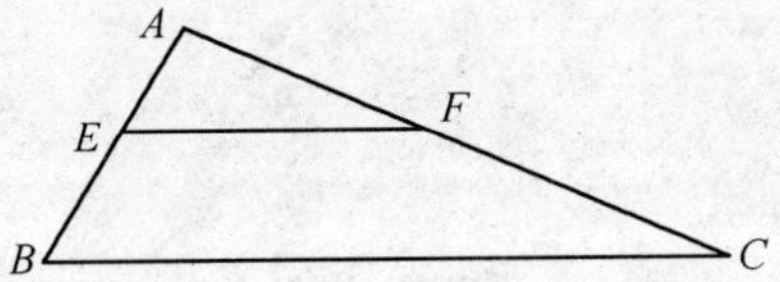

图 5.3

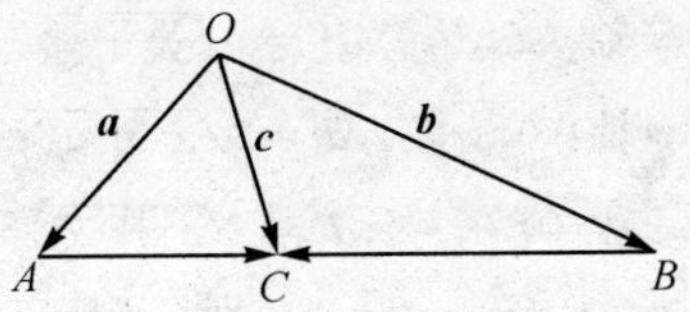

图 5.4

5. 设 C 为线段 AB 上一点且 $|CB|=2|AC|$，O 为 AB 外一点，记 $\boldsymbol{a}=\overrightarrow{OA}$，$\boldsymbol{b}=\overrightarrow{OB}$，$\boldsymbol{c}=\overrightarrow{OC}$，试用 $\boldsymbol{a}$、$\boldsymbol{b}$ 来表示 $\boldsymbol{c}$.

【知识点窍】 向量的加法.

解： 如图 5.4 所示，$\overrightarrow{AC}=\boldsymbol{c}-\boldsymbol{a}$，$\overrightarrow{BC}=-2\overrightarrow{AC}=2\boldsymbol{a}-2\boldsymbol{c}$，$\boldsymbol{c}=\overrightarrow{OC}=\boldsymbol{b}+\overrightarrow{BC}=\boldsymbol{b}+2\boldsymbol{a}-2\boldsymbol{c}$，

即 $3\boldsymbol{c}=2\boldsymbol{a}+\boldsymbol{b}$，解得 $\boldsymbol{c}=\frac{2}{3}\boldsymbol{a}+\frac{1}{3}\boldsymbol{b}$.

习题 5－2 解答

1. 在空间直角坐标系中，各卦限中的点的坐标有什么特征？指出下列各点所在的卦限：

$A(1,-3,2)$；　$B(3,-2,-4)$；　$C(-1,-2,-3)$；　$D(-3,2,-1)$.

解： 各卦限中的点的坐标有如下特征：

Ⅰ	Ⅱ	Ⅲ	Ⅳ	Ⅴ	Ⅵ	Ⅶ	Ⅷ
(+,+,+)	(−,+,+)	(−,−,+)	(+,−,+)	(+,+,−)	(−,+,−)	(−,−,−)	(+,−,−)

A：Ⅳ，B：Ⅷ，C：Ⅶ，D：Ⅵ.

2. 在坐标面上和在坐标轴上的点的坐标各有什么特征？指出下列各点的位置：

$P(0,2,-5)$；　$Q(5,2,0)$；　$R(8,0,0)$；　$S(0,2,0)$.

解： xOy 面上的点：$(x,y,0)$；yOz 面上的点：$(0,y,z)$；xOz 面上的点：$(x,0,z)$. x 轴上的点：$(x,0,0)$；y 轴上的点 $(0,y,0)$；z 轴上的点 $(0,0,z)$.

P 在 yOz 面上；Q 在 xOy 面上；R 在 x 轴上；S 在 y 轴上.

3. 求点 (a,b,c) 关于 (1) 各坐标面；(2) 各坐标轴；(3) 坐标原点的对称点的坐标.

解： (1) 关于 xOy 面、yOz 面和 xOz 面的对称点分别是 $(a,b,-c)$，$(-a,b,c)$，$(a,-b,c)$；

(2) 关于 x 轴、y 轴和 z 轴的对称点分别为 $(a,-b,-c)$，$(-a,b,-c)$，$(-a,-b,c)$；

(3) 关于原点的对称点为 $(-a,-b,-c)$.

4. 自点 $P_0(x_0,y_0,z_0)$ 分别作各坐标面和各坐标轴的垂线，写出各垂足的坐标，进而求出 P_0 到各坐标面和各坐标轴的距离.

解： 自点 P_0 作各坐标面的垂线，垂足的坐标和 P_0 到各坐标面的距离为：

xOy 面：$(x_0,y_0,0)$，$d=|z_0|$；

yOz 面：$(0,y_0,z_0)$，$d=|x_0|$；

xOz 面：$(x_0,0,z_0)$，$d=|y_0|$.

点 P_0 到作各坐标轴的垂线，垂足的坐标和 P_0 到各坐标轴的距离为：

x 轴:$(x_0,0,0)$,$d=\sqrt{y_0^2+z_0^2}$;

y 轴:$(0,y_0,0)$,$d=\sqrt{x_0^2+z_0^2}$;

z 轴:$(0,0,z_0)$,$d=\sqrt{x_0^2+z_0^2}$.

5. 过点 $P_0(x_0,y_0,z_0)$ 分别作平行于 z 轴的直线和平行于 xOy 面的平面,问在它们上面的点的坐标各有什么特征?

解:平行于 z 轴的直线上的点的坐标为(x_0,y_0,z);

平行于 xOy 面的平面上的点的坐标为(x,y,z_0).

6. 已知点 $A(2,1,4)$、$B(4,3,10)$,写出以线段 AB 为直径的球面方程.

【知识点窍】 两点间的距离公式,球面方程。

【逻辑推理】 先求出 AB 两点间的距离,则以线段 AB 为直径的球面半径 $R=\frac{1}{2}|AB|$,再求出线段 AB 的中点坐标,则可解。

解:设线段 AB 的中点坐标为(x_0,y_0,z_0),

则 $x_0=\frac{2+4}{2}=3,y_0=\frac{1+3}{2}=2,z_0=\frac{4+10}{2}=7$.

球面半径 $r=\frac{1}{2}|AB|=\frac{1}{2}\sqrt{(4-2)^2+(3-1)^2+(10-4)^2}=\frac{1}{2}\times 2\sqrt{11}=\sqrt{11}$,所求球面方程为$(x-3)^2+(y-2)^2+(z-7)^2=11$.

7. 设长方体的各棱与坐标轴平行,已知长方体的两个顶点的坐标,试写出其余六个顶点的坐标:(1)$(1,1,2)$,$(3,4,5)$; (2)$(4,3,0)$,$(1,6,-4)$.

解:(1) 各棱与坐标轴平行,所以$(1,1,2)$,$(3,4,5)$ 必是长方体的两个对角顶点;

与$(1,1,2)$ 相邻的顶点为:$(1,1,5)$,$(1,4,2)$,$(3,1,2)$;

与$(3,4,5)$ 相邻的顶点为:$(3,4,2)$,$(3,1,5)$,$(1,4,5)$.

(2) 各棱与坐标轴平行,所以$(4,3,0)$,$(1,6,-4)$ 必是长方体的两上对角顶点;

与$(4,3,0)$ 相邻的顶点为:$(4,3,-4)$,$(4,6,0)$,$(1,3,0)$;

与$(1,6,-4)$ 相邻的顶点为:$(1,6,0)$,$(1,3,-4)$,$(4,6,-4)$.

8. 证明:三点 $A(1,0,-1)$,$B(3,4,5)$,$C(0,-2,-4)$ 共线.

【逻辑推理】 只需证明$\overrightarrow{AB}$ 与$\overrightarrow{BC}$ 成线性关系即可.

解:由于向量$\overrightarrow{AB}=\{2,4,6\}$,$\overrightarrow{BC}=\{-3,-6,-9\}$,所以$\overrightarrow{AB}=\frac{2}{3}\overrightarrow{BC}$,又因为$\overrightarrow{AB}$,$\overrightarrow{BC}$ 有公共点 B,故点 A、B、C 共线.

9. 证明:以点 $A(4,1,9)$,$B(10,-1,6)$,$C(2,4,3)$ 为顶点的三角形是等腰直角三角形.

【知识点窍】 验证满足等腰直角三角形的定义.

解:$|\overrightarrow{AB}|=\sqrt{(10-4)^2+(-1-1)^3+(6-9)^2}=7$

$|\overrightarrow{BC}|=\sqrt{(2-10)^2+4(-(-1))^2+(3-6)^2}=7\sqrt{2}$

$|\overrightarrow{AC}| = \sqrt{(2-4)^2+(4-1)^2+(3-9)^2} = 7$

因为　$(|\overrightarrow{AB}|)^2 + (|\overrightarrow{AC}|)^2 = (|\overrightarrow{BC}|)^2$，$|\overrightarrow{AB}| = |\overrightarrow{AC}|$

所以，以 A,B,C 为顶点的三角形为等腰直角三角形.

10. 已知点 $A(3,-1,2)$，$B(1,2,-4)$，$C(-1,1,2)$，试求点 D，使得以 A,B,C,D 为顶点的四边形为平行四边形.

解： 设平行四边形的 4 个顶点依次为 A、B、C、D，则因为 $|\overrightarrow{AB}| = |\overrightarrow{CD}|$，设 $D(x,y,z)$，于是 $(-2,3,-6) = (-1-x,1-y,2-z)$，所以 $x=1,y=-2,z=8$ 和 D 为 $(1,-2,8)$.

同理，若 4 个顶点依次为 A、C、B、D 和 A、C、D、B，则可得 D 的坐标分别为 $(5,0,-4)$，$(-3,4,-4)$.

11. 设向量的方向余弦分别满足(1) $\cos\gamma = 0$；(2) $\cos\alpha = 1$；(3) $\cos\alpha = \cos\gamma = 0$，问这些向量与坐标或坐标面的关系如何？

解： (1) $\cos\gamma = 0$，$\gamma = \frac{\pi}{2}$，故此向量垂直于 z 轴，平行于 xOy 平面；

(2) $\cos\alpha = 1$，$\alpha = 0$，故此向量的指向与 x 轴正向一致，垂直于 yOz 面；

(3) $\alpha = \gamma = \frac{\pi}{2}$，故此向量同时垂直于 x 轴和 z 轴，即平行于 y 轴，垂直于 xOz 面.

12. 已知两点 $M_1(4,\sqrt{2},1)$ 和 $M_2(3,0,2)$，计算向量 $\overrightarrow{M_1M_2}$ 的模、方向余弦和方向角.

解： $|\overrightarrow{M_1M_2}| = \sqrt{(4-3)^2+(\sqrt{2}-0)^2+(1-2)^2} = 2$

方向余弦为：　$\cos\alpha = \dfrac{3-4}{|\overrightarrow{M_1M_2}|} = -\dfrac{1}{2}$，　$\cos\beta = \dfrac{0-\sqrt{2}}{|\overrightarrow{M_1M_2}|} = -\dfrac{\sqrt{2}}{2}$，

$\cos\gamma = \dfrac{2-1}{|\overrightarrow{M_1M_2}|} = \dfrac{1}{2}$.

方向角为：$\alpha = \arccos(-\frac{1}{2}) = 120°$，　$\beta = \arccos(-\frac{\sqrt{2}}{2}) = 135°$，

$\gamma = \arccos(\frac{1}{2}) = 60°$.

13. 设 $\boldsymbol{a} = 3\boldsymbol{i}+5\boldsymbol{j}+8\boldsymbol{k}$，$\boldsymbol{b} = 2\boldsymbol{i}-4\boldsymbol{j}-7\boldsymbol{k}$，$\boldsymbol{c} = 5\boldsymbol{i}+\boldsymbol{j}-4\boldsymbol{k}$，求向量 $\boldsymbol{l} = 4\boldsymbol{a}+3\boldsymbol{b}-\boldsymbol{c}$ 在 x 轴上的投影以及在 y 轴上的分向量.

解： $\boldsymbol{l} = 4\boldsymbol{a}+3\boldsymbol{b}-\boldsymbol{c}$，所以 l 在 x，y 轴上的投影分别为

$l_x = 4\times3+3\times2-5 = 13$

$l_y = 4\times5+3\times(-4)-1 = 7$

l 在 x 轴上的投影为 13.

l 在 y 轴上的分向量为 $7\boldsymbol{j}$.

14. 设 $\boldsymbol{a} = \boldsymbol{i}+\boldsymbol{j}+\boldsymbol{k}$，$\boldsymbol{b} = \boldsymbol{i}-2\boldsymbol{j}+\boldsymbol{k}$，$\boldsymbol{c} = -2\boldsymbol{i}+\boldsymbol{j}+2\boldsymbol{k}$，试用单位向量 $\boldsymbol{e}_a$，$\boldsymbol{e}_b$，$\boldsymbol{e}_c$ 表示向量 $\boldsymbol{i}$，$\boldsymbol{j}$，$\boldsymbol{k}$.

【逻辑推理】　将 $\boldsymbol{a}$、$\boldsymbol{b}$、$\boldsymbol{c}$ 看做常量，$\boldsymbol{i}$、$\boldsymbol{j}$、$\boldsymbol{k}$ 看做变量解方程组即可求解.

解:解由题设等式组成的方程组,易得

$$\boldsymbol{j}=\frac{1}{3}(\boldsymbol{a}-\boldsymbol{b}),\boldsymbol{k}=\frac{1}{4}(\boldsymbol{a}+\boldsymbol{b}+\boldsymbol{c}),\boldsymbol{i}=\frac{5}{12}\boldsymbol{a}+\frac{1}{12}\boldsymbol{b}-\frac{1}{4}\boldsymbol{c},$$

而 $\boldsymbol{a}=\sqrt{3}\boldsymbol{e}_a,\boldsymbol{b}=\sqrt{6}\boldsymbol{e}_b,\boldsymbol{c}=3\boldsymbol{e}_c$,

于是得 $\boldsymbol{i}=\frac{5\sqrt{3}}{12}\boldsymbol{e}_a+\frac{\sqrt{6}}{\sqrt{12}}\boldsymbol{e}_b-\frac{3}{4}\boldsymbol{e}_c$, $\boldsymbol{j}=\frac{\sqrt{3}}{3}\boldsymbol{e}_a-\frac{\sqrt{6}}{3}\boldsymbol{e}_b$, $\boldsymbol{k}=\frac{\sqrt{3}}{4}\boldsymbol{e}_a+\frac{\sqrt{6}}{4}\boldsymbol{e}_b+\frac{3}{4}\boldsymbol{e}_c$.

15. 一向量的终点为 $N(3,-2,6)$,它在 x 轴、y 轴、z 轴上的投影依次为 5,3,−4,求这向量的起点的坐标.

【知识点窍】 考查向量的定义及向量的运算.

解:设这个向量的起点的坐标为 M,则由已知得

向量 $\overrightarrow{MN}=(5,3,-4)$,故点 M 的坐标为 $(-2,-5,10)$.

第三节 向量的乘法运算

知识点归纳

1. 向量的加法与数乘运算

向量的加法有平行四边形法则和三角形法则:

(1) 运算的代数表示:设 $\boldsymbol{a}=(a_x,a_y,a_z),\boldsymbol{b}=(b_x,b_y,b_z)$,

则(ⅰ) $\boldsymbol{a}+\boldsymbol{b}=(a_x+b_x,a_y+b_y,a_z+b_z)$;

(ⅱ) $\lambda\boldsymbol{a}=(\lambda a_x,\lambda a_y,\lambda a_z)$.

线性运算律为

① 交换律 $\boldsymbol{a}+\boldsymbol{b}=\boldsymbol{b}+\boldsymbol{a}$

② 结合律 $(\boldsymbol{a}+\boldsymbol{b})+\boldsymbol{c}=\boldsymbol{a}+(\boldsymbol{b}+\boldsymbol{c}),\lambda(\mu\boldsymbol{a})=(\lambda\mu)\boldsymbol{a}$

③ 分配律 $\lambda(\boldsymbol{a}+\boldsymbol{b})=\lambda\boldsymbol{a}+\lambda\boldsymbol{b}$

(2) 定理 1:设向量 $\boldsymbol{a}\neq 0$,则

$\boldsymbol{a}\parallel\boldsymbol{b}\Leftrightarrow\exists\lambda\in\mathbf{R}$,使得 $\boldsymbol{b}=\lambda\boldsymbol{a}$;

或 设 $\boldsymbol{a}=(a_x,a_y,a_z)\neq 0,\boldsymbol{b}=(b_x,b_y,b_z)$,则

$$\boldsymbol{a}\parallel\boldsymbol{b}\Leftrightarrow\frac{b_x}{a_x}=\frac{b_y}{a_y}=\frac{b_z}{a_z}.$$

推论 对数轴 Ou 上的任意一点 P,轴上有向线段 $\overrightarrow{OP}$ 都可唯一地表示为 P 点的坐标 u 与轴上单位向量 $\boldsymbol{e}_u$ 的乘积 $\overrightarrow{OP}=u\boldsymbol{e}_u$.

空间直角坐标系中,三个坐标轴上正向的单位向量分别记为 $\boldsymbol{i},\boldsymbol{j},\boldsymbol{k}$,则 $\boldsymbol{a}=(a_x,a_y,a_z)$ 的分解表达式为:$\boldsymbol{a}=a_x\boldsymbol{i}+a_y\boldsymbol{j}+a_z\boldsymbol{k}$.

2. 数量积

数量积又称点积、内积.

(1) 定义　$\boldsymbol{a}\cdot\boldsymbol{b}=|\boldsymbol{a}||\boldsymbol{b}|\cos(\widehat{\boldsymbol{a},\boldsymbol{b}})=a_xb_x+a_yb_y+a_zb_z$.

(2) 性质　$\boldsymbol{a}\cdot\boldsymbol{a}=|\boldsymbol{a}|^2,\boldsymbol{a}\cdot\boldsymbol{b}=\boldsymbol{b}\cdot\boldsymbol{a}$,

$\boldsymbol{a}\cdot(\boldsymbol{b}+\boldsymbol{c})=\boldsymbol{a}\cdot\boldsymbol{b}+\boldsymbol{a}\cdot\boldsymbol{c},(\lambda\boldsymbol{a})\cdot(\mu\boldsymbol{b})=(\lambda\mu)(\boldsymbol{a}\cdot\boldsymbol{b})$.

(3) 向量的夹角　$\cos(\widehat{\boldsymbol{a},\boldsymbol{b}})=\dfrac{\boldsymbol{a}\cdot\boldsymbol{b}}{|\boldsymbol{a}||\boldsymbol{b}|}=\dfrac{a_xb_x+a_yb_y+a_zb_z}{\sqrt{a_x^2+a_y^2+a_z^2}\sqrt{b_x^2+b_y^2+b_z^2}}$.

$\boldsymbol{a}\perp\boldsymbol{b}$的充要条件是$\boldsymbol{a}\cdot\boldsymbol{b}=0$或$a_xb_x+a_yb_y+a_zb_z=0$.

$\boldsymbol{b}$在$\boldsymbol{a}$上的投影　$\mathrm{Prj}_{\boldsymbol{a}}\boldsymbol{b}=|\boldsymbol{b}|\cos(\widehat{\boldsymbol{a},\boldsymbol{b}})=\dfrac{\boldsymbol{a}\cdot\boldsymbol{b}}{|\boldsymbol{a}|}=\boldsymbol{e}_a\cdot\boldsymbol{b}$.

3. 向量积

向量积又称叉积、外积.

(1) 定义　$\boldsymbol{a}\times\boldsymbol{b}=|\boldsymbol{a}||\boldsymbol{b}|\sin(\widehat{\boldsymbol{a},\boldsymbol{b}})\cdot\boldsymbol{e}_c$,其中$\boldsymbol{e}_c$是同时垂直于$\boldsymbol{a}$、$\boldsymbol{b}$的单位向量,并且$\boldsymbol{a},\boldsymbol{b},\boldsymbol{e}_c$符合右手法则.

(2) 坐标表达式　设$\boldsymbol{a}=a_x\boldsymbol{i}+a_y\boldsymbol{j}+a_z\boldsymbol{k},\boldsymbol{b}=b_x\boldsymbol{i}+b_y\boldsymbol{j}+b_z\boldsymbol{k}$,则

$$\boldsymbol{a}\times\boldsymbol{b}=\begin{vmatrix}\boldsymbol{i}&\boldsymbol{j}&\boldsymbol{k}\\a_x&a_y&a_z\\b_x&b_y&b_z\end{vmatrix}.$$

(3) 性质　$\boldsymbol{a}\times\boldsymbol{a}=\boldsymbol{0},\boldsymbol{a}\times\boldsymbol{b}=-\boldsymbol{b}\times\boldsymbol{a}$.

$(\boldsymbol{a}+\boldsymbol{b})\times\boldsymbol{c}=\boldsymbol{a}\times\boldsymbol{c}+\boldsymbol{b}\times\boldsymbol{c},(\lambda\boldsymbol{a})\times\boldsymbol{b}=\lambda(\boldsymbol{a}\times\boldsymbol{b})=\boldsymbol{a}\times(\lambda\boldsymbol{b})$.

(4) 几何意义:(ⅰ) $|\boldsymbol{a}\times\boldsymbol{b}|$等于以$\boldsymbol{a},\boldsymbol{b}$为边的平行四边形面积;

(ⅱ) $(\boldsymbol{a}\times\boldsymbol{b})\perp\boldsymbol{a}$且$(\boldsymbol{a}\times\boldsymbol{b})\perp\boldsymbol{b}$.

4. 混合积

(1) 定义　$[\boldsymbol{abc}]=(\boldsymbol{a}\times\boldsymbol{b})\cdot\boldsymbol{c}$.

(2) 坐标表达式　设$\boldsymbol{a}=a_x\boldsymbol{i}+a_y\boldsymbol{j}+a_z\boldsymbol{k},\boldsymbol{b}=b_x\boldsymbol{i}+b_y\boldsymbol{j}+b_z\boldsymbol{k},\boldsymbol{c}=c_x\boldsymbol{i}+c_y\boldsymbol{j}+c_z\boldsymbol{k}$,

$$则[\boldsymbol{abc}]=\begin{vmatrix}a_x&a_y&a_z\\b_x&b_y&b_z\\c_x&c_y&c_z\end{vmatrix}.$$

(3) 性质

(ⅰ) $[\boldsymbol{abc}]=[\boldsymbol{bca}]=[\boldsymbol{cab}]$.

(ⅱ) $\boldsymbol{a}$、$\boldsymbol{b}$、$\boldsymbol{c}$共面的充要条件是$[\boldsymbol{abc}]=0$或存在一组不全为0的数κ、λ、μ,使得$\kappa\boldsymbol{a}+\lambda\boldsymbol{b}+\mu\boldsymbol{c}=\boldsymbol{0}$.

(4) 几何意义　$|(\boldsymbol{a}\times\boldsymbol{b})\cdot\boldsymbol{c}|$等于以$\boldsymbol{a}$、$\boldsymbol{b}$、$\boldsymbol{c}$为棱的平行六面体的体积.

典型例题与解题技巧

题型Ⅲ:数乘的几何意义

【题型分析】 我们在解向量代数的问题的时候,特别要注意向量之间的位置关系与向量的运算之间的联系."几何直观"与"代数运算"的结合与互动,即利用几何形象来分析,通过代数推导来寻求规律是我们需注意的.

例7 设 $\boldsymbol{a}=\{3,1,2\}$,$\boldsymbol{b}=\lambda\{y,3,6\}$,且 $\lambda\neq 0$,求 λ、y 使得(1)$\boldsymbol{b}$ 为垂直于 $\boldsymbol{a}$ 的单位向量;(2)$\boldsymbol{b}$ 为与 $\boldsymbol{a}$ 平行的单位向量.

解:(1) 由题设知:$\boldsymbol{a}\cdot\boldsymbol{b}=0$,即 $\lambda\{3,1,2\}\cdot\{y,3,6\}=0$

因此有 $y=-5$

又知 $|\boldsymbol{b}|=1$,即 $\sqrt{\lambda^2(9+25+36)}=1$,所以 $\lambda=\pm\dfrac{\sqrt{70}}{70}$.

(2) 要使 $\boldsymbol{a}\parallel\boldsymbol{b}$,则有 $\dfrac{y}{3}=\dfrac{3}{1}=\dfrac{6}{2}$,故 $y=9$.

又因为 $|\boldsymbol{b}|=1$,所以 $\sqrt{\lambda^2(9+36+81)}=1$,

因此 $\lambda=\pm\dfrac{\sqrt{14}}{42}$.

例8 已知三角形三个顶点坐标是 $A(2,-1,3)$,$B(1,2,3)$,$C(0,1,4)$,求 $\triangle ABC$ 的面积.

解:由向量积的定义,可知 $\triangle ABC$ 的面积为

$$S_{\triangle ABC}=\frac{1}{2}|\overrightarrow{AB}||\overrightarrow{AC}|\sin\angle A=\frac{1}{2}|\overrightarrow{AB}\times\overrightarrow{AC}|$$

由于 $\overrightarrow{AB}=\{-1,3,0\}$,$\overrightarrow{AC}=\{-2,2,1\}$,因此

$$\overrightarrow{AB}\times\overrightarrow{AC}=\begin{vmatrix}\boldsymbol{i} & \boldsymbol{j} & \boldsymbol{k}\\ -1 & 3 & 0\\ -2 & 2 & 1\end{vmatrix}=3\boldsymbol{i}+\boldsymbol{j}+4\boldsymbol{k}$$

于是 $S=\dfrac{1}{2}|3\boldsymbol{i}+\boldsymbol{j}+4\boldsymbol{k}|=\dfrac{1}{2}\sqrt{9+1+16}=\dfrac{1}{2}\sqrt{26}$

例9 设四面体的顶点为 $A(1,1,1)$,$B(2,1,3)$,$C(3,5,4)$,$D(5,5,5)$,求该四面体的体积 V.

解:由立体几何知,四面体的体积 V 等于以向量 $\overrightarrow{AB}$,$\overrightarrow{AC}$ 和 $\overrightarrow{AD}$ 为棱的平行六面体的体积的 $\dfrac{1}{6}$,因而

$$V=\frac{1}{6}[\overrightarrow{AB},\overrightarrow{AC},\overrightarrow{AD}]$$

由于 $\overrightarrow{AB}=\{1,0,2\}$,$\overrightarrow{AC}=\{2,4,3\}$,$\overrightarrow{AD}=\{4,4,4\}$,所以

$$V=\frac{1}{6}[\overrightarrow{AB},\overrightarrow{AC},\overrightarrow{AD}]=\frac{1}{6}\left\|\begin{matrix}1 & 0 & 2\\ 2 & 4 & 3\\ 4 & 4 & 4\end{matrix}\right\|=2$$

例 10 设 A,B,C 三点的向径依次为 $\boldsymbol{r}_1,\boldsymbol{r}_2,\boldsymbol{r}_3$，试用 $\boldsymbol{r}_1,\boldsymbol{r}_2,\boldsymbol{r}_3$ 表示 $\triangle ABC$ 的面积，并证明：A,B,C 三点共线的充分必要条件是

$$\boldsymbol{r}_1\times\boldsymbol{r}_2+\boldsymbol{r}_2\times\boldsymbol{r}_3+\boldsymbol{r}_3\times\boldsymbol{r}_1=0$$

解：$\overrightarrow{AB}=\overrightarrow{OB}-\overrightarrow{OA}=\boldsymbol{r}_2-\boldsymbol{r}_1$，$\overrightarrow{AC}=\overrightarrow{OC}-\overrightarrow{OA}=\boldsymbol{r}_3-\boldsymbol{r}_1$

由向量外积的几何意义得，$\triangle ABC$ 面积为

$$S=\frac{1}{2}\mid\overrightarrow{AB}\times\overrightarrow{AC}\mid=\frac{1}{2}\mid(\boldsymbol{r}_2-\boldsymbol{r}_1)\times(\boldsymbol{r}_3-\boldsymbol{r}_1)\mid$$

$$=\frac{1}{2}\mid\boldsymbol{r}_2\times\boldsymbol{r}_3-\boldsymbol{r}_2\times\boldsymbol{r}_1-\boldsymbol{r}_1\times\boldsymbol{r}_3\mid$$

$$=\frac{1}{2}\mid\boldsymbol{r}_1\times\boldsymbol{r}_2+\boldsymbol{r}_2\times\boldsymbol{r}_3+\boldsymbol{r}_3\times\boldsymbol{r}_1\mid$$

又 A,B,C 共线 $\Leftrightarrow S=0\Leftrightarrow\boldsymbol{r}_1\times\boldsymbol{r}_2+\boldsymbol{r}_2\times\boldsymbol{r}_3+\boldsymbol{r}_3\times\boldsymbol{r}_1=0$

课后习题全解

习题 5－3 解答

1. 设 $\boldsymbol{a}=3\boldsymbol{i}-\boldsymbol{j}-2\boldsymbol{k}$，$\boldsymbol{b}=\boldsymbol{i}+2\boldsymbol{j}-\boldsymbol{k}$，求

(1)$\boldsymbol{a}\cdot\boldsymbol{b}$；(2)$\boldsymbol{a}\times\boldsymbol{b}$；(3)$\mathrm{Prj}_{\boldsymbol{a}}\boldsymbol{b}$；(5)$\cos(\widehat{\boldsymbol{a},\boldsymbol{b}})$.

解：(1)$\boldsymbol{a}\cdot\boldsymbol{b}=3\times1+(-1)\times2+(-2)\times(-1)=3$.

$$(2)\boldsymbol{a}\times\boldsymbol{b}=\begin{vmatrix}\boldsymbol{i}&\boldsymbol{j}&\boldsymbol{k}\\3&-1&-2\\1&2&-1\end{vmatrix}=5\boldsymbol{i}+\boldsymbol{j}+7\boldsymbol{k}.$$

$$(3)\mathrm{Prj}_{\boldsymbol{a}}\boldsymbol{b}=\frac{\boldsymbol{a}\cdot\boldsymbol{b}}{\mid\boldsymbol{a}\mid}=\frac{3}{\sqrt{14}}.$$

$$(4)\mathrm{Prj}_{\boldsymbol{b}}\boldsymbol{a}=\frac{\boldsymbol{a}\cdot\boldsymbol{b}}{\mid\boldsymbol{b}\mid}=\frac{3}{\sqrt{6}}.$$

$$(5)\cos(\widehat{\boldsymbol{a},\boldsymbol{b}})=\frac{\boldsymbol{a}\cdot\boldsymbol{b}}{\sqrt{3^2+(-1)^2+(-2)^2}\sqrt{1+2^2+(-1)^2}}=\frac{3}{\sqrt{14}\sqrt{6}}=\frac{3}{2\sqrt{21}}=\frac{\sqrt{21}}{14}.$$

2. 设 $\boldsymbol{a}=2\boldsymbol{i}-3\boldsymbol{j}+\boldsymbol{k}$，$\boldsymbol{b}=\boldsymbol{i}-\boldsymbol{j}+3\boldsymbol{k}$，$\boldsymbol{c}=\boldsymbol{i}-2\boldsymbol{j}$，求：

(1)$(\boldsymbol{a}\times\boldsymbol{b})\cdot\boldsymbol{c}$；　(2)$(\boldsymbol{a}\times\boldsymbol{b})\times\boldsymbol{c}$；　(3) $\boldsymbol{a}\times(\boldsymbol{b}\times\boldsymbol{c})$；　(4)$(\boldsymbol{a}\cdot\boldsymbol{b})\,\boldsymbol{c}(\boldsymbol{a}\cdot\boldsymbol{c})\,\boldsymbol{b}$.

解：
$$(1)\ \boldsymbol{a}\times\boldsymbol{b}=\begin{vmatrix}\boldsymbol{i}&\boldsymbol{j}&\boldsymbol{k}\\2&-3&1\\1&-1&3\end{vmatrix}=-8\boldsymbol{i}-5\boldsymbol{j}+\boldsymbol{k}.$$

$$(\boldsymbol{a}\times\boldsymbol{b})\cdot\boldsymbol{c}=-8+10=2$$

$$(2)(\boldsymbol{a}\times\boldsymbol{b})\times\boldsymbol{c}=\begin{vmatrix}\boldsymbol{i}&\boldsymbol{j}&\boldsymbol{k}\\-8&-5&1\\1&-2&0\end{vmatrix}=2\boldsymbol{i}+\boldsymbol{j}+21\boldsymbol{k}$$

(3) $\boldsymbol{a}\times(\boldsymbol{b}\times\boldsymbol{c})=(2\boldsymbol{i}-3\boldsymbol{j}+\boldsymbol{k})\times\begin{vmatrix}\boldsymbol{i} & \boldsymbol{j} & \boldsymbol{k}\\ 1 & -1 & 3\\ 1 & -2 & 0\end{vmatrix}=(2\boldsymbol{i}-3\boldsymbol{j}+\boldsymbol{k})\times(6\boldsymbol{i}+3\boldsymbol{j}-\boldsymbol{k})$

$$=\begin{vmatrix}\boldsymbol{i} & \boldsymbol{j} & \boldsymbol{k}\\ 2 & -3 & 1\\ 6 & 3 & -1\end{vmatrix}=8\boldsymbol{j}+24\boldsymbol{k}$$

(4) $(\boldsymbol{a}\cdot\boldsymbol{b})\boldsymbol{c}-(\boldsymbol{a}\cdot\boldsymbol{c})\boldsymbol{b}=[2\times1+(-3)\times(-1)+1\times3](\boldsymbol{i}-2\boldsymbol{j})$

$$-[2\times1+(-3)\times(-2)+1\times0](\boldsymbol{i}-\boldsymbol{j}+3\boldsymbol{k})$$

$$=-8\boldsymbol{j}-24\boldsymbol{k}$$

3. 设向量$\boldsymbol{a},\boldsymbol{b},\boldsymbol{c}$满足$\boldsymbol{a}+\boldsymbol{b}+\boldsymbol{c}=0$,证明:

(1) $\boldsymbol{a}\cdot\boldsymbol{b}+\boldsymbol{b}\cdot\boldsymbol{c}+\boldsymbol{c}\cdot\boldsymbol{a}=-\frac{1}{2}(|\boldsymbol{a}|^2+|\boldsymbol{b}|^2+|\boldsymbol{c}|^2)$;

(2) $\boldsymbol{a}\times\boldsymbol{b}=\boldsymbol{b}\times\boldsymbol{a}=\boldsymbol{c}\times\boldsymbol{a}$.

解:(1) 因为$\boldsymbol{a}+\boldsymbol{b}+\boldsymbol{c}=0$,所以$(\boldsymbol{a}+\boldsymbol{b}+\boldsymbol{c})\cdot(\boldsymbol{a}+\boldsymbol{b}+\boldsymbol{c})=0$

$$\boldsymbol{a}\cdot\boldsymbol{a}+\boldsymbol{b}\cdot\boldsymbol{b}+\boldsymbol{c}\cdot\boldsymbol{c}+2(\boldsymbol{a}\cdot\boldsymbol{b}+\boldsymbol{b}\cdot\boldsymbol{c}+\boldsymbol{a}\cdot\boldsymbol{c})$$

$$\boldsymbol{a}\cdot\boldsymbol{b}+\boldsymbol{b}\cdot\boldsymbol{c}+\boldsymbol{a}\cdot\boldsymbol{c}=-\frac{1}{2}(|\boldsymbol{a}|^2+|\boldsymbol{b}|^2+|\boldsymbol{c}|^2)$$

(2) 因为$\boldsymbol{a}+\boldsymbol{b}+\boldsymbol{c}=0$,所以$\boldsymbol{a}\times(\boldsymbol{a}+\boldsymbol{b}+\boldsymbol{c})=0$

$\boldsymbol{a}\times\boldsymbol{a}+\boldsymbol{a}\times\boldsymbol{b}+\boldsymbol{a}\times\boldsymbol{c}=0$,$\boldsymbol{a}\times\boldsymbol{b}+\boldsymbol{a}\times\boldsymbol{c}=0$,也即$\boldsymbol{a}\times\boldsymbol{b}=\boldsymbol{c}\times\boldsymbol{a}$

同理$\boldsymbol{a}\times\boldsymbol{b}=\boldsymbol{b}\times\boldsymbol{c}$.

4. 已知$A(1,-1,2)$,$B(5,-6,2)$,$C(1,3,-1)$,求

(1) 同时与$\overrightarrow{AB}$及$\overrightarrow{AC}$垂直的单位向量;

(2) $\triangle ABC$的面积;

(3) 从顶点B到边AC的高的长度.

解:(1) $\overrightarrow{AB}=(4,-5,0)$,$\overrightarrow{AC}=(0,4,-3)$,与$\overrightarrow{AB}$,$\overrightarrow{AC}$垂直的向量有

$$\pm(\overrightarrow{AB}\times\overrightarrow{AC})=\pm\begin{vmatrix}\boldsymbol{i} & \boldsymbol{j} & \boldsymbol{k}\\ 4 & -5 & 0\\ 0 & 4 & -3\end{vmatrix}=\pm(15\boldsymbol{i}+12\boldsymbol{j}+16\boldsymbol{k})$$

对应的单位向量为$\pm\dfrac{\overrightarrow{AB}\times\overrightarrow{AC}}{|\overrightarrow{AB}\times\overrightarrow{AC}|}=\pm\dfrac{15\boldsymbol{i}+12\boldsymbol{j}+16\boldsymbol{k}}{\sqrt{15^2+12^2+16^2}}$

(2) $S_{\triangle ABC}=|\frac{1}{2}\overrightarrow{AB}\times\overrightarrow{AC}|=\frac{1}{2}|15\boldsymbol{i}+12\boldsymbol{j}+16\boldsymbol{k}|=\frac{1}{2}\sqrt{15^2+12^2+16^2}=\frac{25}{2}$

(3) $|\overrightarrow{AC}|=|4\boldsymbol{j}-3\boldsymbol{k}|=\sqrt{4^2+3^2}=5$

从顶点B到边AC的高的长度$h=\dfrac{S_{\triangle ABC}}{|\overrightarrow{AC}|}\times2=5$

5. 设$\boldsymbol{a}=3\boldsymbol{i}+5\boldsymbol{j}-2\boldsymbol{k}$，$\boldsymbol{b}=2\boldsymbol{i}+\boldsymbol{j}+9\boldsymbol{k}$，试求$\lambda$的值，使得

(1)$\lambda\boldsymbol{a}+\boldsymbol{b}$与$z$轴垂直；

(2)$\lambda\boldsymbol{a}+\boldsymbol{b}$与$\boldsymbol{a}$垂直，并证明此时$|\lambda\boldsymbol{a}+\boldsymbol{b}|$取最小值.

解：(1) 依题意，即求λ使得$(\lambda\boldsymbol{a}+\boldsymbol{b})\cdot\boldsymbol{k}=0$

$$[(3\lambda+2)\boldsymbol{i}+(5\lambda+1)\boldsymbol{j}+(-2\lambda+9)\boldsymbol{k}]\cdot\boldsymbol{k}=0$$

$-2\lambda+9=0$，即$\lambda=\dfrac{9}{2}$

(2) $(\lambda\boldsymbol{a}+\boldsymbol{b})\cdot\boldsymbol{a}=0$，$\lambda\boldsymbol{a}\cdot\boldsymbol{a}+\boldsymbol{b}\cdot\boldsymbol{a}=0$

$\lambda[3^2+5^2+(-2)^2]+[2\times3+1\times5+9\times(-2)]=0$，可得$\lambda=\dfrac{7}{50}$

$$|\lambda\boldsymbol{a}+\boldsymbol{b}|=(3\lambda+2)^2+(5\lambda+1)^2+(-2\lambda+9)^2=50(\lambda-\frac{7}{50})^2+85\frac{1}{50}$$

所以，当$\lambda=\dfrac{7}{50}$时，$\lambda a+b$与a垂直，此时$|\lambda a+b|$取最小值.

6. 证明如下的平行四边形法则：$2(|\boldsymbol{a}|^2+|\boldsymbol{b}|^2)=|\boldsymbol{a}+\boldsymbol{b}|^2+|\boldsymbol{a}-\boldsymbol{b}|^2$，说明这一法则的几何意义.

解：右边$=(\boldsymbol{a}+\boldsymbol{b})\cdot(\boldsymbol{a}+\boldsymbol{b})+(\boldsymbol{a}-\boldsymbol{b})\cdot(\boldsymbol{a}-\boldsymbol{b})$

$=\boldsymbol{a}\cdot\boldsymbol{a}+2\boldsymbol{a}\cdot\boldsymbol{b}+\boldsymbol{b}\cdot\boldsymbol{b}+\boldsymbol{a}\cdot\boldsymbol{a}-2\boldsymbol{a}\cdot\boldsymbol{b}+\boldsymbol{b}\cdot\boldsymbol{b}$

$=2\boldsymbol{a}\cdot\boldsymbol{a}+2\boldsymbol{b}\cdot\boldsymbol{b}=$左边

平行四边形对角线的平方和等于4条边的平方和.

7. 用向量法证明：

(1) 直径对的圆周角是直角；

(2) 三角形的三条高交于一点.

证：(1) 如图5.5，AB是$\odot O$的直径，C是半圆周上AB所对的任意一点，记

$\overrightarrow{AC}=\boldsymbol{a}$，$\overrightarrow{CB}=\boldsymbol{b}$，$\overrightarrow{OC}=\boldsymbol{d}$，$\overrightarrow{AO}=\overrightarrow{OB}=\boldsymbol{c}$，则

$\boldsymbol{a}=\boldsymbol{c}+\boldsymbol{d}$，$\boldsymbol{b}=-\boldsymbol{d}+\boldsymbol{c}$，

因为　$|\boldsymbol{c}|=|\boldsymbol{d}|=\dfrac{1}{2}|\overrightarrow{AB}|$

所以　$\boldsymbol{a}\cdot\boldsymbol{b}=\boldsymbol{c}^2-\boldsymbol{d}^2=|\boldsymbol{c}|^2-|\boldsymbol{d}|^2=0$，

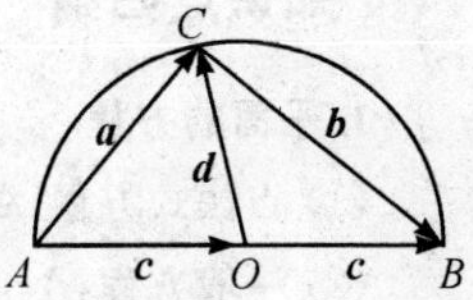

图5.5

由$|\boldsymbol{a}|\neq0$，$|\boldsymbol{b}|\neq0$，知$\cos(\boldsymbol{a},\hat{}\ \boldsymbol{b})=0$，所以$\boldsymbol{a}\perp\boldsymbol{b}$，即直径所对的圆周角是直角.

(2) 如图5.6，在$\triangle ABC$中，记$\overrightarrow{BA}=\boldsymbol{c}$，$\overrightarrow{AC}=\boldsymbol{b}$，$\overrightarrow{BC}=\boldsymbol{a}$，则$\boldsymbol{a}=\boldsymbol{b}+\boldsymbol{c}$. 设高线$BE$与$CF$相交于$O$，连$AO$，于是

$$\overrightarrow{CO}\cdot\boldsymbol{c}=(-\boldsymbol{b}+\overrightarrow{AO})\cdot\boldsymbol{c}=-\boldsymbol{b}\cdot\boldsymbol{c}+\overrightarrow{AO}\cdot\boldsymbol{c}=0,$$

$\overrightarrow{BO}\cdot\boldsymbol{b}=(\boldsymbol{c}+\overrightarrow{AO})\cdot\boldsymbol{b}=\boldsymbol{c}\cdot\boldsymbol{b}+\overrightarrow{AO}\cdot\boldsymbol{b}=0.$

将上两式最后的等式相加，得

$\overrightarrow{AO}\cdot(\boldsymbol{b}+\boldsymbol{c})=0$，即$\overrightarrow{AO}\cdot\boldsymbol{a}=0$，$\overrightarrow{AO}\perp\boldsymbol{a}$. 证毕.

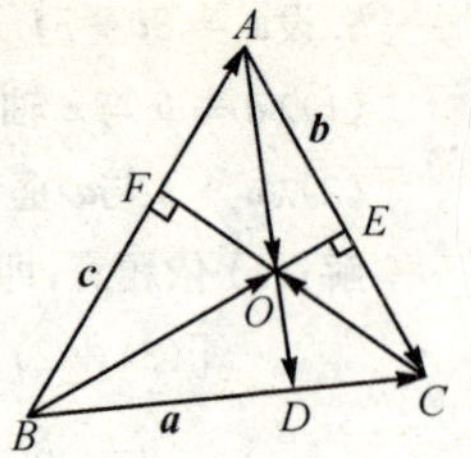

图 5.6

8. 试用行列式的性质证明：

$(\boldsymbol{a}\times\boldsymbol{b})\cdot\boldsymbol{c}=(\boldsymbol{b}\times\boldsymbol{c})\cdot\boldsymbol{a}=(\boldsymbol{c}\times\boldsymbol{a})\cdot\boldsymbol{b}$

解：设　$\boldsymbol{a}=a_x\boldsymbol{i}+a_y\boldsymbol{j}+a_z\boldsymbol{k}$

$\boldsymbol{b}=b_x\boldsymbol{i}+b_y\boldsymbol{j}+b_z\boldsymbol{k}$

$\boldsymbol{c}=c_x\boldsymbol{i}+c_y\boldsymbol{j}+c_z\boldsymbol{k}$

$$(\boldsymbol{a}\times\boldsymbol{b})\cdot\boldsymbol{c}=\begin{vmatrix}a_x & a_y & a_z\\ b_x & b_y & b_z\\ c_x & c_y & c_z\end{vmatrix}$$

由行列式的性质，进行两次行变换值不变，有

$$(\boldsymbol{a}\times\boldsymbol{b})\cdot\boldsymbol{c}=\begin{vmatrix}b_x & b_y & b_z\\ c_x & c_y & c_z\\ a_x & a_y & a_z\end{vmatrix}=(\boldsymbol{b}\times\boldsymbol{c})\cdot\boldsymbol{a}$$

同理可证　$(\boldsymbol{b}\times\boldsymbol{c})\cdot\boldsymbol{a}=(\boldsymbol{c}\times\boldsymbol{a})\cdot\boldsymbol{b}$

证毕.

第四节　平　面

知识点归纳

1. 平面的方程

(1) 点法式方程：$A(x-x_0)+B(y-y_0)+C(z-z_0)=0$，平面的法向量 $\boldsymbol{n}=(A,B,C)$.

(2) 一般方程：$Ax+By+Cz+D=0$，平面的法向量 $\boldsymbol{n}=(A,B,C)$.

2. 两平面间的关系

设 $\Pi_1:A_1x+B_1y+C_1z+D_1=0$，$\Pi_2:A_2x+B_2y+C_2z+D_2=0$，则

(1) Π_1 与 Π_2 互相平行的充要条件是 $\dfrac{A_1}{A_2}=\dfrac{B_1}{B_2}=\dfrac{C_1}{C_2}$；

(2) Π_1 与 Π_2 互相垂直的充要条件是 $A_1A_2+B_1B_2+C_1C_2=0$；

(3) Π_1 与 Π_2 的夹角 θ 由下式确定

$$\cos\theta=\frac{|A_1A_2+B_1B_2+C_1C_2|}{\sqrt{A_1^2+B_1^2+C_1^2}\,\sqrt{A_2^2+B_2^2+C_2^2}}.$$

3. 点与平面的距离

设平面 Ⅱ：$Ax+By+Cz+D=0$ 及 Π 外一点 $P(x_0,y_0,z_0)$，则 P 到 Π 的距离为

$$d=\frac{|Ax_0+By_0+Cz_0+D|}{\sqrt{A^2+B^2+C^2}}.$$

典型例题与解题技巧

题型Ⅳ：利用平面方程的几种不同形式来求平面方程

【题型分析】 1. 解平面方程除了点法式和一般式之外，还需了解以下两种基本形式：

(1) 向量式　$\boldsymbol{r}-\boldsymbol{r}_0=t_1\boldsymbol{U}_1+t_2\boldsymbol{U}_2$，其中 $\boldsymbol{r}_0=\overrightarrow{OM}$，$\boldsymbol{r}=\overrightarrow{OP}$，$P$ 是平面 Π 上任一点；

(2) 参数式 $\begin{cases}x=X_1t_1+X_2t_2+x_0\\ y=Y_1t_1+Y_2t_2+y_0\\ z=Z_1t_1+Z_2t_2+z_0\end{cases}$

2. 确定平面方程的两个基本思路

(1) 如已知平面 Π 上一点 $M(x_0,y_0,z_0)$ 以及平面 Π 的法向量 $\boldsymbol{n}=\{A,B,C\}$，则平面 Π 被完全确定，它的方程是 $A(x-x_0)+B(y-y_0)+C(z-z_0)=0$；

(2) 如已知平面 Π 上一点 $M(x_0,y_0,z_0)$ 以及与平面 Π 平行的两个不共线的向量 $\boldsymbol{U}_1=\{X_1,Y_1,Z_1\}$，$\boldsymbol{U}_2=\{X_2,Y_2,Z_2\}$，则平面 Π 被完全确定.

例 11　写出过点 $A(2,0,0)$，$B(0,1,0)$，$C(0,0,4)$ 的圆周方程.

分析　本题是要求圆周方程，而不是球面方程. 由于该圆周经过 A,B,C 三点，那它必在 A,B,C 所确定的平面上. 在该平面上求出圆心，从而可求出该圆. 而任何一个经过 A,B,C 的球面与该平面的交线都是满足该条件的圆周. 这样求圆周有多种方法.

解　**法 1**：因为 A,B,C 分别是位于 x,y,z 轴上，所以过 A,B,C 的平面在 x,y,z 轴上的截距分别为 2，1，4，由此得到截距式方程为

$$\frac{x}{2}+y+\frac{z}{4}=1$$

设 (x,y,z) 是所求圆周的圆心，则

$$\begin{cases}(x-2)^2+y^2+z^2=x^2+(y-1)^2+z^2\\ (x-2)^2+y^2+z^2=x^2+y^2+(z-4)^2\\ \dfrac{x}{2}+y+\dfrac{z}{4}=1\end{cases}$$

得到圆心坐标 $(\frac{17}{21},\frac{5}{24},\frac{40}{21})$，得到圆周方程

$$\begin{cases}(x-\dfrac{17}{21})^2+(y-\dfrac{5}{42})^2+(z-\dfrac{40}{21})^2=\dfrac{8\ 925}{1\ 764}\\ \dfrac{x}{2}+y+\dfrac{z}{4}=1\end{cases}$$

法 2:任意再取一点与 A,B,C 不共面,不妨取坐标原点 O,求过 A,B,C,O 的球面方程为

$(x-x_0)^2+(y-y_0)^2+(z-z_0)^2=r^2$

代入四点得方程组:$\begin{cases}x_0^2+y_0^2+z_0^2=r^2\\(1-x_0)^2+y_0^2+z_0^2=r^2\\x_0^2+(2-y_0)^2+z_0^2=r^2\\x_0^2+y_0^2+(3-z_0)^2=r^2\end{cases}$

解得　$x_0=\dfrac{1}{2},y_0=1,z_0=\dfrac{3}{2},r^2=\dfrac{7}{2}$

故圆周方程为　$\begin{cases}x+\dfrac{y}{2}+\dfrac{z}{3}=1\\(x-\dfrac{1}{2})^2+(y-1)^2+(z-\dfrac{3}{2})^2=\dfrac{2}{7}\end{cases}$

法 3:作过 AB 中点垂直于 AB 的平面 Π_1:$-x+2y-\dfrac{3}{2}=0$,及过 BC 中点垂直于 BC 的平面 Π_2:$-2y+3z-\dfrac{5}{2}=0$. 在 Π_1 与 Π_2 交线上任取一点,如 $Q(-\dfrac{3}{2},0,\dfrac{5}{6})$,$Q$ 到 A 的距离为 $\dfrac{250}{36}$,

则所求圆周方程为 $\begin{cases}(x+\dfrac{3}{2})^2+y^2+(z-\dfrac{5}{6})^2=\dfrac{250}{36}\\\dfrac{x}{1}+\dfrac{y}{2}+\dfrac{z}{3}=1\end{cases}$

【注】 球面与平面的交线是一个圆,又由于经过不共线三点的圆是唯一确定的,所以过 A,B,C 三点的任何一个球面与过 A,B,C 的平面相交的圆唯一,这样我们可选择任何一个过 A,B,C 的球面与平面相交,得到所需圆周方程.

例 12　求直线 $\dfrac{x-2}{1}=\dfrac{y-3}{1}=\dfrac{z-4}{2}$ 与平面 $2x+y+z-6=0$ 的交点及夹角.

解:直线的参数方程为 $\begin{cases}x=2+t\\y=3+t\\z=4+2t\end{cases}$,将其代入平面方程 $2(2+t)+(3+t)+(4+2t)-6=0$

解得　$t=-1$

再代入直线的参数方程,得 $x=1,y=2,z=2$,所以 $(1,2,2)$ 是平面与直线的交点.

直线方向向量为 $\boldsymbol{l}=\{1,1,2\}$,平面法向量为 $\boldsymbol{n}=\{2,1,1\}$,由直线与平面的夹角公式得:

$$\sin\theta=\frac{|\boldsymbol{l}\cdot\boldsymbol{n}|}{|\boldsymbol{l}||\boldsymbol{n}|}=\frac{|2\times1+1\times1+1\times2|}{\sqrt{1^2+1^2+2^2}\cdot\sqrt{2^2+1^2+1^2}}=\frac{5}{6}$$

故直线与平面夹角为 $\theta=\arcsin\dfrac{5}{6}$.

例 13　设准线方程为 $\begin{cases}x^2+y^2+z^2=1\\2x^2+2y^2+z^2=2\end{cases}$,母线的方向向量为 $\{-1,0,1\}$,求该柱面方程.

解:柱面的母线方程可表示为(其中 (x,y,z) 为母线上的点,(x_0,y_0,z_0) 为准线上的点)

$$\frac{x-x_0}{-1}=\frac{y-y_0}{0}=\frac{z-z_0}{1}$$

令　$\frac{x-x_0}{-1}=\frac{y-y_0}{0}=\frac{z-z_0}{1}=t$,

可得到　$x_0=x+t, y_0=y+t, z_0=z+t$

将其代入准线方程,得到

$$\begin{cases}(x+t)^2+y^2+(z-t)^2=0\\2(x+t)^2+2y^2+(z-t)^2=2\end{cases}$$

解得$(z-t)^2=0$,即$z=t$

代回上述方程组得到所求柱面方程为　$(x+z)^2+y^2=1$

例 14　求以曲线Γ:$\begin{cases}f(x,y)=0\\z=k\end{cases}$ $(k\neq 0)$为准线,以原点$O(0,0,0)$为顶点的锥面方程.

分析　若(x,y,z)是锥面上一点,则存在Γ上一点(x',y',k)使$\{x,y,z\}=\lambda\cdot\{x',y',z'\}$.

解:因为锥面上任一点位于原点与准线上某点的连线上,所以可以找到(x',y',k)及常数λ使得

$$\begin{cases}x=\lambda x'\\y=\lambda y'\\z=\lambda k\end{cases}$$

将它们代入方程$f(x',y')=0$,得到$f(\frac{kx}{z},\frac{ky}{z})=0$是所求的锥面方程.

例 15　求直线L:$\frac{x-1}{0}=\frac{y}{1}=\frac{z-1}{2}$绕$z$轴旋转所得旋转曲面的方程.

解:设(x,y,z)是旋转曲面上任何一点,它对应于L上的点为(x_0,y_0,z_0),由L的参数式可得

$\begin{cases}x_0=1\\y_0=t\\z_0=1+2t\end{cases}$　由于(x,y,z)与(x_0,y_0,z_0)到z轴的距离相等,所以有关系为$x^2+y^2=x_0^2+y_0^2$

$=1+t^2$,另外$z=z_0$,所以$z=1+2t$,$t=\frac{z-1}{2}$,

得$x^2+y^2-\frac{(1-z)^2}{4}=1$为一单叶双曲面方程.

例 16　就p,q的各种情况说明二次曲面$z=x^2+py^2+qz^2$的类型.

解:(1)$p=q=0$时,$z=x^2$,是抛物柱面;

(2) $q=0,p\neq 0$时,若$p>0$,$z=x^2+py^2$是椭圆抛物面,若$p<0$,$z=x^2+py^2$是双曲抛物面;

(3) $p=0,q\neq 0$时,若$q=a^2>0$,则方程可化为$x^2+(az-\frac{1}{2a})^2=\frac{1}{4a^2}$,是椭圆柱面;

若$q=-a^2<0$,则方程可化为$(az-\frac{1}{2a})^2-x^2=\frac{1}{4a^2}$,是双曲柱面;

(4) $p \cdot q \neq 0$ 时

若 $p = a^2 > 0, q = b^2 > 0$,方程可化为 $x^2 + a^2y^2 + (bz - \frac{1}{2b})^2 = (\frac{1}{2b})^2$,是椭球面;

若 $p = -a^2 < 0, q = -b^2 < 0$,方程可化为 $a^2y^2 + (bz - \frac{1}{2b})^2 - x^2 = (\frac{1}{2b})^2$,是单叶双曲面;

若 $p = a^2 > 0, q = -b^2 < 0$,方程可化为 $x^2 + a^2y^2 - (bz - \frac{1}{2b})^2 = -(\frac{1}{2b})^2$,是双叶双曲面;

若 $p = -a^2 < 0, q = b^2 > 0$,方程可化为 $x^2 - a^2y^2 + (bz - \frac{1}{2b})^2 = (\frac{1}{2b})^2$,是单叶双曲面.

例 17 一平面经过原点及(6, −3,2),且与平面 Π:$4x - y + 2z = 8$ 垂直,则此平面方程为________.

分析 平面 Π 垂直于要求的平面 Π_1,Π_1 的法向量 $\boldsymbol{n}_1$ 平行于平面 Π,即与平面 Π 的法向量 $\boldsymbol{n}$ 垂直;另外,$\boldsymbol{n}_1$ 还垂直于 Π_1 内的向量.

解:设要求的平面 Π_1 的法向量为 $\boldsymbol{n}_1 = \{x,y,z\}$,平面 Π 的法向量为 $\boldsymbol{n} = \{4,-1,2\}$,由于 $\boldsymbol{n}_1$ 垂直于 $\boldsymbol{n}$,所以有

$$\boldsymbol{n}_1 \cdot \boldsymbol{n} = \{x,y,z\} \cdot \{4,-1,2\} = 4x - y + 2z = 0$$

又由于向量 $\{6,-3,2\}$ 是平面 Π_1 内的向量,所以有

$$\boldsymbol{n}_1 \cdot \{6,-3,2\} = 6x - 3y + 2z = 0$$

以上两式联立,解得 $y = x, z = -\frac{3}{2}x$,于是可取 $\boldsymbol{n}_1 = \{2,2,-3\}$.

平面 Π_1 的方程为 $2x + 2y - 3z = 0$

例 18 求以曲线 $\begin{cases} x^2 + y^2 + z^2 = 1 \\ 2x^2 + 2y^2 + z^2 = 2 \end{cases}$ 为准线,母线平行于直线 $\begin{cases} \frac{x-2}{-1} = \frac{y+1}{1} \\ y = 0 \end{cases}$ 的柱面方程.

解:母线的方向向量 $\boldsymbol{s} = (-1,0,1)$. 设 $P(x,y,z)$ 为柱面上任一点,过 P 平行于母线的直线交准线于 $Q(x_0,y_0,z_0)$,则 $\frac{x-x_0}{-1} = \frac{y-y_0}{0} = \frac{z-z_0}{1}$

得 $x_0 = x + t, y_0 = y, z_0 = z - t$

代入准线方程得 $\begin{cases} (x+t)^2 + y^2 + (z-t)^2 = 1 \\ 2(x+t)^2 + 2y^2 + (z-t)^2 = 2 \end{cases}$

得 $z - t = 0$,即 $t = z$,故柱面方程为 $(x+z)^2 + y^2 = 1$

例 19 设曲面 $\sum$ 的参数方程为 $\begin{cases} x = a(u+v) \\ y = b(u-v) \\ z = uv \end{cases}$ $u,v \in (-\infty,+\infty)$,$(a,b>0)$,判别 $\sum$ 的类型.

解:将曲面化为一般式,消去参数 u 和 v

由 $\begin{cases} x = a(u+v) \\ y = b(u-v) \end{cases}$ 得 $\begin{cases} u+v = \dfrac{x}{a} \\ u-v = \dfrac{y}{b} \end{cases}$

则　$u = \dfrac{1}{2}(\dfrac{x}{a} + \dfrac{y}{b}), v = \dfrac{1}{2}(\dfrac{x}{a} - \dfrac{y}{b})$

代入 $z = uv$ 得　$z = \dfrac{x^2}{(2a)^2} - \dfrac{y^2}{(2b)^2}$

故曲面 $\sum$ 是双曲抛物面.

例 20　求过 $A(1,1,-1)$, $B(-2,-2,2)$ 和 $C(1,-1,2)$ 三点的平面方程.

解　**法 1**: $\overrightarrow{AB} = (-3,-3,3)$, $\overrightarrow{AC} = (0,-2,3)$

取所求平面的法向量为

$$\boldsymbol{n} = \overrightarrow{AB} \times \overrightarrow{AC} = \begin{vmatrix} \boldsymbol{i} & \boldsymbol{j} & \boldsymbol{k} \\ -3 & -3 & 3 \\ 0 & -2 & 3 \end{vmatrix} = -3\boldsymbol{i} + 9\boldsymbol{j} + 6\boldsymbol{k} = (-3,9,6)$$

由点法式得所求平面　$-3(x-1) + 9(y-1) + 6(z+1) = 0$

即　$x - 3y - 2z = 0$

法 2: 由三点式方程得　$\begin{vmatrix} x-1 & y-1 & z+1 \\ -3 & -3 & 3 \\ 0 & -2 & 3 \end{vmatrix} = 0$

即　$x - 3y - 2z = 0$

题型 V: 两平面间距离的求法

【题型分析】 1. 两平面间是否垂直与平行根据对应的两平面的法线向量是否垂直与平行来判断.

2. 两平面间距离的问题转化为一平面内某点到另一平面的距离来求.

例 21　求过点 $(-2,-1,-5)$ 且和三个坐标平面都相切的球面方程.

分析　由条件,球心到三个坐标平面的距离相等,并且就等于球面半径,又由于球面经过 $(-2,-1,-5)$ 点,所以球面在第七卦限.

解: 设球面半径为 $r(r \geqslant 0)$,则球心坐标为 $(-r,-r,-r)$,方程为

$(x+r)^2 + (y+r)^2 + (z+r)^2 = r^2$

代入点 $(-2,-1,-5)$,得　$(-2+r)^2 + (-1+r)^2 + (-5+r)^2 = r^2$

可解出 $r = 3$ 或 5 于是所求球面方程为

$(x+3)^2 + (y+3)^2 + (z+3)^2 = 9$ 或 $(x+5)^2 + (y+5)^2 + (z+5)^2 = 25$

例 22　求过点 $(2,0,-3)$ 且与直线 $\begin{cases} x-2y+4z-7=0 \\ 3x+5y-2z+1=0 \end{cases}$ 垂直的平面方程.

解: 平面 Π_1: $x - 2y + 4z - 7 = 0$ 的法向量为

$\boldsymbol{n}_1 = (1, -2, 4)$

平面 $\Pi_2: 9x + 5y - 2z + 1 = 0$ 的法向量为　$\boldsymbol{n}_2 = (3, 5, -2)$

按题意所求平面的法向量 n_1 与直线方向向量平行,故可取

$$\boldsymbol{n} = \boldsymbol{n}_1 \times \boldsymbol{n}_2 = \begin{vmatrix} \boldsymbol{i} & \boldsymbol{j} & \boldsymbol{k} \\ 1 & -2 & 4 \\ 3 & 5 & -2 \end{vmatrix} = (-16, 14, 11)$$

则所求平面方程为　$-16(x-2) + 14(y-0) + 11(z+3) = 0$

即　$16x - 14y - 11z - 65 = 0$

课后习题全解

习题 5－4 解答

1. 指出下列各平面的特殊位置,并画出各平面:

(1)$3x - 1 = 0$；　(2)$y + 2z - 1 = 0$；　(3)$2x + z = 0$；　(4)$5x + 3y - z = 0$.

【知识点窍】　平面的方程.

解:(1)$3x - 1 = 0$ 为平行于 yOz 面的平面,其图形如图 5.7(a) 所示;

(2)$y + 2z - 1 = 0$ 为平行于 x 轴的平面,其图形如图 5.7(b) 所示;

(3)$2x + z = 0$ 通过 y 轴的平面,其图形如图 5.7(c) 所示;

(4) $5x + 3y - z = 1$ 为在 x 轴、y 轴、z 轴上的截距分别为$\frac{1}{5}$、$\frac{1}{3}$ 和 -1 的平面,其图形如图 5.7(d) 所示.

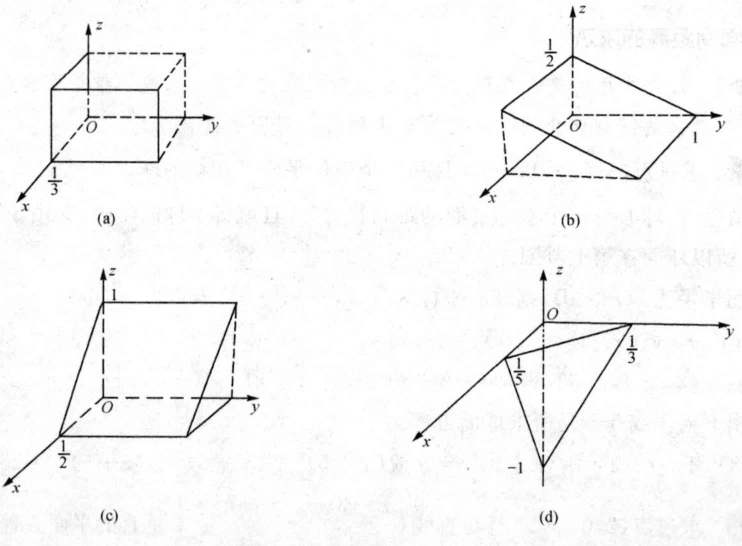

图 5.7

2. 求满足下列条件的平面方程：

(1) 过点 $A(2,9,-6)$ 且与向径 $\overrightarrow{OA}$ 垂直；

(2) 过点 $(3,0,-1)$ 且与平面 $3x-7y+5z-12=0$ 平行；

(3) 过点 $(1,0,-1)$ 且同时平行于向量 $\boldsymbol{a}=2\boldsymbol{i}+\boldsymbol{j}+\boldsymbol{k}$ 和 $\boldsymbol{b}=\boldsymbol{i}-\boldsymbol{j}$；

(4) 过点 $(1,1,1)$ 和点 $(0,1,-1)$ 且与平面 $x+y+z=0$ 相垂直；

(5) 过点 $(1,1,-1)$，$(-2,-2,2)$ 和 $(1,-1,2)$；

(6) 过点 $(-3,1,-2)$ 和 z 轴；

(7) 过点 $(4,0,-2)$，$(5,1,7)$ 且平行于 x 轴；

(8) 过平面 $x-2y+2z+21=0$ 与平面 $7x+24z-5=0$ 之间的两面角的平分面.

【知识点窍】 考查平面方程的表达，从点法式、一般式、三矢共面入手.

解: (1) $\overrightarrow{OA}=(2,9,-6)$，由点法式可知平面方程为　$2(x-2)+9(y-9)-6(z+6)=0$

整理得　$2x+9y-6z-121=0$

(2) 依题意所求平面的法向量 $\boldsymbol{n}=(3,-7,5)$，由点法式知平面方程为

$3(x-3)-7(y-0)+5(z+1)=0$，

整理得　$3x-7y+5z-4=0$

(3) $\boldsymbol{a}\times\boldsymbol{b}=\begin{vmatrix}\boldsymbol{i} & \boldsymbol{j} & \boldsymbol{k}\\ 2 & 1 & 1\\ 1 & -1 & 0\end{vmatrix}=\boldsymbol{i}+\boldsymbol{j}-3\boldsymbol{k}$

所求平面的法向量 $\boldsymbol{n}=(1,1,-3)$，由点法式知平面方程为 $(x-1)+(y-0)-3(z+1)=0$，

整理得　$x+y-3z-4=0$

(4) 设从点 $(0,1,-1)$ 到点 $(1,1,1)$ 的向量为 $\boldsymbol{a}$，则 $\boldsymbol{a}=(1,0,2)$

平面 $x+y+z=0$ 的法向量为 $\boldsymbol{n}_1=(1,1,1)$

所求平面的法向量为 $\boldsymbol{a}\times\boldsymbol{n}_1=\begin{vmatrix}\boldsymbol{i} & \boldsymbol{j} & \boldsymbol{k}\\ 1 & 0 & 2\\ 1 & 1 & 1\end{vmatrix}=-2\boldsymbol{i}+\boldsymbol{j}+\boldsymbol{k}$

由点法式可得平面方程为 $-2(x-1)+(y-1)+(z-1)=0$.

整理得　$2x-y-z=0$

(5) 设从点 $(-2,-2,2)$ 到点 $(1,1,-1)$ 的向量为 $\boldsymbol{a}$，则 $\boldsymbol{a}=(3,3,-3)$

从点 $(-2,-2,2)$ 到点 $(1,-1,2)$ 的向量为 $\boldsymbol{b}$，则 $\boldsymbol{b}=(3,1,0)$

所求平面的法向量为 $\boldsymbol{a}\times\boldsymbol{b}=\begin{vmatrix}\boldsymbol{i} & \boldsymbol{j} & \boldsymbol{k}\\ 3 & 3 & -3\\ 3 & 1 & 0\end{vmatrix}=3(\boldsymbol{i}-3\boldsymbol{j}-2\boldsymbol{k})$

由点法式可得平面方程为 $(x-1)-3(y-1)-2(z+1)=0$，

整理得　$x-3y-2z=0$

(6) 设从点(0,0,0)到(−3,1,−2)的向量为$\boldsymbol{a}$,则$\boldsymbol{a}=(-3,1,-2)$

沿z的向量为$\boldsymbol{b}$,则$\boldsymbol{b}=(0,0,1)$

所求平面的法向量为$\boldsymbol{a}\times\boldsymbol{b}=\begin{vmatrix}\boldsymbol{i} & \boldsymbol{j} & \boldsymbol{k}\\ -3 & 1 & -2\\ 0 & 0 & 1\end{vmatrix}=\boldsymbol{i}+3\boldsymbol{j}$

由点法式可得平面方程为$x-(-3)+3(y-1)=0$,

整理得　$x+3y=0$

综上可知此平面与xOy平面的夹角余弦为$\frac{1}{3}$,与xOz,yOz平面的夹角余弦为$\frac{2}{3}$.

(7) 设所求平面的法向量为$\boldsymbol{n}=(A,B,C)$,方程为$Ax+By+Cz+D=0$则有$(A,B,C)\cdot\{1,0,0\}=0$,即$A=0$

$4A-2C+D=0,5A+B+7C+D=0$

解得　$D=2C,B=-9C$

故所求平面的方程为　$9y-z-2=0$.

(8) 过两已知平面交线的平面束方程为

$x-2y+2z+21+\lambda(7x+24z-5)=0$,显然$\lambda\neq 0$

整理得　$(1+7\lambda)x-2y+(2+24\lambda)z+(21-5\lambda)=0$

其法向量$\boldsymbol{n}=\{1+7\lambda,-2,2+4\lambda\}$,又由平面与平面的公式,得

$$\frac{|\{1+7\lambda,-2,2+4\lambda\}\cdot\{1-2,2\}|}{\sqrt{(1+7\lambda)^2+(-2)^2+(2+24\lambda)^2}\cdot\sqrt{1^2+(-2)^2+2^2}}$$

$$=\frac{|\{1+7\lambda,-2,2+24\lambda\}\cdot\{7,0,24\}|}{\sqrt{(1+7\lambda)^2+(-2)^2+(2+24\lambda)^2}\cdot\sqrt{7^2+0^2+24^2}}$$

将解出的λ代入所设方程中,整理可得所求平面方程为

$2x-25y-11z+270=0$或$46x-50y+122z+510=0$.

3. 求平面$2x-2y+z+5=0$与各坐标面的夹角的余弦.

解:与xOy面的夹角为　$\alpha=\arccos\frac{|\{2,-2,1\}\cdot\{0,0,1\}|}{|\{2,-2,1\}|\cdot|\{0,0,1\}|}=\frac{1}{3}$,

与xOz面的夹角为　$\beta=\arccos\frac{|\{2,-2,1\}\cdot\{0,1,0\}|}{|\{2,-2,1\}|\cdot|\{0,1,0\}|}=\frac{2}{3}$,

与yOz面的夹角为　$\gamma=\arccos\frac{|\{2,-2,1\}\cdot\{1,0,0\}|}{|\{2,-2,1\}|\cdot|\{1,0,0\}|}=\frac{2}{3}$.

4. 求两平行平面$Ax+By+Cz+D_1=0$与$Ax+By+Cz+D_2=0$之间的距离.

【知识点窍】　考查平面与平面间距离的求解.

【逻辑推理】　利用点到平面的距离的求解公式.

解:设点$P(x_1,y_1,z_1)$是平面$Ax+By+Cz+D_1=0$上的任一点则P到平面$Ax+By+Cz+D_2=0$的距离为　$d=\frac{|Ax_1+By_1+Cz_1+D_2|}{\sqrt{A^2+B^2+C^2}}=\frac{|D_2-D_1|}{\sqrt{A^2+B^2+C^2}}$

第五节　直　线

知识点归纳

1. 直线的方程

(1) 一般方程 $\begin{cases} A_1x+B_1y+C_1z+D_1=0, \\ A_2x+B_2y+C_2z+D_2=0, \end{cases}$

其中直线方向向量为 $\boldsymbol{s}=\begin{vmatrix} \boldsymbol{i} & \boldsymbol{j} & \boldsymbol{k} \\ A_1 & B_1 & C_1 \\ A_2 & B_2 & C_2 \end{vmatrix}=(A_1,B_1,C_1)\times(A_2,B_2,C_2)$.

(2) 对称式(点向式) 方程：$\dfrac{x-x_0}{m}=\dfrac{y-y_0}{n}=\dfrac{z-z_0}{p}$，

其中 $\boldsymbol{s}=(m,n,p)$ 为直线的方向向量.

(3) 参数方程 $\begin{cases} x=x_0+mt \\ y=y_0+nt \\ z=z_0+pt \end{cases}$

其中 $\boldsymbol{s}=(m,n,p)$ 为直线的方向向量.

2. 两直线的关系

设 $L_1:\dfrac{x-x_0}{m_1}=\dfrac{y-y_0}{n_1}=\dfrac{z-z_0}{p_1}$，$L_2:\dfrac{x-x'_0}{m_2}=\dfrac{y-y'_0}{n_2}=\dfrac{z-z'_0}{p_2}$，则

(1) L_1 与 L_2 互相平行的充要条件是 $\dfrac{m_1}{m_2}=\dfrac{n_1}{n_2}=\dfrac{p_1}{p_2}$；

(2) L_1 与 L_2 互相垂直的充要条件是 $m_1m_2+n_1n_2+p_1p_2=0$；

(3) 两直线的夹角 θ 由下式确定：

$$\cos\theta=\frac{|m_1m_2+n_1n_2+p_1p_2|}{\sqrt{m_1^2+n_1^2+p_1^2}\sqrt{m_2^2+n_2^2+p_2^2}};$$

(4) L_1 与 L_2 共面的充要条件是 $\begin{vmatrix} x_2-x_1 & y_2-y_1 & z_2-z_1 \\ m_1 & n_1 & p_1 \\ m_2 & n_2 & p_2 \end{vmatrix}=0$，其中点 $(x_1,y_1,z_1)\in L_1$，点 $(x_2,y_2,z_2)\in L_2$.

直线与平面的关系

设 $L:\dfrac{x-x_0}{m}=\dfrac{y-y_0}{n}=\dfrac{z-z_0}{p}$，$\Pi:Ax+By+Cz+D=0$，则

(1) L 与 Π 互相平行的充要条件是 $mA+nB+pC=0$；

(2) L 与 Π 互相垂直的充要条件是 $\dfrac{A}{m}=\dfrac{B}{n}=\dfrac{C}{p}$；

(3) 直线与平面的夹角 φ,由下式确定:

$$\sin\varphi = \frac{|mA+nB+pC|}{\sqrt{A^2+B^2+C^2}\ \sqrt{m^2+n^2+p^2}}.$$

6. 过直线的平面束方程

过直线 L:$\begin{cases} A_1x+B_1y+C_1z+D_1=0 \\ A_2x+B_2y+C_2z+D_2=0 \end{cases}$的平面束方程为

$(A_1x+B_1y+C_1z+D_1)+\lambda(A_2x+B_2y+C_2z+D_2)=0$,

即 $(A_1+\lambda A_2)x+(B_1+\lambda B_2)y+(C_1+\lambda C_2)Z+(D_1+\lambda D_2)=0$,

其中 λ 为参数.

典型例题与解题技巧

题型 Ⅵ:直线方程的建立

【题型分析】 1. 直线方程有三种形式:对称式,参数式,一般式. 在求平面或直线方程的过程中,当涉及直线时,有时需要在这三种不同形式的直线方程之间作转化.

2. 利用向量的叉乘运算求平面的法向量或直线的方向向量是常用的方法.

3. 确定直线方程的两个基本思路

(1) 两个不平行的平面相交于一条直线,如一般式;

(2) 已知直线 L 上一点 $M(x_0,y_0,z_0)$ 以及直线 L 的方向向量 $\boldsymbol{s}=\{\boldsymbol{l},\boldsymbol{m},\boldsymbol{n}\}$ 可确定直线 L,它的方程是对称式或参数式.

如:设 Π_i 是定点 A 与已知直线 L_i 所决定的平面,法向量是 $\boldsymbol{n}_i$,点 P_i 是直线 L_i 上定点,$\boldsymbol{s}_i$ 是 L_i 的方向向量($i=1,2$),那么 $\boldsymbol{n}_i=\overrightarrow{AP}_i\times\boldsymbol{s}_i$.

Π_1 与 Π_2 的交线就是所求直线 L,$\boldsymbol{n}_1\times\boldsymbol{n}_2$ 正是 L 的方向向量 $\boldsymbol{s}$.

例 23 求过点 $P(1,2,1)$ 及直线 L_1:$\frac{x-1}{-1}=\frac{y}{0}=\frac{z-2}{1}$ 和平面 Π:$x+2y-z+4=0$ 的交点 Q 的直线方程.

分析 我们已经知道直线上一点的确切坐标,并知道直线还要经过点 Q,只要解出 Q 的坐标,用两点式方程还是对称式方程来表示直线没有多大的不同.

解:直线与平面的交点 Q 满足 $\begin{cases} \frac{x-1}{1}=\frac{z-2}{2} \\ y=0 \\ x+2y-z+4=0 \end{cases}$

得 $Q(0,0,4)$,由此,$\overrightarrow{PQ}=\{-1,-2,3\}$,所求直线方程为

$\frac{x-1}{-1}=\frac{y-2}{-2}=\frac{z-1}{3}$ 或 $\frac{x-0}{1-0}=\frac{y-0}{2-0}=\frac{z-4}{1-4}$

即 $\frac{x}{1}=\frac{y}{2}=\frac{z}{-3}$.

例 24 设 $l_1:\frac{x-1}{1}=\frac{y}{2}=\frac{z+1}{1}$，$l_2:\frac{x+2}{-2}=\frac{y-1}{1}=\frac{z}{1}$ 是两条异面直线；

(1) 求 l_1 与 l_2 的公垂线方程；

(2) l_1 与 l_2 的距离.

解：(1) l_1 与 l_2 的公垂线垂直于 l_1 和 l_2，所以与 $\{1,2,1\}\times\{-2,1,1\}=\{1,-3,5\}$ 平行. 设经过 l_1 又与方向 $\{1,-3,5\}$ 平行的平面为 Π_1，则 Π_1 法向量为 $\{1,2,1\}\times\{1,-3,5\}=\{13,-4,-5\}$，过 l_2 与方向 $\{1,-3,5\}$ 平行的平面为 Π_2，则 Π_2 法向量为 $\{-2,1,1\}\times\{1,-3,5\}=\{8,11,5\}$，由此得到平面 Π_1 与 Π_2 的方程为：

$\Pi_1:13(x-1)-4y-5(z+1)=0$

$\Pi_2:8(x+2)+11(y-1)+5z=0$

由于 Π_1 与 Π_2 都经过公垂线，所以它们的交线就是公垂线：

$$l_3:\begin{cases}13(x-1)-4y-5(z+1)=0\\8(x+2)+11(y-1)+5z=0\end{cases}$$

(2) **法 1**：$P_1(1,0,-1)\in l_1$，$P_2(-2,1,0)\in l_2$，$\overrightarrow{P_1P_2}$ 在公垂线上的投影的绝对值就是 l_1 与 l_2 的距离，由此

$$d=\left|\overrightarrow{P_1P_2}\cdot\frac{\{1,-3,5\}}{|\{1,-3,5\}|}\right|=\frac{|\{-3,1,1\}\cdot\{1,-3,5\}|}{\sqrt{1+9+25}}=\frac{1}{\sqrt{35}}$$

法 2：过 l_2 且垂直于公垂线的平面为 $\Pi:(x-1)-3y+5(z+1)=0$，$P_2(-2,1,0)$ 到 Π 的距离就是 l_1 与 l_2 的最近距离.

法 3：l_1 的参数方程为

$$l_1:\begin{cases}x=1+t\\y=2t\\z=-1+t\end{cases},\quad l_2:\begin{cases}x=-2-2u\\y=u\\z=u\end{cases}$$

l_1 与 l_2 上各取一点 $P_1(1+t,2t,-1+t)$，$P_2(-2-2u,u,u)$，则

$$|\overrightarrow{P_1P_2}|^2=(3+t+2u)^2+(2t-u)^2+(t-1-u)^2=f(t,u)$$

由 $\begin{cases}\dfrac{\partial f}{\partial t}=0\\[2mm]\dfrac{\partial f}{\partial u}=0\end{cases}$ 得到驻点，由此求出 $f(t,u)$ 的最小值，此时的 $\sqrt{f(t,u)}$ 就是两直线间的距离.

例 25 已知入射光线路径为 $\frac{x-1}{4}=\frac{y-1}{3}=\frac{z-2}{1}$，求该光线经平面 $x+2y+5z+17=0$ 反射后的反射线方程.

分析　如图 5.8 所示，$\boldsymbol{l}$ 为入射线方向，$\boldsymbol{n}$ 为平面法向，$\boldsymbol{l}'$ 为反射线方向，关键是求出 $\boldsymbol{l}'$，设入射线与平面交点为 Q，P 关于平面的对称点为 P'，则 $\overrightarrow{P'Q}$ 与 $\boldsymbol{l}'$ 平行从而过 P'、Q 的直线就是反射线.

解:(1) 先求直线与平面交点,$L:\begin{cases}x=1+4t\\y=1+3t\\z=2+t\end{cases}$代入平面方程

得:$1+4t+2(1+3t)+5(2+t)+17=0$

得 $t=-2$,即 $Q(-7,-5,0)$.

(2) 求对称点 P':将过 P 作垂直于平面的直线

$$\frac{x-1}{1}=\frac{y-1}{2}=\frac{z-2}{5}$$

化成参数式为 $\begin{cases}x=1+t\\y=1+2t\\z=2+5t\end{cases}$

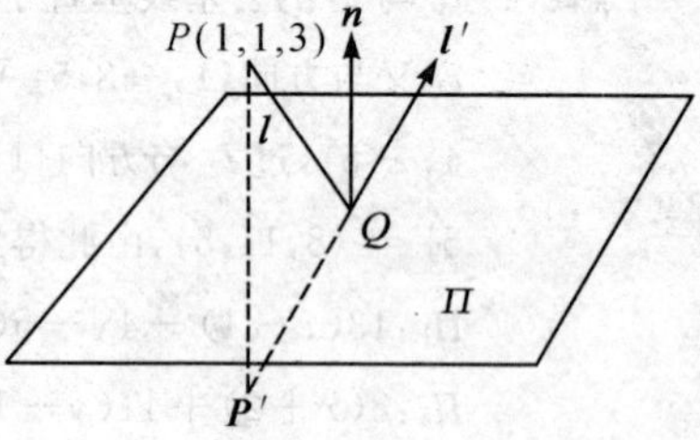

图 5.8

设 P' 为 $(1+t,1+2t,2+5t)$,则 PP' 的中点

$(\frac{2+t}{2},\frac{2+2t}{2},\frac{4+5t}{2})$ 必须满足平面方程,即:

$$\frac{t+2}{2}+(2+2t)+5\cdot\frac{4+5t}{2}+17=0,t=-2$$

由此得 $P'(-1,-3,-8)$,则过 $P'Q$ 的直线方程　$\frac{x+7}{3}=\frac{y+5}{1}=\frac{z}{-4}$

为反射线方程.

例 26　若 M_1、M_2 两点与直线 $L:\begin{cases}2x-z=3\\x+2y=1\end{cases}$对称,已知 $M_1(1,-1,3)$,求 M_2 的坐标.

分析　由已知条件可知,$\overrightarrow{M_1M_2}$ 必与 L 垂直,并且 M_1、M_2 的中点恰好落在直线 L 上,由此可解出 M_2 的坐标.

解:L 的方向向量为$\{2,0,-1\}\times\{1,2,0\}=\{2,-1,4\}$,设 $M_2(x,y,z)$,故$\overrightarrow{M_1M_2}=\{x-1,y+1,z-3\}$,故 M_1M_2 的中点坐标为$\left(\frac{x+1}{2},\frac{y-2}{2},\frac{z+3}{2}\right)$,此时有

$$\begin{cases}\{x-1,y+1,z-2\}-\{2,-1,4\}=0\\2\left(\frac{x+1}{2}\right)-\left(\frac{z+3}{2}\right)=3\\\frac{x+1}{2}+2\cdot\frac{y-1}{2}=1\end{cases}$$

可解出$(x,y,z)=\left\{\frac{27}{7},-\frac{3}{7},\frac{5}{7}\right\}$为 M_1 关于直线 L 的对称点.

题型 Ⅶ:空间解析几何中各种求距离的问题

【题型分析】　1.空间解析几何中有各种求距离的问题,大致有下列四种类型:① 两点间距离;② 点到平面距离(包括平行平面之间的距离,直线与平面平行时两者间的距离);③ 点到直线距离(包括

两条平行直线间的距离）；④ 两条异面直线间的距离.

2.关于距离的坐标计算公式

(1) 两点 $P_1(x_1,y_1,z_1)$，$P_2(x_2,y_2,z_2)$ 间的距离

$$d=|\overrightarrow{P_1P_2}|=\sqrt{(x_2-x_1)^2+(y_2-y_1)^2+(z_2-z_1)^2}$$

(2) 点 $P_0(x_0,y_0,z_0)$ 到直线 $L:\dfrac{x-x_1}{l}=\dfrac{y-y_1}{m}=\dfrac{z-z_1}{n}$ 的距离

$$d=\frac{|\{x_1-x_0,y_1-y_0,z_1-z_0\}\times\{\boldsymbol{l},\boldsymbol{m},\boldsymbol{n}\}|}{|\{\boldsymbol{l},\boldsymbol{m},\boldsymbol{n}\}|}=\frac{\left\|\begin{matrix}\boldsymbol{i} & \boldsymbol{j} & \boldsymbol{k}\\ x_1-x_0 & y_1-y_0 & z_1-z_0\\ l & m & n\end{matrix}\right\|}{\sqrt{l^2+m^2+n^2}}$$

(3) 点 $P_0(x_0,y_0,z_0)$ 到平面 $\Pi:Ax+By+Cz+D=0$ 的距离为

$$d=\frac{|Ax_0+By_0+Cz_0+D|}{\sqrt{A^2+B^2+C^2}}.$$

例 27 试推导两平行平面 $Ax+By+Cz+D_1=0$ 与 $Ax+By+Cz+D_2=0$ 之间的距离公式，并计算平行平面 $19x-4y+8z+21=0$ 与 $19x-4y+8z+42=0$ 之间的距离.

解：在 $Ax+By+Cz+D_2=0$ 上任取一点 $M_0(x_0,y_0,z_0)$

即　$Ax_0=By_0+Cz_0=-D_1$

M_0 到 $Ax+By+Cz+D_2=0$ 的距离即为两平面间的距离，则有

$$d=\frac{|Ax_0+By_0+Cz_0+D_2|}{\sqrt{A^2+B^2+C^2}}=\frac{|D_1-D_2|}{\sqrt{A^2+B^2+C^2}}$$

所以所求平面间的距离为　$d=\dfrac{|21-42|}{\sqrt{19^2+4^2+8^2}}=1$

例 28 设平面方程为 $\dfrac{x}{a}+\dfrac{y}{b}+\dfrac{z}{c}=1$，证明：

(1) $\dfrac{1}{d^2}=\dfrac{1}{a^2}+\dfrac{1}{b^2}+\dfrac{1}{c^2}$（其中 d 为原点到平面的距离）；

(2) 平面被三坐标面所截得的三角形面积为　$A=\dfrac{1}{2}\sqrt{b^2c^2+c^2a^2+a^2b^2}$.

证：(1) 一般式为 $\dfrac{1}{a}x+\dfrac{1}{b}y+\dfrac{1}{c}z-1=0$

则 $d=\dfrac{1}{\sqrt{\dfrac{1}{a^2}+\dfrac{1}{b^2}+\dfrac{1}{c^2}}}$，得 $\dfrac{1}{d^2}=\dfrac{1}{a^2}+\dfrac{1}{b^2}+\dfrac{1}{c^2}$.

(2) **法 1**：平面与 x 轴，y 轴，z 轴的交点分别为

$P(a,0,0)$，$Q(0,b,0)$，$R(0,0,c)$

则　$\overrightarrow{PQ}=(-a,b,0)$，$\overrightarrow{PR}=(-a,0,c)$

$$\overrightarrow{PQ}\times\overrightarrow{PR}=\begin{vmatrix}\boldsymbol{i}&\boldsymbol{j}&\boldsymbol{k}\\-a&b&0\\-a&0&c\end{vmatrix}=(bc)\boldsymbol{i}+(ac)\boldsymbol{j}+(ab)\boldsymbol{k}=(bc,ac,ab)$$

$$A=\frac{1}{2}\mid\overrightarrow{PQ}\times\overrightarrow{PR}\mid=\frac{1}{2}\sqrt{b^2c^2+a^2c^2+a^2b^2}$$

法 2:平面与三坐标面所围体积为

$$V=\frac{1}{6}\mid abc\mid=\frac{1}{3}Ad$$

$$A=\frac{1}{2}\mid abc\mid\frac{1}{d}=\frac{1}{2}\mid abc\mid\sqrt{\frac{1}{a^2}+\frac{1}{b^2}+\frac{1}{c^2}}=\frac{1}{2}\sqrt{b^2c^2+c^2a^2+a^2b^2}$$

课后习题全解

习题 5－5 解答

1. 写出下列直线的对称式方程及参数方程：

(1) $\begin{cases}x-y+z=1,\\2x+y+z=4;\end{cases}$　　(2) $\begin{cases}2x+5z+3=0,\\x-3y+z+2=0.\end{cases}$

【知识点窍】 考查直线方程的表达方式.

解:(1) 直线的方向向量 $=\begin{vmatrix}\boldsymbol{i}&\boldsymbol{j}&\boldsymbol{k}\\1&-1&1\\2&1&1\end{vmatrix}=-2\boldsymbol{i}+\boldsymbol{j}+3\boldsymbol{k}$ 任取直线上一点(1,1,1).

该直线的对称式方程为$\dfrac{x-1}{-2}=\dfrac{y-1}{1}=\dfrac{z-1}{3}$

参数方程为 $\begin{cases}x=1-2t\\y=1+t\\z=1+3t\end{cases}\quad(-\infty<t<+\infty).$

(2) 直线的方向向量 $=\begin{vmatrix}\boldsymbol{i}&\boldsymbol{j}&\boldsymbol{k}\\2&0&5\\1&-3&1\end{vmatrix}=15\boldsymbol{i}+3\boldsymbol{j}-6\boldsymbol{k}=3(5\boldsymbol{i}+\boldsymbol{j}-2\boldsymbol{k})$

任取直线上一点$(1,\dfrac{2}{3},-1)$.

该直线的对称式方程为 $\dfrac{x-1}{5}=\dfrac{y-\frac{2}{3}}{1}=\dfrac{z+1}{-2}$

参数方程为 $\begin{cases}x=1+5t\\y=\dfrac{2}{3}+t\\z=-1-2t\end{cases}\quad(-\infty<t<+\infty).$

2. 求满足下列条件的直线方程：

(1) 过点 $(4,-1,3)$ 且平行于直线 $\frac{x-3}{2}=\frac{y}{1}=\frac{z-1}{5}$；

(2) 过点 $(0,2,4)$ 且同时平行于平面 $x+2z=1$ 和 $y-3z=2$；

(3) 过点 $(2,-3,1)$ 且垂直于平面 $2x+3y-z+1=0$；

(4) 过点 $(0,1,2)$ 且与直线 $\frac{x-1}{1}=\frac{y-1}{-1}=\frac{z}{2}$ 垂直相交.

【知识点窍】 考查直线方程的求解，采用对称式和一般式.

解：(1) 所求直线方程的方向向量为 $(2,1,5)$，则其方程为 $\frac{x-4}{2}=\frac{y+1}{1}=\frac{z-3}{5}$.

(2) 所求直线的方向向量为 $s=\begin{vmatrix} i & j & k \\ 1 & 0 & 2 \\ 0 & 1 & -3 \end{vmatrix}=-2i+3j+k$

所求直线方程为(对称式) $\frac{x}{-2}=\frac{y+3}{3}=\frac{z-4}{1}$.

(3) 所求直线的方向向量平行于平面 $2x+3y+z+1=0$ 的法向量，设其方向向量为 $(2,3,1)$，

方程为 $\frac{x-2}{2}=\frac{y+3}{3}=\frac{z-1}{1}$.

(4) 设所求直线方程为 $\begin{cases} x=tm \\ y=1+tn \\ z=2+tp \end{cases}\quad(-\infty<t<+\infty)$

此直线与直线 $\frac{x-1}{1}=\frac{y-1}{-1}=\frac{z}{2}$ 垂直相交，则有

$m-n+2p=0$ 且存在 t_0，使得 $\begin{cases} t_0m-1=1-(1+t_0n) \\ 2(t_0m-1)=2+t_0p \end{cases}$

可得 $\begin{cases} m-n+2p=0 \\ 2m+4n+p=0 \end{cases}$，解方程可得 $\begin{cases} p=2n \\ m=-3n \end{cases}$

令 $n=1$，则 $m=-3$，$p=2$

所求直线的方程为 $\begin{cases} x=-3t \\ y=1+t \\ z=2+2t \end{cases}\quad(-\infty<t<+\infty)$

3. 求下列投影点的坐标：

(1) 点 $(-1,2,0)$ 在平面 $x+2y-z+1=0$ 上的投影点；

(2) 点 $(2,3,1)$ 在直线 $\frac{x+7}{1}=\frac{y+2}{2}=\frac{z+2}{3}$ 上的投影点.

【知识点窍】 考查投影点的求解，转化为求垂线与平面的交点.

解：(1) 过点 $(-1,2,0)$ 与平面 $x+2y-z+1=0$ 垂直的直线方程为 $\frac{x+1}{1}=\frac{y-2}{2}=\frac{z}{-1}$

其对应的参数方程为 $\begin{cases} x = t-1 \\ y = 2t+2 \\ z = -t \end{cases}$ $(-\infty < t < +\infty)$

代入平面方程,可解得 $t = -\dfrac{2}{3}$,此时 $x = -\dfrac{5}{3}$, $y = \dfrac{2}{3}$, $z = \dfrac{2}{3}$.

所求投影点为$\left(-\dfrac{5}{3}, \dfrac{2}{3}, \dfrac{2}{3}\right)$.

(2) 易知,过点(2,3,1)与直线$\dfrac{x+7}{1} = \dfrac{y+2}{2} = \dfrac{z+2}{3}$垂直的平面方程为

$1 \cdot (x-2) + 2(y-3) + 3(z-1) = 0$,

整理得　$x + 2y + 3z - 11 = 0$

直线的参数方程为 $\begin{cases} x = t-7 \\ y = 2t-2 \\ z = 3t-2 \end{cases}$ $(-\infty < t < +\infty)$

代入平面方程,可解得 $t = 2$,此时 $x = -5$, $y = 2$, $z = 4$.

所求投影点为$(-5, 2, 4)$.

4. 求下列投影直线的方程:

(1) 直线$\begin{cases} 2x - 4y + z = 0 \\ 3x - y - 2x - 9 = 0 \end{cases}$ 在三个坐标面上的投影直线;

(2) 直线$\begin{cases} 4x - y + 3z - 1 = 0 \\ x + 5y - z + 2 = 0 \end{cases}$ 在平面 $2x - y + 5z - 3 = 0$ 上的投影直线.

【知识点窍】 先转化为求两平面的交线,再利用平面束方程求解.

解:(1) 过已知直线的平面束方程为　$(2x - 4y + z) + \lambda(3x - y - 2z - 9) = 0$

整理得　$(2 + 3\lambda)x - (4 + \lambda)y + (1 - 2\lambda)z - 9\lambda = 0$

在上述平面束中取一平面垂直于 xOy 面$(z = 0)$,则有

$(2 + 3\lambda, -4 - \lambda, 1 - 2\lambda) \perp \boldsymbol{k}$

可得 $\lambda = \dfrac{1}{2}$ 代入平面束方程,得 $7x - 9y - 9 = 0$

则直线 xOy 面上的投影直线为$\begin{cases} 7x - 9y = 9, \\ z = 0; \end{cases}$

同理,直线在 xOy 与 yOz 坐标面上的投影分别为

$\begin{cases} 10x - 9z = 36, \\ y = 0; \end{cases}$ 与 $\begin{cases} 10y - 7z = 18, \\ x = 0. \end{cases}$

(2) 设过此直线与平面 $2x - y + 5z - 3 = 0$ 垂直的平面束方程为

$4x - y + 3z - 1 + \lambda(x + 5y - z + 2) = 0$,

整理得　$(4 + \lambda)x - (1 - 5\lambda)y + (3 - \lambda)z + 2\lambda - 1 = 0$　①

两个平面垂直,则有$(4+\lambda,5\lambda-1,3-\lambda)\cdot(2,-1,5)=0$,得

$2(\lambda+4)+1-5\lambda+5(3-\lambda)=0$,

解得$\lambda=3$,代入①式得

$7x+14y+5=0$

所求投影直线的方程 $\begin{cases}7x+14y+5=0,\\2x-y+5z-3=0.\end{cases}$

5. 求直线$\begin{cases}5x-3y+3z-9=0\\3x-2y+z-1=0\end{cases}$与直线$\begin{cases}2x+2y-z+23=0\\3x+8y+z-18=0\end{cases}$之间的夹角.

【知识点窍】 考查两直线间夹角的求解,利用点积的几何意义即可求解.

解:直线$\begin{cases}5x-3y+3z-9=0\\3x-2y+z-1=0\end{cases}$的方向向量为

$$\boldsymbol{s}_1=\begin{vmatrix}\boldsymbol{i}&\boldsymbol{j}&\boldsymbol{k}\\5&-3&3\\3&-2&1\end{vmatrix}=3\boldsymbol{i}+4\boldsymbol{j}-\boldsymbol{k}$$

直线$\begin{cases}2x+2y-z+23=0\\3x+8y+z-18=0\end{cases}$的方向向量为

$$\boldsymbol{s}_2=\begin{vmatrix}\boldsymbol{i}&\boldsymbol{j}&\boldsymbol{k}\\2&2&-1\\3&8&1\end{vmatrix}=5(2\boldsymbol{i}-\boldsymbol{j}+2\boldsymbol{k})$$

记两直线的夹角为φ,则

$$\cos\varphi=\frac{|3\times2-4\times1-1\times2|}{\sqrt{3^2+4^2+(-1)^2}\ \sqrt{2^2+(-1)^2+2^2}}=0,\text{得 }\varphi=\frac{\pi}{2},$$

即两直线的夹角为$\frac{\pi}{2}$.

6. 求直线$\frac{x-1}{2}=\frac{y}{-1}=\frac{z+1}{2}$与平面$x-y+2z=3$之间的夹角.

【逻辑推理】 直接运用直线与平面的夹角公式即可求解.

解:设夹角为φ,直线的方向向量$\boldsymbol{s}=(2,-1,2)$与平面的法向量$\boldsymbol{n}=(1,-1,2)$之间的夹角即为$\frac{\pi}{2}-\varphi$,则有

$$\sin\varphi=\frac{\boldsymbol{s}\cdot\boldsymbol{n}}{|\boldsymbol{s}||\boldsymbol{n}|}=\frac{2\times1+(-1)\times(-1)+2\times2}{\sqrt{2^2+(-1)^2+2^2}\cdot\sqrt{1^2+(-1)^2+2^2}}=\frac{7}{3\sqrt{6}}$$

即　$\sin\varphi=\frac{7}{3\sqrt{6}}$

所以直线与平面的夹角　$\varphi=\arcsin\frac{7}{3\sqrt{6}}$.

7. 设M_0是直线L外的一点，M是直线上的任意一点，且直线L的方向向量为$\boldsymbol{s}$，证明：点M_0到直线L的距离为$d=\dfrac{|\overrightarrow{M_0M}\times\boldsymbol{s}|}{|\boldsymbol{s}|}$. 由此计算：

(1) 点$M_0(3,-4,4)$到直线$\dfrac{x-4}{2}=\dfrac{y-5}{-2}=\dfrac{z-2}{1}$的距离；

(2) 点$M_0(3,-1,2)$到直线$\begin{cases}x+y-z+1=0\\2x-y+z-4=0\end{cases}$的距离.

【知识点窍】 借助向量积的几何意义可以得证。

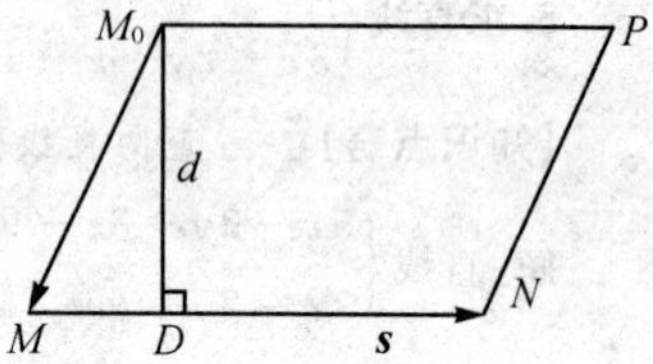

图 5.9

解: 如图 5.9 所示，记$\boldsymbol{s}=\overrightarrow{MN}$，$|M_0D|=d$，则面积

$$S_{\square M_0MNP}=|\overrightarrow{M_0M}\times\boldsymbol{s}|=|\boldsymbol{s}|\cdot d,$$

即得 $d=\dfrac{|\overrightarrow{M_0M}\times\boldsymbol{s}|}{|\boldsymbol{s}|}$.

(1) 此时点$M(4,5,2)$，$\boldsymbol{s}=(2,-2,1)$，

$$\overrightarrow{M_0M}=(1,9,-2),\ |\boldsymbol{s}|=\sqrt{2^2+(-2)^2+1^2}=3$$

$$\overrightarrow{M_0M}\times\boldsymbol{s}=\begin{vmatrix}\boldsymbol{i}&\boldsymbol{j}&\boldsymbol{k}\\1&9&-2\\2&-2&1\end{vmatrix}=(5,-5,-20)$$

代入已证公式，得距离 $d=\dfrac{5\sqrt{1+1+16}}{3}=5\sqrt{2}$.

(2) 点M可取为$(1,0,2)$，$\boldsymbol{s}=\begin{vmatrix}\boldsymbol{i}&\boldsymbol{j}&\boldsymbol{k}\\1&1&-1\\2&-1&1\end{vmatrix}=(0,-3,-3)=-3\,(0,1,1)$，

$$\overrightarrow{M_0M}=(-2,1,0),\ |\boldsymbol{s}|=\sqrt{1^2+1^2}=\sqrt{2}$$

$$\overrightarrow{M_0M}\times\boldsymbol{s}=\begin{vmatrix}\boldsymbol{i}&\boldsymbol{j}&\boldsymbol{k}\\-2&1&0\\0&1&1\end{vmatrix}=(1,2,-2)$$

代入已证公式，得距离 $d=\dfrac{\sqrt{1^2+2^2+(-2)^2}}{\sqrt{2}}=\dfrac{3\sqrt{2}}{2}$.

8. 求点$(3,-1,-1)$关于平面$6x+2y-9z+96=0$的对称点的坐标.

【逻辑推理】 利于点到平面的垂线及点到平距离公式求解.

解: 过点$(3,-1,-1)$与平面$6x+2y-9z+96=0$垂直的直线方程为

$$\begin{cases}x=3+6t\\y=-1+2t\quad(-\infty<t<+\infty)\\z=-1-9t\end{cases}\qquad ①$$

记点(3，－1，－1)关于平面 $6x+2y-9z+96=0$ 的对称点为 $(3+6t,-1+2t_1,-1-9t_1)$

则有点(3，－1，－1)，$(3+6t_1,-1+2t_1,-1-9t_1)$ 到平面 $6x+2y-9z+96=0$ 的距离相等，即

$$\frac{|6(3+6t_1)+2(-1+2t_1)-9(-1-9t_1)+96|}{\sqrt{6^2+2^2+(-9)^2}}=\frac{|6\times3-2-9\times(-1)+96|}{\sqrt{6^2+2^2+(-9)^2}}$$

解得 $t_1=0$(舍去)或 $t_1=-2$.

将 $t_1=-2$ 代入①得 $x=-9,y=-5,z=17$.

所求对称点为(－9，－5，17).

9. 已知入射光线的路径为 $\frac{x-1}{4}=\frac{y-1}{3}=\frac{z-2}{1}$，求该光线经平面 $x+2y+5z+17=0$ 反射后的反射线方程.

解：平面 $x+2y+5z+17=0$ 的法向量为 $\boldsymbol{n}=(1,2,5)$，入射光线的方向向量为 $\boldsymbol{s}_1=(4,3,1)$，设反射光线的方向向量为 $\boldsymbol{s}_2$，则 $\boldsymbol{n}$ 为 $\boldsymbol{s}_1$ 与 $\boldsymbol{s}_2$ 夹角的平分向量，故当 $|\boldsymbol{s}_1|=|\boldsymbol{s}_2|$ 时，$\boldsymbol{s}_1+\boldsymbol{s}_2\parallel\boldsymbol{n}$，从而存在 $\lambda\neq0$，使得 $\boldsymbol{s}_1+\boldsymbol{s}_2=\lambda\boldsymbol{n}$，

从而　$|\boldsymbol{s}_1|^2=|\boldsymbol{s}_2|^2=|\lambda\boldsymbol{n}-\boldsymbol{s}_1|^2=\lambda^2|\boldsymbol{n}|^2-2\lambda\boldsymbol{n}\cdot\boldsymbol{s}_1+|\boldsymbol{s}_1|^2$

解得　$\lambda=\frac{2\boldsymbol{n}\cdot\boldsymbol{s}}{|\boldsymbol{n}|^2}=\frac{2\times15}{30}=1$，

故　$\boldsymbol{s}_2=\lambda\boldsymbol{n}-\boldsymbol{s}_1=\boldsymbol{n}-\boldsymbol{s}_1=(-3,-1,4)$.

又将已知直线化为参数式方程　$x=4t+1,y=3t+1,z=t+2$，

代入平面方程，解得　$t=-2$，

于是入射光线与平面的交点为 $M(-7,-5,0)$，因此反射光线所在直线方程为

$$\frac{x+7}{-3}=\frac{y+5}{-1}=\frac{z}{4}.$$

第六、七节　曲面与曲线、二次曲面

知识点归纳

1. 柱面与旋转曲面

(1) 柱面

平行于定直线 L 并沿定曲线 C 移动的直线所形成的曲面叫做柱面，定曲线 C 叫做柱面的准线，动直线叫做柱面的母线。

只含 x、y 而缺 z 的三元方程 $F(x,y)=0$，在空间直角坐标系中表示母线平行于 z 轴的柱面，其准线是：$\begin{cases}F(x,y)=0\\z=0\end{cases}$

类似地，$G(x,z)=0$ 与 $H(y,z)=0$ 分别表示母线平行于 y 轴与 x 轴的柱面.

(2) 旋转曲面

平面上的曲线 C 绕该平面上一条定直线 L 旋转而形成的曲面叫做旋转曲面，该平面曲线 C 叫做旋转曲面的母线，定直线叫做旋转曲面的轴。

平面曲线 C：$\begin{cases} f(y,z)=0 \\ x=0 \end{cases}$ 绕 z 轴旋转而成的曲面方程为：$f(\pm\sqrt{x_2+y_2},z)=0$；绕 y 轴旋转而成的曲面方程为：$f(y,\pm\sqrt{x^2+z^2})=0$.

2. 二次曲面

三元二次方程 $F(x,y,z)=0$ 表示的曲面叫做二次曲面.

椭球面　$\dfrac{x^2}{a^2}+\dfrac{y^2}{b^2}+\dfrac{z^2}{c^2}=1\ (a、b、c>0)$；

抛物面　$\dfrac{x^2}{a^2}+\dfrac{y^2}{b^2}=\pm z$ (椭圆抛物面)；

$\dfrac{x^2}{a^2}-\dfrac{y^2}{b^2}=\pm z$ (双曲抛物面或马鞍面)；

双曲面　$\dfrac{x^2}{a^2}+\dfrac{y^2}{b^2}-\dfrac{z^2}{c^2}=1$ (单叶双曲面)；

$\dfrac{x^2}{a^2}+\dfrac{y^2}{b^2}-\dfrac{z^2}{c^2}=-1$ (双叶双曲面).

3. 空间曲线及其方程

(1) 空间曲线 Γ 的一般方程　$\begin{cases} F(x,y,z)=0 \\ G(x,y,z)=0 \end{cases}$

(2) 空间曲线 Γ 的参数方程　$x=x(t),y=y(t),z=z(t)$.

4. 空间曲线在坐标面上的投影

以空间曲线 Γ 为准线，母线垂直于 xOy 面的柱面叫做 Γ 对 xOy 面的投影柱面，投影柱面与 xOy 面的交线 L 叫做 Γ 在 xOy 面上的投影曲线.

消去方程组 $\begin{cases} F(x,y,z)=0 \\ G(x,y,z)=0 \end{cases}$ 中的变量 z，所得柱面 $H(x,y)=0$ 必包含了曲线 Γ，于是该柱面与 xOy 面的交线 $\begin{cases} H(x,y)=0 \\ z=0 \end{cases}$ 必包含了 Γ 在 xOy 面上的投影曲线.

类似可得 Γ 在 yOz 面和 zOx 面上的投影曲线所满足的方程分别为

$\begin{cases} R(y,z)=0 \\ x=0 \end{cases}$ 和 $\begin{cases} T(x,z)=0 \\ y=0 \end{cases}$.

典型例题与解题技巧

题型 Ⅷ：求直线或曲线在平面上的投影方程

【题型分析】 投影方程无非以下两种形式，熟练掌握它们对求解此类问题十分便利.

1. 如 Γ: $\begin{cases} f(x,y,z)=0 \\ g(x,y,z)=0 \end{cases}$ 消去 z 得到 $\varphi(x,y)=0$，这是以 Γ 为准线，母线平行于 z 轴的柱面方程.

而 $\begin{cases} \varphi(x,y)=0 \\ z=0 \end{cases}$ 是 Γ 在 xOy 平面的投影曲线方程.

2. 如 Γ: $\begin{cases} x=f(t) \\ y=g(t) \\ z=h(t) \end{cases}$ 则 $\begin{cases} x=f(t) \\ y=g(t) \\ z=0 \end{cases}$ 是 Γ 在 xoy 平面的投影曲线方程。

例 29　求空间曲线 $\begin{cases} x^2+(y-1)^2+(z-1)^2=1 & ① \\ x^2+y^2+z^2=1 & ② \end{cases}$

在三坐标面上的投影方程.

解：两式相减得曲线关于 xOz 的投影柱面　$y+z=1(0\leqslant y\leqslant 1)$

将 $z=1-y$ 代入 ② 式得曲线关于 xOy 面的投影柱面　$x^2+2y^2-2y=0$

将 $y=1-z$ 代入 ② 式得曲线关于 zOx 面的投影柱面　$x^2+2z^2-2z=0$

则曲线在三坐标面上的投影方程分别为

$\begin{cases} x^2+2y^2-2y=0 \\ z=0 \end{cases}$　$\begin{cases} y+z=1 \\ x=0 \end{cases}(0\leqslant y\leqslant 1)$　$\begin{cases} x^2+2z^2-2z=0 \\ y=0 \end{cases}$

例 30　设曲线方程为 $\begin{cases} 2x^2+4y+z^2=4z \\ x^2-8y+3z^2=12z \end{cases}$，求它在三个坐标平面上的投影.

解：上述方程可配方写成：$\begin{cases} 2x^2+4y+(z-2)^2=4 \\ x^2-8y+3(z-2)^2=12z \end{cases}$，消去 $(z-2)^2$ 得 $x^2+4y=0$. 在 xOy 平面的投影曲线为 $\begin{cases} x^2+4y=0 \\ z=0 \end{cases}$

同理在 zOx 与 yOz 平面上的投影曲线分别为 $\begin{cases} x^2+z^2=4z \\ y=0 \end{cases}$ 和 $\begin{cases} z^2-4y=4z \\ x=0 \end{cases}$

课后习题全解

习题 5－6 解答

1. 指出下列方程在平面解析几何与空间解析几何中分别表示什么几何图形：

(1) $x-y=1$；　(2) $x^2-2y^2=1$；

(3) $x^2-2y=1$；　(4) $2x^2+y^2=1$.

解：

	在平面解析几何中	在空间解析几何中
(1) $x-y=1$	直线	平面(与 z 轴平行)
(2) $x^2-2y^2=1$	双曲线	双曲柱面(母线与 z 轴平行)
(3) $x^2-2y=1$	抛物线	抛物柱面(母线与 z 轴平行)

(4)$2x^2+y^2=1$　椭圆　　　　椭圆柱面(母线与 z 轴平行)

2. 写出下列曲线绕指定轴旋转所生成的旋转曲面的方程：

(1)xOz 平面上的抛物线 $z^2=5x$ 绕 x 轴旋转；

(2)xOy 平面上的双曲线 $4x^2-9y^2=36$ 绕 y 轴旋转；

(3)xOy 平面上的圆 $(x-2)^2+y^2=1$ 绕 y 轴旋转；

(4)yOz 平面上的直线 $2y-3z+1=0$ 绕 z 轴旋转.

解：(1) 所生成的旋转曲面的方程为　$y^2+z^2=5x$.

(2) 所生成的旋转曲面的方程为　$4x^2+4z^2-9y^2=36$.

(3) 所生成的旋转曲面的方程为　$(\pm\sqrt{x^2+z^2}-2)^2+y^2=1$,

整理得　$16(x^2+z^2)=(x^2+y^2+z^2+3)^2$.

(4) 所生成的旋转曲面的方程为　$\pm2\sqrt{y^2+x^2}-3z+1=0$,

整理得　$4(x^2+y^2)=(3z-1)^2$.

3. 指出下列方程所表示的曲面哪些是旋转曲面，这些旋转曲面是怎样形成的：

(1)$x+y^2+z^2=1$；　　(2)$x^2+y+z=1$；

(3)$x^2-y^2+z^2=1$；　　(4)$x^2+y^2-z^2+2z=1$.

解：(1) 原式可写为 $f(x,\pm\sqrt{y^2+z^2})=x+(\pm\sqrt{y^2+z^2})^2=1$，易知是旋转曲面，可看做 $x+y^2=1$ 或 $x+z^2=1$ 绕 x 轴旋转一周而成.

(2) 不是旋转曲面.

(3) 原式可写为 $f(y,\pm\sqrt{x^2+z^2})=(\pm\sqrt{x^2+z^2})^2-y^2=1$，是旋转曲面. 可看做双曲线 $x^2-y^2=1$ 或 $z^2-y^2=1$ 绕 y 轴旋转而成.

(4) 原式可写为 $f(z,\pm\sqrt{x^2+y^2})=(\pm\sqrt{x^2+y^2})^2-z^2+2z=1$，是旋转曲面，可看做直线 $z+y=1$ 或 $z-y=1$ 或 $z+x=1$ 或 $z-x=1$ 绕 z 轴旋转一周而成.

4. 写出满足下列条件的动点的轨迹方程，它们分别表示什么曲面？

(1) 动点到坐标原点的距离等于它到平面 $z=4$ 的距离；

(2) 动点到坐标原点的距离等于它到点(2,3,4)的距离的一半；

(3) 动点到点(0,0,5)的距离等于它到 x 轴的距离；

(4) 动点到 x 轴的距离等于它到 yOz 平面的距离的两倍.

解：设动点为(x,y,z)，依题意得

(1) $\sqrt{x^2+y^2+z^2}=|z-4|$，整理得 $x^2+y^2+8z=16$.

是以 z 轴为旋转轴的旋转抛物面.

(2) $\sqrt{x^2+y^2+z^2}=\frac{1}{2}\sqrt{(x-2)^2+(y-3)^2+(z-4)^2}$，整理得

$3(x^2+y^2+z^2)+4x+6y+8z=29$,

即　$(x+\frac{2}{3})^2+(y+1)^2+(z+\frac{4}{3})^2=\frac{116}{9}$,

是以$\left(-\frac{2}{3},-1,-\frac{4}{3}\right)$为球心，半径为$\frac{2}{3}\sqrt{29}$的球面.

(3) $\sqrt{x^2+y^2+(z-5)^2}=\sqrt{y^2+z^2}$,

整理得 $10z=25+x^2$，是抛物柱面（母线与 y 轴平行）.

(4) $\sqrt{y^2+z^2}=2\mid x\mid$,

整理得 $4x^2-y^2-z^2=0$，是顶点在原点，以 x 轴为对称轴的圆锥面.

5. 画出下列曲线在第一卦限内的图形：

(1) $\begin{cases}z=\sqrt{1-x^2-y^2},\\ y=x;\end{cases}$　(2) $\begin{cases}z=x^2+y^2,\\ x+y=1;\end{cases}$　(3) $\begin{cases}z=\sqrt{x^2+y^2},\\ x=1;\end{cases}$　(4) $\begin{cases}x^2+y^2=1,\\ x^2+z^2=1.\end{cases}$

【知识点窍】　考查空间曲线的绘制，注意定义域和值域.

解：如图 5.10 中的(a)，(b)，(c)，(d) 中的$\overset{\frown}{AB}$为所求图形.

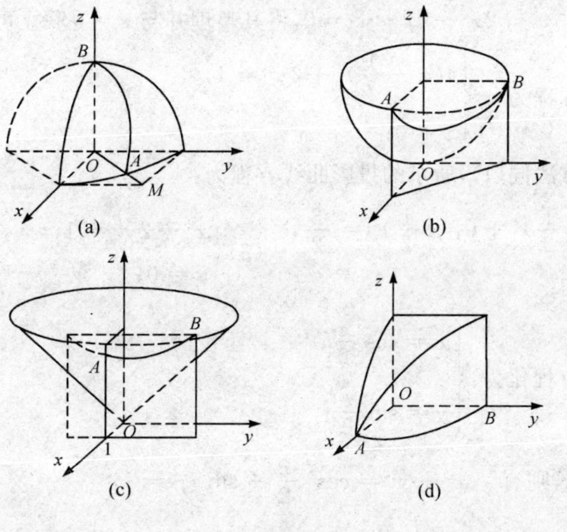

图 5.10

6. 试把下列曲线方程转换成母线平行于坐标轴的柱面的交线方程：

(1) $\begin{cases}2x^2+y^2+z^2=16,\\ x^2-y^2+z^2=0;\end{cases}$　(2) $\begin{cases}2y^2+z^2+4x-4z=0,\\ y^2+3z^2-8x-12x=0.\end{cases}$

【知识点窍】　从两个方程中消去某一变量，即可得到母线平行于该变量轴的柱面，再从两方程中消去另一变量，又可得一柱面，原曲线即为两柱面的交线.

解：(1) $\begin{cases}2x^2+y^2+z^2=16 & ①\\ x^2-y^2+z^2=0 & ②\end{cases}$

由 ①+②，②×2－①　得　$\begin{cases}3x^2+2z^2=16 & ③\\ 3y^2-z^2=16 & ④\end{cases}$

柱面 ③，④ 的交线即为原曲线.

(2) 原式整理得 $\begin{cases}2y^2+(z-2)^2+4x=4 & ①\\ y^2+3(z-2)^2-8x=12 & ②\end{cases}$

由 ②×2－①,①×3－② 得 $\begin{cases}5(z-2)^2-20x=20\\ 5y^2+20x=0\end{cases}$

整理得 $\begin{cases}z^2-4z-4x=0 & ③\\ y^2+4x=0 & ④\end{cases}$

柱面 ③,④ 的交线即为原曲线.

7. 求下列曲线在 xOy 面上的投影曲线的方程:

(1) $\begin{cases}x^2+y^2+z^2=1,\\ x+z=1;\end{cases}$ (2) $\begin{cases}z=x^2+y^2,\\ x+y+z=1;\end{cases}$ (3) $\begin{cases}x^2+2y^2=1,\\ z=x^2;\end{cases}$ (4) $\begin{cases}x=\cos\theta,\\ y=\sin\theta,\\ z=2\theta.\end{cases}$

【逻辑推理】 将两个方程中消去 z,即可得到在 $z=0$ 上的投影曲线方程.

解:(1) 两方程消去 z,得 $2x^2-2x+y^2=0$,将其整理并与 $z=0$ 联立可得此曲线在 xOy 面上的投影曲线方程为 $\begin{cases}4(x-\dfrac{1}{2})^2+2y^2=1,\\ z=0;\end{cases}$

(2)、(3) 求解方法同(1),所求的投影曲线方程为:

(2) $\begin{cases}(x+\dfrac{1}{2})^2+(y+\dfrac{1}{2})^2=\dfrac{3}{2},\\ z=0;\end{cases}$ (3) $\begin{cases}x^2+2y^2=1,\\ z=0;\end{cases}$

(4) 首先将原方程化为: $\begin{cases}x=\cos\dfrac{z}{2},\\ y=\sin\dfrac{z}{2};\end{cases}$

然后消去 z,则有 $x^2+y^2=\cos^2\dfrac{z}{2}+\sin\dfrac{z}{2}=1$,

故所求的投影曲线方程为 $\begin{cases}x^2+y^2=1,\\ z=0.\end{cases}$

8. 将下列曲线的一般方程转化为参数方程:

(1) $\begin{cases}x^2+y^2+z^2=1,\\ x+y=0;\end{cases}$ (2) $\begin{cases}z=\sqrt{4-x^2-y^2},\\ (x-1)^2+y^2=1.\end{cases}$

【知识点窍】 考查曲线两种表示方程间的转换.

解:(1) 曲线在 yOz 坐标面上的投影曲线为:

$\begin{cases}(-y)^2+y^2+z^2=1,\\ x=0,\end{cases}$ 即 $\begin{cases}2y^2+z^2=1,\\ x=0.\end{cases}$

故令 $y=\dfrac{1}{\sqrt{2}}\cos t,z=\sin t(0\leqslant t\leqslant 2\pi)$. 从而 $x=-y=-\dfrac{1}{\sqrt{2}}\cos t$,即曲线参数方程为

$$\begin{cases} x = -\dfrac{1}{\sqrt{2}}\cos t \\ y = \dfrac{1}{\sqrt{2}}\cos t \\ z = \sin t \end{cases} \quad (0 \leqslant t \leqslant 2\pi).$$

(2) 由 $(x-1)^2 + y^2 = 1$ 得出 $x = 1 + \cos\varphi, y = \sin\varphi (0 \leqslant \varphi \leqslant 2\pi)$，代入第一个方程得

$z = \sqrt{4-2x} = \sqrt{4-2(1+\cos\varphi)} = 2\sin\dfrac{\varphi}{2}$. 于是得参数方程

$x = 1 + \cos\varphi, y = \sin\varphi, z = 2\sin\dfrac{\varphi}{2} (0 \leqslant \varphi \leqslant 2\pi)$.

9. 求下列曲面所围成的立体在 xOy 面上的投影区域：

(1) $z = x^2 + y^2$ 与 $z = 2 - x^2 - y^2$；

(2) $z = \sqrt{x^2 + y^2 - 1}$, $x^2 + y^2 = 4$ 与 $z = 0$.

【知识点窍】　曲面在 xOy 面上的投影.

解：(1) 在 xOy 面上的投影为 $D_{xy} = \{(x,y) \mid x^2 + y^2 \leqslant 1\}$；

(2) 在 xOy 面上的投影为 $D_{xy} = \{(x,y) \mid x^2 + y^2 \leqslant 1\}$.

习题 5－7 解答

1. 画出下列方程所表示的二次曲面的图形：

(1) $x^2 + 4y^2 + 9z^2 = 1$；　(2) $3x^2 + 4y^2 - z^2 = 12$；

(3) $x^2 + y^2 + z^2 - 2x + 4y + 2z = 0$；　(4) $2x^2 + 3y^2 - z = 1$.

【知识点窍】　考查常用二次曲面：椭球面、抛物面、双曲面的方程.

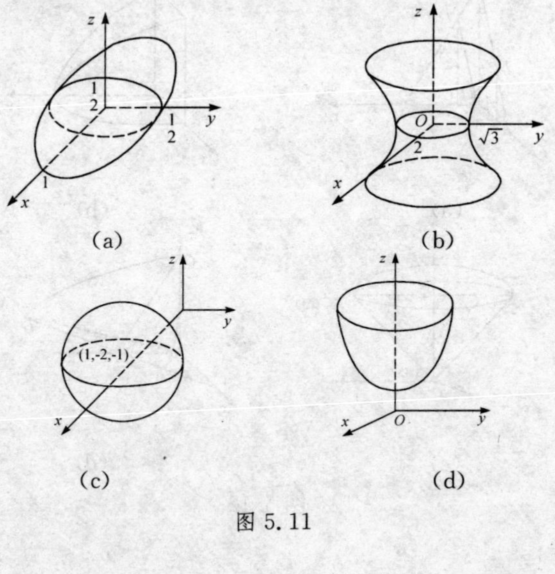

图 5.11

解:(1)$x^2+\frac{y^2}{(\frac{1}{2})^2}+\frac{z^2}{(\frac{1}{3})^2}=1$,是椭球面,如图 5.11(a) 所示;

(2) $\frac{x^2}{4}+\frac{y^2}{3}-\frac{z^2}{12}=1$,是单叶旋转双曲面,如图 5.11(b) 所示;

(3) $(x-1)^2+(y+2)^2+(z+1)^2=6$,是以$(-1,-2,-1)$为球心,$\sqrt{6}$ 为半径的球面如图 5.11(c) 所示;

(4)$z+1=2x^2+3y^2$,是椭圆抛物面,如图 5.11(d) 所示.

2. 画出下列各曲面所围成的立体的图形:

(1)$x=0,y=0,z=0,x=2,y=1,3x+4y+2z-12=0$;

(2)$x=0,y=0,z=0,x^2+y^2=1,y^2+z^2=1$(在第一卦限内);

(3)$z=\sqrt{x^2+y^2},z=\sqrt{1-x^2-y^2}$;

(4)$y=x^2,x+y+z=1,z=0$.

解:(1) 将平面 $x+4y+2z-12=0$ 改为截距为

$$\frac{x}{4}+\frac{y}{3}+\frac{z}{6}=1$$

所求的立体图形如图 5.12(a) 所示;

(2) 所示的立体图形如图 5.12(b) 所示;

(3) 为上半锥面与上半球面围成的立体图形,如图 5.12(c) 所示;

(4) 所求的立体图形如图 5.12(d) 所示.

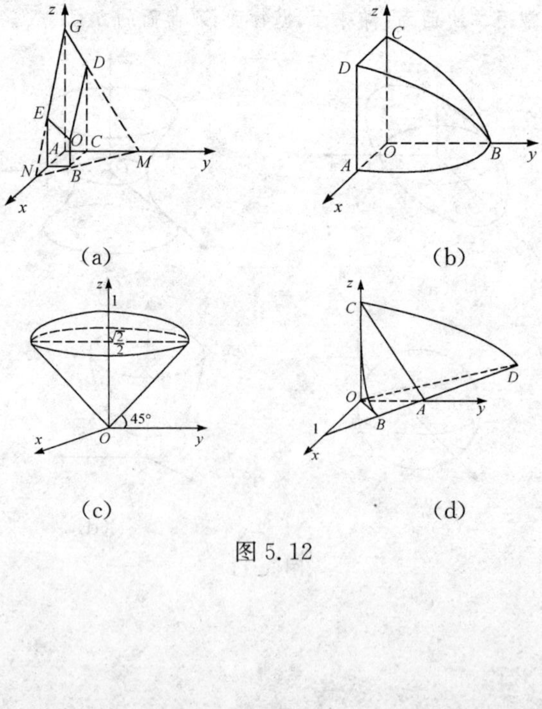

图 5.12

总习题五

1. 简答题

(1) 怎样建立向量 $\boldsymbol{a}$ 与有序数组 a_x、a_y、a_z 之间的一一对应关系?数 a_x、a_y、a_z 的几何意义是什么?

(2) 分别叙述两个向量 $\boldsymbol{a}$、$\boldsymbol{b}$ 平行和垂直的充要条件,并给出充要条件的坐标表示式.

(3) 叙述三个向量 $\boldsymbol{a}$、$\boldsymbol{b}$、$\boldsymbol{c}$ 共面的充要条件,并给出充要条件的坐标表示式.

(4) 写出平面的点法式方程和一般方程,并说明方程中各常数的几何意义.

(5) 写出直线的对称性方程和参数方程,并说明方程中各常数的几何意义.

(6) 旋转曲面和柱面是怎样生成的,其方程有什么特点?椭球面、抛物面和双曲面的标准方程分别是怎样的?

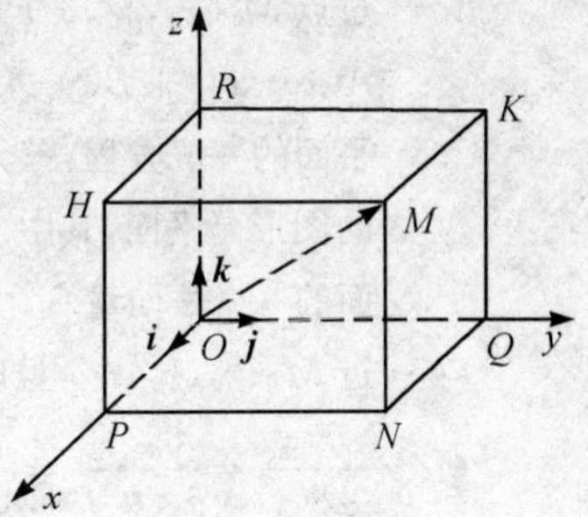

图 5.13

解:(1) 在空间直角坐标系 $Oxyz$ 中,分别以 $\boldsymbol{i}$、$\boldsymbol{j}$、$\boldsymbol{k}$ 记 x 轴、y 轴、z 轴上与该轴正向同方向的单位向量. 任给向量 $\boldsymbol{a}$,总可通过平移使其起点位于原点 O,从而有对应点 M,满足 $\overrightarrow{OM}=\boldsymbol{a}$. 以 OM 为对角线作长方体 $RHMK-OPNQ$(图 5.13),则 M 点在 x 轴、y 轴和 z 轴上的投影点为 P、Q 和 R 有

$\boldsymbol{a}=\overrightarrow{OM}=\overrightarrow{OP}+\overrightarrow{PN}+\overrightarrow{NM}=\overrightarrow{OP}+\overrightarrow{OQ}+\overrightarrow{OR}$. 设 P、Q、R 在 x 轴、y 轴、z 轴上的坐标分别为 a_x、a_y、a_z(即点 M 的坐标为 (a_x,a_y,a_z)),则

$\overrightarrow{OP}=a_x\boldsymbol{i}, \overrightarrow{OQ}=a_y\boldsymbol{j}, \overrightarrow{OR}=a_z\boldsymbol{k}$.

因此 $\boldsymbol{a}=a_x\boldsymbol{i}+a_y\boldsymbol{j}+a_z\boldsymbol{k}$.

上式表明空间任一向量 $\boldsymbol{a}$ 可表为标准单位向量 $\boldsymbol{i},\boldsymbol{j},\boldsymbol{k}$ 的线性组合. 上式称为向量 $\boldsymbol{a}$ 的标准分解式,$a_x\boldsymbol{i}$、$a_y\boldsymbol{j}$、$a_z\boldsymbol{k}$ 称为向量 $\boldsymbol{a}$ 沿三个坐标轴方向的分向量.

显然,给定向量 $\boldsymbol{a}$,就确定了点 M 及 $\overrightarrow{OP}$、$\overrightarrow{OQ}$、$\overrightarrow{OR}$ 三个分向量,进而确定了有序数组 a_x、a_y、a_z;反之,给定了有序数组 a_x、a_y、a_z,则也就确定了向量 $\boldsymbol{a}$. 于是向量 $\boldsymbol{a}$ 与有序数组 a_x、a_y、a_z 之间有一一对应的关系:

$\boldsymbol{a}=\overrightarrow{OM}=a_x\boldsymbol{i}+a_y\boldsymbol{j}+a_z\boldsymbol{k}\leftrightarrow a_x、a_y、a_z$,

据此我们把有序数组 a_x、a_y、a_z 称为向量 $\boldsymbol{a}$(在坐标系 $Oxyz$ 中) 的坐标,记作

$\boldsymbol{a}=(a_x,a_y,a_z)$

(2) 设 $\boldsymbol{a}=a_x\boldsymbol{i}+a_y\boldsymbol{j}+a_z\boldsymbol{k}, \boldsymbol{b}=b_x\boldsymbol{i}+b_y\boldsymbol{j}+b_z\boldsymbol{k}$,则

$\boldsymbol{a}\parallel\boldsymbol{b}\Leftrightarrow\boldsymbol{a}\times\boldsymbol{b}=0$ 即 $\dfrac{a_x}{b_x}=\dfrac{a_y}{b_y}=\dfrac{a_z}{b_z}$;

$\boldsymbol{a}\perp\boldsymbol{b}\Leftrightarrow\boldsymbol{a}\cdot\boldsymbol{b}=0$ 即 $a_xb_x+a_yb_y+a_zb_z=0$.

(3) 设 $\boldsymbol{a}=a_x\boldsymbol{i}+a_y\boldsymbol{j}+a_z\boldsymbol{k}$，$\boldsymbol{b}=b_x\boldsymbol{i}+b_y\boldsymbol{j}+b_z\boldsymbol{k}$，$\boldsymbol{c}=c_x\boldsymbol{i}+c_y\boldsymbol{j}+c_z\boldsymbol{k}$，则

$$\boldsymbol{a}、\boldsymbol{b}、\boldsymbol{c}\text{ 共面}\Leftrightarrow[\boldsymbol{abc}]=0\text{ 即}\begin{vmatrix}a_x & a_y & a_z\\ b_x & b_y & b_z\\ c_x & c_y & c_z\end{vmatrix}=0.$$

(4) 平面的点法式方程：

过点 $M_0(x_0,y_0,z_0)$ 且以 $\boldsymbol{n}=(A,B,C)$ 为法向量的平面 Π 的方程为

$A(x-x_0)+B(y-y_0)+C(z-z_0)=0$.

平面的一般方程：三元一次方程为 $Ax+By+Cz+D=0$(A,B,C 不同时为零)的图形是平面，其中 x,y,z 的系数 A,B,C 是平面的法向量的坐标，即 $\boldsymbol{n}=(A,B,C)$ 是平面的一个法向量.

(5) 过 $M_0(x_0,y_0,z_0)$ 且以 $\boldsymbol{s}=(m,n,p)$ 为方向向量的直线 L 的对称式方程为

$$\frac{x-x_0}{m}=\frac{y-y_0}{n}=\frac{z-z_0}{p}.$$

参数方程为 $\begin{cases}x=x_0+tm,\\ y=y_0+tn,\\ z=z_0+tp.\end{cases}$

(6) 旋转曲面是由平行于定直线 L 并沿定曲线 C 移动的直线所形成的曲面，柱面方程中总是少一个变量，如 $F(x,y)=0$，$F(x,z)=0$ 或 $F(y,z)=0$；旋转曲面是由平面上的曲线 C 绕该平面上一条直线 l 旋转而形成的曲线，其方程中必含有 x^2+y^2、y^2+z^2 或 x^2+z^2. 椭球面、抛物面和双曲面的标准方程见(教材 $P_{44}-P_{47}$“第七节 二次曲面”中的相关方程).

2. 设 $\boldsymbol{a}\neq\boldsymbol{0}$，试问：

(1) 若 $\boldsymbol{a}\cdot\boldsymbol{b}=\boldsymbol{a}\cdot\boldsymbol{c}$，能否推知 $\boldsymbol{b}=\boldsymbol{c}$?

(2) 若 $\boldsymbol{a}\times\boldsymbol{b}=\boldsymbol{a}\times\boldsymbol{c}$，能否推知 $\boldsymbol{b}=\boldsymbol{c}$?

(3) 若 $\boldsymbol{a}\cdot\boldsymbol{b}=\boldsymbol{a}\cdot\boldsymbol{c}$ 且 $\boldsymbol{a}\times\boldsymbol{b}=\boldsymbol{a}\times\boldsymbol{c}$，能否推知 $\boldsymbol{b}=\boldsymbol{c}$?

解：(1) 不能.

因为 $\boldsymbol{a}\cdot\boldsymbol{b}=\boldsymbol{a}\cdot\boldsymbol{c}\Leftrightarrow\boldsymbol{a}\cdot(\boldsymbol{b}-\boldsymbol{c})=0\Leftrightarrow\boldsymbol{a}\perp(\boldsymbol{b}-\boldsymbol{c})$，故 $\boldsymbol{b}\neq\boldsymbol{c}$ 时 $\boldsymbol{a}\cdot\boldsymbol{b}=\boldsymbol{a}\cdot\boldsymbol{c}$ 仍可能成立，例如 $\boldsymbol{a}=\boldsymbol{i},\boldsymbol{b}=\boldsymbol{j},\boldsymbol{c}=\boldsymbol{k}$.

(2) 不能.

因为 $\boldsymbol{a}\times\boldsymbol{b}=\boldsymbol{a}\times\boldsymbol{c}\Leftrightarrow\boldsymbol{a}\times(\boldsymbol{b}-\boldsymbol{c})=\boldsymbol{0}\Leftrightarrow\boldsymbol{a}\parallel(\boldsymbol{b}-\boldsymbol{c})$，故 $\boldsymbol{b}\neq\boldsymbol{c}$ 时 $\boldsymbol{a}\times\boldsymbol{b}=\boldsymbol{a}\times\boldsymbol{c}$ 仍可能成立，例如 $\boldsymbol{a}=\boldsymbol{i},\boldsymbol{b}=\boldsymbol{i}+\boldsymbol{k},\boldsymbol{c}=\boldsymbol{k}$.

(3) 能.

由(2)可知 $\boldsymbol{a}\times\boldsymbol{b}=\boldsymbol{a}\times\boldsymbol{c}$ 成立的充分必要条件为 $\boldsymbol{a}\parallel(\boldsymbol{b}-\boldsymbol{c})$，由于 $\boldsymbol{a}\neq\boldsymbol{0}$，因此存在 λ，使得 $\boldsymbol{b}-\boldsymbol{c}=\lambda\boldsymbol{a}$，从而 $\boldsymbol{a}\cdot(\boldsymbol{b}-\boldsymbol{c})=\lambda|\boldsymbol{a}|^2$.

再由(1)可知 $\boldsymbol{a}\cdot\boldsymbol{b}=\boldsymbol{a}\cdot\boldsymbol{c}\Leftrightarrow\boldsymbol{a}\cdot(\boldsymbol{b}-\boldsymbol{c})=0$，故有 $\lambda|\boldsymbol{a}|^2=0$，即 $\lambda=0$，因此 $\boldsymbol{b}=\boldsymbol{c}$.

3. 以向量 $\boldsymbol{a}$ 和 $\boldsymbol{b}$ 为边作平行四边形. 试用 $\boldsymbol{a}$ 与 $\boldsymbol{b}$ 表示 $\boldsymbol{a}$ 边上的高向量.

解: 如图 5.14 所示,有

$$\boldsymbol{h}=\boldsymbol{b}+(-\boldsymbol{a}_1)=\boldsymbol{b}-\mathrm{Prj}_a\boldsymbol{b}\cdot\boldsymbol{e}_a=\boldsymbol{b}-\frac{\boldsymbol{a}\cdot\boldsymbol{b}}{|\boldsymbol{a}|}\cdot\frac{\boldsymbol{a}}{|\boldsymbol{a}|}=\boldsymbol{b}-\frac{\boldsymbol{a}\cdot\boldsymbol{b}}{|\boldsymbol{a}|^2}\boldsymbol{a},$$

所以高向量为 $\pm\left(\boldsymbol{b}-\dfrac{\boldsymbol{a}\cdot\boldsymbol{b}}{|\boldsymbol{a}|^2}\boldsymbol{a}\right)$.

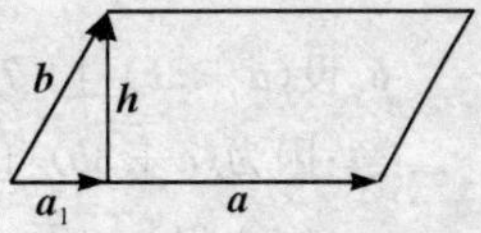

图 5.14

4. 在边长为 1 的立方体中,设 OM 为对角线,OA 为棱,求 $\overrightarrow{OA}$ 在 $\overrightarrow{OM}$ 上的投影.

【知识点窍】 考查一向量在另一向量上投影的求解.

解: 建立坐标系,设 O 为坐标原点,则点 A、M 的坐标分别为 $(0,1,0)$,$(1,1,1)$,

$$\mathrm{Prj}_{\overrightarrow{OM}}\overrightarrow{OA}=\frac{\overrightarrow{OA}\cdot\overrightarrow{OM}}{|\overrightarrow{OM}|}=\frac{(0,1,0)\cdot(1,1,1)}{\sqrt{3}}=\frac{1}{\sqrt{3}}.$$

5. 设 $|\boldsymbol{a}|=\sqrt{3}$,$|\boldsymbol{b}|=1$,$(\boldsymbol{a},\hat{}\,\boldsymbol{b})=\dfrac{\pi}{6}$,计算:

(1) $\boldsymbol{a}+\boldsymbol{b}$ 与 $\boldsymbol{a}-\boldsymbol{b}$ 之间的夹角;

(2) 以 $\boldsymbol{a}+2\boldsymbol{b}$ 与 $\boldsymbol{a}-3\boldsymbol{b}$ 为邻边的平行四边形的面积.

【知识点窍】 向量积的几何意义.

解: (1) $2|\boldsymbol{a}|\cdot|\boldsymbol{b}|\cos\dfrac{\pi}{6}=|\boldsymbol{a}|^2+|\boldsymbol{b}|^2-|\boldsymbol{a}-\boldsymbol{b}|^2-|\boldsymbol{a}-\boldsymbol{b}|^2$,则 $|\boldsymbol{a}-\boldsymbol{b}|=1$

$2|\boldsymbol{a}|\cdot|\boldsymbol{b}|\cos\dfrac{5}{6}\pi=|\boldsymbol{a}|^2+|\boldsymbol{b}|^2-|\boldsymbol{a}+\boldsymbol{b}|^2$,则 $|\boldsymbol{a}+\boldsymbol{b}|=\sqrt{7}$

设 $\boldsymbol{a}+\boldsymbol{b}$ 与 $\boldsymbol{a}-\boldsymbol{b}$ 之间的夹角为 θ,则

$$\cos\theta=\frac{(\boldsymbol{a}+\boldsymbol{b})\cdot(\boldsymbol{a}-\boldsymbol{b})}{|\boldsymbol{a}+\boldsymbol{b}|\cdot|\boldsymbol{a}-\boldsymbol{b}|}=\frac{|\boldsymbol{a}|^2-|\boldsymbol{b}|^2}{|\boldsymbol{a}+\boldsymbol{b}|\cdot|\boldsymbol{a}-\boldsymbol{b}|}=\frac{2}{17}$$

故 $\theta=\arccos\dfrac{2}{\sqrt{7}}$.

(2) 所求的平行四边形的面积为　$S=|(\boldsymbol{a}+2\boldsymbol{b})\times\boldsymbol{a}-3\boldsymbol{b}|$

由题意可得

$2|\boldsymbol{a}|\cdot|\boldsymbol{b}|\cos\dfrac{\pi}{6}=|\boldsymbol{a}|^2+|3\boldsymbol{b}|^2-|\boldsymbol{a}-3\boldsymbol{b}|^2$,则 $|\boldsymbol{a}-3\boldsymbol{b}|=\sqrt{3}$

$2|\boldsymbol{a}|\cdot|\boldsymbol{b}|\cos\dfrac{5}{6}\pi=|\boldsymbol{a}|^2+|2\boldsymbol{b}|^2-|\boldsymbol{a}+2\boldsymbol{b}|^2$,则 $|\boldsymbol{a}+2\boldsymbol{b}|=\sqrt{3}$

设 $\boldsymbol{a}+2\boldsymbol{b}$ 与 $\boldsymbol{a}-3\boldsymbol{b}$ 之间的夹角为 φ,则

$$\cos\varphi=\frac{(\boldsymbol{a}+2\boldsymbol{b})\cdot(\boldsymbol{a}-3\boldsymbol{b})}{|\boldsymbol{a}+2\boldsymbol{b}|\cdot|\boldsymbol{a}-3\boldsymbol{b}|}=\frac{3-\frac{3}{2}-6}{\sqrt{13}\times\sqrt{13}}=-\frac{3\sqrt{39}}{26}$$

$$\sin\varphi=\sqrt{1-\cos^2\varphi}=\frac{5\sqrt{13}}{26}$$

$$S = |(\boldsymbol{a}+2\boldsymbol{b})\times(\boldsymbol{a}-3\boldsymbol{b})| = |\boldsymbol{a}+2\boldsymbol{b}|\cdot|\boldsymbol{a}-3\boldsymbol{b}|\sin\varphi = \sqrt{13}\times\sqrt{3}\times\frac{5\sqrt{13}}{26} = \frac{5}{2}\sqrt{3}.$$

6. 设$(\boldsymbol{a}+3\boldsymbol{b})\perp(7\boldsymbol{a}-5\boldsymbol{b})$,$(\boldsymbol{a}-4\boldsymbol{b})\perp(7\boldsymbol{a}-2\boldsymbol{b})$,求$(\boldsymbol{a}\hat{,}\boldsymbol{b})$

解:因为$(\boldsymbol{a}+3\boldsymbol{b})\perp(7\boldsymbol{a}-5\boldsymbol{b})$,$(\boldsymbol{a}-4\boldsymbol{b})\perp(7\boldsymbol{a}-2\boldsymbol{b})$,因此有

$$(\boldsymbol{a}+3\boldsymbol{b})\cdot(7\boldsymbol{a}-5\boldsymbol{b}) = 0$$

$$(\boldsymbol{a}-4\boldsymbol{b})\cdot(7\boldsymbol{a}-2\boldsymbol{b}) = 0,$$

即 $7|\boldsymbol{a}|^2+16\boldsymbol{a}\cdot\boldsymbol{b}-15|\boldsymbol{b}|^2 = 0$

$7|\boldsymbol{a}|^2-30\boldsymbol{a}\cdot\boldsymbol{b}+8|\boldsymbol{b}|^2 = 0,$

解得 $2\boldsymbol{a}\cdot\boldsymbol{b} = |\boldsymbol{b}|^2 = |\boldsymbol{a}|^2,$

故有 $(\boldsymbol{a}\hat{,}\boldsymbol{b}) = \arccos\frac{\boldsymbol{a}\cdot\boldsymbol{b}}{|\boldsymbol{a}||\boldsymbol{b}|} = \arccos\frac{1}{2} = \frac{\pi}{3}.$

7. 设$\boldsymbol{c} = |\boldsymbol{a}|\boldsymbol{b}+|\boldsymbol{b}|\boldsymbol{a}$,且$\boldsymbol{a},\boldsymbol{b},\boldsymbol{c}$都为非零向量,证明:$\boldsymbol{c}$平分$\boldsymbol{a}$与$\boldsymbol{b}$的夹角.

解:$\boldsymbol{a}\times\boldsymbol{c} = |\boldsymbol{a}|(\boldsymbol{a}\times\boldsymbol{b})+|\boldsymbol{b}|(\boldsymbol{a}\times\boldsymbol{a}) = |\boldsymbol{a}|(\boldsymbol{a}\times\boldsymbol{b})$

$\boldsymbol{b}\times\boldsymbol{c} = |\boldsymbol{a}|(\boldsymbol{b}\times\boldsymbol{b})+|\boldsymbol{b}|(\boldsymbol{b}\times\boldsymbol{a}) = |\boldsymbol{b}|(\boldsymbol{b}\times\boldsymbol{a})$

所以$\boldsymbol{a}\times\boldsymbol{c} = |\boldsymbol{a}|\cdot\left(-\frac{1}{|\boldsymbol{b}|}\right)(\boldsymbol{b}\times\boldsymbol{c}) = \left(-\frac{|\boldsymbol{a}|}{|\boldsymbol{b}|}\right)(\boldsymbol{b}\times\boldsymbol{c})$

$\boldsymbol{a},\boldsymbol{b},\boldsymbol{c}$共面同时,因为

$$\cos(\boldsymbol{a}\hat{,}\boldsymbol{c}) = \frac{\boldsymbol{a}\cdot\boldsymbol{c}}{|\boldsymbol{a}|\cdot|\boldsymbol{c}|} = \frac{|\boldsymbol{a}|(\boldsymbol{a}\cdot\boldsymbol{b})+|\boldsymbol{b}|\boldsymbol{a}^2}{|\boldsymbol{a}|\cdot|\boldsymbol{c}|} = \frac{\boldsymbol{a}\cdot\boldsymbol{b}+|\boldsymbol{b}||\boldsymbol{a}|}{|\boldsymbol{c}|}$$

$$\cos(\boldsymbol{b}\hat{,}\boldsymbol{c}) = \frac{\boldsymbol{b}\cdot\boldsymbol{c}}{|\boldsymbol{b}|\cdot|\boldsymbol{c}|} = \frac{|\boldsymbol{a}|\boldsymbol{b}^2+|\boldsymbol{b}|(\boldsymbol{a}\cdot\boldsymbol{b})}{|\boldsymbol{b}|\cdot|\boldsymbol{c}|} = \frac{\boldsymbol{a}\cdot\boldsymbol{b}+|\boldsymbol{a}||\boldsymbol{b}|}{|\boldsymbol{c}|}$$

所以$\cos(\boldsymbol{a}\hat{,}\boldsymbol{c}) = \cos(\boldsymbol{b}\hat{,}\boldsymbol{c})$,而$(\boldsymbol{a}\hat{,}\boldsymbol{c})$与$(\boldsymbol{a}\hat{,}\boldsymbol{c})$都在$0\sim\pi$之间,则有$(\boldsymbol{a}\hat{,}\boldsymbol{c}) = (\boldsymbol{b}\hat{,}\boldsymbol{c})$,故$\boldsymbol{c}$平分$(\boldsymbol{a}\hat{,}\boldsymbol{b})$.

8. 设$\boldsymbol{a} = (2,-3,1)$,$\boldsymbol{b} = (1,-2,3)$,$\boldsymbol{c} = (2,1,2)$,向量$\boldsymbol{r}$满足$\boldsymbol{r}\perp\boldsymbol{a}$,$\boldsymbol{r}\perp\boldsymbol{b}$,$\mathrm{Prj}_c\,\boldsymbol{r} = 14$,求$\boldsymbol{r}$.

解:由条件$\boldsymbol{r}\perp\boldsymbol{a}$,$\boldsymbol{r}\perp\boldsymbol{b}$,因此存在数$\lambda$,使$\boldsymbol{r} = \lambda\boldsymbol{a}\times\boldsymbol{b} = \lambda(-7\boldsymbol{i}-5\boldsymbol{j}-\boldsymbol{k})$,又$\mathrm{Prj}_c\boldsymbol{r} = \frac{\boldsymbol{r}\cdot\boldsymbol{c}}{|\boldsymbol{c}|}$,故由

条件得 $\lambda = \frac{14|\boldsymbol{c}|}{(\boldsymbol{a}\times\boldsymbol{b})\cdot\boldsymbol{c}} = -2,$

故 $\boldsymbol{r} = 14\boldsymbol{i}+10\boldsymbol{j}+2\boldsymbol{k}.$

9. (1) 证明三个向量共面的充要条件是其中一个向量可以表示为另两个向量的线性组合.

(2) 设$\boldsymbol{a} = (a_x,a_y,a_z)$,$\boldsymbol{b} = (b_x,b_y,b_z)$,且$\boldsymbol{a}\times\boldsymbol{b}\neq 0$,证明:过点$M_0(x_0,y_0,z_0)$,并且以$\boldsymbol{a}\times\boldsymbol{b}$为法向的平面具有如下形式的参数方程:

$$\begin{cases} x = a_xs+b_xt+x_0 \\ y = a_ys+b_yt+y_0 \\ z = a_zs+b_zt+z_0 \end{cases}$$ 其中s,t为参数.

【知识点窍】 考查向量的混合积,行列式的性质(见教材附录中的内容).

解:(1)① 充分性 若一向量为其余两向量的线性组合,不妨设$\boldsymbol{c} = \lambda\boldsymbol{a}+k\boldsymbol{b}$,则$c_x = \lambda a_x+kb_x$,

$c_y = \lambda a_y+kb_y$,$c_z = \lambda a_z+kb_z$,于是

$$[\boldsymbol{a}\ \boldsymbol{b}\ \boldsymbol{c}]\begin{vmatrix} a_x & a_y & a_z \\ b_x & b_y & b_x \\ \lambda a_x + kb_x & \lambda a_y + kb_y & \lambda a_z + kb_z \end{vmatrix} \xlongequal{r_3-\lambda r_1 - kr_2} \begin{vmatrix} a_x & a_y & a_z \\ b_x & b_y & b_z \\ 0 & 0 & 0 \end{vmatrix} = 0 \Rightarrow \boldsymbol{a}、\boldsymbol{b}、$$

$\boldsymbol{c}$ 共面

② 必要性　若 $\boldsymbol{a}$、$\boldsymbol{b}$、$\boldsymbol{c}$ 共面，则混合积 $[\boldsymbol{a}\ \boldsymbol{b}\ \boldsymbol{c}]=0$，即 $\begin{vmatrix} a_x & a_y & a_x \\ b_r & b_y & b_z \\ c_x & c_y & c_z \end{vmatrix}=0$，

由行列式的性质可知：若行列式为零，则其中某一行如必为其余各行的线性组合，不妨设第3行为另两行的线性组成，则有

$(c_x,c_y,c_z)=\lambda(a_x,a_y,a_z)=k(b_x,b_y,b_z)$，

亦即　$\boldsymbol{c}=\lambda\boldsymbol{a}+k\boldsymbol{b}$.

(2) 设 $P(x,y,z)$ 是此平面上任一点，则

$$\overrightarrow{P_0P}\cdot(\boldsymbol{a}\times\boldsymbol{b})=0 \qquad ①$$

就是此平面方程用向量表示的形式.

由教材 $P_{49,50}$ 知，题中给出的参数方程表示一曲面 $\sum$，设 $Q(x,y,z)$ 为此 $\sum$ 上任一点，则

$$\overrightarrow{P_0Q}=c(a_xs+b_xt+x_0)-x_0,(a_ys+b_yt+y_0)-y_0,(a_zs+b_zt+z_0)-z_0)$$
$$=(a_xs+b_xt,a_ys+b_yt,a_zs+b_zt),$$

$$\text{而}\quad \overrightarrow{P_0Q}\cdot(\boldsymbol{a}\times\boldsymbol{b})=(\boldsymbol{a}\times\boldsymbol{b})\cdot\overrightarrow{P_0Q}=\begin{vmatrix} a_x & a_y & a_z \\ b_x & b_y & b_z \\ a_xs+b_xt & a_ys+b_yt & a_zs+b_zt \end{vmatrix}$$

$$\xlongequal{r_3-s\cdot r_1-t\cdot r_2}\begin{vmatrix} a_x & a_y & a_z \\ b_x & b_y & b_z \\ 0 & 0 & 0 \end{vmatrix}=0,$$

所以 Q 的坐标满足方程①，即曲面 $\sum$ 上任一点都在平面①上.

另一方面，若 $P(x,y,z)$ 为平面①上任一点，则 $\overrightarrow{M_0P}\cdot(\boldsymbol{a}\times\boldsymbol{b})=0\Leftrightarrow\overrightarrow{M_0P}\perp(\boldsymbol{a}\times\boldsymbol{b})$，因而 $\overrightarrow{M_0P}$ 平行于由 $\boldsymbol{a}$ 与 $\boldsymbol{b}$ 所确定的平面或在此平面上，因此必有 $\overrightarrow{M_0P}=s\boldsymbol{a}+t\boldsymbol{b}$（图5.15）$s,t$ 均 $\in\mathbf{R}$，

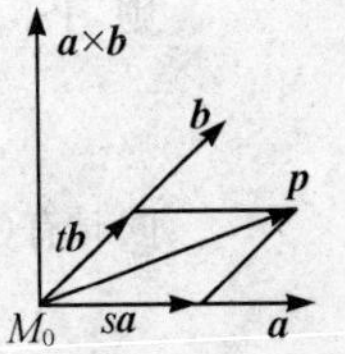

图5.15

即　$(x-x_0,y-y_0,z-z_0)=s(a_x,a_y,a_z)+t(b_x,b_y,b_z)$

$\qquad=(a_xs+b_xt,a_ys+b_yt,a_zs+b_zt)$，

于是有 $x-x_0=a_xs+b_xt,y-y_0=a_ys+b_yt,z-z_0+a_zs+b_zt$，从而有 $x=a_xs+b_xt+x_0$，

$y = a_y s + b_y t + y_0, z = a_z s + b_z t + z_0, (s,t \in \mathbf{R})$.

这说明平面①上任一点,都在曲面$\sum$上.故过M_0点以$\boldsymbol{a}\times\boldsymbol{b}$为法向量的平面具有题目中所给的参数方程的形式.

10. 求通过点$A(3,0,0)$和$B(0,0,1)$且与xOy面成$\frac{\pi}{3}$角的平面方程.

【知识点窍】 考查平面方程及平面夹角的求解.

【逻辑推理】 利用平面束方程设出平面方程,再依据条件求出λ.

解:过A,B两点的直线方程为$\begin{cases} y = 0 \\ x + 3z - 3 = 0 \end{cases}$

设所求平面方程为 $x + 3z - 3 + \lambda y = 0$

则此平面的法向量$\boldsymbol{n} = (1,\lambda,3)$,依题意知$(\widehat{\boldsymbol{n}\boldsymbol{k}}) = \pi/3$

$$\cos\frac{\pi}{3} = \frac{\boldsymbol{n}\cdot\boldsymbol{k}}{|\boldsymbol{n}|\cdot|\boldsymbol{k}|} = \frac{3}{\sqrt{10+\lambda^2}\cdot 1} = \frac{1}{2}$$

解得 $\lambda = \pm\sqrt{26}$

故所求平面方程为 $x \pm \sqrt{26}y + 3z - 3 = 0$.

11. 设一平面通过从点$(1,-1,1)$到直线$\begin{cases} y - z + 1 = 0 \\ x = 0 \end{cases}$的垂线,且与平面$z=0$垂直,求此平面的方程.

【知识点窍】 考查平面方程的求解.

解:设从点$(1,-1,1)$到直线$\begin{cases} y - z + 1 = 0 \\ x = 0 \end{cases}$的垂线所在直线$L_1$的方程为

$$\begin{cases} x = 1 + mt \\ y = -1 + nt \quad (-\infty < t < +\infty) \\ z = 1 + pt \end{cases}$$

则$\exists t_0 \in R$,使得$\begin{cases} 1 + mt_0 = 0 \\ (-1 + mt_0) - (1 + pt_0) + 1 = 0 \end{cases}$,可得$m = p - n$

同时有$(m,n,p)\cdot\begin{vmatrix} \boldsymbol{i} & \boldsymbol{j} & \boldsymbol{k} \\ 0 & 1 & -1 \\ 1 & 0 & 0 \end{vmatrix} = (m,n,p)\cdot(0,-1,-1) = -n - p = 0$,得$p = -n$

令$n = -1$,则$p = 1, m = 2$

设所求平面方程的法向量为$\boldsymbol{n}_1$,则$\boldsymbol{n}_1 \perp L_1$,且$\boldsymbol{n}_1 \perp$面$z = 0$

$$\boldsymbol{n}_1 = \begin{vmatrix} \boldsymbol{i} & \boldsymbol{j} & \boldsymbol{k} \\ 2 & -1 & 1 \\ 0 & 0 & 1 \end{vmatrix} = (-1,-2,0) = -1\times(1,2,0)$$

平面过点$(1,-1,1)$，所求平面方程为　$x-1+2(y+1)=0$

整理得　$x+2y+1=0$

12. 求过点 $A(-1,0,4)$ 且平行于平面 $3x-4y+z-10=0$，又与直线 $x+1=y-3=\frac{1}{2}z$ 相交的直线的方程.

解 **法 1**：过点 $A(-1,0,4)$ 且平行于已知平面 $3x-4y+z-10=0$ 的平面方程为

$3x-4y+z-1=0$，

又因点 $C(-1,3,0)$ 在已知直线 $\frac{x+1}{1}=\frac{y-3}{1}=\frac{z}{2}$ 上，若设 $P(x,y,z)$ 为所求直线上的任意点，则 $\overrightarrow{AC}$，$\boldsymbol{s}=(1,1,2)$ 及 $\overrightarrow{AP}$ 三向量共面. 所以，过点 $A(-1,0,4)$ 及已知直线的平面方程为

$$\begin{vmatrix} x+1 & y & z-4 \\ 1 & 1 & 2 \\ -1+1 & 3-0 & 0-4 \end{vmatrix}=0，即 -10x+4y+3z-22=0.$$

故所求直线的方程为 $\begin{cases} 3x-4+z-1=0, \\ 10x-4y-3z+22=0. \end{cases}$

法 2：设点 $G(x_0,y_0,z_0)$ 为所求直线 L 与已知直线的交点，则　$\frac{x_0+1}{1}=\frac{y_0-3}{1}=\frac{z_0}{2}=t$，

故　$x_0=t-1, y_0=t+3, z_0=2t$，

又直线 $L\,/\!/$ 已知平面，故 L 与已知平面的法向量垂直，于是有

$$\begin{aligned}(x_0+1,y_0-0,z_0-4)\cdot(3,-4,1)&=(t,t+3,2t-4)\cdot(3,-4,1)\\&=3t-4(t+3)+2t-4\\&=t-16=0,\end{aligned}$$

得 $t=16$，进而 $x_0=15, y_0=19, z_0=32$. 故所求直线 L 的方程为

$$\frac{x+1}{16}=\frac{y}{19}=\frac{z-4}{28}.$$

13. 已知点 $A(1,0,0)$ 和 $B(0,2,1)$，试在 z 轴上求一点 C，使 $\triangle ABC$ 的面积最小.

【知识点窍】　考查向量运算的几何意义.

解：设 C 坐标为 $(0,0,z)$，则

$$S_{\triangle ABC}=|\overrightarrow{AB}\times\overrightarrow{AC}|=\left|\begin{vmatrix} \boldsymbol{i} & \boldsymbol{j} & \boldsymbol{k} \\ -1 & 2 & 1 \\ -1 & 0 & z \end{vmatrix}\right|=|(2z,z-1,2)|=\sqrt{(2z)^2+(z-1)^2+2^2}$$

$$=\sqrt{5z^2-2z+5}=\sqrt{5(z-\frac{1}{5})^2+5\frac{4}{5}}$$

易知当 $z=\frac{1}{5}$ 时，$S_{\triangle ABC_{\min}}=\sqrt{5\frac{4}{5}}$.

故当 C 为 $(0,0,\frac{1}{5})$ 时，$\triangle ABC$ 的面积最小.

14. 求直线 $\begin{cases} x=b \\ y=\dfrac{b}{c}z \end{cases}$ $(bc\neq 0)$ 绕 z 轴旋转所得旋转面的方程,它表示什么曲面?

解:设该旋转曲面为 $\sum$,任意一点 $P(x,y,z)\in\sum$,则过点 P 作平面垂直 z 轴,交 z 轴为 $P_0(0,0,z)$,交给定直线于点 $P'(x',y',z)$,故 $|PP_0|=|P'P_0|$,即

$x^2+y^2=x'^2+y'^2$,

而 P' 在给定直线上,得到 $\quad x'=b,y'=\dfrac{b}{c}z$,

代入即得到所求曲面方程为 $\quad x^2+y^2=b^2+\dfrac{b^2}{c^2}z^2$,

即为旋转单叶双曲面 $\quad \dfrac{x^2+y^2}{b^2}-\dfrac{z^2}{c^2}=1.$

15. 在求直线 l 与平面 Π 的交点时,可将 l 的参数方程 $x=x_0+mt,y=y_0+nt,z=z_0+pt$ 代入 Π 的方程 $Ax+By+Cz+D=0$,求出相应的 t 值.试问什么条件下,t 有唯一解、无穷多解或无解?并从几何上对所得结果加以说明.

解:将直线 l 的参数方程代入平面 Π 的方程,得

$A(x_0+mt)+B(y_0+nt)+C(z_0+pt)+D=0$

整理得:$(Am+Bn+Cp)t+(Ax_0+By_0+Cz_0+D)=0$

若 $Am+Bn+Cp=0$,且 $Ax_0+By_0+Cz_0+D\neq 0$ 时,t 无解,从几何上说明就是当直线的方向向量 (m,n,p) 与平面的法向向量 (A,B,C) 垂直,但直线上的注意一点 (x_0,y_0,z_0) 不在平面上时,则此直线与平面无交点;

若 $Am+Bn+Cp\neq 0$,则 t 有唯一解,从几何上说明就是当直线与平面不平行时,则二者有一个公共点;

若 $Am+Bn+Cp=0$ 且 $Ax_0+By_0+Cz_0+D=0$ 时,t 有无穷多个解,即当直线平行于平面且直线与平面有公共点 (x_0,y_0,z_0) 时,则此直线在平面上,二者有无穷多个公共点,即 t 有无穷多个解.

16. 求柱面 $z^2=2x$ 与锥面 $z=\sqrt{x^2+y^2}$ 所围立体在三个坐标面上的投影区域.

【知识点窍】 考查立体在坐标面上的投影利用.

【逻辑推理】 曲面、曲线在坐标面上的投影求解方法.

解:消去 z,将 $z=\sqrt{x^2+y^2}$ 代入 $z^2=2x$,得

$x^2+y^2=2x,(x-1)^2+y^2=1$

此立体在 xOy 面上的投影区域为 $D_{xy}=\{(x,y)\mid(x-1)^2+y^2\leqslant 1\}$

同理可得在 yOz 面上的投影区域为 $D_{yz}=\{(y,z)\mid(\dfrac{z^2}{2}-1)^2+y\leqslant 1,z\geqslant 0\}$

在 xOz 面上的投影区域为

$D_{xz}=\{(x,z)\mid x\leqslant z\leqslant\sqrt{2x}\}$

17. 画出下列各曲面所围立体的图形：

(1) 抛物柱面 $2y^2 = x$，平面 $z = 0$ 及 $\frac{x}{4} + \frac{y}{2} + \frac{z}{2} = 1$；

(2) 旋转抛物面 $z = x^2 + y^2$，柱面 $x = y^2$，平面 $z = 0$ 及 $x = 1$.

解：(1)、(2) 的图形分别如图5.16(a)($OABC$ 即为所求)，图5.16(b)($OABCD$ 即为所求).

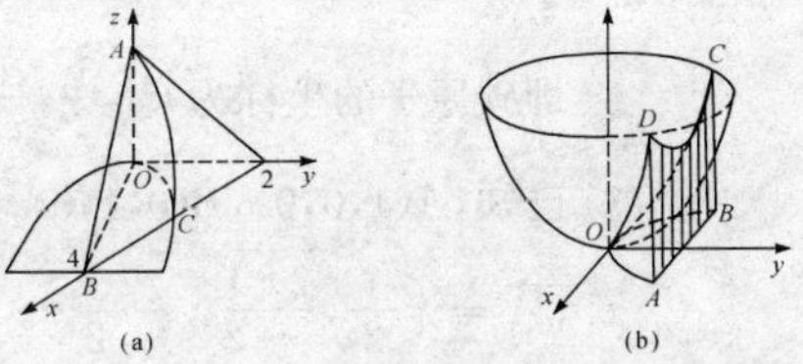

图 5.16

18. 假设三个直角坐标面都镶上了反射镜，并将一束激光沿向量 $\boldsymbol{a} = (a_x, a_y, a_z)$ 的方向射向 xOz 平面，试用反射定律证明：反射光束的方向向量 $\boldsymbol{b} = (a_x, -a_y, a_z)$；进而推出：入射光束经三个镜面连续反射后，最后所得的反射光束平行于入射光束.(航天工程师利用此原理，在月球上安装了反射镜面组，并从地球向镜面发射激光束，从而精确测得了地球到月球的距离.)

解：xOz 平面的法向量为 $\boldsymbol{j}$，根据反射定律它与 $-\boldsymbol{a},\boldsymbol{b}$ 夹角的平分角向量平行，若 $|\boldsymbol{b}| = |\boldsymbol{a}|$，则 $-\boldsymbol{a},\boldsymbol{b}$ 夹角的平分角向量为 $-\boldsymbol{a} + \boldsymbol{b} = \lambda\boldsymbol{j}$（实数 $\lambda \neq 0$），则

$\boldsymbol{b} = \boldsymbol{a} + \lambda\boldsymbol{j} = (a_x, a_y + \lambda, a_z)$，

由假设 $|\boldsymbol{b}| = |\boldsymbol{a}|$ 得 $(a_y + \lambda)^2 = a_y^2$，故 $\lambda = -2a_y$，即 $\boldsymbol{b} = (a_x, -a_y, a_z)$.

同理可知，该入射光束经 xOy 平面和 yOz 平面反射后的反射光束的方向向量分别为 $(a_x, a_y, -a_z)$ 和 $(-a_x, a_y, a_z)$.

假设入射光束连续经 xOy 平面，yOz 平面和 zOx 平面反射，若入射光束的方向向量为 $\boldsymbol{a} = (a_x, a_y, a_z)$，则由上面的结论可知经这三个镜面反射后的反射光束的方向向量依次为 $(a_x, a_y, -a_z)$，$(-a_x, a_y, -a_z)$，$(-a_x, -a_y, -a_z)$，最后的反射光束的方向向量为 $(-a_x, -a_y, -a_z) = -\boldsymbol{a}$，平行于入射光束. 同理可得其他反射次序时，结论亦成立.

19. 甲烷分子 CH_4 由 4 个氢原子与一个碳原子组成，四个氢原子位于正四面体的四个顶点处，碳原子位于四个氢原子所组成的质点系的质心处. 现设正四面体的四个顶点为 $(1,0,0)$、$(0,1,0)$、$(0,0,1)$ 和 $(1,1,1)$. (1) 试求出碳原子的位置；(2) 由 H－C－H 构成的角称为甲烷分子的键角，试求键角的大小.

【逻辑推理】　若能将键角的两边均用向量表示，则可利用两向量夹角的余弦来求键角.

解：(1) 设碳原子的坐标为 (a,b,c)，4 个氢原子到碳原子的距离均为 R，则有

$$\begin{cases} (a-1)^2 + b^2 + c^2 = R^2 & ① \\ a^2 + (b-1)^2 + c^2 = R^2 & ② \\ a^2 + b^2 + (c-1)^2 = R^2 & ③ \\ a^2 + b^2 + c^2 = R^2 & ④ \end{cases}$$

观察知，方程 ①②③ 中 a,b,c 具有轮换对称性，故有　$a = b = c$　⑤

将⑤代入④中得　$a=b=c=\dfrac{R}{\sqrt{3}}$　⑥

将⑥代入①中得　$R=\dfrac{\sqrt{3}}{2},a=b=c=\dfrac{1}{2}$

即碳原子的坐标为 $C\left(\dfrac{1}{2},\dfrac{1}{2},\dfrac{1}{2}\right)$

(2) 已知,$A(1,0,0)$,$B(0,1,0)$,则

$\overrightarrow{CA}=\left\{\dfrac{1}{2},-\dfrac{1}{2},-\dfrac{1}{2}\right\}$,

$\overrightarrow{CB}=\left\{-\dfrac{1}{2},\dfrac{1}{2},-\dfrac{1}{2}\right\}$,

键角 $ACB=\arccos\dfrac{\overrightarrow{CA}\cdot\overrightarrow{CB}}{|\overrightarrow{CA}|\cdot|\overrightarrow{CB}|}=\arccos\left(-\dfrac{1}{3}\right)=109.5°$

历年考研真题评析

题 1　(2006 年,数学一) 点 $(2,1,0)$ 到平面 $3x+4y+52=0$ 的距离 $d=$ ________.

解: 本题考查了点到平面的距离

$$d=\left.\frac{3x+4y+52}{\sqrt{3^2+4^2+5^2}}\right|_{(2,1,0)}=\frac{3\cdot2+4\cdot1+5\cdot0}{\sqrt{50}}=\frac{10}{\sqrt{50}}=\sqrt{2}$$

题 2　(1)(2005 年数学一) 设 $(a\times b)\cdot c=2$,则 $[(a+b)\times(b+c)]\cdot(c+a)=$ ________.

解: 因为在由3个向量组成的混合积中若有相同向量,则该混合积必为0,所以 $[(a+b)\times(b+c)]\cdot(c+a)=2(a\times b)\cdot c=4$。

(2)(2006 年数学一) 设一平面经过原点及点 $(6,-3,2)$,且与平面 $4x-y+2z=8$ 垂直,则此平面方程为________.

解: 由原点和点 $(6,-3,2)$ 所确定的向量为 $\boldsymbol{a}=\{6,-3,2\}$,已知平面的法向量 $\boldsymbol{n}_0=\{4,-1,2\}$.

因此所求平面的法向量 $\boldsymbol{n}=\boldsymbol{a}\times\boldsymbol{n}_0=\{-4,-4,6\}=-2\{2,2,-3\}$,故所求方程为 $2x+2y-3z=0$.

题 3　(1)(2006 年数学一) 设有直线 $L_1:\dfrac{x-1}{1}=\dfrac{y-5}{-2}=\dfrac{z+8}{1}$ 与 $L_2:\begin{cases}x-y=6\\2y+z=3\end{cases}$,则 L_1 与 L_2 的夹角为(　).

$A\ \dfrac{\pi}{6}$　　$B\ \dfrac{\pi}{4}$　　$C\ \dfrac{\pi}{3}$　　$D\ \dfrac{\pi}{2}$

解: L_1 的方向向量为 $\boldsymbol{s}_1=\{1,-2,1\}$,而 L_2 的方向向量为 $\boldsymbol{s}_2=\begin{vmatrix}\boldsymbol{i}&\boldsymbol{j}&\boldsymbol{k}\\1&-1&0\\0&2&1\end{vmatrix}=\{-1,-1,2\}$,

故 L_1 与 L_2 的交角余弦 $\cos\theta=\dfrac{|\boldsymbol{s}_1\cdot\boldsymbol{s}_2|}{|\boldsymbol{s}_1||\boldsymbol{s}_2|}=\dfrac{1}{2}$,交角为 $\dfrac{\pi}{3}$.

(2)(2005 年数学一)设有直线 $L:\begin{cases}x+3y+2z+1=0,\\2x-y-10z+3=0,\end{cases}$ 及平面 $\pi:4x-2y+z-2=0$，则直线 L(　　).

A. 平行于 π　　B. 在 π 上　　C. 垂直于 π　　D. 与 π 斜交

解：L 的方向向量 $\boldsymbol{s}=\begin{vmatrix}\boldsymbol{i} & \boldsymbol{j} & \boldsymbol{k}\\1 & 3 & 2\\2 & -1 & -10\end{vmatrix}=\{-28,14,-7\}=7\{-4,2,-1\}$，$\pi$ 的法向量 $\boldsymbol{n}=\{4,-2,1\}$. 因为 $\boldsymbol{s}\,/\!/\,\boldsymbol{n}$，所以选 C.

题 4　(2006 年数学一)已知 A 与 B 的直角坐标分别为 $(1,0,0)$ 与 $(0,1,1)$，线段 AB 绕 z 轴旋转一周所成的旋转曲面为 S，求由 S 及两平面 $z=0$，$z=1$ 所围成的立体体积.

分析：求出旋转曲面的方程，然后利用 $V=\pi\int_{z_0}^{z_1}r^2\,\mathrm{d}z$，$r$ 是平行于 x_0y 平面的截面半径.

解：首先求旋转面的方程，直线 AB 的方程为 $\dfrac{x-1}{-1}=\dfrac{y}{1}=\dfrac{z}{1}$，解出 $x=1-z$，$y=z$，于是旋转面的方程为 $x^2+y^2=(1-z)^2+z^2$，即 $x^2+y^2=1-2z+2z^2$.

其次求旋转体的体积. 选 z 为积分变量，旋转体的横截面是圆，其半径的平方是 $1-2z+2z^2$. 因此所求立体的体积为

$$V=\pi\int_0^1(1-2z+2z^2)\mathrm{d}z=\frac{2}{3}\pi.$$

第六章　多元函数微分学

学习指南

1. 理解多元函数的概念，理解二元函数的几何意义；

2. 了解二元函数的极限与连续的概念，以及在有界闭区域上连续函数的性质；

3. 理解多元函数偏导数和全微分的概念，会求多元函数的全微分，了解全微分存在的必要条件和充分条件，了解全微分形式的不变性；

4. 理解方向导数与梯度的概念并掌握其计算方法；

5. 掌握多元复合函数一阶、二阶偏导数的求法；

6. 会用隐函数的求导法则；

7. 了解曲线的切线和法平面以及曲面的切平面和法线的概念，会求它们的方程；

8. 理解多元函数极值和条件极值的概念，掌握多元函数极值存在的必要条件，了解二元函数极值存在的充分条件，会求二元函数的极值，会用拉格朗日乘子法求条件极值，会求简单多元函数的最大值和最小值，并会解决一些简单的应用题.

本章知识网络图

- 多元函数及其微分
  - 基本概念
    - 定义域，多元函数，图形
    - 距离、领域、内点、外点、边界点、开集、闭集、有界闭区域
    - 极限
    - 连续
    - 偏导数、方向导数、梯度
    - 全微分
  - 性质
    - 极限与累次极限的关系
    - 偏导数，连续性与全微分之间的关系
    - 闭区域上连续函数的性质
    - 微分法
      - 定义
      - 复合函数的微分
      - 隐函数
        - 一个方程
        - 方程组

- 多元函数及其微分
  - 几何应用
    - 曲线的切线与法平面
    - 空间曲线的切平面与法线
  - 极值
    - 必要条件
    - 充分条件
    - 条件极值
      - 定义法
      - 拉格朗日乘子法

第一节　多元函数的基本概念

知识点归纳

1. 多元函数

n 元函数 $y=f(x)=f(x_1,x_2,\cdots,x_n),x\in D$.

2. $\mathbf{R}^n$ 中的线性运算、距离及重要子集类

线性运算：$\lambda x+\mu y=(\lambda x_1+\mu y_1,\cdots,\lambda x_n+\mu y_n)$.

距离：$\rho(x,y)=\sqrt{(x_1-y_1)^2+(x_2-y_2)^2+\cdots+(x_n-y_n)^2}$.

模：$\|x\|=\sqrt{x_1^2+x_2^2\cdots+x_n^2}$；

$$\|x-y\|=\sqrt{(x_1-y_1)^2+(x_2-y_2)^2+\cdots+(x_n-y_n)^2}=\rho(x,y).$$

$x\to a=(a_1,a_2,\cdots a_n)$ 的充要条件是 $x_1\to a_1,\cdots,x_n\to a_n$.

邻域：$U(P_0,\delta)=\{(x,y)\mid\sqrt{(x-x_0)^2+(y-y_0)^2}<\delta\}$

$$=\{P\in\mathbf{R}^2\mid\|P-P_0\|<\delta\}.$$

去心邻域：$\mathring{U}(P_0,\delta)=\{P\in\mathbf{R}^2\mid 0<|P-P_0|<\delta\}$.

内点：设集合 $E\subset\mathbf{R}^2$，点 $P\in\mathbf{R}^2$，如果存在 $\delta>0$，使得 $\cup(P,\delta)\subset E$，则称 P 是 E 的内点.

边界点：若在点 P 的任一邻域内，都既有集合 E 的点，又有余集 E^c 的点，则称 P 是 E 的边界点，E 的边界点的全体称为 E 的边界，记作 ∂E.

聚点：如果对任意给定的 $\delta>0$，P 的去心邻域 $\mathring{U}(P,\delta)$ 中总有 E 中的点（P 本身可属于 E，也可不属于 E），则称 P 是 E 的集点.

开集：设集合 $E\subset\mathbf{R}^2$，如果 E 中每一点都是 E 的内点，则称 E 是 $\mathbf{R}^2$ 中的开集.

闭集：如果 E 的余集 E^c 是 $\mathbf{R}^2$ 中的开集，则称 E 是 $\boldsymbol{R}^2$ 中的闭集.

有界集：设集合 $E\subset\mathbf{R}^2$，如果存在常数 $k>0$，使得对所有的 $P\in E$，都有 $\|P\|<k$，则称 E 是 $\mathbf{R}^2$ 中的有界集.

无界集：一个集合不是有界集，就称为是无界集.

3. 二重极限

二重极限$\lim\limits_{P\to P_0}f(P)=A$或$\lim\limits_{(x,y)\to(x_0,y_0)}f(x,y)=A$：$\forall\varepsilon>0,\exists\delta>0$，当$P(x,y)\in D\cap\mathring{U}(P_0,\delta)$，都有$|f(P)-A|=|f(x,y)-A|<\varepsilon$.

注意：$P\to P_0$的方式是任意的.

4. 二元函数的连续性

若$\lim\limits_{(x,y)\to(x_0,y_0)}f(x,y)=f(x_0,y_0)$，则称$f(x,y)$在点$P(x_0,y_0)$处连续.若$f$在$D$的每一点都连续，则称$f$在$D$上连续，记作$f\in C(D)$.

二元连续函数的和、差、积、商(分母不为零)及复合函数仍连续；一切多元初等函数在定义区域内连续.

有界闭区域D上的二元连续函数具有有界性、最大和最小值的可达性(在D上存在最大、最小值)、介值性(必取得介于最大、最小值之间的任何值).

典型例题与解题技巧

题型Ⅰ：二元函数的极限问题

【题型分析】 1.二元函数的极限中$P\to P_0$的方式是任意的，确定极限不存在的常用方法①令$f(x,y)$沿$y=kx$趋向于$P_0(x_0,y_0)$.若极限值与k有关，则可断言极限不存在；②找两种趋向方式使$\lim\limits_{\substack{x\to x_0\\y\to y_0}}f(x,y)$存在，若极限不相等则极限不存在.

2.先限制$(x,y)\to(x_0,y_0)$的方式，比如可令$y=kx$，然后让$x\to x_0$求极限，若极限与k无关，则二重极限可能存在.再用定义确认此极限是不是所求的二重极限.

例1 求$u=\sqrt{\arcsin\dfrac{x^2+y^2}{z}}$的定义域.

解：联立方程组：$\begin{cases}\arcsin\dfrac{x^2+y^2}{z}\geqslant 0\\ \left|\dfrac{x^2+y^2}{z}\right|\leqslant 1\\ z\neq 0\end{cases}$

故所求函数的定义域为：$0\leqslant\dfrac{x^2+y^2}{z}\leqslant 1$，及$z\neq 0$或$\begin{cases}z\geqslant x^2+y^2\\z\neq 0\end{cases}$

例2 计算极限$\lim\limits_{\substack{x\to 0\\y\to 0}}\dfrac{\sin xy}{x}$.

解：因为$|\sin xy|\leqslant|xy|$，而$\left|\dfrac{xy}{x}\right|\leqslant|y|$，所以$\left|\dfrac{\sin xy}{x}\right|\leqslant|y|$，由夹逼准则知：

$$\lim_{(x,y)\to(0,0)}|y|=0,\text{从而}\lim_{(x,y)\to(0,0)}\frac{\sin xy}{x}=0$$

【注】此时不可将 $\frac{\sin xy}{x}$ 转化为 $\frac{\sin xy}{xy}\cdot y$，因为这是两个不同的函数，前者的定义域是 $x\neq 0$，而后者定义域是 $x\neq 0$ 且 $y\neq 0$. 如果 $y\to a(a\neq 0)$，此时可采用此种计算方法.

例 3　计算 $\lim\limits_{(x,y)\to(0,0)}\frac{1-\cos(x^2+y^2)}{(x^2+y^2)x^2y^2}$.

解：利用半角公式对分子作变形得

$$\frac{1-\cos(x^2+y^2)}{(x^2+y^2)x^2y^2}=\frac{\left(\sin\frac{x^2+y^2}{2}\right)^2}{\frac{x^2+y^2}{2}\cdot x^2y^2}=\left(\frac{\sin\frac{x^2+y^2}{2}}{\frac{x^2+y^2}{2}}\right)\frac{\frac{x^2+y^2}{2}}{x^2y^2}$$

令　$f(x,y)=\left(\frac{\sin\frac{x^2+y^2}{2}}{\frac{x^2+y^2}{2}}\right)^2$，$g(x,y)=\frac{x^2+y^2}{2x^2y^2}$

显然有　$\lim\limits_{(x,y)\to(0,0)}f(x,y)=1\neq 0$

但 $g(x,y)$ 无极限，这是因为当点 (x,y) 沿直线 $y=x$ 趋向于原点时，有

$$\lim_{x\to 0}g(x,y)=\lim_{x\to 0}\frac{1}{x^2}=\infty$$

于是 $f(x,y)\cdot g(x,y)$ 没有极限，亦即：$\lim\limits_{(x,y)\to(0,0)}\frac{1-\cos(x^2+y^2)}{(x^2+y^2)x^2y^2}$ 不存在.

例 4　设 $f(x,y)=\frac{xy}{x^2+y}$，求 $f(xy,\frac{x}{y})$.

解：由于 $f(u,v)=\frac{uv}{u^2+v}$

故令 $u=xy,v=\frac{x}{y}$（引入中间变量）

则　$$f(xy,\frac{x}{y})=\frac{xy\cdot\frac{x}{y}}{(xy)^2+\frac{x}{y}}=\frac{xy}{xy^3+1}.$$

题型 Ⅱ：二元函数的连续性问题

【题型分析】　二元连续函数的和、差、积、商（分母不为零）及复合函数仍连续；一切多元初等函数在定义区域内连续.

有界闭区域 D 上的二元连续函数具有有界性、最大值和最小值的可达性（在 D 上存在最大、最小值）、介值性（必取得介于最大、最小值之间的任何值）.

例 5　讨论 $f(x,y)=\begin{cases}\dfrac{x^2\sin\frac{1}{x^2+y^2}+y^2}{x^2+y^2}, & (x,y)\neq(0,0)\\ 0, & (x,y)=(0,0)\end{cases}$

在 $(0,0)$ 点的连续性.

解:当 $y=0,x\to 0$ 时,即动点 $P(x,y)$ 沿 x 轴趋于$(0,0)$

$$\lim_{\substack{y=0\\x\to 0}}\frac{x^2\sin\frac{1}{x^2+y^2}+y^2}{x^2+y^2}=\lim_{x\to 0}\sin\frac{1}{x^2}\text{ 不存在}$$

故 $f(x,y)$ 在$(0,0)$处不连续.

课后习题全解

习题 6－1 解答

1. 根据已知条件,写出下列各函数的表达式:

(1) $f(x,y)=x^y+y^x$,求 $f(xy,x+y)$;(2) $f\left(\frac{y}{x}\right)=\frac{\sqrt{x^2+y^2}}{|x|}$,求 $f(x)$;

(3) $f(x,y)=x+2y$,求 $f(xy,f(x,y))$;

(4) $f\left(x+y,\frac{y}{x}\right)=x^2-y^2$,求 $f(x,y)$.

解:(1) $f(xy,x+y)=(xy)^{x+y}+(x+y)^{xy}$;

(2) $f\left(\frac{y}{x}\right)=\sqrt{1+\frac{y^2}{x^2}}=\sqrt{1+(\frac{y}{x})^2}$,故 $f(x)=\sqrt{1+x^2}$;

(3) $f(xy,f(x+y))=f(xy,x+2y)$

$=xy+2(x+2y)$;

(4) 令 $a=x+y,b=\frac{y}{x}$,则可解得 $y=\frac{ab}{b+1},x=\frac{a}{b+1}(b\neq -1)$,

$$f(a,b)=\left(\frac{a}{b+1}\right)^2-\left(\frac{ab}{b+1}\right)^2=\frac{a^2(1-b)}{1+b}$$

若 $b=-1$,则 $y=-x$,可解得 $a=0,f(0,-1)=x^2-x^2=0$,

综上可知 $f(x,y)=\begin{cases}\frac{x^2(1-y)}{1+y}, & y\neq -1\\ 0, & y=-1\end{cases}$

2. 求下列各函数的定义域,并绘出定义域的图形:

(1) $f(x,y)=\frac{1}{\sqrt{1-x^2}}$;　　(2) $f(x,y)=\frac{\sqrt{1-x^2-y^2}}{x+y}$;

(3) $f(x,y)=\ln x+\ln\sin y$;　　(4) $f(x,y)=\ln(1-|x|-|y|)$.

【知识点窍】 考查多元函数定义域的求解,类似一元函数定义域的求解.

解:(1) 如图 6.1 所示,定义域为 $D=\{(x,y)\mid x\in R,y\in R,-1<x<1\}$.

(2) 如图 6.2 所示,定义域为 $D=\{(x,y)\mid x^2+y^2\leqslant 1,x+y\neq 0\}$.

(3) 如图 6.3 所示,定义域为 $D=\{(x,y)\mid x>0,2k\pi<y<(2k+1)\pi,k\in \mathbf{Z}\}$ ($\mathbf{Z}$代表整数集).

(4) 如图 6.4 所示，定义域为 $D=\{(x,y)\mid |x|+|y|<1\}$.

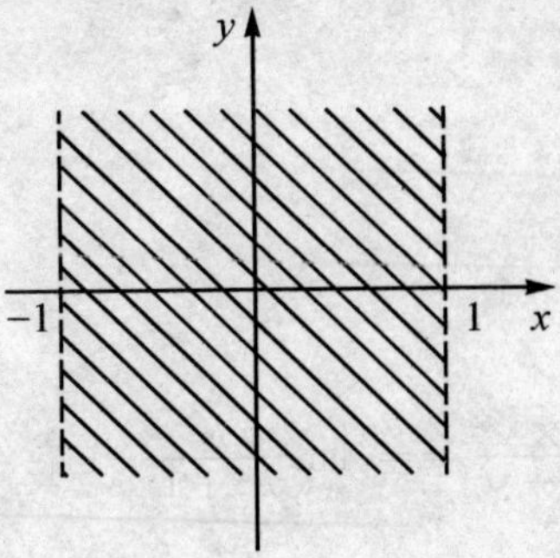

图 6.1

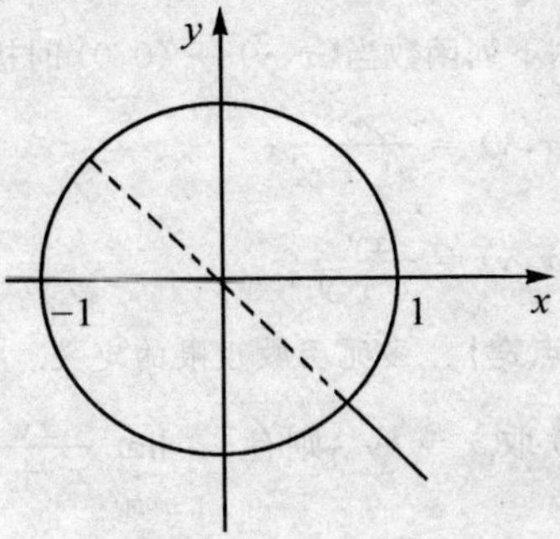

图 6.2

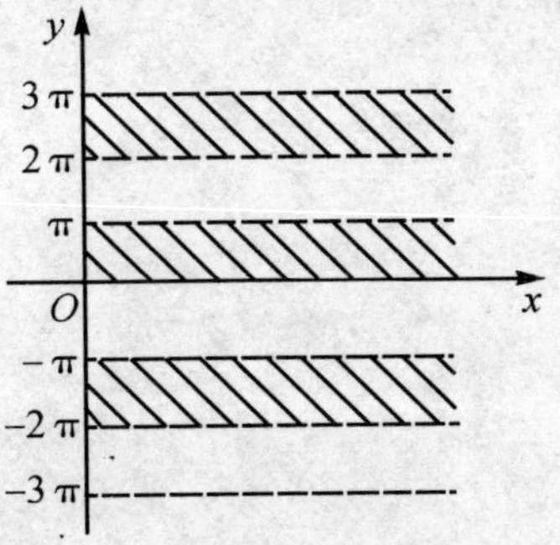

图 6.3

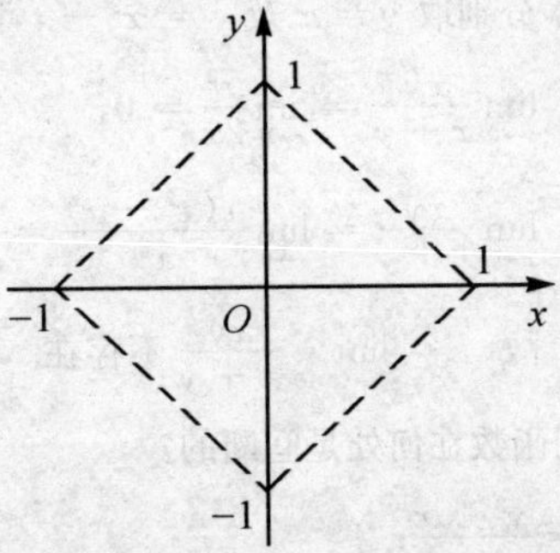

图 6.4

3. 求下列各极限：

(1) $\lim\limits_{(x,y)\to(0,1)}\dfrac{1-x+xy}{x^2+y^2}$；　(2) $\lim\limits_{(x,y)\to(0,0)}\dfrac{2-\sqrt{xy+4}}{xy}$；

(3) $\lim\limits_{(x,y)\to(0,0)}\dfrac{(2+x)\sin(x^2+y^2)}{x^2+y^2}$；　(4) $\lim\limits_{(x,y)\to(0,0)}\sqrt{x^2+y^2}\sin\dfrac{1}{x^2+y^2}$.

【知识点窍】 多元函数极限的定义.

解：(1) $\lim\limits_{(x,y)\to(0,0)}\dfrac{1-x+xy}{x^2+y^2}=\dfrac{1-0+0\times 1}{0^2+1^2}=1$

(2) $$\lim_{(x,y)\to(0,0)}\frac{2-\sqrt{xy+4}}{xy}=\lim_{(x,y)\to(0,0)}\frac{(2-\sqrt{xy+4})(2+\sqrt{xy+4})}{xy(2+\sqrt{xy+4})}$$

$$=\lim_{(x,y)\to(0,0)}\frac{-xy}{xy(2+\sqrt{xy+4})}=\lim_{(x,y)\to(0,0)}\frac{-1}{2+\sqrt{xy+4}}=-\frac{1}{4}$$

(3) $$\lim_{(x,y)\to(0,0)}\frac{(2+x)\sin(x^2+y^2)}{x^2+y^2}=\lim_{x^2+y^2\to 0}\frac{\sin(x^2+y^2)}{x^2+y^2}\lim_{x\to 0}(2+x)=2$$

(4) $$\lim_{(x,y)\to(0,0)}\sqrt{x^2+y^2}\sin\frac{1}{x^2+y^2}=\lim_{x^2+y^2\to 0}\sqrt{x^2+y^2}\sin\frac{1}{x^2+y^2}$$

由于 $\lim\limits_{x^2+y^2\to 0}\sqrt{x^2+y^2}=0$，$\sin\dfrac{1}{x^2+y^2}$ 有界，且 $-1\leqslant\sin\dfrac{1}{x^2+y^2}\leqslant 1$，故原极限 $=0$.

4. 证明下列函数当 $(x,y)\to(0,0)$ 时极限不存在：

(1) $f(x,y)=\dfrac{xy^2}{x^2+y^4}$；

(2) $f(x,y)=\dfrac{xy}{x+y}$.

【知识点窍】 多元函数极限的定义.

解：(1) 取 $x=ky^2$，则有 $\lim\limits_{\substack{y\to 0\\ x=ky^2}}\dfrac{xy^2}{x^2+y^4}=\lim\limits_{\substack{y\to 0\\ x=ky^2}}\dfrac{ky^2\times y^2}{k^2y^4+y^4}==\lim\limits_{\substack{y\to 0\\ x=ky^2}}\dfrac{k}{k^2+1}$

故其极限值与 k 有关，所以 $\lim\limits_{(x,y)\to(0,0)}\dfrac{xy^2}{x^2+y^4}$ 不存在.

(2) 分别取 $y=x$ 及 $y=x^2-x$，则有

$$\lim_{\substack{x\to 0\\ y=x}}\frac{xy}{x+y}=\lim_{x\to 0}\frac{x^2}{2x}=0,$$

$$\lim_{\substack{x\to 0\\ y=x}}\frac{xy}{x+y}=\lim_{x\to 0}\frac{x(x^2-x)}{x^2}=-1$$

故 $\lim\limits_{(x,y)\to(0,0)}\dfrac{xy}{x+y}$ 不存在.

5. 下列函数在何处是间断的？

(1) $z=\dfrac{y^2+x}{y^2-x}$；

(2) $z=\dfrac{1}{\sin x\cdot\sin y}$.

【知识点窍】 多元函数连续与间断的定义.

解：(1) 当分母 $y^2=x$ 时，函数间断，故其间断点集为 $\{(x,y)\mid y^2=x,x、y\in R\}$；

(2) 当分母 $\sin x\cdot\sin y=0$ 时，函数间断，故其间断点集为 $\{(x,y)\mid x=m\pi$ 或 $y=n\pi,m、n\in\mathbf{Z}\}$.

6. 设函数 $f(x,y)$ 在点 $P(x_0,y_0)$ 处连续，且 $f(x_0,y_0)>0$(或 $f(x_0,y_0)<0$)，证明：在点 P 的某个邻域内，$f(x,y)>0$(或 $f(x,y)<0$).

【知识点窍】 邻域及连续的定义.

解：证：由于 $f(x,y)$ 在点 $P(x_0,y_0)$ 处连续，故有 $\lim\limits_{(x,y)\to(x_0,y_0)}f(x,y)=f(x_0,y_0)$，

于是对 $\varepsilon=\dfrac{f(x_0,y_0)}{2}>0$，$\exists\delta>0$，当 $(x,y)\in U(P,\delta)$ 时，有

$$|f(x,y)-f(x_0,y_0)|<\frac{f(x_0,y_0)}{2},$$

从而 $$f(x,y)>f(x_0,y_0)-\frac{f(x_0,y_0)}{2}=\frac{f(x_0,y_0)}{2}>0.$$

当 $f(x_0,y_0)<0$ 时的结论可类似证明.

第二节　偏导数

知识点归纳

1. 偏导数的定义

$z=f(x,y)$ 在点 (x_0,y_0) 处对 x 和对 y 的偏导数分别定义如下：

$$\left.\frac{\partial z}{\partial x}\right|_{(x_0,y_0)}\left(\text{或 } f_x(x_0,y_0)\right)\xlongequal{\text{def}}\lim_{\Delta x\to 0}\frac{f(x_0+\Delta x,y_0)-f(x_0,y_0)}{\Delta x}$$

$$\left.\frac{\partial z}{\partial x}\right|_{(x_0,y_0)}\left(\text{或 } f_y(x_0,y_0)\right)\xlongequal{\text{def}}\lim_{\Delta y\to 0}\frac{f(x_0,y_0+\Delta y)-f(x_0,y_0)}{\Delta y}$$

$f_x(x_0,y_0)$ 的几何意义为曲线 $\begin{cases}z=f(x,y)\\ y=y_0\end{cases}$ 在点 $M(x_0,y_0,f(x_0,y_0))$ 处的切线对 x 轴的斜率.

$f(x,y)$ 在任意点 (x,y) 处的偏导数 $f_x(x,y)$、$f_y(x,y)$ 称为偏导函数，简称偏导数. 求 $f_x(x,y)$ 时，只需把 y 视为常数，对 x 求导即可.

2. 高阶偏导数

$z=f(x,y)$ 的偏导数 $f_x(x,y)$，$f_y(x,y)$ 的偏导数称为二阶偏导数，二阶偏导数的偏导数称为三阶偏导数，如此类推，二阶偏导数依求导次序不同，有如下 4 个：$\frac{\partial^2 z}{\partial x^2}$，$\frac{\partial^2 z}{\partial y^2}$，$\frac{\partial^2 z}{\partial x\partial y}$，$\frac{\partial^2 z}{\partial y\partial x}$

其中后两个称为混合偏导数.

若两个混合偏导数皆为连续函数，则它们相等，即可以交换求偏导数的次序.

典型例题与解题技巧

题型Ⅲ：几种不同类型偏导数的求法

【题型分析】 1. 求偏导数的方法很简单，在求 $f_x(x,y,z)$ 时，将 y,z 看作常数，利用一元函数的求导公式和导数的运算法则即可求得. 求 $f_y(x,y,z)$，$f_z(x,y,z)$ 类似. 符号 $\frac{\partial^2 u}{\partial x\partial y}=f_{xy}(x,y,z)$，表示先对 x 求偏导（y,z 暂时当常数），然后再对 y 求偏导（此时 x,z 当常数），符号 $\frac{\partial^2 u}{\partial x\partial z}=f_{xz}(x,y,z)$，$\frac{\partial^3 u}{\partial x^2\partial z}=f_{x^2z}(x,y,z)$，$\frac{\partial^3 u}{\partial y\partial z^2}=f_{yz^2}(x,y,z)\cdots$ 类似.

2. 如果只求 $z=f(x,y)$ 在某点 (x_0,y_0) 的偏导数，可不必先求出该函数在任意点 (x,y) 的偏导数，然后代入 $x=x_0$ 与 $y=y_0$，而是先代入 $x=x_0$ 或 $y=y_0$，然后求一元函数的导数会更简单些. 如：$\frac{\partial f(x_0,y_0)}{\partial x}=\left.\frac{\mathrm{d}}{\mathrm{d}x}f(x,y_0)\right|_{x=x_0}$，$\frac{\partial^2 f(x_0,y_0)}{\partial y^2}=\left.\frac{\mathrm{d}^2}{\mathrm{d}y^2}f(x_0,y)\right|_{y=y_0}$，$\frac{\partial^2 f(x_0,y_0)}{\partial x\partial y}=\left.\frac{\mathrm{d}}{\mathrm{d}y}\frac{\partial f(x_0,y)}{\partial x}\right|_{y=y_0}$.

例6 求下列函数的偏导数：

(1)$z=\ln\sin(x-2y)$；　　(2)$z=\dfrac{xe^y}{y^2}$；

(3)$u=(\dfrac{x}{y})^z$；　　(4)$u=\dfrac{z}{x^2+y^2}$.

解：(1)$z_x=\dfrac{1}{\sin(x-2y)}\cos(x-2y)\cdot 1$　（一元复合函数求导法）

$=\cot(x-2y)$

$z_y=\dfrac{1}{\sin(x-2y)}\cos(x-2y)\cdot(-2)=-2\cot(x-2y)$

(2)$z_x=\dfrac{e^y}{y^2}$　$\left(\dfrac{e^y}{y^2}\text{当作常数}\right)$

$z_y=\dfrac{e^y\cdot y^2-e^y\cdot 2y}{y^4}$　（商的求导公式）

$=\dfrac{xe^y(y-2)}{y^3}$

(3) $\dfrac{\partial u}{\partial x}=z(\dfrac{x}{y})^{z-1}\dfrac{1}{y}=\dfrac{zx^{z-1}}{y^z}$

$\dfrac{\partial u}{\partial y}=z(\dfrac{x}{y})^{z-1}(-\dfrac{x}{y^2})=-\dfrac{zx^z}{y^{z+1}}$　（幂函数求导）

$\dfrac{\partial u}{\partial z}=(\dfrac{x}{y})^z\ln\dfrac{x}{y}$　（指数函数求导）

(4) $\dfrac{\partial u}{\partial x}=\dfrac{-z\cdot 2y}{(x^2+y^2)^2}=-\dfrac{2xz}{(x^2+y^2)^2}$

$\dfrac{\partial u}{\partial y}=\dfrac{-z\cdot 2y}{(x^2+y^2)}=-\dfrac{2yz}{(x^2+y^2)}$

$\dfrac{\partial u}{\partial z}=\dfrac{1}{x^2+y^2}$

课后习题全解

习题6－2解答

1. 按定义求下列函数在指定点处的一阶偏导数：

(1)$z=x+(y-1)\arcsin\sqrt{\dfrac{|x|}{y}}$，点(0,1)；

(2)$z=x^2e^y+(x-1)\arctan\dfrac{y}{x}$，点(1,0).

【知识点窍】 先求出一阶偏导数，再代入求解.

解：(1) $z_x=1+(y-1)\dfrac{\frac{1}{2y}(\frac{x}{y})^{-\frac{1}{2}}}{\sqrt{1-\frac{x}{y}}}$　　$z_y=\arcsin\sqrt{\dfrac{x}{y}}+(y-1)\dfrac{-\frac{x}{2y^2}(\frac{x}{y})^{\frac{1}{2}}}{\sqrt{1-\frac{x}{y}}}$

将点(0,1)代入得 $z_x(0,1)=1, z_y(0,1)=0$

(2) $z_x=2xe^y+\arctan\dfrac{y}{x}+(x-1)\dfrac{-\dfrac{y}{x^2}}{1+(\dfrac{y}{x})^2}$　　$z_y=x^2e^y+(x-1)\dfrac{\dfrac{1}{x}}{1+(\dfrac{y}{x})^2}$

得点(1,0)代入得 $z_x(1,0)=2, z_y(1,0)=1$.

2. 求下列函数的一阶偏导数：

(1) $z=\dfrac{x}{y}+\dfrac{y}{x}$；　　(2) $z=e^{\frac{x}{y}}+e^{-\frac{x}{y}}$；

(3) $z=\ln(1+\sqrt{x^2+y^2})$；　　(4) $z=x^y\cdot y^x$；

(5) $u=\arctan(x-y)^z$；　　(6) $u=\int_{xz}^{yz}e^{t^2}\,dt$.

【知识点窍】 多元函数一阶偏导数的求解.

【逻辑推理】 对一个变元求偏导时，将其他变元看做常数，再求导.

解：(1) $z_x=\dfrac{1}{y}-\dfrac{y}{x^2}, z_y=-\dfrac{x}{y^2}+\dfrac{1}{x}$；

(2) $z_x=e^{\frac{x}{y}}\cdot\dfrac{1}{y}+e^{-\frac{x}{y}}\cdot(-\dfrac{1}{y})=\dfrac{1}{y}(e^{\frac{x}{y}}-e^{-\frac{x}{y}})$，

$z_y=\dfrac{x}{y^2}(e^{-\frac{x}{y}}-e^{\frac{x}{y}})$；

(3) $$z_x=\frac{1+\dfrac{1}{2\sqrt{x^2+y^2}}\cdot 2x}{x+\sqrt{x^2+y^2}}=\frac{1}{\sqrt{x^2+y^2}},$$

$$z_y=\frac{\dfrac{1}{2\sqrt{x^2+y^2}}\cdot 2y}{x+\sqrt{x^2+y^2}}=\frac{y}{x^2+y^2+x\sqrt{x^2+y^2}};$$

(4) $z_x=(x^y)'_x\cdot y^x+x^y\cdot(y^x)'_x=yx^{y-1}\cdot y^x+x^y\cdot y^x\ln y=x^y\cdot y^x\left(\dfrac{y}{x}+\ln y\right)$，

$z_y=(x^y)'_y\cdot y^x+x^y\cdot(y^x)'_y=x^y\ln x\cdot y^x+x^y\cdot xy^{x-1}=x^y\cdot y^x(\ln x+\dfrac{x}{y})$；

(5) $$u_x=\frac{z(x-y)^{z-1}}{1+[(x-y)^z]^2}=\frac{z(x-y)^{z-1}}{1+(x-y)^{2z}},$$

$$u_y=\frac{-1\cdot z(x-y)^{z-1}}{1+[(x-y)^z]^2}=-\frac{z(x-y)^{z-1}}{1+(x-y)^{2z}},$$

$$u_z=\frac{(x-y)^z\cdot\ln(x-y)}{1+[(x-y)^z]^2}=\frac{(x-y)^z\cdot\ln(x-y)}{1+(x-y)^{2z}};$$

(6) $u_x=-e^{(xz)^2}\cdot(xz)'_z=-ze^{x^2z^2}, u_y=e^{(y^2z^2)}\cdot(yz)'_y=2e^{y^2z^2}$

$$u_z=\frac{\partial}{\partial z}\Big|_0^{yz}e^{t^2}\,dt-\frac{\partial}{\partial z}\Big|_0^{xz}dte^{t^2}=ye^{y^2z^2}-xe^{x^2z^2}$$

3. 设 $f(x,y)=\begin{cases}\dfrac{xy}{\sqrt{x^2+y^2}} & 当(x,y)\neq(0,0),\\ 0 & 当(x,y)=(0,0).\end{cases}$

证明:$f(x,y)$ 在点$(0,0)$ 处连续且可偏导,并求出 $f_x(0,0)$ 和 $f_y(0,0)$ 的值.

【知识点窍】 考查偏导数的定义,夹逼准则.

解: 当$(x,y)\neq(0,0)$ 时,由于

$$0\leqslant|f(x,y)|=\frac{|xy|}{\sqrt{x^2+y^2}}\leqslant\frac{x^2+y^2}{2\sqrt{x^2+y^2}}=\frac{1}{2}\sqrt{x^2+y^2}\to 0$$

$((x,y)\to(0,0))$

故由夹逼准则得 $\lim\limits_{(x,y)\to(0,0)}\dfrac{xy}{\sqrt{x^2+y^2}}=0=f(0,0)$,

故 $f(x,y)$ 在$(0,0)$ 连续.

$$f_x(0,0)=\lim_{\Delta x\to 0}\frac{f(0+\Delta x,0)-f(0,0)}{\Delta x}=\lim_{\Delta x\to 0}\frac{0-0}{\Delta x}=0.$$

由 $f(x,y)$ 表示式中 x、y 的对称性可知,$f_y(0,0)=0$. 可见 $f(x,y)$ 在$(0,0)$ 可偏导.

4. 求旋转曲面 $z=\sqrt{1+x^2+y^2}$ 与平面 $x=1$ 的交线在点$(1,1,\sqrt{3})$ 处的切线与 y 轴正向之间的夹角.

【知识点窍】 考查偏导数的几何意义.

解: 由偏导数的几何意义知 $z_y(1,1)$ 表示交线$\begin{cases}z=\sqrt{1+x^2+y^2}\\ x=1\end{cases}$,在点$(1,1)$ 处的切线的斜率,

设所求夹角为 θ,则有 $z_y(1,1)=\dfrac{y}{\sqrt{1+x^2+y^2}}\Bigg|_{1,1}=\dfrac{1}{\sqrt{3}}=\tan\theta$

可解得 $\theta=\dfrac{\pi}{6}$.

5. 求下列函数的所有二阶偏导数:

(1) $z=x^2y+x\sqrt{y}$;　　(2) $z=x\arcsin\sqrt{y}$;

(3) $z=\cos^2(x+2y)$;　　(4) $z=e^{xy^2}$.

【知识点窍】 二阶偏导数的求解.

【逻辑推理】 先求一阶偏导数,再求二阶偏导数.

解: (1) $z_x=2xy+\sqrt{y}$,$z_y=x^2+\dfrac{x}{2}y^{-\frac{1}{2}}$,$z_{xx}=2y$,

$z_{yy}=-\dfrac{x}{4}y^{-\frac{3}{2}}$,$z_{xy}=z_{yx}=2x+\dfrac{1}{2}y^{-\frac{1}{2}}$;

(2) $z_x=\arcsin\sqrt{y}$,$z_y=\dfrac{x}{\sqrt{1-y}}\cdot\dfrac{1}{2\sqrt{y}}=\dfrac{x}{2\sqrt{y-y^2}}$,

$z_{xx}=(\arcsin\sqrt{y})'_x=0$,

$$z_{yy}=\left(\frac{x}{2\sqrt{y-y^2}}\right)'_y=\frac{x}{2}\left[\frac{-1}{y-y^2}\cdot\frac{1}{2\sqrt{y-y^2}}\cdot(1-2y)\right]=\frac{x(2y-1)}{4(y-y^2)^{\frac{3}{2}}},$$

$$z_{xy}=(\arcsin\sqrt{y})'_y=\frac{1}{\sqrt{1-y}}\cdot\frac{1}{2\sqrt{y}}=\frac{1}{2\sqrt{y-y^2}},$$

$$z_{yx}=\left(\frac{x}{2\sqrt{y-y^2}}\right)'_x=\frac{1}{2\sqrt{y-y^2}};$$

(3) $z_x=2\cos(x+2y)\cdot[-\sin(x+2y)]=-\sin(2x+4y)$,

$z_{xx}=-2\cos(2x+4y),z_{xy}=z_{yx}=-4\cos(2x+4y)$,

$z_{yy}=-8\cos(2x+4y)$;

(4) $z_x=e^{xy^2}\cdot y^2=y^2e^{xy^2},z_y=e^{xy^2}\cdot 2xy=2xye^{xy^2}$,

$z_{xx}=y^2e^{xy^2}\cdot y^2=y^4e^{xy^2}$,

$z_{xy}=z_{yx}=2ye^{xy^2}+y^2e^{xy^2}\cdot 2xy=2y(1+xy^2)e^{xy^2}$,

$z_{yy}=e^{xy^2}\cdot 2xy\cdot 2xy+e^{xy^2}\cdot 2x=2x(1+2xy^2)e^{xy^2}$.

6. 是否存在一个函数 $f(x,y)$,使得 $f_x(x,y)=x+4y,f_y(x,y)=3x-y$?

【知识点窍】 混合偏导数的性质.

解: 若存在这样的 $f(x,y)$,则由题设知 $f_{xy}=4,f_{yx}=3$,它们均为连续函数.由混合偏导数性质,此时应有 $f_{xy}=f_{yx}$,矛盾,所以这样的函数不存在.

7. 求下列函数的指定的高阶偏导数:

(1) $u=x\ln(x,y),u_{xxy},u_{xyy}$;

(2) $u=\dfrac{x-y}{x+y},u_{xxy}$;

(3) $u=x^ay^bz^c,u_{xyz}$;

(4) $u=xyze^{x+y+z},\dfrac{\partial^{p+q+r}u}{\partial x^p\partial y^q\partial z^r}$.

解: (1) $u_x=\ln(xy)+x\cdot\dfrac{1}{xy}\cdot y=\ln(xy)+1$,

$$u_{xx}=\frac{1}{xy}\cdot y=\frac{1}{x},u_{xy}=\frac{1}{y},u_{xxy}=0,u_{xyy}=-\frac{1}{y^2};$$

(2) $u_x=\dfrac{(x+y)-(x-y)}{(x+y)^2}=\dfrac{2y}{(x+y)^2}$,

$$u_{xx}=2y\cdot\frac{-2}{(x+y)^3}=-\frac{4y}{(x+y)^3},$$

$$u_{xxy}=-4\left[\frac{1}{(x+y)^3}+y\cdot\frac{-3}{(x+y)^4}\right]=\frac{4(2y-x)}{(x+y)^4};$$

(3) $u_x=ay^bz^cx^{a-1}$,

$u_{xy}=abz^cx^{a-1}y^{b-1}$,

$u_{xyz}=abcx^{a-1}y^{b-1}z^{c-1}$;

【注】 原教材答案有误.

(4) $u = xe^x \cdot ye^y \cdot ze^z$，由乘积导数的莱布尼茨公式，

$$\frac{\partial^p u}{\partial x^p} = ye^y \cdot ze^z \cdot \frac{\partial^p (xe^x)}{\partial x^p} = ye^y \cdot ze^z \cdot \sum_{k=0}^{p} C_p^k x^{(k)} (e^x)^{(p-k)} = ye^y \cdot ze^z \cdot (x+p)e^x,$$

$$\frac{\partial^{p+q} u}{\partial x^p \partial y^q} = \frac{\partial^q}{\partial y^q}\left(\frac{\partial^p u}{\partial x^p}\right) = (x+p)e^x \cdot ze^z \cdot \frac{\partial^q (ye^y)}{\partial y^q} = (x+p)e^x \cdot ze^z \cdot (y+q)e^y,$$

故

$$\frac{\partial^{p+q+r} u}{\partial x^p \partial y^q \partial z^r} = \frac{\partial^r}{\partial z^r}\left(\frac{\partial^{p+q} u}{\partial x^p \partial y^q}\right) = (x+p)e^x \cdot (y+q)e^y \cdot \frac{\partial^r (ze^z)}{\partial z^r}$$

$$= (x+p)e^x \cdot (y+q)e^y \cdot (z+r)e^z$$

$$= (x+p)(y+q)(z+r)e^{x+y+z}.$$

8. 验证函数 $u = e^{-kn^2 t}\sin nx$ 满足热传导方程 $u_t = ku_{xx}$.

【知识点窍】 偏导数的实际应用.

解: 因为 $u_x = ne^{-kn^2 t}\cos nx, u_{xx} = -ne^{-kn^2 t}\sin nx$

所以 $u_t = -kn^2 e^{-kn^2 t}\sin nx = ku_{xx}$.

9. 验证下列函数满足波动方程 $u_{tt} = a^2 u_{xx}$：

(1) $u = \sin(kx)\sin(akt)$； (2) $u = \ln(x+at)$；

(3) $u = \sin(x-at)$.

【逻辑推理】 分别求出 u_{xx}, u_{tt} 即可验证.

解: (1) $u_x = k\cos(kx)\sin(akt)$ $u_{xx} = -k^2\sin(kx)\sin(akt)$ $u_t = ak\sin(kx)\cos(akt)$

$u_{tt} = -a^2k^2\sin(kx)\sin(akt)$

综上，$u_{tt} = a^2 u_{xx}$ 成立；

(2) $u_x = \dfrac{1}{x+at}$ $u_{xx} = -\dfrac{1}{(x+at)^2}$ $u_t = \dfrac{a}{x+at}$ $u_{tt} = -\dfrac{a^2}{x+at}$

综上，$u_{tt} = a^2 uu_{xx}$ 成立；

(3) $u_x = \cos(x-at)$ $u_{xx} = -a\sin(x-at)$ $u_t = -a\cos(x-at)$ $u_{tt} = a^2\sin(x-at)$

综上，$u_{tt} = a^2 u_{xx}$ 成立.

10. 验证下列函数满足拉普拉斯方程 $u_{xx} + u_{xy} = 0$：

(1) $u = \arctan\dfrac{x}{y}$； (2) $u = \sin x \cdot \cosh y + \cos x \cdot \sinh y$； (3) $u = e^{-x}\cos y - e^{-y}\cos x$.

【逻辑推理】 分别求出 u_{xx}、u_{yy} 即可验证.

解: (1) $u_x = \dfrac{\frac{1}{y}}{1+(\frac{x}{y})^2} = \dfrac{y}{x^2+y^2}$, $u_y = \dfrac{-\frac{x}{y^2}}{1+(\frac{x}{y})^2} = -\dfrac{x}{x^2+y^2}$,

$u_{xx} = y \cdot \dfrac{-2x}{(x^2+y^2)^2} = \dfrac{-2xy}{(x^2+y^2)^2}$, $u_{yy} = -x \cdot \dfrac{-2y}{(x^2+y^2)^2} = \dfrac{2xy}{(x^2+y^2)^2}$,

综上可得 $u_{xx} + u_{yy} = 0$，此函数满足拉普拉斯方程.

(2) $u_x=\cos x\cdot\cosh y-\sin x\cdot\sinh y$　　$u_{xx}=-\sin x\cdot\cosh y-\cos x\cdot\sinh y$

$u_y=\sin x\cdot\sinh y+\cos x\cdot\cosh y$　　$u_{yy}=\sin x\cdot\cosh y+\cos x\cdot\sinh y$

综上可得 $u_{xx}+u_{yy}=0$,此函数满足拉普拉斯方程.

(3) $u_x=-e^{-x}\cos y+e^{-y}\sin x$　　$u_{xx}=e^{-x}\cos y+e^{-x}\cos x$

$u_y=-e^{-x}\sin y+e^{-y}\cos x$　　$u_{yy}=-e^{-x}\cos y-e^{-y}\cos x$

综上可得 $u_{xx}+u_{yy}=0$,此函数满足拉普拉斯方程.

第三节　全微分

知识点归纳

1. 全微分的定义

若函数 $z=f(x,y)$ 在点 (x_0,y_0) 处的全增量 Δz 可表达成

$\Delta z=A\Delta x+B\Delta y+o(\rho)$,其中 $\rho=\sqrt{\Delta x^2+\Delta y^2}$,

则称 $z=f(x,y)$ 在点 (x_0,y_0) 可微,并称 $A\Delta x+B\Delta y=A\mathrm{d}x+B\mathrm{d}y$

为 $z=f(x,y)$ 在点 (x_0,y_0) 处的全微分,记作 $\mathrm{d}z$.

2. 可微的必要条件

若 $z=f(x,y)$ 在 (x_0,y_0) 可微,则

(ⅰ) $f(x,y)$ 在 (x_0,y_0) 处连续;

(ⅱ) $f(x,y)$ 在 (x_0,y_0) 处可偏导,且 $A=f_x(x_0,y_0)$,$B=f_y(x_0,y_0)$,

从而　$\mathrm{d}z=f_x(x_0,y_0)\mathrm{d}x+f_y(x_0,y_0)\mathrm{d}y$.

一般地,对区域 D 内的可微函数,

$$\mathrm{d}z=f_x(x,y)\mathrm{d}x+f_y(x,y)\mathrm{d}y=\frac{\partial z}{\partial x}\mathrm{d}x+\frac{\partial z}{\partial y}\mathrm{d}y.$$

3. 可微的充分条件

若 $z=f(x,y)$ 在 (x_0,y_0) 的某领域内可偏导且偏导数在点 (x_0,y_0) 处连续,则 $f(x,y)$ 在点 (x_0,y_0) 可微.

以上的定义的必要条件、充分条件可推广到三元及三元以上的多元函数.

4. 全微分的几何意义

若 $z=f(x,y)$ 在点 (x_0,y_0) 可微,则

$f(x,y)\approx f(x_0,y_0)+f_x(x_0,y_0)(x-x_0)+f_y(x_0,y_0)(y-y_0)$,

这说明曲面 $z=f(x,y)$ 在点 $(x_0,y_0,f(x_0,y_0))$ 近旁的一小部分可用曲面在该点的切平面对应的一小部分来近似.

典型例题与解题技巧

题型Ⅳ:函数可微性的判断和求解

【题型分析】 1.偏导数的连续性、函数可微性、可偏导性与函数连续性之间的关系

若 $z=f(x,y)$ 在 (x_0,y_0) 存在 $\frac{\partial f(x_0,y_0)}{\partial x}$ 与 $\frac{\partial f(x_0,y_0)}{\partial y}$,称 $z=f(x,y)$ 在 (x_0,y_0) 可偏导.偏导数的连续性、函数可微性、可偏导性与函数连续性之间的关系如下:

$\frac{\partial f}{\partial x},\frac{\partial f}{\partial f}$ 在 $M_0(x_0,y_0)$ 连续 $\Rightarrow$ / $\not\Leftarrow$

$z=f(x,y)$ 在 $M_0(x_0,y_0)$ 可微

$f(x_0+\triangle x,y_0+\triangle x)-f(x_0,y_0)$

$=A\triangle x+B\triangle y+o(p)\quad(P\to 0)$

$p=\sqrt{\triangle x^2+\triangle y^2}$

$\Rightarrow$ / $\not\Leftarrow$ $z=f(x,y)$ 在 $M_0(x_0,y_0)$ 连续

$\Downarrow\ \Uparrow$

$z=f(x,y)$ 在 $M_0(x_0,y_0)$ 可偏导且

$A=\frac{\partial f(x_0,y_0)}{\partial x},B=\frac{\partial f(x_0,y_0)}{\partial f}$

($z=f(x,y)$ 在 $M_0(x_0,y_0)$ 连续 → × 可偏导)

2.考察函数可微性时,依然要从定义入手,再根据可微性,连续性的关系来判断.

例 7 求函数 $u=e^x(x^2+y^2+z^2)$ 的全微分 du.

解 法1: $u_x=e^x(x^2+y^2+z^2)+e^x\cdot 2x=e^x(x^2+y^2+z^2+2x)$

$$u_y=2ye^x,u_z=2xe^x$$

由于偏导数均连续,故函数可微,且

$$du=u_x dx+u_y dy+u_z dz=e^x(x^2+y^2+z^2+2x)dx+2ye^x dy+2ze^x dz$$

法 2 :$du=d[de^x(x^2+y^2+z^2)]$(微分运算性质及形式不变性)

$$=de^x(x^2+y^2+z^2)+e^x d(x^2+y^2+z^2)$$

$$=e^x(x^2+y^2+z^2)dx+e^x(dx^2+dy^2+dz^2)$$

$$=e^x(x^2+y^2+z^2)dx+e^x(2xdx+2ydy+2zdz)$$

$$=e^x(x^2+y^2+z^2+2x)dx+2ye^x dy+2ze^x dz$$

例 8 设 $z=\ln\sqrt{x^2+y^2}$,求全微分 dz.

解 法1: $z=\frac{1}{2}\ln(x^2+y^2)$

$$\frac{\partial z}{\partial x}=\frac{1}{2}\frac{1}{x^2+y^2}\cdot 2x=\frac{x}{x^2+y^2}\qquad \frac{\partial z}{\partial y}=\frac{1}{2}\frac{1}{x^2+y^2}\cdot 2y=\frac{y}{x^2+y^2}$$

故 $dz=\frac{x}{x^2+y^2}dx+\frac{y}{x^2+y^2}dy$

法 2: $dz=\frac{1}{2}d[\ln(x^2+y^2)]=\frac{1}{2}\frac{1}{x^2+y^2}d(x^2+y^2)$

$$=\frac{1}{2}\frac{1}{x^2+y^2}(dx^2+dy^2)=\frac{1}{x^2+y^2}(xdx+ydy)$$

例 9　求函数 $u=y^{xz}$ 的全微分.

解 法 1：$\frac{\partial u}{\partial x}=yzx^{yz-1}$　$\frac{\partial u}{\partial y}=x^{yz}\ln x\cdot z$　$\frac{\partial u}{\partial z}=x^{yz}\ln x\cdot y$

故　$du=yzx^{yz-1}dx+zx^{yz}\ln x dy+yx^{yz}\ln x dz$

法 2：$u=e^{yz\ln x}$

故　$du=e^{yln x}d(yz\ln x)=x^{yz}[yzd(\ln x)+z\ln x dy+y\ln x dz]=x^{yz}(\frac{yz}{x}dx+z\ln x dy+y\ln x dz)$

例 10　设 $z=(x^2+y^2)e^{-\arctan(\frac{y}{x})}$，求 $dz=\frac{\partial^2 z}{\partial x\partial y}$.

解：$\frac{\partial z}{\partial x}=2xe^{-\arctan\frac{y}{x}}-(x^2+y^2)\cdot\left[\frac{1}{1+(\frac{y}{x})^2}\right](-\frac{y}{x^2})e^{-\arctan\frac{y}{x}}=(2x+y)\cdot e^{-\arctan\frac{y}{x}}$

$$\frac{\partial z}{\partial y}=2ye^{-\arctan\frac{y}{x}}-(x^2+y^2)e^{-\arctan\frac{x}{y}}\left[\frac{1}{1+(\frac{y}{x})^2}\right](\frac{1}{x})=(2y-x)e^{-\arctan\frac{y}{x}}$$

所以　$dz=e^{-\arctan\frac{y}{x}}[(2x+y)dx+(2y-x)dy]$

$$\frac{\partial^2 z}{\partial x\partial y}=e^{-\arctan\frac{y}{x}}-(2x+y)e^{-\arctan\frac{y}{x}}\left[\frac{1}{1+(\frac{y}{x})^2}\right]\cdot\frac{1}{x}=\frac{-x^2-xy+y^2}{x^2+y^2}e^{-\arctan\frac{y}{x}}$$

例 11　设 $z=x^2y-xy^2$，而 $x=u\cos v, y=u\sin v$，求 $\frac{\partial z}{\partial u},\frac{\partial z}{\partial v}$.

解：$\frac{\partial z}{\partial u}=\frac{\partial z}{\partial x}\cdot\frac{\partial x}{\partial u}+\frac{\partial z}{\partial y}\cdot\frac{\partial y}{\partial u}=(2xy-y^2)\cos v+(x^2-2xy)\sin v=3u^2\sin v\cos v(\cos v-\sin v)$

$$\frac{\partial z}{\partial v}=(2xy-y^2)(-u\sin v)+(x^2-2xy)u\cos v=-2u^3\sin v\cos v(\sin v+\cos v)+u^3(\sin^3 v+\cos^3 v)$$

例 12　设 $z=xf(\frac{y}{x})+(x-1)y\ln x$，其中 f 是任意二阶可微函数，求证：

$x^2\frac{\partial^2 z}{\partial x^2}-y^2\frac{\partial^2 z}{\partial y^2}=(x+1)y.$

证：$\frac{\partial z}{\partial x}=f(\frac{y}{x})+x\cdot f'(\frac{y}{x})(-\frac{y}{x^2})+y(\ln x+\frac{x-1}{x})=f(\frac{y}{x})-\frac{y}{x}f'(\frac{y}{x})+y(\ln+1-\frac{1}{x})$

$$\frac{\partial^2 z}{\partial x^2}=f'(\frac{y}{x})(-\frac{y}{x^2})-[-\frac{y}{x^2}f'(\frac{y}{x})+\frac{y}{x}f''(\frac{y}{x})(-\frac{y}{x^2})]+y\left[\frac{1}{x}+\frac{1}{x^2}\right]$$

$$=\frac{y^2}{x^3}f''(\frac{y}{x})+\frac{y(x+1)}{x^2}$$

$$\frac{\partial z}{\partial y}=xf'(\frac{y}{x})\frac{1}{x}+(x-1)\ln x=f'(x)+(x-1)\ln x$$

$$\frac{\partial^2 z}{\partial y^2}=f''(\frac{y}{x})\frac{1}{x}$$

故　$x^2\frac{\partial^2 z}{\partial x^2}-y^2\frac{\partial^2 z}{\partial y^2}=(x+1)y$

课后习题全解

习题6－3解答

1. 求函数 $z=\dfrac{y}{x}$，当 $x=2, y=1, \Delta x=0.1, \Delta y=-0.2$ 时的全增量和全微分.

【知识点窍】 考查全微分、全增量的定义及求解，注意二者的关系、差别.

【逻辑推理】 全增量直接由定义求解；全微分用公式 $\mathrm{d}z=\dfrac{\partial z}{\partial x}\mathrm{d}x+\dfrac{\partial z}{\partial y}\mathrm{d}y$ 求解.

解： 全微分

$$\mathrm{d}z=\frac{\partial z}{\partial x}\mathrm{d}x+\frac{\partial z}{\partial y}\mathrm{d}y=(1-\frac{y}{x^2})\mathrm{d}x+\frac{1}{x}\mathrm{d}y$$

$$=\left(-\frac{y}{x^2}\right)\Delta x+\frac{1}{x}\Delta y=\left(-\frac{1}{4}\right)\cdot(0.1)+\frac{1}{2}\cdot(-0.2)=-0.125$$

全增量 $\Delta z=\dfrac{y+\Delta y}{x+\Delta x}-\dfrac{y}{x}=\dfrac{1-0.2}{2+0.1}-\dfrac{1}{2}\approx-0.119$

2. 求函数 $z=5x^2+y^2$ 当 $x=1, y=2, \Delta x=0.05, \Delta y=0.1$ 时的全增量和全微分.

【知识点窍】 考查全增量、全微分的概念.

解： 全微分

$$\mathrm{d}z=\frac{\partial z}{\partial x}\mathrm{d}x+\frac{\partial z}{\partial y}\mathrm{d}y=10x\mathrm{d}x+2y\mathrm{d}y=10x\Delta x+2y\Delta y=10\times1\times0.05+2\times2\times0.1=0.9$$

全增量

$$\begin{aligned}\Delta z&=5(x+\Delta x)^2+(y+\Delta y)^2-(5x^2+y^2)\\&=10x\Delta x+2y\Delta y+5(\Delta x)^2+(\Delta y)^2\\&=10\times1\times0.05+2\times2\times0.1+5(0.25)^2+(0.1)^2\\&=0.9225\end{aligned}$$

3. 求下列函数的全微分：

(1) $z=xy+\dfrac{x}{y}$；　　(2) $z=\mathrm{e}^{xy}\ln x$；　　(3) $z=\arctan\dfrac{x+y}{x-y}$；　　(4) $u=x\sin yz$.

【知识点窍】 考查函数全微分的求解.

【逻辑推理】 利用公式 $\mathrm{d}z=f_x(x,y)\mathrm{d}x+f_y(x,y)\mathrm{d}y$ 或公式 $\mathrm{d}z=\dfrac{\partial z}{\partial x}\mathrm{d}x+\dfrac{\partial z}{\partial y}\mathrm{d}y$ 求解.

解：(1) $z_x=y+\dfrac{1}{y}, z_y=x+(-\dfrac{x}{y^2})=x(1-\dfrac{1}{y^2})$，

$$\mathrm{d}z=(y+\frac{1}{y})\mathrm{d}x+x(1-\frac{1}{y^2})\mathrm{d}y;$$

(2) $z_x=y\mathrm{e}^{xy}\ln x+\mathrm{e}^{xy}\cdot\dfrac{1}{x}=(y\ln x+\dfrac{1}{x})\mathrm{e}^{xy}$，

$z_y=x\mathrm{e}^{xy}\ln x$，

$$\mathrm{d}z=(y\ln x+\frac{1}{x})\mathrm{e}^{xy}\mathrm{d}x+x\mathrm{e}^{xy}\ln x\mathrm{d}y;$$

(3) $z_x = \arctan(1+\frac{2y}{x-y}) = \frac{-\frac{2y}{(x-y)^2}}{1+(\frac{x+y}{x-y})^2} = \frac{-2y}{2(x^2+y^2)} = \frac{-y}{x^2+y^2}$,

$$z_y = \frac{2\cdot\left[\frac{1}{x-y}+y\cdot\frac{-1\cdot(-1)}{(x-y)^2}\right]}{1+(\frac{x+y}{x-y})^2} = \frac{2x}{2(x^2+y^2)} = \frac{x}{x^2+y^2},$$

$$dz = \frac{-y dx + x dy}{x^2+y^2};$$

(4) $u_x = \sin yz, u_y = xz\cos yz, u_z = xy\cos yz$

$$du = \sin yz dz + xz\cos yz dy + xy\cos yz dz.$$

4. 设 $f(x,y)=\begin{cases}\frac{xy}{x^2+y^2} & 当(x,y)\neq(0,0)\\ 0 & 当(x,y)=(0,0)\end{cases}$，试用函数可微分的必要条件证明 $f(x,y)$ 在点(0,0) 不可微.

【知识点窍】 考查可微的定义.

【逻辑推理】 证可微时注意本节定理 2 的条件：① 在点 (x_0,y_0) 的某领域内处处可偏导；② $f_x(x,y), f_y(x,y)$ 在点 (x_0,y_0) 处连续. 利用定理 1 证不可微.

解： 由教材本章第一节的例 2 可知 $f(x,y)$ 在(0,0)处不存在极限，因而在该点不连续，由本节定理 1 可知 $f(x,y)$ 在点(0,0)不可微.

5. 设 $f(x,y)=\begin{cases}(x^2+y^2)\sin\frac{1}{x^2+y^2} & 当(x,y)\neq(0,0)\\ 0 & 当(x,y)=(0,0)\end{cases}$，试用定义证明 $f(x,y)$ 在点(0,0)处可微分.

【知识点窍】 考查可微的定义.

【逻辑推理】 证可微时注意本节定理 2 的两个条件(如上题"知识点窍")；证不可微可利用本定理 1，此题用定义证明可微.

解： 依题意，得

$$f_x(0,0) = \lim_{\Delta x\to 0}\frac{f(\Delta x,0)-f(0,0)}{\Delta x} = \lim_{\Delta x\to 0}\frac{(\Delta x)^2\sin\frac{1}{(\Delta x)^2-0}}{\Delta x}$$

$$= \lim_{\Delta x\to 0}\Delta x\cdot\sin\frac{1}{(\Delta x)^2} = 0 \quad (无穷小量乘有界函数)$$

$$f_y(0,0) = \lim_{\Delta y\to 0}\frac{f(0,\Delta y)-f(0,0)}{\Delta y} = \lim_{\Delta y\to 0}\frac{(\Delta y)^2\sin\frac{1}{(\Delta y)^2}-0}{\Delta y}$$

$$= \lim_{\Delta y\to 0}\Delta y\cdot\sin\frac{1}{(\Delta y)^2} = 0 \quad (同理)$$

全增量 $\Delta f(0,0)=f(0+\Delta x,0+\Delta y)-f(0,0)=f(\Delta x,\Delta y)$

$$=[(\Delta x)^2+(\Delta y)^2]\sin\frac{1}{(\Delta x)^2+(\Delta y)^2}$$

故 $\Delta f(0,0)=f_x(0,0)\Delta x+f_y(0,0)\Delta y+[(\Delta x)^2+(\Delta y)^2]\sin\frac{1}{(\Delta x)^2+(\Delta y)^2}$

又知 $[(\Delta x)^2+(\Delta y)^2]\sin\frac{1}{(\Delta x)^2+(\Delta y)^2}\xrightarrow{\rho\to 0}0$

$\Delta f(0,0)=0\cdot\Delta x+0\cdot\Delta y+o(\rho)$，$f(x,y)$ 在点 $(0,0)$ 处可微.

6. 利用全微分求下述函数在给定点的近似值：

(1) $\ln(x-3y)$，$(6.9,2.06)$；　　(2) $x^2y^3z^4$，$(1.05,0.9,3.01)$.

【知识点窍】　全微分的定义.

解：(1) 设 $u=\ln(x-3y)$，易知 $u_x=\frac{1}{x-3y}$，$u_y=-\frac{3}{x-3y}$

在 $(6.9,2.06)$ 处，存在且连续可得

$du=u_x(7,2)dx+u_y(7,2)dy=1\cdot(-0\cdot 1)+(-3)\cdot 0.06=-0.1-0.18=-0.28$

故　$\ln(6.9-3\cdot 2.06)=u(6.9,2.06)\approx u(7,2)+\Delta u=0+(-0.28)=-0.28$

(2) 设 $u=x^2y^3z^4$，易知 $u_x=2xy^3z^4$，$u_y=3xy^2z^4$，$u_z=4x^2y^3z^3$ 在 $(1,1,3)$ 处存在且连续，可得

$$du=u_x(1,1,3)dx+u_y(1,1,3)dy+u_z(1,1,3)dz$$
$$=2\cdot 1^1\cdot 1^3\cdot 3^4\cdot(0.05)+3\cdot 1^2\cdot 1^2\cdot 3^4\cdot(-0.1)+4\cdot 1^2\cdot 1^3\cdot 3^3\cdot(0.01)$$
$$=8.1-24.3+1.08=-15.12$$

故 $(1.05)^2(0.9)^3(3.01)^4=u(1.05,0.9,3.01)=u(1,1,3)+\Delta u$

$$\approx u(1,1,3)+du=81-15.12=65.88.$$

7. 利用全微分求下述各数的近似值：

(1) $\sin 29°\tan 46°$；　　(2) $\sqrt{3,02^2+1,97^2+5,99^2}$.

【知识点窍】　全微分的定义.

【逻辑推理】　利用微分 ≈ 全增量，转化为求指定点的全微分以简化计算.

解：(1) 设 $u=f(x,y)=\sin x\tan y$，利用函数 $f(x,y)=\sin x\tan y$ 在点 $\left(\frac{\pi}{6},\frac{\pi}{4}\right)$ 处的可微性可得

$$\sin 29°\tan 46°=f\left(\frac{\pi}{6},\frac{\pi}{4}\right)+\Delta u\approx f\left(\frac{\pi}{6},\frac{\pi}{4}\right)+du$$
$$=f\left(\frac{\pi}{6},\frac{\pi}{4}\right)+f_x\left(\frac{\pi}{6},\frac{\pi}{4}\right)\Delta x+f_y\left(\frac{\pi}{6},\frac{\pi}{4}\right)\Delta y$$
$$=\frac{1}{2}+\frac{\sqrt{3}}{2}\times\left(-\frac{\pi}{90}\right)+\frac{1}{2}\times 2\times\frac{\pi}{90}$$
$$\approx 0.5023.$$

(2) 设 $f(x,y,z)=\sqrt{x^2+y^2+z^2}$，易知

$$df(x,y,z)=\frac{x}{\sqrt{x^2+y^2+z^2}}\Delta x+\frac{y}{\sqrt{x^2+y^2+z^2}}\Delta y+\frac{z}{\sqrt{x^2+y^2+z^2}}\Delta z,$$

当$(x,y,z)=(3,2,6)$，$\Delta x=0.02$，$\Delta y=-0.03$，$\Delta z=-0.01$时，有

$$df=\frac{3}{7}\cdot(0.02)+\frac{2}{7}\cdot(-0.03)+\frac{6}{7}\cdot(-0.01)\approx-0.0086.$$

故 $\sqrt{(3.02)^2+(1.97)^2+(5.99)^2}\approx\sqrt{3^2+2^2+6^2}-0.0086=7-0.0086=6.9914$

8. 已知边长为 $x=6$ m 与 $y=8$ m 的矩形，当 x 边增加 5 cm 而 y 边减少 10 cm 时，求这个矩形的对角线的长度变化的近似值.

【知识点窍】 全微分的应用，解题思路同上两题.

解：记对角线为 z，则易知 $z=\sqrt{x^2+y^2}$，由公式得

$$\Delta z\approx dz=f_x(x_0,y_0)\Delta x+f_y(x_0,y_0)\Delta y=\frac{x_0}{\sqrt{x_0^2+y_0^2}}dx+\frac{y_0}{\sqrt{x_0^2+y_0^2}}dy$$

$$=\frac{6}{\sqrt{6^2+8^2}}\times0.05+\frac{8}{\sqrt{6^2+8^2}}\times(-0.1)$$

$$=\frac{0.3-0.8}{10}=-0.05$$

对角线减少了约 5cm.

9. 设圆锥体的底半径 R 由 30 cm 增加到 30.1 cm，高 H 由 60 cm 减少到 59.5 cm，试求圆锥体体积变化的近似值.

【知识点窍】 全微分的应用，解题思路同上.

解：设体积为 V，则易知 $V=\frac{1}{3}\pi R^2H$.

$$\Delta V\approx dV=\frac{\partial V}{\partial R}\Delta R+\frac{\partial V}{\partial H}\Delta H=\frac{2\pi RH}{3}\Delta R+\frac{\pi R^2}{3}\Delta H$$

$$=\frac{2\pi\times30\times60}{3}\times0.1+\frac{\pi\times30^2}{3}\times(-0.5)$$

$$\approx-94.25\text{cm}^3$$

圆锥体体积减少了 94.25cm^3.

10. 一扇形的中心角为 $60°$，半径为 20 m，如果将中心角增加 $1°$，为了使扇形面积保持不变，应将扇形半径减少多少 m(计算到小数点后三位)？

【知识点窍】 全微分的应用，只要保证 $ds=0$ 即可.

解：设半径为 R，中心角为 θ，有 $S=\frac{1}{2}R^2\theta$，则

$$dS=\frac{\partial S}{\partial R}dR+\frac{\partial S}{\partial\theta}d\theta=R\theta dR+\frac{1}{2}R^2d\theta.$$

$dS=0$，即 $R\theta dR+\frac{1}{2}R^2d\theta=0$，得 $dR=-\frac{R}{2\theta}d\theta$，

依题意可知 $R=20(\mathrm{m}),\theta=60^\circ=\frac{\pi}{3}$(弧度). $\mathrm{d}\theta=1^\circ=\frac{\pi}{180}$(弧度)代入得

$$\mathrm{d}R=-\frac{20}{2\cdot\frac{\pi}{3}}\cdot\frac{\pi}{180}=-\frac{1}{6}\approx-0.167(\mathrm{m})$$

所以半径应减少 0.167m.

第四节　复合函数的求导法则

知识点归纳

1. 复合函数的中间变量均为一元函数的情形

如果函数 $u=\varphi(t)$ 及 $v=\psi(t)$ 都在 t 点可导,函数 $z=f(u,v)$ 在对应点 (u,v) 具有连续偏导数,则复合函数 $z=f[\varphi(t),\psi(t)]$ 在点 t 可导,且有

$$\frac{\mathrm{d}z}{\mathrm{d}t}=\frac{\partial z}{\partial u}\frac{\mathrm{d}u}{\mathrm{d}t}+\frac{\partial z}{\partial v}\frac{\mathrm{d}v}{\mathrm{d}t}$$

2. 复合函数的中间变量均为多元函数的情形

如果函数 $u=u(x,y)$ 及 $v=v(x,y)$ 都在点 (x,y) 具有对 x 及对 y 的偏导数,函数 $z=f(u,v)$ 在对应点 (u,v) 具有连续偏导数,则复合函数 $z=f[u(x,y),v(x,y)]$ 在点 (x,y) 的两个偏导数存在,且有

$$\frac{\partial z}{\partial x}=\frac{\partial z}{\partial u}\frac{\partial u}{\partial x}+\frac{\partial z}{\partial v}\frac{\partial v}{\partial x}$$

$$\frac{\partial z}{\partial y}=\frac{\partial z}{\partial u}\frac{\partial u}{\partial y}+\frac{\partial z}{\partial v}\frac{\partial v}{\partial y}$$

3. 复合函数的中间变量既有一元函数,又有多元函数的情形

如果函数 $u=u(x,y)$ 在点 (x,y) 具有对 x 及对 y 的偏导数,函数 $v=v(y)$ 在点 y 可导,函数 $z=f(u,v)$ 在对应点 (u,v) 具有的两个偏导数存在,且有

$$\frac{\partial z}{\partial x}=\frac{\partial z}{\partial u}\cdot\frac{\partial u}{\partial x}$$

$$\frac{\partial z}{\partial y}=\frac{\partial z}{\partial u}\frac{\partial u}{\partial y}+\frac{\partial z}{\partial v}\frac{\partial v}{\partial y}$$

典型例题与解题技巧

题型Ⅴ:复合函数的求导

例 13　设 $z=x^3f(xy,\frac{y}{x})$,f 具有连续二阶导数,求 $\frac{\partial z}{\partial y},\frac{\partial^2 z}{\partial y^2},\frac{\partial^2 z}{\partial x\partial y}$.

解:令 $u=xy,v=\frac{y}{x}$. 则 $z=x^3f(u,v)$,因此求偏导数时,必须是用函数乘积的求导公式,再用

复合函数求导的链式法则.

$$\frac{\partial z}{\partial y}=x^4\frac{\partial f}{\partial u}+x^2\frac{\partial f}{\partial v}$$

$$\frac{\partial^2 z}{\partial y^2}=x^4\left[x\frac{\partial^2 f}{\partial u^2}+\frac{1}{x}\frac{\partial^2 f}{\partial u\partial v}\right]+x^2\left[x\frac{\partial^2 f}{\partial v\partial u}+\frac{1}{x}\frac{\partial^2 f}{\partial v^2}\right]=x^5\frac{\partial^2 f}{\partial u^2}+2x^3\frac{\partial^2 f}{\partial u\partial v}+x\frac{\partial^2 f}{\partial v^2}$$

$$\frac{\partial^2 z}{\partial x\partial y}=\frac{\partial}{\partial x}(\frac{\partial z}{\partial y})=4x^2\frac{\partial f}{\partial u}+x^4\left[y\frac{\partial^2 f}{\partial u^2}-\frac{y}{x^2}\frac{\partial^2 f}{\partial u\partial v}\right]+2x\frac{\partial f}{\partial v}+x^2\left[y\frac{\partial^2 f}{\partial u\partial v}-\frac{y}{x^2}\frac{\partial^2 f}{\partial v^2}\right]$$

$$=4x^3\frac{\partial f}{\partial u}+2x\frac{\partial f}{\partial v}+x^4y\frac{\partial^2 f}{\partial u^2}-y\frac{\partial^2 f}{\partial v^2}$$

课后习题全解

习题 6－4 解答

1. 求下列复合函数的一阶导数：

(1) $z=xe^{\frac{x}{y}}, x=\cos t, y=e^{2t}$；

(2) $z=\arcsin(x-y), x=3t, y=t^3$；

(3) $u=\frac{x}{y}+\frac{y}{x}, x=\sqrt{t}, y=\cos 2t, z=e^{-3y}$；

(4) $u=e^{2x}(y+z), y=\sin x, z=2\cos x$.

【知识点窍】 复合函数的求导方法.

解：(1) $\frac{\partial z}{\partial t}=\frac{\partial z}{\partial x}\cdot\frac{\partial x}{\partial t}+\frac{\partial z}{\partial y}\cdot\frac{\partial y}{\partial t}=(e^{\frac{x}{y}}+\frac{x}{y}e^{\frac{x}{y}})\cdot(-\sin t)+xe^{\frac{x}{y}}\cdot(-\frac{x}{y^2})\cdot 2e^{2t}$

$$=-z\left(\frac{\sin t}{x}+\frac{\sin t}{y}+\frac{2x}{y}\right)$$

(2) $\frac{dz}{dt}=\frac{\partial z}{\partial x}\cdot\frac{dx}{dt}+\frac{\partial z}{\partial y}\cdot\frac{dy}{dt}=\frac{1}{\sqrt{1-(x-y)^2}}\cdot 3+\frac{-1}{\sqrt{1-(x-y)^2}}\cdot 3t^2$

$$=\frac{3(1-t^2)}{\sqrt{1-(x-y)^2}}$$

(3) $\frac{\partial u}{\partial t}=\frac{\partial u}{\partial x}\cdot\frac{\partial x}{\partial t}+\frac{\partial u}{\partial y}\cdot\frac{\partial y}{\partial t}+\frac{\partial u}{\partial z}\cdot\frac{\partial z}{\partial t}$

$$=\frac{1}{y}\cdot\frac{1}{2\sqrt{t}}+\left(-\frac{x}{y^2}+\frac{1}{z}\right)\cdot(-2\sin 2t)+\left(-\frac{y}{z^2}\right)\cdot(-3e^{-3t})$$

$$=\frac{1}{2xy}+\left(\frac{2x}{y^2}-\frac{2}{z}\right)\sin 2t+\frac{3y}{z}$$

(4) $\frac{du}{dx}=\frac{\partial u}{\partial x}+\frac{\partial u}{\partial y}\cdot\frac{dy}{dx}+\frac{\partial u}{\partial z}\cdot\frac{dz}{dx}$

$$=2e^{2x}(y+z)+e^{2x}\cdot\cos x+e^{2x}\cdot(-2\sin x)$$

$$=e^{2x}(2\sin x+4\cos x+\cos x-2\sin x)$$

$$=5e^{2x}\cos x$$

2. 下列复合函数的一阶偏导数：

(1)$z=x^3y-xy^2,x=s\cos t,y=s\sin t$；

(2)$z=x^2\ln y,x=\dfrac{s}{t},y=3s-2t$；

(3)$z=x\arctan(xy),x=t^2,y=se^t$；

(4)$z=xe^y+ye^{-x},x=e^t,y=st^2$.

解:(1) $\dfrac{\partial z}{\partial s}=\dfrac{\partial z}{\partial x}\cdot\dfrac{\partial x}{\partial s}+\dfrac{\partial z}{\partial y}\cdot\dfrac{\partial y}{\partial s}$

$$\frac{\partial z}{\partial t}=\frac{\partial z}{\partial x}\cdot\frac{\partial x}{\partial t}+\frac{\partial z}{\partial y}\cdot\frac{\partial y}{\partial t}=(3x^2y-y^2)\cdot(-s\sin t)+(x^3-2xy)\cdot s\cos t$$

【注】原教材答案有误.

(2) $\dfrac{\partial z}{\partial s}=\dfrac{\partial z}{\partial x}\cdot\dfrac{\partial x}{\partial s}+\dfrac{\partial z}{\partial y}\cdot\dfrac{\partial y}{\partial s}=\dfrac{2x\ln y}{t}+\dfrac{3x^2}{y}$

$$\frac{\partial z}{\partial t}=\frac{\partial z}{\partial x}\cdot\frac{\partial x}{\partial t}+\frac{\partial z}{\partial y}\cdot\frac{\partial y}{\partial t}=2x\ln y\cdot\left(-\frac{s}{t^2}\right)+\frac{x^2}{y}\cdot(-2)=-2x^2\left(\frac{\ln y}{t}+\frac{1}{y}\right)$$

(3) $\dfrac{\partial z}{\partial x}=\dfrac{\partial z}{\partial y}\cdot\dfrac{\partial y}{\partial s}=\dfrac{x^2}{(1+x^2y^2)}e^t$

$$\frac{\partial z}{\partial t}=\frac{\partial z}{\partial x}\cdot\frac{\partial x}{\partial t}+\frac{\partial z}{\partial y}\cdot\frac{\partial y}{\partial t}=2t\left[\arctan(xy)+\frac{xy}{1+x^2y^2}\right]+\frac{x^2}{(1+x^2y^2)}$$

(4) $\dfrac{\partial z}{\partial s}=\dfrac{\partial z}{\partial y}\cdot\dfrac{\partial y}{\partial s}=(xe^y+e^{-x})t^2$

$$\frac{\partial z}{\partial t}=\frac{\partial z}{\partial x}\cdot\frac{\partial x}{\partial t}+\frac{\partial z}{\partial y}\cdot\frac{\partial y}{\partial t}\cdot 2st=(e^y-ye^{-x})x+(xe^y+e^{-x})2st$$

3. 求下列复合函数的一阶偏导数(f 是 $C^{(1)}$ 类函数)：

(1)$z=f(x^2-y^2,e^{xy})$；

(2)$z=\dfrac{y}{f(x^2-y^2)}$；

(3)$u=f(x,xy,xyz)$；

(4)$u=xy+zf\left(\dfrac{y}{x}\right)$.

【知识点窍】 $C^{(1)}$ 类函数的一阶偏导数的求解,注意正确理解 f'_1、f'_2 等偏导数记号.

解:(1) $\dfrac{\partial z}{\partial x}=f'_1(x^2-y^2,e^{xy})\cdot(2x)+f'_2(x^2-y^2,e^{xy})\cdot(ye^{xy})=2xf'_1+ye^{xy}f'_2$

$$\frac{\partial z}{\partial y}=f'_1\cdot(-2y)+f'_2\cdot e^{xy}\cdot x=-2yf'_1+xe^{xy}f'_2$$

(2) $\dfrac{\partial z}{\partial x}=-\dfrac{yf'(x^2-y^2)\cdot 2x}{f^2(x^2-y^2)}=-\dfrac{2xyf'}{f^2}$

$$\frac{\partial z}{\partial y}=\frac{f(x^2-y^2)-yf'(x^2-y^2)(-2y)}{f^2(x^2-y^2)}=\frac{2y^2f'}{f^2}+\frac{1}{f}$$

(3) $\dfrac{\partial u}{\partial x}=f'_1+yf'_2+yzf'_3$　　$\dfrac{\partial u}{\partial y}=xf'_2+xzf'_3$

$$\frac{\partial u}{\partial z}=xyf'_3$$

(4) $\frac{\partial u}{\partial x}=u+zf'\cdot\left(-\frac{y}{x^2}\right)=y-\frac{yz}{x^2}f'$　　$\frac{\partial u}{\partial y}=x+zf'\cdot\frac{1}{x}=x+\frac{z}{x}f'$

$\frac{\partial u}{\partial z}=f\left(\frac{y}{x}\right)$

4. 设 f 是 $C^{(2)}$ 类函数，求下列复合函数的指定的偏导数：

(1) $z=f(x^2+y^2)$，$\frac{\partial^2 z}{\partial x\partial y}$；

(2) $z=f(ax,by)$，$\frac{\partial^2 z}{\partial x^2}$，$\frac{\partial^2 z}{\partial x\partial y}$；

(3) $z=f\left(x,\frac{y}{x}\right)$，$\frac{\partial^2 z}{\partial x^2}$，$\frac{\partial^2 z}{\partial y^2}$；

(4) $z=f(x^2+y^2,2xy)$，$\frac{\partial^2 z}{\partial x^2}$，$\frac{\partial^2 z}{\partial x\partial y}$.

【知识点窍】 $C^{(2)}$ 类复合函数的高阶偏导数的求解，先求低阶偏导数，再求高阶偏导数，注意 $f'_1,f'_2,f''_{12},f''_{21}$ 等也是复合函数.

解：(1) $\frac{\partial z}{\partial x}=f'\cdot 2x$　　$\frac{\partial^2 z}{\partial x\partial y}=2xf''\cdot 2y=4xyf''$

(2) $\frac{\partial z}{\partial x}=af'_1$　　$\frac{\partial^2 z}{\partial x^2}=a^2f''_{11}$　　$\frac{\partial^2 z}{\partial x\partial y}=abf''_{12}$

(3) $\frac{\partial z}{\partial x}=f'_1+f'_2\cdot\left(-\frac{y}{x^2}\right)=f'_1-\frac{y}{x^2}f'_2$

$\frac{\partial^2 z}{\partial x^2}=f''_{11}-\frac{2y}{x^2}f''_{12}+\frac{y^2}{x^4}f''_{22}+\frac{2y}{x^3}f'_2$

$\frac{\partial^2 z}{\partial y^2}=\frac{1}{x^2}f''_{22}$

(4) $\frac{\partial z}{\partial x}=2xf'_1+2yf'_2$

$$\frac{\partial^2 z}{\partial x^2}=2f'_1+2x(2xf''_{11}+2yf''_{12})+2y(2xf''_{21}+2yf''_{22})$$

$$=2f'_1+4x^2f''_{11}+8xyf''_{12}+4y^2f''_{22}$$

$$\frac{\partial^2 z}{\partial x\partial y}=2x(2yf''_{11}+2xy''_{12})+2f'_2+2y(2yf''_{21}+2xf''_{22})$$

$$=2f'_2+4xyf''_{11}+4(x^2+y^2)f''_{12}+4xyf''_{22}$$

5. 设有一圆柱体，它的底半径以 0.1 cm/s 的速率在增大，而高度以 0.2 cm/s 的速率在减少. 试求当底半径为 100 cm，高为 120 cm 时

(1) 圆柱体体积的变化率；

(2) 圆柱体表面积的变化率.

【知识点窍】 考查复合函数一阶导数的应用.

【逻辑推理】 依题意列出表达式，求 $\frac{\mathrm{d}V}{\mathrm{d}t}$，$\frac{\mathrm{d}S}{\mathrm{d}t}$ 即可.

解:(1) 设半径为 R,高为 h,则 $V=\pi R^2 h$

$$\frac{dV}{dt}=\frac{\partial V}{\partial R}\cdot\frac{dR}{dt}+\frac{\partial V}{\partial h}\cdot\frac{dh}{dt}=2\pi Rh\cdot\frac{dR}{dt}+\pi R^2\cdot\frac{dh}{dt},$$

由题意可知 $R=100,h=120,\frac{dR}{dt}=0.1,\frac{dh}{dt}=-0.2.$

$$\frac{dv}{dt}=2\pi\cdot100\cdot120\cdot0.1+\pi\cdot100^2\cdot(-0.2)=400\pi,$$

所以圆柱体体积的变化率为 $400\pi\text{cm}^3/\text{s}$.

(2) 设半径为 R,高为 H,则 $S=2\pi RH+2\pi R^2$

$$\frac{dS}{dt}=\frac{\partial S}{\partial R}\cdot\frac{dR}{dt}+\frac{\partial S}{\partial H}\cdot\frac{dH}{dt}=(2\pi H+4\pi R)\frac{dR}{dt}+2\pi R\frac{dH}{dt},$$

由题意知 $R=100,H=120,\frac{dR}{dt}=0.1,\frac{dH}{dt}=-0.2$

$$\frac{dS}{dt}=(2\pi\cdot120+4\pi\cdot100)\cdot0.1+2\pi\cdot100\cdot(-0.2)=24\pi,$$

所以圆柱体表面积的变化率为 $24\pi\text{cm}^2/\text{s}$.

6. 设 $f(x),g(x)$ 是 $C^{(2)}$ 类函数,证明:函数 $u=f(s+at)+g(s-at)$ 满足波动方程 $\frac{\partial^2 u}{\partial t^2}=a^2\frac{\partial^2 u}{\partial s^2}$.

【知识点窍】 考查复合函数高阶偏导数的求解.

【逻辑推理】 依题意求出指定的偏导数代入待验证的方程即可.

解:$\frac{\partial u}{\partial t}=f'\cdot a+g'\cdot(-a)=af'-ag'$

$$\frac{\partial u}{\partial s}=f'\cdot1+y'\cdot1=f'+g'$$

$$\frac{\partial^2 u}{\partial t^2}=af''\cdot a-ag''\cdot(-a)=a^2(f''+g'')$$

$$\frac{\partial^2 u}{\partial s^2}=f''\cdot1+g''\cdot1=f''+g''$$

故 $\frac{\partial^2 u}{\partial t^2}=a^2\frac{\partial^2 u}{\partial s^2}$,函数 $u=f(s+at)+g(s-at)$ 满足波动方程.

7. 设 $u=f(x,y)$ 是 $C^{(2)}$ 类函数,又 $x=e^s\cos t,y=e^s\sin t$,证明:

(1) $\left(\frac{\partial u}{\partial x}\right)^2+\left(\frac{\partial u}{\partial y}\right)^2=e^{-2s}\left[\left(\frac{\partial u}{\partial s}\right)^2+\left(\frac{\partial u}{\partial t}\right)^2\right]$;

(2) $\frac{\partial^2 u}{\partial x^2}+\frac{\partial^2 u}{\partial y^2}=e^{-2s}\left(\frac{\partial^2 u}{\partial s^2}+\frac{\partial^2 u}{\partial t^2}\right)$.

【知识点窍】 复合函数偏导数的求解.

解:(1) $\frac{\partial u}{\partial s}=f'_1\cdot\frac{\partial x}{\partial s}+f'_2\cdot\frac{\partial u}{\partial s}=f'_1\cdot e^s\cos t+f'_2\cdot e^t\sin t$

$$\frac{\partial u}{\partial t}=f'_1\cdot\frac{\partial x}{\partial t}+f'_2\cdot\frac{\partial u}{\partial t}=f'_1\cdot(-e^s\sin t)+f'_2\cdot(e^s\cos t)$$

$$右边= e^{-2s}\left[\left(\frac{\partial u}{\partial s}\right)^2+\left(\frac{\partial u}{\partial t}\right)^2\right]$$

$$= e^{2s}[(e^s\cos tf'_1+f'_2\cdot e^s\sin t)^2+(-e^s\sin tf'_1+e^s\cos yf'_2)^2]$$

$$=(\cos tf'_1+\sin tf'_2)^2+(-\sin tf'_1+\cos f'_2)^2$$

$$=(f'_1)^2+(f'_2)^2$$

$$=\left(\frac{\partial u}{\partial x}\right)^2+\left(\frac{\partial u}{\partial y}\right)^2.$$

(2) 由(1) 可得

$$\frac{\partial^2 u}{\partial s^2}=(f''_{11}e^s\cos t+f''_{12}\cdot e^s\cdot\sin t)e^s\cos t+f'_1\cdot e^s\cos t$$
$$+(f''_{21}e^s\cos t+f''_{22}e^s\sin t)\cdot e^s\sin t+f'_2\cdot e^s\sin t$$
$$=e^{2s}[\cos^2 tf''_{11}+\sin t\cos t(f''_{12}+f''_{21})+\sin^2 tf''_{22}]$$
$$+e^s(\cos tf'_1+\sin tf'_2)$$

$$\frac{\partial^2 u}{\partial t^2}=[f''_{11}\cdot(-e^s\sin t)+f''_{12}\cdot(e^s\cos y)]\cdot(-e^s\sin t)+f'_1\cdot(-e^s\cos t)$$
$$+[f''_{21}\cdot(-e^s\sin t)+f''_{22}(e^s\cos t)]\cdot(e^s\cos t)+f'_2\cdot(-e^s\sin t)$$
$$=e^{2s}[\sin^2 tf''_{11}-\sin t\cos t(f''_{12}+f''_{21})+\cos^2 tf''_{22}]-e^s(\cos tf'_1+\sin tf'_2)$$

$$右边=e^{-2s}\left(\frac{\partial^2 u}{\partial s^2}+\frac{\partial^2 u}{\partial t^2}\right)=f''_{11}+f''_{22}=\frac{\partial^2 u}{\partial x^2}+\frac{\partial^2 u}{\partial y^2}$$

8. 设 $f(x,y)$ 是 $C^{(2)}$ 类函数,并且满足 $f(tx,ty)=t^n f(x,y)$,证明:

(1) $x\dfrac{\partial f}{\partial x}+y\dfrac{\partial f}{\partial y}=nf(x,y)$;

(2) $x^2\dfrac{\partial^2 f}{\partial x^2}+2xy\dfrac{\partial^2 f}{\partial x\partial y}+y^2\dfrac{\partial^2 f}{\partial y^2}=n(n-1)f(x,y)$.

【知识点窍】 考查偏导数的求解.

【逻辑推理】 类似 $f(tx,ty)=t^n f(x,y)$ 的等式无需变换,直接两边对应求导即可.

解:(1) 等式 $f(tx,ty)=t^n(x,y)$ 两边对 t 求导,得

$$f'_1\cdot x+f'_2\cdot y=nt^{n-1}f(x,y) \quad ①$$

又 $\dfrac{\partial f}{\partial x}=tf'_1,\dfrac{\partial f}{\partial y}=tf'_2$,即 $f'_1=\dfrac{\partial f}{\partial x}\cdot\dfrac{1}{t},f'_2=\dfrac{\partial f}{\partial y}\cdot\dfrac{1}{t}$

故 $x\dfrac{\partial f}{\partial x}+y\dfrac{\partial f}{\partial y}=\dfrac{\partial f}{\partial x}\cdot\dfrac{1}{t}\cdot x+\dfrac{\partial t}{\partial y}\cdot\dfrac{1}{t}\cdot y=\dfrac{\partial f}{\partial x}\cdot\dfrac{x}{t}+\dfrac{\partial f}{\partial y}\cdot\dfrac{y}{t}$

令 $t=1$,则由 ① 式可得 $x\dfrac{\partial f}{\partial x}+y\dfrac{\partial f}{\partial y}=nf(x,y)$;

(2) 等式 $f(tx,ty)=t^n(x,y)$ 两边对 t 求导,得

$$f'_1x+f'_z\cdot y=nt^{n-1}f(x,y) \quad ②$$

两边再对 t 求导得

$$x[f''_{11}\cdot x+f''_{12}\cdot y]+y[f''_{21}\cdot x+f''_{22}\cdot y]=n(n-1)t^{n-2}f(x,y).$$

整理得 $x^2f''_{11}+xyf''_{12}+xyf''_{21}+y^2f''_{12}=n(n-1)t^{n-2}f(x,y)$.

由于 $u=f(x,y)$ 是 $C^{(2)}$ 类函数,即 $f(x,y)$ 有 2 阶连续的偏导数,所以

$f''_{12}=f''_{21}$,从而有

$$x^2f''_{11}+2xyf''_{12}+y^2f''_{22}=n(n-1)t^{n-2}f(x,y). \quad ③$$

当 $t=1$ 时,由 ② 式知 $f'_1=\frac{\partial f}{\partial x},f''_{11}=\frac{\partial^2 f}{\partial x^2},f''_{12}=\frac{\partial^2 f}{\partial x\partial y},f''_{22}=\frac{\partial^2 f}{\partial y^2}$,

由 ③ 式知 $x^2\frac{\partial^2 f}{\partial x^2}+2xy\frac{\partial^2 f}{\partial x\partial y}+y^2\frac{\partial^2 f}{\partial y^2}=n(n-1)f(x,y)$.

第五节　隐函数的求导公式

知识点归纳

1. 一个方程的情形

(1) 设二元函数 $F(x,y)\in C^{(1)}(D)$,点 $(x_0,y_0)\in D$ 且满足 $F(x_0,y_0)=0,F_y(x_0,y_0)\neq 0$,则方程 $F(x,y)=0$ 在点 (x_0,y_0) 的某邻域内唯一确定了一个 $C^{(1)}$ 类函数 $y=y(x)$,它满足 $y_0=y(x_0)$,且有 $\frac{\mathrm{d}y}{\mathrm{d}x}=-\frac{F_x}{F_y}$.

(2) 若 $F(x,y,z)=0$ 确定隐函数 $z=z(x,y)$,则 $\frac{\partial z}{\partial x}=-\frac{F_x}{F_z},\frac{\partial z}{\partial y}=-\frac{F_y}{F_z}$.

2. 方程组的情形

(1) 若 $\begin{cases}F(x,y,z)=0\\G(x,y,z)=0\end{cases}$,确定 $y=y(x),z=z(x)$,则 $\frac{\mathrm{d}y}{\mathrm{d}x}=-\frac{\frac{\partial(F,G)}{\partial(x,z)}}{\frac{\partial(F,G)}{\partial(y,z)}},\frac{\mathrm{d}z}{\mathrm{d}x}=-\frac{\frac{\partial(F,G)}{\partial(y,x)}}{\frac{\partial(F,G)}{\partial(y,z)}}$.

(2) 若 $\begin{cases}F(x,y,u,v)=0\\G(x,y,u,v)=0\end{cases}$,确定 $\begin{cases}u=u(x,y)\\v=v(x,y)\end{cases}$,则

$$\frac{\partial u}{\partial x}=-\frac{1}{J}\frac{\partial(F,G)}{\partial(x,v)},\frac{\partial u}{\partial y}=-\frac{1}{J}\frac{\partial(F,G)}{\partial(y,v)}$$

$$\frac{\partial v}{\partial x}=-\frac{1}{J}\frac{\partial(F,G)}{\partial(u,x)},\frac{\partial v}{\partial y}=-\frac{1}{J}\frac{\partial(F,G)}{\partial(u,y)}$$

其中,$J=\frac{\partial(F,G)}{\partial(u,v)}$.

典型例题与解题技巧

题型 Ⅵ:由方程式确定的隐函数求导

【题型分析】　隐函数求导通常有直接法、公式法、全微分法,对于二阶或二阶以上的偏导数,通常使用直接求导法更简便.

例 14 设函数 $z(x,y)$ 由方程 $F(x+\frac{z}{y},y+\frac{z}{x})=0$ 所确定，证明：

$x\frac{\partial z}{\partial x}+y\frac{\partial z}{\partial y}=z-xy$.

证:方程两边分别对 x,y 求偏导得

$$F'_1(1+\frac{1}{y}z'_x)+F'_2(-\frac{z}{x^2}+\frac{1}{x}z'_x)=0$$

方程两边同乘以 x^2y，得： $xz'_x=\frac{yzF'_2-x^2yF'_1}{xF_1+yF'_2}$

由于对称性，即得： $yz'_y=\frac{xzF'_1-y^3xF'_2}{yF'_2+xF'_1}$

上边两式相加便得： $x\frac{\partial z}{\partial x}+y\frac{\partial z}{\partial y}=z-xy$

例 15 设 $u=f(x,y,z)$ 有连续的一阶偏导数，又函数 $y=y(x)$ 及 $z=z(x)$ 分别由下列两式确定：$e^{xy}-xy=2$ 和 $e^x=\int_0^{x-z}\frac{\sin t}{t}dt$，求$\frac{du}{dx}$.

解:由链式法则得 $$\frac{du}{dx}=\frac{\partial f}{\partial x}+\frac{\partial f}{\partial y}\frac{dy}{dx}+\frac{\partial f}{\partial z}\frac{dz}{dx}$$

由 $e^{xy}-xy=2$ 两边对 x 求导得：

$$e^{xy}(y+x\frac{dy}{dx})-(y+x\frac{dy}{dx})=0 \quad ①$$

即有：$\frac{dy}{dx}=-\frac{y}{x}$. 又由 $e^x=\int_0^{x-z}\frac{\sin t}{t}dt$ 两边对 x 求导得：

$$e^x=\frac{\sin(x-z)}{x-z}\cdot(1-\frac{dz}{dx})$$

即有：$\frac{dz}{dx}=1-\frac{e^x(x-z)}{\sin(x-z)}$，将其代入 ① 式，得

$$\frac{du}{dx}=\frac{\partial f}{\partial x}-\frac{y}{x}\frac{\partial f}{\partial y}+\left[1-\frac{e^x(x-z)}{\sin(x-z)}\right]\frac{\partial f}{\partial z}$$

例 16 设 $F(x+z,y+z)$ 可微分，求由方程 $F(x+z,y+z)-\frac{1}{2}(x^2+y^2+z^2)=2$ 确定的函数 $z=z(x,y)$ 的微分 dz 与偏导数$\frac{\partial z}{\partial x},\frac{\partial z}{\partial y}$.

解:对 $F(x+z,y+z)-\frac{1}{2}(x^2+y^2+z^2)=2$ 两边微分得

$$dF-\frac{1}{2}(dx^2+dy^2+dz^2)=0$$

$$F'_1d(x+z)+F'_2(y+z)-\frac{1}{2}(2xdx+2ydy+2zdz)=0$$

$$(F'_1-x)dx+(F'_2-y)dy+(F'_1+F'_2-z)dz=0$$

所以 $$dz=\frac{(x-F'_1)dx+(y-F'_2)dy}{F'_1+F'_2-z}$$

为函数 z 的微分.

同时 $$\frac{\partial z}{\partial x}=\frac{x-F'_1}{F'_1+F'_2-z},\frac{\partial z}{\partial y}=\frac{y-F'_2}{F'_1+F'_2-z}$$

题型 Ⅶ:由方程组确定的隐函数的偏导数

【题型分析】 隐函数求导数的计算完全归结为复合函数求偏导,计算前,要明确函数关系:哪些是自变量,哪些是因变量.一般来说,有几个方程就确定几个因变量,其余是自变量,具体根据题目本身进行分析来确定.

例 17 设方程组 $\begin{cases}x^2+y^2-uv=0\\xy^2-u^2+v^2=0\end{cases}$,确定函数 $u=u(x,y),v=v(x,y)$. 求 $\frac{\partial u}{\partial x},\frac{\partial u}{\partial y},\frac{\partial v}{\partial y}$.

解:设 $F(x,y,u,v)=x^2+y^2-uv,G(x,y,u,v)=xy^2-u^2+v^2$

$$J=\frac{\partial(F,G)}{\partial(u,v)}=\begin{vmatrix}F'_u & F'_v\\G'_u & G'_v\end{vmatrix}=\begin{vmatrix}-v & -u\\-2u & 2v\end{vmatrix}=-2(u^2+v^2)$$

$$\frac{\partial u}{\partial x}=-\frac{1}{J}\frac{\partial(F,G)}{\partial(x,v)}=\frac{1}{2(u^2+v^2)}\begin{vmatrix}2x & -u\\y^2 & 2v\end{vmatrix}=\frac{4xv+uy^2}{2(u^2+v^2)}$$

$$\frac{\partial u}{\partial x}=-\frac{1}{J}\frac{\partial(F,G)}{\partial(y,v)}=\frac{1}{2(u^2+v^2)}\begin{vmatrix}2y & -u\\2xy & 2v\end{vmatrix}=\frac{2yv+xyu}{u^2+y^2}$$

$$\frac{\partial u}{\partial x}=-\frac{1}{J}\frac{\partial(F,G)}{\partial(x,v)}=\frac{1}{2(u^2+v^2)}\begin{vmatrix}-v & 2x\\-2u & y^2\end{vmatrix}=\frac{4xu-y^2v}{2(u^2+v^2)}$$

$$\frac{\partial u}{\partial x}=-\frac{1}{J}\frac{\partial(F,G)}{\partial(x,v)}=\frac{1}{2(u^2+v^2)}\begin{vmatrix}-v & 2y\\-2u & 2xy\end{vmatrix}=\frac{2uy-xyv}{u^2+v^2}$$

例 18 求曲线 $x^2+z^2=10,y^2+z^2=10$ 在点 $(1,1,3)$ 处的切线和法平面方程.

解:将 z 视作参变量,将曲线方程表达为 $\begin{cases}x=\sqrt{10-z^2}\\y=\sqrt{10-z^2}\\z=z\end{cases}$

从而 $$\left.\frac{dx}{dz}\right|_{z=3}=\left.\frac{dy}{dz}\right|_{z=3}=\left.\frac{-z}{\sqrt{10-z^2}}\right|_{z=3}=-3,\left.\frac{dx}{dz}\right|_{z=3}=1$$

曲线在点 $(1,1,3)$ 的切线方程为

$$\frac{x-1}{-3}=\frac{y-1}{-3}=\frac{z-3}{1}$$

即 $$\frac{x-1}{3}=\frac{y-1}{3}=\frac{z-3}{-1}$$

法平面方程为 $3(x-1)+3(y-1)-(z-3)=0$

即 $3x+3y-z-3=0$

课后习题全解

习题 6－5 解答

1. 求下列方程所确定的隐函数 $y=y(x)$ 的一阶导数：

(1) $x^2+xy-e^y=0$；　(2) $x\cos y+y\cos x=1$；

(3) $x^y=y^x$；　(4) $\ln\sqrt{x^2+y^2}=\arctan\dfrac{y}{x}$.

【知识点窍】 考查隐函数的求导.

【逻辑推理】 注意分清哪些是自变量，哪些是自变量的函数. 三种求解方法：① 对方程两边直接求导，再解出所求的导数；② 利用隐函数求导公式；③ 利用全微分求解.

解：(1) 方程两边对 x 求导　$2x+y+x\cdot\dfrac{dy}{dx}-e^y\cdot\dfrac{dy}{dx}=0$

解得　$\dfrac{dy}{dx}=\dfrac{2x+y}{e^y-x}$；

(2) 方程两边对 x 求导

$$\cos y+x\cdot(-\sin y)\cdot\frac{dy}{dx}+\frac{dy}{dx}\cdot\cos x+y\cdot(-\sin x)=0$$

解得　$\dfrac{dy}{dx}=\dfrac{y\sin x-\cos y}{\cos x-x\sin y}$；

(3) 先对方程两边取对数，得 $y\ln x=x\ln y$，两边对 x 求导

$$\ln x\cdot\frac{dy}{dx}+\frac{y}{x}=\ln y+\frac{x}{y}\cdot\frac{dy}{dx}$$

解得　$\dfrac{dy}{dx}=\dfrac{\ln y-\dfrac{y}{x}}{\ln x-\dfrac{x}{y}}=\dfrac{xy\ln x-y^2}{xy\ln x+x^2}$；

(4) 设 $F(x,y)=\ln\sqrt{x^2+y^2}-\arctan\dfrac{y}{x}$，则

$$F_x=\frac{1}{\sqrt{x^2+y^2}}\cdot x(x^2+y^2)^{-\frac{1}{2}}-\frac{-\dfrac{y}{x^2}}{1+\left(\dfrac{y}{x}\right)^2}=\frac{x}{x^2+y^2}+\frac{y}{x^2+y^2}=\frac{x+y}{x^2+y^2}$$

$$F_y=\frac{1}{\sqrt{x^2+y^2}}\cdot y(x^2+y^2)^{-\frac{1}{2}}-\frac{\dfrac{1}{x}}{1+\left(\dfrac{y}{x}\right)^2}=\frac{y}{x^2+y^2}-\frac{x}{x^2+y^2}=\frac{y-x}{x^2+y^2}$$

故　$\dfrac{dy}{dx}=\dfrac{F_x}{F_y}=\dfrac{x+y}{x-y}$

2. 求下列方程所确定的隐函数 $z=z(x,y)$ 的一阶偏导数：

(1) $z^3-2xz+y=0$；　(2) $3\sin(x+2y+z)=x+2y+z$；

(3) $\dfrac{x}{z}=\ln\dfrac{z}{y}$；　(4) $y^2ze^{x+y}-\sin(xyz)=0$.

【知识点窍】 考查隐函数的求偏导.

解:(1) **法1**:两边对 x 求偏导,得 $3z^2\cdot\frac{\partial z}{\partial x}-2x-2x\cdot\frac{\partial z}{\partial x}=0$

可解得 $\frac{\partial z}{\partial x}=\frac{2z}{3z^2-2x}$

两边对 y 求偏导,得 $3z^2\cdot\frac{\partial z}{\partial y}-2x\cdot\frac{\partial z}{\partial y}+1=0$

可解得 $\frac{\partial z}{\partial y}=\frac{1}{2x-3z^2}$.

法2:设 $F(x,y,z)=z^3-2xz+y$,则有 $F_z=3z^2-2x,F_x=-2z,F_y=1$

可解得 $\frac{\partial z}{\partial x}=-\frac{F_x}{F_z}=\frac{2z}{3z^2-2x}$ $\frac{\partial z}{\partial y}=-\frac{F_y}{F_z}=\frac{1}{2x-3z^2}$

(2) 设 $F(x,y,z)=3\sin(x+2y+z)-x-2y-z$,则有

$F_x=3\cos(x+2y+z)-1$

$F_y=6\cos(x+2y+z)-2$

$F_z=3\cos(x+2y+z)-1$

故 $\frac{\partial z}{\partial x}=-\frac{F_x}{F_z}=-1,\frac{\partial z}{\partial y}=-\frac{F_y}{F_z}=-2$

(3) 设 $F(x,y,z)=\frac{x}{z}-\ln\frac{z}{y}$,则有 $F_x=\frac{1}{2}$

$F_y=-\frac{y}{z}x\cdot\left(-\frac{z}{y^2}\right)=\frac{1}{y}$ $F_z=-\frac{x}{z^2}-\frac{y}{z}\cdot\frac{1}{y}=-\frac{x+z}{z^2}$

故 $\frac{\partial z}{\partial x}=-\frac{F_x}{F_z}=-\frac{\frac{1}{z}}{-\frac{x+z}{z^2}}=\frac{z}{x+z}$ $\frac{\partial z}{\partial y}=-\frac{F_y}{F_z}=-\frac{\frac{1}{y}}{-\frac{x+z}{z^2}}=\frac{z^2}{y(x+z)}$

(4) 设 $F(x,y,z)=y^2ze^{x+y}-\sin(xyz)$,则有

$F_x=y^2ze^{x+y}-\cos(xyz)\cdot yz$

$F_y=2yze^{x+y}+y^2ze^{x+y}-\cos(xyz)\cdot xz$

$F_z=y^2e^{x+y}-\cos(xyz)\cdot xy$

故 $\frac{\partial z}{\partial x}=-\frac{F_x}{F_y}=\frac{yze^{x+y}-z\cos(xyz)}{x\cos(xyz)-ye^{x+y}}$

$\frac{\partial z}{\partial y}=-\frac{F_y}{F_z}=\frac{xz\cos(xyz)-(2yz+y^2z)e^{x+y}}{y^2e^{x+y}-xy\cos(xyz)}$

3. 求下列方程所确定的隐函数的指定偏导数:

(1) $e^z-xyz=0,\frac{\partial^2 z}{\partial x^2}$; (2) $z^3-3xyz=1,\frac{\partial^2 z}{\partial x\partial y}$;

(3) $e^{x+y}\sin(x+z)=1,\frac{\partial^2 z}{\partial x\partial y}$; (4) $z+\ln z-\int_y^x e^{-t^2}\,dt=0,\frac{\partial^2 z}{\partial x\partial y}$.

【知识点窍】　隐函数高阶偏导数的求解.

【逻辑推理】　利用隐函数求导法计算，若一阶偏导数简单易求，可先求出一阶偏导数再对其求偏导以最终求得高阶偏导数，否则直接对方程两边求高价偏导再求解.

解:(1) 两边对 x 求偏导，得　$e^z \cdot \frac{\partial z}{\partial x} - yz = 0$，得 $\frac{\partial z}{\partial x} = \frac{yz}{e^z - xy}$

方程两边再对 x 求偏导，得　$e^z \cdot \frac{\partial^2 z}{\partial x^2} + e^z \cdot \left(\frac{\partial z}{\partial x}\right)^2 - y \cdot \frac{\partial z}{\partial x} - xy \cdot \frac{\partial^2 z}{\partial x^2} - y \cdot \frac{\partial z}{\partial x} - 0$

将 $\frac{\partial z}{\partial x} = \frac{yz}{e^z - xy}$ 代入上式，可解得

$$\frac{\partial^2 z}{\partial x^2} = \frac{2y}{e^z - xy} \cdot \frac{yz}{e^z - xy} - \frac{e^z y^2 z^2}{(e^z - xy)^3} = \frac{z(z^2 - 2z + z)}{x^2(1-z)^3}$$

(2) 方程两边对 x 求偏导，得　$3z^2 \cdot \frac{\partial z}{\partial x} - 3yz - 3xy \cdot \frac{\partial z}{\partial x} = 0$

方程两边对 y 求偏导，得　$3z^2 \cdot \frac{\partial z}{\partial y} - 3xz - 3xy \cdot \frac{\partial z}{\partial y} = 0$

故　$\frac{\partial z}{\partial x} = \frac{yz}{z^2 - xy}$　$\frac{\partial z}{\partial y} = \frac{xz}{z^2 xy}$

$$\frac{\partial^2 z}{\partial x \partial y} = \frac{\partial}{\partial y}\left(\frac{\partial z}{\partial x}\right) = \frac{\left(z + y \cdot \frac{\partial z}{\partial y}\right) \cdot (z^2 - xy) - yz \cdot \left(2z \cdot \frac{\partial z}{\partial y} - x\right)}{(z^2 - xy)^2}$$

$$= \frac{z(z^4 - 2xyz^2 - x^2 y^2)}{(z^2 - xy)^3}$$

(3) 方程两边对 x 求偏导，得　$e^{x+y}\sin(x+z) + e^{x+y}\cos(x+z) \cdot \left(1 + \frac{\partial z}{\partial x}\right) = 0$

方程两边对 y 求偏导，得　$e^{x+y}\sin(x+z) + e^{x+y}\cos(x+z) \cdot \frac{\partial z}{\partial y} = 0$

故　$\frac{\partial z}{\partial x} = \frac{\cos(x+z) - \sin(x+z)}{\cos(x+z)}$

$$\frac{\partial z}{\partial y} = -\frac{\sin(x+z)}{\cos(x+z)} = -\tan(x+z)$$

$$\frac{\partial^2 z}{\partial x \partial y} = \sec^2(x+z)\tan(x+z)$$

(4) 方程两边对 x 求偏导，得　$\frac{\partial z}{\partial x} + \frac{1}{z}\frac{\partial z}{\partial x} - e^{-x^2} = 0$

解得　$\frac{\partial z}{\partial x} = \frac{e^{-x^2}}{1 + \frac{1}{z}} = \frac{z}{z+1}e^{-x^2}$

方程两边对 y 求偏导，得　$\frac{\partial z}{\partial y} + \frac{1}{z}\frac{\partial z}{\partial y} + e^{-y^2} = 0$

解得　$\frac{\partial z}{\partial y} = -\frac{z}{z+1}e^{-y^2}$

$$\frac{\partial^2 z}{\partial x\partial y}=\frac{\partial}{\partial y}\left(\frac{\partial z}{\partial x}\right)=\mathrm{e}^{-x^2}\cdot\frac{\frac{\partial z}{\partial y}\cdot(z+1)-z\cdot\frac{\partial z}{\partial y}}{(z+1)^2}$$

$$=\mathrm{e}^{-x^2}\cdot\frac{1}{(z+1)^2}\cdot\left(-\frac{z}{z+1}\right)\cdot\mathrm{e}^{-y^2}$$

$$=\frac{-z}{(z+1)^2}\mathrm{e}^{-(x^2+y^2)}$$

4. 设 $u=xy^2z^2$.

(1) 若 $z=z(x,y)$ 是由方程 $x^2+y^2+z^2=3xyz$ 所确定的隐函数,求 $\left.\frac{\partial u}{\partial x}\right|_{(1,1,1)}$;

(2) 若 $y=y(z,x)$ 是由同一方程所确定的隐函数,求 $\left.\frac{\partial u}{\partial x}\right|_{(1,1,1)}$.

【知识点窍】 隐函数偏导数的求解.

【逻辑推理】 (1)(2) 中的中间变量是不同的,虽然 u 的表达式看起来一样,本质却是不同的.

解:(1) 因为 $z=z(x,y)$,故 $\frac{\partial u}{\partial x}=y^2z^3+3xy^2z^2\cdot\frac{\partial z}{\partial x}$

方程 $x^2+y^2+z^2=3xyz$ 两边对 x 求偏导,得

$$2x+2z\cdot\frac{\partial z}{\partial x}=3yz+3xy\frac{\partial z}{\partial x}$$

解得 $\frac{\partial z}{\partial x}=\frac{3yz-2x}{2z-3xy}$

将点(1,1,1) 的坐标代入,$\left.\frac{\partial z}{\partial x}\right|_{(1,1,1)}=-1$

$$\left.\frac{\partial u}{\partial x}\right|_{(1,1,1)}=1\cdot1+3\cdot1\cdot1\cdot1\cdot(-1)=1-3=-2$$

(2) $\frac{\partial u}{\partial x}=y^2z^3+2xyz^3\frac{\partial y}{\partial x}$

方程 $x^2+y^2+z^2=3xyz$ 两边对 x 求偏导,得 $2x+2y\frac{\partial y}{\partial x}=3yz+3xz\frac{\partial y}{\partial x}$

解得 $\frac{\partial y}{\partial x}=\frac{3yz-2x}{2y-3xz}$

将点(1,1,1) 的坐标代入,得

$$\left.\frac{\partial y}{\partial x}\right|_{(1,1,1)}=\frac{3-2}{2-3}=-1$$

$$\left.\frac{\partial y}{\partial x}\right|_{(1,1,1)}=1\cdot1+2\cdot1\cdot1\cdot1\cdot(-1)=1-2=-1$$

5. 求由下列方程组所确定的隐函数的导数或偏导数:

(1) $\begin{cases}x+y+z=0,\\ xyz=1,\end{cases}$ $\frac{\mathrm{d}y}{\mathrm{d}x},\frac{\mathrm{d}z}{\mathrm{d}x}$;

(2) $\begin{cases} z = x^2 + y^2, \\ x^2 + 2y^2 + 3z^2 = 20, \end{cases}$ $\dfrac{\mathrm{d}y}{\mathrm{d}x},\dfrac{\mathrm{d}z}{\mathrm{d}x}$;

(3) $\begin{cases} x + y = u + v, \\ \dfrac{x}{y} = \dfrac{\sin u}{\sin v}, \end{cases}$ $\dfrac{\partial u}{\partial x},\dfrac{\partial u}{\partial y},\dfrac{\partial v}{\partial x},\dfrac{\partial v}{\partial y}$;

(4) $\begin{cases} x = \mathrm{e}^y + u\sin v, \\ y = \mathrm{e}^u - u\cos v, \end{cases}$ $\dfrac{\partial u}{\partial x},\dfrac{\partial u}{\partial y},\dfrac{\partial v}{\partial x},\dfrac{\partial v}{\partial y}$.

【知识点窍】 由方程组所确定的隐函数的求导方法.

【逻辑推理】 分析题目,搞清有几个隐函数,哪些是自变量,哪是因变量,把函数关系弄清楚,再求导.求导方法:①利用求导公式;②方程两边求导,再解方程组.

解:(1) 方程组两边对 x 求导,得 $\begin{cases} 1 + \dfrac{\mathrm{d}y}{\mathrm{d}x} + \dfrac{\mathrm{d}z}{\mathrm{d}x} = 0 \\ yz + xz\dfrac{\mathrm{d}y}{\mathrm{d}x} + xy\dfrac{\mathrm{d}z}{\mathrm{d}x} = 0 \end{cases}$

整理得 $\begin{cases} \dfrac{\mathrm{d}y}{\mathrm{d}x} + \dfrac{\mathrm{d}z}{\mathrm{d}x} = -1 \\ xz\dfrac{\mathrm{d}y}{\mathrm{d}x} + xy\dfrac{\mathrm{d}z}{\mathrm{d}x} = -yz \end{cases}$

在 $J = \begin{vmatrix} 1 & 1 \\ xz & xy \end{vmatrix} = xy - xz \neq 0$ 的条件下,有 $\dfrac{\mathrm{d}y}{\mathrm{d}x} = \dfrac{\begin{vmatrix} -1 & 1 \\ -yz & xy \end{vmatrix}}{xy - xz} = \dfrac{y(z-x)}{x(y-z)}$

$$\frac{\mathrm{d}z}{\mathrm{d}x} = \frac{\begin{vmatrix} 1 & -1 \\ xz & -yz \end{vmatrix}}{x(y-z)} = \frac{z(x-y)}{x(y-z)}$$

(2) 方程组两边对 x 求导,得 $\begin{cases} \dfrac{\mathrm{d}z}{\mathrm{d}x} = 2x + 2y\dfrac{\mathrm{d}y}{\mathrm{d}x} \\ 2x + 4y\dfrac{\mathrm{d}y}{\mathrm{d}x} + 6z\dfrac{\mathrm{d}z}{\mathrm{d}x} = 0 \end{cases}$

整理得 $\begin{cases} 2y\dfrac{\mathrm{d}y}{\mathrm{d}x} - \dfrac{\mathrm{d}z}{\mathrm{d}x} = -2x \\ 2y\dfrac{\mathrm{d}y}{\mathrm{d}x} + 3z\dfrac{\mathrm{d}z}{\mathrm{d}x} = -x \end{cases}$

在 $J = \begin{vmatrix} 2y & -1 \\ 2y & 3z \end{vmatrix} = 6yz + 2y \neq 0$ 的条件下,有

解得 $\begin{cases} \dfrac{\mathrm{d}y}{\mathrm{d}x} = -\dfrac{x(6z+1)}{2y(3z+1)} \\ \dfrac{\mathrm{d}z}{\mathrm{d}x} = \dfrac{x}{3z+1} \end{cases}$

(3) 方程两边对 x 求偏导得 $\begin{cases} 1 = \dfrac{\partial y}{\partial x} + \dfrac{\partial v}{\partial x} \\ \dfrac{1}{y} = \dfrac{\cos u \cdot \dfrac{\partial u}{\partial x} \cdot \sin v - \sin u \cdot \cos v \cdot \dfrac{\partial u}{\partial x}}{(\sin v)^2} \end{cases}$

解得 $\dfrac{\partial v}{\partial x} = \dfrac{y\cos u - \sin v}{y\cos u + x\cos v}$　　$\dfrac{\partial u}{\partial x} = \dfrac{x\cos v + \sin v}{x\cos v + y\cos u}$.

同理,两边对 y 求偏导,同样的方法可解得

$\dfrac{\partial u}{\partial y} = \dfrac{x\cos v - \sin u}{x\cos v + y\cos u}$　　$\dfrac{\partial v}{\partial y} = \dfrac{y\cos u + \sin u}{x\cos v + y\cos u}$

(4) 方程两边对 x 求偏导并移项得 $\begin{cases} (e^u + \sin v)\dfrac{dy}{dx} + u\cos v \cdot \dfrac{\partial v}{\partial y} = 1 \\ (e^u - \cos v)\dfrac{\partial y}{\partial x} + u\sin v \cdot \dfrac{\partial v}{\partial x} = 0 \end{cases}$

在 $J = \begin{vmatrix} e^u + \sin v & u\cos v \\ e^u - \cos v & u\sin v \end{vmatrix} = ue^u(\sin v - \cos v) + u \neq 0$ 时,有

$$\frac{\partial u}{\partial x} = \frac{\begin{vmatrix} 1 & u\cos v \\ 0 & u\sin v \end{vmatrix}}{ue^u(\sin v - \cos v) + u} = \frac{\sin v}{e^u(\sin v - \cos v) + 1}$$

$$\frac{\partial v}{\partial x} = \frac{\begin{vmatrix} e^u + \sin v & 1 \\ e^u - \cos v & 0 \end{vmatrix}}{ue^u(\sin v - \cos v) + u} = \frac{\cos v - e^u}{u[e^u(\sin v - \cos v) + 1]}$$

同理,两边对 y 求偏导,同样的方法可解得

$$\frac{\partial v}{\partial y} = \frac{-\cos v}{e^u(\sin v - \cos v) + 1}$$

$$\frac{\partial v}{\partial y} = \frac{\sin v + e^u}{u[e^u(\sin v - \cos v) + 1]}$$

6. 设 $x = e^u\cos v, y = e^u\sin v, z = uv$,求$\dfrac{\partial z}{\partial x},\dfrac{\partial z}{\partial y}$.

解:$x^2 + y^2 = e^{2u}, \dfrac{y}{x} = \tan v$

可得　$u = \dfrac{1}{2}\ln(x^2 + y^2), v = \arctan(\dfrac{y}{x})$

$$\frac{\partial u}{\partial x} = \frac{x}{x^2 + y^2}, \frac{\partial u}{\partial y} = \frac{y}{x^2 + y^2}, \frac{\partial v}{\partial y} = \frac{x}{x^2 + y^2}, \frac{\partial v}{\partial y} = \frac{x}{x^2 + y^2}$$

$$\frac{\partial z}{\partial x} = \frac{\partial z}{\partial u} \cdot \frac{\partial u}{\partial x} + \frac{\partial z}{\partial v} \cdot \frac{\partial v}{\partial x} = \frac{vx}{x^2 + y^2} - \frac{uy}{x^2 + y^2} = \frac{vx - uy}{x^2 + y^2}$$

$$\frac{\partial z}{\partial y} = \frac{\partial z}{\partial u} \cdot \frac{\partial u}{\partial v} + \frac{\partial z}{\partial v} \cdot \frac{\partial v}{\partial y} = \frac{vy}{x^2 + y^2} + \frac{ux}{x^2 + y^2} = \frac{vy + ux}{x^2 + y^2}$$

7. 证明：在变换 $u=x,v=x^2+y^2$ 下，方程 $y\frac{\partial z}{\partial x}-x\frac{\partial z}{\partial y}=0$ 可转化为$\frac{\partial z}{\partial u}=0$.

【知识点窍】 偏导数的求解与应用. 本题 x,y 为自变量，u,v 为中间变量.

解：由 $u=x,v=x^2+y^2$ 可得

$$\frac{\partial u}{\partial x}=1,\frac{\partial u}{\partial y}=0,\frac{\partial v}{\partial x}=2x,\frac{\partial v}{\partial y}=2y$$

$$\begin{aligned}y\frac{\partial z}{\partial x}-x\frac{\partial z}{\partial y}&=y\left(\frac{\partial z}{\partial u}\cdot\frac{\partial u}{\partial x}+\frac{\partial z}{\partial v}\cdot\frac{\partial v}{\partial x}\right)-x\left(\frac{\partial z}{\partial u}\cdot\frac{\partial u}{\partial y}+\frac{\partial z}{\partial v}\cdot\frac{\partial v}{\partial y}\right)\\&=y\left(\frac{\partial z}{\partial u}+2x\cdot\frac{\partial z}{\partial v}\right)-x\left(0+2y\cdot\frac{\partial z}{\partial v}\right)\\&=y\frac{\partial z}{\partial u}=0\end{aligned}$$

又因为 $y\neq0$，故方程 $y\frac{\partial z}{\partial x}-x\frac{\partial z}{\partial y}=0$ 可转化为$\frac{\partial z}{\partial u}=0$.

第六节　方向导数与梯度

知识点归纳

1. 方向导数

(1) 定义

设函数 $z=f(x,y)$ 在点 $P(x_0,y_0)$ 的某个邻域内有定义，$\boldsymbol{l}$ 是一非零向量，$\boldsymbol{e}_l=(\cos\alpha,\cos\beta)$ 是与 $\boldsymbol{l}$ 同方向的单位向量，如果极限

$$\lim_{t\to0}\frac{f(x_0+t\cos\alpha,y_0+t\cos\beta)-f(x_0,y_0)}{t}$$

存在，则称此极限为函数 $z=f(x,y)$ 在点 P 处沿方向 $\boldsymbol{l}$ 的方向导数，记作$\left.\frac{\partial f}{\partial l}\right|_{(x_0,y_0)}$，即

$$\left.\frac{\partial f}{\partial l}\right|_{(x_0,y_0)}=\lim_{t\to0}\frac{f(x_0+\cos\alpha,y_0+t\cos\beta)-f(x_0,y_0)}{t}$$

(2) 计算公式

设函数 $z=f(x,y)$ 在点 (x_0,y_0) 可微，则对于任一单位向量 $e_l=(\cos\alpha,\cos\beta)$，函数 $f(x,y)$ 在点 (x_0,y_0) 沿方向 $\boldsymbol{l}$ 的方向导数存在，且有

$$\left.\frac{\partial f}{\partial l}\right|_{(x_0,y_0)}=f_x(x_0,y_0)\cos\alpha+f_y(x_0,y_0)\cos\beta.$$

2. 梯度

(1) 定义　设 $f(x,y)\in C^{(1)}$，则梯度 $\mathbf{grad}f(x,y)$ 为下式定义的向量：

$\mathbf{grad}f(x,y)$(或 $\nabla f(x,y)$) $=f(f_x(x,y),f_y(x,y))$.

(2) 方向导数与梯度的关系

$$\frac{\partial f}{\partial l}=\nabla f(x,y)\cdot \boldsymbol{e}_l=\mathrm{Prj}_l\nabla f(x,y)$$

(3) 梯度的特征描述

梯度是这样的一个向量,其方向为 $f(x,y)$ 在点 $P(x,y)$ 处增长率最大的一个方向,其模等于最大增长率的值.

3. 有势场与梯度场

场是指某种物理量在空间(或平面)某区域内的一种分布,分为数量场与向量场,场量的分布情况常用多元数量值函数 $f(M)$ 与多元向量值函数 $\boldsymbol{F}(M)=P(M)\boldsymbol{i}+Q(M)\boldsymbol{j}+R(M)\boldsymbol{k}$ 来描述.

$f(M)$ 与 $\boldsymbol{F}(M)$ 通常是时空坐标 x,y,z,t 的四元函数,当时间 t 的影响可忽略不计时,这样的场称之为静场或稳恒场.

由数量值函数 $f(M)$ 产生的向量值函数 $\nabla f(M)$ 称为数量场 $f(M)$ 的梯度场;反之,当 $\boldsymbol{F}(M)=\nabla f(M)$ 时,向量场 $\boldsymbol{F}(M)$ 称为有势场,而 $f(M)$ 称为势场 $\boldsymbol{F}(M)$ 的势函数.

典型例题与解题技巧

题型Ⅷ:方向导数的求法及梯度的求法

【题型分析】 求解方向导数依据就是其定义和几何意义,因此,熟练掌握对我们解题有至关重要的作用.

熟练掌握梯度的定义以及梯度和方向导数的关系;函数沿任一方向的方向导数就是梯度在该方向上的投影.

例 19 求函数 $u=\frac{\sqrt{x^2+y^2}}{xyz}$ 在点 $P(-1,3,-3)$ 处的梯度以及沿曲线 $x(t)=-t^2,y(t)=3t^2,z(t)=-3t^3$ 在点 P 函数增大的切线方向的方向导数.

解:曲线在 $P(-1,3,-3)$ 处对应参数 $t=1$,所以在 P 点相应的切向量为

$$\boldsymbol{T}=(x'(t),y'(t),z'(t))_{t=1}=(-2t,6t,-9t^2)_{t=1}=(-2,6,-9)$$

$$|\boldsymbol{T}|=11$$

方向余弦为

$$\cos\alpha=-\frac{2}{11},\cos\beta=\frac{6}{11},\cos\gamma=-\frac{9}{11}$$

又 $$\left.\frac{\partial u}{\partial x}\right|_P=\left.\frac{-y}{x^2z\sqrt{x^2+y^2}}\right|_P=\frac{1}{\sqrt{10}}$$

$$\left.\frac{\partial u}{\partial y}\right|_P=\left.\frac{-x}{y^2z\sqrt{x^2+y^2}}\right|_P=-\frac{1}{27\sqrt{10}}$$

$$\left.\frac{\partial u}{\partial z}\right|_P=-\left.\frac{\sqrt{x^2+y^2}}{xyz^2}\right|_P=\frac{10}{27\sqrt{10}}$$

则　$\mathbf{grad}u\Big|_P=\frac{1}{\sqrt{10}}\boldsymbol{i}-\frac{1}{27\sqrt{10}}\boldsymbol{j}+\frac{10}{27\sqrt{10}}\boldsymbol{k}$

又　$\frac{\partial u}{\partial T}\Big|_P=\frac{1}{\sqrt{10}}\cdot(-\frac{2}{11})+(-\frac{1}{27\sqrt{10}})\cdot\frac{6}{11}+\frac{10}{27\sqrt{10}}\cdot(-\frac{9}{11})=-\frac{5}{99}\sqrt{10}$

例 20　求二元函数 $u=x^2-xy+y^2$ 在点(1,1)沿方向$\boldsymbol{e}=\frac{1}{\sqrt{5}}\mid 2,1\mid$ 的方向导数及梯度，并指出 u 在该点沿哪个方向减少的最快?沿哪个方向 u 的值不变化?

解:$\mathbf{grad}u(-1,1)=\left\{\frac{\partial u}{\partial x},\frac{\partial u}{\partial y}\right\}\Big|_{(-1,1)}=\{2x-y,2y-x\}\Big|_{(-1,1)}=\{-3,3\}\ \frac{\partial u}{\partial l}\Big|_{(-1,1)}$

$$=\mathbf{grad}u(-1,1)\cdot\boldsymbol{e}=\frac{1}{\sqrt{5}}(-6+3)=\frac{-3}{\sqrt{5}}$$

方向导数取最大值的方向即梯度方向，为 $\frac{1}{\sqrt{2}}\{-1,1\}$，方向导数的最大值即 $\|\text{grad}u(-1,1)\|=3\sqrt{2}$，而 u 沿梯度的负方向，即$\frac{1}{\sqrt{2}}\{1,-1\}$ 的方向减小的最快. 为求使 u 的变化率为零的方向，令$\mathbf{e}_l=(\cos\theta,\sin\theta)$，则

$$\frac{\partial u}{\partial l}\Big|_{(-1,1)}=\mathbf{grad}u(-1,1)\cdot\boldsymbol{e}_1=-3\cos\theta+3\sin\theta=3\sqrt{2}\sin(\theta-\frac{\pi}{4})$$

令$\frac{\partial u}{\partial l}\Big|_{(-1,1)}=0$，得　$\varphi=\frac{\pi}{4},\pi+\frac{\pi}{4}$

故在点(−1,1)处沿 $\varphi=\frac{\pi}{4}$ 和 $\varphi=\pi+\frac{\pi}{4}$ 的方向，函数 u 的值不变化.

课后习题全解

习题 6－6 解答

1. 求下列函数在指定点 M_0 处沿指定方向 $\boldsymbol{l}$ 的方向导数：

(1)$z=x^2+y^2$，$M_0(1,2)$，$\boldsymbol{l}$ 为从点(1,2) 到点$(2,2+\sqrt{3})$ 的方向；

(2)$z=xe^{xy}$，$M_0(-3,0)$，$\boldsymbol{l}$ 为从点(−3,0) 到点(−1,3) 的方向；

(3)$u=xyz$，$M_0(5,1,2)$，$\boldsymbol{l}=(4,3,12)$；

(4)$u=x\arctan\frac{y}{x}$，$M_0(1,2,-2)$，$\boldsymbol{l}=(1,1,-1)$.

【知识点窍】　方向导数的求解.

【逻辑推理】　对于已知函数方程，点坐标及方向向量的题，直接代入公式求解方向导数.

解:(1) $\boldsymbol{l}=(2-1,2+\sqrt{3}-2)=(1,\sqrt{3})$，$|\boldsymbol{l}|=2$

$$\boldsymbol{e}_l=\frac{\boldsymbol{l}}{|\boldsymbol{l}|}=\left(\frac{1}{2},\frac{\sqrt{3}}{2}\right)=(\cos\alpha,\cos\beta)$$

$$\frac{\partial z}{\partial l}=\frac{\partial z}{\partial x}\cos\alpha+\frac{\partial z}{\partial y}\cos\beta=2x\cdot\frac{1}{2}+2y\cdot\frac{\sqrt{3}}{2}=x+\sqrt{3}y$$

$$\left.\frac{\partial z}{\partial l}\right|_{(1,2)}=1+2\sqrt{3}.$$

(2) $\boldsymbol{l}=(-1+3,3-0)=(2,3)$, $|\boldsymbol{l}|=\sqrt{3}$

$$\boldsymbol{e}_l=\frac{\boldsymbol{l}}{|\boldsymbol{l}|}=\frac{(2,3)}{\sqrt{13}}=\left(\frac{2}{\sqrt{13}},\frac{3}{\sqrt{13}}\right)=(\cos\alpha,\cos\beta)$$

$$\frac{\partial z}{\partial l}=\frac{\partial z}{\partial x}\cos\alpha+\frac{\partial z}{\partial y}\cos\beta=(\mathrm{e}^{xy}+xy\mathrm{e}^{xy})\cos\alpha+x^2\mathrm{e}^{xy}\cos\beta=\mathrm{e}^{xy}\left(\frac{2}{\sqrt{13}}+\frac{2}{\sqrt{13}}xy+\frac{3}{\sqrt{13}}x^2\right)$$

$$\left.\frac{\partial z}{\partial l}\right|_{(-3,0)}=\frac{2}{\sqrt{13}}+\frac{3}{\sqrt{13}}\times 9=\frac{29}{\sqrt{13}}$$

(3) $|\boldsymbol{l}|=\sqrt{4^2+3^2+12^2}=13$

$$\boldsymbol{e}_l=\frac{\boldsymbol{l}}{|\boldsymbol{l}|}=\left(\frac{4}{13},\frac{3}{13},\frac{12}{13}\right)$$

$$\frac{\partial u}{\partial l}=\frac{\partial u}{\partial x}\cdot\frac{4}{13}+\frac{\partial u}{\partial y}\cdot\frac{3}{13}+\frac{\partial u}{\partial z}\cdot\frac{12}{13}=\frac{4}{13}yz+\frac{3}{13}xz+\frac{12}{13}xy$$

$$\left.\frac{\mathrm{d}u}{\mathrm{d}l}\right|_{(5,1,2)}=\frac{4}{13}\cdot 1\cdot 2+\frac{3}{13}\cdot 5\cdot 2+\frac{12}{15}\cdot 5\cdot 1=\frac{98}{13}$$

(4) $|\boldsymbol{l}|=\sqrt{1^2+1^2+(-1)^2}=\sqrt{3}$

$$\boldsymbol{e}_l=\frac{\boldsymbol{l}}{|\boldsymbol{l}|}=\left(\frac{1}{\sqrt{3}}\cdot\frac{1}{\sqrt{3}},-\frac{1}{\sqrt{3}}\right)$$

$$\frac{\partial z}{\partial l}=\frac{\partial u}{\partial x}\cdot\frac{1}{\sqrt{3}}+\frac{\partial u}{\partial z}\left(\frac{1}{\sqrt{3}}\right)+\frac{\partial u}{\partial z}\cdot\left(-\frac{1}{\sqrt{3}}\right)=\frac{1}{\sqrt{3}}\arctan\frac{y}{z}+\frac{1}{\sqrt{3}}\cdot\frac{xy}{y^2+z^2}+\frac{1}{\sqrt{3}}\cdot\frac{xz}{y^2+z^2}$$

$$\left.\frac{\partial z}{\partial l}\right|_{(1,2,-2)}=\frac{1}{\sqrt{3}}\arctan(-1)+\frac{1}{\sqrt{3}}\cdot\frac{-2}{2^2+2^2}+\frac{1}{\sqrt{3}}\cdot\frac{4^2}{2^2+2^2}=-\frac{\pi}{4\sqrt{3}}$$

2. 设 $\boldsymbol{l}_1=(1,1)$, $\boldsymbol{l}_2=(-1,1)$,分别求出函数 $z=xy$ 在点 $(0,0)$ 处沿方向 $\boldsymbol{l}_1$ 和方向 $\boldsymbol{l}_2$ 的二阶方向导数.

【知识点窍】 考查复合函数的二阶方向导数的求解,利用教材 P93 中例 2 所证明的公式求解.

解: $\boldsymbol{l}_1=(1,1)$, $\boldsymbol{e}_{l_1}=\frac{\boldsymbol{l}_1}{|\boldsymbol{l}_1|}=\left(\frac{1}{\sqrt{2}},\frac{1}{\sqrt{2}}\right)$

则有 $\frac{\partial^2 z}{\partial l_1^2}=f_{xx}a^2+2f_{xy}ab+f_{yy}b^2=0\cdot a^2+2\cdot 1\cdot\frac{1}{\sqrt{2}}\cdot\frac{2}{\sqrt{2}}+0\cdot b^2=1$

$$\left.\frac{\partial^2 x}{\partial l_1^2}\right|_{(0,0)}=1$$

$$\boldsymbol{l}_2=(-1,1),\boldsymbol{e}_{l_2}=\frac{\boldsymbol{l}_2}{|\boldsymbol{l}_2|}=\left(-\frac{1}{\sqrt{2}},\frac{1}{\sqrt{2}}\right)$$

$$\frac{\partial^2 z}{\partial l_2^2}=f_{xx}a^2+2f_{xy}ab+f_{yy}b^2=0\cdot a^2+2\cdot 1\cdot\left(-\frac{1}{\sqrt{2}}\right)\cdot\frac{1}{\sqrt{2}}+0\cdot b^2=-1$$

$\left.\frac{\partial^2 z}{\partial l_2^2}\right|_{(0,0)} = -1.$

3. 设 $f(x,y)$ 是 $C^{(1)}$ 类函数，已给四个点 $A(1,3)$，$B(3,3)$，$C(1,7)$，$D(6,15)$，若 $f(x,y)$ 在点 A 处沿 $\overrightarrow{AB}$ 方向的方向导数等于 3，而沿 $\overrightarrow{AC}$ 方向的方向导数等于 26，求 $f(x,y)$ 在点 A 处沿 $\overrightarrow{AD}$ 方向的方向导数.

解: $\overrightarrow{AB} = (3-1,3-3) = (2,0) = 2(1,0)$

$\overrightarrow{AC} = (1-1,7-3) = (0,4) = 4(0,1)$

$\overrightarrow{AD} = (6-1,15-3) = (5,12) = 13\left(\frac{5}{13},\frac{12}{13}\right)$

由已知得 $\begin{cases} 3 = f'_x \\ 26 = f'_y \end{cases}$

则 $f(x,y)$ 在点 $A(1,3)$ 处沿 $\overrightarrow{AD}$ 方向的方向导数为

$$\frac{\partial f}{\partial l_{\overrightarrow{AD}}} = f'_x\cos\alpha + f'_y\cos\beta = 3\cdot\frac{5}{13} + 26\cdot\frac{12}{13} = \frac{327}{13}.$$

4. 求函数 $u = \frac{x^2}{a^2} + \frac{y^2}{b^2} + \frac{z^2}{c^2}$ 在点 $M(x,y,z)$ 处沿该点向径 $\boldsymbol{r} = \overrightarrow{OM}$ 方向的方向导数，若对所有的点 M 均有 $\left.\frac{\partial u}{\partial r}\right|_M = |\nabla u(M)|$，问 a、b、c 之间有何关系？

【知识点窍】 梯度的涵义. 可微函数在某点处沿着梯度的方向具有最大增长率，最大增长率等于梯度的模.

解: u 在点 M 处沿 $\overrightarrow{OM}$ 方向的方向导数等于 u 在点 M 处的梯度的模，此时方向导数所沿的方向为 u 在 M 点的梯度方向，即 $\overrightarrow{OM}$ 的方向应为梯度 $\left(\frac{\partial u}{\partial z},\frac{\partial u}{\partial y},\frac{\partial u}{\partial z}\right) = \left(\frac{2x}{a^2},\frac{2y}{b^2},\frac{2z}{c^2}\right)$ 的方向，$\overrightarrow{OM}$ 的方向为 (x,y,z)，于是有

$$(x,y,z) = \left(\frac{2x}{a^2},\frac{2y}{b^2},\frac{2z}{c^2}\right)$$

解得　$a = b = c.$

5. 设一金属球体内各点处的温度与该点离球心的距离成反比，证明：球体内任意(异于球心的)一点处沿着指向球心的方向温度上升得最快.

【知识点窍】 梯度的定义及应用.

【逻辑推理】 依题意列出温度 T 的方程，求出梯度即为对应点温度上升最快的方向.

解: 以球心为坐标原点 O 取坐标系，设温度为 T，依题意知对球体内任意一点 $P(x,y,z)$，其温度为

$T(x,y,z) = k(x^2+y^2+z^2)^{\frac{1}{2}}$，$k$ 为常数

则有　$\frac{\partial T}{\partial x} = -ky(x^2+y^2+z^2)^{-\frac{3}{2}}$

$$\frac{\partial T}{\partial y}=-kz(x^2+y^2+z^2)^{-\frac{3}{2}}$$

$$\frac{\partial T}{\partial z}=-kz(x^2+y^2+z^2)^{-\frac{3}{2}}$$

对应的梯度

$$\nabla T(x,y,z)=(-kx(x^2+y^2+z^2)^{-\frac{3}{2}},-ky(x^2+y^2+z^2)^{-\frac{3}{2}},-kz(x^2+y^2+z^2)^{-\frac{3}{2}})$$

$$=-\frac{x}{x^2+y^2+z^2}\left(\frac{x}{\sqrt{x^2+y^2+z^2}},\frac{y}{\sqrt{x^2+y^2+z^2}},\frac{2}{\sqrt{x^2+y^2+z^2}}\right)$$

$$=-\frac{k}{x^2+y^2+z^2}\boldsymbol{e}_{\overrightarrow{OP}}$$

6. 设某金属板上的电压分布为 $V=50-2x^2-4y^2$，则：

(1) 在点 $(1,-2)$ 处，沿哪个方向电压升高得最快？

(2) 沿哪个方向电压下降得最快？

(3) 上升或下降的速率各为多少？

(4) 沿哪个方向电压变化得最慢？

【知识点窍】 考查梯度的定义、意义及应用.

【逻辑推理】 根据梯度的涵义，(1)(2)(3) 很容易求得. 对于(4) 问，同样根据 $f(x,y)$ 在点 (x_0,y_0) 处沿与 $\nabla(x_0,y_0)$ 垂直方向的导数等于零可知，沿垂直梯度的方向变化得最慢.

解： $\nabla V(1,-2)=(-4x,-8y)_{(1,-2)}=(-4,16)=4(-\boldsymbol{i}+4\boldsymbol{j})$，梯度方向是电压升高最快的方向，可见沿着 $\boldsymbol{l}=-\boldsymbol{i}+4\boldsymbol{j}$ 的方向，电压升高最快.

(2) 由(1) 知，$-\boldsymbol{l}=\boldsymbol{i}-4\boldsymbol{j}$，可见沿着 $\boldsymbol{i}-4\boldsymbol{j}$ 的方向，电压下降得最快.

(3) $$\left.\frac{\partial V}{\partial l}\right|_{(1,-2)}=\nabla V(1,-2)\cdot\boldsymbol{e}_l=4(-1,4)\cdot\left(\frac{-1}{\sqrt{17}},\frac{4}{\sqrt{17}}\right)$$

$$=4\left(\frac{1}{\sqrt{17}}+16\sqrt{17}\right)=4\sqrt{17}.$$

可见电压上升与下降最快的速率各为 $4\sqrt{17}$ 与 $-4\sqrt{17}$.

(4) 由于 $\left.\frac{\partial V}{\partial l}\right|_{(1,-2)}$ 沿着与梯度 $\nabla V(1,-2)=(1,-4)$ 垂直方向的电压变化得最慢，设该方向为 $\boldsymbol{L}=(a,b)$，则

$a\cdot 1+b(-4)=0$，故 $a=4b$.

所以沿着 $4\boldsymbol{i}+\boldsymbol{j}$ 或 $-4\boldsymbol{i}-\boldsymbol{j}$ 的方向，电压变化得最慢.

7. 设 $u(x,y),v(x,y)$ 都是 $C^{(1)}$ 类函数，证明：

(1) $\nabla(au+bv)=a\nabla u+b\nabla v$，其中 a,b 为常数；

(2) $\nabla(uv)=u\nabla v+v\nabla u$；

(3) $\nabla\left(\frac{u}{v}\right)=\frac{v\nabla u-u\nabla v}{v^2}$；

(4) $\nabla(u^n)=nu^{n-1}\nabla u$,其中 n 是正整数.

【知识点窍】 考查梯度的运算.

解:(1) $\nabla(au+bv)=\left(a\frac{\partial u}{\partial x}+b\frac{\partial v}{\partial x}\right)\boldsymbol{i}+\left(a\frac{\partial u}{\partial y}+b\frac{\partial v}{\partial y}\right)\boldsymbol{j}=\left(a\frac{\partial u}{\partial x}\boldsymbol{i}+a\frac{\partial u}{\partial y}\boldsymbol{j}\right)+\left(a\frac{\partial v}{\partial x}\boldsymbol{i}+b\frac{\partial v}{\partial y}\boldsymbol{j}\right)$

$=a\nabla u+b\nabla v$

(2) $\nabla(uv)=\frac{\partial(uv)}{\partial x}\boldsymbol{i}+\frac{\partial(uv)}{\partial y}\boldsymbol{j}=\left(v\frac{\partial u}{\partial x}+u\frac{\partial v}{\partial x}\right)\boldsymbol{i}+\left(v\frac{\partial u}{\partial y}+u\frac{\partial v}{\partial y}\right)\boldsymbol{j}$

$=v\left(\frac{\partial u}{\partial x}\boldsymbol{i}+\frac{\partial u}{\partial y}\boldsymbol{j}\right)+u\left(\frac{\partial v}{\partial x}\boldsymbol{i}+\frac{\partial v}{\partial y}\boldsymbol{j}\right)$

$=v\nabla u+u\nabla v.$

(3) $\nabla\left(\frac{u}{v}\right)=\frac{\partial\left(\frac{u}{v}\right)}{\partial x}\boldsymbol{i}+\frac{\partial\left(\frac{u}{v}\right)}{\partial y}\boldsymbol{j}=\frac{\frac{\partial u}{\partial x}v-u\frac{\partial v}{\partial x}}{v^2}\boldsymbol{i}+\frac{\frac{\partial u}{\partial y}v-u\frac{\partial v}{\partial y}}{v^2}\boldsymbol{j}$

$=\left[\frac{\frac{\partial u}{\partial x}v}{v^2}\boldsymbol{i}+\frac{\frac{\partial u}{\partial y}v}{v^2}\boldsymbol{j}\right]-\left[\frac{u\frac{\partial v}{\partial x}}{v^2}\boldsymbol{i}+\frac{u\frac{\partial v}{\partial y}}{v^2}\boldsymbol{j}\right]$

$=\frac{v\nabla v-u\nabla v}{v^2}$

(4) $\nabla(u^2n)=\frac{\partial(u^n)}{\partial x}\boldsymbol{i}+\frac{\partial(u^n)}{\mathrm{d}y}\boldsymbol{j}=nu^{n-1}\frac{\partial u}{\partial x}\boldsymbol{i}+nu^{n-1}\frac{\partial u}{\partial y}\boldsymbol{j}=nu^{n-1}\left(\frac{\partial u}{\partial x}\boldsymbol{i}+\frac{\partial u}{\partial y}\boldsymbol{j}\right)=nu^{n-1}\nabla u$

第七节　多元函数微分学的几何应用

知识点归纳

1. 空间曲面的切平面与法线

设 $M_0(x_0,y_0,z_0)\in\sum$.

隐式方程情形　若 $\sum:F(x,y,z)=0$,

则法向量为　$\boldsymbol{n}=\{F_x(M_0),F_y(M_0),F_z(M_0)\}=\nabla F(M_0)(\neq\mathbf{0})$

切平面为　$F_x(M_0)(x-x_0)+F_y(M_0)(y-y_0)+F_z(M_0)(z-z_0)=0$

法线为　$\frac{x-x_0}{F_x(M_0)}=\frac{y-y_0}{F_y(M_0)}=\frac{z-z_0}{F_z(M_0)}$

显式方程情形　若 $\sum:z=f(x,y)$,

则法向量为　$\boldsymbol{n}=\{z_x(x_0,y_0),z_y(x_0,y_0),-1\}$

切平面为　$z-z_0=z_x(x_0,y_0)(x-x_0)+z_y(x_0,y_0)(y-y_0)$

法线为　$\frac{x-x_0}{z_x(x_0,y_0)}=\frac{y-y_0}{z_y(x_0,y_0)}=\frac{z-z_0}{-1}$

参数方程情形　若 $\sum: x = x(u,v), y = y(u,v), z = z(u,v)$

则法向量为

$$\boldsymbol{n} = \begin{vmatrix} \boldsymbol{i} & \boldsymbol{j} & \boldsymbol{k} \\ x_u & y_u & z_u \\ x_v & y_v & z_v \end{vmatrix}_{(u_0,v_0)} = \left(\frac{\partial(y,z)}{\partial(u,v)}, \frac{\partial(z,x)}{\partial(u,v)}, \frac{\partial(x,y)}{\partial(u,v)}\right)_{(u_0,v_0)} \quad (\neq 0)$$

切平面为　$\left.\dfrac{\partial(y,z)}{\partial(u,v)}\right|_{(u_0,v_0)}(x-x_0) + \left.\dfrac{\partial(z,x)}{\partial(u,v)}\right|_{(u_0,v_0)}(y-y_0) + \left.\dfrac{\partial(x,y)}{\partial(u,v)}\right|_{(u_0,v_0)}(z-z_0) = 0;$

法线为　$\dfrac{x-x_0}{\left.\dfrac{\partial(y,z)}{\partial(u,v)}\right|_{(u_0,v_0)}} = \dfrac{y-y_0}{\left.\dfrac{\partial(z,x)}{\partial(u,v)}\right|_{(u_0,v_0)}} = \dfrac{z-z_0}{\left.\dfrac{\partial(x,y)}{\partial(u,v)}\right|_{(u_0,v_0)}}$

2. 曲线的切线与法平面

点 $M_0(x_0, y_0, z_0) \in \Gamma$

若　$\Gamma: x = x(t), y = y(t), z = z(t)$,

则切向量为 $\boldsymbol{\tau} = (x'(t_0), y'(t_0), z'(t_0))$,其中 $x'^2(t_0) + y'^2(t_0) + z'^2(t_0) \neq 0$;

切线方程为　$\dfrac{x-x_0}{x'(t_0)} = \dfrac{y-y_0}{y'(t_0)} = \dfrac{z-z_0}{z'(t_0)}$;

法平面方程为　$x'(t_0)(x-x_0) + y'(t_0)(y-y_0) + z'(t_0)(z-z_0) = 0.$

一般方程情形

若　$\Gamma: \begin{cases} F(x,y,z) = 0, \\ G(x,y,z) = 0. \end{cases}$

则切向量为　$\boldsymbol{\tau} = \left(\dfrac{\partial(F,G)}{\partial(y,z)}, \dfrac{\partial(F,G)}{\partial(z,x)}, \dfrac{\partial(F,G)}{\partial(x,y)}\right)_{M_0(x_0,y_0,z_0)} = \begin{vmatrix} \boldsymbol{i} & \boldsymbol{j} & \boldsymbol{k} \\ F_x & F_y & F_z \\ G_x & G_y & G_z \end{vmatrix}_{M_0(x_0,y_0,z_0)} \quad (\neq 0)$

切线方程为　$\dfrac{x-x_0}{\left.\dfrac{\partial(F,G)}{\partial(y,z)}\right|_{M_0}} = \dfrac{y-y_0}{\left.\dfrac{\partial(F,G)}{\partial(z,x)}\right|_{M_0}} = \dfrac{z-z_0}{\left.\dfrac{\partial(F,G)}{\partial(x,y)}\right|_{M_0}}$

法平面方程为　$\left.\dfrac{\partial(F,G)}{\partial(y,z)}\right|_{M_0}(x-x_0) + \left.\dfrac{\partial(F,G)}{\partial(z,x)}\right|_{M_0}(y-y_0) + \left.\dfrac{\partial(F,G)}{\partial(x,y)}\right|_{M_0}(z-z_0) = 0.$

3. 等量面与等高线

梯度 $\nabla F(x_0, y_0) = F_x(x_0, y_0)\boldsymbol{i} + F_y(x_0, y_0)\boldsymbol{j}$ 是 $C^{(1)}$ 场 $F(x,y)$ 通过点 (x_0, y_0) 的等量线在该点处的法向量,并且指向 $F(x,y)$ 的等量线的高值方向.

典型例题与解题技巧

题型 Ⅸ:求空间曲线的切线方程与法平面方程

【题型分析】　1. 曲线 C 在一点 M_0 处的切线方向向量必同时垂直于构成该曲线的两个曲面在该点的切平面的法线向量.

2. 设空间曲线 Γ 的参数方程为 $\begin{cases} x = x(t) \\ y = y(t), (t \in T) \\ z = z(t) \end{cases}$

$t = t_0$ 对于曲线 Γ 上一点 $p(x_0, y_0, z_0)$，则曲线在该点的切线与法平面方程分别为

$$\frac{x - x_0}{x'(t_0)} = \frac{y - y_0}{y'(t_0)} = \frac{z - z_0}{z'(t_0)},$$

$$x'(t_0)(x - x_0) + y'(t_0)(y - y_0) + z'(t_0)(z - z_0) = 0.$$

例 21　设函数 $z = f(x, y)$ 在点 $P(x, y)$ 处可微，从 x 轴正向到向量 $\boldsymbol{l}$ 的转角为 θ，从 x 轴的正向到向量 $\boldsymbol{m}$ 的转角为 $\theta + \frac{\pi}{2}$，求证：$\begin{cases} \dfrac{\partial f}{\partial x} = \cos\theta \dfrac{\partial f}{\partial l} - \sin\theta \dfrac{\partial f}{\partial m} \\ \dfrac{\partial f}{\partial y} = \sin\theta \dfrac{\partial f}{\partial l} - \cos\theta \dfrac{\partial f}{\partial m} \end{cases}$

证：由于 $\dfrac{\partial f}{\partial l} = \dfrac{\partial f}{\partial x}\cos\theta + \dfrac{\partial f}{\partial y}\sin\theta$

$$\frac{\partial f}{\partial m} = \frac{\partial f}{\partial x}\cos(\theta + \frac{\pi}{2}) + \frac{\partial f}{\partial y}\sin(\theta + \frac{\pi}{2}) = -\frac{\partial f}{\partial x}\sin\theta + \frac{\partial f}{\partial y}\cos\theta$$

整理得 $\begin{cases} \cos\theta \dfrac{\partial f}{\partial x} + \sin\theta \dfrac{\partial f}{\partial y} = \dfrac{\partial f}{\partial l} \\ -\sin\theta \dfrac{\partial f}{\partial x} + \cos\theta \dfrac{\partial f}{\partial y} = \dfrac{\partial f}{\partial m} \end{cases}$

系数行列式为　$J = \begin{vmatrix} \cos\theta & \sin\theta \\ -\sin\theta & \cos\theta \end{vmatrix} = 1$

得　$\dfrac{\partial f}{\partial x} = \dfrac{1}{J}\begin{vmatrix} \dfrac{\partial f}{\partial l} & \sin\theta \\ \dfrac{\partial f}{\partial m} & \cos\theta \end{vmatrix} = \cos\theta \dfrac{\partial f}{\partial l} - \sin\theta \dfrac{\partial f}{\partial m}$

$$\frac{\partial f}{\partial y} = \frac{1}{J}\begin{vmatrix} \cos\theta & \dfrac{\partial f}{\partial l} \\ -\sin\theta & \dfrac{\partial f}{\partial m} \end{vmatrix} = \sin\theta \frac{\partial f}{\partial l} + \cos\theta \frac{\partial f}{\partial m}$$

课后习题全解

习题 6－7 解答

1. 求下列曲面在指定点处的切平面与法线方程：

(1) $x^2 + 2y^2 + 3z^2 = 21$，点 $(1, 2, 2)$；

(2) $xyz = 6$，点 $(1, 2, 3)$；

(3) $e^z - z + xy = 3$，点 $(2, 1, 0)$；

(4) $\dfrac{z}{c} = \dfrac{x^2}{a^2} + \dfrac{y^2}{b^2}$，点 (x_0, y_0, z_0).

【知识点窍】 曲面在某点处的切平面与法线方程.

【逻辑推理】 利用隐函数的求导方法求出梯度,再求切平面与法线方程.

解:(1) 记 $F(x,y,z)=x^2+2y^2+3z^2-21$

则 $u=\nabla F(x,y,z)=(2x,4y,6z)=2(x,2y,3z)$

故所求切平面方程为 $(x-1)+4(y-2)+6(z-2)=0$

整理得 $x+4y+6z=21$

法线方程为 $\dfrac{x-1}{1}=\dfrac{y-2}{4}=\dfrac{z-2}{6}$

(2) 记 $F(x,y,z)=xyz$

则 $u=\nabla F(x,y,z)=(yz,xz,xy)$

故所求切平面方程为 $6(x-1)+3(y-2)+2(z-3)=0$

整理得 $6x+3y+2z=18$

法线方程为 $\dfrac{x-1}{6}=\dfrac{y-2}{3}=\dfrac{z-3}{2}$

(3) 记 $F(x,y,z)=\mathrm{e}^z-z+xy-3$

则 $u=\nabla F(x,y,z)=(F_x,F_y,F_z)=(y,x,\mathrm{e}^z-1)$

故所求切平面方程为

$(x-2)+2(y-1)+0(z-0)=0$

整理得 $x+2y-4=0$

法线方程为 $\dfrac{x-2}{1}=\dfrac{y-1}{2}=\dfrac{z}{0}$

(4) 记 $F(x,y,z)=\dfrac{x^2}{a^2}+\dfrac{y^2}{b^2}-\dfrac{z}{c}$

则 $u=\nabla F(x,y,z)=\left(\dfrac{2x}{a},\dfrac{2y}{b},-\dfrac{1}{c}\right)$

故所求切平面方程为 $\dfrac{2x_0}{a}(x-x_0)+\dfrac{2y_0}{b}(y-y_0)-\dfrac{1}{c}(z-z_0)=0$

法线方程为 $\dfrac{x-x_0}{\dfrac{2x_0}{a}}=\dfrac{y-y_0}{\dfrac{2y_0}{b}}=\dfrac{z-z_0}{-\dfrac{1}{c}}$

2. 求下列曲线在指定点处的切线与法平面方程:

(1) $\begin{cases}x=t-\sin t\\ y=1-\cos t\\ z=4\sin\dfrac{t}{2}\end{cases}$,点 $\left(\dfrac{\pi}{2}-1,1,2\sqrt{2}\right)$;　　(2) $\begin{cases}x=\dfrac{t}{1+t}\\ y=\dfrac{1+t}{t}\\ z=t^2\end{cases}$,点 $\left(\dfrac{1}{2},2,1\right)$;

(3) $\begin{cases} y^2 = 2mx \\ z^2 = m - x \end{cases}$，点$(x_0, y_0, z_0)$；　(4) $\begin{cases} x^2 + y^2 + z^2 - 3x = 0 \\ 2x - 3y + 5z - 4 = 0 \end{cases}$，点$(1,1,1)$.

【知识点窍】 曲线在指定点处的切线与法平面方程.

【逻辑推理】 先求出对应点的切向量(切向量即为切线的方向向量)及法平面的法向量，则容易写出它们的方程.

解:(1) 此点对应的参数 $t = \frac{\pi}{2}$.

$$\left.\frac{dx}{dt}\right|_{t=\frac{\pi}{2}} = (1 - \cos t)\Big|_{t=\frac{\pi}{2}} = 1, \left.\frac{dy}{dt}\right|_{t=\frac{\pi}{2}} = \sin t\Big|_{t=\frac{\pi}{2}} = 1$$

$$\left.\frac{dz}{dt}\right|_{t=\frac{\pi}{2}} = 2\cos\frac{t}{2}\Big|_{t=\frac{\pi}{2}} = \sqrt{2}$$

故曲线在指定点处的切向量为　$\boldsymbol{\tau} = (1, 1, \sqrt{2})$

切线方程为　$\dfrac{x - \frac{\pi}{2} + 1}{1} = \dfrac{y - 1}{1} = \dfrac{z - 2\sqrt{2}}{\sqrt{2}}$

法平面方程为　$\left(x - \frac{\pi}{2} + 1\right) + (y - 1) + \sqrt{2}(z - 2\sqrt{2}) = 0$

(2) 此点对应的参数 $t = 1$.

$$\left.\frac{dx}{dt}\right|_{t=1} = \frac{1}{4}, \left.\frac{dy}{dt}\right|_{t=1} = -1, \left.\frac{dz}{dt}\right|_{t=1} = 2$$

故曲线在指定点处的切向量为 $\boldsymbol{\tau} = \left(\frac{1}{4}, -1, 2\right)$

切线方程为　$\dfrac{x - \frac{1}{2}}{1} = \dfrac{y - 2}{-4} = \dfrac{z - 1}{8}$

法平面方程为　$2x - 8y + 16z - 1 = 0$

(3) 方程两边对 x 求导，得　$\begin{cases} 2y\dfrac{dy}{dx} = 2m \\ 2z\dfrac{dz}{dx} = -1 \end{cases}$

将点(x_0, y_0, z_0)代入上式得　$\dfrac{dy}{dx} = \dfrac{m}{y_0}, \dfrac{dz}{dx} = -\dfrac{1}{2z_0}$

故对应的切向量为　$\boldsymbol{\tau} = \left(1, \dfrac{m}{y_0}, -\dfrac{1}{2z_0}\right)$

切线方程为　$\dfrac{x - x_0}{1} = \dfrac{y - y_0}{\frac{m}{y_0}} = \dfrac{z - z_0}{-\frac{1}{2z_0}}$

法平面为　$(x - x_0) + \dfrac{m}{y_0}(y - y_0) - \dfrac{1}{2z_0}(z - z_0) = 0$

(4) 方程两边对 x 求导,得

$$\begin{cases} 2x+2y\dfrac{dy}{dx}+2z\dfrac{dz}{dx}-3=0 \\ 2-3\dfrac{dy}{dx}+5\dfrac{dz}{dx}=0 \end{cases} \quad 整理得 \begin{cases} 2y\dfrac{dy}{dx}+2z\dfrac{dz}{dx}=-2x+3 \\ 3\dfrac{dy}{dx}-5\dfrac{dz}{dx}=2 \end{cases}$$

将点(1,1,1)代入上式解得　$\dfrac{dy}{dx}=\dfrac{9}{16},\dfrac{dz}{dx}=-\dfrac{1}{16}$

故对应的切向量为　$\boldsymbol{\tau}=\left(1,\dfrac{9}{16},-\dfrac{1}{16}\right)$

切线方程为　$\dfrac{x-1}{1}=\dfrac{y-1}{\frac{9}{16}}=\dfrac{z-1}{-\frac{1}{16}}$

法平面方程为　$(x-1)+\dfrac{9}{16}(y-1)-\dfrac{1}{16}(z-1)=0$

整理得　$16x+9y-z-24=0$

3. 设 $f(x,y)=2x^2+y^2$,求 $\nabla f(1,2)$,并用它来求等量线 $f(x,y)=6$ 在点(1,2)处的切线方程.画出 $f(x,y)$ 的等量线、切线与梯度向量的草图.

解: $\boldsymbol{u}=\nabla f(1,2)=f_x(1,2)\boldsymbol{i}+f_y(1,2)\boldsymbol{j}$

$=\left(4x\Big|_{(1,2)},2y\Big|_{(1,2)}\right)=4(1,1).$

记切线方程的方向向量为 $\boldsymbol{s}=(a,b)$,因为 $\boldsymbol{s}\perp\boldsymbol{u}$,

故 $a\cdot1+b\cdot1=0$ 得 $a=-b$,取 $a=1$,得 $\vec{s}=(1,-1)$

所求切线方程为　$\dfrac{x-1}{1}=\dfrac{y-2}{-1}$

整理得　$x+y-3=0$

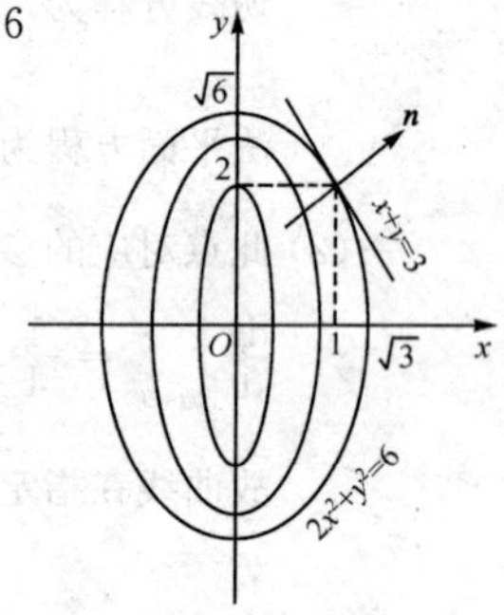

图 6.5

$f(x,y)$ 的等量线、切线与梯度向量的草图如图 6.5 所示.

4. 求椭球面 $x^2+2y^2+z^2=1$ 上平行于平面 $x-y+2z=0$ 的切平面方程.

【知识点窍】　曲面切平面方程的求解.

【逻辑推理】　易得切平面的法向量,只需确定切点即可求解,求切点方法:① 设出切平面参数方程代入椭球面求解;② 考虑椭球面的梯度与切平面的法向量同时对应的点即为切点.

解: 设 $F(x,y,z)=x^2+2y^2+z^2-1$,则梯度 $\boldsymbol{n}=\nabla f=(2x,4y,2z)$

切平面方程的法向量为(1,−1,2),所以

$\dfrac{2x}{1}=\dfrac{4y}{-1}=\dfrac{2z}{2}$,得 $x=-2y,z=-4y$

代入椭球面方程得　$(-2y)^2+2y^2+(-4y)^2=1$

解得　$y=\pm\dfrac{1}{\sqrt{22}},x=\mp\sqrt{\dfrac{2}{11}},z=\mp2\sqrt{\dfrac{2}{11}}$

切点即为$\left(\mp\sqrt{\frac{2}{11}},\pm\frac{1}{\sqrt{22}},\mp 1\sqrt{\frac{2}{11}}\right)$

故所求的切平面方程为　$\left(x\pm\sqrt{\frac{2}{11}}\right)-\left(y\mp\frac{1}{\sqrt{22}}\right)+2\left(2\pm 2\sqrt{\frac{2}{11}}\right)=0$

即　$x-y+2z=\pm\sqrt{\frac{11}{2}}$

5. 求出曲面 $z=xy$ 上的点,使这点处的法线垂直于平面 $x+3y+z+9=0$,并写出这法线的方程.

【知识点窍】　梯度即为对应点的法线的方向向量.

解:设 $F(x,y,z)=z-xy$,则　$\boldsymbol{n}=\nabla F(x_0,y_0,z_0)=(-y_0,x_0,1)$

依题意知 $\boldsymbol{n}\perp$ 已知平面,故　$\frac{-y_0}{1}=\frac{-x_0}{3}=\frac{1}{1}$,解得 $x_0=-3,y_0=-1$

代入曲面方程得 $z=3$

故所求法线方程为　$\frac{x-x_0}{1}=\frac{y-y_0}{3}=\frac{z-z_0}{1}$

即　$\frac{x+3}{1}=\frac{y+1}{3}=\frac{z-3}{1}$

6. 求由曲线$\begin{cases}3x^2+2y^2=12\\ z=0\end{cases}$绕 y 轴旋转一周所得的旋转曲面在点$(0,\sqrt{3},\sqrt{2})$处的指向外侧的单位法向量.

【知识点窍】　旋转曲面及其上指定点法向量的求解.

解:易得旋转曲面方程为 $3(x^2+z^2)+2y^2=12$

设　$F(x,y,z)=3x^2+2y^2+3z^2-12$

则　$\boldsymbol{n}=\nabla F(0,\sqrt{3},\sqrt{2})=\left(6x\Big|_{(0,\sqrt{3},\sqrt{2})},4y\Big|_{(0,\sqrt{3},\sqrt{2})},6z\Big|_{(0,\sqrt{3},\sqrt{2})}\right)=(0,4\sqrt{3},6\sqrt{2})$

故　$\boldsymbol{e}_n=\frac{\boldsymbol{n}}{|\boldsymbol{n}|}\frac{(0,4\sqrt{3},6\sqrt{2})}{\sqrt{120}}=\left(0,2\sqrt{\frac{1}{10}},3\sqrt{\frac{1}{15}}\right)$.

7. 证明:与锥面 $z^2=x^2+y^2$ 相切的平面通过坐标原点.

【逻辑推理】　求出与锥面相切的平面方程,将坐标原点代入验证即可.

解:设 $F(x,y,z)=z^2-x^2-y^2$,则锥面上任一点(x,y,z)处的法向量

$\boldsymbol{n}=\nabla F=(-2x,-2y,2z)$

故对应的切平面方程为　$-2x(X-x)-2y(Y-y)+2z(Z-z)=0$

整理得　$xX+yY-zZ-x^2-y^2+z^2=0$

又因为(x,y,z)在锥面上,故 $z^2=x^2+y^2$

切平面方程为　$xX+yY-zZ=0$

将原点$(0,0,0)$代入满足切平面方程,故与锥面 $z^2=x^2+y^2$ 相切的平面通过坐标原点.

8. 证明:曲面 $xyz=c^3$ 上任何点处的切平面在各坐标轴上截距之积为常值.

解: 记 $F(x,y,z)=xyz-c^3$,$P(x_0,y_0,z_0)$ 为曲面上任一点,

$\boldsymbol{n}=\nabla F(x_0,y_0,z_0)=(y_0z_0,x_0z_0,x_0y_0)$

P 点处的切平面方程为 $\quad y_0z_0(x-x_0)+x_0z_0(y-y_0)+x_0y_0(z-z_0)=0$

整理得 $\quad y_0z_0x+x_0z_0y_0+x_0y_0z_0-3x_0y_0z_0=0$

即 $$\frac{x}{x_0}+\frac{y}{y_0}+\frac{z}{z_0}=3$$

故与 x,y,z 轴的截距分别为 $3x_0$、$3y_0$、$3z_0$,依题意

$3x_0\cdot 3y_0\cdot 3z_0=27x_0y_0z_0=27c^3$,

原命题得证.

9. 证明:曲面$\sqrt{x}+\sqrt{y}+\sqrt{z}=\sqrt{a}\,(a>0)$ 上任何点处的切平面在各坐标轴上的截距之和为常值.

解: 设 $F(x,y,z)=\sqrt{x}+\sqrt{y}+\sqrt{z}-\sqrt{a}$,$P(x_0,y_0,z_0)$ 为曲面上任一点,

则 $$\boldsymbol{n}=\nabla F(x_0,y_0,z_0)=\left(\frac{1}{2\sqrt{x_0}},\frac{1}{2\sqrt{y_0}},\frac{1}{2\sqrt{z_0}}\right)=\frac{1}{2}\left(\frac{1}{\sqrt{x_0}},\frac{1}{\sqrt{y_0}},\frac{1}{\sqrt{z_0}}\right)$$

点 P 处的切平面方程为$\dfrac{1}{\sqrt{x_0}}(x-x_0)+\dfrac{1}{\sqrt{y_0}}(y-y_0)+\dfrac{1}{\sqrt{z_0}}(z-z_0)=0$

即 $$\frac{1}{\sqrt{x_0}}+\frac{y}{\sqrt{y_0}}+\frac{z}{\sqrt{z_0}}=\sqrt{x_0}+\sqrt{y_0}+\sqrt{z_0}=\sqrt{a}$$

亦即 $$\frac{x}{\sqrt{ax_0}}+\frac{y}{\sqrt{ay_0}}+\frac{z}{\sqrt{az_0}}=1$$

于是截距之和为$(\sqrt{ax_0}+\sqrt{ay_0}+\sqrt{az_0}=\sqrt{ac}\ \sqrt{x_0}+\sqrt{y_0}+\sqrt{z_0})=\sqrt{a}\cdot\sqrt{a}=a$

故原命题得证.

10. 证明:螺旋线$\begin{cases}x=a\cos t\\ y=a\ \sin t\\ z=bt\end{cases}$的切线与 z 轴成定角.

【知识点窍】 考查曲线切线的求解.

解: 设 $P(x(t_0),y(t_0),z(t_0))$ 为螺旋线上任一点,则在 P 点的切向量

$\boldsymbol{\tau}=(x'(t_0),y'(t_0),z'(t_0))=(-a\sin t_0,a\cos t_0,b)$

切向量 $\boldsymbol{\tau}$ 即为切线的方向向量,$\boldsymbol{\tau}$ 与 z 轴的夹角设为 φ,则

$$\cos\varphi=\frac{b}{\sqrt{a^2\sin^2 t_0+a^2\cos^2 t_0+b^2}}=\frac{b}{\sqrt{a^2+b^2}}$$

故 $\varphi=\arccos\dfrac{b}{\sqrt{a^2+b^2}}$ 为常值,切线与 z 轴成定角.

11. 如果两曲面称为是正交的,它们在交线上的任一点处的两个法向量互相垂直. 证明:曲面 $z^2=x^2+y^2$ 与曲面 $x^2+y^2+z^2=1$ 正交.

【逻辑推理】 求出两曲面交点对应的两个法向量,然后利用两向量垂直的充要条件是两向量的

数量积为 0 验证.

解:设 $M_0(x_0,y_0,z_0)$ 为两曲线交线上任一点,则曲面 $z=x^2+y^2$ 在 M_0 点处的法向量为 $\boldsymbol{n}_1=(-2x_0,-2y_0,2z_0)$

曲面 $x^2+y^2+z^2=1$ 在 M_0 点处的法向量 $\boldsymbol{n}_2=(2x_0,2y_0,2z_0)$.

于是有　$\boldsymbol{n}_1\cdot\boldsymbol{n}_2=(-2x_0,-2y_0,2z_0)\cdot(2x_0,2y_0,2z_0)=-4x_0^2-4y_0^2+4z_0^2=4(z_0^2-x_0^2-y_0^2)$

又因为点 M_0 在曲面 $z^2=x^2+y^2$ 上,故有 $z_0^2=x_0^2+y_0^2$

得 $\boldsymbol{n}_1\cdot\boldsymbol{n}_2=0$,两曲面正交.

12. 求旋转椭球面 $3x^2+y^2+z^2=16$ 上点$(-1,-2,3)$处的切平面与 xOy 面的夹角的余弦.

【知识点窍】 两曲面的夹角即为两曲面对应的法向量的夹角.

解:设 $F(x,y,z)=3x^2+y^2+z^2-16$,则有

$$\boldsymbol{n}=\nabla F(-1,-2,3)=\left(6x\Big|_{(-1,-2,3)},2y\Big|_{(-1,-2,3)}2z\Big|_{(-1,-2,3)}\right)=(-6,-4,6)=2(-3,2,3)$$

记两曲面的夹角为 φ,则易得

$$\cos\varphi=\frac{\boldsymbol{n}\cdot\boldsymbol{k}}{|\boldsymbol{n}|\cdot|\boldsymbol{k}|}=\frac{(-3,2,3)\cdot(0,0,1)}{\sqrt{(-3)^2+2^2+3^2}\cdot 1}=\frac{3}{\sqrt{22}}$$

第八节　多元函数的极值

知识点归纳

1. 极大值、极小值

(1) 函数有极值的必要条件:如果 $f(x,y)$ 在(x_0,y_0)有极值且可偏导,则有

$f_x(x_0,y_0)=f_y(x_0,y_0)=0$.

使偏导数等于零的点(x_0,y_0)称为 f 的驻点.驻点与不可偏导数都是可疑极值点,还须用充分条件检验.

(2) 函数有极值的充分条件:设 $z=f(x,y)$ 在包含点(x_0,y_0)的区域 D 内是 $C^{(2)}$ 类函数,(x_0,y_0)是 $f(x,y)$ 的驻点,即 $\nabla f(x_0,y_0)=0$,记

$A=f_{xx}(x_0,y_0),B=f_{xy}(x_0,y_0),C=f_{yy}(x_0,y_0)$.

那么① 当 $AC-B^2>0$ 时,$f(x_0,y_0)$ 是极值,且 $A>0(<0)$ 时是极小(大)值;

② 当 $AC-B^2<0$ 时,$f(x_0,y_0)$ 不是极值;

③ 当 $AC-B^2=0$ 时,还需另作判别.

2. 最大、最小值问题

首先找出 $f(x,y)$ 在 D 上的全部可疑极值点(设为有限个),计算出它们的函数值,并与 D 的边界上 $f(x,y)$ 的最大、最小值进行比较,其中最大、最小者即为 $f(x,y)$ 在 D 上的最大、最小值.

对于应用问题,若根据问题的实际意义,知目标函数 $f(x,y)$ 在 D 内一定达到最大(小)值,而在 D

内 $f(x,y)$ 的可疑极值点唯一时，无须判别，可直接下结论：该点的函数值即为 f 在 D 内的最大(小)值.

3. 条件极值(拉格朗日乘子法)

(1) 求目标函数 $z=f(x,y)$ 在约束条件 $\varphi(x,y)=0$ 下的条件极值，先作拉格朗日函数 $L(x,y,\lambda)=f(x,y)+\lambda\varphi(x,y)$

其中 λ 为参数，然后解方程组 $L_x=0,L_y=0,L_\lambda=0$，则可求得目标函数 $f(x,y)$ 在约束条件 $\varphi(x,y)=0$ 下的可疑极值点 (x_0,y_0).

(2) 拉格朗日乘子法还可以推广到二元以上的函数以及多个约束条件的情形. 例如，要求三元函数 $u=f(x,y,z)$

在约束条件 $\varphi(x,y,z)=0$ 和 $\psi(x,y,z)=0$

下的极值，先作拉格朗日函数 $L(x,y,z,\lambda,\mu)=f(x,y,z)+\lambda\varphi(x,y,z)+\mu\psi(x,y,z)$

其中 λ,μ 是参数，然后求解方程组 $L_x=0,L_y=0,L_z=0,L_\lambda=0,L_\mu=0$,

则解得的 x_0、y_0、z_0 就是可疑极值点的坐标.

典型例题与解题技巧

题型Ⅹ：函数的极值与最值问题

【题型分析】 1. 二元函数的极值

求二元函数 $z=f(x,y)$ 的极值的一般步骤为

(1) 求出 $f_x,f_y,f_{xx},f_{yy},f_{xy}$；

(2) 解方程组 $\begin{cases}f_x=0\\f_y=0\end{cases}$，求出所有的驻点；

(3) 求出每一个驻点的二阶偏导数值

$A=f_{xx}(x_0,y_0),B=f_{xy}(x_0,y_0),\quad C=f_{yy}(x_0,y_0)$

则 (i) 当 $AC-B^2>0$ 时，$f(x_0,y_0)$ 是极值，且 $A>0$ 时是极小值，$A<0$ 时是极大值；

(ii) 当 $AC-B^2<0$ 时，$f(x_0,y_0)$ 不是极值；

(iii) 当 $AC-B^2=0$ 时，无法判定.

2. 二元函数的最值

首先找出 $f(x,y)$ 在 D 的全部极值，并与 D 的边界上 f 的最大、最小值进行比较，其中最大者即为 f 在 D 上的最大值，最小者即为 f 在 D 上的最小值. 对于实际应用问题，处理方法类似于一元函数最值问题.

3. 条件极值

问题 求函数 $z=f(x,y)$ 在条件 $\varphi(x,y)=0$ 下的极值.

方法 1 转化为无条件极值问题

方法 2 拉格朗日乘子法

步骤：(1) 作辅助函数 $L(x,y)=f(x,y)+\lambda\varphi(x,y)$.

(2) 解方程组$\begin{cases} L_x = f_x(x,y) + \lambda\varphi_x(x,y) = 0. \\ L_y = f_y(x,y) + \lambda\varphi_y(x,y) = 0. \\ \varphi(x,y) = 0. \end{cases}$

此方程组的解(x,y)就是可能的极值点.

(3) 根据实际问题,判定点(x,y)是否为极值点.

例 22　求函数$z = x^4 + y^4 - x^2 - 2xy - y^2$的极值.

解: $z'_x(x,y) = 4x^3 - 2x - 2y, z''_{xx} = 12x^2 - 2, z'_{xy} = -2$

$z'_y(x,y) = 4y^3 - 2x - 2y, z''_{yy} = 12y^2 - 2$

令$z'_x = 0, z'_y = 0$得到驻点$(-1,-1)(1,1),(0,0)$.

记$A = z''_{xx}, B = z''_{xy}, C = z''_{yy}$.

在$(-1,-1)$处有:

$A = z''_{xx}(-1,-1) = 10, B = z''_{xy}(-1,-1) = -2, C = z''_{yy}(-1,-1) = 10$

故$B^2 - AC < 0$,所以点$(-1,-1)$是极小值点,极小值$z(-1,1) = -2$.

在$(1,1)$处,$A = z''_{xx}(1,1) = 10, B = z''_{xy}(1,1) = -2, C = z''_{yy}(1,1) = 10$

故$B^2 - AC < 0$,所以点$(1,1)$是极小值点,极小值$z(1,1) = -2$

在$(0,0)$处,$B^2 - AC = 0$,故无法确定,只能用别的方法作出判别.

若$y = x$,则$z = 2x^4 - x^2 - 2x^2 - x^2 = 2x^2(x^2 - 2)$

在$(x,y) = (0,0)$附近,$2x^2(x^2 - 2) < 0 = z(0,0)$

若$y = -x$,则$z = 2x^4 - x^2 + 2x^2 - x^2 = 2x^4 > 0 = z(0,0)$

故$(0,0)$点不是极值点.

例 23　求二元函数$z = f(x,y) = x^2y(4 - x - y)$在直线$x + y = 6$,$x$轴和$y$轴所围成的闭区域$D$上的最大值和最小值.

解: 先求函数在D内的驻点,解方程组　$\begin{cases} f'_x(x,y) = 2xy(4 - x - y) - x^2y = 0 \\ f'_y(x,y) = x^2(4 - x - y) - x^2y = 0 \end{cases}$

得$x = 0, (0 \leqslant y \leqslant 6)$,及点$(4,0),(2,1)$. 故在$D$内有唯一驻点$(2,1)$,在该点处$f(2,1) = 4$

再求$f(x,y)$在D的边界上的最值.

在边界$x = 0(0 \leqslant y \leqslant 6)$和$y = 0(0 \leqslant x \leqslant 6)$上$f(x,y) = 0$

在边界$x + y = 6$上,$y = 6 - x$,代入$f(x,y)$中,得

$f(x,y) = x^2(6 - x)(-2) = 2x^2(x - 6)$

$f'_x = 4x(x - 6) + 2x^2 = 6x^2 - 24x = 0$

解得　$x = 0, x = 4$,　故　$y = 6 - x\Big|_{x=4} = 2$

$$f(4,2) = x^2y(4 - x - y^2)\Big|_{(4,2)} = -64$$

比较后可知$f(2,1) = 4$为最大值,$f(4,2) = -64$为最小值.

例 24 求过点$(2,1,\frac{1}{3})$的平面，使它与三个坐标面在第一象限内所围成的立体体积最小.

解:设所求平面为

$$\frac{x}{a}+\frac{y}{b}+\frac{z}{c}=1,\text{其中 } a,b,c \text{ 均大于零}$$

则它与坐标面围成立体的体积为$V=\frac{1}{6}abc$，故问题化为求目标函数abc在约束条件$\frac{2}{a}+\frac{1}{b}+\frac{1}{3c}=1$下的条件极值问题.

令$F(a,b,c,\lambda)=abc+\lambda(\frac{2}{a}+\frac{1}{b}+\frac{1}{3c}-1)$

$$\begin{cases}F_a=bc-\dfrac{2\lambda}{a^2}=0\\ F_b=ac-\dfrac{2\lambda}{b^2}=0\\ F_c=ab-\dfrac{\lambda}{3c^2}=0\\ F_\lambda=\dfrac{2}{a}+\dfrac{1}{b}+\dfrac{1}{3c}-1=0\end{cases}$$

解得唯一驻点$a=6,b=3,c=1$.

所以所求平面方程为 $\frac{x}{6}+\frac{y}{3}+z=1$.

例 25 某公司可通过电台及报纸两种方式做销售某种商品的广告，根据统计资料销售收入R(万元)与电台广告费用x_1(万元)及报纸广告费用x_2(万元)之间的关系有如下经验公式：

$R=15+14x_1+32x_2-8x_1x_2-2x_1^2-10x_2^2$

(1) 在广告费用不限的情况下，求最优广告策略；

(2) 若提供的广告费用 1.5 万元，求相应的最优广告策略.

解:(1) 最优广告策略，即用于电台和报纸的广告费用为多少，可使得利润$L(x_1,x_2)$最大. 由题意知利润函数$L(x_1,x_2)$为

$$\begin{aligned}z=L(x_1,x_2)&=15+14x_1+32x_2-8x_1x_2-2x_1^2-10x_2^2-(x_1+x_2)\\&=15+13x_1+31x_2-8x_1x_2-2x_1^2-10x_2^2\end{aligned}$$

由方程组$\begin{cases}\dfrac{\partial z}{\partial x_1}=13-8x_2-4x_1=0\\ \dfrac{\partial z}{\partial x_2}=31-8x_1-20x_2=0\end{cases}$，解得$\begin{cases}x_1=0.75\\ x_2=1.25\end{cases}$

$$\frac{\partial^2 z}{\partial x_1^2}=-4,\frac{\partial^2 z}{\partial x_1\partial x_2}=-8,\frac{\partial^2 z}{\partial x_2^2}=-20$$

由$A=-4,B=-8,C=-20$得 $B^2-AC=64-80=-16<0$

所以函数$z=L(x_1,x_2)$在$(0.75,1.25)$处达到极大值，也即最大值.

(2) 若广告费用为1.5万元，则需求利润函数 $z = L(x_1, x_2)$ 在 $x_1 + x_2 = 1.5$ 时的条件极值，构造拉格朗日方程为

$$F(x_1, x_2, \lambda) = 15 + 13x_1 + 31x_2 - 8x_1x_2 - 2x_1^2 - 10x_2^2 + \lambda(x_1 + x_2 - 1.5)$$

由方程组 $$\begin{cases} \dfrac{\partial F}{\partial x_1} = -4x_1 - 8x_2 + 13 + \lambda = 0 \\ \dfrac{\partial F}{\partial x_2} = -8x_1 - 20x_2 + 31 + \lambda = 0 \\ \dfrac{\partial F}{\partial \lambda} = x_1 + x_2 - 1.5 = 0 \end{cases}$$

解得 $\begin{cases} x_1 = 0 \\ x_2 = 1.5 \end{cases}$，即将广告费1.5万元全部用于报纸广告，可使利润最大.

课后习题全解

习题 6－8 解答

1. 求下列函数的极值：

(1) $f(x,y) = 6(x - x^2)(4y - y^2)$；　　(2) $f(x,y) = e^{2x}(x + y^2 + 2y)$；

(3) $f(x,y) = \dfrac{x^2y^2 - 8x + y}{xy}$；　　(4) $f(x,y) = 3x^2y + y^3 - 3x^2 - 3y^2 + 2$.

【知识点窍】 多元函数的极值.

【逻辑推理】 此题分两步：① 根据必要条件，求出所有的驻点；② 求出二阶偏导数，根据充分条件判定驻点的性质.

解：(1) 解方程组 $\begin{cases} f_x(x,y) = (6 - 2x)(4y - y^2) = 0 \\ f_y(x,y) = (6x - x^2)(4 - 2y) = 0 \end{cases}$

得 $x = 3, y = 0, y = 4$ 和 $x = 0, x = 6, y = 2$，于是求得五个驻点：

(0,0)，(0,4)，(3,2)，(6,0)，(6,4)

再求二阶偏导数：

$A = f_{xx}(x,y) = -2(4y - y^2)$

$B = f_{xy}(x,y) = 4(3 - x)(2 - y)$

$C = f_{yy}(x,y) = -2(6x - x^2)$

求出 A 与 $AC - B^2$ 在五个驻点处的值：

(x,y)	(0,0)	(0,4)	(3,2)	(6,0)	(6,4)
A	0	0	-8	0	0
$AC - B^2$	-24^2	-24^2	144	-24^2	-24^2

根据函数有极值的充分条件知 $f(3,2) = 36$ 是极大值，其余的驻点处函数值均非极值.

(2) 解方程组 $\begin{cases} f_x(x,y) = 2e^{2x}(x + y^2 + 2y) + e^{2x} = e^{2x}(2x + 2y^2 + 4y + 1) = 0 \\ f_y(x,y) = e^{2x}(2y + 2) = 0 \end{cases}$

得 $x=\frac{1}{2}, y=-1$，再求二阶偏导数：

$A=f_{xx}(x,y)=2e^{2x}(2x+2y^2+4y+1)+2e^{2x}=2e^{2x}(2x+2y^2+4y+2)=0$

$B=f_{xy}(x,y)=e^{2x}(4y+4)=4e^{2x}(y+1)$

$C=f_{yy}(x,y)=2e^{2x}$

在 $\left(\frac{1}{2},-1\right)$ 点处 $A=2e, B=0, C=2, AC-B^2>0$，$f\left(\frac{1}{2},1\right)=-\frac{e}{2}$ 为极小值.

(3) 解方程组 $\begin{cases} f_x(x,y)=\dfrac{(2xy^2-8)xy-(x^2y^2-8x+y)y}{(xy)^2}=0 \\ f_y(x,y)=\dfrac{(2x^2y+1)xy-(x^2y^2-8x+y)x}{(xy)^2}=0 \end{cases}$

整理得 $\begin{cases} 2x^2y^2-x^2y^2-y=0 \\ x^2y^2+8x=0 \end{cases}$

解得 $\begin{cases} x=-\frac{1}{2} \\ y=4 \end{cases}$ 为极值点. 经验证 $f\left(-\frac{1}{2},4\right)=-6$ 为极大值.

(4) 解方程组 $\begin{cases} f_x=6xy-6x=6x(y-1)=0 \\ f_y=3x^2+3y^2-6y=0 \end{cases}$

求得四个驻点(0,0),(0,2),(1,1),(−1,1)，然后求出函数的二阶偏导数

$A=f_{xx}=6(y-1), B=f_{xy}=6x, C=f_{yy}=6(y-1)$

求出 A 与 $AC-B^2$ 在各驻点处的值：

(x,y)	$(0,0)$	$(0,2)$	$(1,1)$	$(-1,1)$
A	$-6<0$	$6>0$	0	0
$AC-B^2$	$36>0$	$36>0$	$-36<0$	$-36<0$

故 $f(0,0)=2$ 是极大值，$f(0)=-2$ 是极小值. $f(1,1)$ 和 $f(-1,1)$ 不是极值.

2. 求下列函数在约束方程下的最大、最小值：

(1) $f(x,y)=2x+y, x^2+4y^2=1$；

(2) $f(x,y,z)=xyz, x^2+2y^2+3z^2=6$.

【知识点窍】 多元函数条件的最值.

【逻辑推理】 利用拉格朗日函数求出所有可疑条件极值点和边界点，然后分析找出最大、最小值.

解：(1) 作拉格朗日函数：$L(x,y,\lambda)=2x+y+\lambda(x^2+4y^2-1)$

解方程组 $\begin{cases} L_x=2+2\lambda x=0, \\ L_y=1+8\lambda x=0, \\ L_\lambda=x^2+4y^2-1, \end{cases}$ 得 $\begin{cases} x=\mp\dfrac{4}{\sqrt{17}} \\ y=\mp\dfrac{1}{2\sqrt{17}} \\ \lambda=\pm\dfrac{\sqrt{17}}{4} \end{cases}$

得到四个驻点：$\left(-\frac{4}{\sqrt{17}},-\frac{1}{2\sqrt{17}}\right),\left(-\frac{4}{\sqrt{17}},\frac{1}{2\sqrt{17}}\right)$

$$\left(\frac{4}{\sqrt{17}},-\frac{1}{\sqrt{17}}\right),\left(\frac{4}{\sqrt{17}},\frac{1}{2\sqrt{17}}\right)$$

因为 $f(x,y)$ 连续可偏导，在条件 $x^2+4y^2=1$ 下必有最值，经验证：

$$f_{\max}=f\left(\frac{4}{\sqrt{17}},\frac{1}{2\sqrt{17}}\right)=\frac{\sqrt{17}}{2}\qquad f_{\min}=f\left(-\frac{4}{\sqrt{17}},-\frac{1}{2\sqrt{17}}\right)=-\frac{\sqrt{17}}{2}$$

(2) 作拉格朗日函数：

$$L(x,y,z,\lambda)=xyz+\lambda(x^2+2y^2+3z^2-6)$$

解方程组 $\begin{cases}L_x=yz+\lambda(2x)=0\\L_y=xz+\lambda(4y)=0\\L_z=xy+\lambda(6z)=0\\L_\lambda=x^2+2y^2+3z^2-6=0\end{cases}$ 得 $\begin{cases}x=\pm\sqrt{2}\\y=\pm 1\\z=\pm\sqrt{\frac{2}{3}}\end{cases}$

得到八个驻点：$(\sqrt{2},1,\sqrt{\frac{2}{3}}),(\sqrt{2},-1,\sqrt{\frac{2}{3}})$

$$(\sqrt{2},1,-\sqrt{\frac{2}{3}}),(\sqrt{2},-1,-\sqrt{\frac{2}{3}})$$

$$(-\sqrt{2},1,\sqrt{\frac{2}{3}}),(-\sqrt{2},-1,\sqrt{\frac{2}{3}})$$

$$(-\sqrt{2},1,-\sqrt{\frac{2}{3}}),(-\sqrt{2},-1,-\sqrt{\frac{2}{3}})$$

因为 $f(x,y)$ 连续可偏导，在条件 $x^2+2y^2+3z^2=6$ 下必有最值，经验证：

$$f_{\max}=\frac{2}{\sqrt{13}},f_{\min}=-\frac{2}{\sqrt{3}}$$

3. 求下列函数在指定区域 D 的最大、最小值：

(1) $f(x,y)=x^2+2xy+3y^2$，D 是以点 $(-1,1),(2,1),(-1,2)$ 为顶点的闭三角形区域；

(2) $f(x,y)=\sin x+\sin y+\sin(x+y)$，$D$ 为 $0\leqslant x\leqslant 2\pi,0\leqslant y\leqslant 2\pi$；

(3) $f(x,y)=1+xy-x-y$，D 是由曲线 $y=x^2$ 和直线 $y=4$ 所围的有界闭区域；

(4) $f(x,y)=e^{-xy}$，D 为 $x^2+4y^2\leqslant 1$.

【逻辑推理】 先找出 $f(x,y)$ 在 D 上的全部可疑极值点，算出它们的函数值，并与 D 的边界上 f 的最大、最小值进行比较，其中的最大、最小值即为 f 在 D 上的最大、最小值.

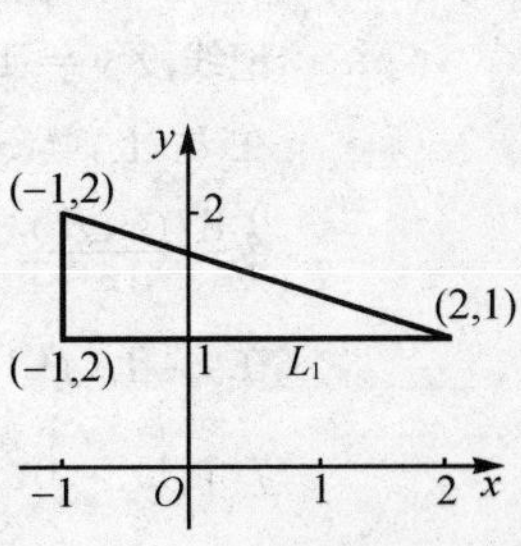

图 6.6

解：(1) 解方程组 $\begin{cases}f_x=2x+2y=0\\f_y=2x+6y=0\end{cases}$

求得驻点 $(0,0)$，但不在区域 D 上.

设 L_1 是以 $(-1,1),(2,1)$ 为端点的线段(如图 6.6 所示)，在 L_1 上

$f(x,y)=f(x,1)=g(x)=x^2+2x+3,-1\leqslant x\leqslant 2,$

令 $g'(x)=2x+2=0$,得 $x=-1,f(-1,1)=2$,又 $f(2,1)=11$;

设 L_2 是以 $(2,1),(-1,2)$ 为端点的线段,其方程为 $y=\frac{5}{3}-\frac{x}{3},-1\leqslant x\leqslant 2$,在 L_2 上

$f(x,y)=f\left(x,\frac{5}{3}-\frac{x}{3}\right)=h(x)=\frac{2}{3}x^2+\frac{25}{3},-1\leqslant x\leqslant 2$

令 $g'(x)=\frac{4}{3}x=0$,得驻点 $x=0,f\left(0,\frac{5}{3}\right)=\frac{25}{3}$,又 $f(-1,2)=9$;

设 L_3 是以 $(-1,2),(-1,1)$ 为端点的线段,在 L_3 上,

$f(x,y)=f(-1,y)=k(y)=1-2y+3y^2,1\leqslant y\leqslant 2$

令 $k'(y)=-2+6y=0$,得驻点 $y=\frac{1}{3}$,但 $\left(-1,\frac{1}{3}\right)$ 既不在 L_3 上,也不在 D 上.

比较 $f(-1,1)=2,f(2,1)=11,f(-1,2)=9,\ f\left(0,\frac{5}{3}\right)=\frac{25}{3}$,可知 $f(x,y)$ 在区域 D 上的最大值为 11,最小值为 2.

(2) 解方程组 $\begin{cases} f_x(x,y)=\cos x+\cos(x+y)=0 \\ f_y(x,y)=\cos y+\cos(x+y)=0 \end{cases}$

得 $\cos x=\cos y$,即 $x=y$ 或 $2\pi-y$,

将 $x=y$ 代入 $f(x,y)$ 中,得 $f(x,y)=2\sin x+\sin 2x$,

令 $f'(x)=2\cos x+2\cos 2x=0$,得 $\cos x=\frac{1}{2},\sin x=\pm\frac{\sqrt{3}}{2}=\sin y$

将 $x=2\pi-y$ 代入 $f(x,y)$ 中,得 $f(x,y)=0$,显然不可能取得极值.

故可疑极值点 $f(\frac{\pi}{3},\frac{\pi}{3})=\frac{3}{2}\sqrt{3},f(-\frac{\pi}{3},-\frac{\pi}{3})=-\frac{3}{2}\sqrt{3}$,又观察知在边界上函数取不到最值,故

$f_{\max}(x,y)=\frac{3}{2}\sqrt{3},f_{\min}(x,y)=-\frac{3}{2}\sqrt{3}$

(3) 解方程组 $\begin{cases} f_x(x,y)=y-1=0 \\ f_y(x,y)=x-1=0 \end{cases}$,可疑极值点 $x=y=1,\ f(1,1)=0$,

记线段 $y=4,-2\leqslant x\leqslant 2$ 为 L_1,曲线段 $y=x^2,-2\leqslant x\leqslant 2$ 为 L_2

在 L_1 上,$f(x,y)=f(x,y)=3x-3$,最小值为 $f(-2,4)=-9$,最大值为 $f(2,4)=3$.

令 $\frac{\mathrm{d}f(x,x^2)}{\mathrm{d}x}=3x^2-2x-1=0$ 得 $x=1$,或 $x=-\frac{1}{3}$

在 L_2 上,$f(x,y)=f(x,x^2)=x^3-x^2-x+1=(x-1)^2(x+1)$

$f(1,1)=0,\ f\left(-\frac{1}{3},\frac{1}{9}\right)=\frac{32}{27}$

考虑 $-2\leqslant x\leqslant 2,\ f(-2,4)=-9,\ f(2,4)=3$.

综上可知,$f(x,y)$ 在 D 上的最大值为 3,最小值为 -9.

(4) 解方程组$\{f_x=-ye^{-xy}=0,f_y=-xe^{-xy}=0\}$得 $x=y=0$，$f(0,0)=1$.

D 的边界 $x^2+4y=1$ 的参数方程为 $x=\cos\theta,y=\frac{1}{2}\sin\theta,0\leqslant\theta\leqslant 2\pi$，在边界上

$$f(x,y)=f(\cos\theta,\frac{1}{2}\sin\theta)=g(\theta)=e^{-\frac{1}{2}\sin\theta\cos\theta}=e^{-\frac{1}{4}\sin 2\theta}$$

因为 $0\leqslant\theta\leqslant 2\pi$，所以 $-1\leqslant\sin 2\theta\leqslant 1$.

由此可知 $f(x,y)$ 的最大值为 $e^{\frac{1}{4}}$，最小值为 $e^{-\frac{1}{4}}$.

4. 求曲面 $xy-z^2+1=0$ 上离原点最近的点.

【知识点窍】 最值问题的应用.

【逻辑推理】 将问题转化为求目标函数在某区域 D 上的极值，然后求解.

解：设 $M(x,y,z)$ 为曲线上任一点，则其离原点距离设为

$$d=F(x,y,z)=\sqrt{x^2+y^2+z^2}$$

约束方程为　$xy-z^2+1=0$

作拉格朗日函数 $L=\sqrt{x^2+y^2+z^2}+\lambda(xy-z^2+1)$

令 $\begin{cases}L_x=\dfrac{x}{\sqrt{x^2+y^2+z^2}}+\lambda y=0\\ L_y=\dfrac{y}{\sqrt{x^2+y^2+z^2}}+\lambda x=0\\ L_z=\dfrac{z}{\sqrt{x^2+y^2+z^2}}-z\lambda z=0\\ L_\lambda=xy-z^2+1=0\end{cases}$ 解得$\begin{cases}x=\pm 1\\ y=\mp 1\\ z=0\end{cases}$或$\begin{cases}x=0\\ y=0\\ z=\pm 1\end{cases}$

得到四个驻点$(\pm 1,\mp 1,0)$，$(0,0,\pm 1)$.

依题意可知 $F(\pm 1,\mp 1,0)=\sqrt{2}$，$F(0,0,\pm 1)=1$

故离原点最近的点为$(0,0,\pm 1)$.

5. 从斜边之长为 l 的一切直角三角形中，求有最大周界的直角三角形.

【知识点窍】 考查最值的应用.

【逻辑推理】 转化为求条件极值问题求解.

解：设直角三角形的两直角边之长分别为 x、y，则周长　$s=x+y+l,0<x<l,0<y<l$

约束方程为　$x^2+y^2=l^2$

作拉格朗日函数　$L=x+y+l+\lambda(x^2+y^2-l^2)$，

由$\begin{cases}L_x=1+2\lambda x=0\\ L_y=1+2\lambda y=0\\ L_\lambda=x^2+y^2-l^2=0\end{cases}$　解得 $x=y=-\dfrac{1}{2\lambda}=\dfrac{1}{\sqrt{2}}$

可知$\left(\dfrac{l}{\sqrt{2}},\dfrac{l}{\sqrt{2}}\right)$是唯一驻点，根据实际问题的性质，最大周长的直角三角形一定存在，且为等

腰直角三角形.

6. 求曲线$\begin{cases} z = x^2 + 2y^2 \\ z = 6 - 2x^2 - y^2 \end{cases}$上点的 z 坐标的最大、最小值.

【知识点窍】 考查多条件下的最值求解.

【逻辑推理】 用拉格朗日乘子法求解.

解: 令 $L(x,y,z,\lambda,\mu) = z + \lambda(z - x^2 - 2y^2) + \mu(x - 6 + 2x^2 + y^2)$. 令

$$\begin{cases} L_x = -2\lambda x + 4\mu x = 0 \\ L_y = -4\lambda y + 2\mu y = 0 \\ L_z = 1 + \lambda + \mu = 0 \\ L_\lambda = z - x^2 - 2y^2 = 0 \\ L_\mu = z - 6 + 2x^2 + y^2 = 0 \end{cases} \quad 解得\begin{cases} x = \pm\sqrt{2} \\ y = 0 \\ z = 2 \end{cases} \quad 或\begin{cases} x = 0 \\ y = \pm\sqrt{2} \\ z = 4 \end{cases}$$

易知 z 的最大、最小值必存在,故 z 坐标的最小值为 2,最大值为 4.

7. 从平面 xOy 上求一点,使它到 $x=0$,$y=0$ 及 $x+2y-16=0$ 三直线的距离平方之和为最小.

【知识点窍】 考查极值问题的应用.

【逻辑推理】 依题意列出方程求极值.

解: 设 $M(x,y)$ 为 xOy 面上任一点,则 M 到 $x=0$ 的距离为 $|x|$,到 $y=0$ 的距离为 $|y|$,到 $x+2y-16=0$ 的距离为$\dfrac{|x+2y-16|}{\sqrt{1^2+2^2}}$,故距离的平方和为

$$z = x^2 + y^2 + \frac{1}{5}(x+2y-16)^2$$

$$令\begin{cases} z_x = 2x + \dfrac{2}{3}(x+2y-16) = 0 \\ z_y = 2y + \dfrac{4}{5}(x+2y-16) = 0 \end{cases} \quad 解得\begin{cases} x = \dfrac{8}{5} \\ y = \dfrac{16}{5} \end{cases}$$

可知$\left(\dfrac{8}{5},\dfrac{16}{5}\right)$为唯一驻点,根据实际问题的性质可知,$\left(\dfrac{8}{5},\dfrac{16}{5}\right)$即为所求的点.

8. 将周长为 $2p$ 的矩形绕它的一边旋转得一圆柱体,问矩形的边长各为多少时,所得圆柱体的体积为最大?

【知识点窍】 考查条件最值问题的应用.

解: 设矩形的两边长为 x、y,则 $2x+2y=2p$,$x+y=p$

约束方程即为 $x+y=p$

矩形绕长为 y 的边旋转时所得圆柱体的体积为 $V=\pi x^2 y$,

作拉格朗日函数 $L(x,y,\lambda) = \pi x^2 y + \lambda(x+y-p)$

$$令\begin{cases} L_x = 2\pi xy + \lambda = 0 \\ L_y = 2\pi x^2 + \lambda = 0 \\ L_y = x + y - p = 0 \end{cases} \quad 解得\begin{cases} x = \dfrac{2}{3}p \\ y = \dfrac{1}{3}p \end{cases}$$

易知$\left(\frac{8}{5},\frac{16}{5}\right)$为唯一驻点，再由实际问题的性质得，只有当矩形的两边长分别为$\frac{2}{3}p$、$\frac{1}{3}p$，且绕长为$\frac{1}{3}p$的边旋转时，圆柱体的体积最大.

9. 抛物面$z=x^2+y^2$被平面$x+y+z=1$截成一椭圆，求原点到这椭圆的最长与最短距离.

【知识点窍】 考查条件最值问题的应用.

解：点$M(x,y,z)$为椭圆上任一点，则原点到此点的距离为　$d=\sqrt{x^2+y^2+z^2}$

记$f(x,y,z)=x^2+y^2+z^2$，约束条件为$z-x^2-y^2=0$及$x+y+z-1=0$.

作拉格朗日函数$L(x,y,z,\lambda_1,\lambda_2)=x^2+y^2+z^2+\lambda_1(z-x^2-y^2)+\lambda_2(x+y+z-1)$.

令$\begin{cases}L_x=2x-2\lambda_1 x+\lambda_2=0\\L_y=2y-2\lambda_1 x+\lambda_2=0\\L_z=2z+\lambda_1+\lambda_2=0\\L_{\lambda_1}=z-x^2-y^2=0\\L_{\lambda_2}=x+y+z-1=0\end{cases}$　解得$x=y=\frac{-1\pm\sqrt{3}}{2}$，$z=2\pm\sqrt{3}$

得到驻点$\left(\frac{-1+\sqrt{3}}{2},\frac{-1+\sqrt{3}}{2},2-\sqrt{3}\right)$，$\left(\frac{-1-\sqrt{3}}{2},\frac{-1-\sqrt{3}}{2},2+\sqrt{3}\right)$

易知最值一定存在，故必在此两点处取得

$d^2=x^2+y^2+z^2=2\left(\frac{-1\pm\sqrt{3}}{2}\right)^2+(2\mp\sqrt{3})^2=9\mp5\sqrt{3}$

故最长距离为$\sqrt{9+5\sqrt{3}}$，最短距离为$\sqrt{9-5\sqrt{3}}$.

10. 求表面积为12m^2的无盖长方体水箱的最大容积.

解：令$V=abc$，$S=ac+2bc+2ab=12$，其中a、b、c分别为无盖长方体水箱的长、宽、高.

构造拉格朗日函数　$L=abc+\lambda(ac+2bc+2ab-12)=0$

令$\begin{cases}L_a=bc+\lambda(c+2b)=0\\L_b=ac+\lambda(2c+2a)=0\\L_c=ab+\lambda(a+2b)=0\\L_\lambda=ac+2bc+2ab-12=0\end{cases}$　解得$\begin{cases}a=2\\b=1\\c=1\end{cases}$

故$V_{\max}=2\cdot1\cdot2=4\text{m}^3$

总习题六

1. 填空题

(1) 如果点$P(x,y)$以不同的方式趋于$P_0(x_0,y_0)$时，$f(x,y)$趋于不同的常数，则函数$f(x,y)$在$P_0(x_0,y_0)$处的二重极限________.

(2) 函数$f(x,y)$在点(x_0,y_0)连续是函数在该点处可微分的________条件，是函数在该点处可偏导的________条件.

(A) 充分而不必要　　(B) 必要而不充分

(C) 必要且充分　　　　(D) 既不必要又不充分

(3) 函数 $f(x,y)$ 的二阶偏导数 f_{xy} 与 f_{yx} 在区域 D 内相等的充分条件________.

(4) 函数 $f(x,y)=\begin{cases}\dfrac{xy}{x^2+y^2}, & (x,y)\neq(0,0)\\ 0, & (x,y)=(0,0)\end{cases}$ 在点 $(0,0)$ 处________________，函数

$g(x,y)=\begin{cases}\dfrac{xy}{\sqrt{x^2+y^2}}, & (x,y)\neq(0,0)\\ 0, & (x,y)=(0,0)\end{cases}$ 在点 $(0,0)$ 处____________.

(A) 连续但不可偏导　　　　(B) 可偏导但不连续

(C) 连续且可偏导但不可微分　(D) 可微分

(5) 若函数 $F(x,y)$ 是 $C^{(1)}$ 类函数，满足 $F(x_0,y_0)=0$ 且 $F_y(x_0,y_0)$ ________，则方程 $F(x,y)=0$ 在点 (x_0,y_0) 的某邻域内可确定 $C^{(1)}$ 类函数 $y=y(x)$.

(6) $\mathbf{grad}f(x_0,y_0)$ 的方向是函数 $f(x,y)$ 在点 (x_0,y_0) 处取得________的方向；$\mathbf{grad}\,f(x_0,y_0)$ 是等量线 $f(x,y)=f(x_0,y_0)$ 上点 (x_0,y_0) 处的________向量并指向等量线的高值方向.

【知识点窍】 考查本章的基本定义及内涵.

解：(1) 不存在；(2)B、C；(3) f_{xy} 与 f_{yx} 在 D 内均连续；(4)B、C；(5) $\neq 0$；(6) 最大方向导数，法.

2. 习题 6－3 的第 5 题指出函数

定 $f(x,y)=\begin{cases}(x^2+y^2)\sin\dfrac{1}{x^2+y^2} & 当(x,y)\neq(0,0)\\ 0 & 当(x,y)=(0,0)\end{cases}$ 在 $(0,0)$ 处可微，试证明 $f_x(x,y)$ 与 $f_y(x,y)$ 在 $(0,0)$ 处不连续，以此说明偏导数连续是可微的充分而不必要条件.

解：当 $(x,y)\neq(0,0)$ 时，

$$f_x(x,y)=2x\sin\frac{1}{x^2+y^2}+(x^2+y^2)\cos\frac{1}{x^2+y^2}\cdot\frac{-2x}{(x^2+y^2)^2}$$

$$=2x\sin\frac{1}{x^2+y^2}-\frac{2x}{x^2+y^2}\cos\frac{1}{x^2+y^2},$$

同理求得　$f_y(x,y)=2y\sin\dfrac{1}{x^2+y^2}-\dfrac{2y}{x^2+y^2}\cos\dfrac{1}{x^2+y^2}$

而　$f_x(0,0)=\lim\limits_{x\to 0}\dfrac{f(x,0)-f(0,0)}{x}=\lim\limits_{x\to 0}\dfrac{x^2\sin\frac{1}{x^2}}{x}=0$

$f_y(0,0)=\lim\limits_{y\to 0}\dfrac{f(0,y)-f(0,0)}{y}=\lim\limits_{y\to 0}\dfrac{y^2\sin\frac{1}{y^2}}{y}=0$

由于　$\lim\limits_{\substack{(x,y)\to(0,0)\\ y=\sqrt{x}}}f_x(x,y)=\lim\limits_{x\to 0}\left(2x\sin\dfrac{1}{x^2+x}-\dfrac{2x}{x^2+x}\cos\dfrac{1}{x^2+x}\right)$,

而其中 $\lim\limits_{x\to 0}2x\sin\dfrac{1}{x^2+x}=0$ $\lim\limits_{x\to 0}\dfrac{2x}{x^2+x}\cos\dfrac{1}{x^2+x}=\lim\limits_{x\to 0}\dfrac{2}{x+1}\cos\dfrac{1}{x^2+x}$ 不存在，因此

$\lim\limits_{(x,y)\to(0,0)} f_x(x,y)$ 不存在，从而 $f_x(x,y)$ 在(0,0)处不连续.

同理可证 $f_y(x,y)$ 在(0,0)处不连续.

3. 设 $f(x,y)=\begin{cases}\dfrac{|x|y}{\sqrt{x^2+y^2}} & 当(x,y)\neq(0,0)\\ 0 & 当(x,y)=(0,0)\end{cases}$，(1) 仿照第三节的例1，证明 $f(x,y)$ 在(0,0)不可微；(2) 试按方向导数的定义证明对任何方向 $e_l=(\cos\alpha,\cos\beta)$，方向导数 $\left.\dfrac{\partial f}{\partial l}\right|_{(0,0)}$ 存在，以此说明函数可微是方向导数存在的充分而不必要条件.

解：(1) $\Delta z-[f_x(0,0)\Delta x+f_y(0,0)\Delta y]=\pm\dfrac{\Delta x\Delta y}{\sqrt{(\Delta x)^2+(\Delta y)^2}}$

即　$\pm\dfrac{\Delta x\Delta y}{\rho}=\pm\dfrac{\Delta x\Delta y}{(\Delta x)^2+(\Delta y)^2}$，

当 $\rho\to0$，即 $(\Delta x,\Delta y)\to(0,0)$ 时，上式并不趋于零，

故 $z=f(x,y)$ 在点(0,0)处不可微.

$$(2)\ \left.\frac{\partial f}{\partial l}\right|_{(0,0)}=\lim_{z\to0}\frac{f(0+t\cos\alpha,0+t\cos\beta)-f(0,0)}{t}=\lim_{z\to0}\frac{|t\cos\alpha|\,t\cos\beta\Big/\sqrt{t^2\cos^2\alpha+t^2\cos^2\beta}}{t}$$

$$=\lim_{z\to0}\frac{|t||\cos\alpha|\,t\cos\beta}{|t|\,t}=|\cos\alpha|\cos\beta$$

4. 设可微函数 $z=f(x,y)$ 满足方程　$x\dfrac{\partial f}{\partial x}+y\dfrac{\partial f}{\partial y}=0$

证明：$f(x,y)$ 在极坐标系中只是 θ 的函数.

【知识点窍】　考查复合函数求偏导数.

【逻辑推理】　欲证 $f(x,y)$ 在极坐标中只是 θ 的函数只需证明 $\dfrac{\partial f(r\cos\theta,r\sin\theta)}{\partial r}=0$ 即可.

解：在极坐标系中，$z=f(x,y)=f(r\cos\theta,r\sin\theta)$

$$\frac{\partial z}{\partial r}=\frac{\partial f}{\partial x}\cdot\frac{\partial x}{\partial r}+\frac{\partial f}{\partial y}\cdot\frac{\partial y}{\partial r}=\cos\theta\frac{\partial f}{\partial x}+\sin\theta\frac{\partial f}{\partial y}\qquad ①$$

$$\frac{\partial z}{\partial\theta}=\frac{\partial f}{\partial x}\cdot\frac{\partial x}{\partial\theta}+\frac{\partial f}{\partial y}\cdot\frac{\partial y}{\partial\theta}=-r\sin\theta\frac{\partial f}{\partial x}+r\cos\theta\frac{\partial f}{\partial y}$$

对①式两边同乘 r，得

$$r\frac{\partial z}{\partial r}=r\cos\theta\frac{\partial f}{\partial x}+r\sin\frac{\partial f}{\partial y}=x\frac{\partial f}{\partial x}+y\frac{\partial f}{\partial y}=0$$

又因为 $r\neq0$，所以 $\dfrac{\partial f}{\partial x}=0$，故 $z=f(x,y)=y(r\cos\theta,r\sin\theta)$ 只是变量 θ 的函数.

5. 设 $z=z(x,y)\in C^{(1)}$，$\xi=x-ay$，$\eta=x+ay$，变换方程　$\dfrac{\partial^2 z}{\partial y^2}=a^2\dfrac{\partial^2 z}{\partial x^2}$

解：$\dfrac{\partial z}{\partial x}=\dfrac{\partial z}{\partial\xi}\cdot\dfrac{\partial\xi}{\partial x}+\dfrac{\partial z}{\partial\eta}\dfrac{\partial\eta}{\partial x}=\dfrac{\partial z}{\partial\xi}+\dfrac{\partial z}{\partial\eta}$

$$\frac{\partial z}{\partial y}=\frac{\partial z}{\partial \xi}\cdot\frac{\partial \xi}{\partial y}+\frac{\partial z}{\partial \eta}\cdot\frac{\partial \eta}{\partial y}=-a\frac{\partial z}{\partial \xi}+a\frac{\partial z}{\partial \eta}$$

$$\frac{\partial^2 z}{\partial x^2}=\frac{\partial}{\partial \xi}\left(\frac{\partial z}{\partial \xi}\right)\cdot\frac{\partial z}{\partial x}+\frac{\partial}{\partial \eta}\left(\frac{\partial z}{\partial \xi}\right)\cdot\frac{\partial \eta}{\partial \xi}+\left(\frac{\partial z}{\partial \eta}\right)\cdot\frac{\partial \xi}{\partial x}+\frac{\partial}{\partial \eta}\left(\frac{\partial z}{\partial \eta}\right)\cdot\frac{\partial \eta}{\partial x}$$

$$=\frac{\partial^2 z}{\partial \xi^2}+\frac{\partial^2 z}{\partial \xi\partial \eta}+\frac{\partial^2 z}{\partial \eta\partial \xi}+\frac{\partial^2 z}{\partial \eta^2}=\frac{\partial^2 z}{\partial \xi^2}+\frac{\partial z^2}{\partial \eta^2}+2\frac{\partial^2 z}{\partial \xi\partial \eta}$$

$$\frac{\partial^2 z}{\partial x^2}=\frac{\partial z}{\partial \xi}\left(-a\frac{\partial z}{\partial \xi}\right)\cdot\frac{\partial \xi}{\partial y}+\frac{\partial}{\partial y}\left(-a\frac{\partial z}{\partial \xi}\right)\cdot\frac{\partial \eta}{\partial y}+\frac{\partial}{\partial \xi}\left(a\frac{\partial z}{\partial \eta}\right)\cdot\frac{\partial \xi}{\partial y}+\frac{\partial}{\partial \eta}\left(a\frac{\partial z}{\partial \eta}\cdot\frac{\partial \eta}{\partial y}\right)$$

$$=a^2\frac{\partial^2 z}{\partial \xi^2}-2a^2\frac{\partial^2 z}{\partial \xi\partial y}+a^2\frac{\partial^2 z}{\partial \eta^2}$$

代入原方程并整理得 $4a^2\frac{\partial^2 z}{\partial \xi\partial y}=0$,又因为 $a\neq 0$,所以$\frac{\partial^2 z}{\partial \xi\partial y}=0$ 即为所求.

6. 设 a,b,c 是三角形的三条边的长,A、B、C 是三边对应的三个角的度量,试用 A,a,b,c 表示$\frac{\partial A}{\partial a}$,$\frac{\partial A}{\partial b}$,$\frac{\partial A}{\partial c}$.

【知识点窍】 偏导数的求解.

解:由余弦定理得 $\cos A=\frac{b^2+c^2-a^2}{2bc}$ ①

① 式两端对 a 求偏导得 $-\sin A\cdot\frac{\partial A}{\partial a}=\frac{-2a}{2bc}=\frac{-a}{bc}$

因此 $\frac{\partial A}{\partial a}=\frac{a}{bc\sin A}$

① 式两端对 b 求偏导得

$$-\sin A\cdot\frac{\partial A}{\partial b}=\frac{4b^2c-2c(b^2+c^2-a^2)}{4b^2c^2}=\frac{4b^2c-4bc^2\cos A}{4b^2c^2}=\frac{b-c\cos A}{bc},$$

因此 $\frac{\partial A}{\partial b}=\frac{c\cos A-b}{bc\sin A}$

类似可求得 $\frac{\partial A}{\partial c}=\frac{b\cos A-c}{bc\sin A}$

7. 设函数 $z=z(x,y)$ 由方程 $x^y+y^z+z^x=1$ 确定,求$\frac{\partial z}{\partial x}$和$\frac{\partial z}{\partial y}$.

解:令 $F(x,y,z)=x^y+y^z+z^x-1$,则由隐函数求导公式得

$$\frac{\partial z}{\partial x}=-\frac{F_x}{F_z}=-\frac{yx^{y-1}+z^x\ln x}{y^z\ln y+xz^{x-1}}$$

$$\frac{\partial z}{\partial y}=-\frac{F_y}{F_z}=-\frac{x^y\ln x+zy^{z-1}}{y^z\ln y+xz^{x-1}}$$

8. 求下列隐函数的指定偏导数:

(1) 设函数 $u=f(x,y,z)$ 由方程 $u^2+z^2+y^2-x=0$ 确定,其中 $z=xy^2+y\ln y-y$,求$\frac{\partial u}{\partial x}$;

(2) 设函数 $u=u(x,y,z)$ 由方程 $u=f(x,y,z,v)$ 及 $g(y,z,v)=0$ 确定,其中 f,g 具有连续偏

导数，求$\frac{\partial u}{\partial y},\frac{\partial v}{\partial y}$.

解:(1) 将所给的两个方程的两端分别对 x 求偏导，得　$2u\frac{\partial u}{\partial x}+2z\frac{\partial z}{\partial x}-1=0$，其中，$\frac{\partial z}{\partial x}=y^2$

从而解得　$\frac{\partial u}{\partial x}=\frac{1-2y^2z}{2u}$

(2) 在所给的两个方程的两端分别对 y 求偏导，得

$$\frac{\partial u}{\partial y}=f_y+f_v\frac{\partial v}{\partial y},g_y+g_v\frac{\partial v}{\partial y}=0$$

从而解得　$\frac{\partial v}{\partial y}=-\frac{g_y}{g_v},\frac{\partial u}{\partial y}=\frac{f_yg_v-f_vg_y}{g_v},g_v\neq 0.$

9. 设 $u=f(x,z)$，而 $z=z(x,y)$ 是由方程 $z=x+y\varphi(z)$ 所确定的隐函数，其中 f 有连续偏导数，而 φ 有连续导数，求 $\mathrm{d}u$.

解:由已知得 $\mathrm{d}u=\left(f'_x+f'_z\frac{\partial z}{\partial x}\right)\mathrm{d}x+f'_z\frac{\partial z}{\partial y}\cdot\mathrm{d}y$

其中　$\frac{\partial z}{\partial x}=1+y\varphi'\frac{\partial z}{\partial x}$，即$\frac{\partial z}{\partial x}=\frac{1}{1-y\varphi'}$，

$\frac{\partial z}{\partial y}=\varphi+y\varphi'\frac{\partial z}{\partial y}$，即$\frac{\partial z}{\partial y}=\frac{\varphi}{1-y\varphi'}$，

故　$\mathrm{d}u=\left(f'_x+\frac{f'_z}{1-y\varphi'}\right)\mathrm{d}x+\frac{f'_z\varphi}{1-y\varphi'}\mathrm{d}y$

10. 设 x 轴正向到方向 $\boldsymbol{l}$ 的转角为 φ，求函数

$f(x,y)=x^2-xy+y^2$

在点(1,1) 沿方向 $\boldsymbol{l}$ 的方向导数，并分别确定转角 φ，使得方向导数有(1) 最大值，(2) 最小值，(3) 等于 0.

【知识点窍】　方向导数的求解.

【逻辑推理】　利用梯度与方向导数的联系可简化运算.

解:$\frac{\partial f}{\partial l}=\frac{\partial f}{\partial x}\cos\varphi+\frac{\partial f}{\partial y}\sin\varphi$

$$\left.\frac{\partial f}{\partial l}\right|_{(1,1)}=\left[(2x-y)\cos\varphi+(-x+2y)\sin\varphi\right]\Big|_{(1,1)}=\cos\varphi+\sin\varphi$$

$$\nabla f(1,1)=\left(\frac{\partial f}{\partial x},\frac{\partial f}{\partial y}\right)\Big|_{(1,1)}=(1,1)$$

故当 $\varphi=\frac{\pi}{4}$ 时(梯度方向)，$\left.\frac{\partial f}{\partial l}\right|_{(1,1)}$ 最大，为$\sqrt{2}$；

当 $\varphi=\frac{5\pi}{4}$ 时(与梯度反向)，$\left.\frac{\partial f}{\partial l}\right|_{(1,1)}$ 最大，为 $-\sqrt{2}$；

当 $\varphi=\frac{3}{4}\pi$ 或$\frac{7}{4}\pi$(与梯度垂直的方向) 时，$\left.\frac{\partial f}{\partial l}\right|_{(1,1)}=0$.

11. 设 $f(x,y,z)=x^2+y^2+z^2$,求(x,y,z)在椭球面$\frac{x^2}{a^2}+\frac{y^2}{b^2}+\frac{z^2}{c^2}=1$上点$M_0(x_0,y_0,z_0)$处沿外法线方向的方向导数.

解:椭球面在点$M_0(x_0,y_0,z_0)$处沿外法线方向的方向向量为$\boldsymbol{n}=\left(\frac{2x_0}{a^2},\frac{2y_0}{b^2},\frac{2z_0}{c^2}\right)$,则 $f(x,y,z)$ 沿此方向的方向导数为

$$\frac{\partial f}{\partial n}=\frac{\partial f}{\partial x}\cos\alpha+\frac{\partial f}{\partial y}\cos\beta+\frac{\partial f}{\partial z}\cos\gamma=\frac{2}{\sqrt{\frac{x_0^2}{a^4}+\frac{y_0^2}{b^4}+\frac{z_0^2}{c^4}}}$$

12. 求常数 a、b、c 的值,使函数

$f(x,y,z)=axy^2+byz+cx^3z^2$

在点$(1,2,-1)$处沿 z 轴正方向的方向导数成为各方向的方向导数中的最大者,且此最大值为 64.

【逻辑推理】 关键是通过求点$(1,2,-1)$处的梯度来找出 a,b,c 之间的关系.

解:
$$\left.\frac{\partial f}{\partial l}\right|(1,2,-1)=\left.(ay^2+3cx^2z^2,2axy+bz,by+2cx^3z)\right|_{(1,2,-1)}\cdot\boldsymbol{e}_z$$
$$=(4a+3c,4a-b,2b-2c)\cdot(0,0,1)$$
$$=2b-2c=64$$

解得 $b-c=32$

又知梯度方向是方向导数取最大值的方向,依题意得

$\nabla f(1,2,-1)=(4a+3c,4a-b,2b-2c)$

$\nabla f(1,2,-1)\ /\!/\ \boldsymbol{k}$,故 $4a+3c=0,4a-b=0$

解得 $a=b,b=24,c=-8$.

13. 设有一平面温度场 $T(x,y)=100-x^2-2y^2$,场内一粒子从 $A(4,2)$ 处出发始终沿着温度上升最快的方向运动,试建立粒子运动所应满足的微分方程,并求出粒子运动的路径方程.

解:温度上升最快的方向为梯度方向,即

$\nabla T(x,y)=(T_x,T_y)=(-2x,-4y)$

设粒子的运动路线为$y=f(x)$,依题意曲线上的各点的切线方向$(1,f'(x))$应为上面的梯度方向,得

$$\frac{1}{-2x}=\frac{f'(x)}{-4y},\frac{\mathrm{d}y}{\mathrm{d}x}=f'(x)=\frac{2y}{x},\text{即 } y\mathrm{d}x-x\mathrm{d}y=0$$

解此微分方程得 $y=cx^2$,将点 $A(4,2)$ 的坐标代入可解得 $c=\frac{1}{8}$.

于是可得 $y=\frac{1}{8}x^2$

显然 x 应属于某一闭区域,需求出 T 在 $y=\frac{1}{8}x^2$ 上的最大值

$$T(x,y)=T\left(x,\frac{x^2}{8}\right)=100-x^2-2\left(\frac{x^2}{8}\right)^2=100-x^2-\frac{x^4}{32}$$

$\frac{dT}{dx}=-2x-\frac{x^3}{8}=0$ 得 $x=0$,同时$\frac{d^2T}{dx^2}=\left(-2-\frac{3}{8}x^2\right)\Big|_{x=0}=-2<0$.

故 $T(x,y)=100-x^2-2y^2$ 在(0,0) 处取得最大值.

粒子的运动路径为 $y=\frac{1}{8}x^2,0\leqslant x\leqslant 4$.

14. 证明:曲线$\begin{cases}x^2-z=0\\3x+2y+1=0\end{cases}$上点(1,−2,1) 处的法平面与直线$\begin{cases}9x-7y-21z=0\\x-y-z=0\end{cases}$平行.

【逻辑推理】 只需证明平面的法向量与直线垂直即可.

解:曲线$\begin{cases}x^2-z=0\\3x+2y+1=0\end{cases}$在点(1,−2,1) 处的切向量为

$$\boldsymbol{\tau}=\begin{vmatrix}\boldsymbol{i}&\boldsymbol{j}&\boldsymbol{k}\\2x&0&-1\\3&2&0\end{vmatrix}_{(1,-2,1)}=\begin{vmatrix}\boldsymbol{i}&\boldsymbol{j}&\boldsymbol{k}\\2&0&-1\\3&2&0\end{vmatrix}_{(1,-2,1)}=(2,-3,4)$$

直线的方向向量为

$$\boldsymbol{s}=\begin{vmatrix}\boldsymbol{i}&\boldsymbol{j}&\boldsymbol{k}\\9&-7&-21\\1&-1&-1\end{vmatrix}=(-14,-12,-2)=-7(7,6,1)$$

因为 $\boldsymbol{\tau}\cdot\boldsymbol{s}=(2,-3,4)\cdot(7,6,1)=14\cdot 18+4=0$,直线与平面法向量垂直,显然(0,0,0)在直线上,而不在法平面 $2(x-1)-3(y+2)+4(z-1)=0$ 上,故法平面与直线平行.

15. 设 $P(x_1,y_1)$ 是椭圆$\frac{x^2}{a^2}+\frac{y^2}{b^2}=1$外的一点,若 $Q(x_2,y_2)$ 是椭圆上离 P 最近的一点,证明 PQ 是椭圆的法线.

【知识点窍】 考查条件极值的应用.

【逻辑推理】 列出方程利用拉格朗日函数求解,最后验证.

解:PQ 间的距离为　$d=\sqrt{(x_2-x_1)^2+(y_2-y_1)^2}$

Q 为椭圆上的点,故　$\frac{x_2^2}{a^2}+\frac{y_2^2}{b^2}=1$

作拉格朗日函数 $L(x_2,y_2,\lambda)=(x_2-x_1)^2+(y_2-y_1)^2+\lambda\left(\frac{x_2^2}{a^2}+\frac{y_2^2}{b^2}-1\right)$

$$\text{令}\begin{cases}L_{x_2}=2(x_2-x_1)+\frac{2\lambda}{a^2}x_2=0\\L_{y_2}=2(y_2-y_1)+\frac{2\lambda}{b^2}y_2=0\\L_\lambda=\frac{x_2^2}{a^2}+\frac{y_2^2}{b^2}-1=0\end{cases}$$

令 $F(x,y)=\frac{x^2}{a^2}+\frac{y_2^2}{b^2}-1$,则椭圆在 Q 点处的法向量为

$$\boldsymbol{n}=(F_x(x_2,y_2),F_y(x_2,y_2))=\left(\frac{2x_2}{a^2},\frac{2y_2}{b^2}\right)=2\left(\frac{x_2}{a^2},\frac{y^2}{b^2}\right)\overrightarrow{QP}=(x_1-x_2,y_1-y_2)$$

若 Q,P 的坐标满足方程组,则有 $\overrightarrow{QP}=\left(-\frac{\lambda}{a^2}x_2,-\frac{\lambda}{b^2}y_2\right)=-\lambda\left(\frac{x^2}{n^2},m\frac{2y_2}{b^2}\right)=-\frac{\lambda}{2}\boldsymbol{n}$

故此时 PQ 是椭圆的法线.

16. 试求正数 λ 的值,使得曲面 $xyz=\lambda$ 与曲面 $\frac{x^2}{a^2}+\frac{y^2}{b^2}+\frac{z^2}{c^2}=1$ 在某一点相切.

【知识点窍】 两曲面在某点相切即在此点两个曲面的法向量共线.

解: 令 $F(x,y,z)=xyz-\lambda,G(x,y,z)=\frac{x^2}{a^2}+\frac{y^2}{b^2}+\frac{z^2}{c^2}-1$,设两平面在 $P(x_0,y_0,z_0)$ 处相切,

在 P 点作的两平面的法向量分别为 $\boldsymbol{n}_F=(y_0z_0,z_0x_0,x_0y_0),\boldsymbol{n}_G=\left(\frac{2x_0}{a^2},\frac{2y_0}{b^2},\frac{2z_0}{c^2}\right)$

且有 $\frac{y_0z_0}{\frac{zx_0}{a^2}}=\frac{z_0x_0}{\frac{2y_0}{b^2}}=\frac{x_0y_0}{\frac{2z_0}{c^2}}$ ①

同时 P 又在两曲面上,故 $x_0y_0z_0=\lambda$ ②

$\frac{x_0^2}{a^2}+\frac{y_0^2}{b^2}+\frac{z_0^2}{c^2}=1$ ③

由 ①②③ 可解得 $x_0=\frac{\sqrt{3}}{3}a,y_0=\frac{\sqrt{3}}{3}b,z_0=\frac{\sqrt{3}}{3}c.$

即 $\lambda=x_0y_0z_0=\frac{\sqrt{3}}{9}abc.$

17. 证明:函数 $f(x,y)=(1+e^y)\cos x-ye^y$ 有无穷多个极大值点,但无极小值点.

【逻辑推理】 先利用必要条件求出驻点,再用充分条件判断对应的 $f(x,y)$ 的性质.

解:证: $\begin{cases}f_x(x,y)=-(1+e^y)\sin x=0\\ f_y(x,y)=e^x(\cos x-1-y)=0\end{cases}$

解得 $\begin{cases}x_0=k\pi,k\in\mathbf{Z}\\ y_0=\cos x_0-1=\begin{cases}0, & x_0=2n\pi\\ -2, & x_0=(2n+1)\pi,n\in\mathbf{Z}\end{cases}\end{cases}$

$A=f_{xx}(x_0,y_0)=-(1+e^y)\cos x\Big|_{(x_0,y_0)}=\begin{cases}1+e^{-2}, & x_0=(2n+1)\pi\\ -2, & x_0=2n\pi\end{cases}$

$B=f_{xy}(x_0,y_0)=(-e^y\sin x)\Big|_{(x_0,y_0)}=0,$

$C=f_{yy}(x_0,y_0)=e^y(\cos x-2-y)\Big|_{(x_0,y_0)}=\begin{cases}-1, & x_0=2n\pi\\ -5e^{-2}, & x_0=(2n+1)\pi\end{cases}$

(ⅰ)当 $x_0=2n\pi$ $(n\in\mathbf{Z})$ 时,

$\Delta = AC - B^2 = 2 > 0, A < 0, C < 0$,

这无穷多个点都是极大值点.

(ⅱ) 当 $x_0 = (2n+1)\pi$ 时, $\Delta = -5(1+e^{-2})e^{-2} < 0$,这些点都不是函数的极值点.

18. 在过点 $P(2,1,\frac{1}{3})$ 的所有平面中,哪一个平面与三个坐标面在第一卦限内围成的四面体体积最小?

解: 设所求平面与坐标轴的交点为 $(x_0,0,0),(0,y_0,0),(0,0,z_0)$,则

$$V = \frac{1}{3}x_0 y_0 z_0$$

且 $\frac{x}{x_0} + \frac{y}{y_0} + \frac{z}{z_0} - 1 = 0$,过点 $P(2,1,\frac{1}{3})$,则

构造拉格朗日函数 $L = \frac{1}{3}x_0 y_0 z_0 + \lambda\left(\frac{2}{z_0} + \frac{1}{y_0} + \frac{1}{3z_0} - 1\right)$

$$\text{令}\begin{cases} L_{x_0} = \frac{1}{3}y_0 z_0 - \lambda\frac{2}{x_0^2} = 0 \\ L_{y_0} = \frac{1}{3}x_0 z_0 - \lambda\frac{1}{y_0^2} = 0 \\ L_{z_0} = \frac{1}{3}x_0 y_0 - \lambda\frac{1}{3z_0^2} = 0 \\ L_\lambda = \frac{2}{x_0} + \frac{1}{y_0} + \frac{1}{3z_0} - 1 = 0 \end{cases} \quad \text{解得}\begin{cases} x_0 = 6 \\ y_0 = 3 \\ z_0 = 1 \end{cases}$$

故所求平面的方程为 $\quad \frac{x}{6} + \frac{y}{3} + \frac{z}{1} = 1$.

历年考研真题评析

Ⅰ. 选择题

题 1 (2006 年,数学二) 设 $f(x,y)$ 与 $\varphi(x,y)$ 均为可微函数,且 $\varphi'_y(x,y) \neq 0$,已知 (x_0, y_0) 是 $f(x,y)$ 在约束条件 $\varphi(x,y) = 0$ 下的一个极值点,下列选项正确的是

A. 若 $f'_x(x_0,y_0) = 0$ 则 $f'_y(x_0,y_0) = 0$

B. 若 $f'_x(x_0,y_0) = 0$ 则 $f'_y(x_0,y_0) = 0$

C. 若 $f'_x(x_0,y_0) \neq 0$ 则 $f'_y(x_0,y_0) \neq 0$

D. 若 $f'_x(x_0,y_0) \neq 0$ 则 $f'_y(x_0,y_0) \neq 0$

解: 因 $\varphi'_y(x,y) \neq 0$ 　所以由 $\varphi(x,y) = 0$ 可解出 $y = y(x)$

令 $z = f(x,y) = f(x,y(x))$

又 (x_0,y_0) 是极值点

所以 $\left.\frac{dz}{dx}\right|_{x=x_0} = f'_x(x_0,y_0) + f'_y(x_0,y_0)\left.\frac{dz}{dx}\right|_{x=x_0} = 0$

当 $f'_x(x_0,y_0) + f'_y(x_0,y_0) \neq f'_y(x_0,y_0) + f'_y(x_0,y_0)$

故选择 D.

题 2　(2005 年,数学二)设函数$(x,y)=\varphi(x+y)+\varphi(x-y)+\int_{x-y}^{x+y}\varphi(t)\mathrm{d}t$,其中函数$\varphi$具有二阶导数,$\varphi$具有一阶导数,则必有

A. $\frac{\partial^2 u}{\partial x^2}=-\frac{\partial^2 u}{\partial y^2}$　B. $\frac{\partial^2 u}{\partial x^2}=\frac{\partial^2 u}{\partial y^2}$　C. $\frac{\partial^2 u}{\partial x\partial y}=\frac{\partial^2 u}{\partial y^2}$　D. $\frac{\partial^2 u}{\partial x\partial y}=\frac{\partial^2 u}{\partial x^2}$

解:$\frac{\partial u}{\partial x}=\varphi'(x+y)+\varphi'(x-y)+\varphi(x+y)-\varphi'(x-y)$

$$\frac{\partial^2 u}{\partial x^2}=\varphi''(x+y)+\varphi''(x-y)+\varphi'(x+y)-\varphi'(x-y)$$

$$\frac{\partial^2 u}{\partial x\partial y}=\varphi''(x+y)-\varphi''(x-y)+\varphi'(x+y)+\varphi'(x-y)$$

$$\frac{\partial u}{\partial y}=\varphi'(x+y)-\varphi'(x-y)+\varphi(x+y)+\varphi'(x-y)$$

$$\frac{\partial^2 u}{\partial y^2}=\varphi''(x+y)+\varphi''(x-y)+\varphi'(x+y)-\varphi'(x-y)$$

通过比较知:$\frac{\partial^2 u}{\partial x^2}=\frac{\partial^2 u}{\partial y^2}$,即 B 正确.

Ⅱ. 填空题

题 1　(2004 年,数学二)设函数 $z=x(x,y)$ 由方程 $z=\mathrm{e}^{2x-3z}+2y$ 确定,则 $3\frac{\partial z}{\partial x}+\frac{\partial z}{\partial y}=$______.

解:因 $z=\mathrm{e}^{2x-3z}+2y$

故 $z'_x=\mathrm{e}^{3x-3z}(2-3z'x)\Rightarrow z'_x\ \frac{2\mathrm{e}^{2x-3z}}{1+3\mathrm{e}^{2x-3z}}$

$z'_y=\mathrm{e}^{2x-3z}(-3z'_y)+2\Rightarrow z'_y=\frac{2}{1+3\mathrm{e}^{2x-3z}}$

则 $3\frac{\partial z}{\partial x}+\frac{\partial z}{\partial y}=\frac{6\mathrm{e}^{2x-3z}+2}{1+3\mathrm{e}^{2x-3z}}=2$

题 2　(2005 年,数学一)设函数 $u(x,y,z)=1+\frac{x^2}{6}+\frac{y^2}{12}+\frac{z^2}{18}$,单位向量 $n=\frac{1}{\sqrt{3}}(1,1,1)$,则 $\left.\frac{\partial u}{\partial n}\right|_{(1,2,3)}=$______.

解:$\left.\frac{\partial u}{\partial n}\right|_{(1,2,3)}=\left.(\frac{\partial u}{\partial x},\frac{\partial u}{\partial y},\frac{\partial u}{\partial z})\cdot n\right|_{(1,2,3)}=\left.(\frac{1}{3}x,\frac{1}{6}y,\frac{1}{9}z)\cdot\frac{1}{\sqrt{3}}(1,1,1)\right|_{(1,2,3)}$

$$=\left.\frac{1}{\sqrt{3}}(\frac{1}{3}x,\frac{1}{6}y,\frac{1}{9}z)\right|_{(1,2,3)}=\frac{1}{\sqrt{3}}$$

可解得 $x_0=1,y_0=2$,相应地有 $z_0=x_0^2+y_0^2=5$.

故所求的切平面方程为

$2(x-1)+4(y-2)-(z-5)=0$,即 $2x+4y-z=5$.

Ⅲ. 解答题

题 1　(2006 年,数学二,数学一) 设函数 $f(u)$ 在$(0,\infty)$ 内具有二阶导数,且 $z=f(\sqrt{x^2+y^2})$ 满足关系式$\dfrac{\partial^2 z}{\partial x^2}+\dfrac{\partial^2 z}{\partial y^2}=0$.

(Ⅰ) 验证 $f''(u)+\dfrac{f'(u)}{u}=0$;

(Ⅱ) 若 $f(1)=0,f'(1)=1$,求函数 $f(u)$ 的表达式.

解:(Ⅰ) 令 $u-\sqrt{x^2+y^2}$

$$\frac{\partial z}{\partial x}=f'(u)\frac{x}{u},\frac{\partial^2 z}{\partial x^2}=f''(u)\frac{x^2}{u^2}+f'(u)\frac{u-x\dfrac{x}{u}}{u^2}=f''(u)\frac{y^2}{u^2}+f'(u)\frac{y^2}{u^3}$$

同理$\dfrac{\partial^2 z}{\partial x^2}=f''(u)\dfrac{x^2}{u^2}+f'(u)\dfrac{x^2}{u^3}$

所以　$0=\dfrac{\partial^2 z}{\partial x^2}+\dfrac{\partial^2 z}{\partial y^2}=f''(u)\dfrac{x^2}{u^2}+f'(u)\dfrac{y^2}{u^3}+f''(u)\dfrac{x^2}{u^2}+f'(u)\dfrac{x^2}{u^3}$

所以 $f''(u)+\dfrac{f'(u)}{u}=0$

(Ⅱ)$uf''(u)+f'(u)=[uf'(u)]'=0,uf'(u)C_1$

令 $u=1$,得 $C_1=1,uf'(u)=1,f'(u)=\dfrac{1}{u},f(u)=\ln u+C_2$

令 $u=1$,得 $C_2=0,f(u)=\ln u$.

题 2　(2005 年,数学二) 已知函数 $z=f(x,y)$ 的全微分 $dz=2ydy$,并且 $f(1,1)=2$. 求 $f(x,y)$ 在椭圆域 $D=\left\{(x,y)\mid x^2+\dfrac{y^2}{4}\leqslant 1\right\}$上的最大值和最小值.

解:因 $dz=2xdx-2ydy=d(x^2-y^2)$

所以 $z=x^2-y^2+C$.

又 $f(1,1)=2$,故 $f(x,y)=x^2-y^2+2$.

$\begin{cases}f'_x=2x=0\\ f'_y=2y=0\end{cases}$可得驻点$(0,0)$,$f(0,0)=2$

D 的边界线为 $x=\cos\theta,y=2\sin\theta,0\leqslant\theta\leqslant 2\pi$

$f(\cos\theta,2\sin\theta)=\cos^2\theta-4\sin^2\theta+2=3-5\sin^2\theta$

当 $\theta=0,\pi$ 时,$f(\cos\theta,2\sin\theta)=3$,

当 $\theta=\dfrac{\pi}{2},\dfrac{3}{2}\pi$ 时,$f(\cos\theta,2\sin\theta)=-2$,

故 $f(x,y)$ 在椭圆域的最大值为 3,最小值为 -2.

题 3　$F(x,y,z)=x^2-6xy+10y^2-2yz-z^2+18$

$F'_x(x,y,z)=2x-6y,F'_y(x,y,z)=-6x+20y-2z,F'_z(x,y,z)=-2y-2z$

$$\text{所以}\begin{cases}\dfrac{\partial z}{\partial x}=-\dfrac{F'_x}{F'_z}=\dfrac{2x-6y}{2y+2z}=\dfrac{x-3y}{y+z}=0\\ \dfrac{\partial z}{\partial x}=-\dfrac{F'_y}{F'_z}=-\dfrac{-6x+20y-2x}{-2y-2z}=-\dfrac{-3x+10y-z}{y+z}=0\\ F(x,y,z)=0\end{cases}$$

解:$x=9,y=3$ 或 $x=9,y=-3$,$P_1(9,3)$,$P_2(-9,3)$ 为驻点

$$A=\left.\frac{\partial^2 z}{\partial x^2}\right|_{P_1}=\frac{1}{6},B=\left.\frac{\partial^2 x}{\partial x\partial y}\right|_{P_1}=-\frac{1}{2},C=\left.\frac{\partial^2 z}{\partial y^2}\right|_{P_1}=\frac{5}{3}$$

所以当 $x=9,y=3$ 时,$B^2-AC=-\dfrac{1}{36}<0,A>0$,故 $z=f(x,y)$ 在 P_1 取极小值,且极小值为 3;$A=\left.\dfrac{\partial^2 z}{\partial x^2}\right|_{P_2}=-\dfrac{1}{6},B=\left.\dfrac{\partial^2 x}{\partial x\partial y}\right|_{P_2}=-\dfrac{1}{2},C=\left.\dfrac{\partial^2 z}{\partial y^2}\right|_{P_2}=-\dfrac{5}{3}$.

所以当 $x=-9,y=-3$ 时,$B^2-AC=-\dfrac{1}{36}<0,A<0$,

故 $z=f(x,y)$ 在 P_2 取极大值,且极大值为 -3.

第七章　重积分

学习指南

1. 理解二重积分、三重积分的概念，了解重积分的性质，了解二重积分的中值定理；
2. 掌握二重积分的计算方法（直角坐标、极坐标），会计算三重积分（直角坐标、柱面坐标、球面坐标）；
3. 会用重积分求一些几何量与物理量（平面图形的面积、重心、转动惯量、引力等）。

本章知识网络图

- 重积分
  - 二重积分
    - 性质
    - 计算方法
      - 直角坐标法
        - 先 x 后 y 积分法
        - 先 y 后 x 积分法
      - 极坐标法
        - 先 r 后 θ 积分法
        - 先 θ 后 r 积分法
  - 三重积分
    - 性质
    - 计算方法
      - 先定积分后二重积分
      - 先二重积分后定积分
        - 直角坐标法
        - 柱坐标法
        - 球坐标法
  - 重积分的应用
    - 曲面的面积
    - 重心
    - 转动惯量
    - 引力

第一节　重积分的概念与性质

知识点归纳

1. 重积分的定义

用划分、近似、求和、逼近的思想方法，二重、三重积分定义为下列和式的极限

$$\iint_D f(x,y)d\sigma=\lim_{\lambda\to 0}\sum_{i=1}^{n}f(\xi_i,\eta_i)\Delta\sigma_i\text{；和}\iiint_\Omega f(x,y,z)\mathrm{d}V=\lim_{\lambda\to 0}\sum_{i=1}^{n}f(\xi_i,\eta_i,\zeta_i)\Delta V_i,$$

其中 λ 是(二维或三维)各小闭区域直径的最大值.

可积的充分条件:若被积函数在积分区域上连续或分块连续,则重积分存在.

几何意义:以曲面 $z=f(x,y)(\geqslant 0)$ 为顶的曲顶柱体的体积:

$V=\iint\limits_D f(x,y)\mathrm{d}\sigma$,其中 D 为柱体在 xOy 面上的底.

物理意义:设有一平面薄片占有 xOy 面上的闭区域 D,它在点 (x,y) 处的面密度为 $\rho(x,y)$,则其质量

$M=\iint\limits_D \rho(x,y)\mathrm{d}\sigma$;

同理,设 $\rho(x,y,z)$ 为立体的体密度,则其质量

$M=\iiint\limits_\Omega \rho(x,y,z)\mathrm{d}V$,其中 Ω 为其所占区域.

2. 重积分的性质

(1) 线性性质:$\iint\limits_D [\alpha f(x,y)+\beta g(x,y)]\mathrm{d}x\mathrm{d}y=\alpha\iint\limits_D f(x,y)\mathrm{d}x\mathrm{d}y+\beta\iint\limits_D g(x,y)\mathrm{d}x\mathrm{d}y$;

(2) 区域可加性:若积分区域 D 由 D_1 和 D_2 构成,且 $D=D_1\cup D_2$,则

$\iint\limits_D f(x,y)\mathrm{d}x\mathrm{d}y=\iint\limits_{D_1} f(x,y)\mathrm{d}x\mathrm{d}y+\iint\limits_{D_2} f(x,y)\mathrm{d}x\mathrm{d}y$;

(3) 正性:若 $f(x,y)\geqslant 0,(x,y)\in D$,则 $\iint\limits_D f(x,y)\mathrm{d}x\mathrm{d}y\geqslant 0$;

(4) 单调性:若在 D 上,$f(x,y)\leqslant g(x,y)$,则 $\iint\limits_D f(x,y)\mathrm{d}x\mathrm{d}y\leqslant\iint\limits_D g(x,y)\mathrm{d}x\mathrm{d}y$;

(5) 若 $f(x,y)$ 可积,则 $|f(x,y)|$ 可积且有 $\left|\iint\limits_D f(x,y)\mathrm{d}x\mathrm{d}y\right|\leqslant\iint\limits_D |f(x,y)|\mathrm{d}x\mathrm{d}y$;

(6) 重积分的中值定理:设 $f\in C(D)$,则 $\exists(\xi,\eta)\in D$,使得

$\iint\limits_D f(x,y)\mathrm{d}x\mathrm{d}y=f(\xi,\mu)\cdot\mu(D)$,其中 $\mu(D)$ 表示 D 的面积;

(7) 若 $f\in C(D)$,M、m 为 $f(x,y)$ 在 D 上的最大、最小值,则有 $m\mu\leqslant\iint\limits_D f(x,y)\mathrm{d}x\mathrm{d}y\leqslant M\mu$

典型例题与解题技巧

题型Ⅰ:积分值的比较与估计

【题型分析】 灵活运用重积分的单调性,适当放大或缩小,再进行比较.

根据重积分的单调性比较积分值大小,同时,注意比较积分区域大小.

例 1 根据二重积分的几何意义,确定下列积分的值:

(1) $\iint\limits_D (a-\sqrt{x^2+y^2})\mathrm{d}\sigma$,其中 $D: x^2+y^2\leqslant a^2$;

(2) $\iint\limits_D \sqrt{a^2-x^2-y^2}\,\mathrm{d}\sigma$，其中 $D: x^2+y^2 \leqslant a^2$.

解:(1) 曲顶柱体的底部为圆盘 $x^2+y^2 \leqslant a^2$

其顶是下半圆锥面 $z=a-\sqrt{x^2+y^2}$，如图 7.1 所示，故曲顶柱体为一圆锥体，它的底面半径及高均为 a，所以

$$\iint\limits_D (a-\sqrt{x^2+y^2})\,\mathrm{d}\sigma = \frac{1}{3}\pi a^2 \cdot a = \frac{1}{3}\pi a^3$$

(2) 底为圆盘 $x^2+y^2 \leqslant a^2$，顶为半球面

$z=\sqrt{a^2-x^2+y^2}$

故积分应为半球体体积，所以

$$\iint\limits_D \sqrt{a^2-x^2-y^2}\,\mathrm{d}\sigma = \frac{1}{2}\cdot\frac{4}{3}\pi a^3 = \frac{2}{3}\pi a^3$$

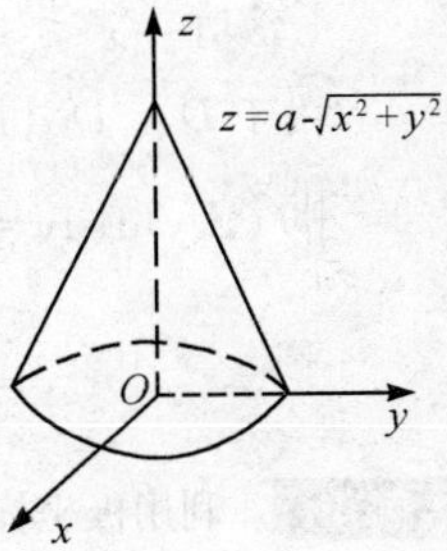

图 7.1

例 2　设 $f(x,y)$ 在点 $(0,0)$ 的某个邻域内连续，求极限 $\lim\limits_{\rho\to 0^+}\dfrac{1}{\rho^2}\iint\limits_{x^2+y^2\leqslant\rho^2} f(x,y)\,\mathrm{d}\sigma$.

解:由积分中值定理：$\lim\limits_{\rho\to 0^+}\dfrac{1}{\rho^2}\iint\limits_{x^2+y^2\leqslant\rho^2} f(x,y)\,\mathrm{d}\sigma = \lim\limits_{\rho\to 0^+}\dfrac{1}{\rho^2} f(\xi,\eta)\pi\rho^2 = \lim\limits_{\substack{\xi\to 0\\ \eta\to 0}}(\xi,\eta)\pi = \pi f(0,0)$

例 3　将二重积分 $\iint\limits_D f(x,y)\,\mathrm{d}x\mathrm{d}y$ 化成二次积分，其中区域 D 由：

(1) 抛物线 $y=(x-1)^2$，直线 $y=1-x$ 及 $y=1$ 所围成；

(2) 抛物线 $y=x^2-1$ 及直线 $y=1-x$ 所围成；

(3) 抛物线 $y=x^2+1$，直线 $y=2x$ 及 $x=0$ 所围成.

解:(1) 积分区域 D 如图 7.2 所示. 考虑取积分次序为先 x 后 y，则 D 在 y 轴上的投影区间为 $[0,1]$，积分变量 y 满足 $0\leqslant y\leqslant 1$. 任取 $y\in[0,1]$，用平行于 x 轴的直线从左向右穿过区域 D，穿时碰到的边界曲线为 $x=1-y$，穿出时离开的边界曲线为 $x=1+\sqrt{y}$，从而积分变量 x 满足 $1-y\leqslant x\leqslant 1+\sqrt{y}$. D 可用不等式组表示为

$$D:\begin{cases}0\leqslant y\leqslant 1\\ 1-y\leqslant x\leqslant 1+\sqrt{y}\end{cases}$$

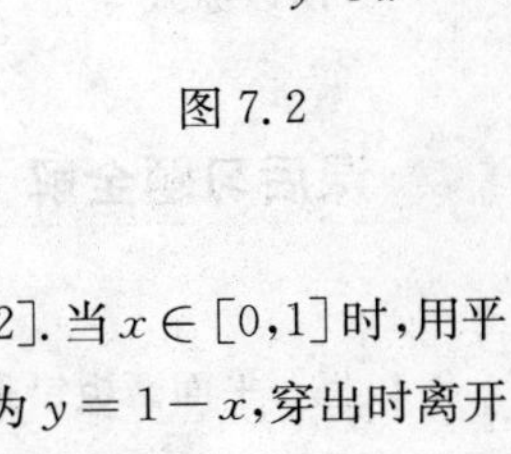

图 7.2

于是　$$\iint\limits_D f(x,y)\,\mathrm{d}x\mathrm{d}y = \int_0^1 \mathrm{d}y\int_{1-y}^{1+\sqrt{y}} f(x,y)\,\mathrm{d}x$$

再考虑取积分次序为先 y 后 x. 则 D 在 x 轴上的投影区间为 $[0,2]$. 当 $x\in[0,1]$ 时，用平行于 y 轴的直线从下向上穿过区域 D，穿入时碰到的边界曲线为 $y=1-x$，穿出时离开的边界曲线为 $y=1$. 记 D 的这一部分为 D_1，则 D_1 可用不等式组表示为

$$D_1:\begin{cases}0\leqslant x\leqslant 1\\ 1-x\leqslant y\leqslant 1\end{cases}$$

当 $x\in[1,2]$ 时，用平行于 y 轴的直线从下向上穿过区域 D，穿入时碰到的边界曲线为

$y=(x-1)^2$，穿出时离开的边界曲线为 $y=1$. 记 D 的这一部分为 D_2，则 D_2 可用不等式组表示为：

$$D_2:\begin{cases}1\leqslant x\leqslant 2\\ 1-x\leqslant y\leqslant 1\end{cases}$$

由于 $D=D_1\cup D_2$，于是

$$\iint_D f(x,y)\mathrm{d}x\mathrm{d}y=\iint_{D_1} f(x,y)\mathrm{d}x\mathrm{d}y+\iint_{D_2} f(x,y)\mathrm{d}x\mathrm{d}y$$

$$=\int_0^1\mathrm{d}x\int_{1-x}^1 f(x,y)\mathrm{d}y+\int_1^2\mathrm{d}x\int_{(1-x)^2}^1 f(x,y)\mathrm{d}y.$$

例 4 利用极坐标将积分 $\iint\limits_{|y|\leqslant|x|\leqslant 1} f(\sqrt{x^2+y^2})\mathrm{d}x\mathrm{d}y$，化成一元函数积分式，其中 f 连续.

解：积分区域如图 7.3 所示，由对称性

$$\iint_D f(\sqrt{x^2+y^2})\mathrm{d}\sigma=4\iint_{D_1} f(\sqrt{x^2+y^2})\mathrm{d}\sigma$$

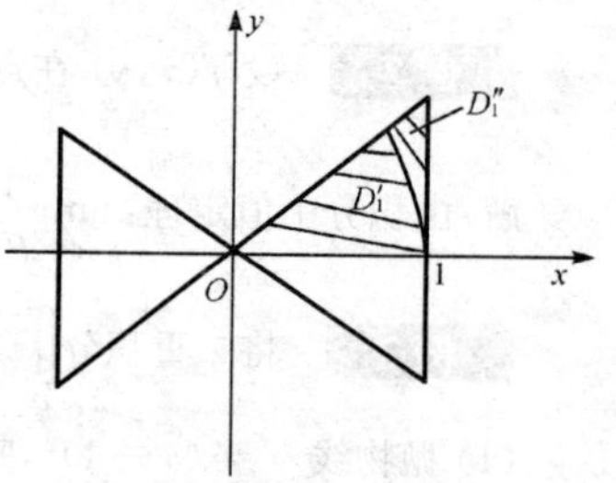

图 7.3

D_1 是 D 位于第一象限的部分

$D_1:0\leqslant y\leqslant x, 0\leqslant x\leqslant 1.$

由极坐标 $x=1$，故 $r\cos\theta=1$，即 $r=\dfrac{1}{\cos\theta}$

故 $D_1:0\leqslant\theta\leqslant\dfrac{\pi}{4}, 0\leqslant r\leqslant\dfrac{1}{\cos\theta}$

而 $D_1=D'_1\cup D''_1$，

$D'_1:0\leqslant\theta\leqslant\dfrac{\pi}{4}, 0\leqslant r\leqslant 1$

$D''_1:0\leqslant\theta\leqslant\dfrac{\pi}{4}, 1\leqslant r\leqslant\dfrac{1}{\cos\theta}$

或 $1\leqslant r\leqslant\sqrt{2}, \arccos\dfrac{1}{r}\leqslant\theta\leqslant\dfrac{\pi}{4}$

所以原式等于 $4\left[\int_0^1 rf(r)\mathrm{d}r\int_0^{\frac{\pi}{4}}\mathrm{d}\theta+\int_1^{\sqrt{2}} rf(r)\mathrm{d}r\int_{\arccos\frac{1}{r}}^{\frac{\pi}{4}}\mathrm{d}\theta\right]+\int_1^{\sqrt{2}}(\pi-4\arccos\dfrac{1}{r})rf(r)\mathrm{d}r$

课后习题全解

习题 7－1 解答

1. 将一平面薄板铅直浸没于水中，取 x 轴铅直向下，y 轴位于水面上，并设薄板占有 xOy 面上的闭区域 D，试用二重积分表示薄板的一侧所受到的水压力.

【知识点窍】 考查二重积分的实际应用.

【逻辑推理】 压力＝压强×面积，列出压强公式，对面积积分即可求出水压力.

解：记水的密度为 ρ，g 为重力加速度，F 为压力，P 为压强

则有　$P = \rho g h = \rho g x$

$$F = \iint_D P\,\mathrm{d}s = \iint_D \rho g x\,\mathrm{d}x\mathrm{d}y = \rho g \iint_D x\,\mathrm{d}x\mathrm{d}y$$

2. 设 $f(x,y)$ 连续，$I_1 = \iint_{D_1} f(x,y)\mathrm{d}x\mathrm{d}y$，$I_2 = \iint_{D_2} f(x,y)\mathrm{d}x\mathrm{d}y$，其中 $D_1 = [-a,a]\times[-b,b]$，$D_2 = [0,a]\times[0,b]$，a,b 是两正常数，试用二重积分的几何意义说明：若

$f(x,y) = f(-x,y) = f(x,-y) = f(-x,-y)$，则　$I_1 = 4I_2$。

【知识点窍】 利用积分区域的对称性以及被积函数的奇偶性证明.

解：法 1： 记 $D_3 = [-a,a]\times[0,b]$，

D_1 关于 x 轴对称，$f(x,y)$ 关于 y 是偶函数，故

$$I_1 = \iint_{D_1} f(x,y)\mathrm{d}x\mathrm{d}y = 2\iint_{D_3} f(x,y)\mathrm{d}x\mathrm{d}y$$

D_3 关于 y 轴对称，$f(x,y)$ 关于 x 是偶函数，故

$$I_1 = 2\iint_{D_3} f(x,y)\mathrm{d}x\mathrm{d}y = 2\cdot 2\iint_{D_2} f(x,y)\mathrm{d}x\mathrm{d}y = 4\iint_{D_2} f(x,y)\mathrm{d}x\mathrm{d}y$$

法 2：
$$I_1 = \iint_{D_1} f(x,y)\mathrm{d}x\mathrm{d}y = \int_{-a}^{a}\int_{-b}^{b} f(x,y)\mathrm{d}x\mathrm{d}y = \int_{-a}^{a}\int_{a}^{b} f(x,y)\mathrm{d}x\mathrm{d}y + \int_{-a}^{a}\int_{-b}^{0} f(x,y)\mathrm{d}x\mathrm{d}y$$

$$= 2\int_{-a}^{a}\int_{0}^{b} f(x,y)\mathrm{d}x\mathrm{d}y = 2\left(\int_{0}^{a}\int_{0}^{b} f(x,y)\mathrm{d}x\mathrm{d}y + \int_{-a}^{0}\int_{0}^{b} f(x,y)\mathrm{d}x\mathrm{d}y\right)$$

$$= 4\int_{0}^{a}\int_{0}^{b} f(x,y)\mathrm{d}x\mathrm{d}y = 4I_2$$

3. 利用二重积分的性质比较下列积分的大小：

(1) $\iint_D (x+y)^2\mathrm{d}x\mathrm{d}y$ 与 $\iint_D (x+y)^3\mathrm{d}x\mathrm{d}y$.

(a) D 由直线 $x=0$，$y=0$ 及 $x+y=1$ 所围成的闭区域；

(b) D 由圆周 $(x-2)^2+(y-1)^2=2$ 所围成的闭区域.

(2) $\iint_D \mathrm{e}^{xy}\mathrm{d}x\mathrm{d}y$ 与 $\iint_D \mathrm{e}^{2xy}\mathrm{d}x\mathrm{d}y$.

(a) $D=[0,1]\times[0,1]$；

(b) $D=[-1,0]\times[0,1]$.

【知识点窍】 二重积分的性质.

【逻辑推理】 利用重积分的单调性，即若在 D 上 $f(x,y)\leqslant g(x,y)$，则 $\iint_D f(x,y)\mathrm{d}x\mathrm{d}y \leqslant \iint_D g(x,y)\mathrm{d}x\mathrm{d}y$.

解： (1) (a) 在 D 上，易知 $0\leqslant x+y\leqslant 1$，故 $(x+y)^2 \geqslant (x+y)^3$

因此有　$\iint_D (x+y)^2\mathrm{d}x\mathrm{d}y \geqslant \iint_D (x+y)^3\mathrm{d}x\mathrm{d}y$.

(b) 因为直线 $x+y=1$ 与 D 的边界相切，切点为 $(1,0)$，所以 D 上的点位于闭区域 $x+y\geqslant 1$ 内，可知在 D 上，$(x+1)^2\leqslant(x+y)^3$

因此有 $\iint\limits_D(x+y)^2\,dxdy\leqslant\iint\limits_D(x+y)^3\,dxdy.$

(2) (a) 在 D 上，易知 $0\leqslant x\leqslant 1, 0\leqslant y\leqslant 1$，故 $e^{xy}\leqslant e^{2xy}$，

因此有 $\iint\limits_D e^{xy}\,dxdy\leqslant\iint\limits_D e^{2xy}\,dxdy.$

(b) 在 D 上，易知 $-1\leqslant x\leqslant 0, 0\leqslant y\leqslant 1$，故 $e^{xy}\geqslant e^{2xy}$，

因此有 $\iint\limits_D e^{xy}\,dxdy\geqslant\iint\limits_D e^{2xy}\,dxdy.$

4. 利用二重积分的性质，估计下列积分的值：

(1) $I=\iint\limits_D xy(x+y)\,dxdy$，其中 $D=[0,1]\times[0,1]$；

(2) $I=\iint\limits_D\sqrt{x^2+y^2}\,dxdy$，其中 $D=[0,1]\times[0,2]$；

(3) $I=\iint\limits_D e^{x^2+y^2}\,dxdy$，其中 D 为圆形闭区域 $x^2+y^2\leqslant 1$；

(4) $I=\iint\limits_D(x^2+4y^2+9)\,dxdy$，其中 D 为环形闭区域 $1\leqslant x^2+y^2\leqslant 4$.

【知识点窍】 二重积分的单调性.

【逻辑推理】 关键是找出被积函数在 D 上的值域.

(1) 在 D 上，$0\leqslant xy(x+y)\leqslant 2$，所以有

$$0\leqslant I=\iint\limits_D xy(x+y)\,dxdy\leqslant 2$$

(2) 在 D 上，$0\leqslant x^2+y^2\leqslant 5, 0\leqslant\sqrt{x^2+y^2}\leqslant\sqrt{5}$，所以有

$$\iint\limits_D 0\,dxdy\leqslant\iint\limits_D\sqrt{x^2+y^2}\,dxdy\leqslant\iint\limits_D\sqrt{5}\,dxdy,$$

故 $0\leqslant\iint\limits_D\sqrt{x^2+y^2}\,dxdy\leqslant 2\sqrt{5}$

(3) 由于 D 为圆形闭区域，$x^2+y^2\leqslant 1$，所以有

$1\leqslant e^{x^2+y^2}\leqslant e$，

故 $\pi>I=\iint\limits_D e^{x^2+y^2}\,dxdy\leqslant e\pi$

(4) 由于 $1\leqslant x^2+y^2\leqslant 4$，所以

$10\leqslant x^2+y^2+9\leqslant 4y^2+x^2+9\leqslant 4(x^2+y^2)+9\leqslant 4\cdot 4+9=25$，

$$\iint_D 10\mathrm{d}x\mathrm{d}y \leqslant \iint_D (x^2+4y^2+9)\mathrm{d}x\mathrm{d}y \leqslant \iint_D 25\mathrm{d}x\mathrm{d}y$$

$$S_D = \pi \cdot 2^2 - \pi \cdot 1^2 = 3\pi$$

故　$30\pi \leqslant \iint_D (x^2+4y^2+9)\mathrm{d}x\mathrm{d}y \leqslant 75\pi.$

5. 设 D 是平面有界闭区域，$f(x,y)$ 与 $g(x,y)$ 都在 D 上连续，且 $g(x,y)$ 在 D 上不变号，证明：存在 $(\xi,\eta) \in D$，使得

$$\iint_D f(x,y)g(x,y)\mathrm{d}x\mathrm{d}y = f(\xi,\eta)\iint_D g(x,y)\mathrm{d}x\mathrm{d}y$$

【知识点窍】　考查重积分的性质.利用重积分的单调性及介值定理求解.

【逻辑推理】　假设 $g(x,y) \geqslant 0$，因为 $f(x,y)$ 在有界闭区域 D 上连续，故 $f(x,y)$ 在 D 上存在最大值 M 和最小值 m，即有

$m \leqslant f(x,y) \leqslant M, (x,y) \in D,$

故有　$mg(x,y) \leqslant f(x,y)g(x,y) \leqslant Mg(x,y),$

因此有　$m\iint_D g(x,y)\mathrm{d}x\mathrm{d}y \leqslant \iint_D f(x,y)g(x,y)\mathrm{d}x\mathrm{d}y$　①

又因为 $g(x,y) \geqslant 0$，所以 $\iint_D g(x,y)\mathrm{d}x\mathrm{d}y \geqslant 0$

若 $\iint_D g(x,y)\mathrm{d}x\mathrm{d}y > 0$，则由①可知

$$m \leqslant \frac{\iint_D f(x,y)g(x,y)\mathrm{d}x\mathrm{d}y}{\iint_D g(x,y)\mathrm{d}x\mathrm{d}y} \leqslant M$$

又因为 $m \leqslant f(x,y) \leqslant M, (x,y) \in D$，由介值定理，知存在 $(\xi,\eta) \in D$

使得　$\dfrac{\iint_D f(x,y)g(x,y)\mathrm{d}x\mathrm{d}y}{\iint_D g(x,y)\mathrm{d}x\mathrm{d}y} = f(\xi,\eta)$

即　$\iint_D f(x,y)g(x,y)\mathrm{d}x\mathrm{d}y = f(\xi,\eta)\iint_D g(x,y)\mathrm{d}x\mathrm{d}y,$

若 $\iint_D g(x,y)\mathrm{d}x\mathrm{d}y = 0$，由①可知　$\iint_D f(x,y)g(x,y)\mathrm{d}x\mathrm{d}y = 0$

所以 $\iint_D f(x,y)g(x,y)\mathrm{d}x\mathrm{d}y = f(\xi,\eta)\iint_D g(x,y)\mathrm{d}x\mathrm{d}y = 0$

综上可知，当 $g(x,y) \geqslant 0$ 时，存在 $(\xi,\eta) \in D$，使得

$$\iint_D f(x,y)g(x,y)\mathrm{d}x\mathrm{d}y = f(\xi,\eta)\iint_D g(x,y)\mathrm{d}x\mathrm{d}y$$

同理可证，$g(x,y) \leqslant 0$ 时命题也成立.

6. 设 $f(x,y)$ 在区域 D 上连续，(x_0,y_0) 是 D 的一个内点，D_r 是以 (x_0,y_0) 为中心以 r 为半径的闭圆盘，试求极限 $\lim \frac{1}{\pi r^2}\iint\limits_{D_r} f(x,y)\mathrm{d}x\mathrm{d}y$.

【知识点窍】 重积分中值定理的应用.

解：设 $D_r \subset D$，由积分中值定理，$\exists(\xi,\eta)\in D_r$，使得

$$\lim_{r\to+0}\frac{1}{\pi r^2}\iint\limits_{D_r} f(x,y)\mathrm{d}x\mathrm{d}y = \lim_{r\to+0}\frac{f(\xi,\eta)}{\pi r^2}\cdot\pi r^2 = \lim_{r\to+0}\frac{f(\xi,\eta)}{\pi r^2}\cdot\pi r^2 = f(x_0,y_0)$$

7. 设 D 是平面有界闭区域，$f(x,y)$ 在 D 上连续，证明：

若 $f(x,y)$ 在 D 上非负，且 $\iint\limits_D f(x,y)\mathrm{d}x\mathrm{d}y = 0$，则在 D 上 $f(x,y)\equiv 0$.

【知识点窍】 重积分的性质.

【逻辑推理】 采用反证法.

证：根据二重积分的正性，由 $f(x,y)\geqslant 0$，$(x,y)\in D$，应有 $\iint\limits_D f(x,y)\mathrm{d}x\mathrm{d}y \geqslant 0$

下用反证法证命题. 设在 D 上 $f(x,y)\not\equiv 0$ 则存在点 $P_0(x_0,y_0)$，使得

$f(x_0,y_0)\neq 0$

又 $f(x,y)\geqslant 0$，所以 $f(x_0,y_0)>0$. 由连续函数的局部保号性，$\exists D' = U(P_0,\delta)\subset D$，且对任何 $(x,y)\in D'$，都有

$$f(x,y) > r = \frac{f(x_0,y_0)}{2} > 0,$$

又由 $f(x,y)\geqslant 0$，得 $\iint\limits_D f(x,y)\mathrm{d}x\mathrm{d}y \geqslant \iint\limits_{D'} f(x,y)\mathrm{d}x\mathrm{d}y \geqslant \iint\limits_{D'}\frac{f(x_0,y_0)}{2}\mathrm{d}x\mathrm{d}y = \frac{f(x_0,y_0)}{2}\cdot\sigma' > 0$,

其中 σ' 为 D' 的面积，这与题设 $\iint\limits_D f(x,y)\mathrm{d}x\mathrm{d}y = 0$ 相矛盾，从而必有 $f(x,y)\equiv 0$.

第二节 二重积分的计算

知识点归纳

1. 计算二重积分 $\iint\limits_D f(x,y)\mathrm{d}\sigma$ 的一般方法(其中 $f\in C(D)$)

先将二重积分化为两次定积分，然后先后计算两次定积分求得二重积分的值.

2. 利用直角坐标化二重积分为二次积分

对 x 型区域 $D=\{(x,y)\mid \varphi_1(x)\leqslant y\leqslant\varphi_2(x), a\leqslant x\leqslant b\}$，则

$$\iint\limits_D f(x,y)\mathrm{d}\sigma = \int_a^b \mathrm{d}x\int_{\varphi_1(x)}^{\varphi_2(x)} f(x,y)\mathrm{d}y;$$

对 y 型区域 $D=\{(x,y)\mid \varphi_1(y)\leqslant x\leqslant\varphi_2(y), c\leqslant y\leqslant d\}$，则

$$\iint_D f(x,y)\mathrm{d}\sigma=\int_c^d \mathrm{d}y\int_{\varphi_1(y)}^{\varphi_2(y)} f(x,y)\mathrm{d}x;$$

若 D 既非 x 型、又非 y 型区域，则将 D 划分为若干个子区域，使每一个子区域是 x 型或 y 型的，再分别利用上述公式计算，并将计算结果相加.

3. 利用极坐标计算二重积分

令 $x=\rho\cos\varphi, y=\rho\sin\varphi$，则有如下的变换公式：$\iint_D f(x,y)\mathrm{d}x\mathrm{d}y=\iint_D f(\rho\cos\varphi,\rho\sin\varphi)\rho\mathrm{d}\rho\mathrm{d}\varphi$；

设积分区域 D 可以用不等式组

$\rho_1(\varphi)\leqslant\rho\leqslant\rho_2(\varphi),\alpha\leqslant\varphi\leqslant\beta$ 来表示，其中函数 $\rho_1(\varphi$、$)\rho_2(\varphi)$ 在区间 $[\alpha,\beta]$ 上连续，$0\leqslant\rho_1(\varphi)\leqslant\rho_2(\varphi)$，且 $0\leqslant\beta-\alpha\leqslant 2\pi$，则上式右端可化为如下的二次积分：$\int_\alpha^\beta \mathrm{d}\varphi\int_{\rho_1(\varphi)}^{\rho_2(\varphi)} f(\rho\cos\varphi,\rho\sin\varphi)\rho\mathrm{d}\rho$.

4. 二重积分的换元法

$$\iint_D f(x,y)\mathrm{d}x\mathrm{d}y=\iint_D f[x(u,v),y(u,v)]\cdot|J(u,v)|\mathrm{d}u\mathrm{d}v$$

其中变换 $T:x=x(u,v),y=(u,v)$ 具有连续偏导数，且

$$J=J(u,v)=\frac{\partial(x,y)}{\partial(u,v)}=\begin{vmatrix}\dfrac{\partial x}{\partial u} & \dfrac{\partial x}{\partial v}\\ \dfrac{\partial y}{\partial u} & \dfrac{\partial u}{\partial v}\end{vmatrix}\neq 0$$

称 J 为雅可比行列式，并常称 $|J|$ 为变换 T 下面积元素的伸缩系数.

典型例题与解题技巧

题型 Ⅱ：二重积分的计算

【题型分析】　本题的积分域涉及圆，本可以考虑使用极坐标系，然而这段圆弧的极坐标表达式并不简单，同时被积函数化为极坐标后也会增加难度，所以使用直角坐标系较为简单.

积分域不是圆，被积函数中不含平方和时，一般使用直角坐标系. 特别地，若积分域为矩形更宜用直角坐标系.

例 5　计算下列二重积分：

(1) $I=\iint_D x\sin\dfrac{y}{x}\mathrm{d}\sigma$，$D$ 由 $y=x,y=0,x=1$ 所围成；

(2) $I=\iint_D(|x|+y)\mathrm{d}\sigma$，其中 D 为 $|x|+|y|\leqslant 1$；

(3) $I=\iint_D x(\sin y e^{x^2+\cos y}-1)\mathrm{d}x\mathrm{d}y$，其中 D 为 $-1\leqslant x\leqslant\sin y$，$|y|\leqslant\dfrac{\pi}{2}$；

(4) $I=\int_1^2\mathrm{d}x\int_{\sqrt{x}}^x\sin\dfrac{\pi x}{2y}\mathrm{d}y+\int_2^4\mathrm{d}x\int_{\sqrt{x}}^2\sin\dfrac{\pi x}{2y}\mathrm{d}y$.

解：(1) 见图 7.4(a)，将积分区域 D 作为 x 型，即 $D:\begin{cases}0\leqslant x\leqslant 1\\ 0\leqslant y\leqslant x\end{cases}$

则 $\iint\limits_D x\sin\dfrac{y}{x}\mathrm{d}y=\int_0^1 x\mathrm{d}x\int_0^x \sin\dfrac{y}{x}\mathrm{d}y=\int_0^1 x\left[-x\cos\dfrac{y}{x}\right]_0^x\mathrm{d}x$

$$=\int_0^{1\,2} x^2(1-\cos 1)\mathrm{d}x=\frac{1}{3}(1-\cos 1)$$

(2) 见图 7.4(b),知识分区域关于 x 轴、y 轴都对称,y 关于 y 是奇函数,所以 $\iint\limits_D y\mathrm{d}\sigma=0$,又 $|x|$ 关于 x,y 都是偶函数.

故 $I=4\iint\limits_{D_1}|x|\mathrm{d}\sigma=4\int_0^1 x\mathrm{d}x\int_0^{1-x}\mathrm{d}y=4\int_0^1 x(1-x)\mathrm{d}x=\dfrac{2}{3}$

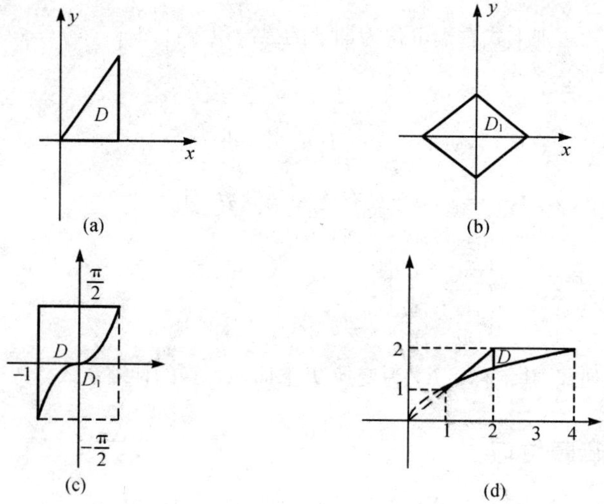

图 7.4

(3) $D:\begin{cases}-\dfrac{\pi}{2}\leqslant y\leqslant\dfrac{\pi}{2}\\ -1\leqslant x\leqslant \sin y\end{cases}$,见图 7.4(c)

$I=\iint\limits_D \sin y e^{x^2+\cos y}\mathrm{d}x\mathrm{d}y-\iint\limits_D x\mathrm{d}x\mathrm{d}y=I_1-I_2$

D 与 D_1 关于原点对称,$x\sin y e^{x^2+\cos y}$ 关于 x,y 是偶函数,

故 $I_1=\dfrac{1}{2}\iint\limits_{D+D_1} x\sin y e^{x^2+\cos y}\mathrm{d}x\mathrm{d}y=\dfrac{1}{2}\int_{-1}^1 xe^{x^2}\mathrm{d}x\int_{-\frac{\pi}{2}}^{\frac{\pi}{2}}\sin y e^{\cos y}\mathrm{d}y=0$

$I_2=\int_{-\frac{\pi}{2}}^{\frac{\pi}{2}}\mathrm{d}y\int_{-1}^{\sin y}x\mathrm{d}x=\int_{-\frac{\pi}{2}}^{\frac{\pi}{2}}\left[\dfrac{1}{2}x^2\right]_{-1}^{\sin y}\mathrm{d}y=\dfrac{1}{2}\int_{-\frac{\pi}{2}}^{\frac{\pi}{2}}(\sin^2 y-1)\mathrm{d}y=\int_0^{\frac{\pi}{2}}(\sin^2 y-1)\mathrm{d}y$

$$=\int_0^{\frac{\pi}{2}}\sin^2 y\mathrm{d}y-\int_0^{\frac{\pi}{2}}\mathrm{d}y=\frac{1}{2}\cdot\frac{\pi}{2}-\frac{\pi}{2}=-\frac{\pi}{4}$$

故 $I=I_1-I_2=\dfrac{\pi}{4}$

(4) 由于积分$\int \sin\frac{\pi x}{2y}\mathrm{d}y$不可积，所以需交换积分次序，由所给积分次序确定积分区域D，见图7.4(d). 将区域D表示为y型，D：$\begin{cases}1\leqslant y\leqslant 2\\ y\leqslant x\leqslant y^2\end{cases}$

故 $I=\int_1^2\mathrm{d}y\int_y^{y^2}\sin\frac{\pi x}{2y}\mathrm{d}x=\int_1^2\left[-\frac{2y}{\pi}\cos\frac{\pi x}{2y}\right]_y^{y^2}\mathrm{d}y=-\frac{2}{\pi}\int_1^2 y\cos\frac{\pi}{2}y\mathrm{d}y=\frac{4(\pi+2)}{\pi^3}$

例 6　利用极坐标计算下列二重积分：

(1) $I=\iint\limits_D\frac{x+y}{x^2+y^2}\mathrm{d}x\mathrm{d}y$，其中$D$为$x^2+y^2\leqslant 1, x+y\geqslant 1$；

(2) $I=\iint\limits_D(x^2+y^2)\mathrm{d}x\mathrm{d}y$，其中$D$为曲线$(x^2+y^2)^2=a^2(x^2-y^2)$所围成；

(3) $I=\iint\limits_D(|x-y|+2)\mathrm{d}x\mathrm{d}y$，其中$D$为$x^2+y^2\leqslant 1, x\geqslant 0, y\geqslant 0$；

(4) $I=\iint\limits_D\sqrt{x^2+y^2}\mathrm{d}x\mathrm{d}y$，其中$D$为$0\leqslant x\leqslant a, 0\leqslant y\leqslant x$.

解：如图 7.5(a) 所示，(1) $x=r\cos\theta, y=r\sin\theta, \mathrm{d}x\mathrm{d}y=r\mathrm{d}r\mathrm{d}\theta$

$$D:\begin{cases}0\leqslant\theta\leqslant\frac{\pi}{2}\\ \frac{1}{\cos\theta+\sin\theta}\leqslant r\leqslant 1\end{cases}$$

$$I=\int_0^{\frac{\pi}{2}}\mathrm{d}\theta\int_{\frac{1}{\cos\theta+\sin\theta}}^1\frac{r\cos\theta+r\sin\theta}{r^2}r\mathrm{d}r=\int_0^{\frac{\pi}{2}}(\cos\theta+\sin\theta-1)\mathrm{d}\theta=2-\frac{\pi}{2}$$

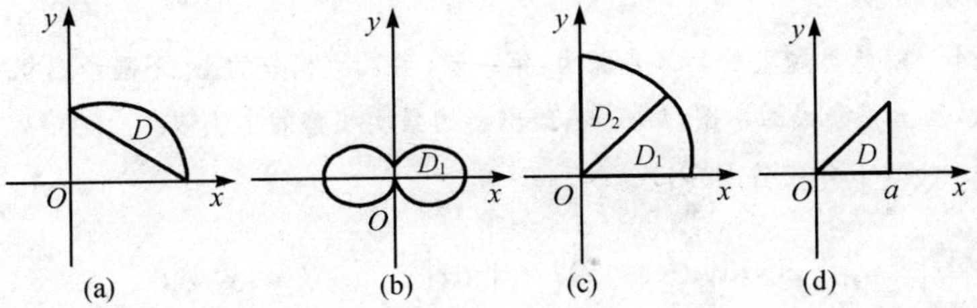

图 7.5

(2) 如图 7.5(b) 所示，将曲线$(x^2+y^2)^2=a^2(x^2-y^2)$化为极坐标下方程得

$r^2=a^2\cos 2\theta$，即 $r=a\sqrt{\cos 2\theta}$

因 $\cos 2\theta\geqslant 0$，从而

$-\frac{\pi}{4}\leqslant\theta\leqslant\frac{\pi}{4}$ 或 $\frac{3\pi}{4}\leqslant\theta\leqslant\frac{5\pi}{4}$

$$D_1:\begin{cases}0\leqslant\theta\leqslant\frac{\pi}{4}\\ 0\leqslant r\leqslant a\sqrt{\cos 2\theta}\end{cases}$$

由对称性得

$$I=4\iint\limits_{D_1}(x^2+y^2)\mathrm{d}x\mathrm{d}y=4\int_0^{\frac{\pi}{4}}\mathrm{d}\theta\int_0^{a\sqrt{\cos2\theta}}r^2r\mathrm{d}r=\int_0^{\frac{\pi}{4}}[r^4]_0^a\sqrt{\cos2\theta}\,\mathrm{d}\theta=\int_0^{\frac{\pi}{4}}a^4\cos^2 2\theta\mathrm{d}\theta$$

$$=\frac{\pi}{8}a^4$$

(3) 如图 7.5(c) 所示,$D=D_1+D_2$.

其中 D_1 与 D_2 关于直线 $y=x$ 对称,而函数 $f(x,y)=|x-y|+2$ 关于直线 $y=x$ 亦对称

即 $f(x,y)=f(y,x)$

故 $I=2\iint\limits_{D_1}(x-y+2)\mathrm{d}x\mathrm{d}y=2\int_0^{\frac{\pi}{4}}\mathrm{d}\theta\int_0^1[r(\cos\theta-\sin\theta)+2]r\mathrm{d}r$

$$=2\int_0^{\frac{\pi}{4}}[\frac{1}{3}(\cos\theta-\sin\theta)]\mathrm{d}\theta=\frac{2}{3}(\sqrt{2}-1)+\frac{\pi}{2}$$

(4) $x=a$ 的极坐标方程为 $r=a\sec\theta$,如图 7.5(d) 所示.

极坐标下 D 表示为

$$D:\begin{cases}0\leqslant\theta\leqslant\frac{\pi}{4}\\0\leqslant r\leqslant a\sec\theta\end{cases}$$

故 $I=\int_0^{\frac{\pi}{4}}\mathrm{d}\theta\int_0^{a\sec\theta}r\cdot r\mathrm{d}r=\frac{a^3}{3}\int_0^{\frac{\pi}{4}}\sec^3\theta\mathrm{d}\theta=\frac{\sqrt{2}+\ln\sqrt{2}+1}{6}a^3$

题型 Ⅲ:交换积分顺序

【题型分析】 解此类题型的具体步骤为:第一步,由累次积分的上、下限给出积分域所满足的不等式组;第二步,画出积分域的草图;第三步,给出新的累次积分的上下限.

例 7 改变下列积分次序:

(1) $I=\int_0^{2a}\mathrm{d}x\int_{2ax-x^2}^{2ax}f(x,y)\mathrm{d}y$;　　(2) $I=\int_0^1\mathrm{d}x\int_{\sqrt{x}}^{1+\sqrt{1+x^2}}f(x,y)\mathrm{d}y$;

(3) $I=\int_{-6}^{2}\mathrm{d}x\int_{\frac{1}{4}x^2-1}^{2-x}f(x,y)\mathrm{d}y$;

(4) $I=\int_0^1\mathrm{d}x\int_0^{x2}f(x,y)\mathrm{d}y+\int_1^2\mathrm{d}x+\int_1^2\mathrm{d}x\int_0^{\frac{1}{2}(3-x)}f(x,y)\mathrm{d}y$.

解:(1) 所给次序将积分区域表示 x 型,见图 7.6(a) 所示.

即 $D:\begin{cases}0\leqslant x\leqslant 2a\\\sqrt{2ax-x^2}\leqslant y\leqslant\sqrt{2ax}\end{cases}$

下半部分曲线 $y=\sqrt{2ax-x^2}$ 是上半圆,化为 $x=a\pm\sqrt{a^2-y^2}$

上半部分曲线 $y=\sqrt{2ax}$ 是抛物线,化为 $x=\frac{1}{2a}y^2$,将 D 分成三部分 D_1,D_2,D_3 分别表

示为 y 型

$$D_1:\begin{cases}0\leqslant y\leqslant a\\ \dfrac{1}{2a}y^2\leqslant x\leqslant a-\sqrt{a^2-y^2}\end{cases}\quad D_2:\begin{cases}0\leqslant y\leqslant a\\ a+\sqrt{a^2-y^2}\leqslant x\leqslant 2a\end{cases}$$

$$D_3:\begin{cases}a\leqslant y\leqslant 2a\\ \dfrac{1}{2a}\leqslant x\leqslant 2a\end{cases}$$

则　$I=\iint\limits_{D_1}f(x,y)\mathrm{d}\sigma+\iint\limits_{D_2}f(x,y)\mathrm{d}\sigma+\iint\limits_{D_3}f(x,y)\mathrm{d}\sigma$

$$=\int_0^a\mathrm{d}y\int_{\frac{1}{2a}y^2}^{a-\sqrt{a^2-y^2}}f(x,y)\mathrm{d}x+\int_0^a\mathrm{d}y\int_{a+\sqrt{a^2-y^2}}^{2a}f(x,y)\mathrm{d}x+\int_a^{2a}\mathrm{d}y\int_{\frac{1}{2a}y^2}^{2a}f(x,y)\mathrm{d}y$$

(2) 积分区域 D 表示 x 型，$0\leqslant x\leqslant 1,\sqrt{x}\leqslant y\leqslant 1+\sqrt{1-x^2}$，上部曲线 $y=1+\sqrt{1-x^2}$ 是上半圆周，化为 $x=\sqrt{2y-y^2}$，下部曲线 $y=\sqrt{x}$ 是抛物线，化为 $x=y^2$

将 D 表示为 y 型，需将区域分成 D_1,D_2 两部分，如图 7.6(b) 所示，分别表示为

$$D_1:\begin{cases}0\leqslant y\leqslant 1\\ 0\leqslant x\leqslant y^2\end{cases}\quad D_2:\begin{cases}1\leqslant y\leqslant 2\\ 0\leqslant x\leqslant \sqrt{2y-y^2}\end{cases}$$

则　$I=\int_0^1\mathrm{d}y\int_0^{y^2}f(x,y)\mathrm{d}x+\int_1^2\mathrm{d}y\int_0^{\sqrt{2y-y^2}}f(x,y)\mathrm{d}x$

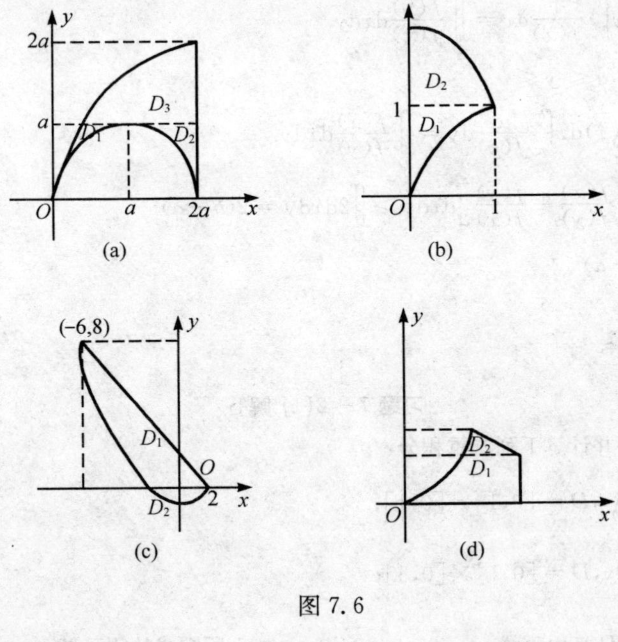

图 7.6

(3) 积分区域 D 为 $-6\leqslant x\leqslant 2,\frac{1}{4}x^2-1\leqslant y\leqslant 2-x$,上部 $y=2-x$ 是直线,化为 $x=2-y$,下部 $y=\frac{1}{4}x^2-1$ 是抛物线,化为 $x=\pm\sqrt{y+1}$

设 x 轴下方部分区域为 D_1,x 轴上方部分区域为 D_2,如图 7.6(c) 所示,分别表示为 y 型,

$$D_1:\begin{cases}-1\leqslant y\leqslant 0\\ -2\sqrt{y+1}\leqslant x\leqslant 2\sqrt{y+1}\end{cases}\qquad D_2:\begin{cases}0\leqslant y\leqslant 8\\ -2\sqrt{y+1}\leqslant x\leqslant 2-y\end{cases}$$

则 $I=\int_{-1}^{0}\mathrm{d}y\int_{-2\sqrt{y+1}}^{2\sqrt{y+1}}f(x,y)\mathrm{d}x+\int_{0}^{8}\mathrm{d}y\int_{-2\sqrt{y+1}}^{2-y}f(x,y)\mathrm{d}x$

(4) 由所给次序画出积分区域 D,见图 7.6(d) 所示,投影到 y 轴分成两部分,分别表示为

$$D_1:\begin{cases}0\leqslant y\leqslant \frac{1}{2}\\ \sqrt{y}\leqslant x\leqslant 2\end{cases}\qquad D_2:\begin{cases}\frac{1}{2}\leqslant y\leqslant 1\\ \sqrt{y}\leqslant x\leqslant 3-2y\end{cases}$$

则 $I=\int_{0}^{\frac{1}{2}}\mathrm{d}y\int_{\sqrt{y}}^{2}f(x,y)\mathrm{d}y+\int_{\frac{1}{2}}^{1}\mathrm{d}y\int_{\sqrt{y}}^{3-2y}f(x,y)\mathrm{d}x$

例 8 设 $f(x,y)$ 在$[a,b]$上连续,且 $f(x)>0$,试用二重积分证明

$$I=\int_a^b f(x)\mathrm{d}x\int_a^b\frac{1}{f(x)}\mathrm{d}x\geqslant(b-a)^2$$

证:由定积分积变量的符号无关,得

$$I=\int_a^b f(y)\mathrm{d}y\int_a^b\frac{1}{f(x)}\mathrm{d}x=\iint_D\frac{f(y)}{f(x)}\mathrm{d}x\mathrm{d}y$$

$D:a\leqslant x\leqslant b,a\leqslant y\leqslant b$

又 $I=\int_a^b f(x)\mathrm{d}x\int_a^b\frac{1}{f(y)}\mathrm{d}y=\iint_D\frac{f(x)}{f(y)}\mathrm{d}x\mathrm{d}y$

则 $2I=\iint_D\left[\frac{f(x)}{f(y)}+\frac{f(y)}{f(x)}\right]\mathrm{d}x\mathrm{d}y\geqslant\iint_D 2\mathrm{d}x\mathrm{d}y=2(b-a)^2$

故 $I\geqslant(b-a)^2$

课后习题全解

习题 7-2(1) 解答

1. 画出积分区域,并计算下列二重积分:

(1)$\iint_D(x+y)^2\mathrm{d}x\mathrm{d}y,D=[0,1]\times[0,1]$;

(2)$\iint_D\sqrt{x+y}\mathrm{d}x\mathrm{d}y,D=[0,1]\times[0,3]$;

(3)$\iint_D\frac{2y}{1+x}\mathrm{d}x\mathrm{d}y$,$D$ 是由直线 $x=0,y=0,y=x-1$ 所围成的闭区域;

(4)$\iint\limits_{D} y e^{x} \mathrm{d}x\mathrm{d}y$,$D$ 是顶点分别为(0,0),(2,4)和(6,0)的三角形闭区域;

(5)$\iint\limits_{D} e^{x+y} \mathrm{d}x\mathrm{d}y$,$D$ 是由 $|x|+|y| \leqslant 1$ 所确定的闭区域;

(6)$\iint\limits_{D} (y^2 - x) \mathrm{d}x\mathrm{d}y$,$D$ 是由抛物线 $x = y^2$ 和 $x = 3 - 2y^2$ 所围成的闭区域;

(7)$\iint\limits_{D} x^2 y \mathrm{d}x\mathrm{d}y$,$D$ 是由直线 $y = 0, y = 1$ 和双曲线 $x^2 - y^2 = 1$ 所围成的闭区域;

(8)$\iint\limits_{D} \sin \frac{x}{y} \mathrm{d}x\mathrm{d}y$,$D$ 是由直线 $y = x, y = 2$ 和曲线 $x = y^3$ 所围成的闭区域.

【知识点窍】 二重积分的计算.

【逻辑推理】 画积分域、定限是化二重积分为二次积分的有效办法,根据图形选择恰当的积分次序使两次单积分能顺利进行,同时尽量利用对称性来简化二重积分的计算.

解:(1) D 如图 7.7 所示,先对 x 积分,后对 y 积分.

$$原式 = \int_0^1 \mathrm{d}y \int_0^1 (x^2 + 2xy + y^2) \mathrm{d}x = \int_0^1 \left[\frac{x^3}{3} + x^2 y + xy^2\right]_0^1 \mathrm{d}y$$

$$= \int_0^1 \left(\frac{1}{3} + y + y^2\right) \mathrm{d}y$$

$$= \left[\frac{1}{3}y + \frac{1}{2}y^2 + \frac{1}{3}y^3\right]_0^1$$

$$= \frac{1}{3} + \frac{1}{2} + \frac{1}{3} = \frac{7}{6}$$

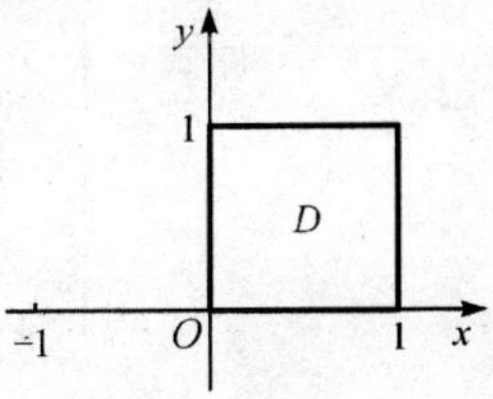

图 7.7

(2) D 如图 7.8 所示,先对 x 积分,后对 y 积分

$$原式 = \int_0^3 \mathrm{d}y \int_0^1 \sqrt{x+y}\, \mathrm{d}x = \int_0^3 \left[\frac{2}{3}(x+y)^{\frac{3}{2}}\right]_0^1 \mathrm{d}y$$

$$= \int_0^3 \left[\frac{2}{3}(y+1)^{\frac{3}{2}} - \frac{2}{3}y^{\frac{3}{2}}\right] \mathrm{d}y$$

$$= \left[\frac{2}{3} \cdot \frac{2}{5}(y+1)^{\frac{5}{2}} - \frac{2}{3} \cdot \frac{2}{5} \cdot y^{\frac{5}{2}}\right]_0^3$$

$$= \frac{4}{15}(2^5 - 3^{\frac{5}{2}} - 1) = \frac{4}{15}(31 - 9\sqrt{3})$$

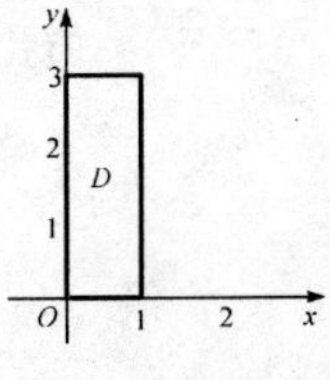

图 7.8

(3) D 如图 7.9 所示,先对 y 积分,后对 x 积分

$$原式 = \int_0^1 \frac{1}{1+x} \mathrm{d}x \int_{x-1}^0 2y \mathrm{d}y = \int_0^1 \frac{1}{1+x} [y^2]_{x-1}^0 \mathrm{d}x$$

$$= \int_0^1 -\frac{(x-1)^2}{x+1} \mathrm{d}x = \int_0^1 \left(3 - x - \frac{4}{1+x}\right) \mathrm{d}x$$

$$= \left[3x - \frac{x^2}{2} - 4\ln(1+x)\right]_0^1$$

$$= \frac{5}{2} - 4\ln 2$$

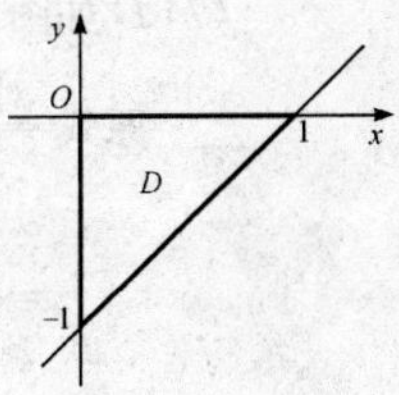

图 7.9

(4) D 如图 7.10 所示,先对 x 积分,后对 y 积分

$$\text{原式}=\int_0^4 y\mathrm{d}y\int_{\frac{y}{2}}^{6-y}\mathrm{e}^x\mathrm{d}x=\int_0^4 y\left[\mathrm{e}^x\right]_{\frac{y}{2}}^{6-y}\mathrm{d}y$$

$$=\int_0^4 y(\mathrm{e}^{6-y}-\mathrm{e}^{\frac{y}{2}})\mathrm{d}y$$

$$=\left[y(-\mathrm{e}^{6-y}-2\mathrm{e}^{\frac{y}{2}})\right]_0^4-\int_0^4(-\mathrm{e}^{6-y}-2\mathrm{e}^{\frac{y}{2}})\mathrm{d}y$$

$$=-12\mathrm{e}^2-\left[\mathrm{e}^{6-y}-4\mathrm{e}^{\frac{y}{2}}\right]_0^4$$

$$=-12\mathrm{e}^2-(-3\mathrm{e}^2-\mathrm{e}^6+4)$$

$$=\mathrm{e}^6-9\mathrm{e}^2-4$$

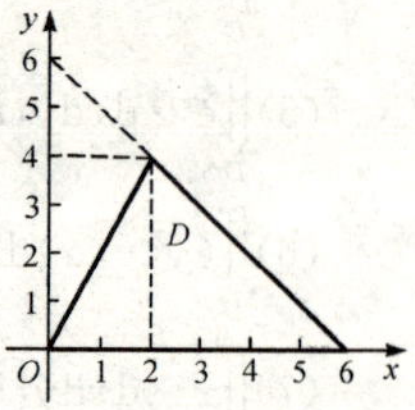

图 7.10

(5) D 如图 7.11 所示,先对 y 积分,后对 x 积分

$$\text{原式}=\int_{-1}^0\mathrm{e}^x\mathrm{d}x\int_{-1-x}^{1+x}\mathrm{e}^y\mathrm{d}y+\int_0^1\mathrm{e}^x\mathrm{d}x\int_{x-1}^{1-x}\mathrm{e}^y\mathrm{d}y$$

$$=\int_{-1}^0\mathrm{e}^x(\mathrm{e}^{1+x}-\mathrm{e}^{-1-x})\mathrm{d}x+\int_0^1\mathrm{e}^x(\mathrm{e}^{1-x}-\mathrm{e}^{x-1})\mathrm{d}x$$

$$=\int_{-1}^0(\mathrm{e}^{2x-1}-\mathrm{e}^{-1})\mathrm{d}x+\int_0^1(\mathrm{e}-\mathrm{e}^{2x-1})\mathrm{d}x$$

$$=\left[\frac{1}{2}\mathrm{e}^{2x-1}-\mathrm{e}^{-1}x\right]_{-1}^0+\left[\mathrm{e}x-\frac{1}{2}\mathrm{e}^{2x-1}\right]_0^1$$

$$=\mathrm{e}-\mathrm{e}^{-1}$$

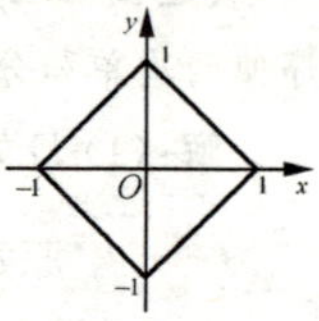

图 7.11

(6) D 如图 7.12,先对 x 积分后对 y 积分,求导

$$\text{原式}=\int_{-1}^1\mathrm{d}y\int_0^{3-2y^2}(y^2-x)\mathrm{d}x$$

$$=\int_{-1}^1\left[y^2x-\frac{x^2}{2}\right]^{3-2y^2}\mathrm{d}y$$

$$=\int_{-1}^1\left(9y^2-\frac{9}{2}y^4-\frac{9}{2}\right)\mathrm{d}y$$

$$=\left[3y^3-\frac{9}{10}y^5-\frac{9}{2}y\right]_{-1}^1$$

$$=2(3-\frac{9}{10}-\frac{9}{2})=-\frac{24}{5}.$$

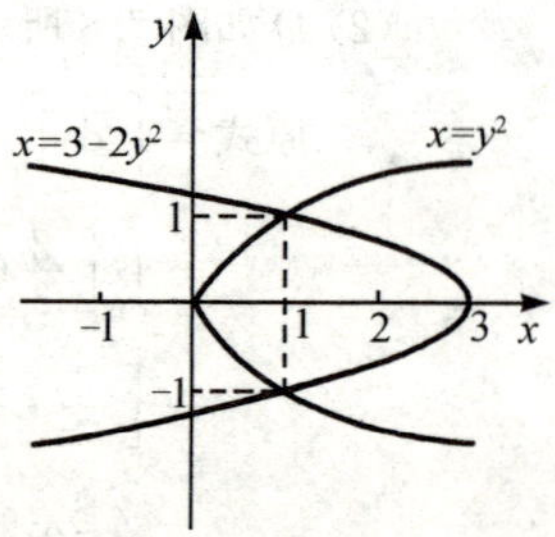

图 7.12

(7) D 如图 7.13 所示,先对 x 积分,后对 y 积分

$$\text{原式}\xlongequal{\text{对称性}}2\iint_{D_{\text{右半}}}x^2y\mathrm{d}x\mathrm{d}y=2\int_0^1 y\mathrm{d}y\int_0^{\sqrt{1+y^2}}x^2\mathrm{d}x$$

$$=2\int_0^1 y\cdot\left[\frac{x^3}{3}\right]_0^{1+y^2}\mathrm{d}y$$

$$=\frac{2}{3}\int_0^1 y(1+y^2)\frac{2}{2}\mathrm{d}y$$

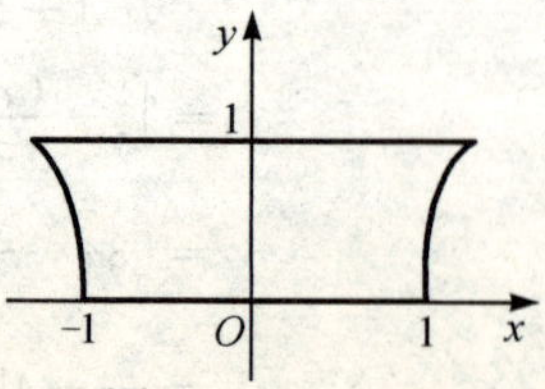

图 7.13

$$=\frac{1}{3}\int_0^1(1+y^2)^{\frac{3}{2}}\mathrm{d}(1+y^2)$$

$$=\frac{1}{3}\cdot\frac{2}{5}(1+y^2)^{\frac{5}{2}}$$

$$=\frac{2}{15}(2^{\frac{5}{2}}-1)=\frac{2}{15}(4\sqrt{2}-1)$$

(8) D 如图 7.14 所示，先对 x 积分，后对 y 积分

$$\text{原式}=\int_1^2\mathrm{d}y\int_y^{y^3}\sin\frac{x}{y}\mathrm{d}x=\int_1^2\left[-y\cos\frac{x}{y}\right]_y^{y^3}\mathrm{d}y$$

$$=\int_1^2(y\cos 1-y\cos y^2)\mathrm{d}y$$

$$=\left[\frac{\cos 1}{2}y^2\right]_1^2+\int_1^2(-y\cos y^2)\mathrm{d}y$$

$$=\frac{3}{2}\cos 1-\left[\frac{1}{2}\sin y^2\right]_1^2$$

$$=\frac{3}{2}\cos 1-\frac{\sin 4-\sin 1}{2}$$

$$=\frac{3\cos 1+\sin 1-\sin 4}{2}$$

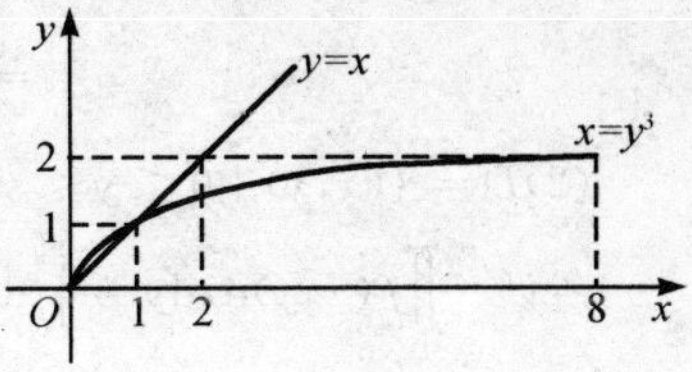

图 7.14

2. 设 $D=[a,b]\times[c,d]$，证明：$\iint\limits_D f(x)g(y)\mathrm{d}x\mathrm{d}y=\left(\int_a^b f(x)\mathrm{d}x\right)\left(\int_c^d g(y)\mathrm{d}y\right)$.

解：$\iint\limits_D f(x)g(y)\mathrm{d}x\mathrm{d}y=\int_a^b\int_c^d f(x)g(y)\mathrm{d}x\mathrm{d}y=\left(\int_a^b f(x)\mathrm{d}x\right)\left(\int_c^d g(y)\mathrm{d}y\right)$

3. 设 $f(x,y)$ 在 $[a,b]\times[c,d]$ 上连续，$g(x,y)=\int_a^x\mathrm{d}u\int_c^y f(u,v)\mathrm{d}v$，证明：

$g_{xy}=g_{yx}(x,y)=f(x,y)\quad(a<x<b,c<y<d)$.

【知识点窍】 积分变换及上限函数的求导.

解：$g(x,y)=\int_a^x\left[\int_c^y+(u,v)\mathrm{d}v\right]\mathrm{d}u$. 利用上限函数的求导法则，对 x 求偏导数得

$$g_x(x,y)=\int_c^y f(x,v)\mathrm{d}v$$

$g_x(x,y)$ 再对 y 求偏导数得 $g_{xy}(x,y)=f(x,y)$ 其中 $a<x<b,c<y<d$

故有　$g(x,y)=\int_c^y\mathrm{d}v\int_a^x y(u,v)\mathrm{d}u=\int_c^y\left[\int_a^x f(u,v)\mathrm{d}u\right]\mathrm{d}v$.

对 y 求偏导　$g_y(x,y)=\int_a^x f(u,y)\mathrm{d}u$

再对 x 求偏导　$g_{yx}(x,y)=f(x,y)$

4. 按两种不同次序化二重积分 $\iint\limits_D f(x,y)\mathrm{d}x\mathrm{d}y$ 为二次积分，其中 D 为：

(1) 由直线 $y=x$ 及抛物线 $y^2=4x$ 所围成的闭区域；

(2) 由 $y=0$ 及 $y=\sin x(0\leqslant x\leqslant\pi)$ 所围成的闭区域；

(3) 由直线 $y=x, x=2$ 及双曲线 $y=\dfrac{1}{x}(x>0)$ 所围成的闭区域;

(4) 由 $(x-1)^2+(y+1)^2\leqslant 1$ 所确定的闭区域.

【知识点窍】 考查不同的积分次序对求解二重积分的影响;正确的选择积分次序可以大大简化运算,积分次序的转换也很重要.

【逻辑推理】 (1)$D=\{(x,y)\mid x\leqslant y\leqslant 2\sqrt{x},0\leqslant x\leqslant 4\}=\{(x,y)\mid \dfrac{y^2}{4}\leqslant x\leqslant y,0\leqslant y\leqslant 4\}$

所以 $\displaystyle\iint\limits_D f(x,y)\mathrm{d}x\mathrm{d}y=\int_0^4\mathrm{d}x\int_x^{2\sqrt{x}}f(x,y)\mathrm{d}y$

$\displaystyle=\int_0^4\mathrm{d}y\int_{\frac{y^2}{4}}^{y}f(x,y)\mathrm{d}x$

(2)$D=\{(x,y)\mid 0\leqslant y\leqslant \sin x,0\leqslant x\leqslant \pi\}=\{(x,y)\mid \arcsin y\leqslant x\leqslant \pi-\arcsin y,0\leqslant y\leqslant 1\}$

所以 $\displaystyle\iint\limits_D f(x,y)\mathrm{d}x\mathrm{d}y=\int_0^{\pi}\mathrm{d}x\int_0^{\sin x}f(x,y)\mathrm{d}y$

$\displaystyle=\int_0^1\mathrm{d}y\int_{\arcsin y}^{\pi-\arcsin y}f(x,y)\mathrm{d}x.$

(3)$D=\{(x,y)\mid \dfrac{1}{x}\leqslant y\leqslant x,1\leqslant x\leqslant 2\}$

$=\{(x,y)\mid \dfrac{1}{y}\leqslant x\leqslant 2,\dfrac{1}{2}\leqslant y\leqslant 1\}\cup\{(x,y)\mid y\leqslant x\leqslant 2,1\leqslant y\leqslant 2\}$

所以 $\displaystyle\iint\limits_D f(x,y)\mathrm{d}x\mathrm{d}y=\int_1^2\mathrm{d}x\int_{\frac{1}{x}}^{x}f(x,y)\mathrm{d}y$

$\displaystyle=\int_{\frac{1}{2}}^{1}\mathrm{d}y\int_{\frac{1}{y}}^{2}f(x,y)\mathrm{d}x+\int_1^2\mathrm{d}y\int_y^2 f(x,y)\mathrm{d}x$

(4)$D=\{(x,y)\mid -1-\sqrt{1-(x-1)^2}\leqslant y\leqslant -1+\sqrt{1-(x-1)^2},0\leqslant x\leqslant 2\}$

$=\{(x,y)\mid 1-\sqrt{1-(y+1)^2}\leqslant x\leqslant 1+\sqrt{1-(y+1)^2},-2\leqslant y\leqslant 0\}$

故 $\displaystyle\iint\limits_D f(x,y)\mathrm{d}x\mathrm{d}y=\int_0^2\mathrm{d}x\int_{-1-\sqrt{1-(x-1)^2}}^{1+\sqrt{1-(x-1)^2}}f(x,y)\mathrm{d}y$

$\displaystyle=\int_{-2}^{0}\mathrm{d}y\int_{1-\sqrt{1-(y+1)^2}}^{1+\sqrt{1-(y-1)^2}}f(x,y)\mathrm{d}x.$

5. 通过交换积分次序计算下列二次积分:

(1)$\displaystyle\int_0^1\mathrm{d}y\int_{3y}^{3}\mathrm{e}^{x^2}\mathrm{d}x$; (2)$\displaystyle\int_0^1\mathrm{d}y\int_{\sqrt{y}}^{1}\sqrt{x^3+1}\,\mathrm{d}x$;

(3)$\displaystyle\int_0^1\mathrm{d}x\int_x^{x^2}x^3\sin(y^3)\mathrm{d}y$; (4)$\displaystyle\int_0^1\mathrm{d}y\int_{\arcsin y}^{\frac{\pi}{2}}\cos x\sqrt{1+\cos^2 x}\,\mathrm{d}x$.

【知识点窍】 积分次序的变换.

【逻辑推理】 要弄清积分区域 D,最好画出简图.

解:(1) 如图 7.15 所示.

$$原式=\int_0^3 dx\int_0^{\frac{x}{3}} e^{x^2}\,dy=\int_0^3 \frac{x}{3}e^{x^2}\,dx=\frac{e^9-1}{6}$$

(2) 如图 7.16 所示.

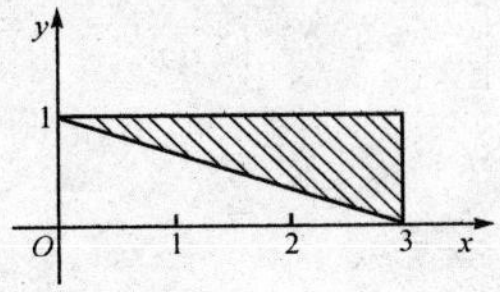

图 7.15

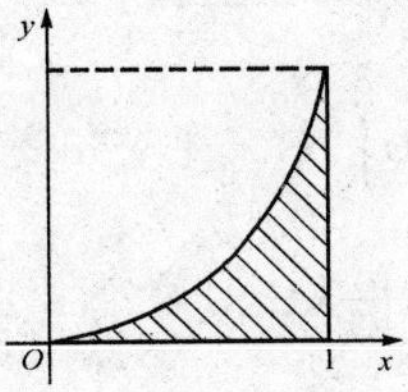

图 7.16

$$原式=\int_0^1 dx\int_0^{x^2}\sqrt{x^3+1}\,dy=\int_0^1 x^2\sqrt{x^3+1}\,dx$$

$$=\frac{1}{3}\Big|_0^1(x^3+1)^{\frac{2}{2}}d(x^3+1)$$

$$=\frac{1}{3}\cdot\frac{2}{3}(x^3+1)^{\frac{3}{2}}\Big|_0^1$$

$$=\frac{2}{9}(2\sqrt{2}-1)$$

(3) 如图 7.17 所示.

$$原式=\int_0^1 dy\int_0^{\sqrt{y}} x^3\sin(y^3)\,dx$$

$$=\int_0^1 \sin(y^3)\cdot\left[\frac{x^4}{4}\right]\Big|_0^{\sqrt{y}}dy$$

$$=\int_0^1 \frac{y^2}{4}\sin(y^3)\,dy=\frac{1}{12}\int_0^1\sin(y^3)\,dy^3$$

$$=\frac{1}{12}[-\cos(y^3)]\Big|_0^1=\frac{1-\cos 1}{12}$$

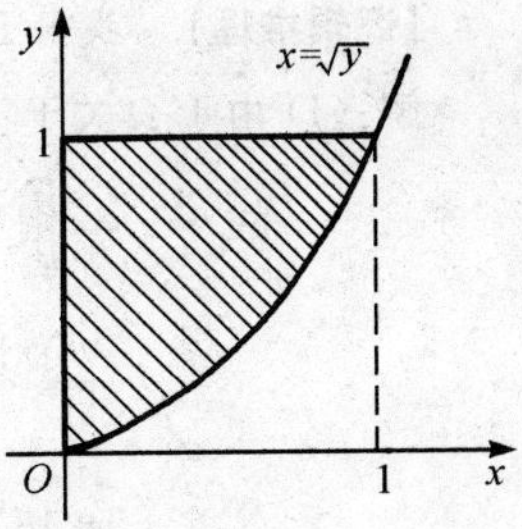

图 7.17

(4) 如图 7.18 所示.

$$原式=\int_0^{\frac{\pi}{2}}\cos x\sqrt{1+\cos^2 x}\,dx\int_0^{\sin x}dy$$

$$=\int_0^{\frac{\pi}{2}}\sin x\cos x\sqrt{1+\cos^2 x}\,dx$$

$$=-\frac{1}{2}\int_0^{\frac{\pi}{2}}(1+\cos^2 x)^{\frac{1}{2}}d(1+\cos^2 x)$$

$$=-\frac{1}{3}(1+\cos^2 x)^{\frac{3}{2}}\Big|_0^{\frac{\pi}{2}}$$

$$=-\frac{1}{3}(1-2^{\frac{3}{2}})=\frac{1}{3}(2\sqrt{2}-1)$$

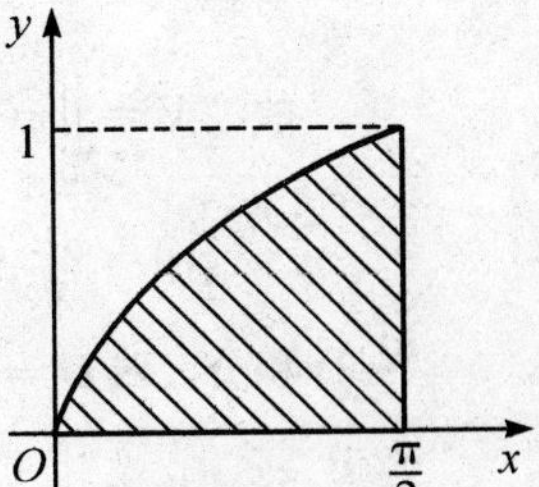

图 7.18

6. 设边长为 a 的正方形平面薄板的各点处的面密度与该点到正方形中心的距离的平方成正比，求该薄片的质量.

解: 取平面的中心为原点，坐标轴与正方形的边平行作坐标系.

则有 $M=\iint\limits_D k(x^2+y^3)\mathrm{d}\sigma$，其中 $D=\{(x,y)\mid -\frac{a}{2}\leqslant x\leqslant\frac{a}{2},-\frac{a}{2}\leqslant y\leqslant\frac{a}{2}\}$

$$M\overset{\text{对称性}}{=\!=\!=}4\int_0^{\frac{a}{2}}\mathrm{d}x\int_0^{\frac{a}{2}}k(x^2+y^2)\mathrm{d}y=4k\int_0^{\frac{a}{2}}\left[x^2y+\frac{y^3}{3}\right]_0^{\frac{a}{2}}\mathrm{d}x$$

$$=4k\int_0^{\frac{a}{2}}(\frac{a}{2}x^2+\frac{a^3}{24})\mathrm{d}x$$

$$=4k\left[\frac{a}{6}x^3+\frac{a^3}{24}x\right]_0^{\frac{a}{2}}$$

$$=4k(\frac{a^4}{48}+\frac{a^4}{48})=\frac{ka^4}{6}$$

7. 利用二重积分求下列立体 Ω 的体积:

(1) Ω 由柱面 $4x^2+y^2=4$ 和 $4x^2+z^2=4$ 所围成;

(2) Ω 由曲面 $z=x(x-y)$ 及平面 $x+y=0,x-y=0,x=1$ 与 $z=0$ 所围成;

(3) Ω 由平面 $z=0,y=x$，柱面 $x=y^2-y$ 和抛物面 $z=3x^2+y^2$ 所围成;

(4) Ω 由不等式 $|x+y|\leqslant 1,|x-y|\leqslant 1$ 和 $y^2+z^2\leqslant 1$ 所确定.

【逻辑推理】 找出 D 及被积函数，根据情况选择积分次序，注意利用对称性.

解: (1) 由于 Ω 关于 y,z 轴对称，积分区域 $D=\{(x,y)\mid 0\leqslant 4x^2+y^2\leqslant 4\}$ 关于 x,y 轴对称.

故 $V=\iint\limits_D[2\sqrt{1-x^2}-(-2\sqrt{1-x^2})]\mathrm{d}\sigma$

$$\overset{\text{对称性}}{=\!=\!=}4\int_0^1\mathrm{d}x\int_0^{2\sqrt{1-x^2}}4\cdot\sqrt{1-x^2}\,\mathrm{d}y$$

$$=16\int_0^1 2(1-x^2)\mathrm{d}x=32\left[x-\frac{x^3}{3}\right]_0^1=\frac{64}{3}$$

(2) 由于 Ω 关于 x,z 轴对称，积分区域 $D=\{(x,y)\mid -x\leqslant y\leqslant x,0\leqslant x\leqslant 1\}$ 关于 x 轴对称.

故 $V=\iint\limits_D x(x-y)\mathrm{d}\sigma\overset{\text{对称性}}{=\!=\!=}2\int_0^1\mathrm{d}x\int_0^x x(x-y)\mathrm{d}y$

$$=2\int_0^1\frac{x^3}{2}\mathrm{d}x=\frac{1}{4}$$

(3) 积分区域 $D=\{(x,y)\mid y\leqslant x\leqslant y^2-y,0\leqslant y\leqslant 2\}$

故 $V=\iint\limits_D(3x^2+y^2)\mathrm{d}\sigma=\int_0^2\mathrm{d}y\int_y^{y^2-y}(3x^2+y^2)\mathrm{d}x=\frac{144}{35}$

(4) 由对称性，所求立体的体积是它位于第一卦限部分体积的 8 倍，其在第一卦限为一曲顶柱体，底为 $D=\{(x,y)\mid 0\leqslant y\leqslant 1,0\leqslant x\leqslant 1-y\}$，曲顶为 $z=\sqrt{1-y^2}$.

$$V = 8\iint\limits_D \sqrt{1-y^2}\,\mathrm{d}x\mathrm{d}y$$

$$= 8\int_0^1 \mathrm{d}y\int_0^{1-y} \sqrt{1-y^2}\,\mathrm{d}x$$

$$= 8\int_0^1 (1-y)\ \sqrt{1-y^2}\,\mathrm{d}y$$

$$= 8\int_0^1 \sqrt{1-y^2}\,\mathrm{d}y - 8\int_0^1 y\ \sqrt{1-y^2}\,\mathrm{d}y$$

$$= 8\cdot\frac{\pi}{4} + 4\int_0^1 (1-y^2)^{\frac{1}{2}}\,\mathrm{d}(1-y^2)$$

$$= 2\pi + 4\cdot\frac{2}{3}\cdot(1-y^2)^{\frac{3}{2}}\Big|_0^1$$

$$= 2\pi - \frac{8}{3}$$

习题 7－2(2) 解答

1. 画出积分区域，把积分$\iint\limits_D f(x,y)\mathrm{d}x\mathrm{d}y$表示为极坐标形式下的二次积分，其中积分区域 D 为：

(1)$1\leqslant x^2+y^2\leqslant 4$；　(2)$x+y\leqslant 1, x\geqslant 0, y\geqslant 0$；

(3)$x^2+y^2\leqslant 2y$；　(4)$x^2+y^2\leqslant 2(x+y)$；

(5)$2x\leqslant x^2+y^2\leqslant 4$；　(6)$x^2\leqslant y\leqslant 1$.

【知识点窍】　重积分的换元法.

【逻辑推理】　注意在换元后 D 的表示，利用公式

$$\iint\limits_D f(x,y)\mathrm{d}x\mathrm{d}y = \iint\limits_D f(\rho\cos\varphi,\rho\sin\varphi)\rho\mathrm{d}\rho\mathrm{d}\varphi.$$

解：(1) D 如图 7.19 所示，边界为 $x^2+y^2=1, x^2+y^2=4$，将 $x=\rho\cos\varphi, y=\rho\sin\varphi$ 代入则积分

区域 D 用极坐标可表示为$\begin{cases}0\leqslant\varphi\leqslant 2\pi\\ 1\leqslant\rho\leqslant 2\end{cases}$，则

$$\iint\limits_D f(x,y)\mathrm{d}x\mathrm{d}y = \int_0^{2\pi}\mathrm{d}\varphi\int_1^2 f(\rho\cos\varphi,\rho\sin\rho)\rho\mathrm{d}\rho$$

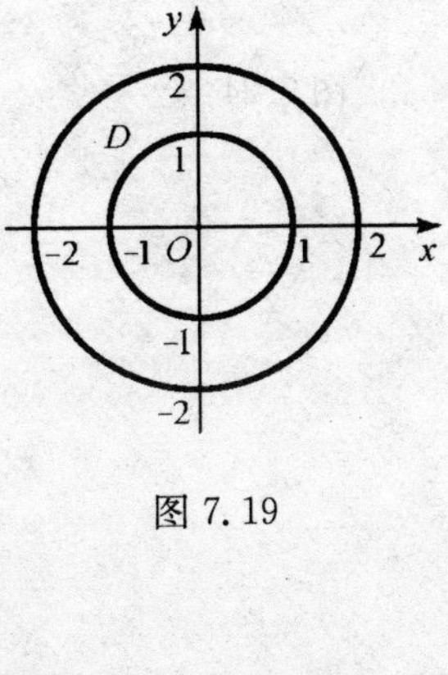

图 7.19

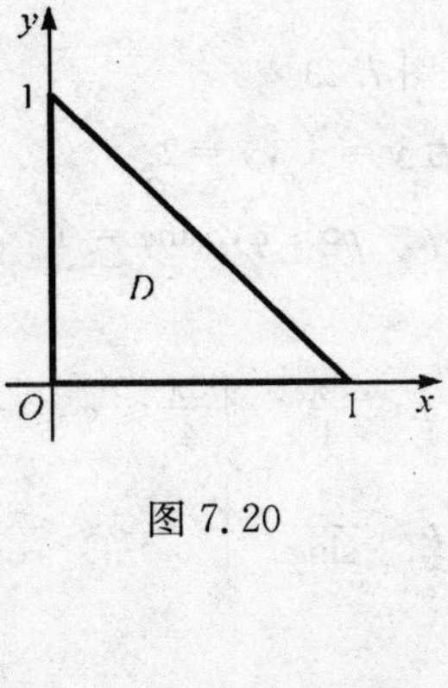

图 7.20

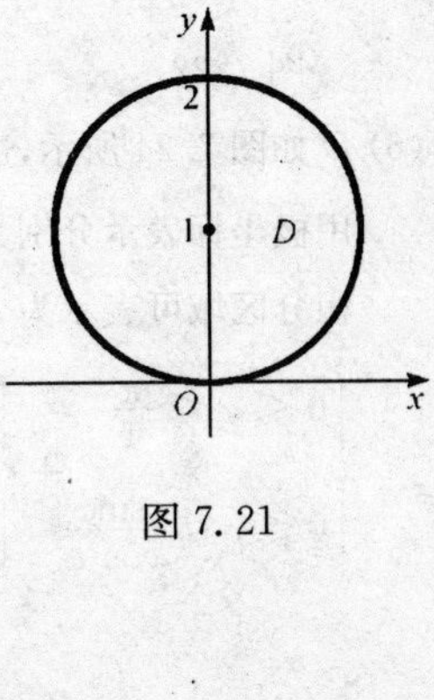

图 7.21

(2) D 如图 7.20 所示,边界为 $x+y=1$,将 $x=\rho\cos\varphi, y=\rho\sin\varphi$ 代入,则积分区域用极坐标可表示为 $\begin{cases}0\leqslant\varphi\leqslant\dfrac{\pi}{2}\\ 0\leqslant\rho\leqslant\dfrac{1}{\cos\varphi+\sin\varphi}\end{cases}$

则 $\displaystyle\iint_D f(x,y)\mathrm{d}x\mathrm{d}y=\int_0^{\frac{\pi}{2}}\mathrm{d}\varphi\int_0^{\frac{1}{\cos\varphi+\sin\varphi}}f(\rho\cos\varphi,\rho\sin\varphi)\rho\mathrm{d}\rho$

(3) D 如图 7.21 所示,边界 $x^2+y^2=2y$ 的极坐标方程为 $\rho=2\sin\varphi$,积分区域可表示为 $\begin{cases}0\leqslant\varphi\leqslant\pi\\ 0\leqslant\rho\leqslant 2\sin\varphi\end{cases}$,则 $\displaystyle\iint_D f(x,y)\mathrm{d}x\mathrm{d}y=\int_0^{\pi}\mathrm{d}\varphi\int_0^{2\sin\varphi}f(\rho\cos\varphi,\rho\sin\varphi)\rho\mathrm{d}\rho$

(4) D 如图 7.22,边界 $x^2+y^2=2(x+y)$ 的极坐标方程为 $\rho=2(\cos\varphi+\sin\varphi)$

积分区域表示为 $\begin{cases}-\dfrac{\pi}{4}\leqslant\varphi\leqslant\dfrac{3\pi}{4}\\ 0\leqslant\rho\leqslant 2(\cos\varphi+\sin\varphi)\end{cases}$,则

$$\iint_D f(x,y)\mathrm{d}x\mathrm{d}y=\int_{-\frac{\pi}{4}}^{\frac{3\pi}{4}}\mathrm{d}\varphi\int_0^{2(\cos\varphi+\sin\varphi)}f(\rho\cos\varphi,\rho\sin\varphi)\rho\mathrm{d}\rho$$

(5) D 如图 7.23 所示,边界 $x^2+y^2=4, x^2+y^2=2x$ 的极坐标分别为 $\rho=2,\rho=2\cos\varphi$,积分区域可表示为 $\begin{cases}-\dfrac{\pi}{2}\leqslant\varphi\leqslant\dfrac{\pi}{2}\\ 2\cos\varphi\leqslant\rho\leqslant 2\end{cases}+\begin{cases}\dfrac{\pi}{2}\leqslant\varphi\leqslant\dfrac{3}{2}\pi\\ 0\leqslant\rho\leqslant 2,\end{cases}$,则

$$\iint_D f(x,y)\mathrm{d}x\mathrm{d}y=\int_{-\frac{\pi}{2}}^{\frac{\pi}{2}}\mathrm{d}\varphi\int_{2\cos\varphi}^{2}f(\rho\cos\varphi,\rho\sin\varphi)\rho\mathrm{d}\rho+\int_{\frac{\pi}{2}}^{\frac{3}{2}\pi}\mathrm{d}\varphi\int_0^2 f(\rho\cos\varphi,\rho\sin\varphi)\rho\mathrm{d}\rho$$

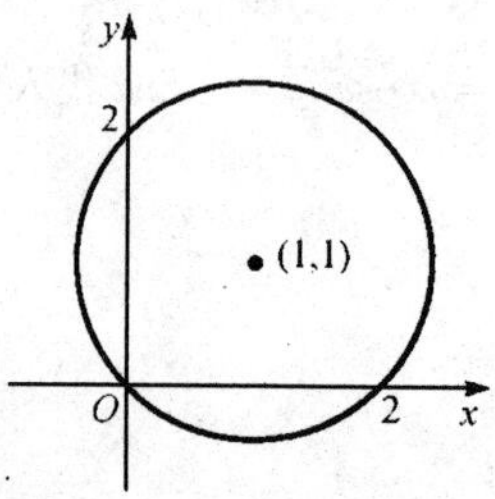

图 7.22

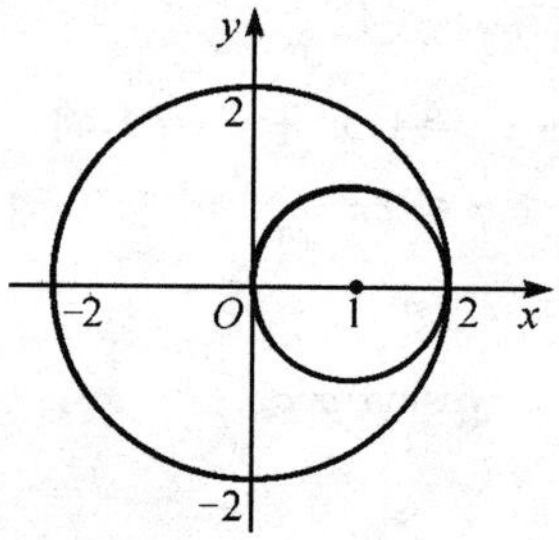

图 7.23

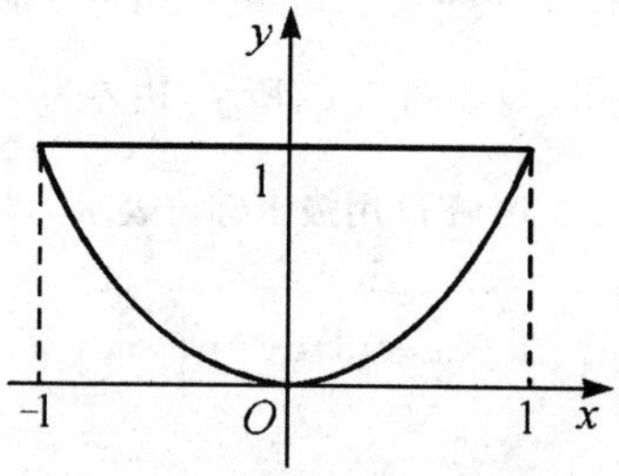

图 7.24

(6) D 如图 7.24 所示,边界为 $y=x^2, y=1$.

用极坐标表示分别为 $\sin\varphi=\rho\cos^2\varphi,\rho\sin\varphi=1$

积分区域可表示为

$$\begin{cases}0\leqslant\varphi\leqslant\dfrac{\pi}{4}\\ 0\leqslant\rho\leqslant\dfrac{\sin\varphi}{\cos^2\varphi}\end{cases}+\begin{cases}\pi\leqslant\varphi\leqslant\dfrac{3\pi}{4}\\ 0\leqslant\rho\leqslant\dfrac{1}{\sin\varphi}\end{cases}+\begin{cases}\dfrac{3\pi}{4}\leqslant\varphi\leqslant\pi\\ 0\leqslant\rho\leqslant\dfrac{\sin\varphi}{\cos^2\varphi}\end{cases}$$

$$\iint_D f(x,y)\mathrm{d}x\mathrm{d}y = \int_0^{\frac{\pi}{4}}\mathrm{d}\varphi\int_0^{\frac{\sin\varphi}{\cos^2\varphi}} f(\rho\cos\varphi,\rho\sin\varphi)\rho\mathrm{d}\rho + \int_{\frac{\pi}{4}}^{\frac{3\pi}{4}}\mathrm{d}\rho\int_0^{\frac{1}{\sin\varphi}} f(\rho\cos\varphi,\rho\sin\varphi)\rho\mathrm{d}\rho + \int_{\frac{3\pi}{4}}^{\pi}\mathrm{d}\rho\int_0^{\frac{\sin\varphi}{\cos^2\varphi}} f(\rho\cos\varphi,\rho\sin\varphi)\rho\mathrm{d}\rho.$$

2. 化下列二次积分为极坐标形式的二次积分,并计算积分值:

(1) $\int_0^2\mathrm{d}x\int_0^{2x-x^2}(x^2+y^2)\mathrm{d}y$;　　(2) $\int_0^1\mathrm{d}x\int_x^{x^2}(x^2+y^2)^{-\frac{1}{2}}\mathrm{d}y$;

(3) $\int_0^1\mathrm{d}x\int_{1-x}^{\sqrt{1-x^2}}(x^2+y^2)^{-\frac{3}{2}}\mathrm{d}y$;　　(4) $\int_1^2\mathrm{d}x\int_0^x\frac{y\sqrt{x^2+y^2}}{x}\mathrm{d}y$.

解:(1) 易知 $D=\{(x,y)\mid 0\leqslant y\leqslant\sqrt{2x-x^2},0\leqslant x\leqslant 2\}$,用极坐标可表示为

$$D=\{(\rho,\varphi)\mid 0\leqslant\rho\leqslant 2\cos\theta,-\frac{\pi}{2}\leqslant\varphi\leqslant\frac{\pi}{2}\}$$

$$原式=\int_{-\frac{\pi}{2}}^{\frac{\pi}{2}}\mathrm{d}\varphi\int_0^{2\cos\theta}\rho^2\cdot\rho\mathrm{d}\rho=\frac{3}{4}\pi$$

(2) 易知 $D=\{(x,y)\mid x^2\leqslant y\leqslant x,0\leqslant x\leqslant 1\}$,用极坐标可表示为

$$D=\{(\rho,\varphi)\mid 0\leqslant\rho\leqslant\sec\varphi\tan\varphi,0\leqslant\varphi\leqslant\frac{\pi}{4}\}$$

$$原式=\int_0^{\frac{\pi}{4}}\mathrm{d}\varphi\int_0^{\sec\theta\tan\theta}\frac{1}{\rho}\cdot\rho\mathrm{d}\rho=\sqrt{2}-1$$

(3) 易知 $D=\{(x,y)\mid 1-x\leqslant y\leqslant\sqrt{1-x^2},0\leqslant x\leqslant 1\}$ 用极坐标可表示为

$$D=\{(\rho,\varphi)\mid\frac{1}{\sin\varphi+\cos\varphi}\leqslant\rho\leqslant 1,0\leqslant\varphi\leqslant\frac{\pi}{2}\}$$

$$原式=\int_0^{\frac{\pi}{2}}\mathrm{d}\varphi\int_{\frac{1}{\sin\varphi+\cos\varphi}}^1\rho^{-3}\cdot\rho\mathrm{d}\rho=\int_0^{\frac{\pi}{2}}(\sin\varphi+\cos\varphi-1)\mathrm{d}\varphi=2-\frac{\pi}{2}$$

(4) 易知 $D=\{(x,y)\mid 0\leqslant y\leqslant x,0\leqslant x\leqslant 2\}$,用极坐标可表示为

$$D=\{(\rho,\varphi)\mid\frac{1}{\cos\varphi}\leqslant\rho\leqslant\frac{2}{\cos\varphi},0\leqslant\varphi\leqslant\frac{\pi}{4}\}$$

$$原式=\int_0^{\frac{\pi}{4}}\mathrm{d}\varphi\int_{\frac{1}{\cos\varphi}}^{\frac{2}{\cos\varphi}}\frac{\sin\varphi\cdot\rho}{\cos\varphi}\cdot\rho\mathrm{d}\rho=-\frac{7}{3}\int_0^{\frac{\pi}{4}}\frac{\mathrm{d}\cos\varphi}{\cos^4\varphi}=\frac{7}{9}(2\sqrt{2}-1)$$

3. 利用极坐标计算下列二重积分:

(1) $\iint_D\ln(1+x^2+y^2)\mathrm{d}x\mathrm{d}y$,其中 D 是由圆周 $x^2+y^2=1$ 及坐标轴所围成的位于第一象限的闭区域;

(2) $\iint_D\arctan\frac{y}{x}\mathrm{d}x\mathrm{d}y$,其中 D 是由圆周 $x^2+y^2=4,x^2+y^2=1$ 及直线 $y=0,y=x$ 所围成的在第一象限的闭区域.

解:(1) 在极坐标系下,$D=\{(\rho,\varphi)\mid 0\leqslant\rho\leqslant 1,0\leqslant\varphi\leqslant\frac{\pi}{2}\}$

$$原式=\int_0^{\frac{\pi}{2}}\mathrm{d}\varphi\int_0^1\ln(1+\rho^2)\cdot\rho\mathrm{d}\rho=\frac{\pi}{4}\cdot\int_0^1\ln(1+\rho^2)\mathrm{d}(1+\rho^2)=\frac{\pi}{4}(2\ln 2-1)$$

(2) 在极坐标下,$D=\{(\rho,\varphi)\mid 1\leqslant\rho\leqslant 2,0\leqslant\varphi\leqslant\frac{\pi}{4}\}$

又 $\arctan\frac{y}{x}=\arctan\frac{\rho\sin\varphi}{\rho\cos\varphi}=\arctan(\tan\varphi)=\varphi$

原式 $=\int_0^{\frac{\pi}{4}}\varphi d\varphi\int_1^2\rho d\rho=\frac{\pi^2}{32}\cdot\frac{3}{2}=\frac{3\pi^2}{64}$

4. 求下列图形的面积:

(1) 三叶玫瑰线 $\rho=\cos 3\varphi$ 的一叶;

(2) 心脏线 $\rho=1-\sin\varphi$ 所围的区域;

(3) 位于圆周 $\rho=3\cos\varphi$ 的内部及心脏线 $\rho=1+\cos\varphi$ 的外部的区域;

(4) 由双曲螺线 $\rho\varphi=1$,圆周 $\rho=1,\rho=3$ 及极轴所围成的较小的那个区域.

【逻辑推理】 画出图形,找出积分区域,利用重积分计算面积.

解:(1) 易知三叶玫瑰线的图形关于 x 轴对称,其一叶的图形为图 7.25 中的阴影部分

取积分区域 $D=\{(\rho,\varphi)\mid 0\leqslant\rho\leqslant\cos 3\varphi,$

$-\frac{\pi}{6}\leqslant\varphi\leqslant\frac{\pi}{6}\}$

则面积 $A=\iint\limits_D d\sigma=\int_{-\frac{\pi}{6}}^{\frac{\pi}{6}}d\varphi\int_0^{\cos 3\varphi}\rho d\rho=\int_{-\frac{\pi}{6}}^{\frac{\pi}{6}}\frac{1}{2}\cos^2 3\varphi d\varphi$

$=\frac{1}{4}\int_{-\frac{\pi}{6}}^{\frac{\pi}{6}}(1+\cos 6\varphi)d\sigma=\frac{\pi}{12}$

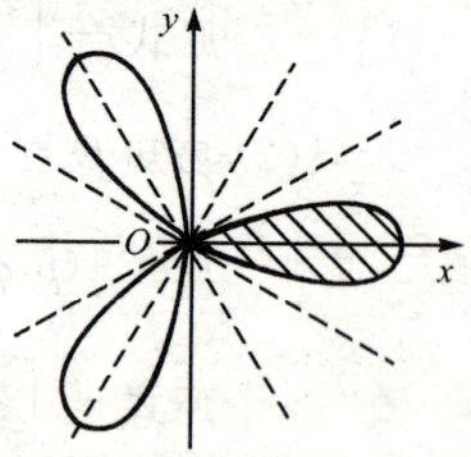

图 7.25

(2) 易知心形线关于 x 轴对称,因为代直角坐标方程为

$x^2+y^2=\sqrt{x^2+y^2}-y$,如图 7.26 所示.

取积分区域 $D=\{(\rho,\varphi)\mid 0\leqslant\rho\leqslant 1-\sin\varphi,$

$-\frac{\pi}{2}\leqslant\varphi\leqslant\frac{\pi}{2}\}$

则面积 $A=2A_1=2\int_{-\frac{\pi}{2}}^{\frac{\pi}{2}}d\varphi\int_0^{1-\sin\varphi}\rho d\rho=\frac{3}{2}\pi$

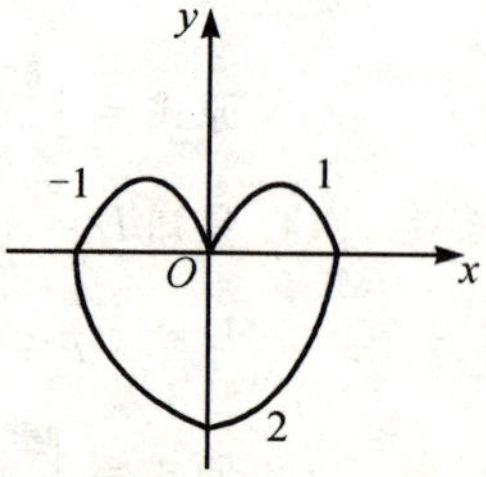

图 7.26

(3) 先求 $\rho=3\cos\varphi$ 与 $\rho=1+\cos\varphi$ 的交点;$3\cos\varphi=1+\cos\varphi$,

由 $\cos\varphi=\frac{1}{2}$,得 $\varphi=-\frac{\pi}{3},\frac{\pi}{3}$

于是交点为

$A_1\left(\frac{3}{2},-\frac{\pi}{3}\right),A_2\left(\frac{3}{2},\frac{\pi}{3}\right)$,如图 7.27 所示.

$A=\iint\limits_D d\sigma\xlongequal{\text{对称性}}2\int_0^{\frac{\pi}{3}}d\varphi\int_{1+\cos\varphi}^{3\cos\varphi}\rho d\rho$

$=2\int^{\frac{\pi}{2}}(8\cos^2\varphi-2\cos\varphi-1)d\varphi=\pi$

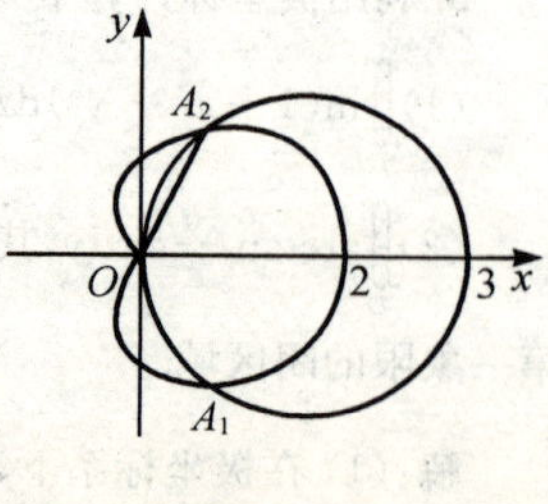

图 7.27

(4) 如图 7.28 所示,积分区域 $D=D_1+D_2$,解方程组

$$\begin{cases}\rho\varphi=1\\ \rho=1\end{cases}\text{得 }\varphi=1,\quad \begin{cases}\rho\varphi=1\\ \rho=3\end{cases}\text{得 }\varphi=\frac{1}{3}$$

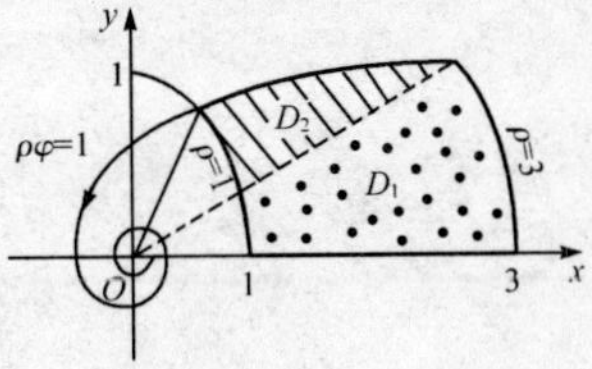

图 7.28

则面积 $A=\iint\limits_{D_1+D_2}\mathrm{d}\sigma=\int_0^{\frac{1}{3}}\mathrm{d}\sigma\int_1^3\rho\mathrm{d}\rho+\int_{\frac{1}{3}}^1\mathrm{d}\varphi\int_1^{\frac{1}{\varphi}}\rho\mathrm{d}\rho$

$$=\frac{1}{3}\cdot\frac{1}{2}(3^2-1^1)+\frac{3}{2}\int_{\frac{1}{3}}^1(\frac{1}{\varphi^2}-1)\mathrm{d}\sigma$$

$$=\frac{4}{3}+\frac{2}{3}=2$$

5. 利用极坐标计算下列立体 Ω 的体积:

(1)Ω 由柱面 $x^2+y^2=y$ 和平面 $6x+4y+z=12,z=0$ 所围成;

(2)Ω 由锥面 $z=\sqrt{x^2+y^2}$ 和半球面 $z=\sqrt{1-x^2-y^2}$ 所围成;

(3)Ω 由 $x^2+y^2\leqslant 4$ 及 $4x^2+4y^2+z^2\leqslant 64$ 所确定;

(4)Ω 由抛物面 $z=x^2+2y^2$ 和 $z=6-2x^2-y^2$ 所围成.

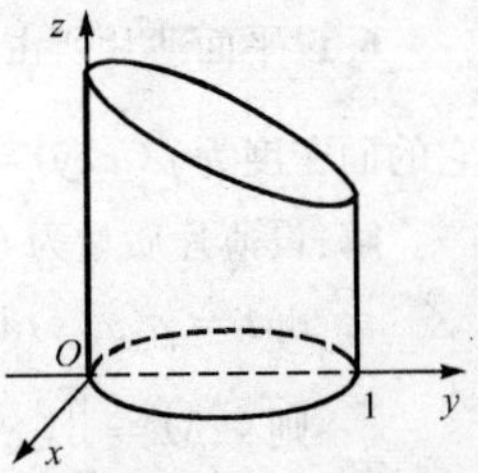

图 7.29

解:(1) $x^2+y=y$,即 $x^2+(y-\frac{1}{2})^2=(\frac{1}{2})^2$

平面 $6x+4y+z=12$,即$\frac{x}{2}+\frac{y}{3}+\frac{z}{12}=1$

Ω 的图形如图 7.29 所示.

积分区域 $D=\{(\rho,\varphi)\mid 0\leqslant\rho\leqslant\sin\varphi,0\leqslant\varphi\leqslant\pi\}$

$$V=\iint\limits_D(12-6x-4y)\mathrm{d}x\mathrm{d}y=\int_0^{\pi}\mathrm{d}\varphi\int_0^{\sin\varphi}\rho\mathrm{d}\rho=\frac{5}{2}\varphi$$

(2) Ω 如图 7.30 所示.

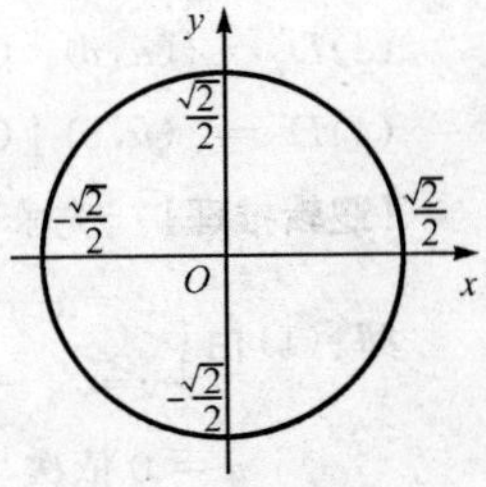

图 7.30

积分区域 $D=\{(\rho,\varphi)\mid 0\leqslant\varphi\leqslant 2\pi,0\leqslant\rho\leqslant\frac{\sqrt{2}}{2}\}$

$$V=\iint\limits_D(\sqrt{1-x^2-y^2}-\sqrt{x^2+y^2})\mathrm{d}\sigma$$

$$\xlongequal{\text{对称性}}4\int_0^{\frac{\pi}{2}}\mathrm{d}\varphi\int_0^{\sqrt{2}}(\sqrt{1-\rho^2}-\rho)\cdot\rho\mathrm{d}\rho$$

$$、=4\cdot\frac{\pi}{2}\cdot\frac{1-\frac{1}{\sqrt{2}}}{3}=\frac{\pi(2-\sqrt{2})}{3}$$

(3) Ω 如图 7.31 所示,Ω 在 xOy 面上的投影.

$D=\{(\rho,\varphi)\mid 0\leqslant\rho\leqslant 2,0\leqslant\varphi\leqslant 2\pi\}$

$$V=2\iint\limits_D\sqrt{64-4x^2-4y^2}\,\mathrm{d}x\mathrm{d}y=2\cdot 4\int_0^{\frac{\pi}{2}}\mathrm{d}\varphi\int_0^2\sqrt{64-4\rho^2}\cdot\rho\mathrm{d}\rho$$

$$=8\cdot\frac{\pi}{2}\int_0^2 2\sqrt{16-\rho^2}\cdot\rho\mathrm{d}\rho=\frac{64\pi}{3}(8-3\sqrt{3})$$

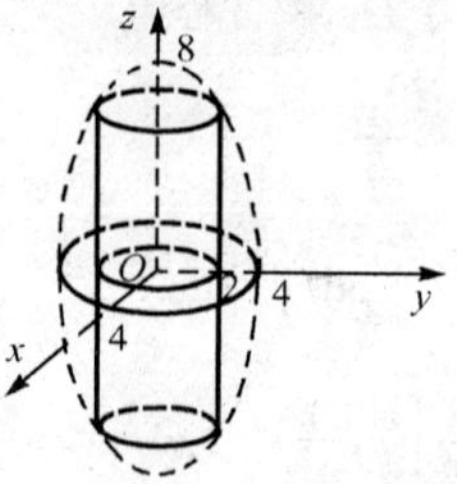

图 7.31

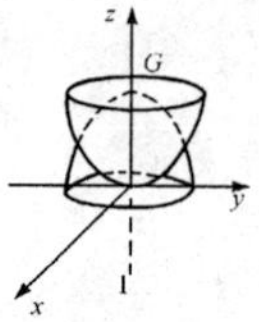

图 7.32

(4) Ω 如图 7.32 所示，积分区域 $D=\{(\rho,\varphi)\mid 0\leqslant\rho\leqslant\sqrt{6},0\leqslant\varphi\leqslant 2\pi\}$，

$$V=\int_0^{2\pi}\mathrm{d}\varphi\int_0^{\sqrt{6}}\rho\mathrm{d}\rho=6\pi$$

6. 设平面薄片所占的闭区域 D 是由螺线 $\rho=2\varphi$ 上一段弧 $(0\leqslant\varphi\leqslant\frac{\pi}{2})$ 与射线 $\varphi=\frac{\pi}{2}$ 所围成，它的面密度为 $\mu(x,y)=x^2+y^2$，求这薄片的质量.

解: 设薄片质量为 M，则质量元素

$$\mathrm{d}M=\mu(x,y)\mathrm{d}\sigma$$

则 $$M=\iint_D(x^2+y^2)\mathrm{d}x\mathrm{d}y=\int_0^{\frac{\pi}{2}}4\varphi^4\mathrm{d}\varphi=\frac{1}{40}\pi^5$$

* 习题 7－2(3) 解答

1. 求下列闭区域 D' 在所给变换下的象区域 D，画出 D 的草图：

(1) $D'=\{(u,v)\mid 0\leqslant v\leqslant\sqrt{1-u^2},0\leqslant u\leqslant 1\},x=u+v,y=u-v$;

(2) $D'=\{(u,v)\mid 0\leqslant v\leqslant 2-u,0\leqslant u\leqslant 2\},x=u+v,y=u^2-v$;

(3) $D'=\{(u,v)\mid 0\leqslant v\leqslant u,0\leqslant u\leqslant 1,x=u^2-v^2,y=2uv;\}$

(4) $D'=\{(u,v)\mid 0\leqslant u\leqslant 1,0\leqslant u\leqslant\pi\},x=\mathrm{e}^u\cos v,y=\mathrm{e}^u\sin v$.

【逻辑推理】　先求出两个积分区域 D 和 D' 边界的对应方程，再画出图解.

解: (1) 由 $\begin{cases}x=u+v\\y=u-v\end{cases}$，得 $u=\frac{x}{2}+\frac{y}{2},v=\frac{x}{2}-\frac{y}{2}$，在此变换下，$D'$ 的边界 $v=0,v=\sqrt{1-u^2}$，$u=0$ 依次与 $x-y=0,x^2+y^2=2,x+y=0$ 相对应，故 D 的图形如图 7.33 所示.

$$D=\{(x,y)\mid |y\leqslant 1,|y|\leqslant x\leqslant\sqrt{2-y^2}\}$$

(2) 由 $\begin{cases}x=u+v\\y=u^2-v\end{cases}$，得 $u=-\frac{1}{2}+\sqrt{x+y+\frac{1}{4}},v=x+\frac{1}{2}-\sqrt{x+y+\frac{1}{4}}$，在此变换下，$D'$ 的边界 $v=0,v=2-u,u=0,u=2$ 依次与 $y=x^2,x=2,x+y=0,x+y=6$ 相对应，因而 D 的图形如图 7.34 所示.

$$D=\{(x,y)\mid 0\leqslant x\leqslant 2,-x\leqslant y\leqslant x^2\}$$

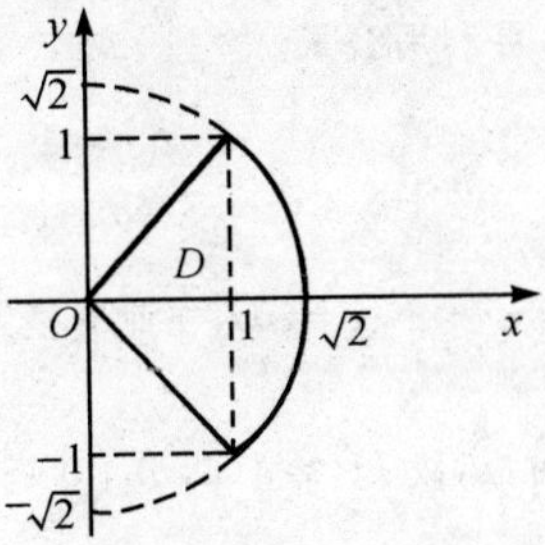

图 7.33

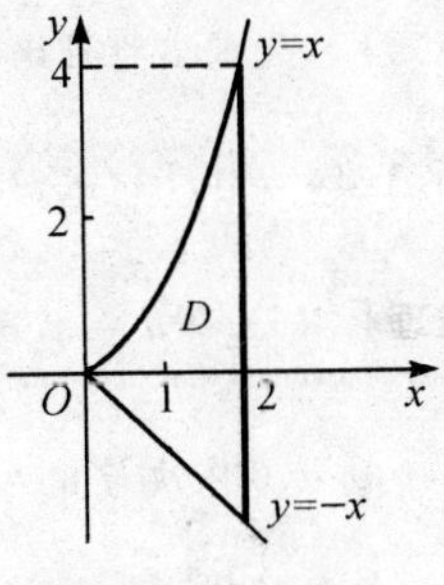

图 7.34

(3) 由 $\begin{cases} x = u^2 - v^2 \\ y = 2uv \end{cases}$ 得 $u = \dfrac{1}{\sqrt{2}}\sqrt{\sqrt{x^2+y^2}+x}$，$v = \dfrac{1}{\sqrt{2}}\sqrt{\sqrt{x^2+y^2}-x}$，在此变换下，$D'$ 的边界 $v = 0, v = u, u = 1$ 依次与 $y = 0, x = 0, y^2 = 4(1-x)$ 相对应，因而 D 的图形如图 7.35 所示.

$D = \{(x,y) \mid 0 \leqslant x \leqslant 1, 0 \leqslant y \leqslant 2\sqrt{1-x}\}$

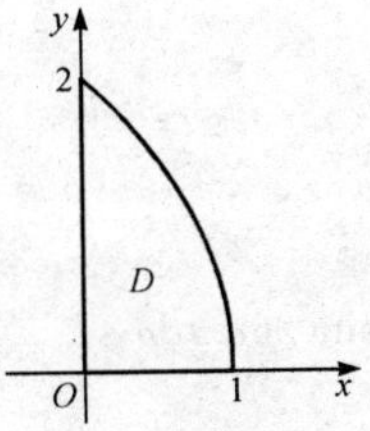

图 7.35

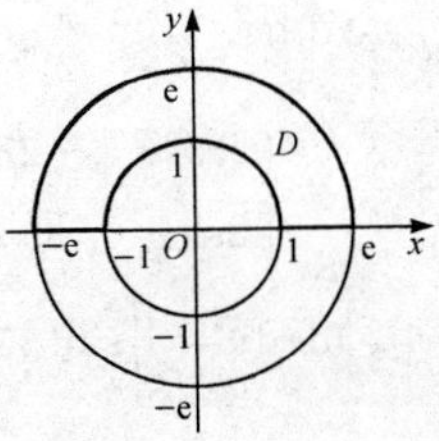

图 7.36

(4) 由 $\begin{cases} x = e^u\cos v \\ y = e^u\sin v \end{cases}$，得 $u = \dfrac{1}{2}\ln(x^2+y^2)$，$\begin{cases} v = \dfrac{\pi}{2} \text{ 或 } \dfrac{3\pi}{2},\ x = 0 \\ v = \arctan\dfrac{y}{x}, x \neq 0 \end{cases}$ 在此变换下，D' 的边界 $u = 0, u = 1, u = 0, v = \pi$ 依次为 $x^2 + y^2 = 1, x^2 + y^2 = e^2, y = 0, y = 0$，因而 D 的图形如图 7.36 所示.

$D = \{(x,y) \mid 1 \leqslant x^2 + y^2 \leqslant e^2, y \geqslant 0\}$

2. 作适当的变换，计算下列二重积分：

(1) $\iint\limits_D \dfrac{y}{e^{x+y}}\mathrm{d}x\mathrm{d}y$，$D$ 是由直线 $x = 0, y = 0$ 及 $x + y = 1$ 所围成的闭区域；

(2) $\iint\limits_D \sin(9x^2 + 4y^2)\mathrm{d}x\mathrm{d}y$，$D$ 是椭圆形闭区域 $9x^2 + 4y^2 \leqslant 1$ 位于第一象限的部分；

(3) $\iint\limits_D \cos\dfrac{y-x}{y+x}\mathrm{d}x\mathrm{d}y$，$D$ 是以点 $(1,0),(2,0),(0,2),(0,1)$ 为顶点的梯形闭区域；

(4) $\iint\limits_D e^{x^2+(y-1)^2}\mathrm{d}x\mathrm{d}y$，$D: x^2 + y^2 \leqslant 2y, y \geqslant 1$.

【知识点窍】 先求出雅可比行列式 $J=\dfrac{\partial(x,y)}{\partial(u,v)}$,再利用公式

$\iint\limits_D f(x,y)\mathrm{d}x\mathrm{d}y=\iint\limits_D f[x(u,v),y(u,v)]\,|J|\,\mathrm{d}u\mathrm{d}v$ 求解.

【逻辑推理】 (1) 令 $u=x+y, v=\dfrac{y}{x+y}$,则 $x=u-uv, y=uv$,在此变换下区域 D 的边界线 $x+y=1, y=0, x=0$ 依次与 $u=1, v=0, \begin{cases}u=0\\v=1\end{cases}$ 相对应,故 $D'=\{(u,v)\mid 0\leqslant u\leqslant 1, 0\leqslant v\leqslant 1\}$

$$J=\frac{\partial(x,y)}{\partial(u,v)}=\begin{vmatrix}1-v & -u\\ v & u\end{vmatrix}=u$$

$$\iint\limits_D \frac{y}{\mathrm{e}^{x+y}}\mathrm{d}x\mathrm{d}y=\iint\limits_{D'}\mathrm{e}^v\cdot u\mathrm{d}u\mathrm{d}v=\int_0^1 u\mathrm{d}u\int_0^1\mathrm{e}^v\mathrm{d}v=\frac{1}{2}(\mathrm{e}-1)$$

(2) 令 $x=2\rho\cos\varphi, y=3\rho\sin\varphi$,则在此变换下区域 D 的边界线 $9x^2+4y^2=1, x=0, y=0$ 依次与 $\rho=\dfrac{1}{6}, \varphi=0, \varphi=\dfrac{\pi}{2}$ 相对应,故

$$D'=\left\{(\rho,\varphi)\mid 0\leqslant\varphi\leqslant\frac{\pi}{2}, 0\leqslant\rho\leqslant\frac{1}{6}\right\}$$

$$J=\frac{\partial(x,y)}{\partial(u,v)}=\begin{vmatrix}2\cos\varphi & -2\rho\sin\varphi\\ 2\sin\varphi & 3\rho\cos\varphi\end{vmatrix}=6\rho.$$

$$\iint\limits_D(9x^2+4y^2)\mathrm{d}x\mathrm{d}y=\iint\limits_{D'}\sin(36\rho^2)\cdot 6\rho\mathrm{d}\rho\mathrm{d}\varphi=\int_0^{\frac{\pi}{0}}\mathrm{d}\varphi\int_0^{\frac{1}{6}}6\rho\sin(36\rho^2)\mathrm{d}\rho$$

$$=-\frac{\pi}{2}\cdot\frac{\cos 1-\cos 0}{12}=\frac{\pi(1-\cos 1)}{24}$$

(3) 令 $u=y+x, v=y-x$,则 $x=\dfrac{1}{2}(u-v), y=\dfrac{1}{2}(u+v)$,在此变换下区域 D 的边界线为

$x+y=1\leftrightarrow u=1$; $y=0\leftrightarrow u=-u$;

$x+y=2\leftrightarrow u=2$; $x=0\leftrightarrow u=-v$,见图 7.37

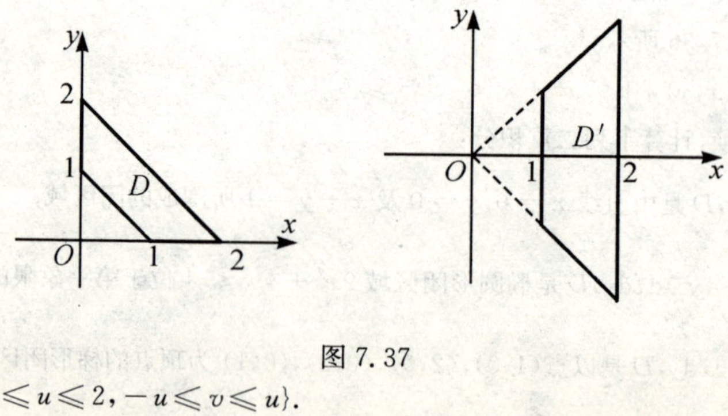

图 7.37

$D'=\{u,v\mid 1\leqslant u\leqslant 2, -u\leqslant v\leqslant u\}$.

$$|J|=\begin{vmatrix}\frac{1}{2} & -\frac{1}{2}\\ \frac{1}{2} & \frac{1}{2}\end{vmatrix}=\frac{1}{4}+\frac{1}{4}=\frac{1}{2}.$$

$$\iint_D\cos\frac{y-x}{y+x}\mathrm{d}x\mathrm{d}y=\iint_D\cos\frac{v}{u}\cdot\frac{1}{2}\mathrm{d}u\mathrm{d}v=\frac{1}{2}\int_1^2\mathrm{d}u\int_{-u}^{u}\cos\frac{v}{u}\mathrm{d}v=\frac{1}{2}\sin 1\cdot u^2\Big|_1^2=\frac{3}{2}\sin 1$$

(4) 令 $x=\rho\cos\varphi, y=1+\rho\sin\varphi$，故

$$D'=\left\{(\rho,\varphi)\,\middle|\,\frac{\pi}{4}\leqslant\varphi\leqslant\frac{3}{2}\pi, 0\leqslant\rho\leqslant 2\sin\varphi\right\}$$

$$|J|=\rho$$

$$\iint_D \mathrm{e}^{x^2}+(y-1)^2\mathrm{d}x\mathrm{d}y=\iint_D \mathrm{e}^{\rho^2}\mathrm{d}\rho\mathrm{d}\varphi=\frac{\pi}{2}(\mathrm{e}-1)$$

3. 求由下列曲线所围成的闭区域 D 的面积：

(1)D 是由直线 $ax+by=r_1, ax+by=r_2, cx+\mathrm{d}y=s_1, cx+\mathrm{d}y=s_2$ 所围成的平行四边形闭区域，其中 $r_1<r_2, s_1<s_2, ad-bc\neq 0$；

(2)D 是由曲线 $xy=4, xy^3=4, xy=8, y^3=15$ 所围成的位于第一象限的闭区域.

解：(1) 令 $u=ax+by, v=cx+\mathrm{d}y$，则 $x=\frac{\mathrm{d}u-bv}{ad-bc}, y=\frac{av-cu}{ad-bc}$

易求得　$D'=\{(u,v)\mid r_1\leqslant u\leqslant r_2, s_1\leqslant v\leqslant s_2\}$

$$|J|=\frac{\partial(x,y)}{\partial(u,v)}=\frac{1}{\frac{\partial(u,v)}{\partial(x,y)}}=\frac{1}{\begin{vmatrix}a & b\\ c & d\end{vmatrix}}=\frac{1}{ad-bc}$$

$$|J|=\frac{1}{|ad-bc|}$$

故　$A=\iint_D \mathrm{d}x\mathrm{d}y=\iint_{D'}\frac{1}{ad-bc}\mathrm{d}u\mathrm{d}v=\frac{1}{ad-bc}\int_{s_1}^{s_2}\mathrm{d}v=\frac{(r_2-r_1)(s_2-s_1)}{ad-bc}$

(2) 令 $xy=u, xy^3=v$，则 $x=u\sqrt{\frac{u}{v}}, y=\sqrt{\frac{v}{u}}$，$D$ 变为 D'

$$D'=\{(u,v)\mid 4\leqslant u\leqslant 8, 5\leqslant v\leqslant 15\}$$

$$J=\frac{\partial(x,y)}{\partial(u,v)}=\begin{vmatrix}\frac{3}{2}\sqrt{\frac{u}{v}} & -\frac{u}{2v}\sqrt{\frac{u}{v}}\\ -\frac{1}{2u}\sqrt{\frac{v}{u}} & \frac{1}{2}\sqrt{\frac{1}{uv}}\end{vmatrix}=\frac{1}{2v}=|J|$$

故　$A=\iint_{D'}\frac{1}{2v}\mathrm{d}x\mathrm{d}y=\frac{1}{2}\int_4^8\mathrm{d}u\cdot\int_5^{15}\frac{1}{v}\mathrm{d}v=\frac{1}{2}\cdot 4\cdot(\ln 15-\ln 5)=2\ln 3$

【注】J 的另一求法.

$$J=\frac{\partial(x,y)}{\partial(x,y)}\frac{1}{\frac{\partial(u,v)}{\partial(x,y)}}=\frac{1}{\begin{vmatrix}y & x\\ -\frac{y}{3xy^2} & \frac{1}{x}\end{vmatrix}}=\frac{1}{2xy^3}=\frac{1}{2v}$$

4. 选取适当的变换,证明下列等式:

(1)$\iint\limits_D f(x+y)\mathrm{d}x\mathrm{d}y=\int_{-1}^{1}f(u)\mathrm{d}u$,$D$ 为闭区域 $|x|+|y|\leqslant 1$;

(2)$\iint\limits_D f(xy)\mathrm{d}x\mathrm{d}y=\dfrac{\ln 2}{2}\int_{1}^{2}f(u)\mathrm{d}u$,$D$ 是由直线 $y=x,y=2x$ 与双曲线 $xy=1,xy=2$ 所围的位于第一象限的闭区域.

证明:(1) 令 $x+y=u,x-y=v$,则 $x=\dfrac{u+v}{2},y=\dfrac{u-v}{2}$;

$$J=\begin{vmatrix}\dfrac{1}{2} & \dfrac{1}{2}\\ \dfrac{1}{2} & -\dfrac{1}{2}\end{vmatrix}=-\frac{2}{4}=-\frac{1}{2},\ |J|=\frac{1}{2}.$$

D' 为:$-1\leqslant u\leqslant 1,-1\leqslant u\leqslant 1$,所以

$$\iint\limits_D f(x,y)\mathrm{d}x\mathrm{d}y=\iint\limits_{D'}f(u)\cdot\frac{1}{2}\mathrm{d}u\mathrm{d}v=\frac{1}{2}\int_{-1}^{1}f(u)\mathrm{d}u\int_{-1}^{1}\mathrm{d}v=\int_{-1}^{1}f(u)\mathrm{d}u.$$

(2) 令 $u=xy,v=\dfrac{y}{x}$,于是 D 变为

$D'=\{(u,v)\mid 1\leqslant u\leqslant 2,1\leqslant v\leqslant 2\}$.

解出 $x=\sqrt{\dfrac{u}{v}},y=\sqrt{uv}\,(x>0,y>0)$,

于是 $$=\frac{\partial(x,y)}{\partial(u,v)}=\begin{vmatrix}\dfrac{1}{2\sqrt{uv}} & -\dfrac{\sqrt{u}}{2v\sqrt{v}}\\ \dfrac{\sqrt{v}}{2\sqrt{u}} & \dfrac{\sqrt{u}}{2\sqrt{v}}\end{vmatrix}=\frac{1}{4}\left(\frac{1}{v}+\frac{1}{v}\right)=\frac{1}{2v}>0,$$

从而 $$\iint\limits_D f(xy)\mathrm{d}x\mathrm{d}y=\iint\limits_{D'}f(u)\cdot\frac{1}{2v}\mathrm{d}u\mathrm{d}v=\frac{1}{2}\int_{1}^{2}f(u)\mathrm{d}u\int_{1}^{2}\frac{\mathrm{d}v}{v}=\frac{\ln 2}{2}\int_{1}^{2}f(u)\mathrm{d}u.$$

第三节 三重积分的计算

知识点归纳

1. 坐标面投影法

将三重积分先化为叠积分,再化为三次积分:

$$\iiint\limits_\Omega f(x,y,z)\mathrm{d}V=\iint\limits_{D_{xy}}\mathrm{d}x\mathrm{d}y\int_{z_1(x,y)}^{z_2(x,y)}f(x,y,z)\mathrm{d}z=\int_a^b\mathrm{d}x\int_{y_1(x)}^{y_2(x)}\mathrm{d}y\int_{z_1(x,y)}^{z_2(x,y)}f(x,y,z)\mathrm{d}z$$

2. 坐标轴投影法(截面法)

$$\iiint\limits_\Omega f(x,y,z)\mathrm{d}V=\int_p^q\mathrm{d}z\iint\limits_{D_x}f(x,y,z)\mathrm{d}x\mathrm{d}y$$

3. 利用柱面坐标计算三重积分

柱面坐标：$\begin{cases} x=\rho\cos\varphi & 0\leqslant\rho<+\infty \\ y=\rho\sin\varphi & 0\leqslant\varphi\leqslant 2\pi \\ z=z & -\infty<z<+\infty \end{cases}$，其中体积元素 $\mathrm{d}V=\rho\mathrm{d}\rho\mathrm{d}\varphi\mathrm{d}z$，

$$\iiint\limits_{\Omega}f(x,y,z)\mathrm{d}V=\iiint\limits_{\Omega}f(\rho\cos\varphi,\rho\sin\varphi,z)\rho\mathrm{d}\rho\mathrm{d}\varphi\mathrm{d}z,$$

再把它化为累次积分计算.

当 Ω 是柱形、锥形或旋转体且在坐标面上的投影是圆域或其部分，或被积函数含有式子 x^2+y^2 等时，常用柱面坐标计算.

4. 利用球面坐标计算三重积分

球面坐标：$\begin{cases} x=r\sin\theta\cos\varphi, & 0\leqslant r<+\infty \\ y=r\sin\theta\sin\varphi, & 0\leqslant\theta\leqslant\pi \\ z=r\cos\theta, & 0\leqslant\varphi\leqslant 2\pi \end{cases}$，其中 θ 为 $\overrightarrow{OM}$ 与 z 轴正向的夹角. 球面坐标系下的体积元素 $\mathrm{d}V=r^2\sin\theta\mathrm{d}r\mathrm{d}\theta\mathrm{d}\varphi$，于是有计算公式：

$\iiint\limits_{\Omega}f(x,y,z)\mathrm{d}V=\iiint\limits_{\Omega}f(r\sin\theta\cos\varphi,r\sin\theta\sin\varphi,r\cos\theta)r^2\sin\theta\mathrm{d}r\mathrm{d}\theta\mathrm{d}\varphi$，再视 Ω 的形状，把右边的三重积分化为累次积分计算.

当 Ω 是球体或其一部分，或被积函数含有式子 $x^2+y^2+z^2$ 时，常用球面坐标计算.

典型例题与解题技巧

题型Ⅳ：三重积分的计算

【题型分析】　先确定积分域，了解积分域形状，再选择适当的坐标系，以简化计算.

解此类题要选好坐标系，Ω：$z_1(x,y)\leqslant z\leqslant z_2(x,y)$，$(x,y)\in D_{xy}$，通常若 D_{xy} 的边界含有 x^2+y^2 形式，用柱面坐标计算较为方便，若 Ω 的边界曲面或被积函数含 $x^2+y^2+z^2$ 形式，则用球面坐标计算三重积分较为简单.

例 7　求下列三重积分

(1) $I=\iiint\limits_{\Omega}y\mathrm{d}x\mathrm{d}y\mathrm{d}z$，$\Omega$ 是球面 $x^2+y^2+z^2=4$ 与抛物面 $x^2+y^2=3z$ 所围成的区域；

(2) $I=\iiint\limits_{\Omega}\dfrac{y\sin x}{x}\mathrm{d}V$，其中 Ω 由 $y\sqrt{x}$，$y=0$，$z=0$，$x+z=\dfrac{\pi}{2}$ 所围成；

分析　(1) 凡积分域是由抛物面与其他曲面所围成之形体，一般用柱坐标计算为宜.

(2) 积分式和积分域中含 $x^2+y^2+x^2$，首先考虑球坐标.

(3) 本题具有轮换对称性，又是球形，可灵活选择.

解：(1) 在柱坐标系下，球面与抛物面的交线为

$$\begin{cases} p^2+z^2=4 \\ p^2=3z \end{cases}，即\begin{cases} z=1 \\ p=\sqrt{3} \end{cases}$$

故 $I=\iint\limits_{\Omega}\mathrm{d}x\mathrm{d}y\int_{\frac{\rho^2}{3}}^{\sqrt{4-\rho^2}}z\mathrm{d}z=\int_0^{2\pi}\mathrm{d}\theta\int_0^{\sqrt{3}}\rho\mathrm{d}\rho\int_{\frac{\rho^2}{3}}^{\sqrt{4-\rho^2}}z\mathrm{d}z$

$$=2\pi\int_0^{\sqrt{3}}\rho\cdot\frac{z^2}{2}\Big|_{\frac{\rho^2}{3}}^{\sqrt{4-\rho^2}}\mathrm{d}\rho=\pi_0^{\sqrt{3}}\rho(4-\rho^2-\frac{\rho^4}{9})\mathrm{d}\rho=\frac{13}{4}\pi$$

(2) Ω 是柱形长条区域,上顶是平面 $x+z=\frac{\pi}{2}$,下底是 xOy 平面,即 $z=0$,侧面是柱面 $y=0$, $y=\sqrt{x}$,注意 $x+z=\frac{\pi}{2}$ 与 Oxy 平面交于直线 $x=\frac{\pi}{2}$,于是

$\Omega=\left\{(x,y,z)\mid 0\leqslant z\leqslant\frac{\pi}{2}-x,(x,y)\in D_{xy}\right\}$

D_{xy} 如图 7.38 所示,也可看成 $\Omega=\{(x,y,z)\mid 0\leqslant y\leqslant\sqrt{x},(x,y)\in D_{zx}\}$

注意 $y=\sqrt{x}$ 与 Ozx 平面交于 $x=0$,D_{zx} 如图 7.39 所示,因此有

$$I=\iint\limits_{D_{xy}}\mathrm{d}x\mathrm{d}y\int_0^{\frac{\pi}{2}-x}\frac{y\sin x}{x}\mathrm{d}z=\int_0^{\frac{\pi}{2}}\mathrm{d}x\int_0^{\sqrt{x}}(\frac{\pi}{2}-x)\frac{\sin x}{x}y\mathrm{d}y$$

$$=\frac{1}{2}\int_0^{\frac{\pi}{2}-x}(\frac{\pi}{2}-x)\sin\mathrm{d}x=\frac{\pi}{4}-\frac{1}{2}$$

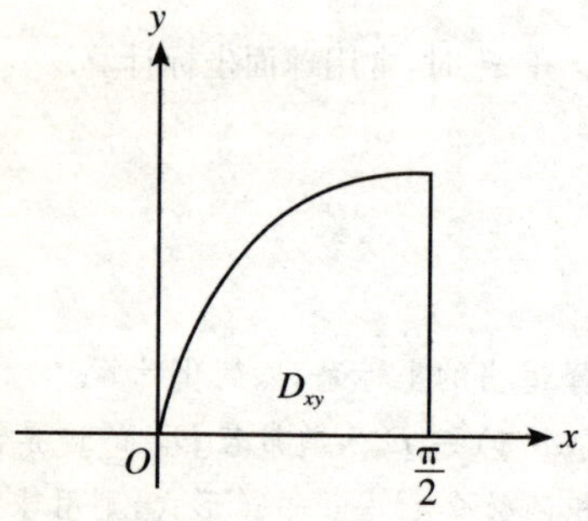

图 7.38

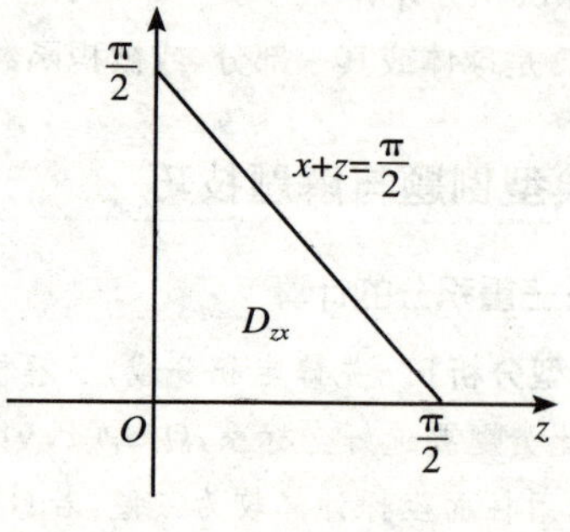

图 7.39

课后习题全解

习题 7—3 解答

1. 设 $\Omega=[a,b]\times[c,d]\times[l,m]$,证明

$$\iiint\limits_{\Omega}f(x)g(y)h(z)\mathrm{d}x\mathrm{d}y\mathrm{d}z=\left(\int_a^b f(x)\mathrm{d}x\right)\left(\int_a^b g(y)\mathrm{d}y\right)\left(\int_l^m h(z)\mathrm{d}z\right)$$

解: Ω 可用下列不等式组表示

$\Omega: a\leqslant x\leqslant b, c\leqslant y\leqslant d, l\leqslant z\leqslant m$

$$\iiint\limits_{\Omega}f(x)g(y)h(z)\mathrm{d}x\mathrm{d}y\mathrm{d}z=\int_a^b\mathrm{d}x\int_c^b\mathrm{d}y\int_l^m f(x)g(y)h(z)dz=\int_a^b f(x)\mathrm{d}x\int_c^d g(y)\mathrm{d}y\int_l^m h(z)\mathrm{d}z$$

$$=(\int_a^b f(x)\mathrm{d}x)(\int_c^d g(\mathrm{d}y)(\int_l^m h(z)\mathrm{d}z)$$

2. 化三重积分$\iiint\limits_{\Omega} f(x,y,z)\mathrm{d}x\mathrm{d}y\mathrm{d}z$为三次积分，其中积分区域$\Omega$分别是：

(1) 由平面$z=0, z=y$及柱面$y=\sqrt{1-x^2}$所围成的闭区域；

(2) 由曲面$z=x^2+2y^2$及$z=2-x^2$所围成的闭区域；

(3) 由曲面$z=xy, x^2+y^2=1, z=0$所围成的位于第一卦限的闭区域；

(4) 由双曲抛物面$z=xy$及平面$z=0, x+y=1$所围成的闭区域.

【逻辑推理】 将积分区域Ω用积分变量变化范围的不等式组表示再化简.

解：(1) Ω可用下列不等式组表示.

Ω: $-1\leqslant x\leqslant 1, D\leqslant y\leqslant \sqrt{1-x^2}, 0\leqslant z\leqslant y$

故 $$\iiint\limits_{\Omega} f(x,y,z)\mathrm{d}x\mathrm{d}y\mathrm{d}z=\int_{-1}^{1}\mathrm{d}x\int_{0}^{1-x^2}\mathrm{d}y\int_{0}^{y} f(x,y,z)\mathrm{d}z$$

(2) Ω可用下列不等式表示.

Ω: $x^2+2y^2=2-x^2$ 即 $x^2+y^2=1$

故 $$\iiint\limits_{\Omega} f(x,y,z)\mathrm{d}x\mathrm{d}y\mathrm{d}z=\int_{0}^{1}\mathrm{d}x\int_{-\sqrt{1-x^2}}^{\sqrt{1-x^2}}\mathrm{d}y\int_{x^2+2y^2}^{2-x^2} f(x,y,z)\mathrm{d}z.$$

(3) Ω可用下列不等式组表示.

Ω: $x\geqslant 0, y\geqslant 0, 0\leqslant z\leqslant xy, x+y\leqslant 1$

故 $$\iiint\limits_{\Omega}: f(x,y,z)\mathrm{d}x\mathrm{d}y\mathrm{d}z=\int_{0}^{1}\mathrm{d}x\int_{0}^{\sqrt{1-x^2}}\mathrm{d}y\int_{0}^{xy} f(x,y,z)\mathrm{d}z.$$

(4) Ω可用下列不等式组表示.

Ω: $0\leqslant x\leqslant 1, 0\leqslant y\leqslant \sqrt{1-x^2}, 0\leqslant z\leqslant xy$

$$\iiint\limits_{\Omega} f(x,y,z)\mathrm{d}x\mathrm{d}y\mathrm{d}z=\int_{0}^{1}\mathrm{d}x\int_{1}^{\sqrt{1-x^2}}\mathrm{d}y\int_{0}^{xy} f(x,y,z)\mathrm{d}z$$

3. 设一物体占空间闭区域$\Omega=[0,1]\times[0,1]\times[0,1]$，其密度函数为$\mu(x,y,z)=x+y+z$，求该物体的质量.

解：$m=\iiint\limits_{V}\mu(x,y,z)\mathrm{d}V=\int_{0}^{1}\mathrm{d}x\int_{0}^{1}\mathrm{d}y\int_{0}^{1}(x+y+z)\mathrm{d}z=\dfrac{3}{2}.$

4. 计算下列三重积分：

(1) $\iiint\limits_{\Omega} xy\mathrm{d}x\mathrm{d}y\mathrm{d}z$，$\Omega$是以点$(0,0,0)$，$(1,0,0)$，$(0,2,0)$，$(0,0,3)$为顶点的四面体；

(2) $\iiint\limits_{\Omega} z\mathrm{d}x\mathrm{d}y\mathrm{d}z$，$\Omega$是由平面$x=0, y=1, z=0, y=x$和曲面$z=xy$所围成的闭区域；

(3) $\iiint\limits_{\Omega} yz\mathrm{d}x\mathrm{d}y\mathrm{d}z$，$\Omega$是由平面$z=0, z=y, y=1$及抛的柱面$y=x^2$所围成的闭区域；

(4) $\iiint\limits_{\Omega} z^2\mathrm{d}x\mathrm{d}y\mathrm{d}z$，$\Omega$是两个球体$x^2+y^2+z^2\leqslant R^2$和$x^2+y^2+z^2\leqslant 2Rz$的公共部分$(R>0)$.

【知识点窍】 考查三重积分的计算，将三重积分化为三次积分，注意积分次序的选择.

【逻辑推理】 (1)Ω可表示为不等式组

$$\Omega: 0 \leqslant x \leqslant 1, 0 \leqslant y \leqslant 2-2x, 0 \leqslant z \leqslant 3-3x-\frac{3y}{2}$$

$$\iiint_\Omega xy\,dxdydz = \int_0^1 dx\int_0^{2-2x} dy\int_0^{3-3x-\frac{3y}{3}} xy\,dz$$

$$= \int_0^1 dx\int_0^{2-2x} (2xy-3x^2y-\frac{3xy^2}{2})dy$$

$$= \int_0^1 [\frac{3x}{2}(2-2x)^2-\frac{3}{2}x^2(2-2x)^2-\frac{x}{2}(2-2x)^3 dx$$

$$= \int_0^1 (2x-6x^2+6x^3-2x^4)dx = \frac{1}{10}$$

(2)Ω可表示为不等式组

$$\Omega: 0 \leqslant z \leqslant xy, x \leqslant y \leqslant 1, 0 \leqslant x \leqslant 1$$

$$\iiint_\Omega z\,dxdydz = \int_0^1 dx\int_x^1 dy\int_0^{xy} z\,dz = \frac{1}{2}\int_0^1 dx\int_x^1 x^2y^2 dy = \frac{1}{6}\int_0^1 x^2(1-x^3)dx = \frac{1}{36}$$

(3)Ω可用不等式组表示为

$$\Omega: -1 \leqslant x \leqslant 1, x^2 \leqslant y \leqslant 1, 0 \leqslant z \leqslant y$$

$$\iiint_\Omega yz\,dxdydz = \int_{-1}^1 dx\int_{x^2}^1 dy\int_0^y yz\,dz = \int_{-1}^1 dx\int_{x^2}^1 \frac{y^3}{2}dy = \int_{-1}^1 \frac{1-x^8}{8}dx = \frac{1}{4}-\frac{1}{4\cdot 9} = \frac{2}{9}$$

(4)Ω可分为 Ω_1 和 Ω_2，其中 Ω_1 可表示为

$$\Omega_1: 0 \leqslant x^2+y^2 \leqslant 2Rz-z^2, 0 \leqslant z \leqslant \frac{R}{2}$$

$$\Omega_2: 0 \leqslant x^2+y^2 \leqslant R^2-z^2, \frac{R}{2} \leqslant z \leqslant R$$

因此 $\iiint_\Omega z^2 dxdydz = \iiint_{\Omega_1} z^2 dxdydz + \iiint_{\Omega_2} z^2 dxdydz$

$$= \int_0^{\frac{R}{2}} dz \iint_{x^2+y^2 \leqslant 2Rz-z^2} z^2 dxdy + \int_{\frac{R}{2}}^R dz \iint_{x^2+y^2 \leqslant R^2-z^2} z^2 dxdy$$

$$= \int_0^{\frac{R}{2}} z^2 \cdot \pi(2Rz-z^2)dz + \int_{\frac{R}{2}}^R z^2 \cdot \pi(R^2-z^2)dz$$

$$= \frac{59}{180}\pi R^5$$

5. 利用柱面坐标计算下列积分：

(1) $\iiint_\Omega \sqrt{x^2+y^2}\,dxdydz$，Ω是由曲面 $z=9-x^2-y^2$ 与 $z=0$ 所围成的闭区域；

(2) $\iiint_\Omega x^2 dxdydz$，Ω是由曲面 $z=2\sqrt{x^2+y^2}$，$x^2+y^2=1$ 与 $z=0$ 所围成的闭区域；

(3) $\iiint_\Omega z\,dxdydz$，Ω是由曲面 $z=x^2+y^2$ 与 $z=2y$ 所围成的闭区域.

【知识点窍】 当Ω在某坐标面上的投影为圆域、环域或圆扇形时，通常选柱面坐标系，选系对于简化三重积分的计算十分重要.

解：(1) $\Omega: 0\leqslant z\leqslant 9-\rho^2, 0\leqslant\rho\leqslant 3, 0\leqslant\varphi\leqslant 2\pi$

$$\iiint\limits_{\Omega}\sqrt{x^2+y^2}\,\mathrm{d}x\mathrm{d}y\mathrm{d}z=\int_0^{2\pi}\mathrm{d}\varphi\int_0^3 9\rho\int_0^{9-\rho^2}\rho\cdot\rho\mathrm{d}z=2\pi\int_0^3\rho^2(9-\rho^2)\mathrm{d}\rho=\frac{324}{5}\pi$$

(2) $\Omega: 0\leqslant z\leqslant 2\rho, 0\leqslant\rho\leqslant 1, 0\leqslant\varphi\leqslant 2\pi$

$$\iiint\limits_{\Omega}x^2\mathrm{d}x\mathrm{d}y\mathrm{d}z=\int_0^{2\pi}\mathrm{d}\varphi\int_0^1\mathrm{d}\rho\int_0^{2\rho}\rho^2\cos^2\varphi\cdot\rho\mathrm{d}z=\frac{2}{5}\pi.$$

(3) Ω在 xOy 面上的投影为 $x^2+y^2\leqslant 2y$，即 $x^2+(y-1)^2\leqslant 1$

$\Omega: 0\leqslant\varphi\leqslant\pi, 0\leqslant\rho\leqslant 2\sin\varphi, \rho^2\leqslant z\leqslant 2\rho\sin\varphi$

$$\iiint\limits_{\Omega}z\mathrm{d}x\mathrm{d}y\mathrm{d}z\xlongequal{\text{对称性}}2\int_0^{\frac{\pi}{2}}\mathrm{d}\varphi\int_0^{2\sin\varphi}\rho\mathrm{d}\rho\int_{\rho^2}^{2\rho\sin\varphi}z\mathrm{d}z$$

$$=\int_0^{\frac{\pi}{2}}\mathrm{d}\varphi\int_0^{2\sin\varphi}\rho(4\rho^2\sin^2\varphi-\rho^4)\mathrm{d}\rho=\int_0^{\frac{\pi}{2}}\left[\rho^4\sin^2\varphi-\frac{1}{6}\rho^6\right]_0^{2\sin\varphi}\mathrm{d}\varphi$$

$$=\int_0^{\frac{\pi}{2}}(2^4\sin^6\varphi-\frac{2^6}{6}\sin^6\varphi)\mathrm{d}\varphi=(2^4-\frac{2^6}{6})\int_0^{\frac{\pi}{2}}\sin6\varphi\mathrm{d}\varphi$$

$$=\frac{16}{3}\cdot\frac{5}{6}\cdot\frac{3}{4}\cdot\frac{1}{2}\cdot\frac{\pi}{2}=\frac{5}{6}\pi$$

6. 利用球面坐标计算下列积分：

(1) $\iiint\limits_{\Omega}y^2\mathrm{d}x\mathrm{d}y\mathrm{d}z$，Ω为介于两球面 $x^2+y^2+z^2=a^2$ 与 $x^2+y^2+z^2=b^2$ 之间的部分 $(0\leqslant a<b)$；

(2) $\iiint\limits_{\Omega}(x^2+y^2)\mathrm{d}x\mathrm{d}y\mathrm{d}z$，Ω是由曲面 $z=\sqrt{x^2+y^2}$ 和 $z=\sqrt{1-x^2-y^2}$ 所围成的闭区域；

(3) $\iiint\limits_{\Omega}(x^2+y^2+z^2)\mathrm{d}x\mathrm{d}y\mathrm{d}z$，Ω为球体 $x^2+y^2+(z-1)^2\leqslant 1$.

【知识点窍】 当Ω为球体、球扇形或两同心球的部分时，通常选球面坐标系，注意利用对称性简化计算.

解：(1) Ω可用球面，坐标表示为

$\Omega: a\leqslant r\leqslant b, 0\leqslant\theta\leqslant\pi, 0\leqslant\varphi\leqslant 2\pi$

$$\iiint\limits_{\Omega}y^2\mathrm{d}x\mathrm{d}y\mathrm{d}z=\int_0^{2\pi}\mathrm{d}\varphi\int_0^{\pi}\mathrm{d}\theta\int_a^b(r\sin\theta\sin\varphi)^2\cdot r^2\sin\varphi\mathrm{d}r=\frac{4(b^5-a^5)\pi}{15}$$

(2) Ω可用球面坐标表示为

$\Omega: 0\leqslant r\leqslant 1, 0\leqslant\theta\leqslant\frac{\pi}{4}, 0\leqslant\varphi\leqslant 2\pi$

$$\iiint\limits_{\Omega}(x^2+y^2)\mathrm{d}x\mathrm{d}y\mathrm{d}z=\int_0^{2\pi}\mathrm{d}\varphi\int_0^{\frac{\pi}{4}}\mathrm{d}\theta\int_0^1 r^2\sin\theta\cdot r^2\sin\theta\mathrm{d}r=\int_0^{2\pi}\mathrm{d}\varphi\cdot\int_0^{\frac{\pi}{4}}\sin^3\theta\mathrm{d}\theta\cdot\int_0^1 r^4\mathrm{d}r$$

$$=\frac{8-5\sqrt{2}}{30}\pi.$$

(3) Ω可用球面坐标表示为

$$\Omega: 0\leqslant\varphi\leqslant 2\pi, 0\leqslant\theta\leqslant\frac{\pi}{2}, 0\leqslant r\leqslant 2\cos\theta$$

$$\iiint\limits_{\Omega}(x^2+y^2+z^2)\mathrm{d}x\mathrm{d}y\mathrm{d}z=\iiint\limits_{\Omega}r^4\sin\theta\mathrm{d}r\mathrm{d}\theta\mathrm{d}\varphi\xlongequal{\text{对称性}}4\int_0^{\frac{\pi}{2}}\mathrm{d}\varphi\int_0^{\frac{\pi}{2}}\mathrm{d}\theta\int_0^{2\cos\theta}r^4\sin\theta\mathrm{d}r$$

$$=4\cdot\frac{\pi}{2}\int_0^{\frac{\pi}{2}}\sin\theta\cdot\frac{2^5\cos^5\theta}{5}\mathrm{d}\theta=\frac{32}{15}\pi$$

7. 选用适当的坐标计算下列积分：

(1) $\iiint\limits_{\Omega}\sin z\mathrm{d}x\mathrm{d}y\mathrm{d}z$，Ω是由曲面 $z=\sqrt{x^2+y^2}$ 与 $z=\pi$ 所围成的闭区域；

(2) $\iiint\limits_{\Omega}(x^2+y^2)\mathrm{d}x\mathrm{d}y\mathrm{d}z$，Ω是由曲面 $x^2+y^2=2z$ 及平面 $z=2$ 所围成的闭区域；

(3) $\iiint\limits_{\Omega}\frac{1}{\sqrt{x^2+y^2+z^2}}\mathrm{d}x\mathrm{d}y\mathrm{d}z$，Ω是由曲面 $z=\sqrt{x^2+y^2}$ 与 $z=1$ 所围成的区域.

解：(1) 选柱面坐标系，此时Ω可表示为

$$\Omega: 0\leqslant\varphi\leqslant 2\pi, 0\leqslant\rho\leqslant\pi, \rho\leqslant z\leqslant\pi$$

$$\iiint\limits_{\Omega}\sin z\mathrm{d}x\mathrm{d}y\mathrm{d}z=\int_0^{2\pi}\mathrm{d}\varphi\int_0^{\pi}\rho\mathrm{d}\rho\int_{\rho}^{\pi}\sin z\mathrm{d}z$$

$$=\pi^3-4\pi$$

(2) 选柱面坐标系，此时Ω可表示为

$$\Omega: 0\leqslant\varphi\leqslant 2\pi, 0\leqslant\rho\leqslant 2, \frac{\rho^2}{2}\leqslant z\leqslant 2$$

$$\iiint\limits_{\Omega}(x^2+y^2)\mathrm{d}V=\int_0^{2\pi}\mathrm{d}\varphi\int_0^2\rho\mathrm{d}\rho\int_{\frac{\rho^2}{2}}^2\rho^2\mathrm{d}z=2\pi\int_0^2\rho^3\left(2-\frac{\rho^2}{2}\right)\mathrm{d}\rho=\frac{16}{3}\pi$$

(3) 选球坐标系，此时Ω可表示为

$$\Omega: 0\leqslant\varphi\leqslant 2\pi, 0\leqslant r\leqslant\frac{1}{\cos\theta}, 0\leqslant\theta\leqslant\frac{\pi}{4}$$

$$\iiint\limits_{\Omega}\frac{1}{\sqrt{x^2+y^2+z^2}}\mathrm{d}x\mathrm{d}y\mathrm{d}z=\int_0^{2\pi}\mathrm{d}\varphi\int_0^{\frac{\pi}{4}}\mathrm{d}\theta\int_0^{\frac{1}{\cos\theta}}\frac{1}{r}\cdot r^2\sin\theta\mathrm{d}r$$

$$=2\pi\int_0^{\frac{\pi}{4}}\sin\theta\cdot\frac{1}{2}\frac{1}{\cos^2\theta}\mathrm{d}\theta$$

$$=(\sqrt{2}-1)\pi$$

8. 选用适当的坐标计算下列三次积分：

(1) $\int_{-1}^1\mathrm{d}x\int_0^{\sqrt{1-x^2}}\mathrm{d}y\int_{\sqrt{x^2+y^2}}^1 z^3\mathrm{d}z$；

(2) $\int_0^1\mathrm{d}x\int_0^{\sqrt{1-x^2}}\mathrm{d}y\int^{\sqrt{4-(x^2+y^2)}}\mathrm{d}z$；

(3) $\int_{-3}^3\mathrm{d}x\int_{-\sqrt{9-x^2}}^{9-x^2}\mathrm{d}y\int_0^{9-x^2-y^2}z\sqrt{x^2+y^2+z^2}\mathrm{d}z$.

【知识点窍】　列出Ω在直角坐标系中的不等式组，然后选择合适的坐标系重新列出Ω的不等式组表示，要熟悉空间曲面的方程及求它们的交线在坐标平面上的投影的方法.

解：(1) 观察三次积分的积分限，知积分区域Ω是 xOy 面上方的半圆锥体($(x,y)\in D_z=\{(x,y)\mid x^2+y^2\leqslant 1,y\geqslant 0\},0\leqslant z\leqslant 1$)，并且被积函数 $f(x,y,z)=z^3$ 中不含 x、y，又Ω的截面 D_z 的面积容易求出，故采用坐标轴投影法(截面法)求此积分量为方便.

$$原式=\int_0^1 z^3\,\mathrm{d}z\iint_{D_z}\mathrm{d}x\mathrm{d}y=\int_0^1 z^3\left(\frac{\pi z^2}{2}\right)\mathrm{d}z=\frac{\pi}{2}\int_0^1 z^5\,\mathrm{d}z=\frac{\pi}{12}.$$

(2) 积分区域Ω为圆柱体 $x^2+y^2=1$ 在第一卦限部分被球面 $z=\sqrt{4-(x^2+y^2)}$ 所截下部分立体，宜用柱面坐标，Ω可表示为

$$0\leqslant z\leqslant\sqrt{4-\rho^2},0\leqslant\rho\leqslant 1,0\leqslant\varphi\leqslant\frac{\pi}{2}$$

$$原式=\int_0^{\frac{\pi}{2}}\mathrm{d}\varphi\int_0^1\mathrm{d}\rho\int_0^{\sqrt{4-\rho^2}}\rho\mathrm{d}z=\frac{\pi}{2}\int_0^1\rho\sqrt{4-\rho^2}\,\mathrm{d}\rho=\frac{\pi}{2}\left[-\frac{1}{3}(4-\rho^2)^{\frac{3}{2}}\right]_0^1=\frac{8-3\sqrt{3}}{6}\pi$$

(3) 积分区域Ω可表示为

$$0\leqslant\theta\leqslant 2\pi,0\leqslant\varphi\leqslant\frac{\pi}{2},0\leqslant r\leqslant 3$$

$$原式=\int_0^{2\pi}\mathrm{d}\theta\int_0^{\frac{\pi}{2}}\mathrm{d}\varphi\int_0^3 r^2\cos\varphi\cdot r^2\sin\varphi\mathrm{d}r=\frac{243}{5}\pi$$

9. 利用三重积分计算下列立体Ω的体积：

(1) $\Omega=\{(x,y,z)\mid\frac{x^2}{a^2}+\frac{y^2}{b^2}+\frac{z^2}{c^2}\leqslant 1,a>0,b>0,c>0\}$；

(2) $\Omega=\{(x,y,z)\mid x^2+z^2\leqslant 1,\mid x\mid+\mid y\mid\leqslant 1\}$；

(3) $\Omega=\{(x,y,z)\mid x^2+y^2+z^2\leqslant 1,0\leqslant y\leqslant ax,a>0\}$.

解：(1) $V=\iiint_\Omega\mathrm{d}V=\int_{-C}^{C}\mathrm{d}z\iint_{D_z}\mathrm{d}x\mathrm{d}y=\pi ab\int_{-C}^{C}(1-\frac{z^2}{c^2})\mathrm{d}z=\frac{4}{3}\pi abc$

(2) $V=\iiint_V\mathrm{d}V=2\int_0^1\mathrm{d}x\int_{x-1}^{-x+1}\mathrm{d}y\int_{-\sqrt{1-x^2}}^{\sqrt{1-x^2}}\mathrm{d}z=\frac{2}{3}(3\pi-4)$

(3) 选球面坐标系，Ω可表示为

Ω：$0\leqslant\varphi\leqslant\arctan a,\theta\leqslant\theta\leqslant\pi,0\leqslant r\leqslant 1$

$$V=\iiint_\Omega\mathrm{d}V=\iiint_\Omega r^2+\sin\theta\mathrm{d}r\mathrm{d}\theta\mathrm{d}\varphi=\int_0^{\arctan a}\mathrm{d}\varphi\int_0^{\pi}\sin\theta\mathrm{d}\theta\int_0^1 r^2\,\mathrm{d}r$$

$$=\arctan a\cdot(1+1)\cdot\frac{1}{3}=\frac{2}{3}\arctan a$$

第四节 重积分的应用

知识点归纳

1. 曲面的面积

$$S=\iint\limits_{D_{xy}}\sqrt{1+z_x^2(x,y)+z_y^2(x,y)}\,\mathrm{d}\sigma$$

其中,D_{xy} 是空间曲面 $\sum: z=z(x,y)$ 在 xOy 面的投影域,曲面面积元素

$$\mathrm{d}S=\sqrt{1+z_x^2(x,y)+z_y^2(x,y)}\,\mathrm{d}\sigma=\frac{1}{|\cos\gamma|}\mathrm{d}\sigma$$

2. 重心和转动惯量

(1) 静矩　设平面薄片的密度为 $\rho(x,y),(x,y)\in D$,则

$$M_x=\iint\limits_D y\rho(x,y)\mathrm{d}\sigma, M_y=\iint\limits_D x\rho(x,y)\mathrm{d}\sigma.$$

(2) 平面薄片的质心坐标为

$$\overline{x}=\frac{\iint\limits_D x\rho(x,y)\mathrm{d}\sigma}{\iint\limits_D \rho(x,y)\mathrm{d}\sigma}, \overline{y}=\frac{\iint\limits_D y\rho(x,y)\mathrm{d}\sigma}{\iint\limits_D \rho(x,y)\mathrm{d}\sigma}$$

若薄片均匀,即 $\rho(x,y)=\rho$(常数),则

$$\overline{x}=\frac{1}{A}\iint\limits_D x\mathrm{d}\sigma, \overline{y}=\frac{1}{A}\iint\limits_D y\mathrm{d}\sigma,$$

其中,$A=\iint\limits_D \mathrm{d}\sigma$ 是 D 的面积,这时所确定的点 $(\overline{x},\overline{y})$ 又称为形心.

(3) 平面薄片对 x 轴和 y 轴的转动惯量分别为

$$I_x=\iint\limits_D y^2\rho(x,y)\mathrm{d}\sigma, I_y=\iint\limits_D x^2\rho(x,y)\mathrm{d}\sigma$$

以上公式可推广到空间物体,例如

质量　$M=\iiint\limits_\Omega \rho(x,y,z)\mathrm{d}V.$

质心　$(\overline{x},\overline{y},\overline{z})=\left(\frac{1}{M}\iiint\limits_\Omega x\rho\mathrm{d}V, \frac{1}{M}\iiint\limits_\Omega y\rho\mathrm{d}V, \frac{1}{M}\iiint\limits_\Omega z\rho\mathrm{d}V\right)$

其中,$M=\iiint\limits_\Omega \rho\mathrm{d}V$ 为物体的质量

转动惯量　$I_x=\iiint\limits_\Omega (y^2+z^2)\rho\mathrm{d}V$

3. 引力

空间一物体对物体外一点 $P_0(x_0, y_0, z_0)$ 处的单位质量的质点的引力

$$F = (F_x, F_y, F_z)$$

$$= \left(\iiint\limits_{\Omega} \frac{G\mu(x,y,z)(x-x_0)}{r^3}\right)\mathrm{d}V, \iiint\limits_{\Omega} \frac{G\mu(x,y,z)(y-y_0)}{r^3}\mathrm{d}V, \iiint\limits_{\Omega} \frac{G\mu(x,y,z)(z-z_0)}{r_3}\mathrm{d}V\right)$$

其中，$r = \sqrt{(x-x_0)^2 + (y-y_0)^2 + (z-z_0)^2}$

典型例题与解题技巧

题型 V：重积分的几何应用

【**题型分析**】　先确定所求曲面面积方程，必要时由对称性简化计算，再由曲面面积公式求解即可.

本章主要涉及柱形长条区域的体积和一般曲面的面积，对于前者有

1. 设 $z = z_1(x,y), z = x_2(x,y)$ 在有界闭区域 D 上连续，$z_1(x,y) \leqslant z_2(x,y)$，$\Omega$ 是由曲面 $z = z_1(x,y), z = z_2(x,y)$ 以及 D 的边界为准线，母线平行于 z 轴的柱面所围成的空间区域（可称为柱形长条区域，如图 7.40），则 Ω 的体积为

$$V = \iiint\limits_{\Omega} \mathrm{d}V = \iint\limits_{D} \left(\int_{z_1(x,y)}^{z_2(x,y)} \mathrm{d}z\right)\mathrm{d}x\mathrm{d}y = \iint\limits_{D} [x_2(x,y) - z_1(x,y)]\mathrm{d}x\mathrm{d}y$$

2. 特别地，$z_1(x,y) = 0, z_2(x,y) = f(x,y)$，得曲顶柱体的体积为

$$V\iint\limits_{D} f(x,y)\mathrm{d}x\mathrm{d}y.$$

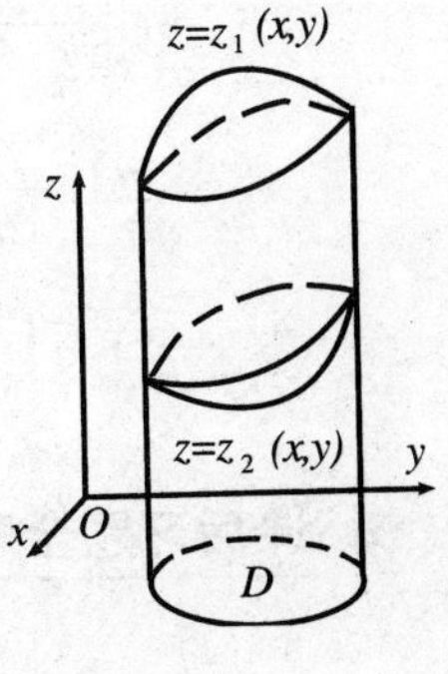

图 7.40

【**注**】对于后者常用曲面面积公式.

例 8　设 Ω 为曲面 $x^2 + y^2 = ax$ 与 $z = 2a - \sqrt{x^2+y^2}$ 所围成的空间区域（如图 7.41），求它的体积，其中 $a > 0$.

分析　用柱形长条区域的体积分式 —— 求一个二重积分.

解：由 $\begin{cases} x^2 + y^2 = ax, \\ z = 2a - \sqrt{x^2+y^2} \end{cases}$ 消去 z，得投影柱面 $x^2 + y^2 = a^2$，

于是，Ω 在 xOy 平面上投影区域 $D: x^2 + y^2 \leqslant a^2$.

该立体　$\Omega = \left\{(x,y,z) \mid \frac{x^2+y^2}{a} \leqslant z \leqslant 2z - \sqrt{x^2+y^2}, (x,y) \in D\right\}$

因此，Ω 的体积为

$$V = \iint\limits_{D} \left[2a - \sqrt{x^2+y^2} - \frac{x^2+y^2}{a}\right]\mathrm{d}x\mathrm{d}y = \int_0^{\frac{\pi}{2}-x} \mathrm{d}\theta \int_0^a \mathrm{d}\theta \int_0^a \left(2a - r - \frac{r^2}{a}\right) r\mathrm{d}r$$

$$= 2\pi\left(ar^2 - \frac{1}{3}r^3 - \frac{r^4}{4a}\right)\Big|_0^a = \frac{5}{6}\pi a^2$$

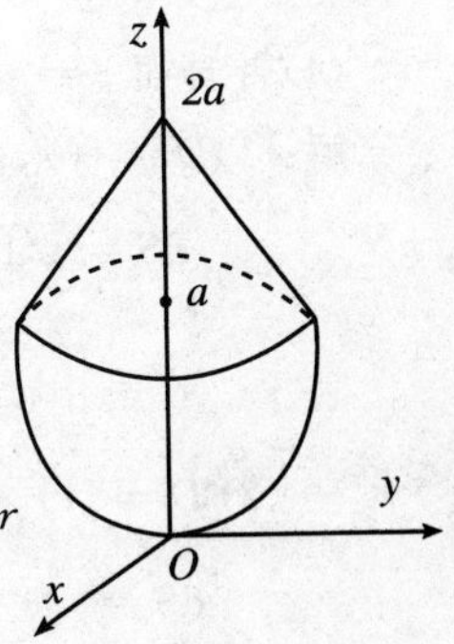

图 7.41

例 9 求柱面 $x^2+y^2=ax$ 含于球面 $x^2+y^2+z^2=a^2$ 内的曲面面积 A.

分析 先作图,再确定所要求的曲面面积,选择适当的方法求解.

解: 由对称性只需考虑第一卦限部分. 将柱面方程表示成 y 为 x 的函数是方便的: $y=\sqrt{ax-x^2}$, 于是 $A=4\iint\limits_D\sqrt{1+y'^2_x+y'^2_z}\,\mathrm{d}z\mathrm{d}x$, D 是这部分柱面在 Ozx 平面的投影区域, 求出 D 的关键是求柱面与球面的交线在 Ozx 平面的投影曲线. 见图 7.42 所示.

柱面与球面的交线为 $\begin{cases}x^2+y^2+z^2=a^2\\x^2+y^2=ax\end{cases}$, 它在 Ozx 平面上的投影曲线为抛物线 $z^2=a^2-ax$, 它与 Ox 轴, Oz 轴围成区域 D, 则所求曲面面积为

$$A=4\iint\limits_D\sqrt{1+y'^2_x+y'^2_x}\,\mathrm{d}z\mathrm{d}x=4\iint\limits_D\sqrt{1+(\frac{a-2x}{2y})^2}\,\mathrm{d}z\mathrm{d}x$$

$$=4\iint\limits_D\frac{a\,\mathrm{d}z\mathrm{d}x}{2\sqrt{ax-x^2}}=4\int\mathrm{d}x\int_0^{\sqrt{a^2-ax}}\frac{a}{2\sqrt{ax-x^2}}\mathrm{d}z$$

$$=2a\int_0^a\frac{\sqrt{a^2-ax}}{\sqrt{ax-x^2}}\mathrm{d}x=2a\int_0^a\sqrt{a}\,\frac{(a-x)^x}{ax-x^2}\sqrt{\frac{1}{x}}\,\mathrm{d}x$$

$$=2a\sqrt{a}\int_0^a\sqrt{\frac{1}{x}}\,\mathrm{d}x=4a\sqrt{a}\sqrt{x}\Big|_0^a=4a^2$$

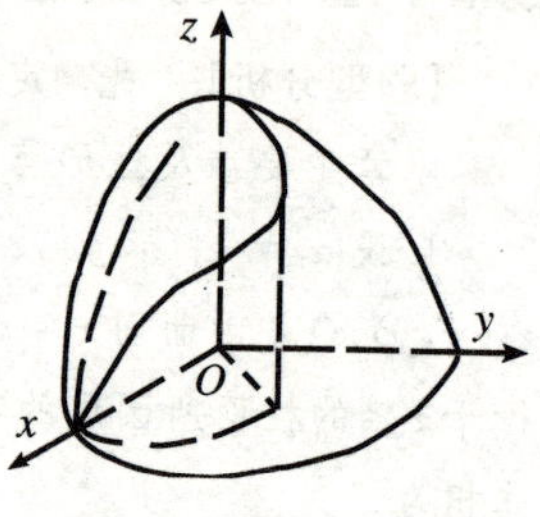

图 7.42

课后习题全解

习题 7-4 解答

1. 求下列曲面的面积:

(1) 平面 $3x+2y+z=1$ 被椭圆柱面 $2x^2+y^2=1$ 截下的部分;

(2) 柱面 $z=\sqrt{9-y^2}$ 被柱面 $|x|+|y|=1$ 截下的部分;

(3) 锥面 $z=\sqrt{x^2+y^2}$ 被柱面 $z^2=2x$ 截下的部分;

(4) 半球面 $z=\sqrt{a^2-x^2-y^2}$ 含在圆柱面 $x^2+y^2=ax$ 内部的那一部分.

解: (1) $D=\{(x,y)\mid 2x^2+y^2\leqslant 1\}$

$$\mathrm{d}S=\sqrt{1+z_x^2+z_y^2}\,\mathrm{d}\sigma=\sqrt{14}\,\mathrm{d}\sigma$$

$$A=\iint\limits_D\mathrm{d}\sigma\overset{\text{对称性}}{=\!=\!=}4\int_0^1\mathrm{d}y\int_0^{\sqrt{\frac{1-y^2}{2}}}\mathrm{d}x=2\sqrt{2}\int_0^1\sqrt{1-y^2}\,\mathrm{d}y=\sqrt{7}\pi$$

(2) $D=\{(x,y)\mid |x|+|y|\leqslant 1\}$

$$\mathrm{d}S=\sqrt{1+z_x^2+z_y^2}\,\mathrm{d}\sigma=\frac{3}{\sqrt{9-y^2}}\mathrm{d}x\mathrm{d}y$$

$$A=\iint\limits_D\mathrm{d}\sigma\overset{\text{对称性}}{=\!=\!=}4\int_0^1\mathrm{d}y\int_0^{1-y}\frac{3}{\sqrt{9-y^2}}\mathrm{d}x=12\int_0^1\frac{1-y}{\sqrt{9-y^2}}\mathrm{d}y$$

$$= 12\left(\int_0^1 \frac{1}{\sqrt{9-y^2}}dy - \int_0^1 \frac{y}{\sqrt{9-y^2}}dy\right)$$

$$= 12\left(\arcsin\frac{1}{3} + 2\sqrt{2} - 3\right)$$

(3) $D=\{(x,y)\mid (x-1)^2+y^2\leqslant 1\}$

$$dS = \sqrt{1+z_x^2+z_y^2} = \sqrt{1+\frac{x^2}{x^2+y^2}+\frac{y^2}{x^2+y^2}}\,dxdy = \sqrt{2}\,dxdy$$

$$A = \iint_D \sqrt{1+z_x^2+z_y^2}\,d\sigma = \sqrt{2}\iint_D dxdy = \sqrt{2}\pi$$

(4) 因为 $z=\sqrt{a^2-x^2-y^2}$

故 $z_x = \dfrac{-x}{\sqrt{a^2-x^2-y^2}}, z_y = \dfrac{-y}{\sqrt{a^2-x^2-y^2}}$

$$dS = \sqrt{1+z_x^2+z_y^2}\,dxdy = \sqrt{1+\left(\frac{-x}{\sqrt{a^2-x^2-y^2}}\right)^2+\left(\frac{-y}{\sqrt{a^2-x^2-y^2}}\right)^2}\,dxdy$$

$$= \frac{a}{\sqrt{a^2-x^2-y^2}}dxdy$$

积分区域 $D=\{(x,y)\mid x^2+y^2\leqslant ax\}=\{(x,y)\mid (x-\frac{a}{2})^2+y^2\}\leqslant\frac{a^2}{4}$

其极坐标下的表示为 $D=\{(\rho,\varphi)\mid 0\leqslant\rho\leqslant a\cos\varphi, -\frac{\pi}{2}\leqslant\varphi\leqslant\frac{\pi}{2}\}$

故

$$A=\iint_D dS = \iint_D \frac{a}{\sqrt{a^2-x^2-y^2}}dxdy = \iint_D \frac{a}{\sqrt{a^2-\rho^2}}\rho d\rho = \int_{-\frac{\pi}{2}}^{\frac{\pi}{2}}d\varphi\int_{\cos\varphi_0}^{a} \frac{a\rho}{\sqrt{a^2-\rho^2}}d\rho$$

$$= 2\int_0^{\frac{\pi}{2}}d\varphi\int_{\cos\varphi_0}^{a} \frac{a\rho}{\sqrt{a^2-\rho^2}}d\rho = -2a\int_0^{\frac{\pi}{2}} \sqrt{a^2-\rho^2}\Big|_0^{a\cos\varphi}d\varphi$$

$$= -2a\int_0^{\frac{\pi}{2}}(a\sin\varphi - a)d\varphi = a^2\pi - 2a^2 = a^2(\pi-2).$$

2. 求下列参数方程给出的曲面的面积：(1) $x=u\cos v, y=u\sin v, z=v, 0\leqslant u\leqslant 1, 0\leqslant v\leqslant\pi$；(2) $x=uv, y=u+v, z=u-v, u^2+v^2\leqslant 1$

解：(1) $\dfrac{\partial(x,y)}{\partial(u,v)}=\begin{vmatrix}\cos v & -u\sin v\\ \sin v & u\cos v\end{vmatrix}=u$　　$\dfrac{\partial(y,z)}{\partial(u,v)}=\begin{vmatrix}\sin v & u\cos v\\ 0 & 1\end{vmatrix}=\sin v$

$$\frac{\partial(z,x)}{\partial(u,v)}=\begin{vmatrix}0 & 1\\ \cos v & -u\sin v\end{vmatrix}=-\cos v$$

$$A=\iint_\Omega \sqrt{u^2+\sin v+(-\cos v)^2}\,dudv$$ （其中 $D=\{(u,v)\mid(0\leqslant u\leqslant 1, 0\leqslant v\leqslant n\}$）

$$= \int_0^1 du\int_0^\pi du\int_0^\pi \sqrt{1+u^2}\,dv$$

$$= \pi\int_0^1 \sqrt{1+u^2}\,du$$

$$=\pi\left[\frac{u}{2}\sqrt{1+u^2}+\frac{1}{2}\ln(u+\sqrt{1+u^2})\right]\Big|_0^1$$

$$=\frac{\pi}{2}[\sqrt{2}+\ln(1+\sqrt{2})]$$

(2) $\frac{\partial(x,y)}{\partial(u,v)}=\begin{vmatrix} v & u \\ 1 & 1 \end{vmatrix}=v-u$　　$\frac{\partial(z,x)}{\partial(u,v)}=\begin{vmatrix} 1 & -1 \\ v & u \end{vmatrix}=u+v$

$\frac{\partial(y,z)}{\partial(u,v)}=\begin{vmatrix} 1 & 1 \\ 1 & -1 \end{vmatrix}=2$

$D=\{(u,v)\mid u^2+v^2\leqslant 1\}$

$$A=\iint_D \sqrt{(v-u)^2+(u+v)^2+(-2)^2}\,\mathrm{d}v\mathrm{d}u=\iint_D \sqrt{2(v^2+u^2+2)}\,\mathrm{d}u\mathrm{d}v$$

$$=\sqrt{2}\int_0^{2\pi}\mathrm{d}\varphi\int_0^1\sqrt{\rho^2+2}\rho\,\mathrm{d}\rho=2\sqrt{2}\pi\int_0^1\frac{1}{2}(\rho^2+2)^{\frac{1}{2}}\mathrm{d}(\rho^2+2)=\frac{2\pi}{3}(3\sqrt{6}-4)$$

3. 求下列平面图形 D 的形心：

(1) D 是椭圆盘 $\frac{x^2}{a^2}+\frac{y^2}{b^2}\leqslant 1$ 位于第一象限的部分；

(2) D 由 $y=\sqrt{2x}$，$x=a$，$y=0$ 所围成 $(a>0)$；

(3) D 由心脏线 $\rho=1+\cos\varphi$ 所围成；

(4) D 由双纽线 $\rho^2=2\cos 2\varphi$ 位于右半平面的一支所围成.

【知识点窍】 当平面的面密度 $\rho(x,y)\equiv k$ 时，重心与形心重合，此时重心即形心，坐标可表示为

$$\overline{x}=\frac{\iint\limits_D x\rho(x,y)\mathrm{d}\sigma}{\iint\limits_D \rho(x,y)\mathrm{d}\sigma},\ \overline{y}=\frac{\iint\limits_D y\rho(x,y)\mathrm{d}\sigma}{\iint\limits_D \rho(x,y)\mathrm{d}\sigma}$$

解：(1) 设 D 的形心坐标为 $(\overline{x},\overline{y})$.

$$\overline{x}=\frac{\iint\limits_D x\mathrm{d}x\mathrm{d}y}{\iint\limits_D \mathrm{d}x\mathrm{d}y},\quad \overline{y}=\frac{\iint\limits_D y\mathrm{d}x\mathrm{d}y}{\iint\limits_D \mathrm{d}x\mathrm{d}y}$$

令 $x=a\rho\cos\varphi$，$y=b\rho\sin\varphi$，则

$$\iint_D x\mathrm{d}x\mathrm{d}y \xlongequal{\text{换元法}} \int_0^{\frac{\pi}{2}}\mathrm{d}\varphi\int_0^1 a\rho\cos\varphi\cdot ab\rho\,\mathrm{d}\rho=\int_0^{\frac{\pi}{2}}\cos\varphi\mathrm{d}\varphi\int_0^1 a^2b\rho^2\mathrm{d}\rho=1\cdot a^2b\cdot\frac{1}{3}=\frac{a^2b}{3}$$

$$\iint_D y\mathrm{d}x\mathrm{d}y \xlongequal{\text{换元法}} \int_0^{\frac{\pi}{2}}\sin\varphi\mathrm{d}\varphi\int_0^1 ab^2\rho^2\mathrm{d}\rho=1\cdot\frac{ab^3}{3}=\frac{ab^2}{3}$$

$$\iint_D \mathrm{d}x\mathrm{d}y=\frac{\pi ab}{4}$$

$$\overline{x}=\frac{\frac{a^2b}{3}}{\frac{\pi ab}{4}}=\frac{4a}{3\pi},\overline{y}=\frac{\frac{ab^2}{3}}{\frac{\pi ab}{4}}=\frac{4b}{3\pi},$$

故　$(\overline{x},\overline{y})=(\frac{4a}{3\pi},\frac{4b}{3\pi})$

(2) D 由 $y=\sqrt{2x},x=a,y=0$ 所围成$(a>0)$.

如图 7.43 设 D 的形心坐标为$(\overline{x},\overline{y})$，则

$$\overline{x}=\frac{\iint\limits_D x\mathrm{d}x\mathrm{d}y}{\iint\limits_D \mathrm{d}x\mathrm{d}y},\overline{y}=\frac{\iint\limits_D y\mathrm{d}x\mathrm{d}y}{\iint\limits_D \mathrm{d}x\mathrm{d}y}.$$

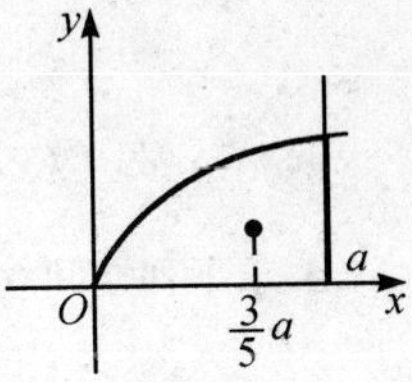

图 7.43

$$\iint\limits_D x\mathrm{d}x\mathrm{d}y=\int_0^1 x\mathrm{d}x\int_0^{\sqrt{2x}}\mathrm{d}y=\frac{2\sqrt{2}}{5}a^{\frac{5}{2}},$$

$$\iint\limits_D y\mathrm{d}x\mathrm{d}y=\int_0^a\int_0^{\sqrt{2x}}y\mathrm{d}y=\frac{1}{2}a^2,$$

$$\iint\limits_D \mathrm{d}x\mathrm{d}y=\int_0^a\mathrm{d}x\int_0^{\sqrt{2x}}\mathrm{d}y=\frac{2\sqrt{2}}{3}a^{\frac{3}{2}},$$

$$\overline{x}=\frac{3}{5}a,\overline{y}=\frac{3}{8}\sqrt{2a},$$

故　$(\overline{x},\overline{y})=\left(\frac{3}{5}a,\frac{3}{8}\sqrt{2a}\right)$

(3) 易知心形线关于 x 轴对称，

设 D 的形心坐标为$(\overline{x},\overline{y})$，则 $\overline{y}=0$，

$$\overline{x}=\frac{\iint\limits_D x\mathrm{d}x\mathrm{d}y}{\iint\limits_D \mathrm{d}x\mathrm{d}y}=\frac{\int_0^{2\pi}\mathrm{d}\varphi\int_0^{1+\cos\varphi}\rho\cos\varphi\cdot\rho\mathrm{d}\rho}{2\int_0^{\pi}\mathrm{d}\varphi\int_0^{1+\cos\varphi}\rho\mathrm{d}\rho}=\frac{5}{6},$$

故　$(\overline{x},\overline{y})=(\frac{5}{6},0)$.

(4) 设 D 的形心坐标为$(\overline{x},\overline{y})$

因为双纽线关于 x 轴对称，所以 $\overline{y}=0$

$$\iint\limits_D \mathrm{d}\sigma=2\int_0^{\frac{\pi}{4}}\mathrm{d}\varphi\int_0^{\sqrt{2\cos2\varphi}}\rho\mathrm{d}\rho=\int_0^{\frac{\pi}{4}}2\cos2\varphi\mathrm{d}\varphi=\left[\sin^2\varphi\right]_0^{\frac{\pi}{4}}=1$$

$$\iint\limits_D x\mathrm{d}\sigma\xlongequal{\text{对称性}}2\iint\limits_{D_{\text{上半}}}x\mathrm{d}\sigma=2\int_0^{\frac{\pi}{4}}\mathrm{d}\varphi\int_0^{\sqrt{2\cos2\varphi}}\rho\cos\varphi\cdot\rho\mathrm{d}\rho=\frac{4\sqrt{2}}{3}\int_0^{\frac{\pi}{4}}\cos\varphi(\cos2\varphi)^{\frac{3}{2}}\mathrm{d}\varphi$$

$$=\frac{4\sqrt{2}}{3}\int_0^{\frac{\pi}{4}}\cos\varphi(1-2\sin^2\varphi)^{\frac{3}{2}}\mathrm{d}\varphi$$

$$=\frac{4\sqrt{2}}{3}\int_0^{\frac{\pi}{4}}(1-2\sin^2\varphi)^{\frac{3}{2}}\mathrm{d}\sin\varphi$$

令$\sqrt{2}\sin\varphi=\sin t$,则$t=\arcsin(\sqrt{2}\sin\varphi)$

当$\varphi=0,\frac{\pi}{4}$时,$t=0,\frac{\pi}{2}$

$$\iint\limits_D x\mathrm{d}\sigma=\frac{4\sqrt{2}}{3}\int_0^{\frac{\pi}{2}}(1-\sin^2 t)^{\frac{3}{2}}\mathrm{d}\frac{\sin t}{\sqrt{2}}=\frac{4}{3}\int_0^{\frac{\pi}{2}}\cos^4 t\mathrm{d}t=\frac{4}{3}\cdot\frac{3}{4}\cdot\frac{1}{2}\cdot\frac{\pi}{2}=\frac{\pi}{4}$$

因而 $\bar{x}=\dfrac{\iint\limits_D x\mathrm{d}\sigma}{\iint\limits_D \mathrm{d}\sigma}=\dfrac{\pi}{4},\bar{y}=0,$

故 $(\bar{x},\bar{y})=(\frac{\pi}{4},0)$

4. 求下列空间立体Ω的形心:

(1)$\Omega=\left\{(x,y,z)\mid\frac{x^2}{a^2}+\frac{y^2}{b^2}+\frac{z^2}{c^2}\leqslant1,x\geqslant0,y\geqslant0,z\geqslant0\right\}$;

(2)$\Omega=\{(x,y,z)\mid a^2\leqslant x^2+y^2+z^2\leqslant b^2,z\geqslant0\}$;

(3)$\Omega=\{(x,y,z)\mid 0\leqslant z\leqslant x^2+y^2,x\geqslant0,y\geqslant0,x+y\leqslant1\}$;

(4)$\Omega=\{(x,y,z)\mid x^2+y^2\leqslant 2z,x^2+y^2+z^2\leqslant 3\}$.

解:(1) 易知Ω的体积$V_1=\frac{1}{8}\cdot\frac{4}{3}\pi abc=\frac{\pi abc}{6}$.

令$x=a\rho\sin\theta\cos\varphi,y=b\rho\sin\theta\sin\varphi,z=cr\cos\theta$,则$|J|=abc\rho^2\sin\theta$

$$\bar{x}=\frac{1}{V_1}\iiint\limits_D x\mathrm{d}V=\frac{1}{V_1}\int_0^{\frac{\pi}{2}}\mathrm{d}\varphi\int_0^{\frac{\pi}{2}}\mathrm{d}\theta\int_0^1 a\rho\sin\theta\cos\varphi abc\rho^2\sin\theta\mathrm{d}\rho$$

$$=\frac{6a}{\pi}\int_0^{\frac{\pi}{2}}\cos\varphi\mathrm{d}\varphi\int_0^{\frac{\pi}{2}}\sin^2\theta\mathrm{d}\theta\int_0^1\rho^3\mathrm{d}r$$

$$=\frac{6a}{\pi}\cdot1\cdot\frac{1}{2}\cdot\frac{\pi}{2}\cdot\frac{1}{4}=\frac{3a}{8}$$

由轮换对称性,易知$\bar{y}=\frac{3b}{8},\bar{z}=\frac{3c}{8}$,形心为$(\frac{3a}{8},\frac{3b}{8},\frac{3c}{8})$

(2) 由Ω的对称可知形心为$(0,0,\bar{z})$,在球面坐标下:

$$\bar{z}=\frac{\iiint\limits_D z\mathrm{d}x\mathrm{d}y\mathrm{d}z}{\iiint\limits_D \mathrm{d}x\mathrm{d}y\mathrm{d}z}=\frac{\int_0^{2\pi}\mathrm{d}\varphi\int_0^{\frac{\pi}{2}}\rho^2\sin\theta\mathrm{d}\theta\int_a^b\rho\cos\mathrm{d}\rho}{\int_0^{2\pi}\mathrm{d}\varphi\int_0^{\frac{\pi}{2}}\rho\sin\theta\mathrm{d}\theta\int_a^b\mathrm{d}\rho}=\frac{3(b^4-a^4)}{8(b^3-a^3)},$$

故Ω的形心为$\left(0,0,\frac{3(b^4-a^4)}{8(b^3-a^3)}\right)$.

(3) 由Ω的对称性可知形心为$(\bar{x},\bar{y},\bar{z})$,$\bar{x}=\bar{y}$,在柱面坐标下:

Ω:$0\leqslant z\leqslant\rho^2,0\leqslant\rho\leqslant\frac{1}{\sin\varphi+\cos\varphi},0\leqslant\varphi\leqslant\frac{\pi}{2}$

$$\overline{x}=\overline{y}=\frac{\int_0^{\frac{\pi}{2}}\mathrm{d}\varphi\int_0^{\frac{1}{\sin\varphi+\cos\varphi}}\mathrm{d}\rho\int_0^{\rho^2}\rho\cos\varphi\cdot\rho\mathrm{d}z}{\int_0^{\frac{\pi}{2}}\mathrm{d}\varphi\int_0^{\frac{1}{\sin\varphi+\cos\varphi}}\mathrm{d}\rho\int_0^{\rho^2}\rho\mathrm{d}z}=\frac{2}{5}$$

$$\overline{z}=\frac{\int_0^{\frac{\pi}{2}}\mathrm{d}\varphi\int_0^{\frac{1}{\sin\varphi\cos\varphi}}\mathrm{d}\rho\int_0^{\rho^2}z\cdot\rho\mathrm{d}z}{\int_0^{\frac{\pi}{2}}\mathrm{d}\varphi\int_0^{\frac{1}{\sin\varphi+\cos\varphi}}\mathrm{d}\rho\int_0^{\rho^2}\rho\mathrm{d}z}=\frac{7}{30},$$

故 Ω 的形心为$\left(\frac{2}{5},\frac{2}{5},\frac{7}{30}\right)$

(4) 求 Ω 在 xOy 面上的投影 D，由 Ω 的两个表面方程消去 z，得

$x^2+y^2+\frac{1}{4}(x^2+y^2)^2=3$，即$(x^2+y^2-2)(x^2+y^2+6)=0$

解得 $x^2+y^2=2$

$D=\{(x,y)\mid x^2+y^2\leqslant 2\}$

由 Ω 的对称性可知形心为$(0,0,\overline{z})$

$$\iiint_\Omega z\mathrm{d}V\xlongequal{\text{柱面坐标下}}\int_0^{2\pi}\mathrm{d}\varphi\int_0^{\sqrt{2}}\rho\mathrm{d}\rho\int_{\frac{\rho^2}{2}}^{\sqrt{2-\rho^2}}z\mathrm{d}z$$

$$=2\pi\cdot\int_0^{\sqrt{2}}\frac{\rho}{2}\left(3-\rho^2-\frac{1}{4}\rho^4\right)\mathrm{d}\rho=\frac{5\pi}{3}$$

$$\iiint_\Omega \mathrm{d}V\xlongequal{\text{柱面坐标下}}\int_0^{2\pi}\mathrm{d}\varphi\int_0^{\sqrt{2}}\rho\mathrm{d}\rho\int_{\frac{\rho^2}{2}}^{\sqrt{3-\rho^2}}\mathrm{d}z=2\pi\cdot\int_0^{\sqrt{2}}\left(\rho\sqrt{3-\rho^2}-\frac{1}{2}\rho^3\right)\mathrm{d}\rho=\frac{6\sqrt{3}-5}{3}\pi$$

$$\overline{z}=\frac{\iiint_\Omega z\mathrm{d}V}{\iiint_\Omega \mathrm{d}V}=\frac{\frac{5\pi}{3}}{\frac{6\sqrt{3}-5}{3}\pi}=\frac{5}{6\sqrt{3}-5}=\frac{5(6\sqrt{3}+5)}{83},$$

则 Ω 的形心坐标为$\left(0,0,\frac{5(6\sqrt{3}+5)}{83}\right)$.

5. 设圆盘 $x^2+y^2\leqslant 2ax$ 内各点处的面密度与该点到坐标原点的距离成正比，试求该圆盘的重心.

【知识点窍】 利用平面薄片的重心坐标公式，即

$$\overline{x}=\frac{\iint_D x\rho(x,y)\mathrm{d}\sigma}{\iint_D \rho(x,y)\mathrm{d}\sigma},\overline{y}=\frac{\iint_D y\rho(x,y)\mathrm{d}\sigma}{\iint_D \rho(x,y)\mathrm{d}\sigma}.$$

解：由对称性可知重心坐标为$(\overline{x},0)$

$$\iint_D\rho(x,y)\mathrm{d}\sigma=\iint_D k\sqrt{x^2+y^2}\,\mathrm{d}x\mathrm{d}y=2k\int_0^{\frac{\pi}{2}}\mathrm{d}\varphi\int_0^{2a\cos\varphi}\rho\cdot\rho\mathrm{d}\rho$$

$$=\frac{16a^3}{3}k\int_0^{\frac{\pi}{2}}\cos^3\varphi\mathrm{d}\varphi=\frac{16a^3}{3}k\cdot\frac{2}{3}=\frac{32}{9}a^3k,$$

$$\iint_D x\rho(x,y)\mathrm{d}\sigma=\iint_D kx\ \sqrt{x^2+y^2}\,\mathrm{d}x\mathrm{d}y=2k\int_0^{\frac{\pi}{2}}\rho\cos\varphi\mathrm{d}\varphi\int_0^{2a\cos\varphi}\rho^2\mathrm{d}\rho$$

$$=8a^4k\int_0^{\frac{\pi}{2}}\cos^5\varphi\mathrm{d}\varphi=8a^4k\cdot\frac{4}{5}\cdot\frac{2}{3}=\frac{64}{15}a^4k,$$

$$\overline{x}=\frac{\frac{64}{15}a^4k}{\frac{32}{9}a^3k}=\frac{6}{5}a,$$

故重心坐标为$(\frac{6}{5}a,0)$.

6. 求下列均匀薄片或均匀物体对指定直线的转动惯量:

(1) 边长为 a 与 b 的矩形薄片对两条边的转动惯量;

(2) 轴长为 $2a$ 与 $2b$ 的椭圆形薄片对两条轴的转动惯量;

(3) 半径为 a 的球体对过球心的直线及对与球体相切的直线的转动惯量;

(4) 半径为 a,高为 h 的圆柱体对过中心且分别平行于母线及垂直于母线的直线的转动惯量.

【知识点窍】　求出转动惯量元素 $\mathrm{d}I$,在积分区域 D 内对 dI 积分可得所求转动惯量.

解:(1) 设薄片面密度为 k,薄片质量为 $M=kab$

$$\mathrm{d}I_x=ky^2\mathrm{d}x\mathrm{d}y,$$

$$I_x=\iint_D ky^2\mathrm{d}x\mathrm{d}y=k\int_0^a\mathrm{d}x\int_0^b y^2\mathrm{d}y=\frac{kab^3}{3}=\frac{Mb^3}{3}$$

同理可求　$I_y=\iint_\Omega kx^2\mathrm{d}x\mathrm{d}y=k\int_0^a x^2\mathrm{d}x\int_0^b\mathrm{d}y=\frac{ka^3b}{3}=M\frac{a^2}{3}$

故薄片对长为`a,b 两边的转动惯量分别为$\frac{Mb^2}{3},\frac{Ma^2}{3}$.

(2) 如图 7.44 所示,设薄片面密度为 k,薄片质量 $M=k\pi ab$,易知

$$D\xlongequal{\text{极坐标}}\{(\rho,\varphi)\mid 0\leqslant\pi\leqslant 2\pi,0\leqslant\rho\leqslant 1\}$$

$$\mathrm{d}I_x=ky^2\mathrm{d}x\mathrm{d}y$$

$$I_x=\iint_D ky^2\mathrm{d}x\mathrm{d}y=k\int_0^{2\pi}\mathrm{d}\varphi\int_0^1 b^2\rho^2\sin^2\varphi\cdot ab\rho\mathrm{d}\rho$$

$$=kab^3\int_0^{2\pi}\sin\varphi\mathrm{d}\varphi\int_0^1\rho^3\mathrm{d}\rho$$

$$=kab^3\cdot\pi\cdot\frac{1}{4}=\frac{k\pi ab^3}{4}=\frac{Mb^2}{4}$$

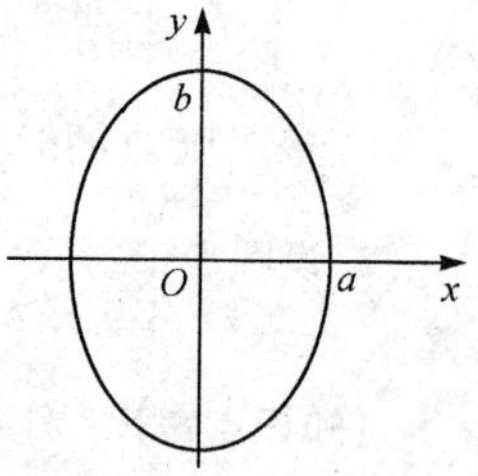

图 7.44

$$\mathrm{d}I_y=kx^2\mathrm{d}x\mathrm{d}y$$

$$I_y=\iint_D kx^2\mathrm{d}x\mathrm{d}y=k\int_0^{2\pi}\mathrm{d}\varphi\int_0^1 a^2\rho^2\cos^2\varphi\cdot ab\rho\mathrm{d}\rho$$

$$=ka^3b\int_0^{2\pi}\cos^2\varphi\mathrm{d}\varphi\int_0^1\rho^3\mathrm{d}\rho=ka^3b\cdot\pi\cdot\frac{1}{4}=\frac{k\pi a^3b}{4}=\frac{Ma^2}{4}$$

故薄片对两条轴的转动惯量分别为$\frac{Mb^2}{4}$，$\frac{Ma^2}{4}$.

(3) 取球心为原点，取为球心的直线为 z 轴，则球为

$\Omega: x^2+y^2+z^2\leqslant a^2$

$$I_z=\iiint_{\Omega}(x^2+y^2)\rho\mathrm{d}V=\rho\cdot\iiint_{\Omega}r^2\sin^2\theta\cdot r^2\sin\theta\mathrm{d}r\mathrm{d}\theta\mathrm{d}\varphi=\rho\int_0^{2\pi}\mathrm{d}\varphi\int_0^{\pi}\mathrm{d}\theta\int_0^a r^4\sin^3\theta\mathrm{d}r$$

$$=-2\pi\rho\cdot\frac{1}{5}a^5\int_0^{\pi}(1-\cos^2\theta)\mathrm{d}\cos\theta=-\frac{2}{5}\pi\rho a^5\left[\cos\theta-\frac{1}{3}\cos^3\theta\right]_0^{\pi}$$

$$=\frac{2}{5}Ma^2\left(M=\frac{4}{3}\pi\rho a^3\text{ 为球质量}\right).$$

取与球体相切的直线 l 为过 $(0,a,0)$ 且与 z 轴平行的直线，球内任一点 (x,y,z) 到 l 的距离的平方为 $x^2+(y-a)^2$.

$$I_l=\rho\iiint_{\Omega}[x^2+(y-a)^2]\mathrm{d}V$$

$$=\rho\iiint_{\Omega}(x^2+y^2-2ay+a^2)\mathrm{d}V$$

$$=\frac{2}{5}Ma^2+\rho\iiint_{\Omega}-2ay\mathrm{d}V+\rho\iiint_{\Omega}a^2\mathrm{d}V$$

$$=\frac{2}{5}Ma^2+0+\rho a^2\cdot\frac{4}{3}\pi a^3=\frac{7}{5}Ma^2.$$

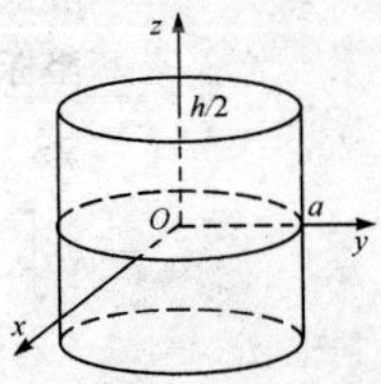

图 7.45

(4) 如图 7.45 建立坐标系，设体密度为 k，Ω 的质量 $M=k\pi a^2h$

$$\mathrm{d}I_z=k(x^2+y^2)\mathrm{d}V$$

$$I_z=\iiint_D k(x^2+y^2)\mathrm{d}x\mathrm{d}y\mathrm{d}z\xlongequal{\text{柱面坐标下}}\int_0^{2\pi}\mathrm{d}\varphi\int_0^a\rho^3\mathrm{d}\rho\int_{-\frac{h}{2}}^{\frac{h}{2}}\mathrm{d}z$$

$$=2\pi\cdot\frac{a^4}{4}\cdot h=\frac{a^2}{2}\pi a^2h=\frac{a^2}{2}M$$

$$\mathrm{d}I_y=k(x^2+z^2)\mathrm{d}V$$

$$I_y=\iiint_{\Omega}k(x^2+z^2)\mathrm{d}x\mathrm{d}y\mathrm{d}z$$

$$\xlongequal{\text{柱面坐标下}}\int_0^{2\pi}\mathrm{d}\varphi\int_0^a\rho\mathrm{d}\rho\int_{-\frac{h}{2}}^{\frac{h}{2}}(\rho^2\cos^2\varphi+z^2)\mathrm{d}z$$

$$=\int_0^{2\pi}\cos^2\varphi\mathrm{d}\varphi\int_0^a\rho^3\mathrm{d}\rho\int_{-\frac{h}{2}}^{\frac{h}{2}}\mathrm{d}z+\int_0^{2\pi}\mathrm{d}\varphi\int_0^a\rho\mathrm{d}\varphi\int_{-\frac{h}{2}}^{\frac{h}{2}}z^2\mathrm{d}z$$

$$=\frac{\pi a^4h}{4}+\frac{\pi a^2h^3}{12}=\pi a^2h\left(\frac{a^2}{4}+\frac{h^2}{12}\right)$$

$$=\frac{3a^2+h^2}{12}M$$

7. 求面密度为 ρ 的均匀半圆形薄片 $0 \leqslant y \leqslant \sqrt{a^2-x^2}$，$z=0$ 对位于点 $M_0(0,0,b)$ 处的单位质点的引力 $F(b>0)$.

【知识点窍】 利用公式 $F=(F_x,F_y,F_z)$，其中

$$F_x=\iiint_{\Omega}\frac{k\rho(x,y,z)(x-x_0)}{r^3}\mathrm{d}V,$$

$$F_y=\iiint_{\Omega}\frac{k\rho(x,y,z)(y-y_0)}{r^3}\mathrm{d}V,$$

$$F_z=\iiint_{\Omega}\frac{k\rho(x,y,z)(z-z_0)}{r^3}\mathrm{d}V.$$

解: 积分区域关于 y 轴对称且面积密度分布均匀，故 $F_x=0$.

$$F_y=\iiint_{\Omega}\frac{k\rho(y-0)}{(x^2+y^2+b^2)^{\frac{3}{2}}}\mathrm{d}V=\iiint_{\Omega}\frac{k\rho(y-0)}{(x^2+y^2+b^2)^{\frac{3}{2}}}\mathrm{d}\sigma$$

$$\xlongequal{\text{极坐标下}}k\rho\int_0^{\pi}\mathrm{d}\varphi\int_0^a\frac{r\sin\varphi}{(r^2+b^2)^{\frac{3}{2}}}r\mathrm{d}r$$

$$=k\rho\int_0^{\pi}\sin\varphi\mathrm{d}\varphi\int_0^a\frac{r^2}{(r^2+b^2)^{\frac{3}{2}}}\mathrm{d}r=kp\cdot 2\int_0^a\frac{r^2}{(r^2+b^2)^{\frac{3}{2}}}\mathrm{d}r$$

令 $r=b\tan t$，则 $\mathrm{d}V=b\sec^2 t\mathrm{d}t$，当 $r=0,a$ 时，$t=0,\arctan\frac{a}{b}$

$$F_y=2k\rho\int_0^{\arctan\frac{a}{b}}\frac{b^2\tan^2 t}{b^3\sec^3 t}\cdot b\sec^2 t\mathrm{d}t=2k\rho\int_0^{\arctan\frac{a}{b}}(\sec t-\cos t)\mathrm{d}t$$

$$=2k\rho[\ln(\sec t+\tan t)-\sin t]_0^{\arctan\frac{a}{b}}$$

$$=3k\rho(\ln\frac{a+\sqrt{a^2+b^2}}{b}-\frac{a}{\sqrt{a^2+b^2}})$$

$$F_z=\iint_D\frac{k\rho(0-b)}{(x^2+y^2+b^2)^{\frac{3}{2}}}\mathrm{d}\sigma$$

$$\xlongequal{\text{极坐标下}}-kb\rho\int_0^{\pi}\mathrm{d}\varphi\int_0^a\frac{r}{(r^2+b^2)^{\frac{3}{2}}}\mathrm{d}r$$

$$=\pi kb\rho(\frac{1}{\sqrt{a^2+b^2}}-\frac{1}{b})$$

故引力 $F=\left(0,2k\rho(\ln\frac{a+\sqrt{a^2+b^2}}{b}-\frac{a}{\sqrt{a^2+b^2}}),\pi kb\rho(\frac{1}{\sqrt{a^2+b^2}}-\frac{1}{b})\right)$

8. 求均匀柱体 $x^2+y^3\leqslant R^2$，$0\leqslant z\leqslant h$ 对位于点 $M_0(0,0,a)$ 处的单质点的引力 $(a>h)$.

解: 由 Ω 的对称性及柱体体密度分布均匀，易知 $F_x=F_y=0$

$$F_z=\iiint_{\Omega}\frac{k\rho(z-a)}{[x^2+y^2+(z-a)^2]^{\frac{3}{2}}}\mathrm{d}V$$

$$=k\rho\int_0^h(z-a)\mathrm{d}z\iint_{x^2+y^2\leqslant R^2}\frac{1}{[x^2+y^2+(z-a)^2]^{\frac{3}{2}}}\mathrm{d}x\mathrm{d}y$$

$$= k\rho\int_0^h (z-a)\mathrm{d}z\int_0^{2\pi}\mathrm{d}\varphi\int_0^R \frac{\rho\mathrm{d}\rho}{[\rho^2+(z-a)^2]^{\frac{3}{2}}}$$

$$= 2\pi k\rho\int_0^h (z-a)\mathrm{d}z\int_0^R \frac{1}{2[\rho^2+(z-a)^2]^{\frac{3}{2}}}\mathrm{d}[\rho^2(z-a)^2]$$

$$= 2\pi k\rho\int_0^h (z-a)\left[\frac{1}{a-z}-\frac{1}{\sqrt{R^2+(z-a)^2}}\right]\mathrm{d}z$$

$$=-2\pi k\rho\int_0^h\left[1+\frac{z-a}{\sqrt{R^2+(z-a)}}\right]\mathrm{d}z$$

$$=-2\pi k\rho\left[z+\sqrt{R^2+(z-a)^2}\right]_0^h$$

$$= 2\pi k\rho\left[\sqrt{R^2+a^2}-h-\sqrt{R^2+(h-a)^2}\right]$$

故引力 $F=(0,0,2\pi k\rho[\sqrt{R^2+a^2}-h-\sqrt{R^2+(h-a)^2}])$.

总习题七

1. 填空题

(1) 函数 $f(x,y)$ 在有界闭区域 D 上有二重积分的充分条件是 $f(x,y)$ 在 D 上________,在此条件下,必有点 $(\xi,\eta)\in D$,使得 $\iint\limits_D f(x,y)\mathrm{d}\sigma=$________.

(2) 交换二次积分次序后,$\int_0^2\mathrm{d}y\int_{-\sqrt{2y-y^2}}^{\sqrt{2y-y^2}} f(x,y)\mathrm{d}x=$________.

(3) 设平面区域 $D=\{(x,y)\mid x\leqslant y\leqslant a,-a\leqslant x\leqslant a\}$,$D_1=\{(x,y)\mid x\leqslant y\leqslant a,0\leqslant x\leqslant a\}$,则 $\iint\limits_D y\mathrm{e}^{x^2}\mathrm{d}x$ 等于下列选项中________.

(A) 0　(B) $\iint\limits_{D_1} y\mathrm{e}^{x^2}\mathrm{d}x\mathrm{d}y$　(C) $2\iint\limits_{D_1} y\mathrm{e}^{x^2}\mathrm{d}x\mathrm{d}y$　(D) $4\iint\limits_{D_1} y\mathrm{e}^{x^2}\mathrm{d}x\mathrm{d}y$

(4) 设空间区域 $\Omega=\{(x,y,z)\mid x^2+y^2+z^2\leqslant R^2,z\geqslant 0\}$,$\Omega_1=\{(x,y,z)\mid x^2+y^2+z^2\leqslant R^2,x\geqslant 0,y\geqslant 0,z\geqslant 0\}$,则下列选项中正确的是________.

(A) $\iiint\limits_{\Omega} x\mathrm{d}V=4\iiint\limits_{\Omega_1} x\mathrm{d}V$　(B) $\iiint\limits_{\Omega} y\mathrm{d}V=4\iiint\limits_{\Omega_1} y\mathrm{d}V$

(C) $\iiint\limits_{\Omega} z\mathrm{d}V=4\iiint\limits_{\Omega_1} z\mathrm{d}V$　(D) $\iiint\limits_{\Omega}(x+y+z)\mathrm{d}V=4\iiint\limits_{\Omega_1}(x+y+z)\mathrm{d}V$

(5) 设空间区域 $\Omega=\{(x,y,z)\mid x^2+y^2+z^2\leqslant a^2\}$,$\Omega_1=\{(x,y,z)\mid x^2+y^2+z^2\leqslant a^2,x\geqslant 0,y\geqslant 0,z\geqslant 0\}$,则下列等式不成立的是________.

(A) $\iiint\limits_{\Omega}(x+y+z)^2\mathrm{d}V=\iiint\limits_{\Omega}(x^2+y^2+z^2)\mathrm{d}V$

(B) $\iiint\limits_{\Omega}(x+y+z)^2\mathrm{d}V=8\iiint\limits_{\Omega_1}(x^2+y^2+z^2)\mathrm{d}V$

(C) $\iiint\limits_{\Omega}(x+y+z)^2\mathrm{d}V=24\iiint\limits_{\Omega_1}x^2\mathrm{d}V$

(D) $\iiint\limits_{\Omega}(x+y+z)^2\mathrm{d}V=8\iiint\limits_{\Omega_1}(x+y+z)^2\mathrm{d}V$

解:(1) 连续,$f(\xi,\eta)\cdot\mu(D)$;(2)$\int_{-1}^{1}\mathrm{d}x\int_{1-\sqrt{1-x^2}}^{1}f(x,y)\mathrm{d}y$;(3)C;　(4)C;　(5)D

2. 计算下列二重积分:

(1)$\iint\limits_{D}|\cos(x+y)|\mathrm{d}\sigma$,$D$是由直线$y=x,y=0,x=\frac{\pi}{2}$所围成的区域;

(2)$\iint\limits_{D}\mathrm{e}^{\max\{x^2,y^2\}}\mathrm{d}x\mathrm{d}y$,其中$D=\{(x,y)\mid 0\leqslant x\leqslant 1,0\leqslant y\leqslant 1\}$;

(3)$\iint\limits_{D}x^2\mathrm{d}\sigma$,$D$为曲线$\rho=a(1-\cos\varphi)$所围成的区域($a>0$).

解:(1) 如图 7.46 所示积分区域D由直线$x+y=\frac{\pi}{2}$分成D_1和D_2,则

$$\begin{aligned}\iint\limits_{D}|\cos(x+y)|\mathrm{d}\sigma&=\iint\limits_{D_1}\cos(x+y)\mathrm{d}\sigma+\iint\limits_{D_2}-\cos(x+y)\mathrm{d}\sigma\\&=\int_0^{\frac{\pi}{4}}\mathrm{d}y\int_y^{\frac{\pi}{2}-y}\cos(x+y)\mathrm{d}x-\int_{\frac{\pi}{4}}^{\frac{\pi}{2}}\mathrm{d}x\int_{\frac{\pi}{2}-x}^{x}\cos(x+y)\mathrm{d}y\\&=\int_0^{\frac{\pi}{4}}[1-\sin(2y)]\mathrm{d}y-\int_{\frac{\pi}{4}}^{\frac{\pi}{2}}[\sin(2x)-1]\mathrm{d}x=\frac{\pi}{2}-1\end{aligned}$$

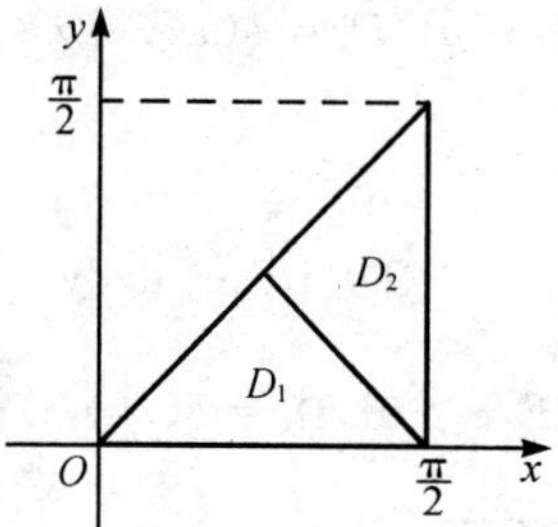

图 7.46

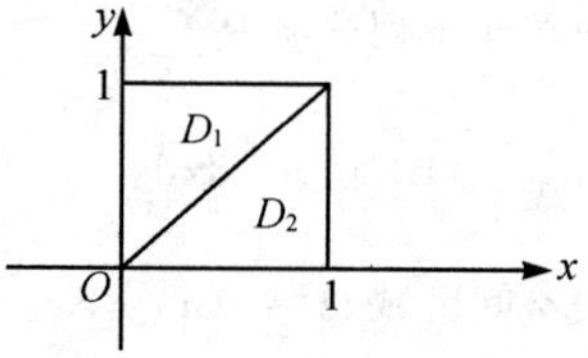

图 7.47

(2) 如图 7.47 所示积分区域D由直线$y=x$分成D_1和D_2,则

$$\begin{aligned}\iint\limits_{D}\mathrm{e}^{\max\{x^2,y^2\}}\mathrm{d}x\mathrm{d}y&=\iint\limits_{D_1}\mathrm{e}^{y^2}\mathrm{d}x\mathrm{d}y+\iint\limits_{D_2}\mathrm{e}^{x^2}\mathrm{d}x\mathrm{d}y\\&=\int_0^1\mathrm{d}x\int_0^x\mathrm{e}^{x^2}\mathrm{d}y+\int_0^1\mathrm{d}y\int_0^y\mathrm{e}^{y^2}\mathrm{d}x\\&=\int_0^1x\mathrm{e}^{x^2}\mathrm{d}x+\int_0^1y\mathrm{e}^{y^2}\mathrm{d}y\\&=\int_0^1\mathrm{e}^{x^2}\mathrm{d}x^2=\mathrm{e}^{x^2}\Big|_0^1=\mathrm{e}-1\end{aligned}$$

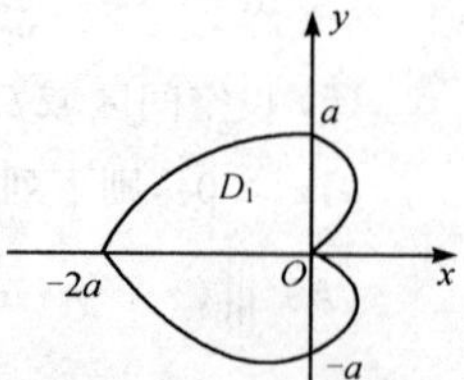

图 7.48

(3) 如图 7.48 所示积分区域 $D=2D_1$，则

$$\iint_D x^2\,\mathrm{d}\sigma=2\iint_{D_1}x^2\,\mathrm{d}\sigma=2\int_0^{\pi}\mathrm{d}\varphi\int_0^{a(1-\cos\varphi)}(\rho\cos\varphi)^2\cdot\rho\,\mathrm{d}\rho=\frac{49}{32}\pi a^4$$

3. 计算下列三重积分：

(1) $\iiint_\Omega xy^2\,\mathrm{d}V$，$\Omega$ 是由平面 $z=0,x+y-z=0,x-y-z=0,x=1$ 所围成的区域；

(2) $\iiint_\Omega (x^2+y^2)\,\mathrm{d}V$，$\Omega$ 是由柱面 $y=\sqrt{x}$ 及平面 $y+z=1,x=0,z=0$ 所围成的区域；

(3) $\iiint_\Omega |xyz|\,\mathrm{d}V$，$\Omega$ 为椭球体 $\frac{x^2}{a^2}+\frac{y^2}{b^2}+\frac{z^2}{c^2}\leqslant 1$.

【知识点窍】 计算三重积分的基本方法是将其化为三次积分，根据三重积分的特点，选择恰当的坐标系和积分次序可以简化计算，积分区域 Ω 要正确地用不等式组表示.

解：(1) Ω 可用下列不等式组表示.

$$\Omega=\begin{cases}0\leqslant x\leqslant 1\\0\leqslant z\leqslant x\\z-x\leqslant y\leqslant x-z\end{cases}$$

$$\iiint_\Omega xy^2\,\mathrm{d}V=\int_0^1\mathrm{d}x\int_0^x\mathrm{d}z\int_{z-x}^{x-z}xy^2\,\mathrm{d}y=2\int_0^1\mathrm{d}z\int_0^x\mathrm{d}z\int_0^{x-z}xy^2\,\mathrm{d}y=2\int_0^1\mathrm{d}x\int_0^x x\frac{(x-z)^3}{3}\mathrm{d}z$$

$$=\frac{2}{3}\int_0^1 x\left[-\frac{(x-z)^4}{4}\right]_0^x\mathrm{d}x=\frac{1}{6}\int_0^1 x^5\,\mathrm{d}x=\frac{1}{36}$$

(2) Ω 可用下列不等式组表示，选用直角坐标系.

$$\Omega=\begin{cases}0\leqslant y\leqslant 1\\0\leqslant x\leqslant y^2\\0\leqslant z\leqslant 1-y\end{cases}$$

$$\iiint_\Omega (x^2+y^2)\,\mathrm{d}v=\int_0^1\mathrm{d}y\int_0^{y^2}\mathrm{d}x\int_0^{1-y}(x^2+y^2)\,\mathrm{d}z$$

$$=\int_0^1\mathrm{d}y\int_0^{y^2}(x^2+y^2)(1-y)\,\mathrm{d}x$$

$$=\int_0^1\left(\frac{y^6}{3}-\frac{y^7}{3}+y^4-y^5\right)\mathrm{d}y$$

$$=\frac{1}{3\cdot 7}-\frac{1}{3\cdot 8}+\frac{1}{5}-\frac{1}{6}=\frac{11}{280}$$

(3) 由对称性，得

$$\iiint_\Omega |xyz|\,\mathrm{d}V=8\iiint_\Omega xyz\,\mathrm{d}V=8\int_0^C z\,\mathrm{d}z\iint_{D_{xy}}xy\,\mathrm{d}x\mathrm{d}y$$

其中，$D_{xy}=\dfrac{x^2}{a^2(1-\frac{z^2}{c^2})}+\dfrac{y^2}{b^2(1-\frac{z^2}{c^2})}\leqslant 1=\dfrac{1}{6}a^2b^2c^2$

4. 通过交换积分次序证明:$\int_0^1 \mathrm{d}x\int_0^x \mathrm{d}y\int_0^y f(z)\mathrm{d}z = \frac{1}{2}\int_0^1 (1-z)^2 f(z)\mathrm{d}z$

【知识点窍】 考查三重积分积分次序的变换.

解: Ω可用下列不等式组表示 $\Omega:\begin{cases}0\leqslant x\leqslant 1\\0\leqslant y\leqslant x\\0\leqslant z\leqslant y\end{cases}$

易知Ω亦可用下列不等式组表示 $\Omega:\begin{cases}0\leqslant z\leqslant 1\\z\leqslant y\leqslant 1\\y\leqslant x\leqslant 1\end{cases}$

则 $\int_0^1 \mathrm{d}x\int_d^x \mathrm{d}y\int_d^y f(z)\mathrm{d}z = \iiint\limits_{\Omega} f(z)\mathrm{d}V = \int_0^1 \mathrm{d}z\int_z^1 \mathrm{d}y\int_y^1 f(z)\mathrm{d}x = \int_0^1 f(z)\mathrm{d}z\int_z^1 (1-y)\mathrm{d}y$

$$= \int_0^1 f(z)\cdot[y-\frac{y^2}{2}]_z^1 = \int_0^1 f(z)\cdot\frac{(1-z)^2}{2}\mathrm{d}z$$

$$= \frac{1}{2}\int_0^1 (1-z)f(z)\mathrm{d}z$$

5. 在半径为 R 的球体上打一个半径为 r 的圆柱形穿心孔($r<R$),孔的中心轴为球的直径,试求穿孔后的球体的剩余部分的体积.若设孔壁的高为 h,证明此体积仅与 h 的值有关.

解: Ω可用下列不等式组表示.

$$\Omega:\begin{cases}0\leqslant\varphi\leqslant 2\pi\\r\leqslant\rho\leqslant R\\0\leqslant z\leqslant\sqrt{R^2-\rho^2}\end{cases}$$

$$V=\iiint\limits_{\Omega}\mathrm{d}V=\int_0^{2\pi}\mathrm{d}\varphi\int_r^R\rho\mathrm{d}\rho\int_0^{\sqrt{R^2-\rho^2}}\mathrm{d}z=2\pi\int_r^R\rho\sqrt{R^2-\rho^2}\mathrm{d}\rho$$

$$=2\pi\Big[-\frac{2}{3}(R^2-\rho^2)^{\frac{3}{2}}\Big]_r^R=\frac{4\pi}{3}(R^2-r^2)^{\frac{3}{2}}$$

又因为 $R^2-r^2=(\frac{h}{2})^2$,所以 $V=\frac{4\pi}{3}(\frac{h}{2})^{\frac{3}{2}}=\frac{\pi}{6}h^3$,故剩余部分的体积仅与 h 的值有关.

6. 证明:抛物面 $z=x^2+y^2+1$ 上任一点处的切平面与曲面 $z=x^2+y^2$ 所围成的立体的体积为一定值.

解: 设 $P(x_0,y_0,z_0)$ 为抛物面 $z=x^2+y^2+1$ 上任意一点,则点 P 处的切平面为

$$z-z_0=zx_0(x-x_0)+2y_0(y-y_0)$$

该切平面与曲面 $z=x^2+y^2$ 交线为 $\begin{cases}z=2x_0x+2y_0y-x_0^2-y_0^2+1\\z=x^2+y^2\end{cases}$,消去 z 得

$$(x-x_0)^2+(y-y_0)^2=1$$

$$V=\iint\limits_{(x-x_0)^2+(y-y_0)^2\leqslant 1}[2x_0x+2y_0y-x_0^2-y_0^2+1-(x^2+y^2)]\mathrm{d}\sigma$$

$$=\iint\limits_{(x-x_0)^2+(y-y_0)^2\leqslant 1}[1-(x-x_0)^2-(y-y_0)^2]\mathrm{d}\sigma$$

换元法，令 $x=x_0+\rho\cos\varphi, y=y_0+\rho\sin\varphi, J=\frac{\partial(x,y)}{\partial(\rho,\varphi)}=\begin{vmatrix}\cos\varphi & -\rho\sin\varphi\\ \sin\varphi & \rho\cos\varphi\end{vmatrix}=\rho$

$$v=\int_0^{2x}\mathrm{d}\varphi\int_0^1(1-\rho^2)\cdot\rho\mathrm{d}\rho \qquad 2\pi\cdot\left[\frac{\rho^2}{2}-\frac{\rho^4}{4}\right]_0^1=\frac{\pi}{2}$$

故体积为定值.

7. 求由曲面 $x^2+y^2=az, z=2a-\sqrt{x^2+y^2}$ 所围区域的表面积（$a>0$）.

解：联立两曲面方程，消去 z，得

$$x^2+y^2+a\sqrt{x^2+y^2}-2a^2=0，即 x^2+y^2=a^2$$

$$D=\{(x,y)\mid x^2+y^2\leqslant a^2\}$$

易知空间曲面由上下两部分组成，分别设为 S_1, S_2

曲面 S_1 的表面积 $A_1=\iint\limits_D\sqrt{1+\left(\frac{x}{\sqrt{x+y^2}}\right)^2+\left(\frac{y}{\sqrt{x^2+y^2}}\right)^2}\mathrm{d}\sigma=\sqrt{2}\iint\limits_D\mathrm{d}\sigma=\sqrt{2}\pi a^2$

曲面 S_2 的表面积 $A_2=\iint\limits_D\sqrt{1+\left(\frac{2x}{a}\right)^2+\left(\frac{2y}{a}\right)^2}\mathrm{d}\sigma=\iint\limits_D\sqrt{1+\frac{4}{a^2}(x^2+y^2)}\mathrm{d}\sigma$

换元法，令 $x=\rho\cos\varphi, y=p\sin\varphi$

$$A_2\xlongequal{对称性}4\int_0^{\frac{\pi}{2}}\mathrm{d}\varphi\int_0^a\sqrt{1+\frac{4}{a^2}\rho}\cdot\rho\mathrm{d}\rho=4\cdot\frac{\pi}{2}\cdot\frac{a^2}{12}(5\sqrt{5}-1)=\frac{\pi a^2}{6}(5\sqrt{5}-1)$$

总面积　$S=S_1+S_2=\left(\sqrt{2}+\frac{5\sqrt{5}-1}{6}\right)\pi a^2$

8. 设半径为 r 的球的球心在半径为 a 的定球面上，试求 r 的值，使得半径为 r 的球的表面位于定球内部的那一部分的面积取最大值.

解：建立坐标系使原点在定球心，z 轴穿过动球心，变球面方程为 $x^2+y^2+(z-a)^2=r^2$ 与定球面方程 $x^2+y^2+z^2=a^2$ 联立，消去 z

$$x^2+y^2=\frac{r^2}{4a^2}(4a^2-r^2)$$

$$D=\left\{(x,y)\mid x^2+y^2\leqslant\frac{r^2}{4a^2}(4a^2-r^2)\right\}$$

又因为 $z=a-\sqrt{r^2-x^2-y^2}$，故

$$\mathrm{d}S=\sqrt{1+z_x^2+z_y^2}\mathrm{d}\sigma=\sqrt{1+\left(\frac{x}{\sqrt{r^2-x^2-y^2}}\right)^2+\left(\frac{y}{\sqrt{r^2-x^2-y^2}}\right)^2}\mathrm{d}\sigma$$

$$=\frac{r}{\sqrt{r^2-x^2-y^2}}\mathrm{d}\sigma$$

$$S=\iint\limits_{D_{xy}}\frac{r}{\sqrt{r^2-x^2-y^2}}\mathrm{d}\sigma$$

换元法，令 $x=\rho\cos\theta, y=\rho\sin\theta$，则

$$S=\int_0^{2\pi}\mathrm{d}\theta\int_0^{\frac{r}{2a}\sqrt{4a^2-r^2}}\frac{r\rho}{r^2-\rho^2}\mathrm{d}\rho=2\pi r^2-\frac{\pi r^3}{a}$$

$$S'(r)=4\pi r-\frac{3\pi r^2}{a}=0,\text{得 } r=\frac{4}{3}a$$

由实际问题的特性知当 $r=\frac{4}{3}a$ 时,位于定球内部的表面积最大.

9. 设 $f(x)\in C^{(1)}[a,b]$, $f(x)\geqslant 0$,A 为平面曲线 $y=f(x)$,$a\leqslant x\leqslant b$ 绕 x 轴旋转所得旋转曲面的面积,试用计算曲面面积的二重积分公式证明:$A=2\pi\int_a^b f(x)\sqrt{1+[f'(x)]^2}\,\mathrm{d}x$ 并由此计算正弦弧段 $y=\sin x,0\leqslant x\leqslant\pi$ 绕 x 轴旋转所得旋转曲面的面积.

解:旋转曲面的方程为 $\pm\sqrt{y^2+z^2}=f(x)$,由旋转曲面的对称性,取此曲面的上半部

$\sum:z=\sqrt{f^2(x)-y^2}$

$\sum$ 在 xOy 面上的投影区域为 $D=\{(x,y)\mid -f(x)\leqslant y\leqslant f(x),a\leqslant x\leqslant b\}$

$$A=2\iint_D\sqrt{1+z_x^2+z_y^2}\,\mathrm{d}x\mathrm{d}y=2\iint_D\sqrt{1+\left[\frac{f(x)f'(x)}{\sqrt{f^2(x)-y^2}}\right]^2+\left[\frac{-y}{\sqrt{f^2(x)-y^2}}\right]^2}\,\mathrm{d}x\mathrm{d}y$$

$$=2\int_a^b f(x)\sqrt{1+[f'(x)]^2}\,\mathrm{d}x\int_{-f(x)}^{f(x)}\frac{1}{\sqrt{f^2(x)-y^2}}\mathrm{d}y$$

$$=2\int_a^b f(x)\sqrt{1+[f'(x)]^2}\cdot\left[\arcsin\frac{y}{f(x)}\right]_{-f(x)}^{f(x)}\mathrm{d}x$$

$$=2\pi\int_a^b f(x)\sqrt{1+[f'(x)]^2}\,\mathrm{d}x$$

将正弦弧段 $y=\sin x,0\leqslant x\leqslant\pi$ 代入上式,则

$$A=2\pi\int_0^{\pi}\sin x\sqrt{1+\cos^2x}\,\mathrm{d}x\xlongequal{\text{令 }u=\cos x}2\pi\int_{-1}^{1}\frac{\sin x}{-\sin x}\sqrt{1+u^2}\,\mathrm{d}u$$

$$=4\pi\int_0^1\sqrt{1+u^2}\,\mathrm{d}u$$

$$=4\pi\left[\frac{u}{2}\sqrt{1+u^2}+\frac{1}{2}\ln(u+\sqrt{1+u^2})\right]_0^1$$

$$=4\pi\left[\frac{\sqrt{2}}{2}+\frac{\ln(1+\sqrt{2})}{2}\right]$$

$$=2\pi[\sqrt{2}\ln+\ln(1+\sqrt{2})]$$

10. 证明:球面 $x^2+y^2+z^2=a^2$ 上介于平面 $z=c$ 与 $z=c+h(-a\leqslant c<c+h\leqslant a)$ 之间的球带的面积仅与 h 的值有关.

解:积分区域 $D=\{(\rho,\varphi)\mid 0\leqslant\varphi\leqslant 2\pi,\sqrt{a^2-(c+h)^2}\leqslant\rho\leqslant\sqrt{a^2-c^2}\}$

$$\mathrm{d}S=\sqrt{1+z_x^2+z_y^2}\,\mathrm{d}\sigma=\sqrt{1+\frac{x^2}{z^2}+\frac{y^2}{z^2}}\,\mathrm{d}x\mathrm{d}y=\frac{a}{\sqrt{a^2-x^2-y^2}}\mathrm{d}x\mathrm{d}y$$

换元法，令 $x=\rho\cos\varphi, y=\rho\sin\varphi$，则　$\mathrm{d}S=\dfrac{a\rho}{\sqrt{a^2-\rho^2}}\mathrm{d}\rho\mathrm{d}\varphi$

$$A=\iint_D \mathrm{d}S=\int_0^{2\pi}\mathrm{d}\varphi\int_{\sqrt{a^2-(c+h)^2}}^{\sqrt{a^2-c^2}}\frac{a\rho}{\sqrt{a^2-\rho^2}}\mathrm{d}\rho=2\pi a\left[-\sqrt{a^2-\rho^2}\right]_{\sqrt{a^2-(c+h)^2}}^{\sqrt{a^2-c^2}}=2\pi ah$$

所以球带的面积仅与其高 h 有关.

11. 求密度为常数 μ，半径为 R 的球体 $x^2+y^2+z^2\leqslant R^2$ 对位于点 $(0,0,a)(a>R)$ 处单位质点的引力，并说明该引力如同将球的质量集中在球心时两质点间的引力.

解：

$$F_x=\iiint\limits_{x^2+y^2+z^2\leqslant R^2}\frac{G\mu x}{[x^2+y^2+(z-a)^2]^{3/2}}\mathrm{d}V=0$$

$$F_y=\iiint\limits_{x^2+y^2+z^2\leqslant R^2}\frac{G\mu y}{[x^2+y^2+(z-a)^2]^{3/2}}\mathrm{d}V=0$$

$$F_z=\iiint\limits_{x^2+y^2+z^2\leqslant R^2}\frac{G\mu(z-a)}{[x^2+y^2+(z-a)^2]^{3/2}}\mathrm{d}V=\int_0^{2\pi}\mathrm{d}\varphi\int_{-R}^{R}\mathrm{d}z\int_0^{\sqrt{R^2-z^2}}\frac{G\mu(z-a)}{[\rho^2+(z-a)^2]^{3/2}}\rho\mathrm{d}\rho$$

$$=2\pi\int_{-R}^{R}G\mu(z-a)\left(\frac{1}{a-z}-\frac{1}{\sqrt{R^2+a^2-2az}}\right)\mathrm{d}z$$

$$=-\frac{G\mu\cdot\frac{4}{3}\pi R^3}{a^2}=-\frac{GM}{a^2}$$

其中 G 为引力常数，$M=\mu\cdot\dfrac{4}{3}\pi R^3$ 为球体的质量，故结论成立.

12. 设一柱体的底部是 xOy 面上的有界闭区域 D，母线平行于 z 轴，柱体的上顶为一平面，证明：柱体的体积等于 D 的面积与上顶平面上对应于 D 的形心的点的竖坐标的乘积.

解：设平面方程为 $z=ax+by+c$，D 的形心坐标为 $(\overline{x},\overline{y},0)$ 则　$\overline{x}=\dfrac{\iint\limits_D x\mathrm{d}\sigma}{\iint\limits_D\mathrm{d}\sigma}$，$\overline{y}=\dfrac{\iint\limits_D y\mathrm{d}\sigma}{\iint\limits_D\mathrm{d}\sigma}$

$$V=\iint_D(ax+by+c)\mathrm{d}\sigma=a\iint_D x\mathrm{d}\sigma+b\iint_D y\mathrm{d}\sigma+c\iint_D\mathrm{d}\sigma=(a\overline{x}+b\overline{y}+c)\iint_D\mathrm{d}\sigma=(a\overline{x}+b\overline{y}+c)S_D$$

故柱体体积等于 D 的面积与 D 的形心对应的平面上的点的竖坐标的乘积.

13. 求密度均匀的圆柱体 $x^2+y^2\leqslant a^2$，$|z|\leqslant h$ 对于直线 $x=y=z$ 的转动惯量.

【知识点窍】　关键是求出转动惯量元素 $\mathrm{d}I$.

解：直线 $x=y=z$ 的方向向量 $\boldsymbol{l}=(1,1,1)$，设 $P(x,y,z)$ 在圆柱体内任一点，则 P 到 $x=y=z$ 的距离为 d，易知 $P_0(1,1,1)$ 为直线上的点.

$$d=\frac{|\overrightarrow{P_0P}\times\boldsymbol{l}|}{|\boldsymbol{l}|}=\frac{1}{\sqrt{3}}\left\|\begin{matrix}\boldsymbol{i}&\boldsymbol{j}&\boldsymbol{k}\\x-1&y-1&z-1\\1&1&1\end{matrix}\right\|=\frac{1}{\sqrt{3}}|(y-z,z-x,x-y)|$$

$$=\frac{\sqrt{6}}{3}\sqrt{x^2+y^2+z^2-xy-yz-zx}$$

若设体密度为 1,则 $\mathrm{d}I = d^2\mathrm{d}V$

故 $I = \iiint\limits_{\Omega} d^2\mathrm{d}V = \dfrac{2}{3}\iiint\limits_{\Omega}(x^2+y^2+z^2-xy-yz-xz)\mathrm{d}V$

令 $x=\rho\cos\varphi, y=\rho\sin\varphi$,则在柱面坐标下

$$I = \frac{2}{3}\int_0^{2\pi}\mathrm{d}\varphi\int_0^a\rho\mathrm{d}\rho\int_{-h}^{h}(\rho^2+z^2-\rho^2\sin\varphi\cos\varphi-\rho z\sin\varphi-\rho z\cos\varphi)\mathrm{d}z$$

$$=\frac{2}{3}\int_0^{2\pi}\mathrm{d}\varphi\int_0^a\rho\left(2h\rho^2+\frac{2h^3}{3}-2h\rho^2\sin\varphi\cos\varphi\right)\mathrm{d}\rho$$

$$=\frac{2}{3}\int_0^{2\pi}\left[2h(1-\sin\varphi\cos\varphi)\cdot\frac{a^4}{4}+\frac{h^3}{3}a^2\right]\mathrm{d}\varphi$$

$$=\frac{2\pi ha^2}{9}(3a^2+2h^2)$$

$$=\frac{M}{9}(3a^2+2h^2),(\text{其中 } M \text{ 为圆柱体的质量})$$

14. 设有一密度均匀的球锥体,球的半径为 R,锥顶角为 $\dfrac{\pi}{3}$,求该球锥体对位于其顶点处的单位质点的引力.

【知识点窍】 求出引力元素 $\mathrm{d}F$,再在 Ω 上积分可得引力.

解:设体密度为 ρ,k 为引力常数. 由对称性易知 $F_x = F_y = 0$.

$$\mathrm{d}F_z = \frac{k\rho(z-0)}{r^3}\mathrm{d}V = \frac{k\rho z}{r^3}\mathrm{d}V$$

$$F_z = \iiint\limits_{\Omega}\mathrm{d}F_z = \iiint\limits_{\Omega}\frac{k\rho z}{r^3}\mathrm{d}V = \int^2\pi_0\mathrm{d}\varphi\int_0^{\frac{\pi}{6}}\mathrm{d}\theta\int_0^R\frac{k\rho r\cos\theta}{r^3}\cdot r^2\sin\theta\mathrm{d}r$$

$$=2\pi k\rho\int_0^{\frac{\pi}{6}}\sin\theta\cos\theta\mathrm{d}\theta\int_0^R\mathrm{d}r$$

$$=2\pi k\rho R\cdot\left[\sin^2\theta\right]_0^{\frac{\pi}{6}}$$

$$=\frac{1}{4}\pi k\rho R$$

所以引力 $\boldsymbol{F}=\left(0,0,\dfrac{\pi k\rho R}{4}\right)$.

历年考研真题评析

Ⅰ. 选择题

题 1 (2004 年,数学一)设 $f(x)$ 为连续函数,$F(t)=\int_1^t\mathrm{d}y\int_y^t f(x)\mathrm{d}x$,则 $F'(2)$ 等于(　　)

A. $2f(2)$　　B. $f(3)$　　C. $-f(2)$　　D. 0

解:$F(t)=\int_1^t dy\int_y^t f(x)dx \xrightarrow{\text{交换积分次序}} \int_1^t dy\int_1^x f(x)dx=\int_1^t (x-1)f(x)dx$

$F'(t)=(t-1)f(t)$,$\therefore F'(2)=f(2)$ 故选 B.

题 2　(2004 年,数学二)设函数 $f(u)$ 连续,区域 $D\{(x,y)\mid x^2+y^2\leqslant 2y\}$,则有 $\iint\limits_D (xy)dxdy$ 等于　(　　)

A. $\int_{-1}^{1}dx\int_{-\sqrt{1-x^2}}^{\sqrt{1-x^2}}f(xy)dy$　　B. $2\int_0^2 dy\int_0^{\sqrt{2y-y2}}f(xy)dx$

C. $\int_0^{\pi}d\theta\int_0^{2\sin\theta}f(r^2\sin\theta\cos\theta)dr$　　D. $\int_0^{\pi}d\theta\int_0^{2\sin\theta}f(r^2\sin\theta\cos\theta)rdr$

解:原式$\int_0^2 dx\int_{-\sqrt{2y-y^2}}^{\sqrt{2y-y^2}}f(xy)dx=\int_0^{\pi}d\theta\int_0^{2\sin\theta}f(r^2\sin\theta\cos\theta)rdr$,故选 D.

题 3　(2006 年,数学一)设 $f(x,y)$ 为连续函数,则$\int_0^{\frac{\pi}{4}}d\theta\int_0^1 f(r\cos\theta,r\sin\theta)rdr$ 等于(　　)

A. $\int_0^{\frac{\sqrt{2}}{2}}dx\int_x^{\sqrt{1-x^2}}f(x,y)dy$　　B. $\int_0^{\frac{\sqrt{2}}{2}}dx\int_x^{\sqrt{1-x^2}}f(x,y)dy$

C. $\int_0^{\frac{\sqrt{2}}{2}}dy\int_x^{\sqrt{1-x^2}}f(x,y)dx$　　D. $\int_0^{\frac{\sqrt{2}}{2}}dy\int_x^{\sqrt{1-x^2}}f(x,y)dx$

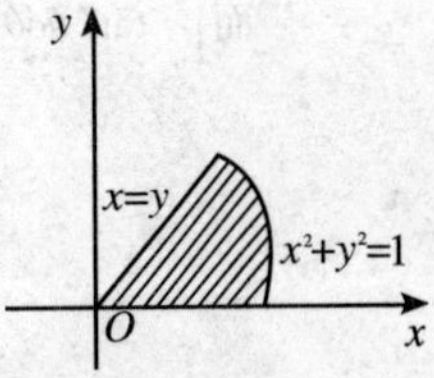

图 7.49

解:由图 7.49 知$\int_0^{\frac{\pi}{4}}d\theta\int_0^1 f(r\cos\theta,r\sin\theta)rdr=\int_0^{\frac{\sqrt{2}}{2}}dy\int_x^{\sqrt{1-x^2}}f(x,y)dx$,故应选 C.

Ⅱ. **填空题**

题 1　(2004 年,数学四)计算二重积分$\iint\limits_D \frac{\sqrt{x^2+y^2}}{\sqrt{4a^2-x^2-y^2}}d\sigma$,其中 D 是曲线 $y=-a+\sqrt{a^2-x^2}\ (a>0)$ 和直线 $y=-x$ 围成的区域.

解:区域 D 如图 7.50,在极坐标系下

$$D=\left\{(r,\theta)\mid -\frac{\pi}{4}\leqslant\theta\leqslant 0,0\leqslant r\leqslant -2a\sin\theta\right\}$$

$$I=\iint\limits_D \frac{\sqrt{x^2+y^2}}{\sqrt{4a^2-x^2-y^2}}d\sigma=\int_{-\frac{\pi}{4}}^{0}d\theta\int_0^{-2a\sin\theta}\frac{r^2}{\sqrt{4a^2-r^2}}dr$$

令 $r=2a\sin t$,有

$$I=\int_{-}^{0}\frac{\pi}{4}d\theta\int_0^{-\theta}4a^2(1-\cos^2 t)dt$$

$$=4a^2\int_{-\frac{\pi}{4}}^{0}(-\theta+\frac{\theta}{2}+\frac{1}{2}\sin\theta\cos\theta)d\theta=a^2(\frac{\pi^2}{16}-\frac{1}{2})$$

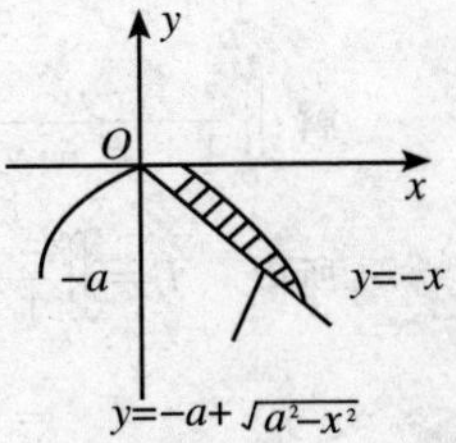

图 7.50

题 2 (2005 年，数学二)计算二重积分$\iint\limits_D |x^2+y^2-1|\mathrm{d}\sigma$，其中$D=\{(x,y)\mid 0\leqslant x\leqslant 1,0\leqslant y\leqslant 1\}$

解：$\iint\limits_D |x^2+y^2-1|\mathrm{d}\sigma$，$D$ 见图 7.51：

$$=\iint\limits_{D_1}(1-x^2-y^2)\mathrm{d}\sigma+\iint\limits_{D_2}(x^2+y^2-1)\mathrm{d}\sigma$$

$$=\int_0^{\frac{\pi}{2}}\mathrm{d}\theta\int_0^1(1-r^2)r\mathrm{d}r+\int_0^{\frac{\pi}{4}}\mathrm{d}\theta\int_1^{\sec\theta}(r^2-1)r\mathrm{d}r+\int_{\frac{\pi}{4}}^{\frac{\pi}{2}}\mathrm{d}\theta\int_1^{\csc\theta}(r^2-1)r\mathrm{d}r$$

$$=\frac{\pi}{8}+\frac{1}{4}\int_0^{\frac{\pi}{4}}\tan\theta\mathrm{d}\theta+\frac{1}{4}\int_{\frac{\pi}{4}}^{\frac{\pi}{2}}\cot^4\theta\mathrm{d}\theta$$

$$\int_0^{\frac{\pi}{2}}\cot^4\theta\mathrm{d}\theta\xrightarrow{\text{令}u=\frac{\pi}{2}-\theta}-\int_{\frac{\pi}{4}}^{0}\tan^4u\mathrm{d}u=\int_0^{\frac{\pi}{4}}\tan^4\theta\mathrm{d}\theta$$

而$\int_0^{\frac{\pi}{4}}\tan^4\theta\mathrm{d}\theta=\int_0^{\frac{\pi}{4}}\tan^2\theta\cdot\tan^2\theta\mathrm{d}\theta=\int_0^{\frac{\pi}{4}}(\sec^2\theta-1)\tan^2\theta\mathrm{d}\theta$

$$=\int_0^{\frac{\pi}{4}}\tan^2\theta\mathrm{d}\tan\theta-\int_0^{\frac{\pi}{4}}(\sec\theta-1)\mathrm{d}\theta$$

$$=\left[\frac{1}{3}\tan^3\theta\right]_0^{\frac{\pi}{4}}+\frac{\pi}{4}$$

$$=\frac{1}{3}-1+\frac{\pi}{4}$$

$$=-\frac{2}{3}+\frac{\pi}{4}$$

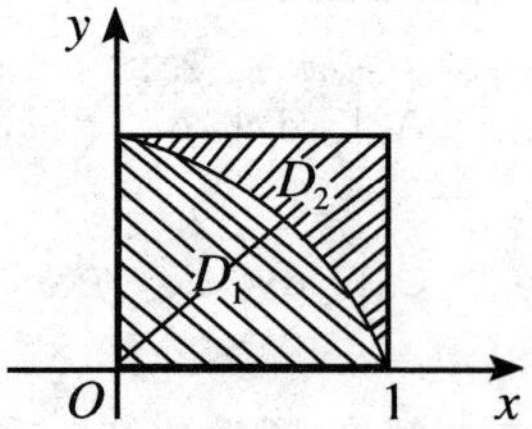

图 7.51

所以原积分$=\frac{\pi}{8}+2\cdot\frac{1}{4}\cdot(-\frac{2}{3}+\frac{\pi}{4})=\frac{\pi}{4}-\frac{1}{3}$

题 3 (2006 年，数学二)设区域$D=\{(x,y)\mid x^2+y^2\leqslant 1,x\geqslant 0\}$，计算二重积分

$$I=\iint\limits_D\frac{1+xy}{1+x^2+y^2}\mathrm{d}x\mathrm{d}y$$

解：$\iint\limits_D\frac{xy}{1+x^2+y^2}\mathrm{d}x\mathrm{d}y=0$

所以 $I=\iint\limits_D\frac{1+xy}{1+x^2+y^2}\mathrm{d}x\mathrm{d}y=\iint\limits_D\frac{1}{1+x^2+y^2}\mathrm{d}x\mathrm{d}y\xlongequal{\text{极坐标}}\int_{-\frac{\pi}{2}}^{\frac{\pi}{2}}\mathrm{d}\theta\int_0^1\frac{r\mathrm{d}r}{1+r^2}$

$$=\pi\frac{1}{2}\ln(1+r^2)\mid_0^1=\frac{1}{2}\pi\ln 2$$

第八章 曲线积分与曲面积分

学习指南

1. 理解两类曲线积分的概念，了解两类曲线积分的性质及两类曲线积分的关系；

2. 掌握计算两类曲线积分的方法；

3. 掌握格林公式，并会运用平面曲线积分与路径无关的条件求解曲线积分，会求全微分的原函数；

4. 了解两类曲面积分的概念、性质及两类曲面积分的关系，掌握计算两类曲面积分的方法，会用高斯公式、斯托克斯公式计算曲面、曲线积分；

5. 了解散度与旋度的概念，并会计算；

6. 会用曲线积分及曲面积分求一些几何量与物理量(体积、曲面面积、弧长、功及流量等).

本章知识网络图

- 曲线积分与曲面积分
  - 曲线积分
    - 第一型曲线积分
      - 计算方法(参数化法)
      - 应用(质量、质心、引力)
    - 相互联系
    - 第二型曲线积分
      - 计算方法(参数化法)
      - 格林公式(平面曲线线积分)
        - 积分与路径无关
        - 全微分的原函数
      - 斯托克斯公式(空间曲线积分)
      - 应用(力沿曲线运动做功，场沿曲线的环流量)
  - 曲面积分
    - 第一型曲面积分
      - 计算方法(投影法)
      - 应用(质量、质心、引力)
    - 相互联系
    - 第二型曲面积分
      - 计算方法(投影法)
      - 高斯公式
      - 斯托克斯公式
      - 应用(穿过曲面定向的通量)

第一节 数量值函数的曲线积分(第一类曲线积分)

知识点归纳

1. 概念及性质

(1) 圆柱的面积:$A=\lim\limits_{\lambda\to 0}\sum\limits_{i=1}^{n}h(\xi_i,\eta_i)\Delta s_i$.

曲线形构件的质量:$M=\lim\limits_{\lambda\to 0}\sum\limits_{i=1}^{n}\rho(\xi_i,\eta_i)\Delta s_i$.

引入定义:$\int_L f(x,y)\mathrm{d}s=\lim\limits_{\lambda\to 0}\sum\limits_{i=1}^{n}f(\xi_i,\eta_i)\Delta s_i$.

由定义知,当 $f(x,y)\equiv 1$ 时,$\int_L \mathrm{d}s$ 等于 L 的长度.

(2) 主要性质

① 可积性:若 $f(x,y)\in C(L)$,则线积分存在.

② 可加性:$\int\limits_{L_1+L_2}f\mathrm{d}s=\int\limits_{L_1}f\mathrm{d}s+\int\limits_{L_2}f\mathrm{d}s$.

③ 线性:$\int_L(\alpha f+\beta g)\mathrm{d}s=\alpha\int_L f\mathrm{d}s+\beta\int_L g\mathrm{d}s,\alpha\beta\in\mathbf{R}$.

2. 计算公式(化为定积分)

(1) 平面曲线

参数式:$\int_L f(x,y)\mathrm{d}s=\int_\alpha^\beta f[x(t),y(t)]\sqrt{x'^2(t)+y'^2(t)}\mathrm{d}t,\alpha\leqslant f\leqslant\beta$.

直角坐标:$\int_L f(x,y)\mathrm{d}s=\int_a^b f[a,y(x)]\sqrt{1+y'^2(x)}\mathrm{d}x,a\leqslant x\leqslant b$

$$=\int_c^d f[x(y),y]\sqrt{1+x'^2(y)}\mathrm{d}y,c\leqslant y\leqslant d.$$

极坐标:$\int_L f(x,y)\mathrm{d}s=\int_{\theta_1}^{\theta_2}f[\rho(\varphi)\cos\varphi,\rho(\varphi)\sin\varphi]\sqrt{\rho^2(\varphi)+\rho'^2(\varphi)}\mathrm{d}\varphi,\theta_1\leqslant\varphi\leqslant\theta_2$.

(2) 空间曲线

参数式:$\int_\Gamma f(x,y,z)\mathrm{d}s=\int_\alpha^\beta f[x(t),y(t),z(t)]\sqrt{x'^2(t)+y'^2(t)+z'^2(t)}\mathrm{d}t,\alpha\leqslant t\leqslant\beta$.

典型例题与解题技巧

题型Ⅰ:第一类曲线积分的计算

【题型分析】 曲线积分R计算:1. 曲线方程以不同形式给出时,能准确写出弧微分ds的表达式;2. 会确定定积分的积分上、下限;3. 会运用曲线积分的性质;4. 会利用对称性.

例 1　计算$\int_L e^{\sqrt{x^2+y^2}}\,dl$,$L$:由圆周 $x^2+y^2=a^2$,直线 $y=x$ 及 x 轴在第一象限中所围图形的边界.

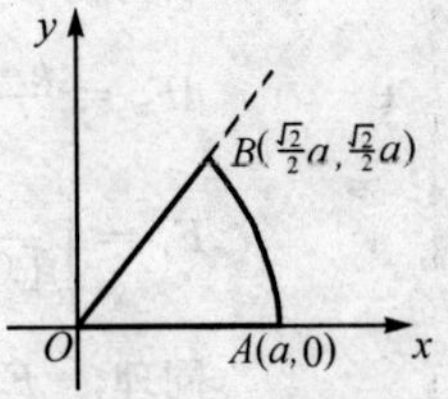

图 8.1

解:如图 8.1 所示$\int_L e^{\sqrt{x^2+y^2}}\,dl=\int_{\overline{OA}}+\int_{\widehat{AB}}\int_{\overline{BO}}$

$\overline{OA}:0\leqslant x\leqslant a,y=0$

$$\int_{\overline{OA}} e^{\sqrt{x^2+y^2}}\,dl=\int_0^a e^x\,dx=e^a-1$$

$\widehat{AB}:x=a\cos t,y=a\sin t,0\leqslant t\leqslant\frac{\pi}{4}$

$$\int_{\widehat{AB}} e^{\sqrt{x^2+y^2}}\,dl=\int_0^{\frac{\pi}{4}} e^a a\,dt=\frac{\pi}{4}ae^a$$

$\overline{BO}:y=x,0\leqslant x\leqslant\frac{\sqrt{2}}{2}a$

$$\int_{\overline{BO}} e^{\sqrt{x^2+y^2}}\,dl=\int_0^{\frac{\sqrt{2}}{2}a} e^{\sqrt{2}x}\sqrt{2}\,dx=e^a-1$$

故 $\int_L e^{\sqrt{x^2+y^2}}\,dl=2(e^a-1)+\frac{\pi}{4}ae^a$

例 2　计算曲线积分:

$I=\int_L\frac{z^2}{x^2+y^2}\,dl$,$L:x=a\cos t,y=a\sin t,z=at,0\leqslant t\leqslant 2\pi,(a>0)$

解:$dl=\sqrt{x'^2_t+y'^2_t+z'^2_t}\,dt=\sqrt{(-a\sin t)^2+(a\cos t)^2+a^2\,dt}=\sqrt{2}a\,dt$

于是　$I=\int_0^{2\pi}\frac{a^2t^2}{(a\cos t)^2+(a\sin t)^2}\sqrt{2}a\,dt=\sqrt{2}a\int_0^{2\pi}t^2\,dt=\frac{8\sqrt{2}}{3}\pi^3 a$

课后习题全解

习题 8－1 解答

1. 设有一物质曲线 Γ,在点(x,y,z)处它的线密度为 $\mu(x,y,z)$,用第一类曲线积分分别表示:

(1) 该物质曲线关于 x 轴与 y 轴的转动惯量;

(2) 该物质曲线对位于线外点 $M_0(x_0,y_0,z_0)$ 处的单位质点的引力.

【知识点窍】　理解物理的意义,并用曲线积分表示出来.

解:(1) 取弧元素 $ds\subset\Gamma$,则其质量为 $\rho(x,y,z)ds$

ds 与 x,y 轴的距离分别为$\sqrt{y^2+z^2}$,$\sqrt{x^2+z^2}$

ds 关于 x,y 轴的转动惯量元素分别为$(y^2+z^2)\rho(x,y,z)ds$,$(x^2+z^2)\rho(x,y,z)ds$

故　$I_x=\int_\Gamma(y^2+z^2)\rho(x,y,z)\,ds$

$I_y=\int_\Gamma(x^2+z^2)\rho(x,y,z)\,ds$

(2) 把 ds 看做一质点，它与 $M_0(x_0,y_0,z_0)$ 之间的距离为

$$r=\sqrt{(x-x_0)^2+(y-y_0)^2+(z-z_0)^2}$$

引力在 x 方向分量元素

$$dF_x=\frac{k\cdot\rho(x,y,z)ds}{r^2}\cdot\frac{x-x_0}{r}=\frac{k(x-x_0)\rho(x,y,z)ds}{r^3}$$

$$F_x=\int_\Gamma\frac{k(x-x_0)\rho(x,y,z)}{[(x-x_0)^2+(y-y_0)^2+(z-z_0)^2]^{3/2}}ds$$

同理，$F_y=\int_\Gamma\frac{k(y-y_0)\rho(x,y,z)}{[(x-x_0)^2+(y+t_0)^2+(z-z_0)^2]^{3/2}}ds$

$$F_x=\int_\Gamma\frac{k(z-z_0)\rho(x,y,z)}{[(x-x_0)^2+(y-y_0)^2+(z-z_0)^2]^{3/2}}ds$$

引力 $F=\{F_x,F_y,F_z\}$.

2. 计算下列第一类曲线积分：

(1) $\int_\Gamma x\,ds$，L 为抛物线 $y=x^2-1$ 上介于 $x=0$ 与 $x=1$ 之间的一段弧；

(2) $\int_\Gamma(x^2+y^2)z\,ds$，$\Gamma$ 为锥面螺线 $x=t\cos t,y=t\sin t,z=t$ 上相应于 t 从 0 变到 1 的一段弧；

(3) $\int_\Gamma xyz\,ds$，Γ 为折线 ABC，这里 A、B、C 依次为点 $(0,0,0)$，$(1,2,3)$ 和 $(1,4,3)$；

(4) $\oint_\Gamma|y|\,ds$，Γ 为球面 $x^2+y^2+z^2=2$ 与平面 $x=y$ 的交线；

(5) $\oint_\Gamma(x+y)e^{x^2+y^2}ds$，$\Gamma$ 为圆弧 $y=\sqrt{a^2-x^2}$ 与直线 $y=x$，$y=-x$ 所围成的扇形区域的整个边界；

(6) $\int_\Gamma(x^2+y^2)^{-\frac{3}{2}}ds$，$L$ 为双曲螺线 $\rho\varphi=1$ 上相应于 φ 从 $\sqrt{3}$ 变到 $2\sqrt{2}$ 的一段弧.

【知识点窍】 先求出曲线的方程，再通过参数方程来计算积分. 同时，要注意对称性的应用.

解：(1) $\begin{cases}x=x\\y=2x^2-1\end{cases}$ 得 $\begin{cases}x'=1\\y'=4x\end{cases}$，$ds=\sqrt{1+16x^2}dx$

$$\int_L x\,ds=\int_L x\sqrt{1+16x^2}dx=\int_0^1\frac{(1+16x^2)^{\frac{1}{2}}}{32}d(16x^2+1)$$

$$=\left[\frac{(1+16x^2)^{\frac{3}{2}}}{48}\right]_0^1=\frac{17\sqrt{17}-1}{48}$$

(2) $x'=\cos t-t\sin t$，$y'=\sin t+t\cos t$，$z=1$，$(0\leqslant t\leqslant 1)$

$$ds=\sqrt{x'^2+y'^2+z'^2}dt$$

$$=\sqrt{(\cos t-t\sin t)^2+(\sin t+t\cos t)^2+1^2}dt$$

$$=\sqrt{2+t^2}dt$$

$$\int_{\Gamma}(x^2+y^2)z\mathrm{d}s=\int_0^1 t^3\sqrt{2+t^2}\,\mathrm{d}t=\frac{1}{2}\int_0^1 t^2(2+t^2)^{1/2}\mathrm{d}(2+t^2)$$

$$=\frac{1}{3}\int_0^1 t^2\mathrm{d}(2+t^2)^{3/2}$$

$$=\frac{1}{3}\left[t^2(2+t^2)^{3/2}\Big|_0^1-\int_0^1 2t(2+t^2)^{3/2}\mathrm{d}t\right]$$

$$=\frac{1}{3}\left[3\sqrt{3}-\frac{2}{5}(2+t^2)^{5/2}\Big|_0^1\right]$$

$$=\frac{1}{3}\left[3\sqrt{3}-\frac{2}{5}(9\sqrt{3}-4\sqrt{2})\right]=\frac{8\sqrt{2}}{15}-\frac{\sqrt{3}}{5}$$

(3) $\int_{\Gamma}xyz\mathrm{d}s=\int_{\Gamma_{AB}}xyz\mathrm{d}s+\int_{\Gamma_{BC}}xyz\mathrm{d}s$

$\Gamma_1:\dfrac{x}{1}=\dfrac{y}{2}=\dfrac{z}{3}$，$\Gamma_2:x=1,2\leqslant y\leqslant 4,z=3$

故　上式$=\int_0^1 x\cdot 2x\cdot 3x\sqrt{1^2+2^2+3^2}\,\mathrm{d}x+\int_2^4 1\cdot y\cdot 3\mathrm{d}y=\dfrac{3}{2}\sqrt{14}+18.$

(4) 球面 $x^2+y^2+z^2=2$ 与平面 $x=y$ 交于一个圆.

$|y|$ 是关于 y 的偶函数，故可以只考虑在第 Ⅰ 卦限内的半圆 P_1，其参数方程为

$$\begin{cases}x=\sqrt{2}\sin\theta\cos\dfrac{\pi}{4}=\sin\theta\\ y=\sqrt{2}\sin\theta\sin\dfrac{\pi}{4}=\sin\theta\\ z=\sqrt{2}\cos\theta,\text{其中 }\theta\in[0,\pi]\end{cases}$$

$$\mathrm{d}s=\sqrt{x'^2+y'^2+z'^2}\,\mathrm{d}\theta=\sqrt{2\cos^2\theta+2\sin^2\theta}\,\mathrm{d}\theta=\sqrt{2}\,\mathrm{d}\theta$$

$$\int_{\Gamma}|y|\,\mathrm{d}s=2\int_{\Gamma_1}|y|\,\mathrm{d}s=2\sqrt{2}\int_0^{\pi}\sin\theta\mathrm{d}\theta=4\sqrt{2}$$

(5) 如图 8.2 所示，由 Γ_{OA}，Γ_{AB}，Γ_{BO} 组成

$$\oint_{\Gamma}(x+y)\mathrm{e}^{x^2+y^2}\mathrm{d}s=\int_{\Gamma_{OA}}(x+y)\mathrm{e}^{x^2+y^2}\mathrm{d}s+\int_{\Gamma_{AB}}(x+y)\mathrm{e}^{x^2+y^2}\mathrm{d}x+\int_{\Gamma_{BO}}(x+y)\mathrm{e}^{x^2+y^2}\mathrm{d}s$$

因为　$f(x)=x\mathrm{e}^{x^2+y^2}$ 是关于 x 的奇函数，故

$$\oint_{\Gamma}x\mathrm{e}^{x^2+y^2}\mathrm{d}s=0$$

$$\oint_{\Gamma}(x+y)\mathrm{e}^{x^2+y^2}\mathrm{d}s=\oint_{\Gamma}y\mathrm{e}^{x^2+y^2}\mathrm{d}s$$

对 Γ_{OA}，$y=x$ 故 $\mathrm{d}s=\sqrt{2}\mathrm{d}x$

$$\int_{\Gamma OA}y\mathrm{e}^{x^2+y^2}\mathrm{d}s=\int_0^{\frac{\sqrt{2}}{2}a}\sqrt{2}x\mathrm{e}^{2x^2}\mathrm{d}x=\left[\frac{\sqrt{2}}{4}\mathrm{e}^{2x^2}\right]_0^{\frac{\sqrt{2}}{2}a}=\frac{\sqrt{2}}{4}[\mathrm{e}^{a^2}-1]$$

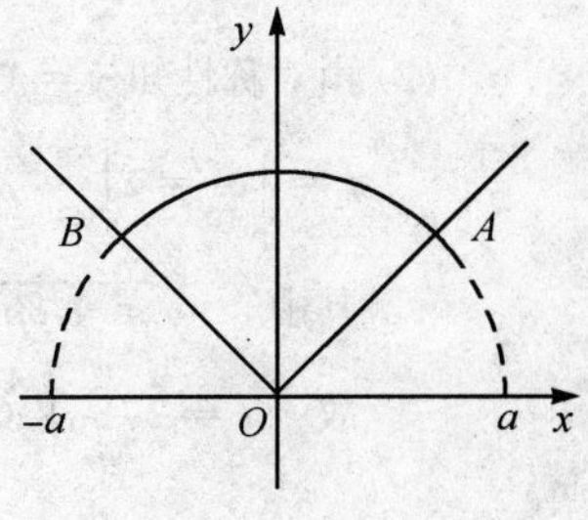

图 8.2

对曲线$\widehat{AB}$，$\begin{cases} x = a\cos\theta \\ y = a\sin\theta\ (\frac{\pi}{4} \leqslant \theta \leqslant \frac{3}{4}\pi) \end{cases}$

$ds = \sqrt{x'^2 + y'^2 d\theta} = a d\theta$

$\int_{\widehat{AB}} y e^{x^2+y^2} ds = \int_{\frac{\pi}{4}}^{\frac{3\pi}{4}} a\sin\theta e^{a^2} \cdot a d\theta = \sqrt{2} a^2 e^{2a}$

OB 与 OA 关于 y 轴对称，故$\int_{\Gamma_{BO}} y e^{x^2+y^2} ds = \int_{\Gamma_{OA}} ds y e^{x^2+y^2} = \frac{\sqrt{2}}{4}(e^{a^2} - 1)$

综上可得 $\oint_{\Gamma}(x+y)e^{x^2+y^2} ds = 2 \times \frac{\sqrt{2}}{4}[e^{a^2} - 1] + \sqrt{2} a^2 e^{a^2} = \frac{\sqrt{2}}{2}[(1+2a^2)e^{a^2} - 1]$

(6) 以 φ 为参数，在极坐标下$(x^2+y^2)^{-3/2} = \rho^{-3} = \varphi^3$

$\sqrt{3} \leqslant \varphi \leqslant 2\sqrt{2}$

$ds = \sqrt{\rho^2 + \rho'^2} d\varphi = \frac{1}{\varphi^2} \sqrt{\varphi^4 + 1} d\varphi$

$\int_{\Gamma}(x^2+y^2)^{-\frac{3}{2}} ds = \int_{\sqrt{3}}^{2\sqrt{2}} \varphi^3 \cdot \frac{1}{\varphi^2} \sqrt{\varphi^2+1} d\varphi = \frac{1}{3}(\varphi^2+1)^{3/2} \Big|_{\sqrt{3}}^{2\sqrt{2}} = \frac{19}{3}$

3. 求下列均匀曲线弧的质心：

(1) 半径为 a，中心角为 2α 的圆弧；

(2) 心脏线 $\rho = a(1+\cos\varphi)$，$0 \leqslant \varphi \leqslant 2\pi$.

解：(1) 如图 8.3 所示，建立坐标系则重心必在扇形的对称轴 OC 上

设重心为$(0, \bar{y})$

$\bar{y} = \frac{1}{M}\int_{\Gamma} y\rho ds$

$M = L \cdot \rho = \rho \cdot \frac{2\alpha}{2\pi} \cdot 2\pi a = 2\pi\rho \cdot \alpha \cdot a$

$\bar{y} = \frac{1}{2\pi\rho \cdot \alpha}\int_{\frac{\pi}{2}-\alpha}^{\frac{\pi}{2}+\alpha} a \cdot \sin\theta \cdot a\rho d\theta = \frac{1}{2\pi\rho \cdot \alpha \cdot a} a^2 \cdot \rho \cdot 2\sin\alpha = \frac{a\sin\alpha}{\alpha}$

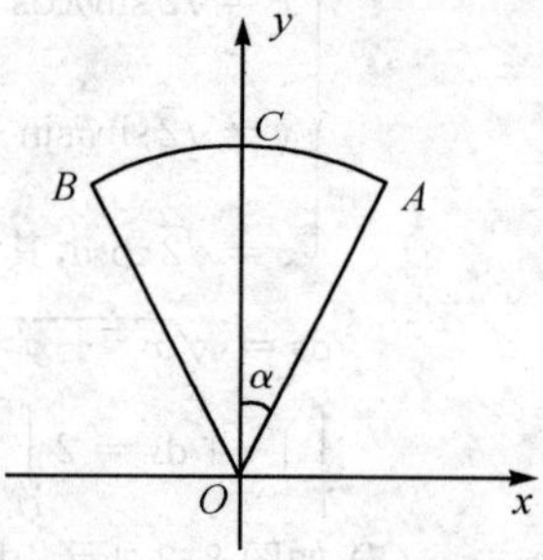

图 8.3

即弧的重心在弧的对称轴上，距圆心$\frac{a\sin\alpha}{\alpha}$处.

(2) 由对称性知 $\bar{y} = 0$. 弧长

$l = \int_{\Gamma} ds = 2\int_0^{\pi} \sqrt{\rho^2 + \rho'^2} d\varphi$,

其中 $\sqrt{\rho^2 + 2\rho'^2} = \sqrt{a^2(1+\cos\varphi)2 + a^2\sin^2\varphi} = \sqrt{2} a(1+\cos\varphi)^{\frac{1}{2}}$,

故 $l = 2\sqrt{2} a\int_0^{\pi}(1+\cos\varphi)^{\frac{1}{2}} d\varphi = 4a\int_0^{\pi}\cos\frac{\varphi}{2} d\varphi$

$= 8a\sin\frac{\varphi}{2}\Big|_0^{\pi} = 8a$

又　$\int_L x\mathrm{d}x = \int_{-\pi}^{\pi} a(1+\cos\varphi)\cos\varphi\sqrt{2}a(1+\cos\varphi)^{\frac{1}{2}}\mathrm{d}\varphi$

$$= \sqrt{2}a^2\int_{-\pi}^{\pi}(1+\cos\varphi)^{\frac{3}{2}}(\cos\varphi+1-1)\mathrm{d}\varphi$$

$$= 2\sqrt{2}a^2\int_0^{\pi}[(1+\cos\varphi)^{\frac{5}{2}}-(1+\cos\varphi)^{\frac{3}{2}}]\mathrm{d}\varphi$$

$$= 2\sqrt{2}a^2\int_0^{\pi}(2^{\frac{5}{2}}\cos^5\frac{\varphi}{2}-2^{\frac{3}{2}}\cos^3\frac{\varphi}{2})\mathrm{d}\varphi$$

$$\xlongequal{t=\varphi/2} 4\sqrt{2}a^2\int_0^{\frac{\pi}{2}}(2\,\frac{5}{2}\cos^5 t-2^{\frac{3}{2}}\cos^3 t)\mathrm{d}t$$

$$= 16a^2(2\cdot\frac{4\cdot 2}{5\cdot 3}-\frac{2}{3\cdot 1}) = \frac{32}{5}a^2$$

故　$\bar{x} = \frac{32}{5}a^2/8a = \frac{4}{5}a$,质心在点$(4a/5,0)$处.

4. 设螺旋形弹簧一圈的方程为$x=a\cos t, y=a\sin t, z=bt(0\leqslant t\leqslant 2\pi)$,它的线密度$\rho(x,y,z)=x^2+y^2+z^2$,求:

(1) 它关于z轴的转动贯量I_z;

(2) 它的质心.

解:(1) $x'=-a\sin t, y'=a\cos t, z'=b$

$$\mathrm{d}s = \sqrt{a^2\sin^2 t+a^2\cos^2 t+b^2}\,\mathrm{d}t = \sqrt{a^2+b^2}\,\mathrm{d}t$$

$$I_x = \int_\Gamma(x^2+y^2)\rho(x,y,z)\mathrm{d}s = \int_\Gamma(x^2+y^2)(x^2+y^2+z^2)\mathrm{d}s$$

$$= \int_0^{2\pi}a^2(a^2+b^2t^2)\sqrt{a^2+b^2}\,\mathrm{d}t = \left[a^2\sqrt{a^2+b^2}(a^2t+\frac{b^2t^3}{3})\right]_0^{2\pi}$$

$$= a^2\sqrt{a^2+b^2}[2\pi a^2+\frac{8b^2\pi^3}{3}] = \frac{2\pi a^2\sqrt{a^2+b^2}}{3}(3a^2+4\pi^2b^2)$$

(2) $M = \int_\Gamma\rho(x,y,z)\mathrm{d}s = \int_0^{2\pi}(a^2+b^2t^2)\sqrt{a^2+b^2}\,\mathrm{d}t = \sqrt{a^2+b^2}\left[a^2t+\frac{b^2t^3}{3}\right]\Big|_0^{2\pi}$

$$= \sqrt{a^2+b^2}(a^2\cdot 2\pi+\frac{b^2}{3}\cdot 8\pi^3)$$

$$= \frac{2\pi}{3}\sqrt{a^2+b^2}(3a^2+4\pi^2b^2)$$

设质心坐标为$(\overline{X},\overline{Y},\overline{Z})$

$$\overline{X} = \frac{1}{M}\int_\Gamma x(x^2+y^2+z^2)\mathrm{d}s = \frac{1}{M}\int_0^{2\pi}a\cos t(a^2+b^2t^2)\sqrt{a^2+b^2}\,\mathrm{d}t$$

$$= \frac{a^3\sqrt{a^2+b^2}}{M}\int_0^{2\pi}\cos t\mathrm{d}t+\frac{ab^2\sqrt{a^2+b^2}}{M}\int_0^{2\pi}t^2\cos t\mathrm{d}t$$

$$= 0+\frac{ab^2\sqrt{a^2+b^2}\cdot 4\pi}{\frac{2}{3}\pi\sqrt{a^2+b^2}(3a^2+4\pi^2b^2)} = \frac{6ab^2}{3a^2+4\pi^2b^2}$$

$$\overline{Y}=\frac{1}{M}\int_{\Gamma}y(x^2+y^2+z^2)\mathrm{d}s=\frac{1}{M}\int_0^{2\pi}a\sin t(a^2+b^2t^2)\sqrt{a^2+b^2}\,\mathrm{d}t$$

$$=\frac{ab^2\sqrt{a^2+b^2}}{M}\int_0^{2\pi}t^2\sin t\mathrm{d}t=\frac{-6\pi ab^2}{3a^2+4\pi^2b^2}$$

$$\overline{Z}=\frac{1}{M}\int_{\Gamma}z(x^2+y^2+z^2)\mathrm{d}s=\frac{1}{M}\int_0^{2\pi}bt(a^2+b^2t^2)\sqrt{a^2+b^2}\,\mathrm{d}t$$

$$=\frac{b\sqrt{a^2+b^2}}{M}\int_0^{2\pi}(a^2+b^2t^2)t\mathrm{d}t=\frac{3\pi b(a^2+2\pi^2b^2)}{3a^2+4\pi^2b^2}$$

第二节 数量值函数的曲面积分(第一类曲面积分)

知识点归纳

1. 概念及性质

(1) 由曲面构件质量:$M=\lim\limits_{\lambda\to 0}\sum\limits_{i=1}^{n}\rho(\varepsilon_i,\eta_i,\zeta_i)\Delta S_i$

引入定义:$\iint\limits_{\Sigma}f(x,y,z)\mathrm{d}S=\lim\limits_{\lambda\to 0}\sum\limits_{i=1}^{n}f(\xi_i,\eta_i,\zeta_i)\Delta S_i$

(2) 主要性质

① 可积性:$f\in C(\sum)$,则曲面积分$\iint\limits_{\Sigma}f(x,y,z)\mathrm{d}S$存在;

② 可加性:$\iint\limits_{\Sigma_1+\Sigma_2}f\mathrm{d}S=\iint\limits_{\Sigma_1}f\mathrm{d}S+\iint\limits_{\Sigma_2}f\mathrm{d}S$;

③ 线性:$\iint\limits_{\Sigma}(k_1f+k_2g)\mathrm{d}S=k_1\iint\limits_{\Sigma}f\mathrm{d}S+k_2\iint\limits_{\Sigma}f\mathrm{d}S$.

2. 计算公式(化为二重积分)

(1) 积分曲面设$\sum:z=z(x,y),(x,y)\in D_{xy}$,$D_{xy}$ 是$\sum$在 xOy 面上的投影区域,则

$$\iint\limits_{\Sigma}f(x,y,z)\mathrm{d}S=\iint\limits_{D_{xy}}f[x,y,z(z,y)]\cdot\sqrt{1+z_x^2(x,y)+z_y^2(x,y)}\,\mathrm{d}\sigma$$

(2) 设积分曲面 $\sum:x=x(u,v),y=y(u,v),z=z(u,v),(u,v)\in D_{uv}$,则

$$\iint\limits_{\Sigma}f\mathrm{d}S=\iint\limits_{D_{uv}}f[x(u,v)],y(u,v),z(u,v)\cdot\sqrt{\left[\frac{\partial(y,z)}{\partial(u,v)}\right]^2+\left[\frac{\partial(z,x)}{\partial(u,v)}\right]^2+\left[\frac{\partial(x,y)}{\partial(u,v)}\right]^2}\,\mathrm{d}u\mathrm{d}v$$

3. 数量值函数在几何形体上的积分及其物理应用

(1) 几种积分(定积分,重积分,线、面积分)的统一定义 $\int_J f(M)\mathrm{d}M=\lim\limits_{\lambda\to 0}\sum\limits_{i=1}^{n}f(M_i)\Delta M_i$

(2) 物理应用:质量、质心、转动惯量、引力等,可用元素法处理.

典型例题与解题技巧

题型Ⅱ:第一类曲面积分的计算

【题型分析】 第一类曲面积分的计算方法是将其化为投影区域上的二重积分，所以首先要写出积分曲面$\sum$的方程，然后投影到某一坐标面上，写出投影区域，将其化为二重积分进行计算.

例 3 计算 $I=\iint\limits_{\Sigma}\frac{x+y+z}{x^2+y^2+z^2}\mathrm{d}S$，其中$\sum$为圆柱面 $x^2+y^2=R^2$ 介于平面 $z=0$ 与 $z=H(H>0)$ 之间的部分.

解:如图 8.4 所示. 设$\sum$在第一卦限内为$\sum_1$，由于$\sum$关于 xOz 面对称，$\frac{x}{x^2+y^2+z^2}$ 关于 x 是奇函数，因而由对称得 $\iint\limits_{\Sigma}\frac{x}{x^2+y^2+z^2}\mathrm{d}S=0$

同理 $\iint\limits_{\Sigma}\frac{x}{x^2+y^2+z^2}\mathrm{d}S=0$

又$\frac{z}{x^2+y^2+z^2}$关于 x,y 都是偶函数，故 $I=4\iint\limits_{\Sigma_1}\frac{z}{x^2+y^2+z^2}\mathrm{d}S$

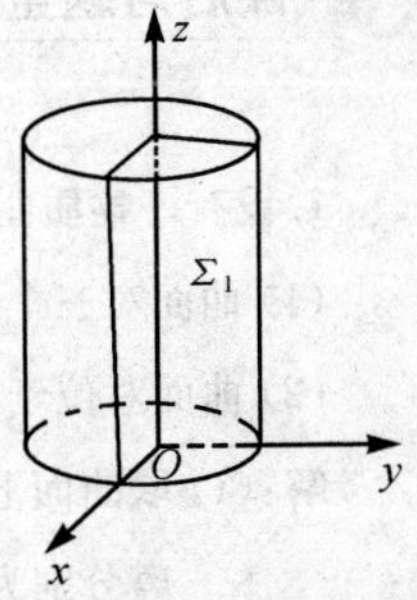

图 8.4

将$\sum_1$投影到 yOz 面

$D_{yz}:0\leqslant y\leqslant R,0\leqslant z\leqslant H,\sum_1:x=\sqrt{R^2-y^2}$

则
$$I=4\iint\limits_{D_{yz}}\frac{z}{R^2+z^2}\sqrt{1+x_y^2+x_x^2}\,\mathrm{d}y\mathrm{d}z$$
$$=4\iint\limits_{D_{yz}}\frac{z}{R^2+z^2}\cdot\frac{R}{\sqrt{R^2-y^2}}\mathrm{d}y\mathrm{d}z$$
$$=4R\int_0^H\frac{z}{R^2+z^2}\mathrm{d}z\int_0^R\frac{1}{\sqrt{R-y^2}}\mathrm{d}y$$
$$=\pi R\ln(1+\frac{H^2}{R^2})$$

例 4 设$\sum$是空间区域 Ω 的光滑边界曲面，$\boldsymbol{n}$ 为$\sum$上动点 (x,y,z) 处的外法向单位向量，(x_0,y_0,z_0) 是$\sum$上一定点，$\boldsymbol{r}=\{x-x_0,y-y_0,z-z_0\}$，$r=|\boldsymbol{r}|=\sqrt{(x-x_0)^2+(y-y_0)^2+(z-z_0)^2}$.

试证明 $\iiint\limits_{\Omega}\frac{\mathrm{d}x\mathrm{d}y\mathrm{d}z}{r}=\frac{1}{2}\oiint\limits_{\Sigma}\cos(\boldsymbol{r},\boldsymbol{n})\mathrm{d}s$

证:记 $\boldsymbol{n}=\{\cos\alpha,\cos\beta,\cos\gamma\}$，则

$$\cos(\boldsymbol{r},\boldsymbol{n})=\frac{\boldsymbol{r}}{|\boldsymbol{r}|}\cdot\boldsymbol{n}=\frac{(x-x_0)\cos\alpha+(y-y_0)\cos\beta+(z-z_0)\cos\gamma}{r}$$

由高斯公式

$$\frac{1}{2}\oiint_{\Sigma}\cos(\boldsymbol{r},\boldsymbol{n})\mathrm{d}S=\frac{1}{2}\oiint_{\Sigma}\frac{x-x_0}{r}\mathrm{d}y\mathrm{d}z+\frac{y-y_0}{r}\mathrm{d}z\mathrm{d}x+\frac{z-z_0}{r}\mathrm{d}x\mathrm{d}y$$

$$=\frac{1}{2}\iiint_{\Omega}\left[\frac{\partial}{\partial x}\left(\frac{x-x_0}{r}\right)+\frac{\partial}{\partial y}\left(\frac{y-y_0}{r}\right)+\frac{\partial}{\partial z}\left(\frac{z-z_0}{r}\right)\right]\mathrm{d}x\mathrm{d}y\mathrm{d}z$$

$$=\frac{1}{2}\iiint_{\Omega}\left[\frac{1}{r}-\frac{(x-x_0)^2}{r^3}+\frac{1}{r}-\frac{(y-y_0)^2}{r^3}+\frac{1}{r}-\frac{(z-z_0)^2}{r^3}\right]\mathrm{d}x\mathrm{d}y\mathrm{d}z$$

$$=\frac{1}{2}\iiint_{\Omega}\left(\frac{3}{r}-\frac{r^2}{r^3}\right)\mathrm{d}x\mathrm{d}y\mathrm{d}z=\iiint_{\Omega}\frac{1}{r}\mathrm{d}x\mathrm{d}y\mathrm{d}z$$

证毕.

课后习题全解

习题 8－2 解答

1. 设有一物质曲面$\sum$,其面密度为$\mu(x,y,z)$,试用第一类曲面积分表达:

(1) 曲面对三个坐标轴的转动惯量;

(2) 曲面对位于$\sum$外一点(x_0,y_0,x_0)处的单位质点的引力.

解:(1) 取曲面上微元 dS,则质量元素为$\rho(x,y,z)\mathrm{d}S$,当把它看做一质点时,其到 x,y,z 轴的距离分别为$\sqrt{y^2+z^2}$,$\sqrt{x^2+z^2}$,$\sqrt{x^2+y^2}$.

$$I_x=\iint_{\Sigma}(y^2+z^2)\rho(x,y,z)\mathrm{d}S$$

$$I_y=\iint_{\Sigma}(x^2+z^2)\rho(x,y,z)\mathrm{d}S$$

$$I_z=\iint_{\Sigma}(z^2+y^2)\rho(x,y,z)\mathrm{d}S$$

(2) 质点到点(x_0,y_0,z_0)的距离为:

$$r=[(x-x_0)^2+(y-y_0)^2+(z-z_0)^2]^{\frac{1}{2}}$$

$$\mathrm{d}F_x=\frac{k\rho(x,y,z)\mathrm{d}S}{r^2}\cos\alpha=\frac{k(x-x_0)\rho(x,y,z)}{r^3}\mathrm{d}S$$

$$F_x=\iint_{\Sigma}\frac{k(x-x_0)\rho(x,y,z)}{r^3}\mathrm{d}S$$

同理, $$F_y=\iint_{\Sigma}\frac{k(y-y_0)\rho(x,y,z)}{r^3}\mathrm{d}S$$

$$F_z=\iint_{\Sigma}\frac{k(z-z_0)\rho(x,y,z)}{r^3}\mathrm{d}S$$

2. 计算曲面积分 $2\iint_{\Sigma}f(x,y,z)\mathrm{d}S$,$\sum$为抛物面 $z=2-(x^2+y^2)$ 在 xOy 面上方的部分,$f(x,$

$y,z)$ 分别如下：

(1) $f(x,y,z)=1$；

(2) $f(x,y,z)=x^2+y^2$.

解：$z=2-(x^2+y^2)$ 则 $z'_x=-2x, z'=2y$

$$dS=\sqrt{1+4(x^2+y^2)}\,dxdy$$

$$(1)\iint_{\Sigma} f(x,y,z)dS=\iint_{D_{xy}}\sqrt{1+4(x^2+y^2)}\,dxdy=\int_0^{2\pi}d\varphi\int_0^{\sqrt{2}}\sqrt{1+4\rho^2}\cdot\rho d\rho=\frac{13}{3}\pi$$

$$(2)\iint_{\Sigma}(x^2+y^2)dS=\iint_{D_{xy}}(x^2+y^2)\sqrt{1+4(x^2+y^2)}\,dxdy=\int_0^{2\pi}d\theta\int_0^{\sqrt{2}}r^3\sqrt{1+4r^2}\,dr=\frac{149}{30}\pi$$

3. 计算曲面积分 $\iint_{\Sigma}(x^2+y^2)dS$，$\sum$ 为：

(1) 上半球面 $z=\sqrt{4-x^2-y^2}$；

(2) 锥面 $z=\sqrt{x^2+y^2}$ 及平面 $z=1$ 所围成的区域的整个边界曲面.

解：(1) $\sum$ 在 xOy 面上的投影为 $D_{xy}=\{(x,y)\mid x^2+y^2\leqslant 4\}$

$$z'_x=\frac{x}{\sqrt{4-x^2-y^2}}=\frac{x}{z}, z'_y=\frac{y}{z}$$

$$dS=\sqrt{1+z'^2_x+z'^2_y}\,dxdy=\sqrt{\frac{x^2+y^2+z^2}{z}}\,dxdy=\frac{2}{z}dxdy$$

$$\iint_{\Sigma}(x^2+y^2)ds=\iint_{D_{xy}}(x^2+y^2)\frac{2}{\sqrt{4-x^2-y^2}}dxdy=2\int_0^{2\pi}d\theta\int_0^2\frac{r^2}{\sqrt{4+2}}\cdot rdr$$

(2) 将曲面 $\sum$ 分成两块：$\sum_1$ 与 $\sum_2$，它们的方程分别为

$$\textstyle\sum_1:\quad z=1\qquad (x,y)\in D_{xy}$$

$$\textstyle\sum_2:\quad z=\sqrt{x^2+y^2}\qquad (x,y)\in D_{xy}$$

其中，D_{xy} 为 xOy 平面上的闭圆域 $x^2+y^2\leqslant 1$，则有

$$\iint_{\Sigma_1}(x^2+y^2)dS=\iint_{D_{xy}}(x^2+y^2)dxdy=\int_0^{2\pi}d\varphi\int_0^1\rho^3d\rho=\frac{\pi}{2},$$

$$\iint_{\Sigma_2}(x^2+y^2)dS=\iint_{D_{xy}}(x^2+y^2)\sqrt{2}\,dxdy=\frac{\sqrt{2}}{2}\pi,$$

故得

$$\iint_{\Sigma}(x^2+y^2)dS=\frac{\pi}{2}+\frac{\sqrt{2}}{2}\pi=\frac{1+\sqrt{2}}{2}\pi$$

4. 计算下列曲面积分

(1) $\iint_{\Sigma}ydS$，$\sum$ 为平面 $3x+2y+z=6$ 位于第一卦限的部分；

(2) $\oiint\limits_{\Sigma}\dfrac{1}{(1+x+y)}\mathrm{d}S$，$\sum$ 为以点(0,0,0)，(1,0,0)，(0,1,0)，(0,0,1)为顶点的四面体的整个边界曲面；

(3) $\iint\limits_{\Sigma}(xy+yz+zx)\mathrm{d}S$，$\sum$ 为锥面 $z=\sqrt{x^2+y^2}$ 被柱面 $x^2+y^2=2ax$ 所截得的部分；

(4) $\iint\limits_{\Sigma}\dfrac{1}{x^2+y^2+z^2}\mathrm{d}S$，$\sum$ 是介于平面 $z=0$ 及 $z=H$ 之间的圆柱面 $x^2+y^2=R^2$.

解：(1) $z=6-3x-2y$ 则 $z'_x=-3, z'_y=-2$ 故

$$\mathrm{d}S=\sqrt{1+2^2+3^2}\,\mathrm{d}x\mathrm{d}y=\sqrt{14}\,\mathrm{d}x\mathrm{d}y$$

$\sum$ 在 xOy 面内投影如图 8.5 所示；

$$\iint\limits_{\Sigma}y\mathrm{d}S=\iint\limits_{D_{xy}}y\cdot\sqrt{14}\,\mathrm{d}x\mathrm{d}y=\sqrt{14}\int_0^3 y\mathrm{d}y\int_0^{2-\frac{2}{3}y}\mathrm{d}x$$

$$=\sqrt{14}\int_0^3 y(2-\frac{2}{3}y)\mathrm{d}y=\Big[\sqrt{14}\Big(y^2-\frac{2}{9}y^3\Big)\Big]_0^3$$

$$=\Big(9-\frac{2}{9}\times 3^3\Big)\sqrt{14}$$

$$=3\sqrt{14}$$

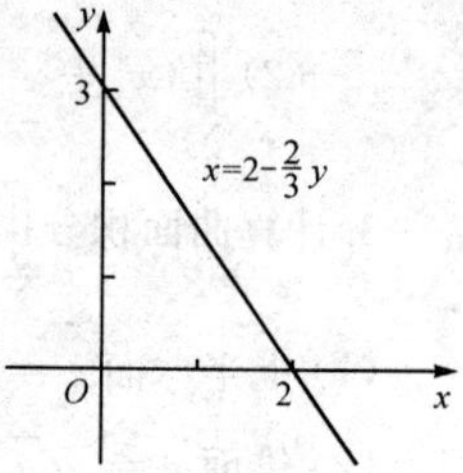

图 8.5

(2) 过点(1,0,0)，(0,1,0)，(0,0,1)的平面方程为 $x+y+z=1$

$\sum$ 可分为四部分，如图 8.6 所示：

对于 $\sum_1: x=0$，$\sum_2: y=0$，$\sum_3: z=0$，$\sum_4: x+y+z=1, x>0, y>0, z>0$.

$$\iint\limits_{\Sigma_1}\frac{\mathrm{d}S}{(1+x+y)^2}=\iint\limits_{D_{yz}}\frac{\mathrm{d}y\mathrm{d}z}{(1+y)^2}=\int_0^1\mathrm{d}y\int_0^{1-y}\frac{\mathrm{d}z}{(1+y)^2}=1-\ln 2$$

同理，$\displaystyle\iint\limits_{\Sigma_2}\frac{\mathrm{d}S}{(1+x+y)^2}=1-\ln 2$

$$\iint\limits_{\Sigma_3}\frac{\mathrm{d}x}{(1+x+y)^2}=\iint\limits_{D_{xy}}\frac{\mathrm{d}x\mathrm{d}y}{(1+x+y)^2}=\ln 2-\frac{1}{2}$$

而 $\displaystyle\iint\limits_{\Sigma_4}\frac{1}{(1+x+y)^2}\mathrm{d}S=\iint\limits_{D_{xy}}\frac{\sqrt{3}}{(1+x+y)^2}\mathrm{d}x\mathrm{d}y$

$$=\int_0^1\mathrm{d}x\int_0^{1-x}\frac{\sqrt{3}}{(1+x+y)^2}\mathrm{d}y$$

$$=\sqrt{3}(\ln 2-\frac{1}{2})$$

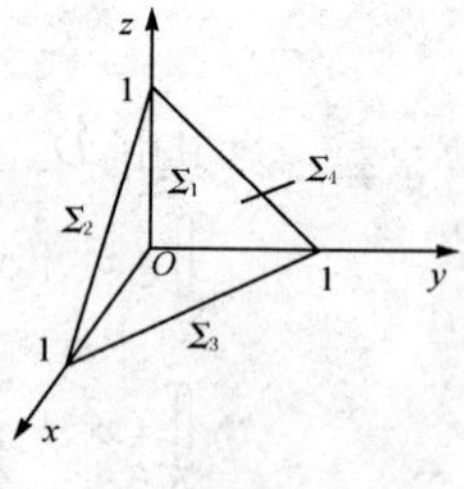

图 8.6

所以 $\displaystyle\iint\limits_{\Sigma}\frac{1}{(1+x+y)^2}\mathrm{d}S=1+\ln 2+1-\ln 2+\ln 2-\frac{1}{2}+\sqrt{3}(\ln 2-\frac{1}{2})$

$$=(\sqrt{3}-1)\ln 2+\frac{3-\sqrt{3}}{2}$$

(3) 如图 8.7 所示，$\sum$ 在 xOy 面上的投影

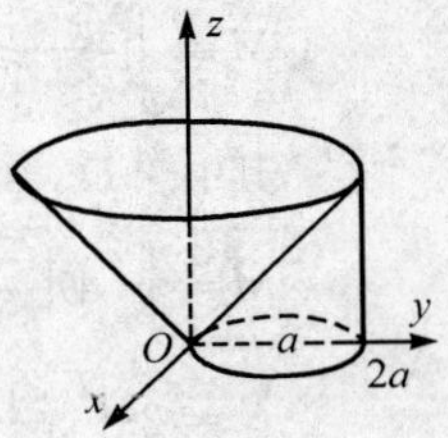

图 8.7

$$D_{xy}=\{(x,y)\mid x^2+y^2\leqslant 2ax\}$$

$$dS=\sqrt{1+\frac{x^2}{x^2+y^2}+\frac{y^2}{x^2+y^2}}\,dxdy$$

$$=\sqrt{2}\,dxdy$$

$$\iint\limits_{\Sigma}(xy+yz+zx)dS=\iint\limits_{D_{xy}}[xy+(x+y)\sqrt{x^2+y^2}]\cdot\sqrt{2}\,dxdy$$

$$=\sqrt{2}\int_{-\frac{\pi}{2}}^{\frac{\pi}{2}}d\varphi\int_0^{2a\cos\varphi}[\rho^2\sin\varphi\cos\varphi+\rho^2(\cos\varphi+\sin\varphi)]\rho d\rho$$

$$=\frac{\sqrt{2}}{4}\int_{-\frac{\pi}{2}}^{\frac{\pi}{2}}(\sin\varphi\cos\varphi+\cos\varphi+\sin\varphi)(2a\cos\varphi)^4d\varphi$$

$$=4\sqrt{2}a^4\int_{-\frac{\pi}{2}}^{\frac{\pi}{2}}(\sin\varphi\cos^5\varphi+\cos^5\varphi+\sin\varphi\cos^4\varphi)d\varphi$$

$$\xlongequal{\text{对称性}}8\sqrt{2}a^4\int_0^{\frac{\pi}{2}}\cos^5\varphi d\varphi=8\sqrt{2}a^4\cdot\frac{4}{5}\cdot\frac{2}{3}$$

$$=\frac{64\sqrt{2}}{15}a^4$$

(4) 将柱面在 yOz 上投影，则投影区域为

$$D_{yz}=\{(y,z)\mid 0\leqslant z\leqslant H,-R\leqslant y\leqslant R\}$$

将 $\sum$ 分为两部分，分别位于 yOz 面的两侧，记为 $\sum_1$，$\sum_2$

由对称性知，$\iint\limits_{\Sigma_1}\frac{1}{x^2+y^2+z^2}dS=\iint\limits_{\Sigma_2}\frac{1}{x^2+y^2+z^2}dS$

$$\iint\limits_{\Sigma_1}\frac{1}{x^2+y^2+z^2}dS=\iint\limits_{\Sigma_2}\frac{1}{R^2+z^2}\cdot\frac{R}{\sqrt{R^2-y^2}}dydz$$

$$=\int_{-R}^{R}\frac{R}{\sqrt{R^2-y^2}}dy\int_0^H\frac{1}{R^2+z^2}dz$$

$$=\left[R\cdot 2\arcsin\frac{y}{R}\right]_{-R}^{R}\cdot\left[\frac{1}{R}\arctan\frac{z}{R}\right]_0^H$$

$$=2\left[\frac{\pi}{2}-\left(-\frac{\pi}{2}\right)\right]\cdot\arctan\frac{H}{R}$$

$$=2\pi\arctan\frac{H}{R}$$

5. 求抛物面壳 $z=\frac{x^2+y^2}{2}(0\leqslant z\leqslant 1)$ 的质量，此壳的面密度 $\mu(x,y,z)=z$.

解： 质量 $M=\iint\limits_{\Sigma}\rho(x,y,z)dS=\iint\limits_{\Sigma}zdS$

由于 $z'_x=x,z'_y=y$，故 $dS=\sqrt{1+x^2+y^2}\,dxdy$

$$M=\iint\limits_{D_{xy}}\frac{x^2+y^2}{2}\sqrt{1+x^2+y^2}\,\mathrm{d}x\mathrm{d}y$$

其中 $D_{xy}=\{(x,y)\mid x^2+y^2\leqslant 2\}$

$$M=\int_0^{2\pi}\mathrm{d}\theta\int_0^{\sqrt{2}}\frac{r^3}{2}\sqrt{1+r^2}\,\mathrm{d}r$$

$$=2\pi\int_0^{\sqrt{2}}\frac{1}{4}[(1+r^2)^{\frac{3}{2}}-(1+r^2)^{\frac{1}{2}}]\mathrm{d}(1+r^2)$$

$$=\frac{2\pi}{4}\left[\frac{2}{5}(1+r^2)^{\frac{5}{2}}-\frac{3}{2}(1+r^2)^{\frac{3}{2}}\right]_0^{\sqrt{2}}$$

$$=\frac{\pi}{2}\left[\frac{2}{5}\times 3^{\frac{5}{2}}-\frac{2}{5}-\frac{2}{3}\cdot 3^{\frac{2}{3}}+\frac{2}{3}\right]$$

$$=\frac{\pi}{2}\left[\frac{8\sqrt{3}}{5}+\frac{4}{15}\right]=\frac{2\pi}{15}(6\sqrt{3}+1)$$

6. 求密度为常数 μ 的均匀半球壳 $z=\sqrt{a^2-x^2-y^2}$ 的质点坐标及对于 z 轴的转动惯量.

解:(1) 均匀半球壳的质量为

$$M=\frac{1}{2}\cdot 4\pi a^2\cdot\mu=2\pi a^2\mu$$

由对称性,故质心坐标的 $\bar{x}=\bar{y}=0$,只须求解 $\bar{z}$ 即可.

由于 $\mathrm{d}M_z=z\mu\mathrm{d}S=\sqrt{a^2-x^2-y^2}\,\mu\mathrm{d}S$,

而 $$\mathrm{d}S=\sqrt{1+\left(\frac{-x}{\sqrt{a^2-x^2-y^2}}\right)^2+\left(\frac{-y}{\sqrt{a^2-x^2-y^2}}\right)^2}\,\mathrm{d}x\mathrm{d}y$$

$$=\frac{a}{\sqrt{a^2+x^2-y^2}}\mathrm{d}x\mathrm{d}y,$$

所以 $$M_z=\iint\limits_{\Sigma}\mu z\mathrm{d}S=\iint\limits_{D_{xy}}\mu\sqrt{a^2-x^2-y^2}\cdot\frac{a\mathrm{d}x\mathrm{d}y}{\sqrt{a^2-x^2-y^2}}=a\mu\cdot\pi a^2=\pi\mu a^3,$$

于是 $\bar{z}=\dfrac{M_z}{M}=\dfrac{\pi a^3\mu}{2\pi a^2\mu}=\dfrac{a}{2}$,质心$\left(0,0,\dfrac{a}{2}\right)$.

(2) 此半球壳上任一点(x,y,z)与 z 轴的距离 $d=\sqrt{x^2+y^2}$,故

$\mathrm{d}I_z=(x^2+y^2)\cdot\mu\mathrm{d}S$,

$$I_x=\iint\limits_{\Sigma}(x^2+y^2)\mu\mathrm{d}S,$$

记 $\sum_1$ 为 $\sum$ 在第一卦限内的一部分,并因为被积函数 x^2+y^2 分别关于 x,y 是偶函数,故

$$I_x=4\mu\iint\limits_{\Sigma_1}(x^2+y^2)\mathrm{d}S$$

又因为 $\sum_1$ 具有轮换对称性,故

$$I_x=4\mu\cdot\frac{2}{3}\iint\limits_{\Sigma_1}(x^2+y^2+z^2)\mathrm{d}S=4\mu\cdot\frac{2}{3}\iint\limits_{\Sigma_1}a^2\mathrm{d}S=\frac{8\mu a^2}{3}\cdot\frac{\pi a^2}{2}=\frac{4\pi\mu a^4}{3}$$

第三节 向量值函数在定向曲线上的积分(第二类曲线积分)

知识点归纳

1. 概念及性质

(1) 定向曲线及其切向量

设定向曲线 $\Gamma=\widehat{AB}:\boldsymbol{r}=\boldsymbol{r}(t)=x(i)\boldsymbol{i}+y(t)\boldsymbol{j}+z(t)\boldsymbol{k},t:a\to b$,

则其切向量 $\boldsymbol{\tau}=\pm(x'(t),y'(t),z'(t))$,当 $a<b$ 是取正,当 $a>b$ 时取负.

(2) 变力沿曲线所作的功

$$W=\lim_{\lambda\to 0}\sum_{i=1}^{n}[\boldsymbol{F}(\xi_i,\eta_i)\cdot\boldsymbol{e}_\tau(\xi_i,\eta_i)]\Delta s_i=\int_L\boldsymbol{F}(x,y)\cdot\boldsymbol{e}_\tau(x,y)\mathrm{d}s$$

(3) 定义　设 L 是 xOy 面上一条光滑的定向曲线弧,向量值函数 $\boldsymbol{F}(x,y)=P(x,y)\boldsymbol{i}+Q(x,y)\boldsymbol{j}$ 在 L 上有界,$\boldsymbol{e}_\tau(x,y)$ 是 L 上点 (x,y) 处的单位切向量,

则 $$\int_L\boldsymbol{F}(x,y)\cdot\mathrm{d}\boldsymbol{r}\overset{\text{def}}{=\!=}\int_L[\boldsymbol{F}(x,y)\cdot\boldsymbol{e}_\tau(x,y)]\mathrm{d}s$$

又记　$\boldsymbol{e}_\tau=\cos\alpha\boldsymbol{i}+\cos\beta\boldsymbol{j}$,则得曲线积分的另一形式:

$$\int_L\boldsymbol{F}(x,y)\cdot\mathrm{d}\boldsymbol{r}=\int_L P(x,y)\mathrm{d}x+\int_L Q(x,y)\mathrm{d}y$$

(4) 主要性质

① 可积性:若 $\boldsymbol{F}(x,y)\in C(L)$,则 $\int_L\boldsymbol{F}(x,y)\cdot\mathrm{d}\boldsymbol{r}$ 存在.

② 可加性:$\displaystyle\int_{L_1+L_2}\boldsymbol{F}(x,y)\cdot\mathrm{d}\boldsymbol{r}=\int_{L_1}\boldsymbol{F}(x,y)+\mathrm{d}\boldsymbol{r}+\int_{L_2}\boldsymbol{F}(x,y)\cdot\mathrm{d}\boldsymbol{r}$.

③ 线性:$\displaystyle\int_L(k_1\boldsymbol{F}(x,y),k_2\boldsymbol{G}(x,y))\cdot\mathrm{d}\boldsymbol{r}=k_1\int_L\boldsymbol{F}(x,y)\cdot\mathrm{d}\boldsymbol{r}+k_2\int_L\boldsymbol{G}(x,y)\cdot\mathrm{d}\boldsymbol{r}\quad(k_1,k_2\in\mathbf{R})$.

④ 方向性:$\displaystyle\int_{L^-}\boldsymbol{F}(x,y)\cdot\mathrm{d}\boldsymbol{r}=-\int_L\boldsymbol{F}(x,y)\cdot\mathrm{d}\boldsymbol{r}$.

2. 计算公式

(1) 参数式　若平面上定向光滑曲线弧 L 的方程:$x=x(t),y=y(t),t:a\to b,P(x,y)$、$Q(x,y)$ 在 L 上连续,则

$$\int_L P(x,y)\mathrm{d}x+Q(x,y)\mathrm{d}y=\int_a^b\{P[x(t),y(t)]x'(t)+Q[x(t),t(t)]y'(t)\}\mathrm{d}t$$

其中,右端定积分的下限 a 对应 L 的起点,上限 b 对应 L 的终点.

(2) 直角坐标　若平面上定向光滑曲线弧 L 的方程:$y=y(x),x:a\to b,P(x,y)$、$Q(x,y)$ 在 L 上连续,则

$$\int_L P(x,y)\mathrm{d}x+Q(x,y)\mathrm{d}y=\int_a^b\{P[x,y(x)]+Q[x,y(x)]y'(x)\}\mathrm{d}x$$

其中,右端积分的下限 a 对应 L 的起点上限 b 对应 L 的终点.

(3) 空间曲线　若定向光滑曲线 $\Gamma: x=x(t), y=y(t), z=z(t), t: a\to b, P(x,y,z)$、$Q(x,y,z)$、$R(x,y,z)$ 均在 Γ 上连续,

则 $$\int_\Gamma P(x,y,z)\mathrm{d}x+Q(x,y,z)\mathrm{d}y+R(x,y,z)\mathrm{d}z$$

$$=\int_a^b\{P[x(t),y(t),z(t)]x'(x)+Q[x(t),y(t),z(t)]y'(t)+R[x(t),y(t),z(t)]z'(t)\}\mathrm{d}t$$

其中,右端定积分的下限 a 对应 Γ 的起点,上限 b 对应 Γ 的终点.

典型例题与解题技巧

题型 Ⅲ:第二类曲线积分的计算

【题型分析】 与第一类曲线积分的方法基本一致,但积分限确定注意其有向性.

例 5 计算曲线积分:

$I=\int_L\sqrt{2y^2+z^2}\,\mathrm{d}l$, L 为球面 $x^2+y^2+z^2=a^2$ 与平面 $x=y$ 相交的圆周.

解: 显然以 y 为参数较为方便,即

$$x=y, z=\pm\sqrt{a^2-2y^2}, -\frac{a}{\sqrt{2}}\leqslant y\leqslant\frac{a}{\sqrt{2}}.$$ 于是

$$I=\int_{-\frac{a}{\sqrt{2}}}^{\frac{a}{\sqrt{2}}}\sqrt{2y^2+(\sqrt{a^2-2y^2})^2}\sqrt{1+(\frac{-2y}{\sqrt{a^2-2y^2}})^2}\,\mathrm{d}y=\int_{-\frac{a}{\sqrt{2}}}^{\frac{a}{\sqrt{2}}}a\cdot\frac{\sqrt{2}a}{\sqrt{a^2-2y^2}}\mathrm{d}y$$

$$=2a^2\int_0^{\frac{a}{\sqrt{2}}}\frac{\mathrm{d}(\sqrt{2}y)}{\sqrt{a^2-(\sqrt{2}y)^2}}=2a^2\arcsin\frac{\sqrt{2}y}{a}\bigg|_0^{\frac{a}{\sqrt{2}}}=\pi a^2$$

例 6 计算 $\int_L y^2\mathrm{d}x$,其中 L 为

(1) 半径为 a,圆心在原点,按逆时针方向绕行的上半圆周;

(2) 从点 $A(a,0)$ 沿 x 轴到点 $B(-a,0)$ 的直线.

解:(1) 积分路径如图 8.8 所示

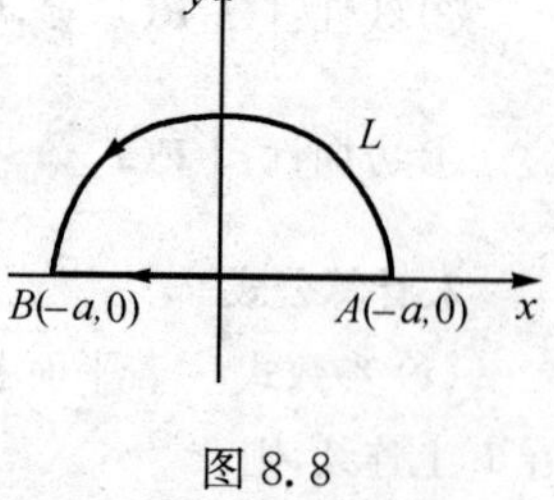

图 8.8

积分路径 L 的参数方程为 $\begin{cases}x=a\cos\theta\\y=a\sin\theta\end{cases}$,$\theta$ 从 0 变化到 π,

因此 $$\int_L y^2\mathrm{d}x=\int_0^\pi a^2\sin^2\theta(-a\sin\theta)\mathrm{d}\theta$$

$$=a^3\int_0^\pi(1-\cos^2\theta)\mathrm{d}(\cos\theta)$$

$$=a^2[\cos\theta-\frac{1}{3}\cos^3\theta]_0^\pi=-\frac{4}{3}a^3$$

(2) L 的方程为 $y=0$，x 从 a 到 $-a$，所以 $\int_L y^2\mathrm{d}x=\int_{-a}^{a}0\mathrm{d}x=0$

【注】由此题可以看出，虽然上面两曲线积分的被积函数相同，起点和终点相同，但由于积分路径不同，得出的值并不相等.

例 7　$\mu(x,y)=x^2-xy+y^2$，L 为抛物线 $y=x^2$ 自原点至点 $A(1,1)$ 的有向弧段 $\boldsymbol{n}$ 为 L 的切向量顺时针旋转 $\frac{\pi}{2}$ 角所得的法向量，$\frac{\partial\mu}{\partial n}$ 为函数 μ 沿法向量 $\boldsymbol{n}$ 的方向导数，计算 $\int_L\frac{\partial\mu}{\partial n}\mathrm{d}s$.

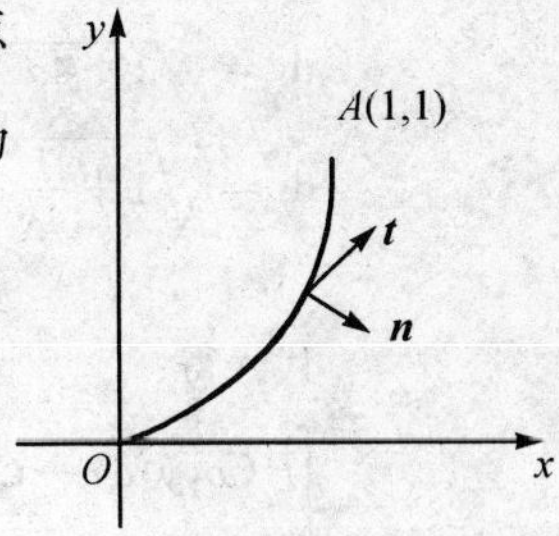

图 8.9

解：利用两类曲线积分的关系.

如图 8.9 所示，设 L 的单位切向量为

$\boldsymbol{t}=\{\cos\alpha,\cos\beta\}$

顺时针旋转 $\frac{\pi}{2}$ 得单位法向量为

$\boldsymbol{n}=\{\cos\beta,-\cos\alpha\}$

由于 $\mathrm{d}x=\mathrm{d}s\cos\alpha$，$\mathrm{d}y=\mathrm{d}s\cos\beta$，

$$\int_L\frac{\partial\mu}{\partial n}\mathrm{d}s=\int_L\left\{\frac{\partial\mu}{\partial x},\frac{\partial\mu}{\partial y}\right\}\cdot\boldsymbol{n}\mathrm{d}s=\int_L\left\{\frac{\partial\mu}{\partial x},\frac{\partial\mu}{\partial y}\right\}\cdot\{\mathrm{d}s\cos\beta,-\mathrm{d}s\cos\alpha\}=\int_L-\frac{\partial\mu}{\partial y}\mathrm{d}x+\frac{\partial\mu}{\partial x}\mathrm{d}y$$

$$=\int_L(x-2y)\mathrm{d}x+(2x-y)\mathrm{d}y=\int_0^1[(x-2x^2)+(2x-x^2)\cdot 2x]\mathrm{d}x$$

$$=\int_0^1(x+2x^2-2x^3)\mathrm{d}x=\frac{2}{3}$$

课后习题全解

习题 8－3 解答

1. 设 L 为 xOy 平面内直线 $x=a$ 上的一段，证明：$\int_L P(x,y)\mathrm{d}x=0$.

解：设 L 方程为 $x=a$，$y_1\leqslant y\leqslant y_2$. 则 $\mathrm{d}x=0$ 所以 $\int_L P(x,y,)\mathrm{d}x=0$

2. 把第二类曲线积分 $\int_L P(x,y)\mathrm{d}x+Q(x,y)\mathrm{d}y$ 化成第一类曲线积分，其中 L 为

(1) 在 xOy 平面上从点(0,0) 沿直线到点(1,1)；

(2) 从点(0,0) 沿抛物线 $y=x^2$ 到点(1,1)；

(3) 从点(0,0) 沿上半圆周 $x^2+y^2=2x$ 到点(1,1).

【知识点窍】　将 $\mathrm{d}x$，$\mathrm{d}y$ 分别表示为 $\mathrm{d}s$ 的表达即可.

解：(1) L：$y=x$，$(0\leqslant x\leqslant 1)$

$$\mathrm{d}s=\sqrt{1+1^2}\,\mathrm{d}x=\sqrt{2}\,\mathrm{d}x$$

$$ds=\sqrt{2}\,dy$$

$$\int_L P(x,y)dx+Q(x,y)dy=\int_L \frac{P(x,y)+Q(x,y)}{\sqrt{2}}ds.$$

(2) $L:y=x^2,0\leqslant x\leqslant 1$

$$ds=\sqrt{1+4x^2}\,dx$$

$$ds=\sqrt{1+\frac{1}{4y}}\,dy,\text{则}\qquad dy=\frac{1}{\sqrt{1+\frac{1}{4y}}}ds=\frac{2x}{\sqrt{1+4x^2}}ds$$

代入得：

$$\int_L P(x,y)dx+Q(x,y)dy=\int_L \frac{P(x,y)+2xQ(x,y)}{\sqrt{1+4x^2}}ds$$

(3) $L:(x-1)^2+y^2=1,0\leqslant x\leqslant 1,\quad y>0$

$$dx=\frac{ds}{\sqrt{1+(\frac{1-x}{\sqrt{2x-x^2}})^2}}=\sqrt{2x-x^2}\,ds$$

$$dy=\sqrt{2x-x^2}\,\frac{dy}{dx}\cdot ds=(1-x)ds$$

则 $\displaystyle\int_L P(x,y)dx+Q(x,y)dy=\int_L[\sqrt{2x-x^2}\,P(x,y)+(1-x)Q(x,y)]ds$

3. 把第二类曲线积分$\displaystyle\int_L P(x,y,z)dx+Q(x,y,z)dy+R(x,y,z)dz$化成对弧长的曲线积分，其中$\Gamma$为：

(1) 从点(0,0,0)到点$(\frac{\sqrt{2}}{2},\frac{\sqrt{2}}{2},1)$的直线段；

(2) 从点(0,0,0)经过圆弧$x=t,y=t,z=1-\sqrt{1-2t^2}\,(t:-\frac{\sqrt{2}}{2}\to\frac{\sqrt{2}}{2})$到点$(\frac{\sqrt{2}}{2},\frac{\sqrt{2}}{2},1)$的弧段.

【知识点窍】 先写出直线的方程，再分别求出 dx,dy 与 ds 之间的转换关系，代入即得.

解：(1) 曲线参数方程为$\begin{cases}x=\frac{\sqrt{2}}{2}t\\ y=\frac{\sqrt{2}}{2}t\\ z=t\end{cases}$，则$\begin{cases}dx=\frac{\sqrt{2}}{2}dt=\frac{\sqrt{2}}{2}dz\\ dy=\frac{\sqrt{2}}{2}dt=\frac{\sqrt{2}}{2}dt\\ dz=dz\end{cases}$

由于 $ds=\sqrt{\frac{1}{2}+\frac{1}{2}+1}\,dz=\sqrt{2}\,dz$，所以 $dz=\frac{1}{\sqrt{2}}ds$

将 $dx=\frac{\sqrt{2}}{2}dz,dy=\frac{\sqrt{2}}{2}dz$ 代入

$ds=2dx,ds=2dy$，即 $dx=dy=\frac{1}{2}ds$

所以 $\int_L P(x,y,z)\mathrm{d}x+Q(x,y,z)\mathrm{d}y+R(x,y,z)\mathrm{d}z$

$$=\int_L \frac{P(x,y,z)+Q(x,y,z)+\sqrt{2}R(x,y,z)}{2}\mathrm{d}s$$

(2) $\int_\Gamma P\mathrm{d}x+Q\mathrm{d}y+R\mathrm{d}z=\int_\Gamma (P\cos\alpha+Q\cos\beta+R\cos\gamma)\mathrm{d}s$

$$(\cos\alpha,\cos\beta,\cos\gamma)=\frac{1}{\sqrt{x'^2(t)+y'^2(t)+z'^2(t)}}(x'(t),y'(t),z'(t))$$

$$=\left(\sqrt{\frac{1-2t^2}{2}},\sqrt{\frac{1-2t^2}{2}},\sqrt{2}t\right)=\left(\frac{1-z}{\sqrt{2}},\frac{1-z}{\sqrt{2}},\sqrt{2}x\right)$$

所以 $\int_{\Gamma_1} P\mathrm{d}x+Q\mathrm{d}y+R\mathrm{d}z=\int_{\Gamma_1}\frac{(1-z)P(x,y,z)+(1-z)Q(x,y,z)+2xR(x,y,z)}{\sqrt{2}}\mathrm{d}s.$

4. 计算下列第二类曲线积分：

(1) $\int_L (x+y)\mathrm{d}x+xy\mathrm{d}y$，$L$ 为折线 $y=1-|1-x|$ 上从点 $(0,0)$ 到点 $(2,0)$ 的一段；

(2) $\oint_L x^2y^2\mathrm{d}x+xy^2\mathrm{d}y$，$L$ 为直线 $x=1$ 与抛物线 $x=y^2$ 所围区域的边界(按逆时针方向绕行)；

(3) $\oint_L (x+y)^2\mathrm{d}y$，$L$ 为圆周 $x^2+y^2=2ax(a>0)$(按逆时针方向绕行)；

(4) $\int_L (1+2xy)\mathrm{d}x+x^2\mathrm{d}y$，$L$ 为从点 $(1,0)$ 到点 $(-1,0)$ 的上半椭圆周 $x^2+2y^2=1(y\geqslant 0)$；

(5) $\int_\Gamma y\mathrm{d}x+z\mathrm{d}y+x\mathrm{d}z$，$\Gamma$ 为柱面螺线 $x=a\cos t, y=a\sin t, z=bt$ 上对应 $t=0$ 到 $t=2\pi$ 的一段弧；

(6) $\oint_\Gamma \mathrm{d}x-\mathrm{d}y+y\mathrm{d}z$，$\Gamma$ 为定向闭折线 $ABCA$，这里的 A,B,C 依次为点 $(1,0,0)$，$(0,1,0)$，$(0,0,1)$；

(7) $\int_\Gamma y\mathrm{d}x+x\mathrm{d}y+z\mathrm{d}z$，$\Gamma$ 为曲线 $x=1-\cos t, y=\sin t, z=t^3$ 上对应 $t=0$ 到 $t=\pi$ 的一段弧；

(8) $\oint_\Gamma (z-y)\mathrm{d}x+(x-z)\mathrm{d}y+(x-z)\mathrm{d}z$，$\Gamma$ 为椭圆周 $\begin{cases}x^2+y^2=1\\x-y+z=2\end{cases}$，且从 z 轴正方向看去，Γ 取顺时针向.

【知识点窍】 曲线确定时，计算第二类曲线积分的关键在于选定积分变量.

解：(1) 曲线 L 的方程为 $y=\begin{cases}x, & x\leqslant 1\\2-x, & x>1\end{cases}$

如图 8.10 所示

$\int_L (x,y)\mathrm{d}x+xy\mathrm{d}y$

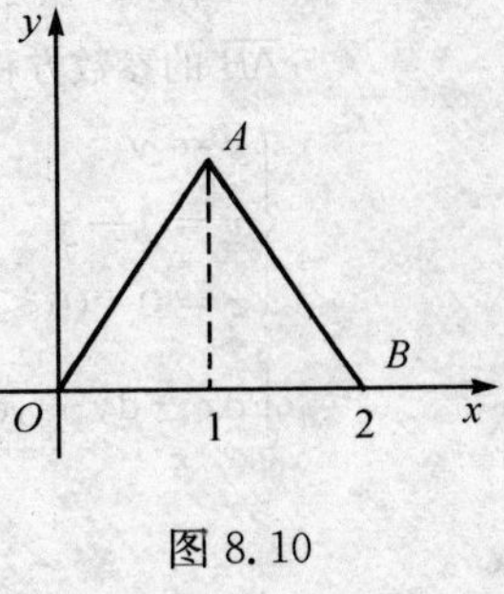

图 8.10

$$= \int_{L_{OA}} (x+y)\mathrm{d}x + xy\mathrm{d}y + \int_{L_{AB}} (x+y)\mathrm{d}x + xy\mathrm{d}y$$

$$= \int_0^1 (2x+x^2)\mathrm{d}x + \int_1^2 [2+(2x-x^2)(-1)]\mathrm{d}x$$

$$= \left[(x^2+\frac{x^3}{3})\right]_0^1 + \left[2x-x^2+\frac{x^3}{3}\right]_1^2 = \frac{8}{3}$$

(2) $L = L_1 + L_2 + L_3$,其中 $L_1: y=\sqrt{x}(x:1\to 0)$;$L_2: x=1(y:-1\to 1)$;$L_3: y=-\sqrt{x}(x:0\to 1)$. 显然不如将 L 化为 $L'_1 + L'_2$ 简单,其中 $L'_1: x=y^2(y:1\to -1)$,L'_2 即 L_2.

$$\oint_L = (\int_{L'_1} + \int_{L'_2})(x^2y^2\mathrm{d}x + xy^2\mathrm{d}y) = \int_1^{-1}(2y^7\mathrm{d}y + y^4\mathrm{d}y) + 0 + \int_{-1}^1 y^2\mathrm{d}y = \frac{4}{15}$$

(3) L 的方程可表示为:

$$\begin{cases} x = a + a\cos\theta \\ y = a\sin\theta \end{cases} \quad 其中 0\leqslant\theta\leqslant\pi$$

$$\oint_L (x+y)^2\mathrm{d}y = \int_0^{2\pi}(a+a\cos\theta+a\sin\theta)^2 \cdot a\cos\theta\mathrm{d}\theta$$

$$= 2a^3\int_0^{2\pi}(\cos\theta+\cos^2\theta+\sin\theta\cos\theta+\sin\theta\cos^2\theta)\mathrm{d}\theta$$

$$= 2a^3\left[\sin\theta+\frac{1}{2}\theta-\frac{1}{4}\cos 2\theta-\frac{1}{3}\cos^3\theta\right]_0^{2\pi}$$

$$= 2\pi a^3$$

(4) L 的方程可表示为 $\begin{cases} x=\cos t \\ y=\dfrac{1}{\sqrt{2}}\sin t \end{cases}$,其中 $0\leqslant t\leqslant\pi$.

$$原式 = \int_0^{\pi}\left[\left(1+2\cos t\cdot\frac{1}{\sqrt{2}}\right)(-\sin t)+\cos^2 t\cdot\frac{1}{\sqrt{2}}\cos t\right]\mathrm{d}t$$

$$= \int_0^{\pi}\left[-\sin t+\sqrt{2}\sin^2 t\cos t+\frac{\sqrt{2}}{2}\cos^3 t\right]\mathrm{d}t = -2.$$

(5) 原式 $= \int_0^{2\pi}[a\sin t\cdot(-a\sin t)+bt\cdot a\cos t+a\cos t\cdot b]\mathrm{d}t = -\pi a^2$.

(6) 如图 8.11 所示,Γ 由三部分组成:

$\overline{AB}$ 的参数方程可取为:

$$\begin{cases} y=y \\ x=1-y \\ z=0 \quad (0\leqslant y\leqslant 1) \end{cases} \quad 则$$

$$\int_{\overline{AB}} \mathrm{d}x - \mathrm{d}y + y\mathrm{d}z = \int_0^1 -2\mathrm{d}y = -2$$

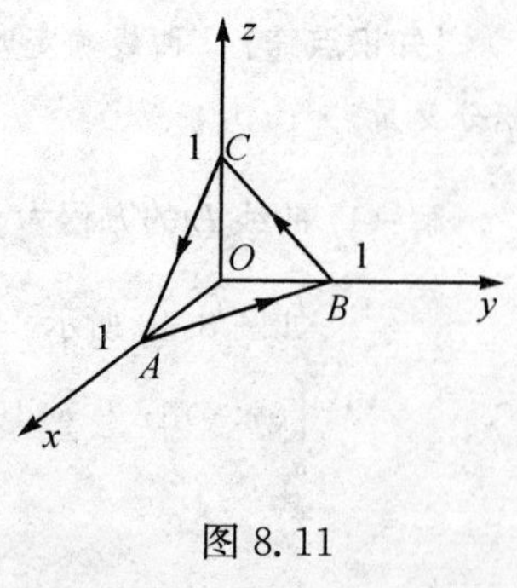

图 8.11

$\overline{BC}$ 的方程可表示为$\begin{cases} z=z, \\ y=1-z, z:0\to 1 \\ x=0, \end{cases}$

则　$\int_{\overline{BC}} \mathrm{d}x-\mathrm{d}y+y\mathrm{d}z=\int_0^1(2-z)\mathrm{d}z=\frac{3}{2}$

同理，将　$\overline{CA}$ 表示为$\begin{cases} x=x, \\ z=1-x, x:0\to 1 \\ y=0, \end{cases}$

则　$\int_{\overline{CA}} \mathrm{d}x-\mathrm{d}y+y\mathrm{d}z=\int_0^1\mathrm{d}x=1$

所以　$\oint_{\Gamma} \mathrm{d}x-\mathrm{d}y+y\mathrm{d}z=-2+\frac{3}{2}+1=\frac{1}{2}$

(7) 原式$=\int_0^{\pi}[\sin t\cdot(-1-\cos t)'_t+(1-\cos t)\cdot(\sin t)'_t+t^3\cdot(t^3)'_t]\mathrm{d}t$

$=\int_0^{\pi}[\sin^2 t+(1-\cos t)\cdot\cos t+3t^5]\mathrm{d}t$

$=\int_0^{\pi}[(\sin^2 t-\cos^2 t)+3t^5]\mathrm{d}t=3\int_0^{\pi}t^5\mathrm{d}t=\frac{\pi^6}{2}$

(8) 设曲线 Γ 为$\begin{cases} x=\cos\varphi, \\ y=\sin\varphi, \qquad \varphi:2\pi\to 0 \\ z=2-\cos\varphi+\sin\varphi, \end{cases}$

$\oint_{\Gamma}(z-y)\mathrm{d}y+(x-y)\mathrm{d}y+(x-y)\mathrm{d}z$

$=\int_{2\pi}^{0}[(2-\cos\varphi)(-\sin\varphi)+(2\cos\varphi-\sin\varphi)\cos\varphi+(\cos\varphi-\sin\varphi)(\sin\varphi+\cos\varphi)]\mathrm{d}\varphi$

$=-2\pi+2[(\sin\varphi-\cos\varphi)]_0^{2\pi}+[\sin 2\varphi]_0^{2\pi}=-3\pi$

5. 计算$\int_L(x+y)\mathrm{d}x+(y-x)\mathrm{d}y$，其中 L 是：

(1) 抛物线 $y^2=x$ 上从点(1,1) 到点(4,2) 的一段弧；

(2) 从点(1,1) 到点(4,2) 的直线段；

(3) 从点(1,1) 到点(1,2) 再到点(4,2) 的折线；

(4) 曲线 $x=2t^2+t+1, y=t^2+1$ 上从点(1,1) 到点(4,2) 的一段弧.

解：(1) L 的方程可取为$\begin{cases} y=y, \\ x=y^2, \end{cases}$　$y:1\to 2$

则原积分$=\int_1^2[(y+y^2)\cdot 2y+(y-y^2)]\mathrm{d}y=\int_1^2(2y^3+y^2+y)\mathrm{d}y$

$=[\frac{y^4}{2}+\frac{y^3}{3}+\frac{y^2}{2}]_1^2=\frac{34}{3}$

(2) L 的方程为 $\begin{cases} y=y, \\ x=3y-2, \end{cases}$ $y:1\to 2$

则原积分 $=\int_1^2[(4y-2)\cdot 3+(2-2y)]\mathrm{d}y=\int_1^2(10y-4)\mathrm{d}y$

$=[5y^2-4y]_1^2=11$

(3) 如图 8.12 所示,L 由两部分组成

$\overline{AB}=1,\quad y:1\to 2$

$\overline{BC}=1,\quad y:1\to 4$

$$\int_{\overline{AB}}(x+y)\mathrm{d}x+(y-x)\mathrm{d}y=\int_1^2(y-1)\mathrm{d}y=\frac{1}{2}$$

$$\int_{\overline{BC}}(x+y)\mathrm{d}x+(y-x)\mathrm{d}y=\int_1^4(x+2)\mathrm{d}x=\frac{27}{2}$$

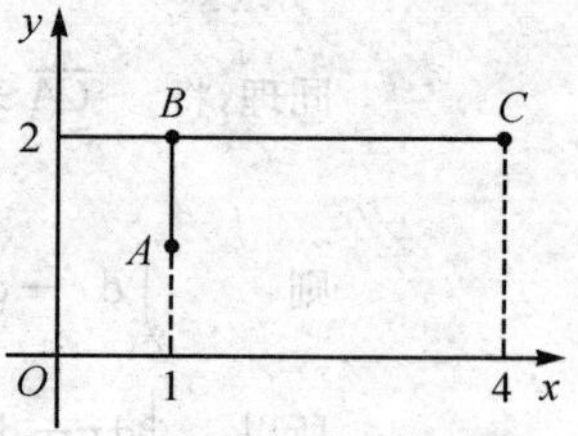

图 8.12

所以

$$\int_L(x+y)\mathrm{d}x+(y-x)\mathrm{d}x=\frac{1}{2}+\frac{27}{2}=14$$

(4) 从点(1,1)到(4,2),则 t 从 0 变到 1.

原积分 $=\int_0^1[(2t^2+t+1+t^2+1)(4t+1)+(t^2+1-2t^2-t-1)\cdot 2t]\mathrm{d}t$

$=\int_0^1(10t^3+5t^2+9t+2)\mathrm{d}t$

$=\left[\frac{5}{2}t^4+\frac{5}{3}t^3+\frac{9}{2}t^2+2t\right]_0^1=\frac{32}{3}$

6. 设 z 轴与重力的方向一致,求质量为 m 的质点从位置 (x_1,y_1,z_1) 沿直线移到 (x_2,y_2,z_2) 时重力所作的功.

【知识点窍】 掌握第二类曲线积分的物理意义.

解: 如图 8.13 所示,$\boldsymbol{F}=(0,0,mg)$,

$\mathrm{d}\boldsymbol{r}=(\mathrm{d}x,\mathrm{d}y,\mathrm{d}z)$,

$$W=\int_L\boldsymbol{F}\cdot\mathrm{d}\boldsymbol{r}=\int_L 0\mathrm{d}x+0\mathrm{d}y+mg\mathrm{d}z=mg\int_{z_1}^{z_2}\mathrm{d}z=mg(z_2-z_1)$$

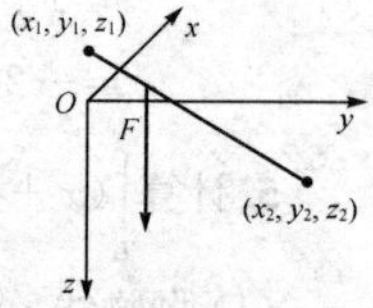

图 8.13

7. 设有一力场,场力的大小与作用点与 z 轴的距离成反比(比例系数为 k),方向垂直于 z 轴并且指向 z 轴,试求一质点沿圆弧 $x=\cos t, y=1, z=\sin t$ 从点(1,1,0)依 t 增加的方向移动到点(0,1,1)时场力所做的功.

解: 依题意,力的大小 $|\boldsymbol{F}|=\dfrac{k}{\sqrt{x^2+y^2}}$,其方向与向量 $(-x,-y,0)$ 一致,即 $\boldsymbol{e}_F$

$=\left(\dfrac{-x}{\sqrt{x^2+y^2}},\dfrac{-y}{\sqrt{x^2+y^2}},0\right)$,

故 $\boldsymbol{F}=\left(\dfrac{-kx}{x^2+y^2},\dfrac{-ky}{x^2+y^2},0\right)$,记 $\mathrm{d}\boldsymbol{r}=(\mathrm{d}x,\mathrm{d}y,\mathrm{d}z)$,

当点从(1,1,0)移动到(0,1,1)时,t 从 0 变到 $\pi/2$,于是所求功

$$W=\int_L \boldsymbol{F}\cdot \mathrm{d}\boldsymbol{r}=\int_L \frac{-kx}{x^2+y^2}\mathrm{d}x+\frac{-ky}{x^2+y^2}\mathrm{d}y=-k\int_L \frac{1}{2}\cdot\frac{\mathrm{d}(x^2-y^2)}{x^2+y^2}$$

$$=-\frac{k}{2}\int_0^{2\pi}\frac{\mathrm{d}(\cos^2 t+1)}{\cos^2 t+1}$$

$$=-\frac{k}{2}\ln(\cos^2 t+1)\Big|=\frac{k}{2}\ln 2$$

第四节　格林公式

知识点归纳

1. 格林公式

定理 1(格林定理)　设 D 是 xOy 面上的有界闭区域,其边界曲线 ∂D 由有限条光滑或分段光滑的曲线所组成,如果函数 $P(x,y)$,$Q(x,y)$ 在 D 上具有一阶连续偏导数,那么$\iint\limits_D\left(\frac{\partial Q}{\partial x}-\frac{\partial P}{\partial y}\right)\mathrm{d}\sigma=$

$$\oint_{\partial D^+} P(x,y)\mathrm{d}x+Q(x,y)\mathrm{d}y.$$

D 的面积　$A=\oint_{\partial D^+} x\mathrm{d}y=-\oint_{\partial D^+} y\mathrm{d}x=\frac{1}{2}\oint_{\partial D^+}-y\mathrm{d}x+x\mathrm{d}y.$

2. 平面曲线积分与路径无关的条件

定理 2　设 G 是平面上的单连通区域,$\boldsymbol{F}(x,y)=(P(x,y),Q(x,y))$ 在 G 内有连续的偏导数,则以下四个条件互相等价:

(1)$\oint_C P(x,y)\mathrm{d}x+Q(x,y)\mathrm{d}y=0\ (C\subset G)$;

(2)$\int_L P(x,y)\mathrm{d}x+Q(x,y)\mathrm{d}y$ 在 G 内与路径无关(只与起点、终点有关);

(3) 存在 $u(x,y)$ 使 $P(x,y)\mathrm{d}x+Q(x,y)\mathrm{d}y=\mathrm{d}u(x,y)$,即 $\nabla u=\boldsymbol{F}(x,y)=(P(x,y),Q(x,y))$(称 u 为 $P(x,y)\mathrm{d}x+Q(x,y)\mathrm{d}y$ 的原函数);且 $u(x,y)$ 存在时,可按下式求出:

$$u(x,y)=\int_{(x_0,y_0)}^{(x,y)}P(x,y)\mathrm{d}x+Q(x,y)\mathrm{d}y=\int_{x_0}^{x}P(x,y_0)\mathrm{d}x+\int_{y_0}^{y}Q(x,y)\mathrm{d}y$$

$$\left(\text{或}\int_{y_0}^{y}Q(x_0,y)\mathrm{d}y+\int_{x_0}^{x}P(x,y)\mathrm{d}x\right)$$

(4) $\frac{\partial Q}{\partial x}=\frac{\partial P}{\partial y}$ 在 G 内每点处成立.

若$\frac{\partial Q}{\partial x}\equiv\frac{\partial P}{\partial y}$,称微分方程 $P(x,y)\mathrm{d}x+Q(x,y)\mathrm{d}y=0$ 为全微分方程,根据条件(3) 可知其通解为 $u(x,y)=C$.

3. 曲线积分基本定理

定理 3　设 $L=\overset{\frown}{AB}$ 是一条光滑或分段光滑的定向曲线,函数 $f(x,y)$ 的偏导数在 L 上连续,则 $\int_L \nabla f\cdot \mathrm{d}\boldsymbol{r}=f(B)-f(A)$.

典型例题与解题技巧

题型Ⅳ:格林公式的应用

【题型分析】　若要用格林公式求非闭曲线 L 上的线积分 $\int_L P\mathrm{d}x+Q\mathrm{d}y$ 时,先要添加辅助线 L_1 使 $L\cup L_1$ 构成闭曲线,所围区域为 D,则 $\int_{L\cup L_1} P\mathrm{d}x=Q\mathrm{d}y=\iint_D(\frac{\partial Q}{\partial x}-\frac{\partial P}{\partial y})\mathrm{d}x\mathrm{d}y$,求 $\int_L P\mathrm{d}x+Q\mathrm{d}y$ 转化为求 L_1 上的线积分和一个二重积分,如果它们都容易计算的话,则达目的.

例 8　求 $I=\int_L(\mathrm{e}^x+y)\mathrm{d}x-(\mathrm{e}^y+x)\mathrm{d}y$,$L:y=\sqrt{1+x^2}$ 从 $(-1,0)$ 到 $(1,0)$.

解:如图 8.14 所示.

法 1:$\int_L(\mathrm{e}^x+y)\mathrm{d}x-(\mathrm{e}^y+x)\mathrm{d}y=\int_L \mathrm{e}^x\mathrm{d}x-\mathrm{e}^y\mathrm{d}y+\int_L y\mathrm{d}x-x\mathrm{d}y$

$$=I_1+I_2$$

$$I_1=\int_L \mathrm{d}(\mathrm{e}^x-\mathrm{e}^y)=[\mathrm{e}^x-\mathrm{e}^y]_{(-1,0)}^{(1,0)}$$

$$=(\mathrm{e}-1)-(\frac{1}{\mathrm{e}}-1)=\mathrm{e}-\frac{1}{\mathrm{e}}$$

L 的参数方程:$x=\cos t,y=\sin t,t$ 从 π 到 0

$$I_2=\int_\pi^0(-\sin^2 t-\cos^2 t)\mathrm{d}t=-\int_\pi^0\mathrm{d}t=\pi$$

所以　$I=\mathrm{e}-\frac{1}{\mathrm{e}}+\pi$

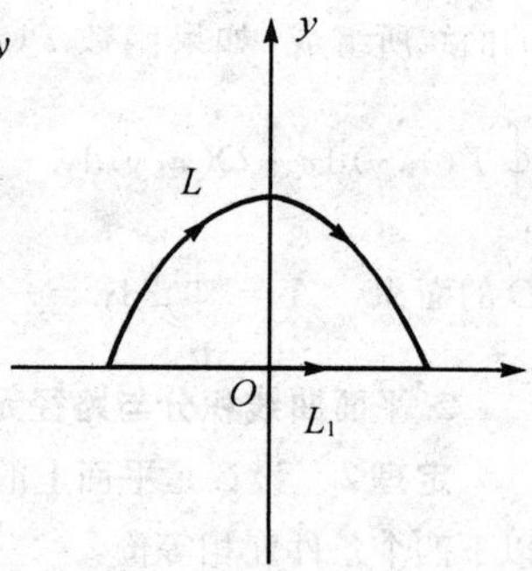

图 8.14

法 2:设 $(-1,0)$ 到 $(1,0)$ 的有向线段为 L_1,则 $L_1:y=0,x$ 从 -1 到 1

由格林公式 $\int_{L^-+L_1}(\mathrm{e}^x+y)\mathrm{d}x-(\mathrm{e}^y+x)\mathrm{d}y=\iint_D(-2)\mathrm{d}x\mathrm{d}y=-\pi$

又 $\int_{L1}(\mathrm{e}^x+y)\mathrm{d}x-(\mathrm{e}^y+x)\mathrm{d}y=\int_{-1}^1\mathrm{e}^x\mathrm{d}x=\mathrm{e}-\frac{1}{\mathrm{e}}$

则　$I=-\int_{L-}(\mathrm{e}^x+y)\mathrm{d}x-(\mathrm{e}^y+x)\mathrm{d}y=\mathrm{e}-\frac{1}{\mathrm{e}}+\pi$

例 9　计算曲线积分 $I=\oint_L\frac{x\mathrm{d}y-y\mathrm{d}x}{4x^2+y^2}$,其中 L 是以点 $(1,0)$ 为中心,半径为 R 的圆周 $(R>1)$ 取逆时针方向.

解:$P=\frac{-y}{4x^2+y^2},Q=\frac{x}{4x^2+y^2},\frac{\partial P}{\partial y}=\frac{y^2-4^2}{(4x^2+y)^2}=\frac{\partial Q}{\partial x},(x,y)\neq(0,0)$

作椭圆 $C: 4x^2+y^2=\delta^2$（C 取逆时针方向，δ 是足够小的正数，使 $4x^2+y^2=\delta^2$ 全含在 L 内，但 O 不在 $4x^2+y^2=\delta^2$ 内）

由格林公式知 $\oint_{L+C}\dfrac{x\mathrm{d}y-y\mathrm{d}x}{4x^2+y^2}=0$

即得 $$\oint_L\frac{x\mathrm{d}y-y\mathrm{d}x}{4x^2+y^2}=\oint_C\frac{x\mathrm{d}y-y\mathrm{d}x}{4x^2+y^2}=\oint_C\frac{x\mathrm{d}y-y\mathrm{d}x}{\delta^2}=\pi$$

例 10　计算空间曲积分　$I=\oint_{\widehat{AB}}(x^2-yz)\mathrm{d}x+(y^2-xz)\mathrm{d}y+(z^2-xy)\mathrm{d}z$

其中，$\widehat{AB}$ 为螺线 $x=\cos\theta, y=\sin\theta, z=\theta$，由 $A(1,0,0)$ 到 $B(1,0,2\pi)$ 的一段.

解 法 1：设 $P=x^2-yz, Q=y^2-xz, R=z^2-xy$，则

$$\frac{\partial R}{\partial y}=-x=\frac{\partial Q}{\partial z},\quad \frac{\partial P}{\partial z}=-y=\frac{\partial R}{\partial x},\quad \frac{\partial Q}{\partial x}=-z=\frac{\partial R}{\partial y}$$

由空间曲线积分与路径无关条件知该积分与路径无关，连接 AB 的直线段 $\overline{AB}$ 的方程为：$x=1, y=0, z=2\pi t, 0\leqslant t\leqslant 1$，则

$$I=\int_{\overline{AB}}=\int_0^1 4\pi^2t^2\cdot 2\pi\mathrm{d}t=\frac{8}{3}\pi^3$$

法 2：同法 1 证明曲线积分与路径无关，因此

$$(x^2-yz)\mathrm{d}x+(y^2-zx)\mathrm{d}y+(z^2-xy)\mathrm{d}z=\mathrm{d}\left[\frac{1}{3}(x^3+y^3+z^3)-xyz\right]$$

所以 $$I=\left[\frac{1}{3}(x^3+y^3+z^3)-xyz\right]\Bigg|_{1,0,0}^{(1,0,2\pi)}=\frac{8}{3}\pi^3$$

课后习题全解

习题 8－4 解答

1. 利用第二类曲线积分，求下列曲线所围成的图形的面积：

(1) 星形线 $x=a\cos^3 t, y=a\sin^3 t$；

(2) 曲线 $x=\cos t, y=\sin^3 t$.

【知识点窍】　利用公式 $A=\dfrac{1}{2}\oint_L x\mathrm{d}y-y\mathrm{d}x$ 计算.

解：(1) $$A=\frac{1}{2}\int_0^{2\pi}[a\cos^3 t\cdot 3a\sin^t\cos t-a\sin^3 t(-3a\cos^2 t\sin t)]\mathrm{d}t$$

$$=\frac{3}{2}a^2\int_0^{2\pi}\sin^2 t\cos^2 t\mathrm{d}t$$

$$=\frac{3}{8}a^2\int_0^{2\pi}\sin^2 2t\mathrm{d}t$$

$$=\frac{3a^2}{16}\left[t-\frac{1}{4}\sin 4t\right]_0^{2\pi}=\frac{3}{8}\pi a^2$$

(2) $$A=\frac{1}{2}\int_0^{2\pi}[\cos t\cdot 3\sin^2 t\cdot\cos t-\sin^3 t\cdot(-\sin t)]\mathrm{d}t$$

$$= \frac{1}{2}\int_0^{2\pi}(3\sin^2 t\cos^2 t + \sin^4 t)\mathrm{d}t$$

$$= \frac{1}{2}\int_0^{2\pi}(3\cos^2 t + \sin^2 t)\mathrm{d}t$$

$$= \frac{3}{4}\pi$$

2. 证明下列曲线积分在整个 xOy 平面内与路径无关,并计算积分值:

(1) $\int_{(1,1)}^{(2,3)}(x+y)\mathrm{d}x + (x-y)\mathrm{d}y$;

(2) $\int_{1(,0)}^{(2,1)}(2xy - y^4 + 3)\mathrm{d}x + (x^2 - 4xy^3)\mathrm{d}y$;

(3) $\int_{(0,0)}^{(4,8)}\mathrm{e}^{-x}\sin y\mathrm{d}x - \mathrm{e}^{-x}\cos y\mathrm{d}y$;

(4) $\int_{(0,0)}^{(a,b)}\frac{\mathrm{d}x + \mathrm{d}y}{1+(x+y)^2}$.

【知识点窍】　先用格林公式证明积分与路径无关,再选择适当的路径计算积分值.

解:(1) $\frac{\partial P}{\partial y} = 1 = \frac{\partial Q}{\partial x}$,故积分与路径无关.

取如图 8.15 所示路径 $A \to C \to B$

$L_1: y = 1,\quad x: 1 \to 2$

$L_2: x = 2,\quad y: 1 \to 3$

原积分 $= \int_0^2 (x+1)\mathrm{d}x + \int_1^3 (2-y)\mathrm{d}y = \frac{5}{2}$

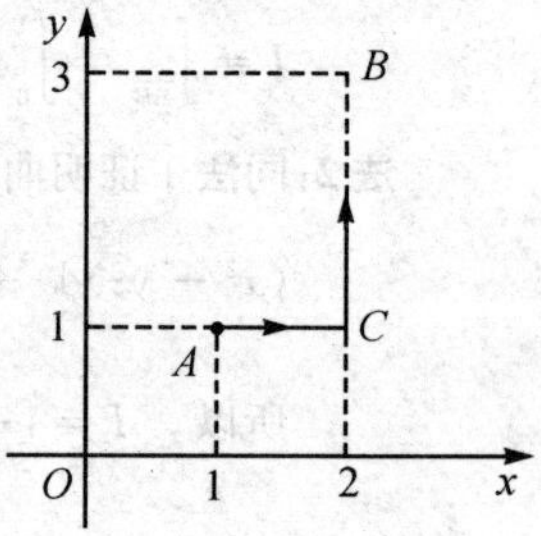

图 8.15

(2) **法 1**:$P = 2xy - y^4 + 3, \frac{\partial P}{\partial y} = 2x - 4y^3$

$Q = x^2 - 4xy^3, \frac{\partial Q}{\partial x} = 2x - 4y^3$.

因为$\frac{\partial Q}{\partial x} = \frac{\partial P}{\partial y}$,所以积分与路径无关,取路径$(1,0) \to (2,0) \to (2,1)$,(如图 8.16 所示)

原式 $= \int_1^2 3\mathrm{d}x\int_0^1 (4 - 8y^3)\mathrm{d}y = 5$

法 2:先求被积表达式 $P\mathrm{d}x + Q\mathrm{d}y$ 的原函数

$$u(x,y) = \int_{(0,0)}^{(x,y)}(2xy - y^4 + 3)\mathrm{d}x + (x^2 - 4xy^3)\mathrm{d}y$$

$$= \int_0^x 3\mathrm{d}x + \int_0^y (x^2 - 4xy^3)\mathrm{d}y$$

$$= 3x + x^2 y - xy^4$$

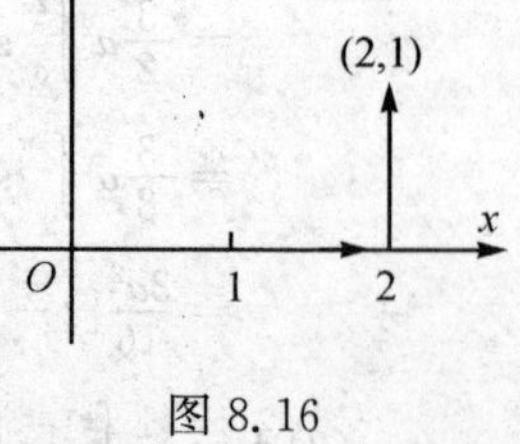

图 8.16

故　原式 $= (3x + x^2y - xy^4)\Big|_{(1,0)}^{(2,1)} = 5$

(3) $\dfrac{\partial P}{\partial y} = e^{-x}\cos y = \dfrac{\partial Q}{\partial x}$

取如图 8.17 所示路径 $O \to A \to B$

$L_1: y = 0,\quad x: 0 \to 4$

$L_2: x = 0,\quad y: 0 \to 8$

原积分 $= \int_0^8 -e^{-4}\cos y\,dy = -e^{-4}\sin 8$

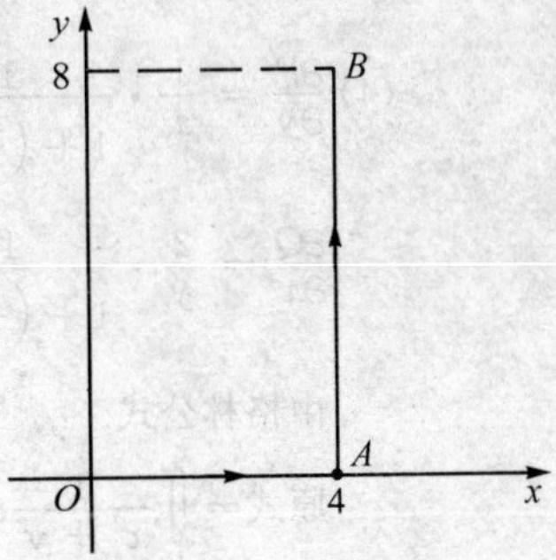

图 8.17

(4) $\dfrac{\partial P}{\partial y} = \dfrac{-2(x+y)}{[1+(x+y)^2]^2} = \dfrac{\partial Q}{\partial x}$，故积分与路径无关

原积分 $= \int_{(0,0)}^{(a,b)} \dfrac{d(x+y)}{1+(x+y)^2} = \left[\arctan(x+y)\right]_{(0,0)}^{(a,b)}$

$= \arctan(a+b)$

3. 利用格林公式，计算下列第二类曲线积分：

(1) $\oint_L 3xy\,dx + x^2\,dy$，$L$ 为矩形区域 $[-1,3]\times[0,2]$ 的正向边界；

(2) $\oint_L (1+y^2)\,dx + y\,dy$，$L$ 为正弦曲线 $y = \sin x$ 与 $y = 2\sin x\,(0 \leqslant x \leqslant \pi)$ 所围区域的正向边界；

(3) $\oint_L (y^2 + \sin x)\,dx + (\cos^2 y - 2x)\,dy$，$L$ 为星形线 $x^{\frac{2}{3}} + y^{\frac{2}{3}} = a^{\frac{2}{3}}$ 所围区域的正向边界；

(4) $\oint_L \dfrac{1}{x}\arctan\dfrac{y}{x}\,dx + \dfrac{2}{y}\arctan\dfrac{x}{y}\,dy$，$L$ 为圆周 $x^2+y^2=1$，$x^2+y^2=4$ 与直线 $y=x$，$y=\sqrt{3}x$ 在第一象限所围区域的正向边界；

(5) $\int_L \left(y + \dfrac{e^y}{x}\right)dx + e^y \ln x\,dy$，$L$ 是在半圆周 $x = 1 + \sqrt{2y - y^2}$ 上从点 $(1,0)$ 到点 $(2,1)$ 的一段弧.

【知识点窍】 运用格林公式，将曲线积分化为二重积分.

解：(1) $\dfrac{\partial Q}{\partial x} = 2x$，$\dfrac{\partial P}{\partial y} = 3x$

原式 $= \iint_D (2x - 3x)\,d\sigma = -\iint_D x\,dx\,dy = -\int_{-1}^3 x\,dx\int_0^2 dy = -\int_{-1}^3 2x\,dx = -x^2\Big|_{-1}^3 = -8.$

(2) $\dfrac{\partial P}{\partial y} = 2y$，$\dfrac{\partial Q}{\partial x} = 0$

原式 $= \iint_D (-2y)\,dx\,dy = \int_0^{\pi} dx \int_{\sin x}^{2\sin x} (-2y)\,dy = -\dfrac{3}{2}\pi$

(3) 星形线 L 的参数方程为 $\begin{cases} x = a\cos^3\theta, \\ y = a\sin^3\theta, \end{cases}$ $\theta: 0 \to 2\pi$

原式 $= \iint_D \left(\dfrac{\partial Q}{\partial x} - \dfrac{\partial P}{\partial y}\right)dx\,dy = \iint_D (-2-2y)\,dx\,dy = -2\iint_D dx\,dy - 2\iint_D y\,dx\,dy,$

其中 $\iint\limits_D \mathrm{d}x\mathrm{d}y = \frac{3}{8}\pi a^2$

$\iint\limits_D y\mathrm{d}x\mathrm{d}y = 0$ (因为 D 关于 x 轴对称，而被积函数关于 y 是奇函数)，

故 原式 $=-2\cdot\frac{3}{8}\pi a^3+0=-\frac{3}{4}\pi a^2$

(4) $\frac{\partial P}{\partial y}=\frac{1}{x}\cdot\frac{1}{1+\left(\frac{y}{x}\right)^2}\cdot\frac{1}{x}=\frac{1}{x^2+y^2}$

$\frac{\partial Q}{\partial x}=\frac{2}{y}\cdot\frac{1}{1+\left(\frac{x}{y}\right)^2}\cdot\frac{1}{y}=\frac{2}{x^2+y^2}$

由格林公式

原式 $=\iint\limits_D \frac{1}{x^2+y^2}\mathrm{d}x\mathrm{d}y=\iint\limits_{D'}\frac{1}{r^2}r\mathrm{d}r\mathrm{d}\theta=\int_{\frac{\pi}{4}}^{\frac{\pi}{3}}\mathrm{d}\theta\int_1^2\frac{1}{r}\mathrm{d}r=\frac{\pi\ln 2}{12}$

(5) 添加直线段 $L_1:(2,1)\to(1,1)$，$L_2:(1,1)\to(1,0)$，D 是 L,L_1,L_2 所围图形，如图 8.18 所示

令 $P=y+\frac{\mathrm{e}^y}{x}$，$Q=\mathrm{e}^y\ln x$，则 $\frac{\partial Q}{\partial x}=\frac{\mathrm{e}^y}{x}$，$\frac{\partial P}{\partial y}=1+\frac{\mathrm{e}^y}{x}$

应用格林公式

$$\oint\limits_{L+L_1+L_2}\left(y+\frac{\mathrm{e}^y}{x}\right)\mathrm{d}x+\mathrm{e}^y\ln x\mathrm{d}y=\iint\limits_D\left(\frac{\partial Q}{\partial x}-\frac{\partial P}{\partial y}\right)\mathrm{d}x\mathrm{d}y$$

$$=\iint\limits_D\left(\frac{\mathrm{e}^y}{x}-1-\frac{\mathrm{e}^y}{x}\right)\mathrm{d}x\mathrm{d}y$$

$$=-\iint\limits_D\mathrm{d}x\mathrm{d}y=-\frac{\pi}{4}$$

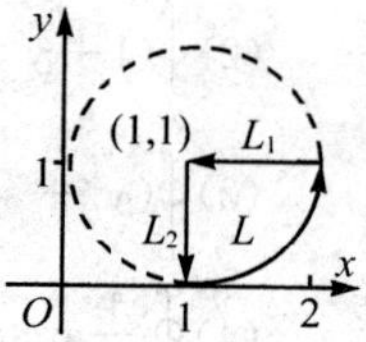

图 8.18

又 $\int\limits_{L_1}\left(y+\frac{\mathrm{e}^y}{x}\right)\mathrm{d}x+\mathrm{e}^y\ln x\mathrm{d}y=\int_2^1\left(1+\frac{\mathrm{e}}{x}\right)\mathrm{d}x=-1-\mathrm{e}\ln 2$，

$\int\limits_{L_2}\left(y+\frac{\mathrm{e}^y}{x}\right)\mathrm{d}x+\mathrm{e}^y\ln x\mathrm{d}y=\int_1^0\mathrm{e}^y\ln 1\mathrm{d}y=0$，

故 原式 $=\left(\oint\limits_{L+L_1+L_2}-\int\limits_{L_1}-\int\limits_{L_2}\right)\left(y+\frac{\mathrm{e}^y}{x}\right)\mathrm{d}x+\mathrm{e}^y\ln x\mathrm{d}y$

$$=-\frac{\pi}{4}-(-1-\mathrm{e}\ln 2)-0=1+\mathrm{e}\ln 2-\frac{\pi}{4}$$

4. 计算 $I=\oint\limits_L\frac{x\mathrm{d}y-y\mathrm{d}x}{x^2+y^2}$，其中 L 为

(1) 椭圆 $\frac{(x-2)^2}{2}+\frac{y^2}{3}=1$ 所围区域的正向边界；

(2) 圆 $x^2+y^2=1$ 所围区域的正向边界；

(3) 椭圆 $\frac{x^2}{2}+\frac{y^2}{3}=1$ 所围区域的正向边界；

(4) 正方形 $|x|+|y|\leqslant 1$ 的正向边界.

解:(1) $\dfrac{\partial P}{\partial y}=\dfrac{y^2-x^2}{(x^2+y^2)^2}=\dfrac{\partial Q}{\partial x}$,且曲线不包含点(0,0)

由格林公式,原积分 $=\iint\limits_D 0\cdot \mathrm{d}x\mathrm{d}y=0$

(2) $P=-\dfrac{y}{x^2+y^2},Q=\dfrac{x}{x^2+y^2}$

当 $(x,y)\neq(0,0)$ 时,$\dfrac{\partial Q}{\partial x}=\dfrac{y^2-x^2}{(x^2+y^2)^2}=\dfrac{\partial P}{\partial y}$,

但在原点处,P、Q 均不连续,为了利用格林公式,可"挖去"这个不连续的点(0,0):以原点为中心,以适当的长 r 为半径在圆内作一小圆圈 $C_r:x^2+y^2=r^2$(如图 8.19 所示),则在 L 与 C_r^- 为边界正向的复连通域 D 上可用格林公式

$$\oint\limits_{L+C_r^-}\frac{x\mathrm{d}y-y\mathrm{d}x}{x^2+y^2}=\iint\limits_D\left(\frac{\partial Q}{\partial x}-\frac{\partial P}{\partial y}\right)\mathrm{d}\sigma=0,$$

即 $\oint\limits_L+\oint\limits_{C_r^-}=0$

于是 $\oint\limits_L\dfrac{x\mathrm{d}y-y\mathrm{d}x}{x^2+y^2}=-\oint\limits_{C_r^-}\dfrac{x\mathrm{d}y-y\mathrm{d}x}{x^2+y^2}=\oint\limits_{C_r^-}\dfrac{x\mathrm{d}y-y\mathrm{d}x}{x^2+y^2}$

C_r 的参数方程可取为　$x=r\cos\theta,y=r\sin\theta,0\leqslant\theta\leqslant 2\pi$,

故 $\oint\limits_L\dfrac{x\mathrm{d}y-y\mathrm{d}x}{x^2+y^2}=\int_0^{2\pi}\dfrac{r\cos\theta\cdot r\cos\theta-r\sin\theta\cdot r(-\sin\theta)}{r^2}\mathrm{d}\theta=2\pi.$

(3) 当 $(x,y)\neq(0,0)$ 时,$\dfrac{\partial Q}{\partial x}=\dfrac{y^2-x^2}{(x^2+y^2)}=\dfrac{\partial P}{\partial y}$,

也在椭圆内作小圆周 $C_r:x^2+y^2=r^2$(如图 8.20 所示),则在 L 与 C_r^- 为边界正向的复连通域 D 上可用格林公式

$$\oint\limits_{L+C_r^-}\frac{x\mathrm{d}y-y\mathrm{d}x}{x^2+y^2}=\iint\limits_D\left(\frac{\partial Q}{\partial x}-\frac{\partial P}{\partial y}\right)\mathrm{d}\sigma=0,$$

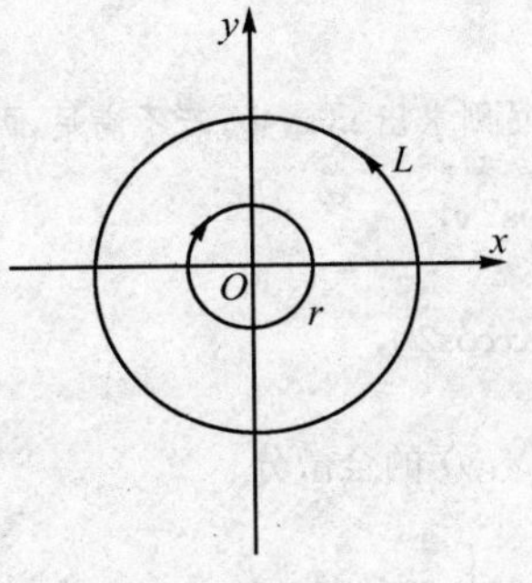

图 8.19

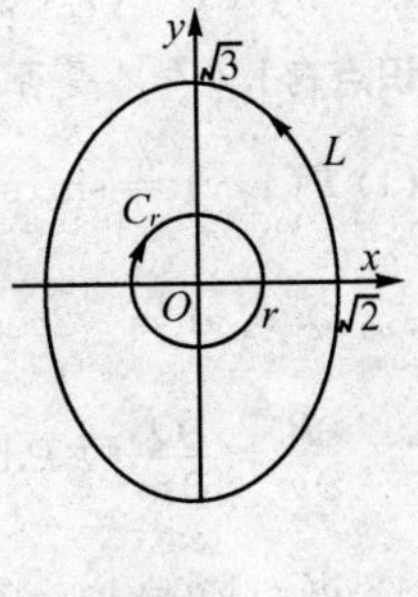

图 8.20

即 $\oint_L + \oint_{C_r^-} = 0$,

于是 $\oint_L \frac{x\mathrm{d}y - y\mathrm{d}x}{x^2+y^2} = -\oint_{C_r^-} \frac{x\mathrm{d}y - y\mathrm{d}x}{x^2+y^2} = \oint_{C_r} \frac{x\mathrm{d}y - y\mathrm{d}x}{x^2+y^2}$.

C_r 的参数方程可取为 $x = r\cos\theta, y = r\sin\theta, 0 \leqslant \theta \leqslant 2\pi$,

故 $\oint_L \frac{x\mathrm{d}y - y\mathrm{d}x}{x^2+y^2} = \int_0^{2\pi} \frac{r\cos\theta \cdot r\cos\theta - r\sin\theta \cdot r(-\sin\theta)}{r^2}\mathrm{d}\theta = 2\pi$.

(4) 与(2)(3) 同理,可得 $\oint_L \frac{x\mathrm{d}y - y\mathrm{d}x}{x^2+y^2} = 2\pi$

5. 验证下列 $P(x,y)\mathrm{d}x + Q(x,y)\mathrm{d}y$ 在整个 xOy 平面内是某一函数 $u(x,y)$ 的全微分,并求一个这样的 $u(x,y)$:

(1) $(x+2y)\mathrm{d}x + (2x+y)\mathrm{d}y$;

(2) $(6xy+2y^2)\mathrm{d}x + (3x^2+4xy)\mathrm{d}y$;

(3) $(3x^2y + xe^x)\mathrm{d}x + (x^3 - y\sin y)\mathrm{d}y$.

解:(1) $\frac{\partial P}{\partial y} = 2, \frac{\partial Q}{\partial x} = 2$,故 $P\mathrm{d}x + Q\mathrm{d}y$ 是某个 $u(x,y)$ 的全微分

$$u(x,y) = \int_0^x x\mathrm{d}x + \int_0^y (2x+y)\mathrm{d}y = \frac{x^2}{2} + 2xy + \frac{y^2}{2}$$

(2) $\frac{\partial P}{\partial y} = 6x + 4y, \frac{\partial Q}{\partial x} = 6x + 4y$,故 $P\mathrm{d}x + Q\mathrm{d}y$ 是某个 $u(x,y)$ 的全微分

$$u(x,y) = \int_0^x 0 \cdot \mathrm{d}x + \int_0^y (3x^2 + 4xy)\mathrm{d}y = 3x^2y + 2xy^2$$

(3) $\frac{\partial P}{\partial y} = 3x^2, \frac{\partial Q}{\partial x} = 3x^2$,故 $P\mathrm{d}x + Q\mathrm{d}y$ 是某个 $u(x,y)$ 的全微分

$$u(x,y) = \int_0^x xe^x\mathrm{d}x + \int_0^y (x^3 - y\sin y)\mathrm{d}y = xe^x - e^x + x^3y + y\cos y - \sin y$$

$$= x^3y + e^x(x-1) + y\cos y - \sin y$$

6. 求下列微分方程的通解:

(1) $\sin x\sin 2y\mathrm{d}x - 2\cos x\cos 2y\mathrm{d}y = 0$;

(2) $(x^2 - y)\mathrm{d}x - (x + \sin^2 y)\mathrm{d}y = 0$.

【知识点窍】 先看是否满足全微分条件,若满足则求出 $u(x,y)$;若不满足,再解微分方程求通解.

解:(1) $P(x,y) = \sin x\sin 2y$,则$\frac{\partial P}{\partial y} = 2\sin x\cos 2y$,

$Q(x,y) = -2\cos x\cos 2y$,则$\frac{\partial Q}{\partial x} = 2\sin x\cos 2y$,

$\frac{\partial P}{\partial y} = \frac{\partial Q}{\partial x}$,故 $P\mathrm{d}x + Q\mathrm{d}y$ 是某一个 $u(x,y)$ 的全微分

$$u(x,y) = \int_0^y -2\cos x\cos 2y\mathrm{d}y = -2\cos x\int_0^y \cos 2y\mathrm{d}y = \cos x\sin 2y + C_1$$

即原方程的通解为　$\cos x+\sin 2y=C$

(2) $P(x,y)=x^2-y$，则$\dfrac{\partial P}{\partial y}=-1$，

$Q(x,y)=-(x+\sin^2 y)$，则$\dfrac{\partial Q}{\partial x}=-1$，

$\dfrac{\partial P}{\partial y}=\dfrac{\partial Q}{\partial x}$，故 $P\mathrm{d}x+Q\mathrm{d}y$ 是某一个 $u(x,y)$ 的全微分

$$u(x,y)=\int_0^x x^2\mathrm{d}x+\int_0^y-(x+\sin^2 y)\mathrm{d}y=\frac{x^3}{3}-xy-\frac{y}{2}+\frac{\sin 2y}{4}+C$$

即原方程的通解为　$\dfrac{x^3}{3}-xy-\dfrac{y}{2}+\dfrac{\sin 2y}{4}=C$

7. 计算$\displaystyle\int_{(1,0)}^{(2,\pi)}(y-\mathrm{e}^x\cos y)\mathrm{d}x+(x+\mathrm{e}^x\sin y)\mathrm{d}y$

【知识点窍】 将曲线补为封闭曲线，现用格林公式，或者用积分与路径无关求解.

解：令 $P(x,y)=y-\mathrm{e}^x\cos y$，$Q(x,y)=x+\mathrm{e}^x\sin y$

$\dfrac{\partial P}{\partial y}=1+\mathrm{e}^x\sin y$，$\dfrac{\partial Q}{\partial x}=1+\mathrm{e}^x\sin y$

$\dfrac{\partial P}{\partial y}=\dfrac{\partial Q}{\partial x}$ 故积分与路径无关

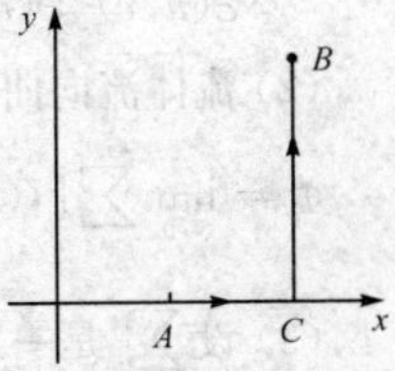

图 8.21

取如图 8.21 所示路径：$A\to C\to B$

L_1：AC，$y=0$，　x：$1\to 2$　　L_2：CB，$x=2$，　y：$0\to\pi$

$$原积分=\int_1^2(-\mathrm{e}^x)\mathrm{d}x+\int_0^\pi(2+\mathrm{e}^2\sin y)\mathrm{d}y$$

$$=[-\mathrm{e}^x]_1^2+2\pi+[-\mathrm{e}^2\cos y]_0^\pi=-\mathrm{e}^2+\mathrm{e}+2\pi+2\mathrm{e}^2=\mathrm{e}^2+\mathrm{e}+2\pi$$

8. 设在 xOy 平面上有一引力场，引力的大小与作用点到原点的距离平方成反比，引力的方向由作用点指向原点. 证明：在引力场中，场力所作的功只与运动质点的始末位置有关，而与质点经过的路径无关(假设路径不通过原点).

解：依题意有，引力大小 $|\boldsymbol{F}|=\dfrac{k}{x^2+y^2}$，方向为$(-x,-y)$

则　$F_x=\dfrac{k}{x^2+y^2}\cdot\dfrac{-x}{\sqrt{x^2+y^2}}=\dfrac{-kx}{(x^2+y^2)^{3/2}}$，$F_y=\dfrac{-ky}{(x^2+y^2)^{3/2}}$

$$W=\int_L\boldsymbol{F}\cdot\mathrm{d}\boldsymbol{r}=\int_L\frac{-kx}{(x^2+y^2)^{3/2}}\mathrm{d}x+\frac{-ky}{(x^2+y^2)^{3/2}}\mathrm{d}y$$

取　$P(x,y)=\dfrac{-kx}{(x^2+y^2)^{\frac{3}{2}}}$，$Q(x,y)=\dfrac{-ky}{(x^2+y^2)^{\frac{3}{2}}}$

$$\frac{\partial P}{\partial y}=\frac{3kxy(x^2+y^2)^{\frac{1}{2}}}{(x^2+y^2)^3}=\frac{\partial Q}{\partial x}$$

故积分值与路径无关，即在引力场中，场力所作功与路径无关.

第五节 向量值函数在定向曲面上的积分(第二类曲面积分)

知识点归纳

1. 概念及性质

(1) 定向曲线及其法向量

选定了侧的双侧曲面称为定向曲面,其任一点处法向量的方向总是指向曲面取定的一侧.

$z=z(x,y)$ 上、下侧的法向量分别为

$(\mp z_x(x,y),\mp z_y(x,y),\pm 1)$;

$x=x(u,v),y=y(u,v),z=z(u,v)$ 两侧的法向量为

$\pm\left(\dfrac{\partial(y,z)}{\partial(u,v)},\dfrac{\partial(z,x)}{\partial(u,v)},\dfrac{\partial(x,y)}{\partial(u,v)}\right)$.

(2) 流体流向曲面一侧的流量

$$\Phi=\lim_{\lambda\to 0}\sum_{i=1}^{n}[\boldsymbol{v}(\xi_i,\eta_i,\zeta_i)\cdot\boldsymbol{e}_n(\xi_i,\eta_i,\zeta_i)]\Delta S_i=\iint_{\Sigma}[\boldsymbol{v}(x,y,z)\cdot\boldsymbol{e}_n(x,y,z)]\mathrm{d}S.$$

(3) 设 $\sum$ 是一片光滑的定向曲面,则向量值函数

$\boldsymbol{F}(x,y,z)=P(x,y,z)\boldsymbol{i}+Q(x,y,z)\boldsymbol{j}+R(x,y,z)\boldsymbol{k}$ 在以上有界,$\boldsymbol{e}_n(x,y,z)$ 是定向曲面 $\sum$ 上点 (x,y,z) 处的单位法向量,则 $\iint\limits_{\Sigma}\boldsymbol{F}(x,y,z)\cdot\mathrm{d}\boldsymbol{S}=\iint\limits_{\Sigma}[\boldsymbol{F}(x,y,z)\cdot\boldsymbol{e}_n(x,y,z)]\mathrm{d}S$,

或记作 $\iint\limits_{\Sigma}P\mathrm{d}y\mathrm{d}z+Q\mathrm{d}z\mathrm{d}x+R\mathrm{d}x\mathrm{d}y$,

其中,$\boldsymbol{e}_n(x,y,z)=\cos\alpha\boldsymbol{i}+\cos\beta\boldsymbol{j}+\cos\gamma\boldsymbol{k}$ 是定向曲面的法向量

$\mathrm{d}\boldsymbol{S}=\boldsymbol{e}_n\cdot\mathrm{d}S=(\cos\alpha\mathrm{d}S,\cos\beta\mathrm{d}S,\cos\gamma\mathrm{d}S)=(\mathrm{d}y\mathrm{d}z,\mathrm{d}z\mathrm{d}x,\mathrm{d}x\mathrm{d}y)$.

其中 $\mathrm{d}y\mathrm{d}z,\mathrm{d}z\mathrm{d}x,\mathrm{d}x\mathrm{d}y$ 称为定向曲面元素 $\mathrm{d}\boldsymbol{S}$ 的坐标或投影元素.

(4) 主要性质

(ⅰ) 线性:$\iint\limits_{\Sigma}(k_1\boldsymbol{F}_1+k_2\boldsymbol{F}_2)\cdot\mathrm{d}\boldsymbol{S}=k_1\iint\limits_{\Sigma}\boldsymbol{F}_1\cdot\mathrm{d}\boldsymbol{S}+k_2\iint\limits_{\Sigma}\boldsymbol{F}_2\cdot\mathrm{d}\boldsymbol{S}$.

(ⅱ) 可积性:$\boldsymbol{F}\in C(\sum)\Rightarrow\iint\limits_{\Sigma}\boldsymbol{F}\cdot\mathrm{d}\boldsymbol{S}$ 存在.

(ⅲ) 可加性:$\iint\limits_{\Sigma_1+\Sigma_2}\boldsymbol{F}\cdot\mathrm{d}\boldsymbol{S}=\iint\limits_{\Sigma_1}\boldsymbol{F}\cdot\mathrm{d}\boldsymbol{S}+\iint\limits_{\Sigma_2}\boldsymbol{F}\cdot\mathrm{d}\boldsymbol{S}$.

(ⅳ) 方向性:$\iint\limits_{\Sigma^-}\boldsymbol{F}\cdot\mathrm{d}\boldsymbol{S}=-\iint\limits_{\Sigma}\boldsymbol{F}\cdot\mathrm{d}\boldsymbol{S}$.

2. 计算方法(化为二重积分)

(1) 分面投影法

如果曲面$\sum$的方程为 $z=z(x,y)$，$(x,y)\in D_{xy}$（D_{xy} 是 $\sum$ 在 xOy 面上的投影区域），函数 $R(x,y,z)$ 在 $\sum$ 上连续，那么

$$\iint_{\Sigma} R(x,y,z)\mathrm{d}x\mathrm{d}y=\pm\iint_{D_{xy}} R[x,y,z(x,y)]\mathrm{d}\sigma,$$

同理，有积分号前的符号当 $\sum$ 取上侧时为正，当 $\sum$ 取下侧时为负.

$$\iint_{\Sigma} P(x,y,z)\mathrm{d}y\mathrm{d}z=\pm\iint_{D_{xy}} P[x(y,z),y,z)]\mathrm{d}\sigma_{yz},$$

$$\iint_{\Sigma} Q(x,y,z)\mathrm{d}z\mathrm{d}x=\pm\iint_{D_{xz}} Q[x,y(x,z),z]\mathrm{d}\sigma_{zx}.$$

(2) 合一投影法

$$\iint_{\Sigma} P(x,y,z)\mathrm{d}y\mathrm{d}z+Q(x,y,z)\mathrm{d}z\mathrm{d}x+R(x,y,z)\mathrm{d}x\mathrm{d}y$$

$$=\pm\iint_{D_{xy}}\{P[x,y,z(x,y)][-z_x(x,y)]+Q[x,y,z(x,y)][-z_y(x,y)]$$

$$+R[x,y,z(x,y)]\}\mathrm{d}\sigma_{xy},$$

同理，有

$$\iint_{\Sigma} P\mathrm{d}y\mathrm{d}z+Q\mathrm{d}z\mathrm{d}x+R\mathrm{d}x\mathrm{d}y=\pm\iint_{D_{yz}}[P+Q(-x_y)+R(-x_z)]\mathrm{d}y\mathrm{d}z$$

$$=\pm\iint_{D_{zx}}[P(-y_x)+Q+R(-y_z)]\mathrm{d}z\mathrm{d}x$$

当 $\sum$ 由参数方程

$x=x(u,v)$，$y=y(u,v)$，$z=z(u,v)$，$(u,v)\in D_{uv}$

给出时，那么

$$\iint_{\Sigma}\boldsymbol{F}\cdot\mathrm{d}S=\iint_{\Sigma} P(x,y,z)\mathrm{d}y\mathrm{d}z+Q(x,y,z)\mathrm{d}z\mathrm{d}x+R(x,y,z)\mathrm{d}x\mathrm{d}y$$

$$=\pm\iint_{\Sigma}\Big\{P(x(u,v),y(u,v),z(u,v))\frac{\partial(y,z)}{\partial(u,v)}$$

$$+Q(x(u,v),y(u,v),z(u,v))\frac{\partial(z,x)}{\partial(u,v)}$$

$$+R(x(u,v),y(u,v),z(u,v))\frac{\partial(x,y)}{\partial(u,v)}\Big\}\mathrm{d}u\mathrm{d}v,$$

积分号前正负号的选取应与曲面 $\sum$ 的定侧相对应.

典型例题与解题技巧

题型Ⅴ:第二类曲面积分的计算

例 11 计算曲面积分$\iint\limits_{S}(2x+z)\mathrm{d}y\mathrm{d}z+z\mathrm{d}x\mathrm{d}y$,其中$S$为有向曲面$z=x^2+y^2(0\leqslant z\leqslant 1)$其法向量与$z$轴正向的夹角为锐角.

解:设D_{yz},D_{xy}分别表示S在yOz平面和xOy平面上的投影区域,则

$$\iint\limits_{S}(2x+z)\mathrm{d}y\mathrm{d}z+z\mathrm{d}x\mathrm{d}y$$

$$=\iint\limits_{D_{yz}}(2\sqrt{z-y^2}+z)(-\mathrm{d}y\mathrm{d}z)+\iint\limits_{D_{xy}}(x^2+y^2)\mathrm{d}x\mathrm{d}y$$

$$=-4\iint\limits_{D_{yz}}\sqrt{z-y^2}\,\mathrm{d}y\mathrm{d}z+\iint\limits_{D_{xy}}(x^2+y^2)\mathrm{d}x\mathrm{d}y$$

其中 $\iint\limits_{D_{yz}}\sqrt{z-y^2}\,\mathrm{d}y\mathrm{d}z=\int_{-1}^{1}\mathrm{d}y\int_{y^2}^{1}\sqrt{z-y^2}\,\mathrm{d}z=\frac{4}{3}\int_{0}^{1}(1-y^2)^{\frac{3}{2}}\mathrm{d}y$

$$\xlongequal{令\ y=\sin t}\frac{4}{3}\int_{0}^{\frac{\pi}{2}}\cos^4 t\mathrm{d}t=\frac{4}{3}\times\frac{3}{4}\times\frac{1}{2}\times\frac{\pi}{2}=\frac{\pi}{4}$$

$$\iint\limits_{D_{xy}}(x^2+y^2)\mathrm{d}x\mathrm{d}y=\int_{0}^{2\pi}\mathrm{d}\theta\int_{0}^{1}r^2\cdot r\mathrm{d}r=2\pi\cdot\frac{r^4}{4}\bigg|_{0}^{1}=\frac{\pi}{2}$$

所以 $\iint\limits_{S}(2x+z)\mathrm{d}y\mathrm{d}z+z\mathrm{d}x\mathrm{d}y=-4\times\frac{\pi}{4}+\frac{\pi}{2}=-\frac{\pi}{2}$

例 12 求向量$\boldsymbol{r}=(x,y,z)$穿过有向曲面$\sum:z=\sqrt{x^2+y^2}(0\leqslant z\leqslant h)$外侧的通量.

解:有向曲面$\sum$如图 8.22 所示,由定义知,通量

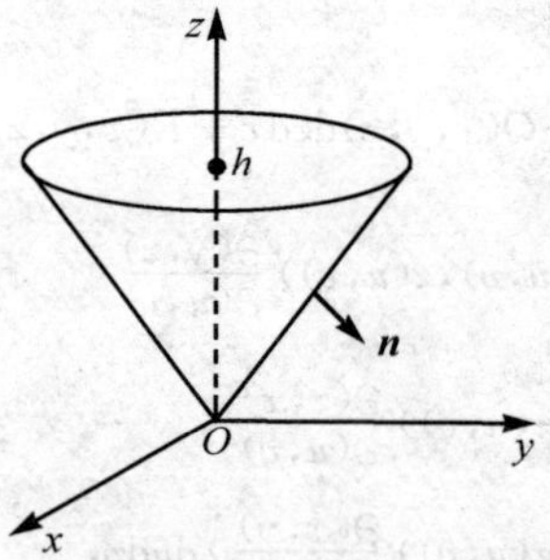

图 8.22

$$\Phi=\iint\limits_{\Sigma}\boldsymbol{n}\cdot\mathrm{d}S=\iint\limits_{\Sigma}x\mathrm{d}y\mathrm{d}z+y\mathrm{d}z\mathrm{d}x+z\mathrm{d}x\mathrm{d}y$$

而

$$\iint_{\Sigma} x\mathrm{d}y\mathrm{d}z = (\iint_{\Sigma_{前}} + \iint_{\Sigma_{后}}) x\mathrm{d}y\mathrm{d}z = \iint_{\sigma_{yz}} \sqrt{z^2-y^2}\,\mathrm{d}y\mathrm{d}z - \iint_{\sigma_{yz}} (-\sqrt{z^2-y^2})\,\mathrm{d}y\mathrm{d}z$$

$$= 2\iint_{\sigma_{yz}} \sqrt{z^2-y^2}\,\mathrm{d}y\mathrm{d}z(其中\ \sigma_{yz} = \{(x,y)\mid -z \leqslant y \leqslant z, 0 \leqslant z \leqslant h\})$$

$$= 2\int_0^h \mathrm{d}z\int_{-z}^{z} \sqrt{z^2-y^2}\,\mathrm{d}y = 4\int_0^h \mathrm{d}z\int_0^{\frac{\pi}{2}} z^2\cos^2\theta\mathrm{d}\theta$$

$$= \frac{\pi h^3}{3}(令\ y = z\sin\theta)$$

同理 $\iint_{\Sigma} y\mathrm{d}z\mathrm{d}x = (\iint_{\Sigma_{右}} + \iint_{\Sigma_{左}}) y\mathrm{d}z\mathrm{d}x = \frac{\pi h^3}{3}$

$$\iint_{\Sigma} z\mathrm{d}x\mathrm{d}y = -\iint_{\sigma_{xy}} \sqrt{x^2+y^2}\,\mathrm{d}x\mathrm{d}y$$

(其中 $\sigma_{xy} = \{(x,y)\mid x^2+y^2 \leqslant h^2\}$)

$$= -\int_0^{2\pi}\mathrm{d}\theta\int_0^h r^2\,\mathrm{d}r = -\frac{2}{3}\pi h^3$$

于是所求通量　$\Phi = \iint_{\Sigma} x\mathrm{d}y\mathrm{d}z + y\mathrm{d}z\mathrm{d}x + z\mathrm{d}x\mathrm{d}y = 0$

例 13　设对于半空间 $x > 0$ 内任意的光滑有向封闭曲面 Σ，都有

$$\oiint_{\Sigma} xf(x)\mathrm{d}y\mathrm{d}z - xyf(x)\mathrm{d}z\mathrm{d}x - \mathrm{e}^{2x}z\mathrm{d}x\mathrm{d}y = 0$$

其中，函数 $f(x)$ 在 $(0,+\infty)$ 内具有连续的一阶导数，且 $\lim\limits_{x\to 0^+} f(x) = 1$，求 $f(x)$.

解：曲面积分与曲面形状无关，这类似曲线积分与曲线路径无关，因此可以利用高斯公式得到关于 $f(x)$ 满足的常微分方程，因此可求出 $f(x)$.

由题设和高斯公式得

$$0 = \oiint_{\Sigma} xf(x)\mathrm{d}y\mathrm{d}z - xyf(x)\mathrm{d}z\mathrm{d}x - \mathrm{e}^{2x}z\mathrm{d}x\mathrm{d}y$$

$$= \pm\iiint_{\Omega}(xf'(x) + f(x) - xf(x) - \mathrm{e}^{2x})\mathrm{d}V$$

其中，Ω 为 Σ 围成的有界闭区域，当有向曲面 Σ 的法向量指向外侧时，取“+”号，当有向曲面 Σ 的法向量指向内侧时，取“−”号，由 Σ 的任意性知

$$xf'(x) + f(x) - xf(x) - \mathrm{e}^{2x} = 0\quad(x > 0)$$

即　$f'(x) + (\frac{1}{x} - 1)f(x) = \frac{1}{x}\mathrm{e}^{2x}\quad(x > 0)$

按一阶线性非齐次微分方程通解公式有

$$f(x) = \mathrm{e}^{\int(1-\frac{1}{x})\mathrm{d}x}\left[\int \frac{1}{x}\mathrm{e}^{2x}\cdot\mathrm{e}^{\int(\frac{1}{x}-1)}\mathrm{d}x + c\right]$$

$$= \frac{e^x}{x}\left[\int \frac{1}{x}e^{2x}\cdot xe^{-x}dx - c\right] = \frac{e^x}{x}(e^x + c)$$

由于 $\lim\limits_{x\to 0^+} f(x) = \lim\limits_{x\to 0^+} \dfrac{e^{2x}+ce^x}{x} = 1$,故必有 $\lim\limits_{x\to 0^+}(e^{2x}+ce^x) = 0$

即　$c+1=0$,从而 $c=-1$,于是

$$f(x) = \frac{e^x}{x}(e^x - 1)$$

例 14　设 $f(x,y,z)$ 为连续函数,$\sum$ 为平面 $x-y+z=1$ 在第四卦限部分的上侧,求

$$I = \iint\limits_{\Sigma}[f(x,y,z)+x]dydz + [2f(x,y,z)+y]dzdx + [f(x,y,z)+z]dxdy$$

解: 平面 $\sum$ 上侧法向量的方向余弦为

$$\cos\alpha = \frac{1}{\sqrt{3}},\ \cos\beta = -\frac{1}{\sqrt{3}},\ \cos\gamma = \frac{1}{\sqrt{3}}$$

则由两类曲面积分之间的关系,得

$$I = \frac{1}{\sqrt{3}}\iint\limits_{\Sigma}[f(x,y,z)+x-2f(x,y,z)-y+f(x,y,z)+z]dS$$

$$= \frac{1}{\sqrt{3}}\iint\limits_{\Sigma}(x-y+z)dS = \frac{1}{\sqrt{3}}\iint\limits_{\Sigma}dS = \frac{1}{\sqrt{3}}S$$

这里 S 是 $\sum: x-y+z=1$ 的面积,由于 $\sum$ 是边长为 $\sqrt{2}$ 的正三角形,故 $S=\dfrac{\sqrt{3}}{2}$,因此 $I=\dfrac{1}{2}$.

课后习题全解

习题 8－5 解答

1. 把第二类曲面积分

$$\iint\limits_{\Sigma}P(x,y,z)dydz + Q(x,y,z)dzdx + R(x,y,z)dxdy$$

化为第一类曲面积分:

(1) $\sum$ 为坐标面 $x=0$ 被柱面 $|y|+|z|=1$ 所截的部分,并取前侧;

(2) $\sum$ 为平面 $z+x=1$ 被柱面 $x^2+y^2=1$ 所截的部分,并取下侧;

(3) $\sum$ 为平面 $3x+2y+z=1$ 位于第一象限的部分,并取上侧;

(4) $\sum$ 为抛物面 $y=2x^2+z^2$ 被平面 $y=2$ 所截的部分,并取左侧.

【知识点窍】　利用公式 $\iint\limits_{\Sigma}Pdydz+Qdzdx+Rdxdy = \iint\limits_{\Sigma}(P\cos\alpha+Q\cos\beta+R\cos\gamma)dS$.

解: (1) $\iint\limits_{\Sigma}Pdydz+Qdzdx+Rdxdy = \iint\limits_{\Sigma}(P\cos\alpha+Q\cos\beta+R\cos\gamma)dS$,而坐标面 $x=0$ 的法向量

$\boldsymbol{n}$ 可取为 $\boldsymbol{i}$（如图 8.23 所示），

$\cos\alpha=\cos(\widehat{\boldsymbol{i},\boldsymbol{n}})=\cos 0=1$，

$\cos\beta=\cos(\widehat{\boldsymbol{j},\boldsymbol{n}})=\cos\frac{\pi}{2}=0$，

$\cos\gamma=\cos(\widehat{\boldsymbol{k},\boldsymbol{n}})=\cos\frac{\pi}{2}=0$.

故 $\iint\limits_{\Sigma}P\mathrm{d}y\mathrm{d}z+Q\mathrm{d}z\mathrm{d}x+R\mathrm{d}x\mathrm{d}y=\iint\limits_{\Sigma}P\mathrm{d}S$.

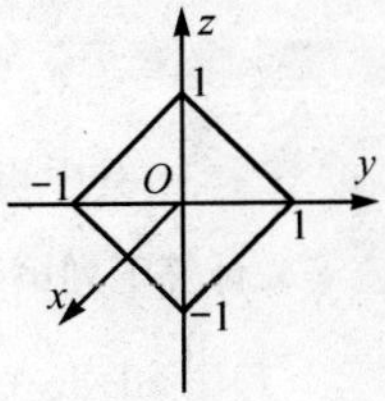

图 8.23

(2) $\sum$ 的法向量为 $(-1,0,-1)$，单位法向量为 $(\frac{-1}{\sqrt{2}},0,\frac{-1}{\sqrt{2}})$，所以

$$\iint\limits_{\Sigma}P\mathrm{d}y\mathrm{d}z+Q\mathrm{d}z\mathrm{d}x+R\mathrm{d}x\mathrm{d}y=\iint\limits_{\Sigma}\frac{-(P+R)}{\sqrt{2}}\mathrm{d}S$$

(3) 如图 8.24 所示，

$$\iint\limits_{\Sigma}P\mathrm{d}y\mathrm{d}z+Q\mathrm{d}z\mathrm{d}x+R\mathrm{d}z\mathrm{d}y=\iint\limits_{\Sigma}(P\cos\alpha+Q\cos\beta+R\cos\gamma)\mathrm{d}S,$$

设 $F(x,y,z)=3x+2y+z-1$，则

$\boldsymbol{n}=\{F_x,F_y,F_z\}=(3,2,1)$，

$\cos\alpha=\frac{3}{\sqrt{14}},\cos\beta=\frac{2}{\sqrt{14}},\cos\gamma=\frac{1}{\sqrt{14}}$，

故 $\iint\limits_{\Sigma}P\mathrm{d}y\mathrm{d}z+Q\mathrm{d}z\mathrm{d}x+R\mathrm{d}x\mathrm{d}y=\frac{1}{\sqrt{14}}\iint\limits_{\Sigma}(3P+2Q+R)\mathrm{d}S$.

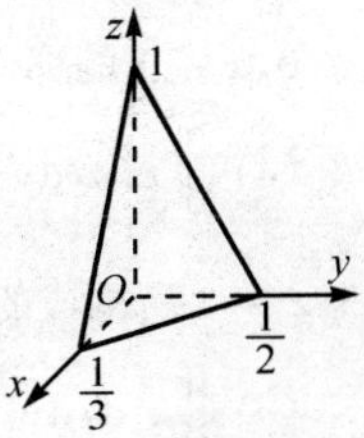

图 8.24

(4) $\sum$ 的法向量为 $(4x,-1,2z)$，单位法向量为 $\frac{1}{\sqrt{1+16x^2+4z^2}}(4x,-1,2z)$，所以

$$\iint\limits_{\Sigma}P\mathrm{d}y\mathrm{d}z+Q\mathrm{d}z\mathrm{d}x+R\mathrm{d}x\mathrm{d}y=\iint\limits_{\Sigma}\frac{4x\cdot P-Q+2z\cdot R}{\sqrt{1+16x^2+4z^2}}\mathrm{d}S.$$

2. 对于第二类曲面积分 $\iint\limits_{\Sigma}\boldsymbol{F}\cdot\mathrm{d}S$，写出类似于公式(10)那样的计算公式，其中定向光滑曲面 $\sum$ 的方程为：

(1) $y=y(z,x),(z,x)\in D_{zx}$；

(2) $x=x(y,x),(y,z)\in D_{yz}$.

解：(1) $\iint\limits_{\Sigma}P(x,y,z)\mathrm{d}y\mathrm{d}z+Q(x,y,z)\mathrm{d}z\mathrm{d}x+R(x,y,z)\mathrm{d}x\mathrm{d}y$

$=\pm\iint\limits_{D_{zx}}\{P[x,y(z,x),z][-\ y'_x(z,x)]\ +\ Q[x,y(z,x),z]\ +\ R[x,y(z,x)][-$

$y'_z(z,x)]\}\mathrm{d}y\mathrm{d}z$

(2) $\iint\limits_{\Sigma}P(x,y,z)\mathrm{d}y\mathrm{d}z+Q(x,y,z)\mathrm{d}z\mathrm{d}x+R(x,y,z)\mathrm{d}x\mathrm{d}y$

$$=\pm\iint_{D_{yz}}\{P[x(y,z),y,z]+Q[x(y,z),y,z][-x'_y(y,z)]+R[x(y,z),y,z][-x'_z(y,z)]\}\mathrm{d}y\mathrm{d}z$$

其中积分号前$\sum$取上侧时为"+",$\sum$取下侧时为"−".

3. 计算下列第二类曲面积分:

(1) $\iint\limits_{\Sigma}x\mathrm{d}y\mathrm{d}z+xy\mathrm{d}z\mathrm{d}x+xz\mathrm{d}x\mathrm{d}y$,$\sum$是平面 $3x+2y+z=6$ 在第一象限内的部分的上侧;

(2) $\iint\limits_{\Sigma}\mathrm{e}^y\mathrm{d}y\mathrm{d}z+y\mathrm{e}^x\mathrm{d}z\mathrm{d}x+x^2y\mathrm{d}x\mathrm{d}y$,$\sum$是抛物面 $z=x^2+y^2$ 被面平 $x=0,x=1,y=0,y=1$ 所截的部分的上侧;

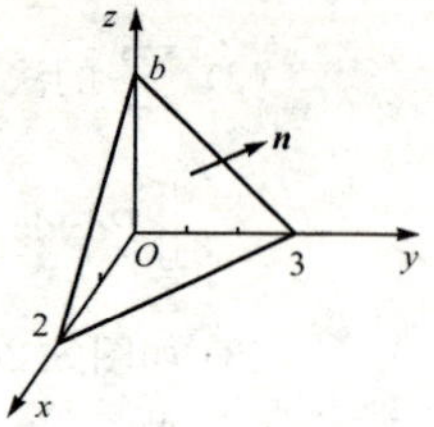

图 8.25

(3) $\iint\limits_{\Sigma}(x^2+y^2)\mathrm{d}z\mathrm{d}x+z\mathrm{d}x\mathrm{d}y$,$\sum$为锥面 $z=\sqrt{x^2+y^2}$ 上满足 $x\geqslant0$,$y\geqslant0,z\leqslant1$ 的那一部分的下侧;

(4) $\oiint\limits_{\Sigma}xz\mathrm{d}x\mathrm{d}y+xy\mathrm{d}y\mathrm{d}z+yz\mathrm{d}z\mathrm{d}x$,$\sum$是平面 $x=0,y=0,z=0,x+y+z=1$ 所围成的空间区域的整个边界曲面的外侧;

(5) $\oiint\limits_{\Sigma}z^2\mathrm{d}x\mathrm{d}y$,$\sum$为球面 $x^2+y^2+(z-a)^2=a^2$ 的外侧;

(6) $\oiint\limits_{\Sigma}-y\mathrm{d}z\mathrm{d}x+(z+1)\mathrm{d}x\mathrm{d}y$,$\sum$为柱面 $x^2+y^2=4$ 被平面 $z=0,x+z=2$ 所截的部分的外侧.

【知识点窍】 分面投影法和合一投影法的应用.

解:(1) 设$\sum$在 xOy 面上投影区域为 D_{xy},如图 8.25 所示,则

$$\text{原式}=\iint_{D_{xy}}[x\cdot(+3)+xy\cdot(+2)+x\cdot(6-3x-2y)]\mathrm{d}x\mathrm{d}y$$

$$=\iint_{D_{xy}}[9x+3x^2]\mathrm{d}x\mathrm{d}y=\int_0^2(9x-3x^2)\mathrm{d}x\int_0^{3-\frac{3}{2}x}\mathrm{d}y=12$$

(2) $\sum$在 xOy 面内的投影域是正方形:

$D_{xy}=\{(x,y)\mid0\leqslant x\leqslant1,0\leqslant y\leqslant1\}$,

$$\text{原式}=\iint_{\Sigma}[\mathrm{e}^y(-2x)+y\mathrm{e}^x(-2y)+x^2y]\mathrm{d}x\mathrm{d}y=\iint_{D_{xy}}(-2x\mathrm{e}^y-2y^2\mathrm{e}^x+x^2y)\mathrm{d}x\mathrm{d}y$$

$$=\int_0^1\mathrm{d}x\int_0^1(x^2y-2x\mathrm{e}^y-2\mathrm{e}^xy^2)\mathrm{d}y$$

$$=\frac{11-10\mathrm{e}}{6}$$

(3) $\sum$ 在 xOy 面上的投影区域

$D_{xy}=\{(x,y)\mid x^2+y^2\leqslant 1\}$

$z_y=\dfrac{y}{\sqrt{x^2+y^2}}$，由于 $\sum$ 取下侧，则

$$\text{原式}=-\iint_{D_{xy}}\left[(x^2+y^2)\cdot\left(-\frac{y}{\sqrt{x^2+y^2}}\right)+\sqrt{x^2+y^2}\right]\mathrm{d}\sigma$$

$$=\iint_{D_{xy}}(y-1)\sqrt{x^2+y^2}\,\mathrm{d}x\mathrm{d}y$$

$$=\int_0^{2\pi}\mathrm{d}\varphi\int_0^1\rho(\rho\sin\varphi-1)\rho\mathrm{d}\rho$$

$$=\frac{1}{4}-\frac{\pi}{6}$$

(4) $\sum$ 由四个三角形（图 8.26）组成，因此共要计算 $3\times4=12$ 个面积分.

$\sum_1$ 上，$z=0$，所以

$$\iint_{\Sigma_1}xz\mathrm{d}x\mathrm{d}y=\iint_{\Sigma_1}yz\mathrm{d}z\mathrm{d}x=0,$$

又 $\sum_1\perp yOz$ 面，所以

$$\iint_{\Sigma_1}xy\mathrm{d}y\mathrm{d}z=0,$$

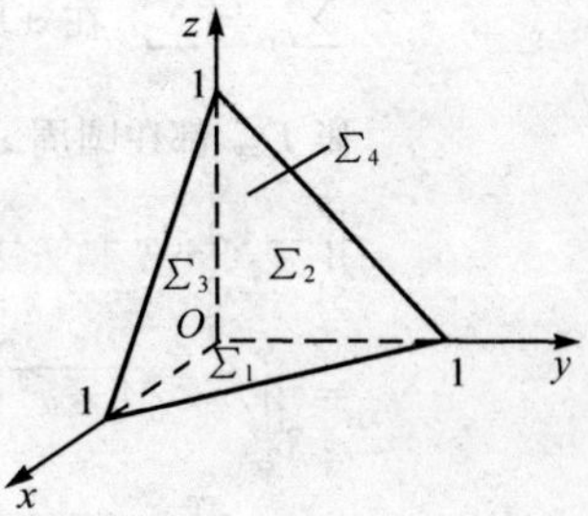

图 8.26

从而　$$\iint_{\Sigma_1}xz\mathrm{d}x\mathrm{d}y+xy\mathrm{d}y\mathrm{d}z+yz\mathrm{d}z\mathrm{d}x=0;$$

同理　$$\iint_{\Sigma_2}xz\mathrm{d}x\mathrm{d}y+xy\mathrm{d}y\mathrm{d}z+yz\mathrm{d}z\mathrm{d}x=0,$$

$$\iint_{\Sigma_3}xz\mathrm{d}x\mathrm{d}y+xy\mathrm{d}y\mathrm{d}z+yz\mathrm{d}z\mathrm{d}x=0$$

在 $\sum_4$ 上采用分面投影法，这时

$$\iint_{\Sigma_4}xz\mathrm{d}x\mathrm{d}y+xy\mathrm{d}y\mathrm{d}z+yz\mathrm{d}z\mathrm{d}x$$

$$=\iint_{D_{xy}}x(1-x-y)\mathrm{d}x\mathrm{d}y+\iint_{D_{yz}}y(1-y-z)\mathrm{d}y\mathrm{d}z+\iint_{D_{zx}}z(1-x-z)\mathrm{d}z\mathrm{d}x\quad\text{（由轮换对称性）}$$

$$=3\iint_{D_{xy}}x(1-x-y)\mathrm{d}x\mathrm{d}y=3\int_0^1\mathrm{d}x\int_0^{1-x}(x-x^2-xy)\mathrm{d}y$$

$$=3\int_0^1\left(\frac{1}{2}x-x^2+\frac{1}{2}x^3\right)\mathrm{d}x=\frac{1}{8}$$

故　原式 $=0+0+0+\dfrac{1}{8}=\dfrac{1}{8}$

(5) 设$\sum_1: z = a + \sqrt{a^2 - x^2 - y^2}$,取上侧;$\sum_2: x = a - \sqrt{a^2 - x^2 - y^2}$,取上侧

$(x,y) \in D_{xy} = \{(x,y) \mid x^2 + y^2 \leqslant a^2\}$,

则 $$\oiint_{\Sigma} z^2 \mathrm{d}x\mathrm{d}y = (\iint_{\Sigma_1} + \iint_{\Sigma_2}) z^2 \mathrm{d}x\mathrm{d}y$$

$$= \iint_{D_{xy}} [(a + \sqrt{a^2 - x^2 - y^2})^2 - (a - \sqrt{a^2 - x^2 - y^2}]^2 \mathrm{d}x\mathrm{d}y$$

$$= 4a \iint_{D_{xy}} \sqrt{a^2 - x^2 - y^2} \mathrm{d}x\mathrm{d}y \quad \text{(用极坐标)}$$

$$= 4a\int_0^{2\pi} \mathrm{d}\varphi \cdot \int_0^a \sqrt{a^2 - \rho^2}\, \rho \mathrm{d}\rho = \frac{8}{3}\pi a^4.$$

(6) 如图 8.27 所示,$\sum = \sum_1 + \sum_2$,

$\sum_1: y = \sqrt{4 - x^2}$; $\sum_2: y = -\sqrt{4 - x^2}$,

$\sum_1$ 与 $\sum_2$ 在 zOx 面上的投影都是$\begin{cases} -2 \leqslant x \leqslant 2 \\ 0 \leqslant z \leqslant 2 - x \end{cases}$,在 xOy 面上的投影 D_{xy} 都在圆周 $x^2 + y^2 = 4$ 上,因而都有 $\mathrm{d}x\mathrm{d}y = 0$,于是

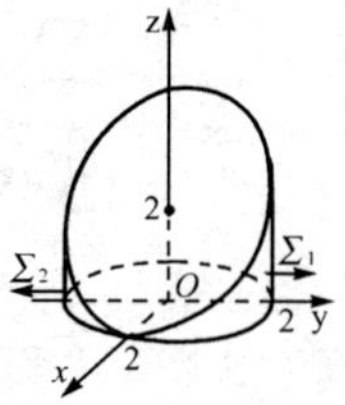

图 8.27

$$\iint_{\Sigma} -y\mathrm{d}z\mathrm{d}x + (z+1)\mathrm{d}x\mathrm{d}y = \left(\iint_{\Sigma_1} + \iint_{\Sigma_2}\right) - y\mathrm{d}z\mathrm{d}x$$

$$= \iint_{D_{zx}} -\sqrt{4 - x^2}\mathrm{d}z\mathrm{d}x + (-1) \cdot \iint_{D_{zx}} -(-\sqrt{4 - x^2})\mathrm{d}z\mathrm{d}x$$

$$= -2\iint_{D_{zx}} \sqrt{4 - x^2}\mathrm{d}z\mathrm{d}x = -2\int_{-2}^{2} \mathrm{d}x \int_0^{2-x} \sqrt{4 - x^2}\mathrm{d}z$$

$$= -\int_{-2}^{2} (2 - x)\sqrt{4 - x^2}\mathrm{d}x = -8\int_0^2 \sqrt{4 - x^2}\mathrm{d}x$$

$$\xlongequal{\text{几何意义}} -8 \cdot \frac{\pi \cdot 2^2}{4} = -8\pi$$

第六节 高斯公式与散度

知识点归纳

1. 高斯公式

定理 设Ω是一空间有界闭区域,其边界曲面∂Ω由有限块光滑或分片光滑的曲面所组成,函数 $P(x,y,z)$、$Q(x,y,z)$、$R(x,y,z)$ 在 Ω 上具有一阶连续偏导数,那么

$$\iiint_{\Omega} \left(\frac{\partial P}{\partial x} + \frac{\partial Q}{\partial y} + \frac{\partial R}{\partial z}\right)\mathrm{d}V = \oiint_{\partial\Omega^+} P\mathrm{d}y\mathrm{d}z + Q\mathrm{d}z\mathrm{d}x + R\mathrm{d}x\mathrm{d}y$$

其中 $\partial\Omega^+$ 表示 Ω 的边界曲面的外侧.

2. 散度

设 $\boldsymbol{F}=(P,Q,R)\in C^{(1)}$，则定义散度为 $\mathrm{div}\boldsymbol{F}=\dfrac{\partial P}{\partial x}+\dfrac{\partial Q}{\partial y}+\dfrac{\partial R}{\partial z}$.

于是高斯公式可写作 $\displaystyle\iiint_{\Omega}\mathrm{div}\boldsymbol{F}\mathrm{d}V=\oint\!\!\!\oint_{\partial\Omega^{+}}\boldsymbol{F}\cdot\mathrm{d}S$，

即散度总和等于单位时间流向外侧的通量(或流量)

一个散度处处为零的向量场称为无源场.

典型例题与解题技巧

题型 Ⅵ：利用高斯公式计算曲面积分

【题型分析】 利用高斯公式可以简化第二类曲面积分的计算，但应用时要注意以下条件：

1. Ω 是由封闭的分片光滑的双侧曲面 $\sum$ 围成；

2. P、Q、R 在 Ω 上具有一阶连续偏导数；

3. $\sum$ 取外侧.

例 15 计算曲面积分 $I=\displaystyle\iint_{\Sigma}\frac{x\mathrm{d}y\mathrm{d}z+y\mathrm{d}z\mathrm{d}x+z\mathrm{d}x\mathrm{d}y}{(x^2+y^2+z^2)^{\frac{3}{2}}}$ 其中，$\sum$ 是椭球面 $\dfrac{x^2}{a^2}+\dfrac{y^2}{b^2}+\dfrac{z^2}{c^2}=1$，取外侧.

分析 直接计算比较麻烦，若记 $P(x,y,z)=\dfrac{x}{(x^2+y^2+z^2)^{\frac{3}{2}}}$，$Q(x,y,z)=\dfrac{y}{(x^2+y^2+z^2)^{\frac{3}{2}}}$，

$R(x,y,z)=\dfrac{z}{(x^2+y^2+z^2)^{\frac{3}{2}}}$ 容易验证 $\dfrac{\partial P}{\partial x}+\dfrac{\partial Q}{\partial y}+\dfrac{\partial R}{\partial z}=0,(x,y,z)\neq(0,0,0)$

因此想到用高斯公式，但椭球面 $\sum$ 所围区域 Ω 包含原点(0,0,0)，而 P,Q,R 在原点无定义，因而不能在 Ω 上直接用高斯公式. 如果以原点为中心的小球面 $\sum_{\varepsilon}$ 位于 Ω 内，在 $\sum$ 与 $\sum_{\varepsilon}$ 所围的区域 Ω_{ε} 上就可用高斯公式，把求 $\sum$ 上的曲面积分转化为 $\sum_{\varepsilon}$ 上的曲面积分.

解：作以原点为中心，$\varepsilon>0$ 为半径的小球面 $\sum_{\varepsilon}$，$\varepsilon>0$ 充分小，使 $\sum_{\varepsilon}$ 位于 $\sum$ 所围的椭球内，记 $\sum$ 与 $\sum_{\varepsilon}$ 所围的区域 Ω_{ε}，$\sum_{\varepsilon}$ 取 Ω_{ε} 的内法向(即小球的外法向)，在 Ω_{ε} 上用高斯公式，则

$$\oint\!\!\!\oint_{\Sigma+\Sigma_{\varepsilon}^{-}}P\mathrm{d}y\mathrm{d}z+Q\mathrm{d}z\mathrm{d}x+R\mathrm{d}x\mathrm{d}y=\iiint_{\Omega_{\varepsilon}}\left(\frac{\partial P}{\partial x}+\frac{\partial Q}{\partial y}+\frac{\partial R}{\partial z}\right)\mathrm{d}V=\iiint_{\Omega_{\varepsilon}}0\mathrm{d}V=0$$

因此 $$I=\iint_{\Sigma}P\mathrm{d}y\mathrm{d}z+Q\mathrm{d}z\mathrm{d}x+R\mathrm{d}x\mathrm{d}y=\iint_{\Sigma_{\varepsilon}}P\mathrm{d}y\mathrm{d}z+Q\mathrm{d}z\mathrm{d}x+R\mathrm{d}x\mathrm{d}y$$

$$=\iint_{\Sigma_{\varepsilon}}\frac{x\mathrm{d}y\mathrm{d}z+y\mathrm{d}z\mathrm{d}x+z\mathrm{d}x\mathrm{d}y}{(x^2+y^2+z^2)^{\frac{3}{2}}}=\iint_{\Sigma_{\varepsilon}}\frac{x\cos\alpha+y\cos\beta+z\cos\gamma}{(x^2+y^2+z^2)^{\frac{3}{2}}}\mathrm{d}S$$

$$= \iint_{\Sigma_\varepsilon} \frac{x \cdot \frac{x}{\sqrt{x^2+y^2+z^2}} + y \cdot \frac{y}{\sqrt{x^2+y^2+z^2}} + z \cdot \frac{z}{\sqrt{x^2+y^2+z^2}}}{(x^2+y^2+z^2)^{\frac{3}{2}}} \mathrm{d}S$$

$$= \iint_{\Sigma_\varepsilon} \frac{1}{x^2+y^2+z^2} \mathrm{d}S = \frac{1}{\varepsilon^2} \iint_{\Sigma_\varepsilon} \mathrm{d}S = \frac{1}{\varepsilon^2} \cdot 4\pi\varepsilon^2 = 4\pi$$

例 16 计算高斯积分 $I = \oiint_{\Sigma} \frac{\cos(\boldsymbol{n},\boldsymbol{r})}{r^2} \mathrm{d}S$

其中,$\boldsymbol{r} = (x,x_0)\boldsymbol{i} + (y-y_0)\boldsymbol{j} + (z-z_0)\boldsymbol{k}$,$r = |\boldsymbol{r}|$,$\boldsymbol{n}$ 是封闭曲面 $\sum$ 的外法向量,点 $M_0(x_0, y_0, z_0)$ 是定点,点 $M(x,y,z)$ 是动点,研究两种情况:(1)M_0 在 $\sum$ 的外部;(2)M_0 在 $\sum$ 的内部.

解:设 $\boldsymbol{n} = \cos\alpha \boldsymbol{i} + \cos\beta \boldsymbol{j} + \cos\gamma \boldsymbol{k}$,则

$$I = \oiint_{\Sigma} \frac{1}{r^3}[(x-x_0)\mathrm{d}y\mathrm{d}x + (y-y_0)\mathrm{d}z\mathrm{d}x + (z-z_0)\mathrm{d}x\mathrm{d}y]$$

记 $P = \frac{x-x_0}{r^3}, Q = \frac{y-y_0}{r^3}, R = \frac{z-z_0}{r^3}$

(1) 当 M_0 在 $\sum$ 外部时,因 P,Q,R 在 $\sum$ 所围区域内有一阶连续偏导数,且

$$\frac{\partial P}{\partial x} + \frac{\partial Q}{\partial y} + \frac{\partial R}{\partial z} = \frac{1}{r^3} - \frac{3(x-x_0)^2}{r^5} + \frac{1}{r^3} - \frac{3(y-y_0)^2}{r^5} + \frac{1}{r^3} - \frac{3(z-z_0)^2}{r^5}$$

$$= \frac{3}{r^3} - \frac{3[(x-x_0)^2 + (y-y_0)^2 + (z-z_0)^2]}{r^5} = \frac{3}{r^3} - \frac{3}{r^3} = 0$$

设 $\sum$ 所围立体为 Ω,由高斯公式 $I = \iiint_{\Omega} (\frac{\partial P}{\partial x} + \frac{\partial Q}{\partial y} + \frac{\partial R}{\partial z}) \mathrm{d}x\mathrm{d}y\mathrm{d}z = 0$

(2) 当 M_0 在 $\sum$ 内部时,以 M_0 为球心,ρ 为半径作球面 $\sum_1$,取外侧,使 $\sum_1$ 位于 $\sum$ 的外部,则由高斯公式

$$\oiint_{\Sigma+\Sigma_1} P\mathrm{d}y\mathrm{d}z + Q\mathrm{d}z\mathrm{d}x + R\mathrm{d}x\mathrm{d}y = \iiint_{\Omega_1} (\frac{\partial P}{\partial x} + \frac{\partial Q}{\partial y} + \frac{\partial R}{\partial z}) \mathrm{d}x\mathrm{d}y\mathrm{d}z = 0$$

其中,Ω_1 为由 $\sum$ 及 $\sum_1$ 所围成的区域,因此

$$I = \oiint_{\Sigma_1} \frac{1}{r^3}[(x-x_0)\mathrm{d}y\mathrm{d}z + (y-y_0)\mathrm{d}z\mathrm{d}x + (z-z_0)\mathrm{d}x\mathrm{d}y]$$

$$= \oiint_{\Sigma_1} [\frac{(x-x_0)^2}{r^4} + \frac{(y-y_0)^2}{r^4} + \frac{(z-z_0)^2}{r^4}] \mathrm{d}S$$

$$= \oiint_{\Sigma_1} \frac{1}{r^2} \mathrm{d}S = \frac{1}{\rho^2} \oiint_{\Sigma_1} \mathrm{d}x = \frac{1}{\rho^2} \cdot 4\pi\rho^2 = 4\pi$$

例 17 设 $u(x,y,z)$,$v(x,y,z)$ 是两个定义在闭区域 Ω 上的具有二阶连续偏导数的函数,$\frac{\partial u}{\partial n}, \frac{\partial v}{\partial n}$ 依次表示 $u(x,y,z)$,$v(x,y,z)$ 沿 $\sum$ 的外法线方向的方向导数. 证明:

$$\iiint_{\Omega}(u\Delta v-v\Delta u)\mathrm{d}x\mathrm{d}y\mathrm{d}z=\oiint_{\Sigma}\left(u\frac{\partial v}{\partial n}-v\frac{\partial u}{\partial n}\right)\mathrm{d}s$$

其中$\sum$是空间闭区域 Ω 的整个边界曲面.

证:
$$\oiint_{\Sigma}\left(u\frac{\partial v}{\partial n}-v\frac{\partial u}{\partial n}\right)\mathrm{d}s=\oiint_{\Sigma}u\left(\frac{\partial v}{\partial x}\cos\alpha+\frac{\partial v}{\partial y}\cos\beta+\frac{\partial v}{\partial z}\cos\gamma\right)\mathrm{d}s-\oiint_{\Sigma}v\left(\frac{\partial u}{\partial x}\cos\alpha+\frac{\partial u}{\partial y}\cos\beta+\frac{\partial u}{\partial z}\cos\gamma\right)\mathrm{d}s$$
$$=\oiint_{\Sigma}\left(u\frac{\partial v}{\partial x}-v\frac{\partial u}{\partial x}\right)\mathrm{d}y\mathrm{d}z+\left(u\frac{\partial v}{\partial y}-v\frac{\partial u}{\partial y}\right)\mathrm{d}z\mathrm{d}x+\left(u\frac{\partial v}{\partial z}-v\frac{\partial u}{\partial z}\right)\mathrm{d}x\mathrm{d}y$$

其中 $\cos\alpha,\cos\beta,\cos\gamma$ 是曲面$\sum$在点(x,y,z)处外法线方向的方向余弦.

由高斯公式得

$$\oiint_{\Sigma}\left(u\frac{\partial v}{\partial n}-v\frac{\partial u}{\partial n}\right)\mathrm{d}s=\iiint_{\Omega}\left[u\left(\frac{\partial^2 v}{\partial x^2}+\frac{\partial^2 v}{\partial y^2}+\frac{\partial^2 v}{\partial z^2}\right)-v\left(\frac{\partial^2 u}{\partial x^2}+\frac{\partial^2 u}{\partial y^2}+\frac{\partial^2 u}{\partial z^2}\right)\right]\mathrm{d}V$$
$$+\iiint_{\Omega}\left[\left(\frac{\partial u}{\partial x}\frac{\partial v}{\partial x}-\frac{\partial v}{\partial x}\frac{\partial u}{\partial x}\right)+\left(\frac{\partial u}{\partial y}\frac{\partial v}{\partial y}-\frac{\partial v}{\partial y}\frac{\partial u}{\partial y}\right)\right.$$
$$\left.+\left(\frac{\partial u}{\partial z}\frac{\partial v}{\partial z}-\frac{\partial v}{\partial z}\frac{\partial u}{\partial z}\right)\right]\mathrm{d}V$$

由于等式右端第二项的积分等于零,故有:

$$\oiint_{\Sigma}\left(u\frac{\partial v}{\partial n}-v\frac{\partial u}{\partial n}\right)\mathrm{d}s=\iiint_{\Omega}(u\Delta v-v\Delta u)\mathrm{d}x\mathrm{d}y\mathrm{d}z$$

其中 $\mathrm{d}x\mathrm{d}y\mathrm{d}z=\mathrm{d}V$,$\mathrm{d}V$ 是三重积分的体积元.

例 18　求下列各场的散度

(1)$\boldsymbol{A}=(x^2+yz)\boldsymbol{i}+(y^2+xz)\boldsymbol{j}+(z^2+xy)\boldsymbol{k}$;

(2)$\boldsymbol{A}=\dfrac{1}{r}\boldsymbol{r}$,其中 $\boldsymbol{r}=x\boldsymbol{i}+y\boldsymbol{j}+z\boldsymbol{k}$,$r=|\boldsymbol{r}|$

解:(1)$\mathrm{div}\boldsymbol{A}=\dfrac{\partial P}{\partial x}+\dfrac{\partial Q}{\partial y}+\dfrac{\partial R}{\partial z}=2x+2y+2z$

(2)$P=\dfrac{x}{\sqrt{x^2+y^2+z^2}}$,$Q=\dfrac{y}{\sqrt{x^2+y^2+z^2}}$,$R=\dfrac{z}{\sqrt{x^2+y^2+z^2}}$

$$\mathrm{div}\boldsymbol{A}=\frac{\partial P}{\partial x}+\frac{\partial Q}{\partial y}+\frac{\partial R}{\partial z}=\frac{y^2+z^2}{(x^2+y^2+z^2)^{\frac{3}{2}}}+\frac{x^2+z^2}{(x^2+y^2+z^2)^{\frac{3}{2}}}+\frac{x^2+y^2}{(x^2+y^2+z^2)^{\frac{3}{2}}}$$
$$=\frac{2}{\sqrt{x^2+y^2+z^2}}=\frac{2}{r}$$

课后习题全解

习题 8－6 解答

1. 利用高斯公式计算第二类曲面积分：

(1) $\oiint\limits_{\Sigma} 3xy\mathrm{d}y\mathrm{d}z + y^2\mathrm{d}z\mathrm{d}x - x^2y^4\mathrm{d}x\mathrm{d}y$，$\sum$ 是以点(0,0,0)，(1,0,0)，(0,1,0)，(0,0,1)为顶点的四面体的表面的外侧；

(2) $\iint\limits_{\Sigma} xz^2\mathrm{d}y\mathrm{d}z + yx^2\mathrm{d}z\mathrm{d}x + zy^2\mathrm{d}x\mathrm{d}y$，$\sum$ 为上半球面 $z=\sqrt{a^2-x^2-y^2}$ 的上侧；

(3) $\oiint\limits_{\Sigma} 2xz\mathrm{d}y\mathrm{d}z + yz\mathrm{d}z\mathrm{d}x - z^2\mathrm{d}x\mathrm{d}y$，$\sum$ 是由锥面 $z=\sqrt{x^2+y^2}$ 与半球面 $z=\sqrt{2-x^2-y^2}$ 所围成的区域的边界面的外侧；

(4) $\iint\limits_{\Sigma} 2(1-x^2)\mathrm{d}y\mathrm{d}z + 8xy\mathrm{d}z\mathrm{d}x - 4xz\mathrm{d}x\mathrm{d}y$，$\sum$ 是由 xOy 面上的弧段 $x=\mathrm{e}^y(0\leqslant y\leqslant a)$ 绕 x 轴旋转所成的旋转面的凸的一侧；

(5) $\oiint\limits_{\Sigma} yz\mathrm{d}y\mathrm{d}z + y^2\mathrm{d}z\mathrm{d}x + x^2y\mathrm{d}x\mathrm{d}y$，$\sum$ 为柱面 $x^2+y^2=9$ 与平面 $z=0$，$z=y-3$ 所围成的区域的边界面的外侧；

(6) $\iint\limits_{\Sigma} x^3\mathrm{d}y\mathrm{d}z + 2xz^2\mathrm{d}z\mathrm{d}x + 3y^2z\mathrm{d}x\mathrm{d}y$，$\sum$ 为抛物面 $z=4-x^2-y^2$ 被平面 $z=0$ 所截下的部分的下侧.

【知识点窍】 运用高斯公式时，若 $\sum$ 为封闭曲面则可直接用公式，但若 $\sum$ 不是封闭的，则可补上一个 $\sum^*$，使之封闭，再用高斯公式.

解：(1) $\dfrac{\partial P}{\partial y}=3y,\dfrac{\partial Q}{\partial y}=2y,\dfrac{\partial R}{\partial z}=0.$

$$\text{原积分}=\iiint\limits_{\Omega}\left(\frac{\partial P}{\partial x}+\frac{\partial Q}{\partial y}+\frac{\partial R}{\partial z}\right)\mathrm{d}V=\iiint\limits_{\Omega}5y\mathrm{d}V=\int_0^1\mathrm{d}x\int_0^{1-x}\mathrm{d}y\int_0^{1-x-y}5y\mathrm{d}z$$

$$=5\int_0^1\mathrm{d}x\int_0^{1-x}\left(\frac{y^2}{2}-\frac{xy^2}{2}-\frac{y^3}{3}\right)\mathrm{d}y=5\int_0^1\left[\frac{(1-x)^3}{2}-\frac{(1-x)^3}{3}\right]\mathrm{d}x$$

$$=5\int_1^0\left(\frac{t^3}{2}-\frac{t^3}{3}\right)\mathrm{d}t=-\frac{5}{6}\int_0^1t^3\mathrm{d}t=\frac{5}{24}.$$

(2) $\dfrac{\partial P}{\partial x}+\dfrac{\partial Q}{\partial y}+\dfrac{\partial R}{\partial z}=z^2+x^2+y^2$

补上面 $z=0$，$\sum^*$ 与 $\sum$ 构成封闭曲面，由高斯公式得

$$\text{原积分}=\iiint\limits_{\Omega}(x^2+y^2+z^2)\mathrm{d}V-\iint\limits_{\Sigma^*}xz^2\mathrm{d}y\mathrm{d}z+yx^2\mathrm{d}z\mathrm{d}x-z^2\mathrm{d}x\mathrm{d}y$$

$$=\int_0^{2\pi}\mathrm{d}\varphi\int_0^{\frac{2}{\pi}}\sin\theta\mathrm{d}\theta\int_0^a r^2\cdot r^2\mathrm{d}r-0=\frac{2}{5}\pi a^5-0$$

$$=\frac{2}{5}\pi a^5$$

(3) $\frac{\partial P}{\partial y}=2z,\frac{\partial Q}{\partial y}=z,\frac{\partial R}{\partial z}=-2z$

原积分$=\iiint\limits_{\Omega}z\mathrm{d}V=\int_0^{2\pi}\mathrm{d}\varphi\int_0^1\rho\mathrm{d}\rho\int_{\rho}^{\sqrt{2-\rho^2}}z\mathrm{d}z=\frac{\pi}{2}$

(4) $\frac{\partial P}{\partial x}+\frac{\partial Q}{\partial y}+\frac{\partial R}{\partial z}=-4x+8x-4x=0$

在$\sum$的基础上补上$\sum^*$：$x=\mathrm{e}^a$，使之与$\sum$构成封闭曲面，由高斯公式知

原积分$=\iiint\limits_{\Omega}0\cdot\mathrm{d}V-\iint\limits_{\Sigma^*}2(1-x^2)\mathrm{d}y\mathrm{d}z+8xy\mathrm{d}z\mathrm{d}x-4xz\mathrm{d}x\mathrm{d}y$

$$=0-\iint\limits_{\Sigma^*}2(1-\mathrm{e}^{2a})\mathrm{d}y\mathrm{d}z$$

$$=-2\pi a^2(1-\mathrm{e}^{2a})=2\pi a^2(\mathrm{e}^{2a}-1)$$

(5) 如图 8.28 所示.

原积分$=\iiint\limits_{\Omega}2y\mathrm{d}V=2\int_0^{2\pi}\mathrm{d}\varphi\int_0^3\rho\sin\varphi\cdot\rho\mathrm{d}\rho\int_{\rho\sin\varphi-3}^0\mathrm{d}z$

$$=2\int_0^{2\pi}\mathrm{d}\varphi\int_0^3\rho^2\sin\varphi(3-\rho\sin\varphi)\mathrm{d}\rho$$

$$=2\int_0^{2\pi}\left[3^3\sin\varphi-\frac{3^4}{4}\cdot\frac{1}{2}(1-\cos2\varphi)\right]\mathrm{d}\varphi$$

$$=2\int_0^{2\pi}(-\frac{3^4}{8})\mathrm{d}\varphi$$

$$=-\frac{81}{2}\pi$$

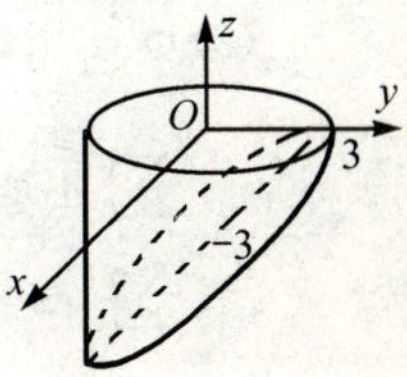

图 8.28

(6) $\sum$不封闭，所以补一个$\sum^*$，$\sum^*=\{(x,y,z)\mid x^2+y^2\leqslant4,z=0\}$，取上侧，$\sum+\sum^*$为封闭曲面，由高斯公式得

原积分$=-\iiint\limits_{\Omega}(3x^2+0+3y^2)\mathrm{d}V-\iint\limits_{\Sigma^*}x^3\mathrm{d}y\mathrm{d}z+2xz^2\mathrm{d}z\mathrm{d}x+3y^2z\mathrm{d}x\mathrm{d}y$

$$=-3\iiint\limits_{\Omega}(x^2+y^2)\mathrm{d}V-\iint\limits_{\Sigma^*}0\mathrm{d}x\mathrm{d}y$$

$$=-3\int_0^4\mathrm{d}z\int_0^{2\pi}\mathrm{d}\theta\int_0^{\sqrt{4-z}}r^2\cdot r\mathrm{d}r$$

$$=-6\pi\int_0^4\frac{1}{4}(4-z)^2\mathrm{d}z=-32\pi$$

2. 求下列向量场 A 穿过曲面 $\sum$ 流向指向定侧的流量：

(1)$A = x(y-z)\boldsymbol{i} + y(z-x)\boldsymbol{j} + z(x-y)\boldsymbol{k}$，$\sum$ 为椭球面 $\frac{x^2}{a^2} + \frac{y^2}{b^2} + \frac{z^2}{c^2} = 1$，流向外侧；

(2)$A = x^2\boldsymbol{i} + y^2\boldsymbol{j} + z^2\boldsymbol{k}$，$\sum$ 为球面 $x^2 + y^2 + z^2 = a^2$ 位于第一象限的那部分，流向凸的一侧.

【知识点窍】 理解流量的含义，即 $\Phi = \iint\limits_{\Sigma} \boldsymbol{A} \cdot \mathrm{d}S$，将流量转换为曲面积分的值进行计算.

解：(1) 用 Φ 表示流量，则

$$\Phi = \oiint\limits_{\Sigma} \boldsymbol{A} \cdot \mathrm{d}S = \oiint\limits_{\Sigma} x(y-z)\mathrm{d}y\mathrm{d}z + y(z-x)\mathrm{d}z\mathrm{d}x + z(x-y)\mathrm{d}x\mathrm{d}y$$

由高斯公式得

$$\Phi = \iiint\limits_{\Omega} [(y-z) + (z-x) + (x-y)\mathrm{d}V] = \iiint\limits_{\Omega} 0 \cdot \mathrm{d}V = 0$$

(2) $$\Phi = \iint\limits_{\Sigma} \boldsymbol{A} \cdot DS = \iint\limits_{\Sigma} x^2\mathrm{d}y\mathrm{d}z + y^2\mathrm{d}z\mathrm{d}x + z^2\mathrm{d}x\mathrm{d}y$$

$\sum$ 不是封闭曲面，补上三个面，与 $\sum$ 构成封闭曲面.

$\sum_1 : x = 0,\ \sum_2 : y = 0,\ \sum_3 : z = 0$

$$\iint\limits_{\Sigma_1} x^2\mathrm{d}y\mathrm{d}z + y^2\mathrm{d}z\mathrm{d}x + z^2\mathrm{d}x\mathrm{d}y = \iint\limits_{\Sigma_1} x^2\mathrm{d}y\mathrm{d}z = 0$$

同理 $$\iint\limits_{\Sigma_2} x^2\mathrm{d}y\mathrm{d}z + y^2\mathrm{d}z\mathrm{d}x + z^2\mathrm{d}x\mathrm{d}y = \iint\limits_{\Sigma_3} x^2\mathrm{d}y\mathrm{d}z + y^2\mathrm{d}z\mathrm{d}x + z^2\mathrm{d}x\mathrm{d}y = 0$$

由高斯公式得

$$0 + 0 + 0 + \iint\limits_{\Sigma} x^2\mathrm{d}y\mathrm{d}z + y^2\mathrm{d}z\mathrm{d}x + z^2\mathrm{d}x\mathrm{d}y = \iiint\limits_{\Omega} 2(x+y+z)\mathrm{d}V$$

即 $$\Phi = \iiint\limits_{\Omega} 2(x+y+z)\mathrm{d}V$$

$$= 2\int_0^{2\pi}\mathrm{d}\varphi\int_0^{2\pi}\mathrm{d}\theta\int_b^a [r\cos\varphi\sin\theta + r\sin\varphi\sin\theta + r\cos\theta] \cdot r^2\sin\theta\mathrm{d}r$$

$$= \frac{a^4}{2}\int_0^{2\pi}\mathrm{d}\varphi\int_0^{2\pi}[(\cos\varphi + \sin\varphi)\sin^2\theta + \sin\theta\cos\theta]\mathrm{d}\theta$$

$$= \frac{a^4}{2}\int_0^{2\pi}\left[\frac{\pi(\cos\varphi + \sin\varphi)}{4} - \frac{\cos\varphi + \sin\varphi}{4} \cdot 0 + \frac{1}{2}\right]\mathrm{d}\varphi$$

$$= \frac{a^4}{2}\left\{\frac{1}{2} \cdot \frac{\pi}{2} + \frac{\pi}{4}[1 - (-1)]\right\} = \frac{3\pi}{8}a^4$$

3. 求下列向量场 A 的散度：

(1)$A = xy\boldsymbol{i} + \cos(xy)\boldsymbol{j} + \cos(xz)\boldsymbol{k}$；

(2)$A = \nabla r, r = \sqrt{x^2 + y^2 + z^2}$.

【知识点窍】　掌握散度公式 $\mathrm{div}\boldsymbol{F}=\frac{\partial P}{\partial x}+\frac{\partial Q}{\partial y}+\frac{\partial R}{\partial z}$

解：(1) $\mathrm{div}\boldsymbol{A}=\frac{\partial P}{\partial x}+\frac{\partial Q}{\partial y}+\frac{\partial R}{\partial z}=y-x\sin(xy)-x\sin(xz)$

(2) $\nabla \boldsymbol{r}=\frac{x}{\sqrt{x^2+y^2+z^2}}\boldsymbol{i}+\frac{y}{\sqrt{x^2+y^2+z^2}}\boldsymbol{j}+\frac{z}{\sqrt{x^2+y^2+z^2}}\boldsymbol{k}$

$$\frac{\partial P}{\partial x}=\frac{\sqrt{x^2+y^2+z^2}-\frac{x^2}{\sqrt{x^2+y^2+z^2}}}{x^2+y^2+z^2}=\frac{y^2+z^2}{(x^2+y^2+z^2)^{3/2}}$$

$$\frac{\partial Q}{\partial y}=\frac{x^2+z^2}{(x^2+y^2+z^2)^{3/2}}$$

$$\frac{\partial R}{\partial z}=\frac{x^2+y^2}{(x^2+y^2+z^2)^{3/2}}$$

$$\mathrm{div}\boldsymbol{A}=\frac{\partial P}{\partial x}+\frac{\partial Q}{\partial y}+\frac{\partial R}{\partial z}=\frac{y^2+z+z^2+x^2+x^2+y^2}{(x^2+y^2+z^2)^{3/2}}=\frac{2}{\sqrt{x^2+y^2+z^2}}=\frac{2}{r}$$

4. 设 $\sum$ 是空间有界闭区域 Ω 的整个边界曲面，$u(x,y,z),v(x,y,z)\in C^{(2)}(\Omega)$，$\frac{\partial u}{\partial n}$，$\frac{\partial v}{\partial n}$ 分别表示 $u(x,y,z),v(x,y,z)$ 沿 $\sum$ 的外法线方向的方向导数，证明：

(1) $\iiint\limits_{\Omega}u\Delta v\mathrm{d}x\mathrm{d}y\mathrm{d}z=\oiint\limits_{\Sigma}u\frac{\partial v}{\partial n}\mathrm{d}S-\iiint\limits_{\Omega}(\nabla u\cdot\nabla v)\mathrm{d}x\mathrm{d}y\mathrm{d}z$；　①

(2) $\iiint\limits_{\Omega}(u\Delta v-v\Delta u)\mathrm{d}x\mathrm{d}y\mathrm{d}z=\oiint\limits_{\Sigma}\left(u\frac{\partial v}{\partial n}-v\frac{\partial u}{\partial n}\right)\mathrm{d}S$.　②

其中符号 $\Delta=\frac{\partial^2}{\partial x^2}+\frac{\partial^2}{\partial y^2}+\frac{\partial^2}{\partial z^2}$ 为三维拉普拉斯算子.

解：(1) 因为 $\frac{\partial v}{\partial n}=\frac{\partial v}{\partial x}\cos\alpha+\frac{\partial v}{\partial y}\cos\beta+\frac{\partial v}{\partial z}\cos\gamma$，

其中 $\cos\alpha,\cos\beta,\cos\gamma$ 是 $\sum$ 在点 (x,y,z) 处的外法向量的方向余弦，于是由两类面积分关系和高斯公式，有

$$\begin{aligned}\oiint\limits_{\Sigma}u\frac{\partial v}{\partial n}\mathrm{d}S&=\oiint\limits_{\Sigma}u\left(\frac{\partial v}{\partial x}\cos\alpha+\frac{\partial v}{\partial y}\cos\beta+\frac{\partial v}{\partial z}\cos\gamma\right)\mathrm{d}S\\&=\oiint\limits_{\Sigma}\left(u\frac{\partial v}{\partial x}\right)\mathrm{d}y\mathrm{d}z+\left(u\frac{\partial v}{\partial y}\right)\mathrm{d}z\mathrm{d}x+\left(u\frac{\partial v}{\partial z}\right)\mathrm{d}x\mathrm{d}y\\&=\iiint\limits_{\Omega}\left[\frac{\partial}{\partial x}\left(u\frac{\partial v}{\partial x}\right)+\frac{\partial}{\partial y}\left(u\frac{\partial v}{\partial y}\right)+\frac{\partial}{\partial z}\left(u\frac{\partial v}{\partial z}\right)\right]\mathrm{d}x\mathrm{d}y\mathrm{d}z\\&=\iiint\limits_{\Omega}u\Delta u\mathrm{d}x\mathrm{d}y\mathrm{d}z+\iiint\limits_{\Omega}\left(\frac{\partial u}{\partial x}\frac{\partial v}{\partial x}+\frac{\partial u}{\partial y}\frac{\partial v}{\partial y}+\frac{\partial u}{\partial z}\frac{\partial v}{\partial z}\right)\mathrm{d}x\mathrm{d}y\mathrm{d}z\\&=\iiint\limits_{\Omega}u\Delta v\mathrm{d}x\mathrm{d}y\mathrm{d}z+\iiint\limits_{\Omega}(\nabla u\cdot\nabla v)\mathrm{d}x\mathrm{d}y\mathrm{d}z\end{aligned}$$

移项便得证.

(2) 由已证明的公式 ①,又有

$$\iiint_{\Omega} v\Delta u\mathrm{d}x\mathrm{d}y\mathrm{d}z = \oiint_{\Sigma} v\frac{\partial u}{\partial n}\mathrm{d}S - \iiint_{\Omega}(\nabla u \cdot \nabla v)\mathrm{d}x\mathrm{d}y\mathrm{d}z \quad ③$$

将 ①－③,便得 ② 式.

第七节 斯托克斯公式与旋度

知识点归纳

1. 斯托克斯公式

设$\sum$是一张光滑或分片光滑的定向曲面,$\sum$的正向边界$\partial\sum^+$为光滑或分段光滑的闭曲线,如果函数$P(x,y,z)$,$Q(x,y,z)$,$R(x,y,z)$在$\sum$上有一阶连续偏导数,那么

$$\iint_{\Sigma}\left(\frac{\partial R}{\partial y}-\frac{\partial Q}{\partial z}\right)\mathrm{d}y\mathrm{d}z+\left(\frac{\partial P}{\partial z}-\frac{\partial R}{\partial x}\right)\mathrm{d}z\mathrm{d}x+\left(\frac{\partial Q}{\partial x}-\frac{\partial P}{\partial y}\right)\mathrm{d}x\mathrm{d}y=\oint_{\partial\Sigma^+}P\mathrm{d}z+Q\mathrm{d}y+R\mathrm{d}z$$

或写作

$$\iint_{\Sigma}\begin{vmatrix}\mathrm{d}y\mathrm{d}z & \mathrm{d}z\mathrm{d}x & \mathrm{d}x\mathrm{d}y\\ \frac{\partial}{\partial x} & \frac{\partial}{\partial y} & \frac{\partial}{\partial z}P\end{vmatrix}=\iint_{\Sigma}\begin{vmatrix}\cos\alpha & \cos\beta & \cos\gamma\\ \frac{\partial}{\partial x} & \frac{\partial}{\partial y} & \frac{\partial}{\partial z}\\ P & Q & R\end{vmatrix}\mathrm{d}S=\oint_{\partial\Sigma^+}P\mathrm{d}x+Q\mathrm{d}y+R\mathrm{d}z.$$

其中,$\cos\alpha$、$\cos\beta$、$\cos\gamma$为$\sum$的法向量的方向余弦.

2. 旋度

设$\boldsymbol{F}=(P,Q,R)\in C^{(1)}$,称向量

$$\mathbf{rot}\boldsymbol{F}=\begin{vmatrix}\boldsymbol{i} & \boldsymbol{j} & \boldsymbol{k}\\ \frac{\partial}{\partial x} & \frac{\partial}{\partial y} & \frac{\partial}{\partial z}\\ P & Q & R\end{vmatrix}=\left(\frac{\partial R}{\partial y}-\frac{\partial Q}{\partial z},\frac{\partial P}{\partial z}-\frac{\partial R}{\partial x},\frac{\partial Q}{\partial x}-\frac{\partial P}{\partial y}\right)$$

为$\boldsymbol{F}$在点(x,y,z)的旋度,于是可写式 ① 为

$$\iint_{\Sigma}\mathbf{rot}\boldsymbol{F}\cdot\mathrm{d}\boldsymbol{S}=\oint_{\partial\Sigma^+}\boldsymbol{F}\cdot\mathrm{d}\boldsymbol{r}=\oint_{\Gamma}(\boldsymbol{F}\cdot\boldsymbol{e}_{\tau})\mathrm{d}S,$$

其中 $\mathrm{d}\boldsymbol{S}=(\mathrm{d}y\mathrm{d}z,\mathrm{d}z\mathrm{d}x,\mathrm{d}x\mathrm{d}y)$, $\mathrm{d}\boldsymbol{r}=(\mathrm{d}x,\mathrm{d}y,\mathrm{d}z)$,

$\boldsymbol{e}_{\tau}$是定向曲线Γ的单位切向量,并称$\oint_{\Gamma}\boldsymbol{F}\cdot\mathrm{d}\boldsymbol{r}$为向量场$\boldsymbol{F}$沿闭曲线$\Gamma$的环流量.

一个旋度处处为零向量的向量场称为无旋场,一个无旋无源场(旋度与散度皆为零)称为调和场.

定理 2 设G是空间的一维单连通区域,$\boldsymbol{F}(x,y,z)=\{P,Q,R\}\in C^{(1)}(G)$,则$\boldsymbol{F}(x,y,z)$沿$G$内

定向曲线的积分与路径无关的充分且必要条件是 $\mathbf{rot}\boldsymbol{F}=0$.

3. 向量微分算子

$$\nabla=\frac{\partial}{\partial x}\boldsymbol{i}+\frac{\partial}{\partial y}\boldsymbol{j}+\frac{\partial}{\partial z}\boldsymbol{k},$$

$$\nabla u=\frac{\partial u}{\partial x}\boldsymbol{i}+\frac{\partial u}{\partial y}\boldsymbol{j}+\frac{\partial u}{\partial z}\boldsymbol{k}=\mathbf{grad}u,$$

$$\nabla^2 u=\nabla\cdot\nabla u=\frac{\partial^2 u}{\partial x^2}+\frac{\partial^2 u}{\partial y^2}+\frac{\partial^2 u}{\partial z^2},$$

$$\nabla\cdot\boldsymbol{F}=\frac{\partial P}{\partial x}+\frac{\partial Q}{\partial y}+\frac{\partial R}{\partial z}=\mathrm{div}\boldsymbol{F},$$

$$\nabla\times\boldsymbol{F}=\begin{vmatrix}\boldsymbol{i} & \boldsymbol{j} & \boldsymbol{k}\\ \dfrac{\partial}{\partial x} & \dfrac{\partial}{\partial y} & \dfrac{\partial}{\partial z}\\ P & Q & R\end{vmatrix}=\mathbf{rot}\boldsymbol{F},$$

高斯公式：$\displaystyle\iiint_{\Omega}\nabla\cdot\boldsymbol{F}\mathrm{d}V=\oint_{\Sigma}\boldsymbol{F}\cdot\mathrm{d}S$,

斯托克斯公式：$\displaystyle\iint_{\Sigma}(\nabla\times\boldsymbol{F})\cdot\mathrm{d}S=\oint_{\partial\Sigma^+}\boldsymbol{F}\cdot\mathrm{d}\boldsymbol{r}$.

典型例题与解题技巧

题型 Ⅶ：利用斯托克斯公式计算曲线积分

【题型分析】 斯托克斯公式是微积分基本公式在曲面积分情形下的推广，也是格林公式的推广，它将定向曲面上的积分与曲面的定向边界曲线上的积分联系了起来.

例 19 计算 $\oint_{L^+}y^2\mathrm{d}x+x^2\mathrm{d}z$，其中 L^+ 为曲线 $\begin{cases}z=x^2+y^2\\ x^2+y^2=2ay\end{cases}$，方向是从 z 轴正向看去为顺时针方向.

解：此例的曲线 L^+ 也可参数化，但这里我们用斯托克斯公式加以计算.

取 S 为曲面 $z=x^2+y^2$ 位于圆柱面 $x^2+y^2=2ay$ 里面的部分，取下侧(见图 8.29)，由斯托克斯公式，

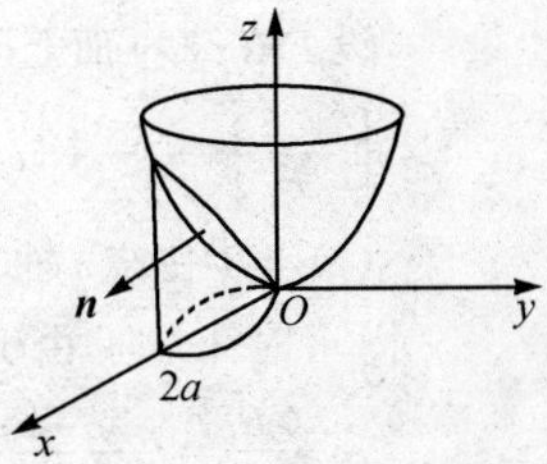

图 8.29

$$\oint_{L^+}y^2\mathrm{d}x+x^2\mathrm{d}z=\iint_S\begin{vmatrix}\mathrm{d}y\mathrm{d}z & \mathrm{d}z\mathrm{d}x & \mathrm{d}x\mathrm{d}y\\ \dfrac{\partial}{\partial x} & \dfrac{\partial}{\partial y} & \dfrac{\partial}{\partial z}\\ y^2 & 0 & x^2\end{vmatrix}$$

$$=\iint_S-2x\mathrm{d}z\mathrm{d}x-2y\mathrm{d}x\mathrm{d}y=\iint_{D_{zx}}(-2x)\mathrm{d}z\mathrm{d}x-\iint_{D_{xy}}(-2y)\mathrm{d}x\mathrm{d}y$$

其中D_{zx},D_{xy}分别为S在zOx面与xOy面上的投影区域,由S的对称性易知,D_{xz}关于z轴对称,又$-2x$为x的奇函数,所以$\iint\limits_{D_{xz}}(-2x)\mathrm{d}z\mathrm{d}x=0$,从而

$$\oint_{L+}y^2\mathrm{d}x+x^2\mathrm{d}z=2\iint\limits_{D_{xy}}y\mathrm{d}x\mathrm{d}y=2\iint\limits_{x^2+y^2\leqslant 2ay}y\mathrm{d}x\mathrm{d}y=2\int_0^{\pi}\mathrm{d}\theta\int_0^{2a\sin\theta}r\sin\theta\cdot r\mathrm{d}r$$

$$=2\int_0^{\pi}\frac{\sin\theta}{3}r^3\bigg|_{r=0}^{r=2a\sin\theta}\mathrm{d}\theta=\frac{16}{3}a^3\int_0^{\pi}\sin^4\theta\mathrm{d}\theta=2\pi a^3$$

题型 Ⅷ:散度与旋度的计算

【题型分析】 一般直接用散度和旋度的计算公式即可求解,但要注意有时可与其它知识点结合起来考察.

例 20 求下列向量场的旋度:

(1)$\boldsymbol{A}=\{yz^2,xz^2,xyz\}$;　　(2)$\boldsymbol{A}=\{x^2\sin y,y^2\sin(xz),xy\sin(\cos z)\}$.

解:(1) $$\mathbf{rot}\boldsymbol{A}=\begin{vmatrix}\boldsymbol{i}&\boldsymbol{j}&\boldsymbol{k}\\\frac{\partial}{\partial x}&\frac{\partial}{\partial y}&\frac{\partial}{\partial z}\\P&Q&R\end{vmatrix}=\left(\frac{\partial R}{\partial y}-\frac{\partial Q}{\partial z}\right)\boldsymbol{i}+\left(\frac{\partial P}{\partial z}-\frac{\partial R}{\partial x}\right)\boldsymbol{j}+\left(\frac{\partial Q}{\partial x}-\frac{\partial P}{\partial y}\right)\boldsymbol{k}$$

$$=(xz-2xz)\boldsymbol{i}+(2yz-yz)\boldsymbol{j}+(y^2-z^2)\boldsymbol{k}$$

$$=xz\boldsymbol{i}+yz\boldsymbol{j}=\{-xz,yz,0\}$$

(2) $$\mathbf{rot}\boldsymbol{A}=(\frac{\partial R}{\partial y}-\frac{\partial Q}{\partial z})\boldsymbol{i}+(\frac{\partial P}{\partial z}-\frac{\partial R}{\partial x})\boldsymbol{j}+(\frac{\partial Q}{\partial x}-\frac{\partial P}{\partial y})\boldsymbol{k}$$

$$=[x\sin(\cos z)-xy^2\cos(xz)]\boldsymbol{i}+[0-y\sin(\cos z)]\boldsymbol{j}+[y^2z\cos(xz)-x^2\cos y]\boldsymbol{k}$$

$$=\{x\sin(\cos z)-xy^2\cos(xz),-y\sin(\cos z),y^2z\cos(xz)-x^2\cos y\}$$

例 21 求向量场$\boldsymbol{A}=\frac{1}{x^2+y^2}\{-y,x,0\}$沿着与$z$轴不相交的闭曲线$\Gamma$的环流量.($\Gamma$从$z$轴看依逆时针方向)

解:环流量为$\oint_{\Gamma}\frac{1}{x^2+y^2}(-y\mathrm{d}x+x\mathrm{d}y)$

设Γ在xOy面上投影为L,则L取逆时针方向且

$$\oint_L\frac{1}{x^2+y^2}(-y\mathrm{d}x+x\mathrm{d}y)=\oint_L\frac{1}{x^2+y^2}(-y\mathrm{d}x+x\mathrm{d}y)$$

(1) 当Γ围绕z轴时,L包围原点$(0,0)$,设$L_1:x^2+y^2=a^2$(a充分小,使L_1被L所围),取逆时针方向,由于当$(x,y)\neq(0,0)$时,

$$\frac{\partial P}{\partial y}=\frac{y^2-x^2}{(x^2+y^2)^2}=\frac{\partial Q}{\partial x}$$

则 $$\oint_L\frac{1}{x^2+y^2}(-y\mathrm{d}x+x\mathrm{d}y)=\oint_{L_1}\frac{1}{x^2+y^2}(-y\mathrm{d}x+x\mathrm{d}x)$$

$$=\frac{1}{a^2}\oint_{L_1}(-y\mathrm{d}x+x\mathrm{d}y)=\frac{1}{a^2}\iint\limits_{D_a}2\mathrm{d}x\mathrm{d}y=2\pi(D_a:x^2+y^2\leqslant a^2)$$

(2) 当 Γ 不围绕 z 轴时，L 不包含原点(0,0) 则

$$\oint_L \frac{1}{x^2+y^2}(-y\mathrm{d}x+x\mathrm{d}y)=0$$

课后习题全解

习题 8－7 解答

1. 利用斯托克斯公式计算下列曲线积分，所有曲线从 z 轴的正向看去均取逆时针方向：

(1) $\oint\limits_{\Gamma} y\mathrm{d}x+z\mathrm{d}y+x\mathrm{d}z$，$\Gamma$ 为圆周 $x^2+y^2+z^2=a^2$，$x+y+z=0$；

(2) $\oint\limits_{\Gamma}(y-z)\mathrm{d}x+(z-x)\mathrm{d}y+(x-y)\mathrm{d}z$，$\Gamma$ 为椭圆 $x^2+y^2=a^2$，$\frac{x}{a}+\frac{z}{b}=1(a,b>0)$；

(3) $\oint\limits_{\Gamma} xy\mathrm{d}x+yz\mathrm{d}y+zx\mathrm{d}z$，$\Gamma$ 是以点(1,0,0)，(0,3,0)，(0,0,3) 为顶点的三角形的周界；

(4) $\oint\limits_{\Gamma} z^2\mathrm{d}x+x^2\mathrm{d}y+y^2\mathrm{d}z$，$\Gamma$ 是球面 $x^2+y^2+z^2=4$ 位于第一卦限那部分的边界线；

(5) $\oint\limits_{\Gamma} x^2z\mathrm{d}x+xy^2\mathrm{d}y+z^2\mathrm{d}z$，$\Gamma$ 是抛物面 $z=1-x^2-y^2$ 位于第一卦限那部分的边界线；

(6) $\oint\limits_{\Gamma}(y+x^2)\mathrm{d}x+(z^2+y)\mathrm{d}y+(x^3+\sin z)\mathrm{d}z$，$\Gamma$ 是双曲抛物面 $z=2xy$，与柱面 $x^2+y^2=1$ 的交线.

【知识点窍】 先用斯托克斯将曲线积分化为曲面积分，选择适当的曲线，进行计算.

解：(1) 由斯托克斯公式

$$\text{原积分}=\iint\limits_{\Sigma}\begin{vmatrix}\mathrm{d}y\mathrm{d}z & \mathrm{d}z\mathrm{d}x & \mathrm{d}x\mathrm{d}y\\ \frac{\partial}{\partial x} & \frac{\partial}{\partial y} & \frac{\partial}{\partial z}\\ y & z & x\end{vmatrix}=\iint\limits_{\Sigma}-\mathrm{d}y\mathrm{d}z-\mathrm{d}z\mathrm{d}x-\mathrm{d}x\mathrm{d}y=-\iint\limits_{D_{xy}}\sqrt{3}\mathrm{d}x\mathrm{d}y$$

$$=-\sqrt{3}\pi a^2$$

(2) 由斯托克斯公式

$$\text{原积分}=\iint\limits_{\Sigma}(-1-1)\mathrm{d}y\mathrm{d}z+(0-1)\mathrm{d}z\mathrm{d}x+(-1-1)\mathrm{d}x\mathrm{d}y$$

$$=-\iint\limits_{\Sigma}2\mathrm{d}y\mathrm{d}z+\mathrm{d}z\mathrm{d}x+2\mathrm{d}x\mathrm{d}y$$

$$=-2\iint\limits_{D_{yz}}\mathrm{d}y\mathrm{d}z-\iint\limits_{D_{zx}}\mathrm{d}z\mathrm{d}x-2\iint\limits_{D_{xy}}\mathrm{d}x\mathrm{d}y$$

其中 $D_{yz}=\left\{(y,z)\,\middle|\,\frac{(z-b)^2}{b^2}+\frac{y^2}{a^2}\leqslant 1\right\}$，$D_{zx}$ 为一条直线

$D_{xy}=\left\{(x,y)\,\middle|\,x^2+y^2\leqslant a^2\right\}$

故原积分 $=-2\cdot\pi ab-2\pi a^2=-2\pi a(a+b)$

(3) 如图 8.30 所示,过点(1,0,0),(0,3,0),(0,0,3)的平面方程为

$$\frac{x}{1}+\frac{y}{3}+\frac{z}{3}=1,\text{即 } x=1-\frac{y}{3}-\frac{z}{3}$$

$$x'_y=x'_z=-\frac{1}{3}$$

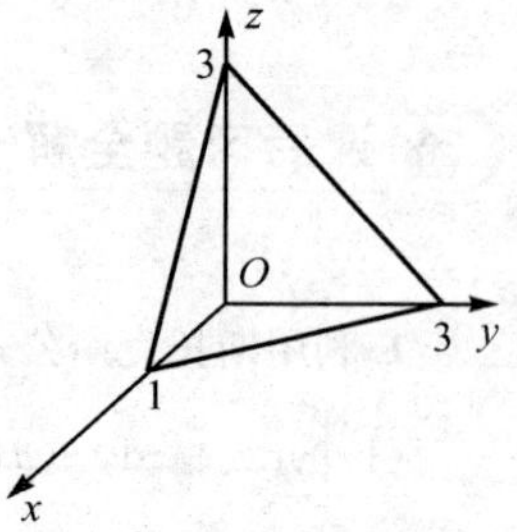

图 8.30

由斯托克斯公式

$$\text{原积分}=\iint_{\Sigma}\begin{vmatrix}\mathrm{d}y\mathrm{d}z & \mathrm{d}z\mathrm{d}x & \mathrm{d}x\mathrm{d}y\\ \frac{\partial}{\partial x} & \frac{\partial}{\partial y} & \frac{\partial}{\partial z}\\ xy & yz & zx\end{vmatrix}$$

$$=-\iint_{\Sigma}y\mathrm{d}y\mathrm{d}z+z\mathrm{d}z\mathrm{d}x+x\mathrm{d}x\mathrm{d}y$$

$$=\iint_{D_{yz}}\left(y+z\cdot\frac{1}{3}+x\cdot\frac{1}{3}\right)\mathrm{d}y\mathrm{d}z=-\frac{13}{2}$$

(4) 由斯托克斯公式得

$$\text{原积分}=\iint_{\Sigma}\begin{vmatrix}\mathrm{d}y\mathrm{d}z & \mathrm{d}z\mathrm{d}x & \mathrm{d}x\mathrm{d}y\\ \frac{\partial}{\partial x} & \frac{\partial}{\partial y} & \frac{\partial}{\partial z}\\ z^2 & x^2 & y^2\end{vmatrix}=\iint_{\Sigma}2y\mathrm{d}y\mathrm{d}z+2z\mathrm{d}z\mathrm{d}x+2x\mathrm{d}x\mathrm{d}y$$

$$=3\iint_{\Sigma}2x\mathrm{d}x\mathrm{d}y=6\int_0^{\frac{\pi}{2}}\mathrm{d}\varphi\int_0^2 r\cos\varphi\cdot r\mathrm{d}r=16$$

(5) $\sum$ 的上侧单位法向量

$$\boldsymbol{e}_n=\left(\frac{2x}{\sqrt{1+4x^2+4y^2}},\frac{2y}{\sqrt{1+4x^2+4y^2}},\frac{1}{\sqrt{1+4x^2+4y^2}}\right)$$

$$\text{故原式}=\iint_{\Sigma}\begin{vmatrix}\frac{2x}{\sqrt{1+4x^2+4y^2}} & \frac{2y}{\sqrt{1+4x^2+4y^2}} & \frac{1}{\sqrt{1+4x^2+4y^2}}\\ \frac{\partial}{\partial x} & \frac{\partial}{\partial y} & \frac{\partial}{\partial z}\\ x^2z & xy^2 & z^2\end{vmatrix}\mathrm{d}S$$

$$=\iint_{\Sigma}\frac{1}{\sqrt{1+4x^2+4y^2}}\cdot(2x^2y+y^3)\mathrm{d}S$$

$\sum$ 在 xOy 面内的投影域

$D_{xy}=\{(x,y)\mid x^2+y^2\leqslant1,x\geqslant0,y\geqslant0\}$,

于是

$$\text{原式}=\iint_{D_{xy}}(2x^2y+y^2)\mathrm{d}x\mathrm{d}y$$

$$=\int_0^1 dx\int_0^{\sqrt{1-x^2}}(2x^2y+y^2)dy$$

$$=\int_0^1\left[x^2(1-x^2)+\frac{1}{3}(1-x^2)^{3/2}\right]dx$$

$$=\left(\frac{x^3}{5}-\frac{x^5}{5}\right)\Big|_0^1+\frac{1}{3}\int_0^1(1-x^2)^{3/2}dx(令\ x=\sin t)$$

$$=\frac{2}{15}+\frac{1}{3}\int_0^{\frac{\pi}{2}}\cos^3 t\cdot\cos t dt$$

$$=\frac{2}{15}+\frac{1}{3}\cdot\frac{3\cdot 1}{4\cdot 2}\cdot\frac{\pi}{2}$$

$$=\frac{2}{15}+\frac{\pi}{16}$$

(6) 取$\sum$为双曲线抛物面被Γ所围的部分的上侧，由斯托克斯公式

$$原积分=\iint_\Sigma\begin{vmatrix} dydz & dzdx & dxdy \\ \frac{\partial}{\partial x} & \frac{\partial}{\partial y} & \frac{\partial}{\partial z} \\ y+x^2 & z^2+y & x^3+\sin z\end{vmatrix}=\iint_\Sigma -2zdydz-3x^2dzdx-dxdy$$

因　$dydz=-2ydxdy, dzdx=-2xdxdy$

故　$上式=\iint_\Sigma[(-2z)(-2y)+(-2x)\cdot(-3x^2)+(-1)]dxdy$

$$=\iint_{D_{xy}}(8xy^2+6x^3-1)dxdy$$

$$=-\iint_{D_{xy}}dxdy=-\pi$$

2. 求下列向量场 **A** 沿定向闭曲线 Γ 的环流量：

(1)$\mathbf{A}=-y\boldsymbol{i}+x\boldsymbol{j}+c\boldsymbol{k}$($c$ 为常数)，Γ 为圆周 $x^2+y^2=1, z=0$，从 z 轴正向看去，Γ 取逆时针方向；

(2)$\mathbf{A}=3y\boldsymbol{i}-xz\boldsymbol{j}+yz^2\boldsymbol{k}$，$\Gamma$ 为圆周 $x^2+y^2=4, z=1$，从 z 轴正向看去，Γ 取逆时针方向.

解:(1) 设环流量为 M

则　$M=\oint_\Gamma \mathbf{A}\cdot d\boldsymbol{r}=\oint_\Gamma -ydx+xdu+cdz$

由斯托克斯公式

$$M=\iint_\Sigma\begin{vmatrix} dydz & dzdx & dxdy \\ \frac{\partial}{\partial x} & \frac{\partial}{\partial y} & \frac{\partial}{\partial z} \\ -y & x & c\end{vmatrix}=\iint_\Sigma 0\cdot dydz+0\cdot dzdx+2dxdy=\iint_\Sigma 2dxdy$$

当 Γ 取 $x^2+y^2=1, z=0$ 时，

取 $\sum=\{(x,y,z)\mid x^2+y^2\leqslant 1,z=0\}$

$$M=\iint\limits_{\Sigma}2\mathrm{d}x\mathrm{d}y=2\cdot\pi=2\pi$$

(2) $M=\oint\limits_{\Gamma}\boldsymbol{A}\cdot\mathrm{d}\boldsymbol{r}=\oint\limits_{\Gamma}3y\mathrm{d}x-xz\mathrm{d}y+yz^2\mathrm{d}z=\iint\limits_{\Sigma}\begin{vmatrix}\mathrm{d}y\mathrm{d}z & \mathrm{d}z\mathrm{d}x & \mathrm{d}x\mathrm{d}y\\ \dfrac{\partial}{\partial x} & \dfrac{\partial}{\partial y} & \dfrac{\partial}{\partial z}\\ 3y & -xz & yz^2\end{vmatrix}$

$$=\iint\limits_{\Sigma}(z^2+x)\mathrm{d}y\mathrm{d}z+0\cdot\mathrm{d}z\mathrm{d}x-(x+3)\mathrm{d}x\mathrm{d}y$$

$$=\iint\limits_{\Sigma}(x+z^2)\mathrm{d}y\mathrm{d}z+(-z-3)\mathrm{d}x\mathrm{d}y$$

当 Γ 为圆周 $x^2+y^2=4,z=1$ 时,取 $\sum=\{(x,y,z)\mid x^2+y^2\leqslant 4,z=1\}$

则 $M=\iint\limits_{\Sigma}-(z+3)\mathrm{d}x\mathrm{d}y=\iint\limits_{D_{xy}}-(1+3)\mathrm{d}x\mathrm{d}y=\iint\limits_{\Sigma}\mathrm{d}x\mathrm{d}y\cdot(-4)=-16\pi$

3. 求下列向量场 $\boldsymbol{A}$ 的旋度:

(1) $\boldsymbol{A}=x^2\sin y\boldsymbol{i}+y^2\sin z\boldsymbol{j}+z^2\sin x\boldsymbol{k}$;

(2) $\boldsymbol{A}=\nabla u,u=u(x,y,z)$ 是 $C^{(2)}$ 类函数.

【知识点窍】 旋度的计算公式.

解: (1) $\mathbf{rot}\boldsymbol{A}=\begin{vmatrix}\boldsymbol{i} & \boldsymbol{j} & \boldsymbol{k}\\ \dfrac{\partial}{\partial x} & \dfrac{\partial}{\partial y} & \dfrac{\partial}{\partial z}\\ x^2\sin y & y^2\sin z & z^2\sin x\end{vmatrix}=-y^2\cos z\boldsymbol{i}-z^2\cos x\boldsymbol{j}-x^2\cos y\boldsymbol{k}$

(2) $\boldsymbol{A}=\nabla u=\dfrac{\partial u}{\partial x}\boldsymbol{i}+\dfrac{\partial u}{\partial y}\boldsymbol{j}+\dfrac{\partial y}{\partial z}\boldsymbol{k}$

$$\mathbf{rot}\boldsymbol{A}=\begin{vmatrix}\boldsymbol{i} & \boldsymbol{j} & \boldsymbol{k}\\ \dfrac{\partial}{\partial x} & \dfrac{\partial}{\partial y} & \dfrac{\partial}{\partial z}\\ \dfrac{\partial u}{\partial x} & \dfrac{\partial u}{\partial y} & \dfrac{\partial u}{\partial z}\end{vmatrix}=\left(\frac{\partial^2 u}{\partial y\partial z}-\frac{\partial^2 u}{\partial y\partial z}\right)\boldsymbol{i}+\left(\frac{\partial^2 u}{\partial x\partial z}-\frac{\partial^2 u}{\partial x\partial z}\right)\boldsymbol{j}+\left(\frac{\partial^2 u}{\partial x\partial y}-\frac{\partial^2 u}{\partial x\partial y}\right)\boldsymbol{k}=\mathbf{0}$$

4. 设 $\boldsymbol{A}=P(x,y,z)\boldsymbol{i}+Q(x,y,z)\boldsymbol{j}+R(x,y,z)\boldsymbol{k}$ 是 $C^{(2)}$ 类向量场,证明 $\mathrm{div}(\mathbf{rot}\boldsymbol{A})=0$.

解: $\mathbf{rot}\boldsymbol{A}=\left(\dfrac{\partial R}{\partial y}-\dfrac{\partial Q}{\partial z}\right)\boldsymbol{i}+\left(\dfrac{\partial P}{\partial z}-\dfrac{\partial R}{\partial x}\right)\boldsymbol{j}+\left(\dfrac{\partial Q}{\partial x}-\dfrac{\partial P}{\partial y}\right)\mathbf{k}$

$$\mathrm{div}(\mathbf{rot}\boldsymbol{A})=\frac{\partial^2 R}{\partial y\partial x}-\frac{\partial^2 Q}{\partial z\partial x}+\frac{\partial^2 P}{\partial z\partial y}-\frac{\partial^2 R}{\partial x\partial y}+\frac{\partial^2 Q}{\partial x\partial z}-\frac{\partial^2 P}{\partial y\partial z}=0$$

证毕.

5. 利用斯托克斯公式把定向曲面积分$\iint\limits_{\Sigma}\mathrm{rot}\boldsymbol{A}\cdot\mathrm{d}S$化为曲线积分，并计算积分值，其中$\boldsymbol{A}$与$\sum$分别如下：

(1)$\boldsymbol{A}=xyz\boldsymbol{i}+x\boldsymbol{j}+\mathrm{e}^{xy}\boldsymbol{k}$，$\sum$为上半球面$z=\sqrt{1-x^2-y^2}$的上侧；

(2)$\boldsymbol{A}=(y-z)\boldsymbol{i}+yz\boldsymbol{j}-xz\boldsymbol{k}$，$\sum$为立方体$[0,2]\times[0,2]\times[0,2]$的表面外侧去掉$xy$面上的那个底面.

解：$\mathbf{rot}\boldsymbol{A}=\begin{vmatrix}\boldsymbol{i}&\boldsymbol{j}&\boldsymbol{k}\\\frac{\partial}{\partial x}&\frac{\partial}{\partial y}&\frac{\partial}{\partial z}\\P&Q&R\end{vmatrix}$，而$\mathrm{d}S=(\mathrm{d}y\mathrm{d}z,\mathrm{d}z\mathrm{d}x,\mathrm{d}x\mathrm{d}y)$

$$\iint\limits_{\Sigma}\mathbf{rot}\boldsymbol{A}\mathrm{d}S=\iint\limits_{\Sigma}\begin{vmatrix}\boldsymbol{i}&\boldsymbol{j}&\boldsymbol{k}\\\frac{\partial}{\partial x}&\frac{\partial}{\partial y}&\frac{\partial}{\partial z}\\P&Q&R\end{vmatrix}\cdot(\mathrm{d}y\mathrm{d}z,\mathrm{d}z\mathrm{d}x,\mathrm{d}x\mathrm{d}y)=\iint\limits_{\Sigma}\begin{vmatrix}\mathrm{d}y\mathrm{d}z&\mathrm{d}z\mathrm{d}x&\mathrm{d}x\mathrm{d}y\\\frac{\partial}{\partial x}&\frac{\partial}{\partial y}&\frac{\partial}{\partial z}\\P&Q&R\end{vmatrix}$$

$$=\oint_{\Gamma}P\mathrm{d}x+Q\mathrm{d}y+R\mathrm{d}z$$

(1) $\boldsymbol{A}=xyz\boldsymbol{i}+x\boldsymbol{j}+\mathrm{e}^{xy}\boldsymbol{k}$且$\sum$为上半球面$z=\sqrt{1-x^2-y^2}$的上侧.

$$\iint\limits_{\Sigma}\mathbf{rot}\boldsymbol{A}\mathrm{d}S=\oint_{\Gamma}xyz\mathrm{d}x+x\mathrm{d}y+\mathrm{e}^{xy}\mathrm{d}z$$

令$x=\cos\theta,y=\sin\theta,z=0,\theta\leqslant\theta\leqslant2\pi$，则

上式$=\int_0^{2\pi}(0+\cos\theta\cdot\cos\theta+0)\mathrm{d}\theta=\pi$

(2) $\boldsymbol{A}=(y-z)\boldsymbol{i}+yz\boldsymbol{j}-xz\boldsymbol{k}$且$\sum$为$[0,2]\times[0,2]\times[0,2]$的表面外侧去掉$xy$面上的那个底面时，而

$$\iint\limits_{\Sigma}\mathbf{rot}\boldsymbol{A}\mathrm{d}S=\oint_{\Gamma}(y-z)\mathrm{d}x+yz\mathrm{d}y-xz\mathrm{d}z=\oint_{\Gamma}(y-0)\mathrm{d}x+0=\iint\limits_{D_{xy}}(-1)\mathrm{d}x\mathrm{d}y=-4$$

***6.** 证明：

(1)$\nabla(uv)=u\nabla v+v\nabla u$；

(2)$\nabla\cdot(\boldsymbol{A}\times\boldsymbol{B})=\boldsymbol{B}\cdot(\nabla\times\boldsymbol{A})-\boldsymbol{A}\cdot(\nabla\times\boldsymbol{B})$.

解：证明

$$(1)\ \nabla(uv)=\frac{\partial(uv)}{\partial x}\boldsymbol{i}+\frac{\partial(uv)}{\partial y}\boldsymbol{j}+\frac{\partial(uv)}{\partial z}\boldsymbol{k}$$

$$=\left(u\frac{\partial v}{\partial x}+v\frac{\partial u}{\partial x}\right)\boldsymbol{i}+\left(u\frac{\partial v}{\partial y}+v\frac{\partial u}{\partial y}\right)\boldsymbol{j}+\left(u\frac{\partial v}{\partial z}+v\frac{\partial u}{\partial z}\right)\boldsymbol{k}$$

$$=u\left(\frac{\partial v}{\partial x}\boldsymbol{i}+\frac{\partial v}{\partial y}\boldsymbol{j}+\frac{\partial v}{\partial z}\boldsymbol{k}\right)+v\left(\frac{\partial u}{\partial x}\boldsymbol{i}+\frac{\partial u}{\partial y}\boldsymbol{j}+\frac{\partial u}{\partial z}\boldsymbol{k}\right)=u\nabla v+v\nabla u$$

(2) 设 $\boldsymbol{A}=(P,Q,R)$，$\boldsymbol{B}=(P_1,Q_1,R_1)$，则

$$\nabla\cdot(\boldsymbol{A}\times\boldsymbol{B})=\left(\frac{\partial}{\partial x}\boldsymbol{i}+\frac{\partial}{\partial y}\boldsymbol{j}+\frac{\partial}{\partial z}\boldsymbol{k}\right)\cdot\begin{vmatrix}\boldsymbol{i}&\boldsymbol{j}&\boldsymbol{k}\\P&Q&R\\P_1&Q_1&R_1\end{vmatrix}=\begin{vmatrix}\frac{\partial}{\partial x}&\frac{\partial}{\partial y}&\frac{\partial}{\partial z}\\P&Q&R\\P_1&Q_1&R_1\end{vmatrix}$$

$$=\frac{\partial}{\partial x}(QR_1-RQ_1)+\frac{\partial}{\partial y}(RP_1-PR_1)+\frac{\partial}{\partial z}(PQ_1-QP_1)$$

$$=R_1\frac{\partial Q}{\partial x}+Q\frac{\partial P_1}{\partial x}-Q_1\frac{\partial P}{\partial x}-R\frac{\partial Q_1}{\partial x}+P_1\frac{\partial P}{\partial y}+R\frac{\partial P_1}{\partial y}-R_1\frac{\partial P}{\partial y}-P\frac{\partial P_1}{\partial y}+$$

$$Q_1\frac{\partial P}{\partial z}+P\frac{\partial Q_1}{\partial z}-P_1\frac{\partial Q}{\partial z}-Q\frac{\partial P_1}{\partial z}$$

$$=(P_1,Q_1,R_1)\cdot\left(\frac{\partial R}{\partial y}-\frac{\partial Q}{\partial z},\frac{\partial P}{\partial z}-\frac{\partial R}{\partial x},\frac{\partial Q}{\partial x}-\frac{\partial P}{\partial y}\right)-(P,Q,R)$$

$$\cdot\left(\frac{\partial R_1}{\partial y}-\frac{\partial Q_1}{\partial z},\frac{\partial P_1}{\partial z}-\frac{\partial R_1}{\partial x},\frac{\partial Q_1}{\partial x}-\frac{\partial P_1}{\partial y}\right)$$

$$=\boldsymbol{B}\cdot\begin{vmatrix}\boldsymbol{i}&\boldsymbol{j}&\boldsymbol{k}\\\frac{\partial}{\partial x}&\frac{\partial}{\partial y}&\frac{\partial}{\partial z}\\P&Q&R\end{vmatrix}-\boldsymbol{A}\cdot\begin{vmatrix}\boldsymbol{i}&\boldsymbol{j}&\boldsymbol{k}\\\frac{\partial}{\partial x}&\frac{\partial}{\partial y}&\frac{\partial}{\partial z}\\P_1&Q_1&R_1\end{vmatrix}$$

$$=\boldsymbol{B}\cdot(\nabla\times\boldsymbol{A})-\boldsymbol{A}\cdot(\nabla\times\boldsymbol{B})$$

总习题八

1. **填空**

(1) 第一类曲线积分 $\int_L f(x,y)\mathrm{d}S$ 的积分弧 L 是____________的(定向、不定向)；利用 L 的参数方程将这个积分化为定积分时，下限 α 必须____________上限 β.

(2) 第二类曲线积分 $\int_L P(x,y)\mathrm{d}x+Q(x,y)\mathrm{d}y$ 的积分弧 L 是____________的(定向、不定向)；利用 L 的参数方程将这个积分化为定积分时，下限 α 对应____________，上限 β 对应____________，α 未必小于 β.

(3) 第一类曲面积分 $\iint_{\Sigma} f(x,y,z)\mathrm{d}S$ 的积分曲面 $\sum$ 是____________的(定向、不定向)；利用 $\sum$ 的方程 $z=f(x,y)$ 将这个积分化为二重积分时，曲面面积元素 $\mathrm{d}S$ 与二重积分面积元素 $\mathrm{d}\sigma$ 的关系是____________.

(4) 第二类曲面积分 $\iint_{\Sigma} R(x,y,z)\mathrm{d}x\mathrm{d}y$ 的积分曲面 $\sum$ 是_________的(定向、不定向)；利用 $\sum$ 的方程 $z=f(x,y)$ 将这个积分化为二重积分时，曲面投影元素 $\mathrm{d}x\mathrm{d}y$ 与二重积分面积元素 $\mathrm{d}\sigma$ 的关系是_________，其中正负号根据_________来确定.

(5) 设 $P(x,y)$、$Q(x,y)$ 均具有连续偏导数，则在平面__________区域内，曲线积分 $\int_L P\mathrm{d}x + Q\mathrm{d}y$ 与路径无关的判别条件是__________.

(6) 格林公式、高斯公式和斯托克斯公式都是将一个在某个几何形体上的积分化为另一个在该几何形体的__________的积分，因此可看作是定积分中的__________公式的推广.

(7) 设 c 为椭圆 $\frac{x^2}{2}+\frac{y^2}{3}=1$，其周长记为 a，则 $\oint_c (xy+3x^2+2y^2)\mathrm{d}S=$__________.

(8) 设 $\sum$ 是一个球面，$\boldsymbol{F}$ 是一个常向量场，则 $\oiint\limits_{\Sigma} \boldsymbol{F}\cdot \mathrm{d}S=$__________.

(9) 设 $f(x,y,z)$ 具有各阶连续偏导数，则 $\mathrm{div}\,(\mathbf{rot}\nabla f)=$__________.

(10) 设曲面 $\sum$ 为 $x^2+y^2+z^2=a^2(z\geqslant 0)$，$\sum_1$ 为 $\sum$ 在第一卦限中的部分，则下列选项中正确的是__________.

(A) $\iint\limits_{\Sigma} x\mathrm{d}S = 4\iint\limits_{\Sigma_1} x\mathrm{d}S$　　(B) $\iint\limits_{\Sigma} y\mathrm{d}S = 4\iint\limits_{\Sigma_1} x\mathrm{d}S$

(C) $\iint\limits_{\Sigma} z\mathrm{d}S = 4\iint\limits_{\Sigma_1} x\mathrm{d}S$　　(D) $\iint\limits_{\Sigma} xyz\,\mathrm{d}S = 4\iint\limits_{\Sigma_1} xyz\,\mathrm{d}S$

解:(1) 不定向，大于；

(2) 定向，L 的起点，L 的终点；

(3) 不定向，$\mathrm{d}S=\sqrt{1+f_x^2+f_y^2}\,\mathrm{d}\sigma$；

(4) $\mathrm{d}x\mathrm{d}y=\pm\,\mathrm{d}\sigma$，$\sum$ 的指向；

(5) $\frac{\partial P}{\partial y}=\frac{\partial Q}{\partial x}$；

(6) 边界上，牛顿—莱布尼茨；

(7) $6a$；　(8) 0；　(9) 0；　(10) C

2. 计算下列曲线积分：

(1) $\int_L (x^{\frac{4}{3}}+y^{\frac{4}{3}})\mathrm{d}S$，其中 L 为内摆线(星形线) $x^{\frac{2}{3}}+y^{\frac{2}{3}}=a^{\frac{2}{3}}$.

(2) $\int_L (12xy+\mathrm{e}^y)\mathrm{d}x-(\cos y-x\mathrm{e}^y)\mathrm{d}y$，其中 L 是从点 $A(-1,1)$ 沿 $y=x^2$ 到点 $O(0,0)$ 再沿 x 轴到点 $B(2,0)$ 的一段定向弧.

(3) $\int_\Gamma \mathrm{Prj}_\tau \boldsymbol{u}\mathrm{d}S$，$\Gamma$ 为曲线 $x=2t+1, y=t^2, z=t^3+1$ 上相应于 t 从 O 变到 1 的一段弧，τ 为 Γ 上的切向量，指向参数 t 增加时 Γ 上动点的走向，$\boldsymbol{u}=z\boldsymbol{i}+x\boldsymbol{j}+y\boldsymbol{k}$.

【知识点窍】　先写出曲线的方程以及相应的参数方程，选定积分变量求解积分值.

解:(1) 令 $x=a\cos^2 t, y=a\sin^3 t, 0\leqslant t\leqslant 2\pi$

则$\int_L (x^{\frac{4}{3}}+y^{\frac{4}{3}})\mathrm{d}S$

$$=\int_0^{2\pi} a^{\frac{4}{3}}(\cos^4 t+\sin^4 t)\sqrt{(-3a\cos^2 t+\sin t)^2+(3a\sin^2 t+\cos t)^2}\,\mathrm{d}t$$

$$=3a^{\frac{7}{3}}\int_0^{2\pi}(\cos^4 t+\sin^4 t)\mid \sin t\cdot\cos t\mid \mathrm{d}t$$

$$=12a^{\frac{7}{3}}\int_0^{2\pi}(\cos^4 t+\sin^4 t)\sin t\mathrm{d}(\sin t)$$

$$\underline{\underline{令 \sin t=m}}\ 12a^{\frac{7}{3}}\int_0^1[(1-m^2)2+m^4]\cdot m\mathrm{d}m$$

$$=12a^{\frac{7}{3}}\cdot\left[\frac{m^2}{2}-\frac{m^4}{2}+\frac{m^6}{3}\right]_0^1$$

$$=4a^{\frac{7}{3}}$$

(2) **法 1:直接化为定积分计算.**

$$I=\int_{\overset{\frown}{AO}}+\int_{\overline{OB}}=\int_{-1}^0(12x^3+\mathrm{e}^{x^2})\mathrm{d}x-\int_1^0(\cos y+\sqrt{y}\mathrm{e}^y)+\int_0^2\mathrm{d}x+0$$

由于 $\int_{-1}^0\mathrm{e}^{x^2}\mathrm{d}x=-\int_1^0\mathrm{e}^{x^2}\mathrm{d}x(令\ x=\sqrt{y})=-\int_1^0\mathrm{e}^y\mathrm{d}\sqrt{y}$

$$=-[\sqrt{y}\mathrm{e}^y]_1^0+\int_1^0\sqrt{y}\mathrm{e}^y\mathrm{d}y=\mathrm{e}+\int_1^0\sqrt{y}\mathrm{e}^y\mathrm{d}y$$

故代入上式即得

$$I=\int_{-1}^0 12x^3\mathrm{d}x+\mathrm{e}-\int_1^0\cos y\mathrm{d}y+\int_0^2\mathrm{d}x=\sin 1-1+\mathrm{e}.$$

法 2:设点C的坐标为(2,1),补上与坐标轴平行的线段$\overline{BC}$和$\overline{CA}$,作封闭化处理,记$\overset{\frown}{AOBCA}$所围区域为D,利用格林公式可得

$$I=\oint_{\overset{\frown}{AOBCA}}-\int_{\overline{BC}}-\int_{\overline{CA}}=\iint_D(\mathrm{e}^y-12x-\mathrm{e})\mathrm{d}x\mathrm{d}y-\int_0^1(2\mathrm{e}^y-\cos y)\mathrm{d}y-\int_2^{-1}(12x+\mathrm{e})\mathrm{d}x$$

$$=-12\int_0^1\mathrm{d}y\int_{-\sqrt{y}}^2 x\mathrm{d}x-[2\mathrm{e}^y-\sin y]_0^1-[6x^2+\mathrm{e}x]_2^{-1}$$

$$=\sin 1-1+\mathrm{e}$$

(3) 取 $\boldsymbol{\tau}=(x'(t),y'(t),z'(t))=(2,2t,3t^2)$

$$\mathrm{Prj}_{\tau}\boldsymbol{u}=\frac{\boldsymbol{u}\cdot\boldsymbol{\tau}}{|\boldsymbol{\tau}|}=\frac{2z+2tx+3t^2y}{\sqrt{4+4t^2+9t^4}}=\frac{2t^3+2+4t^2+2t+3t^4}{\sqrt{4+4t^2+9t^4}}$$

$$原式=\int_0^1\frac{3t^4+2t^3+4t^2+2t+2}{\sqrt{4+4t^2+9t^4}}\cdot\sqrt{4+(2t)^2+(3t^2)^2}\,\mathrm{d}t$$

$$=\left(\frac{3}{5}t^5+\frac{1}{2}t^4+\frac{4}{3}t^3+t^2+2t\right)\Big|_0^1=\frac{163}{30}$$

3. 设有曲面积分 $I=\oiint_{\Sigma}\frac{1}{r^3}(x\cos\alpha+y\cos\beta+z\cos\gamma)\mathrm{d}S$,其中$\sum$为将原点包围在其内部的光滑闭

曲面，$\boldsymbol{n}=(\cos\alpha,\cos\beta,\cos\gamma)$ 为 $\sum$ 上的动点 M 处的外法向量，$r=|OM|$.

(1) 如果 $\sum_1$ 与 $\sum_2$ 为满足上述条件的两张曲面，$\sum_1$ 位于 $\sum_2$ 的内部，并记在 $\sum_1$ 和 $\sum_2$ 上的上述积分值分别为 I_1 和 I_2，证明 $I_1=I_2$.

(2) 设 $\sum$ 为椭球面 $\frac{x^2}{a^2}+\frac{y^2}{b^2}+\frac{z^2}{c^2}=1$，计算曲面积分 I.

解：(1) 设 $\sum_2^+$（$\sum_2$ 的外侧）与 $\sum_1^-$（$\sum_1$ 的内侧）围成的区域为 Ω，将题给积分转为第二类曲面积分，并利用高斯公式得

$$I_2-I_1=\oiint\limits_{\Sigma_2^++\Sigma_1^-}\frac{x}{r^3}\mathrm{d}y\mathrm{d}z+\frac{y}{r^3}\mathrm{d}z\mathrm{d}x+\frac{z}{r^3}\mathrm{d}x\mathrm{d}y$$

$$=\iiint\limits_{\Omega}\left[\frac{\partial}{\partial x}\left(\frac{x}{r^3}\right)+\frac{\partial}{\partial y}\left(\frac{y}{r^3}\right)+\frac{\partial}{\partial z}\left(\frac{z}{r^3}\right)\right]\mathrm{d}V$$

$$=\iiint\limits_{\Omega}0\mathrm{d}V=0$$

故　$I_1=I_2$.

(2) 取充分小的正数 ε，使得球面 $\sum_\varepsilon: x^2+y^2+z^2=\varepsilon^2$ 位于椭球面的内部，由(1) 知

$$I=\oiint\limits_{\Sigma_\varepsilon^+}\frac{x}{r^3}\mathrm{d}y\mathrm{d}z+\frac{y}{r^3}\mathrm{d}z\mathrm{d}x+\frac{z}{r^3}\mathrm{d}x\mathrm{d}y=\frac{1}{\varepsilon^3}\oiint\limits_{\Sigma_\varepsilon^+}x\mathrm{d}y\mathrm{d}z+y\mathrm{d}z\mathrm{d}x+z\mathrm{d}x\mathrm{d}y$$

记 Ω_ε 为 $\sum_\varepsilon$ 所围成的区域，由高斯公式得

$$\oiint\limits_{\Sigma_\varepsilon^+}x\mathrm{d}y\mathrm{d}z+y\mathrm{d}z\mathrm{d}x+z\mathrm{d}x\mathrm{d}y=\iiint\limits_{\Omega_\varepsilon}3\mathrm{d}V=3\cdot\frac{4\pi\varepsilon^3}{3}=4\pi\varepsilon^3$$

故 $I=4\pi$.

4. 计算 $\iint\limits_{\Sigma}[f(x,y,z)+x]\mathrm{d}y\mathrm{d}z+[2f(x,y,z)+y]\mathrm{d}z\mathrm{d}x+[f(x,y,z)+z]\mathrm{d}x\mathrm{d}y$，其中 $f(x,y,z)$ 为连续函数，$\sum$ 为平面 $x-y+z=1$ 在第四卦限部分的上侧.

【逻辑推理】　由于 f 没有具体给出，故要计算积分必须设法消去被积函数中的 f，考虑到 $\sum$ 为平面，其法向量的三个坐标都是常数，化为第一类曲面积分去计算是比较方便的.

解：将 $\sum$ 写为：$z=1-x+y$，由于取上侧，故取法向量

$\boldsymbol{n}=(-z_x,-z_y,1)=(1,-1,1)$，

$\boldsymbol{n}$ 的方向余弦为

$\cos\alpha=\frac{1}{\sqrt{3}},\cos\beta=\frac{-1}{\sqrt{3}},\cos\gamma=\frac{1}{\sqrt{3}}$，

故　$\mathrm{d}y\mathrm{d}z=\frac{\mathrm{d}S}{\sqrt{3}},\mathrm{d}z\mathrm{d}x=\frac{-\mathrm{d}S}{\sqrt{3}},\mathrm{d}x\mathrm{d}y=\frac{\mathrm{d}S}{\sqrt{3}}$，

$$原式=\iint_{\Sigma}\frac{1}{\sqrt{3}}[(f+x)-(2f+y)+(f+z)]\mathrm{d}S=\frac{1}{\sqrt{3}}\iint_{\Sigma}(x-y+z)\mathrm{d}S$$

$$=\frac{1}{\sqrt{3}}\iint_{\Sigma}1\cdot\mathrm{d}S(在\sum 上,x-y+z=1)=\frac{1}{\sqrt{3}}\iint_{D_{xy}}\sqrt{1+z_x^2+z_y^2}\,\mathrm{d}x\mathrm{d}y$$

$$=\frac{1}{\sqrt{3}}\iint_{D_{xy}}\sqrt{3}\,\mathrm{d}x\mathrm{d}y=\frac{1}{2}$$

5. 设函数 $Q(x,y)$ 在 xOy 平面上具有连续偏导数,曲线积分 $\int_L 2xy\mathrm{d}x+Q(x,y)\mathrm{d}y$ 与路径无关,并且对任意 t 恒有

$$\int_{(0,0)}^{(t,1)}2xy\mathrm{d}x+Q(x,y)\mathrm{d}y=\int_{(0,0)}^{(1,t)}2xy\mathrm{d}x+Q(x,y)\mathrm{d}y$$

求 $Q(x,y)$.

解: 因积分 $\int_L 2xy\mathrm{d}x+Q(x,y)\mathrm{d}y$ 与路径无关,因此有

$\dfrac{\partial Q}{\partial x}=\dfrac{\partial(2xy)}{\partial y}=2x$,得 $Q(x,y)=x^2+C(y)$,

并可设 $u(x,y)$ 是 $2xy\mathrm{d}x+Q(x,y)\mathrm{d}y$ 的原函数,即

$\dfrac{\partial u}{\partial x}=2xy,\dfrac{\partial u}{\partial y}=Q(x,y)=x^2+C(y)$,

于是条件 $\int_{(0,0)}^{(t,1)}2xy\mathrm{d}x+Q(x,y)\mathrm{d}y=\int_{(0,0)}^{(1,t)}2xy\mathrm{d}x+Q(x,y)\mathrm{d}y$

可以写成 $u(t,1)-u(0,0)=u(1,t)-u(0,0)$,

即 $u(t,1)=u(1,t)$.

对上式两端关于 t 求导,得

$\left.\dfrac{\partial u}{\partial x}\right|_{(t,1)}=\left.\dfrac{\partial u}{\partial y}\right|_{(1,t)}$,

即 $2t=1+C(t)$;

得 $C(t)=2t-1$,

所以 $Q(x,y)=x^2+C(y)=x^2+2y-1$.

6. 设对于半空间 $x>0$ 内的任意光滑的定向封闭曲面 $\sum$,恒有

$$\oiint_{\Sigma}xf(x)\mathrm{d}y\mathrm{d}z-xyf(x)\mathrm{d}z\mathrm{d}x-\mathrm{e}^{2x}z\mathrm{d}x\mathrm{d}y=0$$

其中 $f(x)$ 在 $(0,+\infty)$ 内具有一阶连续导数.

(1) 求出 $f(x)$ 满足的微分方程;

(2) 若 $f(1)=\mathrm{e}^2$,求 $f(x)$.

解: 设 $\sum$ 所围的区域为 Ω,在题给条件下由高斯公式得

$$\iiint_{\Omega}\left[\frac{\partial}{\partial x}(xf(x))-\frac{\partial}{\partial y}(xyf(x))-\frac{\partial}{\partial z}(\mathrm{e}^{2x}z)\right]\mathrm{d}V=0$$

即

$$\iiint\limits_{\Omega}[xf'(x)+(1-x)f(x)-\mathrm{e}^{2x}]\mathrm{d}V=0$$

由 Ω 在半空间 $x>0$ 内的任意性知

$$xf'(x)+(1-x)f(x)-\mathrm{e}^{2x}=0,(x>0)$$

这就是 $f(x)$ 所满足的微分方程，解此一阶线性微分方程得通解为

$$y=\frac{\mathrm{e}^x}{x}(\mathrm{e}^x+c)$$

因 $f(1)=\mathrm{e}^2$，故 $c=0$，所以

$$f(x)=\frac{\mathrm{e}^{2x}}{x}$$

7. 利用曲线积分计算柱面 $\frac{x^2}{5}+\frac{y^2}{9}=1$ 位于 $y\geqslant 0,z\geqslant 0$ 的部分被平面 $y=z$ 所截一块的面积.

解: 由几何知识，$A=\int_L z\mathrm{d}l=\int_L y\mathrm{d}l$，$l$ 表示 $\begin{cases}\frac{x^2}{5}+\frac{y^2}{9}=1\\ z=0\end{cases}$

令　$x=\sqrt{5}\cos t,y=3\sin t,0\leqslant t\leqslant\pi$

则　$\mathrm{d}l=\sqrt{5\sin^2 t+9\cos^2 t}\,\mathrm{d}t$

$$A=\int_L y\mathrm{d}l=\int_0^\pi 3\sin\sqrt{5\sin^2 t+9\cos^2 t}\,\mathrm{d}t=\int_0^\pi -3\sqrt{5+4\cos^2 t}\,\mathrm{d}\cos t=3\int_{-1}^1\sqrt{5+4x^2}\,\mathrm{d}t$$

$$=9+\frac{15}{4}\ln 5$$

8. 设一平面力场的场力大小与作用点到原点的距离成正比（比例系数为 k），方向垂直于作用点与原点的连线，并且与 y 轴正向的夹角不大于 $\frac{\pi}{2}$，试求一质点沿着以 AB 为直径的右下半个圆周，从点 $A(1,2)$ 移动到点 $B(3,4)$ 时场力所作的功.

【逻辑推理】　解本题的关键在于把力 $\boldsymbol{F}(x,y)$ 正确地表达出来.

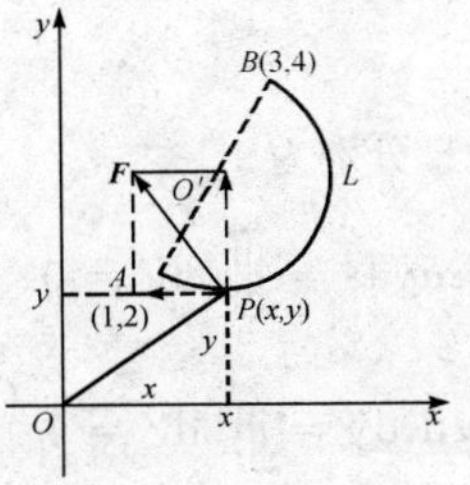

图 8.31

解: 如图 8.31 所示，由题设知 $|\boldsymbol{F}|=k\sqrt{x^2+y^2}$，而 $\boldsymbol{F}\perp\overrightarrow{OP}$ 且与 y 轴正向的夹角为锐角，故 $\boldsymbol{F}$ 在 y 轴上的投影为正，由于 $\overrightarrow{OP}=x\boldsymbol{i}+y\boldsymbol{j}$，故应取

$$e_F = \frac{-yi + xj}{k\sqrt{x^2+y^2}},$$

于是 $\boldsymbol{F} = |\boldsymbol{F}|\boldsymbol{e}_F = k(-y\boldsymbol{i} + x\boldsymbol{j})$.

下面求$\overset{\frown}{AB}$ 的方程,显见圆心 $O'(2,3)$,半径 $R=\sqrt{(2-1)^2+(3-2)^2}=\sqrt{2}$,该圆的方程为 $(x-2)^2+(y-3)^2=2$;

又因$\overline{AB}$ 的斜率 $k_{\overline{AB}} = \dfrac{4-2}{3-1} = 1$,

所以圆弧$\overset{\frown}{AB}$ 的参数方程为:$x=2+\sqrt{2}\cos\theta, y=3+\sqrt{2}\sin\theta, -\dfrac{3}{4}\pi \leqslant \theta \leqslant \dfrac{\pi}{4}$,

于是变力 $\boldsymbol{F}$ 所作的功

$$W = \int_{\overset{\frown}{AB}} \boldsymbol{F}\cdot d\boldsymbol{r} = k\int_{\overset{\frown}{AB}} -y dx + x dy$$

$$= k\int_{-\frac{3\pi}{4}}^{\frac{\pi}{4}} [(3+\sqrt{2}\sin\theta)(\sqrt{2}\sin\theta) + (2+\sqrt{2}\cos\theta)\cdot\sqrt{2}\cos\theta] d\theta$$

$$= k\left[-3\sqrt{2}\cos\theta\Big|_{-\frac{3\pi}{4}}^{\frac{\pi}{4}} + 2\int_{-\frac{3\pi}{4}}^{\frac{\pi}{4}} \frac{1-\cos 2\theta}{2} d\theta + 2\sqrt{2}\sin\theta\Big|_{-\frac{3\pi}{4}}^{\frac{\pi}{4}} + 2\int_{-\frac{3\pi}{4}}^{\frac{\pi}{4}} \frac{1+\cos 2\theta}{2} d\theta\right]$$

$$= k\left[-3\sqrt{2}\cdot\sqrt{2} + 2\left(\frac{\pi}{4}+\frac{3\pi}{4}\right) + 2\sqrt{2}\cdot\sqrt{2}\right] = 2k(\pi-1)$$

9. 利用高斯公式推证阿基米德原理:浸没在液体中的物体所受液体的压力的合力(即浮力)的方向铅直向上,大小等于这物体所排开的液体的重量.

解:取液面为 xOy 面,z 轴垂直向下,设液体密度为 ρ,在物体表面 $\sum$ 上的取元素 dS,(x,y,z) 为 dS 上一点,并设 $\sum$ 在点 (x,y,z) 处的外法线方向余弦为 $(\cos\alpha, \cos\beta, \cos\gamma)$ 则 dS 上点 (x,y,z) 处单位面积上所受液体的压力为:$-\rho z\cos\alpha\boldsymbol{i} - \rho z\cos\beta\boldsymbol{j} - \rho z\cos\gamma\boldsymbol{k}$,因而 dS 上受液体的压力在三坐标轴上的分量分别为:

$dF_x = -\rho z\cos\alpha dS$

$dF_y = -\rho z\cos\beta dS$

$dF_z = -\rho z\cos\gamma dS$

$\sum$ 上受压力在 x,y,z 上的分量分别为

$$F_x = \oiint_{\Sigma} -\rho z\cos\alpha dS = \oiint_{\Sigma} -\rho z dy dz = \iiint_{\Omega} 0 dV = 0$$

$$F_y = \oiint_{\Sigma} -\rho z\cos\beta dS = \oiint_{\Sigma} -\rho z dz dy = \iiint_{\Omega} 0 dV = 0$$

$$F_z = \oiint_{\Sigma} -\rho z\cos\gamma dS = \oiint_{\Sigma} -\rho z dx dy = \iiint_{\Omega} -\rho dV = -\rho V$$

其中 V 为物体排开水的体积,所以液体中的物体所受液体的压力的合力(即浮力)方向铅直向上,大小等于 ρV,即物体排开水的重量.

10. 设 $\boldsymbol{F}(x,y,z)=z\arctan(y^2)\boldsymbol{i}+z^3\ln(x^2+1)\boldsymbol{j}+z\boldsymbol{k}$，求 $\boldsymbol{F}$ 通过抛物面 $x^2+y^2+z=2$ 位于平面 $z=1$ 的上方面的那一块向上侧的流量.

【知识点窍】 先写出流量的曲面积分表达式，再计算其值，题中由于 $\frac{\partial P}{\partial x}+\frac{\partial Q}{\partial y}+\frac{\partial R}{\partial z}=1$，可优先考虑高斯公式.

解: 记这块曲面为 $\sum$，$\sum$ 在 xOy 面的投影域 $D_{xy}:x^2+y^2\leqslant 1(z=0)$，则所求流量

$$\Phi=\iint_{\Sigma}\boldsymbol{F}\cdot\boldsymbol{e}_n\mathrm{d}S=\iint_{\Sigma}z\arctan y^2\,\mathrm{d}y\mathrm{d}z+z^3\ln(x^2+1)\mathrm{d}z\mathrm{d}x+z\mathrm{d}x\mathrm{d}y.$$

记平面 $z=1$ 上的圆片 $x^2+y^2\leqslant 1$ 为 $\sum_1$，其法向朝下，$\sum+\sum_1$ 所围区域记为 Ω，由高斯公式，

$$\Phi=\left[\left(\iint_{\Sigma}+\iint_{\Sigma_1}\right)-\iint_{\Sigma_1}\right][z\arctan y^2\,\mathrm{d}y\mathrm{d}z+z^3\ln(x^2+1)\mathrm{d}z\mathrm{d}x+z\mathrm{d}x\mathrm{d}y]$$

$$=\iiint_{\Omega}(0+0+1)\mathrm{d}V-\iint_{\Sigma_1}z\mathrm{d}x\mathrm{d}y+0+0$$

$$=\int_1^2\mathrm{d}z\iint_{D(z)}\mathrm{d}x\mathrm{d}y+\iint_{D_{xy}}1\cdot\mathrm{d}x\mathrm{d}y=\int_1^2\pi(2-z)\mathrm{d}z+\pi=\frac{3}{2}\pi$$

11. 求半径为 R，中心角为 $\frac{2\pi}{3}$ 的均匀物质圆弧对位于圆心处的单位质点的引力.

解: 如图 8.32 所示，建立坐标系，设圆弧的参数方程为

$$\begin{cases}x=R\cos\theta\\ y=R\sin\theta\end{cases},-\frac{\pi}{3}\leqslant\theta\leqslant\frac{\pi}{3}$$

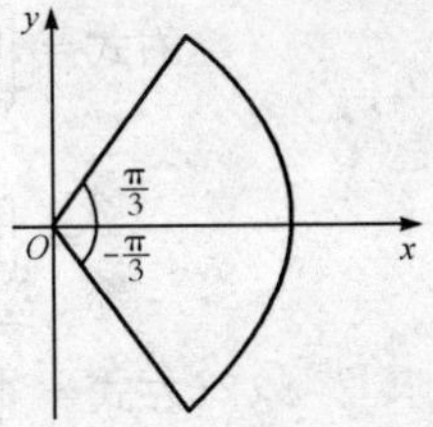

图 8.32

由力学知识知

$$\mathrm{d}F_x=\frac{k\mu\mathrm{d}S}{R^2}\cdot\frac{x}{R}=\frac{k\mu x\mathrm{d}S}{R^3}\qquad \mathrm{d}F_y=\frac{k\mu\mathrm{d}S}{R^2}\cdot\frac{y}{R}=\frac{k\mu y\mathrm{d}S}{R^3}$$

则 $$F_x=\int_L\frac{k\mu x\mathrm{d}S}{R^3}=k\mu\int_{-\frac{\pi}{3}}^{\frac{\pi}{3}}\frac{1}{R^3}\cdot R\cos\theta\sqrt{R^2\sin^2\theta+R^2\cos^2\theta}\mathrm{d}\theta$$

$$=\frac{\sqrt{3}k\mu}{R}$$

$$F_y=\int_L\frac{k\mu y\mathrm{d}S}{R^3}=0$$

故引力大小为 $\frac{\sqrt{3}k\mu}{R}$，方向由圆心指向圆弧的中点.

12. 设 $\sum$ 是一片定向光滑曲面，面积为 S，函数 $P(x,y,z)$，$Q(x,y,z)$，$R(x,y,z)$ 均在 $\sum$ 上连续，证明：

$$\left|\iint_{\Sigma}P\mathrm{d}y\mathrm{d}z+Q\mathrm{d}z\mathrm{d}x+R\mathrm{d}x\mathrm{d}y\right|\leqslant MS$$

其中 M 为 $\sqrt{P^2+Q^2+R^2}$ 在 $\sum$ 上的最大值.

13. 设$\sum$与$\partial\sum$满足斯托斯克斯定理中的条件，函数$f(x,y,z)$与$g(x,y,z)$具有连续二阶偏导数，$f\nabla g$表示向量∇g数乘f，即

$$f\nabla g=f(g_x,g_y,g_z)=(fg_x,fg_y,fg_z)$$

证明：

(1) $\oint\limits_{\partial\sum}(f\nabla g)\cdot d\boldsymbol{r}=\iint\limits_{\sum}(\nabla f\times\nabla g)\cdot dS$;

(2) $\oint\limits_{\partial\sum}(f\nabla f)\cdot d\boldsymbol{r}=0$;

(3) $\oint\limits_{\partial\sum}(f\nabla g+g\nabla f)\cdot d\boldsymbol{r}=0$.

解：(1) 由题设条件，记$\sum$上各点处外法向的方向余弦为$\cos\alpha,\cos\beta,\cos\gamma$，则

$$\text{左式}=\iint\limits_{\sum}\begin{vmatrix}\cos\alpha & \cos\beta & \cos\gamma\\ \dfrac{\partial}{\partial x} & \dfrac{\partial}{\partial y} & \dfrac{\partial}{\partial z}\\ fg_x & fg_y & fg_z\end{vmatrix}dS$$

$$=\iint\limits_{\sum}[(f_yg_z+fg_{zy}-fg_{yz}-f_zg_y)\cos\alpha+(f_zg_x-f_xg_z)\cos\beta+(f_xg_y-f_yg_x)\cos\gamma]dS$$

$$\text{右式}=\iint\limits_{\sum}\begin{vmatrix}\boldsymbol{i} & \boldsymbol{j} & \boldsymbol{k}\\ f_x & f_y & f_z\\ g_x & g_y & g_z\end{vmatrix}\cdot(\cos\alpha,\cos\beta,\cos\gamma)dS$$

$$=\iint\limits_{\sum}[(f_yg_z-f_zg_y)\cos\alpha+(f_zg_x-f_xg_z)\cos\beta+(f_xg_y-f_yg_x)\cos\gamma]dS=\text{左式}$$

(2) $\text{左式}=\oint\limits_{\partial\sum}(f\nabla f)\cdot d\boldsymbol{r}$

$$=\iint\limits_{\sum}(\nabla f\times\nabla f)\cdot dS\text{(由(1))}$$

$$=\iint\limits_{\sum}0\cdot dS=0=\text{右式}$$

(3) $\text{左式}=\oint\limits_{\partial\sum}(f\nabla g+g\nabla f)\cdot d\boldsymbol{r}$

$$=\iint\limits_{\sum}(\nabla f\times\nabla g)\cdot dS+\iint\limits_{\sum}(\nabla g\times\nabla f)\cdot d\boldsymbol{S}\text{(由(1))}$$

$$=\iint\limits_{\sum}(\nabla f\times\nabla g-\nabla f\times\nabla g)\cdot dS=0=\text{右式}$$

历年考研真题评析

Ⅰ. 填空题

题 1　(2005 年,数学一) 设 Ω 是由锥面 $z=\sqrt{x^2+y^2}$ 与半球面 $z=\sqrt{R^2-x^2-y^2}$ 围成的空间区域,$\sum$ 是 Ω 的整个边界的外侧,则 $\iint\limits_{\Sigma} x\mathrm{d}y\mathrm{d}z+y\mathrm{d}z\mathrm{d}x+z\mathrm{d}x\mathrm{d}y=$______.

解: $\iint\limits_{\Sigma} x\mathrm{d}y\mathrm{d}z+y\mathrm{d}z\mathrm{d}x+z\mathrm{d}x\mathrm{d}y=\iiint\limits_{\Omega} 3x\mathrm{d}x\mathrm{d}y\mathrm{d}z=3\int_0^R r^2\mathrm{d}r\int_0^{\frac{\pi}{4}}\sin\varphi\mathrm{d}\varphi\int_0^{2\pi}\mathrm{d}\theta=2\pi(1-\frac{\sqrt{2}}{2})R^3.$

题 2　(2004 年,数学一) 设 L 为正向圆周 $x^2+y^2=2$ 在第一象限中的部分,则曲线积分 $\int_L x\mathrm{d}y-2y\mathrm{d}x$ 的值为______.

解: 如图 8.33 所示:

将 L_1,L_2,加在 L 上:

$$\int\limits_{L_1+L_2+L}(x\mathrm{d}y-2y\mathrm{d}x)=\iint\limits_D(\frac{\partial Q}{\partial x}-\frac{\partial P}{\partial y})\mathrm{d}x\mathrm{d}y=\iint\limits_D(1+2)\mathrm{d}x\mathrm{d}y=2\cdot\frac{1}{4}\cdot\pi(\sqrt{2})^2=\frac{3}{2}\pi$$

而 $\int\limits_{L_1}(x\mathrm{d}y-2y\mathrm{d}x)=0,\int\limits_{L_2}(x\mathrm{d}y-2y\mathrm{d}x)=0$

$$\int\limits_L(x\mathrm{d}y-2y\mathrm{d}x)\int\limits_{L_2}(x\mathrm{d}y-2y\mathrm{d}x)=0$$

$$\int\limits_L(x\mathrm{d}y-2y\mathrm{d}x)=\frac{3}{2}\pi$$

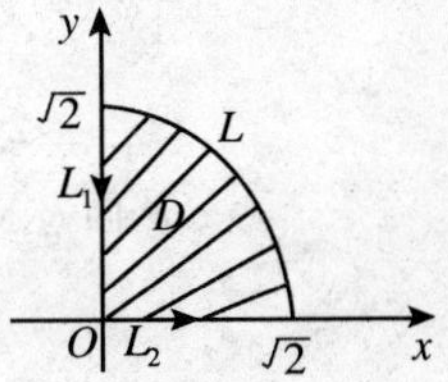

图 8.33

Ⅱ. 解答题

题 1　(2005 年,数学一) 设函数 $\varphi(y)$ 具有连续导数,在围绕原点的任意分段光滑简单闭曲线 L 上,曲线积分 $\oint\limits_L\frac{\varphi(y)\mathrm{d}x+2xy\mathrm{d}y}{2x^2+y^4}$ 的值恒为同一常数. (1) 证明:对右半平面 $x>0$ 内的任意分段光滑简单闭曲线 C,有 $\oint\limits_L\frac{\varphi(y)\mathrm{d}x+2xy\mathrm{d}y}{2x^2+y^4}=0$;(2) 求函数 $\varphi(y)$ 表达式.

解: 如图 8.34 所示,设 C 是半平面 $x>0$ 内的任一分段光滑简单闭曲线,在 C 上任意取定两点 M、N,作围绕原点的闭曲线 $MQNR\overset{\frown}{M}$,同时得到另一围绕原点的闭曲线 $MQNP\overset{\frown}{M}$,由题意可知

$$\oint\limits_{MQNP\overline{M}}\frac{\varphi(y)\mathrm{d}x+2xy\mathrm{d}y}{2x^2+x^4}-\oint\limits_{MQNP\overline{M}}\frac{\varphi(y)\mathrm{d}x+2xy\mathrm{d}y}{2x^2+x^4}=0$$

根据第二类曲线积分的性质,利用上式可得

$$\oint\limits_C\frac{\varphi(y)\mathrm{d}x+2xy\mathrm{d}y}{2x^2+y^4}=\int\limits_{NR\overset{\frown}{M}}\frac{\varphi(y)\mathrm{d}x+2xy\mathrm{d}y}{2x^2+y^4}+\int\limits_{MP\overset{\frown}{N}}\frac{\varphi(y)\mathrm{d}x+2xy\mathrm{d}y}{2x^2+y^4}$$

$$=\int\limits_{NR\overset{\frown}{M}}\frac{\varphi(y)\mathrm{d}x+2xy\mathrm{d}y}{2x^2+y^4}-\int\limits_{NP\overset{\frown}{M}}\frac{\varphi(y)\mathrm{d}x+2xy\mathrm{d}y}{2x^2+y^4}=\oint\limits_{MQNP\overline{M}}\frac{\varphi(y)\mathrm{d}x+2xy\mathrm{d}y}{2x^2+y^4}$$

$$-\oint\limits_{MQNP\overline{M}}\frac{\varphi(y)\mathrm{d}x+2xy\mathrm{d}y}{2x^2+y^4}=0;$$

(2) 设 $P=\frac{\varphi(y)}{2x^2+y^4}$, $Q=\frac{2xy}{2x^2+y^4}$, P、Q 在单连通区域 $x>0$ 内具有一阶连续偏导数,由(1)可知,曲线积分 $\int_L \frac{\varphi(y)\mathrm{d}x+2xy\mathrm{d}y}{2x^2+y^4}$ 在该区域内与路径无关,故当 $x>0$ 时,总有 $\frac{\partial Q}{\partial x}-\frac{\partial P}{\partial y}$,

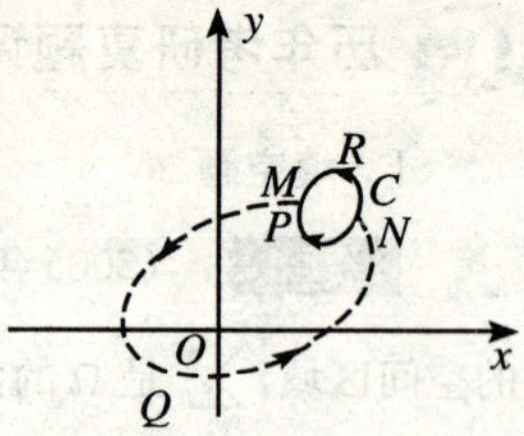

图 8.34

$$\frac{\partial Q}{\partial x}=\frac{2y(2x^2+y^4)-4x\cdot 2xy}{(2x^2+y^4)^2}=\frac{-4xy+2y^5}{(2x^2+y^4)^2}$$

$$\frac{\partial P}{\partial y}=\frac{\varphi'(y)(2x^2+y^4)-4\varphi(y)y^3}{(2x^2+y^4)^2}$$

$$=\frac{2x^2\varphi'(y)+\varphi'(y)-4\varphi(y)y^4-4\varphi(y)y^3}{(2x^2+y^4)^2}$$

比较上述两式右端有

$$\begin{cases}\varphi'(y)=-2y\\ \varphi'(y)y^4-4\varphi(y)y^3=2y^5\end{cases}\Rightarrow\begin{cases}\varphi(y)=-y^2+C\\ \varphi'(y)y^4-4\varphi(y)y^3=2y^5\end{cases}$$

$$\Rightarrow 2y^5-4Cy^3=2y^5, \text{即 } C=0,$$

从而 $\varphi(y)=-y^2$.

第九章　无穷级数

学习指南

1. 理解常数项级数收敛、发散以及收敛级数的和概念，掌握级数的基本性质及收敛的必要条件；

2. 掌握几何级数与 p 级数的收敛与发散的条件；

3. 掌握正项级数收敛性的比较判别法和比值判别法，会用根值判别法；

4. 掌握交错级数的莱布尼茨判别法；

5. 了解任意项级数绝对收敛与条件收敛的概念，以及绝对收敛与条件收敛的关系；

6. 了解函数项级数的收敛域及和函数的概念；

7. 理解幂级数收敛半径的概念，并掌握幂级数的收敛半径、收敛区间以及收敛域的求法；

8. 了解幂级数在其收敛区间内的一些基本性质（和函数的连续性、逐项积分和逐项求导），会求一些幂级数在收敛区间内的和函数，并会由此求出某些级数的和；

9. 了解函数展开为泰勒级数的充分必要条件；

10. 掌握 e^x、$\sin x$、$\cos x$、$\ln(1+x)$ 和 $(1+x)^\alpha$ 的麦克劳林展开式，会用它们将一些简单函数间接展开成幂级数；

11. 了解傅里叶级数的概念和狄利克雷收敛定理，会将定义在 $[-1,1]$ 上的函数展开为傅里叶级数，会将定义在 $[0,1]$ 上的函数展开为正弦级数与余弦级数，会写出傅里叶级数的和的表达式.

本章知识网络图

- 常数项级数
  - 定义
    - 级数、部分和、交错级数、正项级数、一般项级数
    - 收敛，余项
    - 条件收敛，绝对收敛
    - 有限项改变不影响敛散性
  - 性质
    - $\sum a_n, \sum b_n$ 收敛 $\Rightarrow \sum (a_n \pm b_n)$ 收敛
    - 加括号性
    - 收敛的必要条件：$\lim\limits_{n\to+\infty} a_n = 0$

- 级数
  - 常数项级数
    - 收敛判别法
      - 正项级数
        - 部分和法
        - 比较判别法(包含极限形式)
        - 比值判别法：$\lim\limits_{n\to+\infty}\dfrac{a_{n+1}}{a_n}=l$
        - 根值判别法：$\lim\limits_{n\to+\infty}\sqrt[n]{a_n}=l$
      - 交错级数 —— 莱布尼茨判别法
      - 一般项级数
        - 柯西准则
        - 利用正项级数 ⇒ 绝对收敛
        - 狄利克莱判别法
        - 阿贝尔判别法
  - 函数项级数与幂级数
    - 定义
      - 函数项级数通项、收敛域、和函数、收敛区间
      - 一致收敛
    - 判别法则
      - 柯西准则
      - 狄利克雷判别法
      - 阿贝尔判别法
      - 一致收敛性
        - 根值
        - 比值
    - 泰勒级数
      - 定义
      - 唯一性：$a_n=\dfrac{f^n(x_0)}{n!}$
      - 展开条件
      - 展开步骤
  - 傅氏级数
    - 定义
      - 正交系
      - 傅氏系数、傅氏级数
    - 收敛定理狄利克雷定理
    - 傅氏展开
      - 在对称区间$[-l,l]$上展开
      - 在半区间$[0,l]$上展开
      - 奇偶函数展开

第一节 常数项级数的概念与基本性质

知识点归纳

1. 无穷级数

(1) 无穷级数　形如

$a_1+a_2+\cdots+a_n+\cdots$,其中每个 a_n 是实数

的无穷和式叫做(实)常数项无穷级数,简称(实数项)级数,记为$\sum_{n=1}^{\infty}a_n$,即

$$\sum_{n=1}^{\infty}a_n = a_1 + a_2 + \cdots + a_n + \cdots \quad ①$$

其中第 n 项 a_n 叫做级数的一般项.

(2) 部分和数列级数的收敛和发散

级数 ① 的前 n 项的和　$S_n = a_1 + a_2 + \cdots + a_n = \sum_{i=1}^{n}a_i$

称为级数 ① 的部分和,数列$(S_n)_{n=1}^{\infty}$ 称为级数 ① 的部分和数列.

如果级数 ① 的部分和数列$(S_n)_{n=1}^{\infty}$ 收敛,即$\lim\limits_{n\to\infty}S_n = s$,其中 s 为常数,

则称级数 ① 收敛,此时称 s 为级数 ① 的和,记作　$s = \sum_{n=1}^{\infty}a_n$;

如果部分和数列没有极限,则称级数 ① 发散.

(3) 几何级数的敛散性

当且仅当 $|q| < 1$ 时,几何级数(等比级数)$\sum_{n=1}^{\infty}aq^{n-1}\ (a \neq 0)$ 收敛且收敛于$\frac{a}{1-q}$.

2. 无穷级数的基本性质

(1) 若$\sum_{n=1}^{\infty}a_n$ 收敛,则对任意的正整数 k 有$\sum_{n=k}^{\infty}a_n$ 收敛,反之亦然,即级数中去掉或加进有限多项后不改变级数的收敛性.

(2) 若 $k \neq 0$,则$\sum_{n=1}^{\infty}a_n$ 与$\sum_{n=1}^{\infty}ka_n$ 具有相同的收敛性,且在收敛时,其和分别为 s 与 ks;

若$\sum_{n=1}^{\infty}a_n = s$,$\sum_{n=1}^{\infty}b_n = \sigma$,则$\sum_{n=1}^{\infty}(a_n \pm b_n) = s \pm \sigma$;

对收敛级数的项任意加括号后所得级数仍然收敛,且其和不变;

若$\sum_{n=1}^{\infty}a_n$ 收敛,则$\lim\limits_{n\to\infty}a_n = 0$;若$\lim\limits_{n\to\infty}a_n \neq 0$,则$\sum_{n=1}^{\infty}a_n$ 发散.

典型例题与解题技巧

题型Ⅰ:常数项级数敛散性的判定

【题型分析】　对于常数项级数判别其收敛性的步骤为:

第一步,判别级数$\sum_{n-1}^{\infty}u_n$ 的类型,即分辨其为正项级数,还是任意项级数,对任意项级数,还要分辨其是否为交错级数.

第二步:若$\sum_{n-1}^{\infty}u_n$ 为正项级数,则首先考察$\lim\limits_{n\to\infty}u_n\begin{cases}\neq 0,\text{级数发散}\\ = 0,\text{需进一步判定}\end{cases}$

然后,根据一般项的特点选择相应的判别法:

① 一般项中含有$n!$或者n的乘积形式,通常选用比值判别法;

② 一般项中含有以n为指数幂的因子,通常采用根值判别法;

③ 一般项中含有形如n^{α}(α可以不是整数)的因子,通常采用比较判别法;

④ 利用已知敛散性的结果,结合级数的性质,判别其收敛性;

⑤ 当各种判别法均失效时,则采用定义,考察部分和极限$\lim\limits_{n\to\infty}S_n$是否存在. 由于$(S_n)$单调递增,所以实际上就是要判断$(S_n)$是否有上界;

第三步,若$\sum\limits_{n=1}^{\infty}u_n$为任意项级数,则同样要首先考察$\lim\limits_{n\to\infty}u_n\begin{cases}\neq 0,\text{级数发散}\\ =0\ \text{需进一步判定}\end{cases}$

当$\lim\limits_{n\to\infty}u_n=0$时,可按以下步骤进行:

① 按正项级数敛散性的判别法,判定$\sum\limits_{n=1}^{\infty}|u_n|$是否收敛,若$\sum\limits_{n=1}^{\infty}|u_n|$收敛,则$\sum\limits_{n=1}^{\infty}u_n$绝对收敛;

② 若$\sum\limits_{n=1}^{\infty}|u_n|$发散,则看其是否为交错级数,若为交错级数,则利用莱布尼兹判别法判定,若收敛,则$\sum\limits_{n=1}^{\infty}u_n$条件收敛;

③ 若$\sum\limits_{n=1}^{\infty}u_n$是交错级数,但不满足莱布尼兹判别法的条件,或者$\sum\limits_{n=1}^{\infty}u_n$不是交错级数,则有如下方法可以参考使用:

(ⅰ) 比值判别法:当$\lim\limits_{n\to\infty}\dfrac{|u_{n+1}|}{|u_n|}=\rho>1$时,级数$\sum\limits_{n=1}^{\infty}u_n$发散;

(ⅱ) 极值判别法:当$\lim\limits_{n\to\infty}\sqrt[n]{|u_n|}=\rho>1$时,级数$\sum\limits_{n=1}^{\infty}u_n$发散;

(ⅲ) 讨论$\{S_{2n}\}$,$\{S_{2n+1}\}$的敛散性,以及其他能够判定部分和数列$\{S_n\}$敛散性的方法;

第四步,对某些级数可结合利用级数的性质来判别其收敛性.

例 1 已知级数$\sum\limits_{n=1}^{\infty}\dfrac{1}{n(n+1)}$,则:

(1) 写出级数的第五项和第九项u_5,u_9;

(2) 计算出部分和S_3,S_{10};

(3) 写出前几项部分和S_n的表达式;

(4) 用级数收敛的定义验证该级数收敛,并求和.

解:(1) 级数的一般项$u_n=\dfrac{1}{n(n+1)}$,因此,$u_5=\dfrac{1}{5\cdot 6}=\dfrac{1}{30}$,$u_9=\dfrac{1}{9\cdot 10}=\dfrac{1}{90}$

(2) 前 3 项部分和

$$S_3=\frac{1}{1\cdot 2}+\frac{1}{2\cdot 3}+\frac{1}{3\cdot 4}=(1-\frac{1}{2})+(\frac{1}{2}-\frac{1}{3})+(\frac{1}{3}-\frac{1}{4})$$

$$=1-\frac{1}{4}=\frac{3}{4}$$

前 10 项部分和

$$S_{10}=\frac{1}{1\cdot 2}+\frac{1}{2\cdot 3}+\cdots+\frac{1}{10\cdot 11}=(1-\frac{1}{2})+(\frac{1}{2}-\frac{1}{3})+\cdots+(\frac{1}{10}-\frac{1}{11})$$
$$=1-\frac{1}{11}=\frac{10}{11}$$

(3) 前几项部分和

$$S_n=\sum_{k=1}^{n}\frac{1}{k(k+1)}=\sum_{k=1}^{n}(\frac{1}{k}-\frac{1}{k+1})=1-\frac{1}{n+1}$$

(4) 由于 $\lim\limits_{n\to\infty}S_n=\lim\limits_{n\to\infty}1-\frac{1}{n+1}=1$，所以级数收敛，其和是 1.

例 2　已知级数 $\sum\limits_{n=1}^{\infty}u_n$ 的一般项 u_n 趋于零并且级数 $\sum\limits_{n=1}^{\infty}u_{2n-1}+u_{2n}$ 收敛，试证明级数 $\sum\limits_{n=1}^{\infty}u_n$ 收敛.

证：当 $n=2m$ 时，级数 $\sum\limits_{n=1}^{\infty}u_n$ 的前 n 项部分和

$$S_n=\sum_{k=1}^{2m}u_k=\sum_{i=1}^{2m}u_{2i-1}+u_{2i}$$

由于级数 $\sum\limits_{n=1}^{\infty}u_{2n-1}+u_{2n}$ 收敛，所以 $\lim\limits_{m\to\infty}S_{2m}$ 存在.

另外，$S_{2n+1}=S_{2n}+u_{2n+1}$，因此

$\lim\limits_{n\to\infty}S_{2n+1}=\lim\limits_{n\to\infty}S_{2n}+\lim\limits_{n\to\infty}u_{2n+1}=\lim\limits_{n\to\infty}S_{2n}$

即数列 $\{S_n\}$ 存在极限，所以原级数收敛.

例 3　判断下列级数的敛散性

(1) $\sum\limits_{n=1}^{\infty}\frac{1}{5^n}+\frac{1}{10n}$；　(2) $\sum\limits_{n=1}\frac{1}{1+a^n}(|a|<1)$；　(3) $\sum\limits_{n=1}^{\infty}(\frac{n}{n+1})^n$；

(4) $\frac{1}{\sqrt{2}-1}-\frac{1}{\sqrt{2}(\sqrt{2}-1)}+\frac{1}{\sqrt{3}-1}-\frac{1}{\sqrt{3}(\sqrt{3}-1)}+\cdots+\frac{1}{\sqrt{n}-1}-\frac{1}{\sqrt{n}(\sqrt{n}-1)}+\cdots$.

解：(1) $\sum\limits_{n=1}^{\infty}\frac{1}{5^n}$ 收敛，而 $\sum\limits_{n=1}^{\infty}\frac{1}{10n}$ 发散，所以两级数逐项相加 $\sum\limits_{n=1}^{\infty}\frac{1}{5^n}+\frac{1}{10n}$ 也发散.

(2) 由于 $|a|<1$，所以 $\lim\limits_{n\to\infty}a^n=0$，从而 $\lim\limits_{n\to\infty}\frac{1}{1+a^n}=1$，即一般项不趋于零，所以级数发散.

(3) 由于 $\lim\limits_{n\to\infty}(\frac{n}{n+1})^n=\lim\limits_{n\to\infty}\frac{1}{\left(1+\frac{1}{n}\right)^n}=\frac{1}{\mathrm{e}}$，所以级数发散.

(4) 考虑加括号后的级数，一般项 $u_n=\frac{1}{\sqrt{n}-1}-\frac{1}{\sqrt{n}(\sqrt{n}-1)}=\frac{1}{\sqrt{n}}$，此级数发散，所以加括号前的级数也发散.

例 4 设 $a_n=\int_0^{\frac{\pi}{4}}\tan^n x\,\mathrm{d}x$,

(1) 求 $\sum\limits_{n=1}^{\infty}\frac{1}{n}(a_n+a_{n+2})$; (2) 试证:对任意的常数 $\lambda>0$,级数 $\sum\limits_{n=1}^{\infty}\frac{a_n}{n^{\lambda}}$ 收敛.

解:(1) $\frac{1}{n}(a_n+a_{n+2})=\frac{1}{n}\int_0^{\frac{\pi}{4}}\tan^n x(1+\tan^2 x)\mathrm{d}x=\frac{1}{n}\int_0^{\frac{\pi}{4}}+\tan x\mathrm{d}\tan x=\frac{1}{n}\int_0^1 x^n\mathrm{d}x=\frac{1}{n(n+1)}$

$$S_n=\sum_{k=1}^{n}\frac{1}{k(k+1)}=1-\frac{1}{n+1}$$

所以 $\sum\limits_{n=1}^{\infty}\frac{1}{n}(a_n+a_{n+2})=\lim\limits_{n\to\infty}S_n=1$

(2) 由 a_n 的定义可知 $a_n>0$,所以 $\frac{1}{n}a_n<\frac{1}{n}(a_n+a_{n+2})=\frac{1}{n(n+1)}$,

即 $a_n<\frac{1}{n+1}$

所以 $\frac{a_n}{n^{\lambda}}$ 也收敛.

例 5 用比较判别法判断 $\sum\limits_{n=1}^{\infty}(\frac{1}{n}-\ln\frac{n+1}{n})$ 的敛散性.

解:由于 $\ln(1+x)<x\quad(x\neq 0,-1<x<+\infty)$

所以 $\frac{1}{n}-\ln(\frac{n+1}{n})=\frac{1}{n}-\ln(1+\frac{1}{n})>0$

而 $-\ln\frac{n+1}{n}=\ln\frac{n}{n+1}=\ln(1-\frac{1}{n+1})<-\frac{1}{n+1}$

有 $\frac{1}{n}-\ln\frac{n+1}{n}<\frac{1}{n}-\frac{1}{n+1}=\frac{1}{n(n+1)}$

而级数 $\sum\limits_{n=1}^{\infty}\frac{1}{n(n+1)}$ 收敛,所以 $\sum\limits_{n=1}^{\infty}(\frac{1}{n}-\ln\frac{n+1}{n})$ 也收敛.

例 6 判断下列级数的收敛性:

(1) $\sum\limits_{n=1}^{\infty}(\sqrt{n+1}-\sqrt{n})^p$($p$ 为常数); (2) $\sum\limits_{n=1}^{\infty}\frac{1}{n^{\ln n}}$.

解:(1) $(\sqrt{n+1}-\sqrt{n})=\frac{1}{\sqrt{n+1}+\sqrt{n}}$

由于 $$\lim_{n\to\infty}\frac{(\frac{1}{\sqrt{n+1}+\sqrt{n}})^p}{\frac{1}{n^{p/2}}}=\lim_{n\to\infty}\left(\frac{\sqrt{n}}{\sqrt{n+1}+\sqrt{n}}\right)^p=\frac{2}{n^{p/2}}$$

所以级数 $\sum\limits_{n=1}^{\infty}\frac{1}{n^{p/2}}$ 同时收敛或同时发散.

由 p 级数的收敛性可知,当 $p>2$ 时,原级数收敛;$p\leqslant 2$ 时,发散.

(2) 由于 $\lim\limits_{n\to\infty}n^2\frac{1}{n^{\ln n}}=0$,而 $\sum\limits_{n=1}^{\infty}\frac{1}{n^2}$ 收敛,所以 $\sum\limits_{n=1}^{\infty}\frac{1}{n^{\ln n}}$ 也收敛.

例 7　判别级数$\sum\limits_{n=1}^{\infty}\frac{x^n}{(1+x)(1+x^2)\cdots(1+x^n)}$ $(x\geqslant 0)$的敛散性.

解：$\lim\limits_{n\to\infty}\frac{u_{n+1}}{u_n}=\lim\limits_{n\to\infty}\frac{x}{(1+x^{n+1})}$

当$0\leqslant x<1$时，$\lim\limits_{n\to\infty}\frac{u_{n+1}}{u_n}=x<1$，级数收敛；

当$x=1$时，$\lim\limits_{n\to\infty}\frac{u_{n+1}}{u_n}=\frac{1}{2}<1$，级数收敛；

当$x>1$时，$\lim\limits_{n\to\infty}\frac{u_{n+1}}{u_n}=0<1$，级数收敛；

所以　当$x\geqslant 0$时，级数收敛.

例 8　判别下列级数的敛散性：

(1)$\sum\limits_{n=1}^{\infty}\frac{1}{(\ln 2n)^n}$；　　(2)$\sum\limits_{n=2}^{\infty}\frac{n^{\ln n}}{(\ln n)^n}$

解：(1) $\lim\limits_{n\to\infty}\sqrt[n]{u_n}=\lim\limits_{n\to\infty}\frac{1}{\ln 2n}=0<1$

由此可知$\sum\limits_{n=1}^{\infty}\frac{1}{(\ln 2n)^n}$收敛.

(2) $\lim\limits_{n\to\infty}\sqrt[n]{u_n}=\lim\limits_{n\to\infty}\frac{n^{\frac{\ln n}{n}}}{\ln n}=\lim\limits_{n\to\infty}\frac{(e^{\ln n})}{\ln n}=\lim\limits_{n\to\infty}\frac{e^{\frac{\ln 2n}{n}}}{\ln n}=0<1$

由此可知$\sum\limits_{n=2}^{\infty}\frac{n^{\ln n}}{(\ln n)^n}$收敛.

例 9　判别级数$\sum\limits_{n=1}^{\infty}\frac{a^{n-1}}{1+a^n}(a>0)$的敛散性.

解：$\lim\limits_{n\to\infty}\sqrt[n]{\frac{a^{n-1}}{1+a^n}}=\begin{cases}a, & 0<a<1\\ 1, & a\geqslant 1\end{cases}$

故　(ⅰ)当$0<a<1$时$\sum\limits_{n=1}^{\infty}\frac{a^{n-1}}{1+a^n}$收敛；

(ⅱ)当$a\geqslant 1$时根值审敛法失效.

实际上　$\lim\limits_{n\to\infty}\frac{a^{n-1}}{1+a^n}=\begin{cases}\frac{1}{a}, & a>1\\ \frac{1}{2}, & a=1\end{cases}$

即一般项不趋于零，所以级数发散.

例 10　判断下列级数的绝对收敛性和条件收敛性

(1)$\sum\limits_{n=1}^{\infty}(-1)^n(\sqrt{n+1}-\sqrt{n})$；　　(2)$\sum\limits_{n=1}^{\infty}(-1)^n\ln\frac{n+1}{n}$.

解：(1) $|(-1)^n(\sqrt{n+1}-\sqrt{n})|=\sqrt{n+1}-\sqrt{n}=\frac{1}{\sqrt{n+1}+\sqrt{n}}>\frac{1}{2\sqrt{n+1}}$

而级数$\sum\limits_{n=1}^{\infty}\dfrac{1}{2\sqrt{n+1}}$发散,所以级数不是绝对收敛的.

其次,$\lim\limits_{n\to\infty}(\sqrt{n+1}-\sqrt{n})=\lim\limits_{n\to\infty}\dfrac{1}{\sqrt{n+1}+\sqrt{n}}=0$

并且 $(\sqrt{n+2}-\sqrt{n+1})-(\sqrt{n+1}-\sqrt{n})=\dfrac{1}{\sqrt{n+2}+\sqrt{n+2}}$

$-\dfrac{1}{\sqrt{n+1}+\sqrt{n}}<0$

即$u_{n+1}<u_n$,u_n为单调下降数列,由莱布尼茨定理知,交错级数收敛,是条件收敛.

(2) $\left|(-1)^n\cdot\ln\dfrac{n+1}{n}\right|=\ln\dfrac{n+1}{n}=\ln(n+1)-\ln n$

而$s_n=\sum\limits_{k=1}^{n}\ln(k+1)-\ln k=\ln(n+1)$,所以原级数不是绝对收敛.

$\lim\limits_{n\to\infty}\ln\dfrac{n+1}{n}=\lim\limits_{n\to\infty}\ln(1+\dfrac{1}{n})=0$

并且 $\ln\dfrac{n+2}{n+1}-\ln\dfrac{n+1}{n}=\ln\dfrac{(n+2)n}{(n+1)^2}<0$

即$\ln\dfrac{n+2}{n+1}<\ln\dfrac{n+1}{n}$,由莱布尼茨定理知,级数是条件收敛.

例 11 利用柯西审敛原理证明调和级数发散

证:对任意$n\in N$,取$p=n+1$则

$$\left|\frac{1}{n+1}+\frac{1}{n+2}+\cdots+\frac{1}{n+p}\right|>\int_{n+1}^{n+2}\frac{1}{x}\mathrm{d}x+\cdots+\int_{n+p}^{n+p+1}\frac{1}{x}\mathrm{d}x$$

$$=\int_{n+1}^{n+p+1}\frac{\mathrm{d}x}{x}=\ln2(n+1)-\ln(n+1)=\ln2$$

所以对$\varepsilon_0=\dfrac{\ln2}{2}$,任意$n\in N$,只要取$p=n+1$,就有

$|u_{n+1}+u_{n+2}+\cdots+u_{n+p}|>\ln2>\varepsilon_0$

故调和级数$\sum\limits_{n=1}^{\infty}\dfrac{1}{n}$发散.

例 12 设$\sum\limits_{n=1}^{\infty}a_n$与$\sum\limits_{n=1}^{\infty}c_n$都收敛,且满足 $a_n\leqslant b_n\leqslant c_n,n=1,2,\cdots$,

求证:级数$\sum\limits_{n=1}^{\infty}b_n$也收敛.

证:由柯西审敛原理知 $\forall\varepsilon>0$存在自然数N_1,使得当$n>N_1$时,对任意$p\in N$,都有

$|a_{n+1}a_{n+2}+\cdots+a_{n+p}|<\varepsilon$

存在另一自然数N_2,使得当$n>N_2$时,对任意$p\in N$,都有$|c_{n+1}+c_{n+2}+\cdots+c_{n+p}|<\varepsilon$

取$N=\max\{N_1,N_2\}$则当$n>N$时,对任意$P\in N$都有

$-\varepsilon<a_{n+1}+a_{n+2}+\cdots+a_{n+p}\leqslant b_{n+1}+b_{n+2}+\cdots+b_{n+p}\leqslant c_{n+1}+c_{n+2}+\cdots+c_{n+p}\leqslant\varepsilon$

即　$|b_{n+1}+b_{n+2}+\cdots+b_{n+p}|<\varepsilon$

故由柯西审敛原理知 $\sum\limits_{n=1}^{\infty}b_n$ 收敛.

课后习题全解

习题 9－1 解答

1. 根据级数收敛与发散的定义判别下列级数的收敛性，并求出其中收敛级数的和：

(1) $\sum\limits_{n=1}^{\infty}(-1)^n\dfrac{e^n}{3^n}$；　(2) $\sum\limits_{n=1}^{\infty}(\sqrt{n+1}-\sqrt{n})$　(3) $\sum\limits_{n=1}^{\infty}\ln\dfrac{n}{n+1}$；

(4) $\sum\limits_{n=2}^{\infty}\dfrac{1}{(n-1)(n+1)}$；　(5) $\sum\limits_{n=1}^{\infty}\dfrac{n}{(n+1)!}$；　(6) $\sum\limits_{n=1}^{\infty}\dfrac{1}{n(n+1)(n+2)}$.

【知识点窍】　收敛与发散的定义，即 S_n 是否有极限的问题，$\lim\limits_{n\to\infty}S_n$ 即可.

解：(1) $a_n=\left(-\dfrac{e}{3}\right)^n$，为公比 $q=-\dfrac{e}{3}$ 的几何级数，所以 $\sum\limits_{n=1}^{\infty}a_n$ 收敛，$S_n=\dfrac{-e}{3+e}$

(2) $S_n=\sqrt{n}$，故 $\sum\limits_{n=1}^{\infty}(\sqrt{n+1}-\sqrt{n})$ 发散.

(3) $S_n=\sum\limits_{n=1}^{\infty}[\ln n-\ln(n+1)]=\ln 1-\ln 2+\ln 2-\ln 3+\cdots+\ln n-\ln(n+1)=-\ln(n+1)$

所以 $\lim\limits_{n\to\infty}S_n=\infty$，故原级数发散.

(4) $a_n\overset{n\geqslant 2}{=\!=\!=}\dfrac{1}{(n-1)(n+1)}=\dfrac{1}{2}\left(\dfrac{1}{n-1}-\dfrac{1}{n+1}\right)$，将 a_1 看成 0.

$$S_{n+1}=\frac{1}{2}\Big[\Big(1-\frac{1}{3}\Big)+\Big(\frac{1}{2}-\frac{1}{4}\Big)+\Big(\frac{1}{3}-\frac{1}{5}\Big)+\Big(\frac{1}{4}-\frac{1}{6}\Big)+\cdots+\Big(\frac{1}{n-2}-\frac{1}{n}\Big)+\Big(\frac{1}{n-1}-\frac{1}{n+1}\Big)+\Big(\frac{1}{n}-\frac{1}{n+2}\Big)\Big]$$

观察可知，从左至右每一个小括号内的负项都会与隔一个小括号内的正项相消，故

$$S_{n+1}=\frac{1}{2}\Big[1+\frac{1}{2}-\frac{1}{n+1}-\frac{1}{n+2}\Big]=\frac{1}{3}\Big[\frac{3}{2}-\frac{1}{n+1}-\frac{1}{n+2}\Big]$$

$$\to\frac{3}{4},(n\to\infty)$$

故此级数收敛于 $\dfrac{3}{4}$.

(5) $a_n=\dfrac{1}{n!}-\dfrac{1}{(n+1)!}$

$$S_n=\Big(1-\frac{1}{2!}\Big)+\Big(\frac{1}{2!}-\frac{1}{3!}\Big)+\Big(\frac{1}{3!}-\frac{1}{4!}\Big)+\cdots+\Big(\frac{1}{n!}-\frac{1}{(n+1)!}\Big)$$

$$=1-\frac{1}{(n+1)!}\to 1,(n\to\infty)$$

故此级数收敛于 1.

(6) 观察 a_n 的形式,想到将有理真分式化为部分分式的待定系数法,故令

$$a_n=\frac{A}{n}+\frac{B}{n+1}+\frac{C}{n+2}$$

易求得 $A=\frac{1}{2},B=-1,C=\frac{1}{2}$,

于是有

$$a_n=\frac{1}{2}\left[\frac{1}{n}-\frac{2}{n+1}+\frac{1}{n+2}\right]$$

$$=\frac{1}{2}\left[\left(\frac{1}{n}-\frac{1}{n+1}\right)-\left(\frac{1}{n+1}-\frac{1}{n+2}\right)\right]$$

$$S_n=\frac{1}{2}\left[\left(1-\frac{1}{2}\right)+\left(\frac{1}{2}-\frac{1}{3}\right)+\left(\frac{1}{3}-\frac{1}{4}\right)+\cdots+\left(\frac{1}{n}-\frac{1}{n+1}\right)\right]$$

$$-\frac{1}{2}\left[\left(\frac{1}{2}-\frac{1}{3}\right)+\left(\frac{1}{3}-\frac{1}{4}\right)+\left(\frac{1}{4}-\frac{1}{5}\right)+\cdots+\left(\frac{1}{n+1}-\frac{1}{n+2}\right)\right]$$

$$=\frac{1}{2}\left[1-\frac{1}{n+1}\right]-\frac{1}{2}\left[\frac{1}{2}-\frac{1}{n+2}\right]$$

$$=\frac{1}{2}-\frac{1}{4}-\frac{\frac{1}{2}}{n+1}-\frac{\frac{1}{2}}{n+2}\to\frac{1}{4},(n\to\infty)$$

故此级数收敛于$\frac{1}{4}$.

2. 判别下列级数的收敛性,并求出其中收敛级数的和:

(1) $\sum_{n=1}^{\infty}\frac{1}{5n}$; (2) $\sum_{n=1}^{\infty}\sin\frac{n\pi}{3}$; (3) $\sum_{n=1}^{\infty}\frac{3+(-1)^n}{2^n}$;

(4) $\sum_{n=1}^{\infty}\frac{1}{\sqrt[n]{n}}$; (5) $\sum_{n=1}^{\infty}\frac{1}{2n-1}$; (6) $\sum_{n=1}^{\infty}\ln\frac{n^2-1}{n^2}$.

【逻辑推理】 与特殊级数比较,也可将通项变形至可直接求和.

解:(1) $\sum_{n=1}^{\infty}\frac{1}{5n}=\sum_{n=1}^{\infty}\frac{1}{5}\cdot\frac{1}{n}$ 与$\sum_{n=1}^{\infty}\frac{1}{n}$ 具有相同的敛散性,而$\sum_{n=1}^{\infty}\frac{1}{n}$ 是调和级数,发散,故$\sum_{n=1}^{\infty}\frac{1}{5n}$ 发散.

(2) 因为 $a_n=\sin\frac{n\pi}{3}\not\to 0,(n\to\infty)$,故此级数发散.

(3) $a_n=\frac{3}{2^n}+\left(-\frac{1}{2}\right)^n$,而$\sum_{n=1}^{\infty}\frac{3}{2^n}$ 与$\sum_{n=1}^{\infty}\left(-\frac{1}{2}\right)^n$ 均为公比 q 的绝对值 $|q|<1$ 的等比级数,所以$\sum_{n=1}^{\infty}\frac{3}{2^n}$ 与$\sum_{n=1}^{\infty}\left(-\frac{1}{2}\right)^n$ 均收敛,故原级数收敛.

$$\sum_{n=1}^{\infty}\frac{3}{2^n}=\frac{3/2}{1-\frac{1}{2}}=3,\qquad \sum_{n=1}^{\infty}\left(\frac{-1}{2}\right)^n=\frac{-\frac{1}{2}}{1+\frac{1}{2}}=-\frac{1}{3}$$

故　原式 $=3+\left(-\frac{1}{3}\right)=\frac{8}{3}$

(4) 因为 $\sqrt[n]{n}\to 1$，所以 $a_n=\frac{1}{\sqrt[n]{n}}\to 1\neq 0,(n\to\infty)$，故此级数发散.

(5) $a_n=\frac{1}{2n-1},a_1=1,a_2=\frac{1}{3}=\frac{1}{5},\cdots,a_n=\frac{1}{2n-1}$,

$S_n=1+\frac{1}{3}+\frac{1}{5}+\cdots+\frac{1}{2n-1}$

考虑　$\sigma_n=\frac{1}{2}+\frac{1}{4}+\frac{1}{6}+\cdots+\frac{1}{2n}=\frac{1}{2}\left(1+\frac{1}{2}+\frac{1}{3}+\cdots+\frac{1}{n}\right)$

对比 S_n 与 σ_n 的 n 项，易知前者的第一项均大于后者的相应项，于是有 $S_n>\sigma_n$，而 $\sum\limits_{n=1}^{\infty}\frac{1}{n}$ 发散，$\sigma_n\to+\infty$，因而 $S_n\to+\infty$. 由于此级数的部分和数列无极限，故 $\sum\limits_{n=1}^{\infty}\frac{1}{2n-1}$ 发散.

(6) $a_n=\ln\frac{n^2-1}{n^2}=\ln\frac{n-1}{n}-\ln\frac{n}{n+1}$

$S_n=\left(\ln\frac{1}{2}-\ln\frac{2}{3}\right)+\left(\ln\frac{2}{3}-\ln\frac{3}{4}\right)+\cdots+\left(\ln\frac{n-1}{n}-\ln\frac{n}{n+1}\right)=\ln\frac{1}{2}-\ln\frac{n}{n+1}$

$\lim\limits_{n\to\infty}S_n=\lim\limits_{n\to\infty}\left(\ln\frac{1}{2}-\ln\frac{n}{n+1}\right)=-\ln 2$

原级数收敛于 $-\ln 2$.

3. 若级数 $\sum\limits_{n=1}^{\infty}a_n$ 与 $\sum\limits_{n=1}^{\infty}b_n$ 中有一个收敛，另一个发散，证明级数 $\sum\limits_{n=1}^{\infty}(a_n+b_n)$ 必发散. 如果所给两个级数均发散，那么级数 $\sum\limits_{n=1}^{\infty}(a_n+b_n)$ 是否必发散?

解：不防设 $\sum\limits_{n=1}^{\infty}a_n$ 收敛，$\sum\limits_{n=1}^{\infty}b_n$ 发散，则级数 $\sum\limits_{n=1}^{\infty}(a_n+b_n)$ 必发散. 否则，假定 $\sum\limits_{n=1}^{\infty}(a_n+b_n)$ 收敛，则 $\sum\limits_{n=1}^{\infty}a_n$ 收敛，$\sum\limits_{n=1}^{\infty}[(a_n+b_n)-a_n]=\sum\limits_{n=1}^{\infty}b_n$ 必收敛. 但这与条件矛盾，所以两个级数中一个收敛，另一个发散，则以它们通项之和为通项的新级数必发散.

如果两个级数均发散，则以它们通项和为通项的新级数可能收敛，也可能发散.

例如，级数 $\sum\limits_{n=1}^{\infty}1$ 与级数 $\sum\limits_{n=1}^{\infty}(-1)$ 均发散，但以它们通项之和 $1+(-1)$ 为通项的级数 $\sum\limits_{n=1}^{\infty}[1+(-1)]$ 显然收敛；又知级数 $\sum\limits_{n=1}^{\infty}\frac{1}{n}$ 与级数 $\sum\limits_{n=1}^{\infty}\frac{2}{n}$ 均发散，以它们通项和为通项的级数 $\sum\limits_{n=1}^{\infty}\left(\frac{1}{n}+\frac{2}{n}\right)=\sum\limits_{n=1}^{\infty}\frac{3}{n}$ 仍发散.

第二节　正项级数及其审敛法

知识点归纳

1. 如果级数 $\sum_{n=1}^{\infty} a_n$ 的每一项 $a_n \geqslant 0(n=1,2,\cdots)$，则称级数 $\sum_{n=1}^{\infty} a_n$ 为正项级数.

2. 收敛性基本定理　正项级数收敛的充分必要条件是它的部分和数列有界.

3. 基本审敛法：

比较审敛法 1　设 $\sum_{n=1}^{\infty} a_n$ 与 $\sum_{n=1}^{\infty} b_n$ 是两个正项级数；

(1) 如果级数 $\sum_{n=1}^{\infty} b_n$ 收敛，且自某项起有 $a_n \leqslant b_n$，则级数 $\sum_{n=1}^{\infty} a_n$ 也收敛；

(2) 如果 $\sum_{n=1}^{\infty} b_n$ 发散，且自某项起有 $a_n \geqslant b_n$，则级数 $\sum_{n=1}^{\infty} a_n$ 也发散. 当且仅当 $p>1$ 时，p 级数 $\sum_{n=1}^{\infty} \frac{1}{n^p}$ 收敛. 通常把几何级数与 $p-$ 级数作为比较的基本级数.

比较审敛法 2　设 $\sum_{n=1}^{\infty} a_n$ 与 $\sum_{n=1}^{\infty} b_n$ 是两个正项级数，如果极限

$\lim_{n\to\infty} \frac{a_n}{b_n} = k$　(极限存在，则是无穷大)

(1) 当 $0 \leqslant k < +\infty$ 时，由 $\sum_{n=1}^{\infty} b_n$ 收敛可推出 $\sum_{n=1}^{\infty} a_n$ 收敛；

(2) 当 $0 < k \leqslant +\infty$ 时，由 $\sum_{n=1}^{\infty} b_n$ 发散可推出 $\sum_{n=1}^{\infty} a_n$ 发散；

(3) 当 $0 < k < \infty$ 时，两个级数有相同的收敛性.

比较审敛法 2′　设正项级数 $\sum_{n=1}^{\infty} a_n$ 与 $\sum_{n=1}^{\infty} b_n$ 的一般项 a_n 与 b_n 均为 $n\to\infty$ 时的无穷小.

(1) 若 a_n 是 b_n 同阶或高阶的无穷小，则当级数 $\sum_{n=1}^{\infty} b_n$ 收敛时，级数 $\sum_{n=1}^{\infty} a_n$ 必收敛；

(2) 若 a_n 是 b_n 同阶或低阶的无穷小，则当级数 $\sum_{n=1}^{\infty} b_n$ 发散时，级数 $\sum_{n=1}^{\infty} a_n$ 必发散；

(3) 当 $a_n \sim b_n$ 时，两级数有相同的收敛性.

比值审敛法(达朗贝尔判别法)　设 $\sum_{n=1}^{\infty} a_n$ 是正项级数，如果极限 $\lim_{n\to\infty} \frac{a_{n+1}}{a_n} = \rho$ 有确定意义，那么当 $\rho < 1$ 时，级数收敛；当 $1 < \rho \leqslant +\infty$ 时，级数发散. 根值审敛法(柯西判别法)　设 $\sum_{n=1}^{\infty} a_n$ 是正项级数，若 $\lim_{n\to\infty} \sqrt[n]{a_n} = \rho$ 有确定意义，则当 $\rho < 1$ 时，级数收敛；当 $1 < \rho \leqslant +\infty$ 时，级数发散.

典型例题与解题技巧

题型 Ⅱ:求一般函数项级数的收敛域和求幂级数的收敛域或收敛区间

【题型分析】 为求幂级数收敛域,先求收敛半径得到收敛区间,然后再讨论幂级数在收敛区间两个端点上的敛散性. 求收敛半径通常按公式:(教材 P_{254},$\lim\limits_{n\to\infty}\dfrac{|a_{n+1}|}{a_n}=\rho$ 有意义,则幂级数(α)的收敛半径

$$R=\begin{cases}\dfrac{1}{\rho} & 当\ 0<\rho<+\infty \\ +\infty & 当\ \rho=0 \\ 0 & 当\ \rho=+\infty\end{cases}$$

或直接用,或作变量替换后再用),或作为函数项级数直接用比值(根值)判别法,或用幂级数的收敛性特点求确定.

例 13 求幂级数 $\sum\limits_{n=1}^{\infty}\dfrac{1}{3^n+(-2)^n}\dfrac{x^n}{n}$ 的收敛区间,并讨论该区间端点处的收敛性.

解:由 $\lim\limits_{n\to\infty}\left|\dfrac{a_{n+1}}{a_n}\right|=\lim\limits_{n\to\infty}\dfrac{[3^n+(-2)^n]\cdot n}{[3^{n+1}-(-2)^{n+1}]\cdot(n+1)}=\lim\limits_{n\to\infty}\dfrac{1}{3}\cdot\dfrac{1+(\frac{-2}{3})^n}{1+(\frac{-2}{3})^{n+1}}=\dfrac{1}{3}$

所以收敛半径 $R=3$,收敛区间为$(-3,3)$

当 $x=-3$ 时,一般项为

$$\frac{(-3)^n}{3^n+(-2)^n}\frac{1}{n}=(-1)^n\frac{1}{n}-\frac{2^n}{3^n+(-2)^n}\frac{1}{n}=(-1)^n-\frac{1}{3^n+(-2)^n}\frac{2^n}{n}$$

由原幂级数在 $x=2$ 时收敛,即 $\sum\limits_{n=1}^{\infty}\dfrac{(-3)^n}{3^n+(-2)^n}\dfrac{2^n}{n}$ 收敛,以及 $\sum\limits_{n=1}^{\infty}(-1)^n\dfrac{1}{n}$ 收敛.

可知 $\sum\limits_{n=1}^{\infty}\dfrac{1}{3^n+(-2)^n}\dfrac{(-3)^n}{n}$ 收敛.

例 14 求幂级数 $\sum\limits_{n=1}^{\infty}\dfrac{n}{2^n+(-3)^n}x^{2n-1}$ 的收敛半径.

解 法 1:令 $a_n(x)=\dfrac{n}{2^n+(-3)}x^{2n-1}$

$$\lim_{n\to\infty}\left|\frac{a_{n+1}(x)}{a_n(x)}\right|=\lim_{n\to\infty}\left|\frac{2^n+(-3)^n}{2^{n+1}+(-3)^{n+1}}\cdot x^2\right|\frac{n+1}{n}=\frac{1}{3}x^2$$

由达朗贝尔判别法可知,当$\dfrac{1}{3}x^2<1$时原级数收敛,即 $|x|<\sqrt{3}$ 时,级数收敛,所以收敛半径为$\sqrt{3}$.

法 2:$\lim\limits_{n\to\infty}\left|\dfrac{a_{n+1}}{a_n}\right|=\lim\limits_{n\to\infty}\left|\dfrac{2^n+(-3)^n}{2^{n+1}+(-3)^{n+1}}\right|\cdot\dfrac{n+1}{n}=\dfrac{1}{3}$,

由于该幂级数为缺偶次项级数,所以收敛半径为$\sqrt{3}$.

课后习题全解

习题 9－2 解答

1. 用比较审敛法判别下列级数的收敛性：

(1) $\sum\limits_{n=1}^{\infty}\frac{1}{3n+5}$；　(2) $\sum\limits_{n=1}^{\infty}\frac{3}{2^n+5}$；　(3) $\sum\limits_{n=1}^{\infty}\frac{4}{n(n+3)}$；

(4) $\sum\limits_{n=1}^{\infty}\frac{n+1}{n^2+n+1}$；　(5) $\sum\limits_{n=1}^{\infty}\frac{n+1}{n\cdot 2^n}$；　(6) $\sum\limits_{n=1}^{\infty}\frac{1}{n\cdot\sqrt[n]{n}}$；

(7) $\sum\limits_{n=1}^{\infty}\frac{\arctan n}{n\sqrt{n}}$；　(8) $\sum\limits_{n=1}^{\infty}\frac{a^n}{1+a^{2n}}(a>0)$.

【知识点窍】 利用常用的特殊级数：$\frac{1}{n},\frac{1}{n^p},\frac{1}{a^n}$ 等.

解：(1) $\dfrac{a_n}{\frac{1}{3n}}=\dfrac{\frac{1}{3n+5}}{\frac{1}{3n}}\to 1,(n\to\infty)$，而 $\sum\limits_{n=1}^{\infty}\frac{1}{3n}$ 发散，故 $\sum\limits_{n=1}^{\infty}\frac{1}{3n+5}$ 发散.

(2) $\dfrac{a_n}{\frac{3}{2^n}}=\dfrac{\frac{3}{2^n+5}}{\frac{3}{2^n}}\to 1,(n\to\infty)$，而 $\sum\limits_{n=1}^{\infty}\frac{3}{2^n}$ 收敛，故 $\sum\limits_{n=1}^{\infty}\frac{3}{2^n+5}$ 收敛.

(3) $\frac{4}{n(n+3)}=\frac{4}{n^2+3n}<\frac{1}{n^2}$，而 $\sum\limits_{n=1}^{\infty}\frac{1}{n^2}$ 收敛，故 $\sum\limits_{n=1}^{\infty}\frac{4}{n(n+3)}$ 收敛.

(4) $\dfrac{a_n}{\frac{1}{n}}=\dfrac{n^2+n}{n^2+n+1}\to 1,(n\to\infty)$，而 $\sum\limits_{n=1}^{\infty}\frac{1}{n}$ 发散，故 $\sum\limits_{n=1}^{\infty}\frac{n+1}{n^2+n+1}$ 发散.

(5) $a_n=\frac{n+1}{n\cdot 2^n}=\frac{1}{2^n}+\frac{1}{n\cdot 2^n}$

而 $\sum\limits_{n=1}^{\infty}\frac{1}{2^n}$ 收敛，而 $\frac{1}{n\cdot 2^n}<\frac{1}{2^n}$ 收敛，故 $\sum\limits_{n=1}^{\infty}\frac{1}{2^n}+\frac{1}{n\cdot 2^n}$，即 $\sum\limits_{n=1}^{\infty}\frac{n+1}{n\cdot 2^n}$ 收敛.

(6) $\dfrac{a_n}{\frac{1}{n}}=\frac{1}{\sqrt[n]{n}}\to 1,(n\to\infty)$，而 $\sum\limits_{n=1}^{\infty}\frac{1}{n}$ 发散，故 $\sum\limits_{n=1}^{\infty}\frac{\arctan n}{n\sqrt{n}}$ 发散.

(7) $\arctan n<\frac{\pi}{2}$，则 $\frac{\arctan n}{n\sqrt{n}}<\dfrac{\frac{\pi}{2}}{n^{3/2}}$ 而 $\sum\limits_{n=1}^{\infty}\frac{\pi/2}{n^{3/2}}$ 收敛，则 $\sum\limits_{n=1}^{\infty}\frac{\arctan n}{n\sqrt{n}}$ 收敛.

(8) $a_n=\frac{a^n}{1+a^{2n}}<\frac{a^n}{a^{2n}}=\frac{1}{a^n}$

讨论：① 当 $a=1$ 时，$\lim\limits_{n\to\infty}a_n=\frac{1}{2}\neq 0$，故级数发散；

② 当 $0<a<1$ 时，$\frac{a^n}{1+a^{2n}}<\frac{a^n}{1}=a^n$，而 $\sum\limits_{n=1}a^n$ 收敛，

则 $\sum_{n=1}^{\infty}\frac{a^n}{1+a^{2n}}$ 收敛；

③ 当 $a>1$ 时，$\frac{a^n}{1+a^{2n}}<\frac{1}{a^n}$ 而 $\sum_{n=1}^{\infty}\frac{1}{a^n}$ 收敛，故 $\sum_{n=1}^{\infty}\frac{a^n}{1+a^{2n}}$ 收敛.

综上所述，当 $a>0$ 且 $a\neq 1$ 时，原级数收敛；当 $a=1$ 时，原级数发散.

2. 用比值审敛法判别下列级数的收敛性：

(1) $\sum_{n=1}^{\infty}\frac{n!}{4^n}$；　(2) $\sum_{n=1}^{\infty}\frac{n!}{(2n-1)!!}$；　(3) $\sum_{n=1}^{\infty}n^n\sin\frac{\pi}{2^n}$；

(4) $\sum_{n=1}^{\infty}\frac{n^{n+1}}{(n+1)!}$；　(5) $\sum_{n=1}^{\infty}\frac{2^n\cdot n!}{n^n}$；　(6) $\sum_{n-1}^{\infty}\frac{a^n}{\ln(n+1)}(a>0)$.

解：(1) $\lim\limits_{n\to\infty}\frac{a_{n+1}}{a_n}=\frac{(n+1)!}{4^{n+1}}\cdot\frac{4^n}{n!}=\frac{n+1}{4}\to\infty,(n\to\infty)$，故此级数发散.

(2) $\lim\limits_{n\to\infty}\frac{a_{n+1}}{a_n}=\frac{\frac{(n+1)!}{(2n+1)!}}{\frac{n!}{(2n-1)!}}=\frac{n+1}{2n(2n+1)}(n\to\infty)=0<1$，故原级数收敛.

(3) $\lim\limits_{n\to\infty}\frac{a_{n+1}}{a_n}=(n+1)^2\sin\frac{\pi}{2^{n+1}}\Big/n^2\sin\frac{\pi}{2^n}=(1+\frac{1}{n})^2\cdot\frac{\sin\frac{\pi}{2^{2n+1}}}{\sin\frac{\pi}{2^n}}$

$=\frac{\frac{\pi}{2^{n+1}}}{\frac{\pi}{2^n}}\quad(n\to\infty)=\frac{1}{2}<1$，故此级数收敛.

(4) $\lim\limits_{n\to\infty}\frac{a_{n+1}}{a_n}=\frac{(n+1)^{n+2}/(n+2)!}{n^{n+1}/(n+1)!}=\frac{(n+1)(1+\frac{1}{n})^{n+2}}{n+2}(n\to\infty)=\mathrm{e}>1$

故原级数发散.

(5) $\lim\limits_{n\to\infty}\frac{a_{n+1}}{a_n}=\frac{2^{2n+1}(n+1)!}{(n+1)^{(n+1)}}\cdot\frac{n^n}{2^n\cdot n!}=\frac{2(n+1)}{(n+1)}\cdot\left(\frac{n}{n+1}\right)^n$

$=2\left[\frac{1}{1+\frac{1}{n}}\right]^n\to\frac{2}{\mathrm{e}}<1$，故此级数收敛.

(6) $\lim\limits_{n\to\infty}\frac{a_{n+1}}{a_n}=\frac{a^{n+1}}{\ln(n+2)}\cdot\frac{\ln(n+1)}{a^n}(n\to\infty)=a$

故当 $0<a<1$ 时，此级数收敛；当 $a=1$ 时，此级数发散.

3. 用根值审敛法判别下列级数的收敛性：

(1) $\sum_{n=1}^{\infty}\frac{n^3}{3^n}$；　(2) $\sum_{n=1}^{\infty}(\sqrt[n]{2}-1)^n$；

(3) $\sum_{n=1}^{\infty}\left(\frac{n}{2n-1}\right)^{2n}$；　(4) $\sum_{n=1}^{\infty}\left(2n\sin\frac{1}{n}\right)^{\frac{n}{2}}$；

(5) $\sum_{n=1}^{\infty}\left(\frac{n}{n+1}\right)^{n^2}$；　(6) $\sum_{n=1}^{\infty}\left(\frac{b}{a_n}\right)^n$，

其中 $a_n \to a(n\to\infty)$，a_n,b,a 均为正数.

解：(1) $\lim\limits_{n\to\infty}\sqrt[n]{a_n}=\lim\limits_{n\to\infty}\frac{\sqrt[n]{n^3}}{3}=\frac{1}{3}<1$，故原级数收敛.

(2) $\lim\limits_{n\to\infty}\sqrt[n]{a_n}=\lim\limits_{n\to\infty}\sqrt[n]{(\sqrt[n]{2}-1)^n}=\lim\limits_{n\to\infty}(\sqrt[n]{2}-1<1)$，故原级数收敛.

(3) $\lim\limits_{n\to\infty}\sqrt[n]{a_n}=\lim\limits_{n\to\infty}\left(\frac{n}{2n-1}\right)^2=\frac{1}{4}<1$，故原级数收敛.

(4) $\lim\limits_{n\to\infty}\sqrt[n]{a_n}=\lim\limits_{n\to\infty}\sqrt{2n\sin\frac{1}{n}}=\lim\limits_{n\to\infty}\sqrt{2}\cdot\sqrt{\frac{\sin\frac{1}{n}}{\frac{1}{n}}}=\sqrt{2}>1$，故原级数发散.

(5) $\lim\limits_{n\to\infty}\sqrt[n]{a_n}=\lim\limits_{n\to\infty}\left(\frac{n}{n+1}\right)^n=\lim\limits_{n\to\infty}\frac{1}{\left(1+\frac{1}{n}\right)^n}=\frac{1}{\mathrm{e}}<1$，故原级数收敛.

(6) $\lim\limits_{n\to\infty}\sqrt[n]{a_n}=\lim\limits_{n\to\infty}\frac{b}{a_n}=\frac{b}{a}$.

(ⅰ) 当 $a>b$ 时，$\frac{b}{a}<1$ 即 $\lim\limits_{n\to\infty}\sqrt[n]{a_n}<1$ 时原级数收敛；

(ⅱ) 当 $a=b$，$\lim\limits_{n\to\infty}\sqrt[n]{a_n}=1$，可能收敛也可能发散；

(ⅲ) 当 $a<b$ 时，$\frac{b}{a}>1$，即 $\lim\limits_{n\to\infty}\sqrt[n]{a_n}>1$ 时原级数发散.

综合上述，当 $a<b$ 时，级数发散；当 $a>b$ 时，级数收敛；当 $a=b$ 时，可能收敛也可能发散.

4. 用适当方法判别下列级数的收敛性：

(1) $\sum_{n=1}^{\infty}\frac{n^2+1}{(n+1)(n+2)(n+3)}$；　(2) $\sum_{n=1}^{\infty}\frac{n^p}{n!}$；

(3) $\sum_{n=1}^{\infty}[n(\sqrt[n]{3}-1)]^n$；　(4) $\sum_{n=1}^{\infty}\frac{1}{3^{\sqrt{n}}}$；

(5) $\sum_{n=1}^{\infty}a^n\sin\frac{\pi}{b^n}(1<a<b)$；　(6) $\sum_{n=1}^{\infty}\sqrt{n}\left(1-\cos\frac{\pi}{n}\right)$.

解：(1) $\frac{a_n}{\frac{1}{n}}=\frac{n^3+n}{(n+1)(n+2)(n+3)}(n\to\infty)\to 1$，而 $\sum_{n=1}^{\infty}\frac{1}{n}$ 发散，故 $\sum_{n=1}^{\infty}a_n$ 发散.

(2) $\frac{a_{n+1}}{a_n}=\frac{(n+1)^p n!}{n^p(n+1)!}=\frac{\left(1+\frac{1}{n}\right)^p}{n+1}(n\to\infty)\to 0<1$，故 $\sum_{n=1}^{\infty}a_n$ 收敛.

(3) $\sqrt[n]{a_n}=n(\sqrt[n]{3}-1)$，

由于 $\lim\limits_{n\to\infty}(\sqrt[n]{3}-1)=\lim\limits_{n\to+\infty}\frac{3^{\frac{1}{x}}-1}{\frac{1}{x}}\overset{\frac{0}{0}}{=\!=}\frac{3^{\frac{1}{x}}\cdot\ln 3\cdot\left(-\frac{1}{x^2}\right)}{-\frac{1}{x^2}}=\ln 3$

即$\sqrt[n]{a_n}\,(n\to\infty)\to\ln 3>1$,故此级数发散.

(4) 因为$\sqrt{n}>\ln n$,所以$3^{\sqrt{n}}>3^{\ln n}$,$\dfrac{1}{3^{\sqrt{n}}}<\dfrac{1}{3^{\ln n}}$,由于

$$3^{\ln n}=e^{\ln(3^{\ln n})}=e^{\ln n\cdot\ln 3}=n^{\ln 3},$$

所以$\dfrac{1}{3^{\sqrt{n}}}<\dfrac{1}{3^{\ln n}}=\dfrac{1}{n^{\ln 3}}$,而$\sum\limits_{n=1}^{\infty}\dfrac{1}{n^{\ln 3}}$收敛,故$\sum\limits_{n=1}^{\infty}\dfrac{1}{3^{\sqrt{n}}}$收敛.

(5) $a_n=a^n\sin\dfrac{\pi}{b^n}$,$\dfrac{a_{n+1}}{a_n}=\dfrac{a^{n+1}\sin\dfrac{\pi}{b^{n+1}}}{a^n\sin\dfrac{\pi}{b^n}}(b>1)\to a\cdot\dfrac{\dfrac{\pi}{b^{n+1}}}{\dfrac{\pi}{b^n}}=\dfrac{a}{b}$

因为$a<b$,所以$\dfrac{a_{n+1}}{a_n}\to\dfrac{a}{b}<1$,故此级数收敛.

(6) 因为$\lim\limits_{n\to\infty}\sqrt[n]{a_n}=\lim\limits_{n\to\infty}\sqrt[n]{n}\cdot\sqrt[n]{\sin\left(\dfrac{\pi}{2n}\right)^2}=\lim\limits_{n\to\infty}\sqrt[n]{n}\cdot\lim\limits_{n\to\infty}\sin\left(\dfrac{\pi}{2n}\right)^2$

$$=1\cdot 0=0<1,$$

故原级数收敛.

【注】原教材答案有误.

5. 关于正项级数还有如下的柯西积分审敛法. 对于正项级数$\sum\limits_{n=1}^{\infty}a_n$,如果有区间$[1,+\infty)$上的连续的单调减少函数$f(x)$适合则级数$\sum\limits_{n=1}^{\infty}a_n$与反常积分$\int_1^{+\infty}f(x)\mathrm{d}x$同时收敛或发散.

(1) 试用关于正项级数的基本定理证明该判别法;(2) 试证当级数收敛时,其n项后的余项之和$r_n\leqslant\int_n^{+\infty}f(x)\mathrm{d}x$;

(3) 利用柯西积分判别法讨论级数$\sum\limits_{n=2}^{\infty}\dfrac{1}{n(\ln n)^p}$的收敛性.

解:(1) 由已知条件,对任何正整数k,有

$$a_{k+1}=f(k+1)\leqslant\int_k^{k+1}f(x)\mathrm{d}x\leqslant f(k)=a_k$$

取$k=1,2,\cdots,n$,将n个不等式相加,可得

$$S_{n+1}-a_1=\sum_{k=1}^{\infty}a_{k+1}\leqslant\int_1^{n+1}f(x)\mathrm{d}x\leqslant\sum_{k=1}^{n}a_k=S_n.$$

如果反常积分$\int_1^{+\infty}f(x)\mathrm{d}x$收敛,由$S_{n+1}\leqslant\int_1^{n+1}f(x)\mathrm{d}x+a_1$知数列$S_{n+1}$有界,从而正项级数$\sum\limits_{n=1}^{\infty}a_n$收敛;如果反常积分$\int_1^{+\infty}f(x)\mathrm{d}x$发散,即$\lim\limits_{n\to\infty}\int_1^{n+1}f(x)\mathrm{d}x=+\infty$,由$S_n\geqslant\int_1^{n+1}f(x)\mathrm{d}x$知数列$S_n$无界,从而级数$\sum\limits_{n=1}^{\infty}a_n$发散. 证毕.

(2) 由$f(k+1)\leqslant\int_k^{k+1}f(x)\mathrm{d}x$,$k=n,n+1,\cdots,n+m-1$,将这些不等式相加得$\sum\limits_{k=n}^{n+m-1}f(k+1)$

$\leqslant\int_n^{n+m}f(x)\mathrm{d}x$,令 $m\to+\infty$ 取极限,便得

$$r_n=\sum_{k=n}^{\infty}f(k+1)\leqslant\int_n^{+\infty}f(x)\mathrm{d}x$$

(3) 令 $f(x)=\dfrac{1}{x(\ln x)^p}$,则 $f(x)$ 在$[2,+\infty)$上连续,正值且单减,$f(n)=\dfrac{1}{n(\ln n)^p}$,而

$$\int_2^{+\infty}f(x)\mathrm{d}x=\int_2^{+\infty}\frac{\mathrm{d}x}{x(\ln x)^p}=\int_2^{+\infty}\frac{\mathrm{d}(\ln x)}{(\ln x)^p}=\frac{1}{1-p}(\ln x)^{1-p}\Big|_2^{+\infty}$$

当 $p>1$ 时,$\int_2^{+\infty}f(x)\mathrm{d}x=-\dfrac{1}{p-1}\cdot\dfrac{1}{(\ln x)^{p-1}}\Big|_2^{+\infty}=-\dfrac{1}{p-1}\left[0-\dfrac{1}{(\ln 2)^{p-1}}\right]=\dfrac{p-1}{(\ln 2)^{p-1}}$

故原级数收敛;

当 $p<1$ 时,$\int_2^{+\infty}f(x)\mathrm{d}x=\dfrac{1}{1-p}(\ln x)^{1-p}\Big|_2^{+\infty}=+\infty$

故原级数发散;

当 $p=1$ 时,$\int_2^{+\infty}f(x)\mathrm{d}x=\int_2^{+\infty}\dfrac{\mathrm{d}x}{x(\ln x)}=\int_2^{+\infty}\dfrac{\mathrm{d}(\ln x)}{\ln x}=\ln(\ln x)\Big|_2^{+\infty}=+\infty$

故原级数发散.

总之,当 $p>1$ 时,原级数收敛;$p\leqslant1$ 时,原级数发散.

6. 利用不等式 $\dfrac{1}{2\sqrt{n}}<\dfrac{(2n-1)!!}{(2n)!!}<\dfrac{1}{\sqrt{2n+1}}$,证明:级数 $\sum\limits_{n=1}^{\infty}\dfrac{(2n-1)!!}{(2n)!!}$ 发散而级数 $\sum\limits_{n=1}^{\infty}\dfrac{(2n-3)!!}{(2n)!!}$ 收敛.

解:令 $a_n=\dfrac{(2n-1)!!}{(2n)!!}$,

由于 $a_n=\dfrac{1}{2}\cdot\dfrac{3}{4}\cdot\cdots\cdot\dfrac{2n-1}{2n}<\dfrac{2}{3}\cdot\dfrac{4}{5}\cdot\cdots\cdot\dfrac{2n}{2n+1}=\dfrac{1}{a_n}\cdot\dfrac{1}{2n+1}$

又 $a_n=\dfrac{3}{2}\cdot\dfrac{5}{4}\cdot\cdots\cdot\dfrac{2n-1}{2n-2}\cdot\dfrac{1}{2n}>\dfrac{4}{3}\cdot\dfrac{6}{5}\cdot\cdots\cdot\dfrac{2n}{2n-1}\cdot\dfrac{1}{2n}=\dfrac{1}{a_n}\cdot\dfrac{1}{4n}$

所以 $\dfrac{1}{2\sqrt{n}}<a_n<\dfrac{1}{\sqrt{2n+1}}$,

因为$\dfrac{(2n-1)!!}{(2n)!!}>\dfrac{1}{2\sqrt{n}}=\dfrac{1}{2}\cdot\dfrac{1}{n^{\frac{1}{2}}}$,又$\sum\limits_{n=1}^{\infty}\dfrac{1}{n^{\frac{1}{2}}}$ 发散,故$\sum\limits_{n=1}^{\infty}\dfrac{(2n-1)!!}{(2n)!!}$ 发散;

因为$\dfrac{(2n-3)!!}{(2n)!!}=\dfrac{(2n-1)!!}{(2n)!!}\cdot\dfrac{1}{2n-1}<\dfrac{1}{\sqrt{2n+1}\cdot(2n-1)}$

令 $b_n=\dfrac{1}{\sqrt{2n+1}\cdot(2n-1)}$,可知

$$\frac{b_{n+1}}{b_n}=\frac{\sqrt{2n+1}\cdot(2n-1)}{\sqrt{2n+3}\cdot(2n+1)}=\frac{2n-1}{\sqrt{2n+1}\cdot\sqrt{2n+3}}(n\to\infty)<1,$$

故$\sum\limits_{n=1}^{\infty}\dfrac{1}{\sqrt{2n+1}\cdot(2n-1)}$ 收敛,所以$\sum\limits_{n=1}^{\infty}\dfrac{(2n-3)!!}{(2n)!!}$ 收敛. 证毕.

第三节　绝对收敛与条件收敛

知识点归纳

1. 交错级数及其审敛法

各项正负交错的数项级数

$a_1 - a_2 + a_3 - \cdots + (-1)^{n-1} a_n + \cdots$

称为交错级数.

交错级数审敛法(莱布尼茨判别法) 如果交错级数 $\sum_{n=1}^{\infty}(-1)^{n-1} a_n$,其中 $a_n > 0$ 的一般项满足以下两个条件:

(ⅰ) 绝对值逐项递减,即 $a_{n+1} \leqslant a_n (n = 1,2,3,\cdots)$;

(ⅱ) $\lim\limits_{n\to\infty} a_n = 0$

那么(1) 级数收敛,它的和 S 满足 $0 \leqslant S \leqslant a_1$;

(2) 级数的余项 r_n 的绝对值 $|r_n| \leqslant a_{n+1}$.

2. 级数的绝对收敛与条件收敛

对于任意的数项级数 $\sum_{n=1}^{\infty} a_n$,如果级数的每一项取绝对值后组成的正项级数 $\sum_{n=1}^{\infty} |a_n|$ 收敛,则称级数 $\sum_{n=1}^{\infty} a_n$ 绝对收敛. 如果 $\sum_{n=1}^{\infty} |a_n|$ 发散,但 $\sum_{n=1}^{\infty} a_n$ 收敛,则称级数 $\sum_{n=1}^{\infty} a_n$ 条件收敛.

3. 绝对收敛与收敛的关系

绝对收敛的级数必定收敛,但收敛级数未必绝对收敛.

4. 绝对收敛的比值和根值审敛法

设 $\sum_{n=1}^{\infty} a_n$ 为任意的数项级数,如果极限 $\lim\limits_{n\to\infty}\left|\frac{a_{n+1}}{a_n}\right|$ (或 $\lim\limits_{n\to\infty}\sqrt[n]{|a_n|}$) $= \rho$(有确定意义),则当 $r < 1$ 时,$\sum_{n=1}^{\infty} a_n$ 绝对收敛;

当 $r > 1$(或为 $+\infty$) 时,$\sum_{n=1}^{\infty} a_n$ 发散.

5. 绝对收敛级数的性质

(1) 绝对收敛级数的更序级数仍然绝对收敛,且其和不变.

(2) 设两个绝对收敛级数 $\sum_{n=1}^{\infty} a_n$ 与 $\sum_{n=1}^{\infty} b_n$ 的和为 S 与 σ,则其柯西乘积

$a_1 b_1 + (a_2 b_1 + a_1 b_2) + \cdots + (a_n b_1 + a_{n-1} b_2 + \cdots + a_1 b_n) + \cdots$

也绝对收敛,且其和为 $S \cdot \sigma$.

典型例题与解题技巧

题型Ⅲ:幂级数的求和

【题型分析】 求幂级数的和函数的一般方法是:首先确定出收敛域;其次是在收敛域上,通过逐项积分或微分,去掉所给幂级数的系数中的部分因子或整个系数,将级数转化为常见函数展开式的形式,从而成为新级数的和函数;第三,对于得到的这个新级数的和函数作相反的分析运算,便得到原幂级数的和函数.

例 15 求幂级数$\sum_{n=1}^{\infty}\frac{1}{n2^n}x^{n-1}$的收敛域,并求其和函数.

解:由 $\lim_{n\to\infty}\left|\frac{a_{n+1}}{a_n}\right|=\lim_{n\to\infty}\frac{n}{(n+1)}\frac{1}{2}=\frac{1}{2}$,则收敛半径$R=2$,该幂级数在$(-2,2)$内收敛;

当$x=-2$时,原级数为$\sum_{n=1}^{\infty}\frac{(-1)^{n-1}}{2n}$收敛.

当$x=2$时,原级数为$\sum_{n=1}^{\infty}\frac{1}{2n}$发散.

则原级数的收敛域为$[-2,2)$.

令$s(x)=\sum_{n=1}^{\infty}\frac{1}{n2^n}x^{n-1}$,则$xs(x)=\sum_{n=1}^{\infty}\frac{1}{n}(\frac{x}{2})^n=-\ln(1-\frac{x}{2})$

当$x\neq 0$时,$s(x)=-\frac{1}{x}\ln(1-\frac{x}{2})$

当$x=0$时,$s(0)=\frac{1}{2}$

故$s(x)=\begin{cases}-\frac{1}{x}\ln(1-\frac{x}{2}), & x\in[-2,0),\cup(0,2)\\ \frac{1}{2}, & x=0\end{cases}$

例 16 将函数$f(x)=\arctan\frac{1+x}{1-x}$展为$x$的幂级数.

解:对$f(x)$求导得

$$f'(x)=\frac{1}{1+(\frac{1+x}{1-x})^2}\frac{(1-x)+(1+x)}{(1-x)^2}=\frac{2}{(1+x^2)+(1-x)^2}=\frac{1}{1+x^2}$$

而 $f'(x)=\frac{1}{1+x^2}=\sum_{n=0}^{\infty}(-1)^nx^{2n},(-1<x<1)$

积分得 $f(x)-f(0)=\sum_{n=0}^{\infty}(-1)^n\int_0^x x^{2n}\mathrm{d}x=\sum_{n=0}^{\infty}\frac{(-1)n}{2n+1}x^{2n+1},(-1<x<1)$

即 $f(x)=\frac{\pi}{4}+\sum_{n=0}^{\infty}\frac{(-1)^n}{2n+1}x^{2n+1}$

题型Ⅳ:求函数的幂级数展开式

【题型分析】 与幂级数求和类似,通过逐项积分或求导或变量替换法、分解法等转化为熟知的某些函数的展开式.

例 17 把下列函数展成麦克劳林展开式.

(1) $\dfrac{x}{\sqrt{1-x}}$； (2) $\int_0^x t\cos t\mathrm{d}t$.

解：(1) $\dfrac{x}{\sqrt{1-x}}=x(1-x)^{-\frac{1}{2}}=x\left[1+(-\dfrac{1}{2})(-x)+\dfrac{(-\frac{1}{2})(-\frac{1}{2}-1)}{2!}(-x)^2+\right.$

$$\left.\frac{(-\frac{1}{2})(-\frac{1}{2}-1)(-\frac{1}{2}-2)}{3!}(-x)^3+\cdots\right]$$

$$=x\left[x+\frac{x}{2}+\frac{1\cdot 3}{2^2\cdot 2!}x^2+\frac{1\cdot 3\cdot 5}{2^3\cdot 3!}x^3+\cdots\right]$$

$$=x\left[1+\sum_{n=1}^{+\infty}\frac{(2n-1)!!}{2^n n!}x^n\right]$$

现讨论幂级数$\sum\limits_{n=1}^{+\infty}\dfrac{(2n-1)!!}{2^n n!}x^n$的收敛半径：

记 $a_n=\dfrac{(2n-1)!!}{2^n n!}$

$$\lim_{n\to+\infty}\frac{|a_{n+1}|}{a_n}=\lim_{n\to+\infty}\frac{(2n+1)!!}{2^{n+1}(n+1)!!}\cdot\frac{2^n n!}{(2n-1)!!}=\lim_{n\to+\infty}\frac{2n+1}{2(n+1)}=1$$

当 $x=-1$ 时，级数$\sum\limits_{n=1}^{+\infty}\dfrac{(2n-1)!!}{2^n n!}(-1)^n$是一交错级数.

实际上$\sum\limits_{n=1}^{+\infty}\dfrac{(2n-1)!!}{2^n n!}(-1)^n=\sum\limits_{n=1}^{+\infty}(-1)^n\cdot\dfrac{(2n-1)!!}{(2n)!!}$

由莱布尼茨判别法知，它是收敛的.

当 $x=1$ 时，$\dfrac{x}{\sqrt{1-x}}$无定义，故

$$\frac{x}{\sqrt{1-x}}=x[1+\sum_{n=1}^{+\infty}\frac{(2n-1)!!}{(2n)!!}x^n],(-1\leqslant x<1)$$

(2) $\int_0^x t\cos t\mathrm{d}t=\int_0^x t[\sum\limits_{n=0}^{+\infty}\dfrac{(-1)^n}{(2n)!}\cdot t^{2n}]\mathrm{d}t=\int_0^x\sum\limits_{n=0}^{+\infty}\dfrac{(-1)^n}{(2n)!}\cdot t^{2n+1}\mathrm{d}t$

$$=\sum_{n=0}^{+\infty}(-1)^n\frac{1}{(2n)!}\cdot\frac{x^{2n+2}}{2n+2}$$

$$=\sum_{n=0}^{+\infty}\frac{(-1)^n\cdot x^{2n+2}}{(2n+2)(2n)!},(|x|<+\infty)$$

例 18 讨论下列级数在指定的区间内是否一致收敛

(1) $\sum\limits_{n=1}^{\infty}x^{2n},(-1<x<1)$，(2) $\sum\limits_{n=1}^{\infty}\sin\dfrac{x}{3^n},(0<x<+\infty)$.

解：(1) 由等比级数的性质可知，级数$\sum\limits_{n=1}^{\infty}x^{2n}$在 $-1<x<1$ 时收敛.

$$s(x)=\sum_{n=1}^{\infty}x^{2n}=\frac{x^2}{1-x^2}$$

$$r_n(x)=s(x)-s_n(x)=\frac{x^{2n}}{1-x^2}$$

取 $\quad x_n=\sqrt{\frac{n-1}{n}}\in(-1,1)$,

则 $\quad \lim\limits_{n\to\infty}r_n(x_n)=\lim\limits_{n\to\infty}\dfrac{(1-\frac{1}{n})^n}{\frac{1}{n}}=+\infty$

从而级数在$(-1,1)$上不一致收敛.

(2) 对固定的$x\in(0,+\infty)$,当n充分大时,有$0<\frac{x}{3^n}<\frac{\pi}{2}$,及$0<\sin\frac{x}{3^n}\leqslant\frac{x}{3^n}$收敛,所以

$\sum\limits_{n=1}^{\infty}\sin\frac{x}{3^n}$也收敛,令$x_n=3^n$,则当$k\geqslant n+1$时,$\sin\frac{x_n}{3^k}>0$

故 $\quad r_n(x_n)=\sum\limits_{k=n+1}^{\infty}\sin\frac{x_n}{3^k}=\sum\limits_{k=n+1}^{\infty}\sin\frac{1}{3^{k-n}}>\sin\frac{1}{3}$

所以$\lim\limits_{n\to\infty}r_n(x_n)\neq0$,故级数在$(0,+\infty)$上不一致收敛.

例 19 证明级数$\sum\limits_{n=1}^{\infty}(-1)^n\dfrac{1}{x+n}$在$(0,+\infty)$上收敛且一致收敛.

证:对任意固定$x\in(0,+\infty)$,级数$\sum\limits_{n=1}^{\infty}(-1)^n\dfrac{1}{x+n}$为交错级数,而$\lim\limits_{n\to\infty}\dfrac{1}{x+n}=0$,并且

$\dfrac{1}{x+n+1}<\dfrac{1}{x+n}$,故由莱布尼兹定理可知,级数收敛.

再由$|r_n(x)|\leqslant|u_{n+1}(x)|=\dfrac{1}{x+n+1}<\dfrac{1}{n}$,所以只要取$N=\left[\dfrac{1}{\varepsilon}\right]+1$

则当$n>N$时,对所有$x\in(0,+\infty)$有$|r_n(x)|<\varepsilon$,从而级数$\sum\limits_{n=1}^{\infty}(-1)^n\dfrac{1}{x+n}$在$(0,+\infty)$上有一致收敛.

例 20 将函数$f(x)=2+|x|,(-1\leqslant x\leqslant1)$展开成以2为周期的傅里叶级数,并由此求级数$\sum\limits_{n=1}^{\infty}\dfrac{1}{n^2}$的和.

解:由于$f(x)$是偶函数,所以

$b_n=0,(n=1,2,3,\cdots)$,

$a_0=2\int_0^1(2+x)\mathrm{d}x=5$,

$a_n=2\int_0^1(2+x)\cos n\pi x\mathrm{d}x=\dfrac{2(\cos n\pi x-1)}{n^2\pi^2},n=1,2,\cdots$.

由于在$[-1,1]$上$f(x)$满足收敛定理条件,所以

$$2+|x|=\frac{5}{2}+\sum_{n=1}^{\infty}\frac{2(\cos n\pi x-1)}{n^2\pi^2}\cos n\pi x=\frac{5}{2}-\frac{4}{\pi^2}\sum_{n=0}^{\infty}\frac{\cos(2n+1)\pi x}{(2n+1)^2}$$

令 $x=0$,则 $2=\dfrac{5}{2}-\dfrac{4}{\pi^2}\sum\limits_{n=0}^{\infty}\dfrac{1}{(2n+1)^2}$,得 $\sum\limits_{n=0}^{\infty}\dfrac{1}{(2n+1)^2}=\dfrac{\pi^2}{8}$

而 $\sum\limits_{n=1}^{\infty}\dfrac{1}{n^2}=\sum\limits_{n=0}^{\infty}\dfrac{1}{(2n+1)^2}+\sum\limits_{n=1}^{\infty}\dfrac{1}{(2n)^2}=\dfrac{\pi^2}{8}+\dfrac{1}{4}\sum\limits_{n=1}^{\infty}\dfrac{1}{2}$

故 $\sum\limits_{n=1}^{\infty}\dfrac{1}{n^2}=\dfrac{\pi^2}{6}$

题型 V:函数的幂级数展开式应用

【题型分析】 利用幂级数展开式可进行函数值和定积分的近似计算,计算时确定余项足够小.

例 21 将函数 $f(x)=x-1,(0\leqslant x\leqslant 2)$ 展开成周期为 4 的余弦级数

解: $a_0=\int_0^2(x-1)\mathrm{d}x=0$

$$a_n=\int_0^2(x-1)\cos\frac{n\pi x}{2}\mathrm{d}x=\frac{2}{n\pi}\int_0^2(x-1)\mathrm{d}\sin\frac{n\pi x}{2}=-\frac{2}{n\pi}\int_0^2\sin\frac{n\pi x}{2}\mathrm{d}x$$

$$=\left(\frac{2}{n\pi}\right)^2\cos\frac{n\pi x}{2}\Big|_0^2=\frac{4}{n^2\pi^2}[(-1)^n-1]$$

$$=\begin{cases}0, & n=2k\\ -\dfrac{8}{(2k-1)^2\pi^2}, & n=2k-1\end{cases},(k=1,2,3,\cdots)$$

$$f(x)=-\frac{8}{\pi^2}\sum_{k=1}^{\infty}\frac{1}{(2k-1)^2}\cos\frac{(2k-1)\pi x}{2},x\in[0,2]$$

例 22 将函数 $f(x)=-\sin\dfrac{x}{2}+1,x\in[0,\pi]$,展开成正弦级数.

解: 首先将 $f(x)$ 作奇延拓,再作周期延拓,则

$a_n=0,(n=0,1,\cdots)$

$$b_n=\frac{2}{\pi}\int_0^{\pi}f(x)\sin nx\mathrm{d}x=\frac{2}{\pi}\int_0^{\pi}\left(1-\sin\frac{x}{2}\right)\sin nx\mathrm{d}x=\frac{2}{\pi}\left[\int_0^{\pi}\sin nx\mathrm{d}x-\int_0^{\pi}\sin\frac{x}{2}\sin nx\mathrm{d}x\right]$$

$$=\frac{2}{\pi}\left\{-\frac{1}{\pi}\cos nx\Big|_0^{\pi}-\frac{1}{2}\int_0^{\pi}\left[\cos\left(n-\frac{1}{2}\right)x-\cos\left(n+\frac{1}{2}\right)x\right]\right\}\mathrm{d}x$$

$$=\frac{2}{\pi}\left\{\frac{1}{n}[1-(-1)^n]+\left[\frac{1}{2n+1}\sin\left(n+\frac{1}{2}\right)x-\frac{1}{2n-1}\sin\left(n-\frac{1}{2}\right)x\right]_0^{\pi}\right\}$$

$$=\frac{2}{\pi}\left\{\frac{1}{n}[1-(-1)^n]+\frac{(-1)^n4n}{4n^2-1}\right\},(n=1,2,\cdots)$$

由收敛定理得

$$f(x)=-\sin\frac{x}{2}+1=\frac{2}{\pi}\sum_{n=1}^{\infty}\left\{\frac{1}{n}[1-(-1)^n]+\frac{(-1)^n4n}{4n^2-1}\right\}\sin nx,x\in(0,\pi]$$

例 23 将函数 $f(x)=e^{2x},x\in[0,\pi]$ 展开成余弦级数.

解:将 $f(x)$ 作偶延拓,再作周期延拓,则

$b_n=0,(n=1,2,\cdots)$

$$a_n=\frac{2}{\pi}\int_0^{\pi}e^{2x}dx=\frac{1}{\pi}e^{2x}\Big|_0^{\pi}=\frac{1}{\pi}(e^{2\pi}-1)$$

$$a_n=\frac{2}{\pi}\int_0^{\pi}e^{2x}\cos nx\,dx=\frac{2}{\pi}\frac{2\cos nx+n\sin nx}{4+n^2}\Big|_0^{\pi}=\frac{4[(-1)^n-1]}{\pi(4+n^2)}$$

由收敛定理得 $$e^{2x}=\frac{e^{2\pi}}{2\pi}+\frac{4}{\pi}\sum_{n=1}^{\infty}\frac{[(-1)^n-1]}{4+n^2}\cos nx,x\in[0,\pi]$$

课后习题全解

习题 9－3 解答

1. 判别下列级数是否收敛,如果收敛,是条件收敛还是绝对收敛?

(1) $\sum\limits_{n=2}^{\infty}\frac{(-1)^n}{\ln n}$;　　(2) $\sum\limits_{n=1}^{\infty}(-1)^{n+1}\sin\frac{1}{n}$;

(3) $\sum\limits_{n=1}^{\infty}(-1)^n\frac{n}{2n+1}$;　　(4) $\sum\limits_{n=1}^{\infty}(-1)^n\frac{n}{2^n}$;

(5) $\sum\limits_{n=1}^{\infty}\frac{1}{n}\sin\frac{n\pi}{2}$;　　(6) $\sum\limits_{n=1}^{\infty}(-1)^n\left(1-\cos\frac{1}{n}\right)$;

(7) $\sum\limits_{n=1}^{\infty}(-1)^n\frac{(2n-1)!!}{(2n)!!}$;　　(8) $\sum\limits_{n=1}^{\infty}(-1)^{n-1}\frac{(2n-3)!!}{(2n)!!}$.

【逻辑推理】 一般先判定级数是否绝对收敛,若不是绝对收敛,再判定是否条件收敛.

解:(1) 因为 $a_n=\frac{(-1)^n}{\ln n}$,$|a_n|=\frac{1}{\ln n}>\frac{1}{n}$,故 $\sum\limits_{n=2}^{\infty}|a_n|$ 发散,

又 $\lim\limits_{n\to\infty}|a_n|=0$,且 $|a_{n+1}|<|a_n|$,故 $\sum\limits_{n=2}^{\infty}a_n$ 收敛,综上可知,原级数条件收敛.

(2) $a_n=(-1)^{n+1}\sin\frac{1}{n}$,$|a_n|=\sin\frac{1}{n}\sim\frac{1}{n}\sum\limits_{n=1}^{\infty}|a_n|$ 与 $\sum\limits_{n=1}^{\infty}\frac{1}{n}$ 同敛散性,即 $\sum\limits_{n=1}^{\infty}|a_n|$ 发散.

又 $\lim\limits_{n\to\infty}|a_n|=0$ 且 $|a_{n+1}|<|a_n|$ 故 $\sum\limits_{n=1}^{\infty}a_n$ 收敛.

综上可知,原级数条件收敛.

(3) $a_n=\frac{n}{2n+1}\to\frac{1}{2}\neq0$,即原级数发散.

(4) $|a_n|=\frac{n}{2^n}$,$\lim\limits_{n\to\infty}\frac{|a_{n+1}|}{a_n}=\lim\limits_{n\to\infty}\frac{\frac{n+1}{2^{n+1}}}{\frac{n}{2^n}}=\frac{1}{2}$ 故 $\sum\limits_{n=1}^{\infty}|a_n|$ 收敛.

综上可知,原级数绝对收敛.

(5) $\sum_{n=1}^{\infty}\frac{1}{n}\sin\frac{n\pi}{2}=1-\frac{1}{3}+\frac{1}{5}-\cdots+\frac{(-1)^{k-1}}{2k-1}+\cdots$，

由于$\left|\frac{(-1)^{k-1}}{2k-1}\right|=\frac{1}{2k-1}>\frac{1}{2k}$，而$\sum_{n=1}^{\infty}\frac{1}{2k}$发散，故原级数非绝对收敛.

又因为原级数收敛，故为条件收敛.

(6) $|a_n|=1-\cos\frac{1}{n}=2\cdot\sin^2\frac{1}{2}\sim\frac{1}{2n^2}$

$\sum_{n=1}^{\infty}|a_n|$与$\sum_{n=1}^{\infty}\frac{1}{2n^2}$同敛散性，而$\sum_{n=1}^{\infty}\frac{1}{2n^2}$收敛，故$\sum_{n=1}^{\infty}|a_n|$收敛即原级数绝对收敛.

(7) 记$a_n=\frac{(2n-1)!!}{(2n)!!}$，由上节习题第 6 题解答知，$a_n>\frac{1}{2\sqrt{n}}$，由比较审敛法知$\sum_{n=1}^{\infty}a_n$发散，故

$\sum_{n=1}^{\infty}(-1)^n a_n$非绝对收敛.

由于$a_{a+1}<a_n$，且由不等式$a_n<\frac{1}{\sqrt{2n+1}}$（见上节习题第 6 题解答）可得$\lim_{n\to\infty}a_n=0$，故知

交错级数$\sum_{n=1}^{\infty}(-1)^n\frac{(2n-1)!!}{(2n)!!}$条件收敛.

(8) 因为$\sum_{n=1}^{\infty}\left|(-1)^{n-1}\frac{(2n-3)!!}{(2n)!!}\right|=\sum_{n=2}^{\infty}\frac{(2n-3)!!}{(2n)!!}$收敛（见上节第 6 题解答）

故$\sum_{n=2}^{\infty}(-1)^{n-1}\frac{(2n-3)!!}{(2n)!!}$绝对收敛.

2. 设$\sum_{n=1}^{\infty}a_n$为收敛的正项级数，证明$\sum_{n=1}^{\infty}(-1)^n\left(n\tan\frac{1}{n}\right)a_{2n}$绝对收敛.

解：由条件知$\sum_{n=1}^{\infty}a_{2n}$收敛，又因　$\lim_{n\to\infty}\frac{\left|(-1)^n\left(n\tan\frac{1}{n}\right)a_{2n}\right|}{a_{2n}}=\lim_{n\to\infty}\frac{\tan\frac{1}{n}}{\frac{1}{n}}=1$，

由正项级数的比较审敛法知$\sum_{n=1}^{\infty}\left|(-1)^n\left(n\tan\frac{1}{n}\right)a_{2n}\right|$收敛，即原级数绝对收敛.

3. 利用柯西乘积证明：

$$\left(\sum_{n=0}^{\infty}\frac{a^n}{n!}\right)\left(\sum_{n=0}^{\infty}\frac{b^n}{n!}\right)=\sum_{n=0}^{\infty}\frac{(a+b)^n}{n!}.$$

解：左边$=\left(1+a+\frac{a^2}{2!}+\frac{a^3}{3!}+\cdots+\frac{a^n}{n!}+\cdots\right)\left(1+b+\frac{b^2}{2!}+\frac{b^3}{3!}+\cdots+\frac{b^n}{n!}+\cdots\right)$

按柯西乘积，左边的第$(n+1)$项，应该是指数和为n的两因子一切乘积之和，设为C_{n+1}，则

$$C_{n+1}=\frac{a^n}{n!}+\frac{a^{n-1}}{(n-1)!}\cdot b+\frac{a^{n-2}}{(n-2)!}\cdot\frac{b^2}{2!}+\cdots+\frac{a^2}{2!}\frac{b^{n-2}}{(n-2)!}+a\cdot\frac{b^{n-1}}{(n-1)!}+\frac{b^n}{n!}$$

$$=\frac{1}{n!}\left[a^n+na^{n-1}b+\frac{n(n-1)}{2!}a^{n-2}b^2+\cdots+C_n^{n-2}a^2b^{n-2}+C_n^{n-1}ab^{n-1}+b^n\right]$$

符合n次多项展开式

$$C_{n+1} = \frac{(a+b)^n}{n!} = \text{右边第 } n+1 \text{ 项}$$

故 $$\left(\sum_{n=0}^{\infty} \frac{a_n}{n!}\right)\left(\sum_{n=0}^{\infty} \frac{b^n}{n!}\right) = \sum_{n=0}^{\infty} \frac{(a+b)^n}{n!}$$

第四节 幂级数

知识点归纳

1. 幂级数及其收敛性

形如 $$\sum_{n=1}^{\infty} a_n(x-x_0)^n = a_0 + a_1(x-x_0) + \cdots + a_n(x-x)^n + \cdots \quad ①$$

的函数项级数叫做 $x-x_0$ 的幂级数(简称幂级数). 当 $x_0=0$ 时,① 成为

$$\sum_{n=1}^{\infty} a_n x^n = a_0 + a_1 x + \cdots + a_n x^n + \cdots. \quad ②$$

点集 $K=\left\{x\in\mathbf{R} \mid \sum\limits_{n=0}^{\infty} a_n x^n \text{ 收敛}\right\}$ 称为幂级数 ② 的收敛域,其中的点 x 叫做幂级数 ② 的收敛点.

函数 $s(x)=\sum\limits_{n=0}^{\infty} a_n x^n (x\in K)$ 称为幂级数 ② 的和函数.

(1) 幂级数收敛的结构

阿贝尔定理 如果 $x_0(\neq 0)$ 是幂级数 ② 的收敛点,那么满足不等式 $|x|<|x_0|$ 的一切 x 使得幂级数 ② 绝对收敛;反之,如果 x_0 是 ② 的发散点,那么满足不等式 $|x|>|x_0|$ 的一切 x 使得幂级数 ② 发散.

推论 当幂级数 ② 的收敛域 K 不是单点集 $\{0\}$ 时,

1) 如果 K 是有界集,则必有一个确定的正数 R,使得当 $|x|<R$ 时,幂级数 ② 绝对收敛;当 $|x|>R$ 时,幂级数 ② 发散;当 $x=R$ 或 $x=-R$ 时,幂级数 ② 可能收敛也可能发散.

2) 如果 K 是无界集,则 $K=(-\infty,+\infty)$.

幂级数的收敛域也称为收敛区间. 在收敛区间的内点处,幂级数绝对收敛.

(2) 收敛半径 R 的求法

系数模比值法 如果极限 $\lim\limits_{n\to\infty}\frac{|a_{n+1}|}{a_n}=\rho(0\leqslant\rho\leqslant+\infty)$,则

$$R=\begin{cases} 1/\rho & \text{当 } 0<\rho<+\infty \\ +\infty & \text{当 } \rho=0 \\ 0 & \text{当 } \rho=+\infty \end{cases}$$

系数模根值法 如果极限 $\lim\limits_{n\to\infty}\sqrt[n]{|a_n|}=\rho$,结论同上.

2. 幂级数的运算与性质

(1) 幂级数可进行下列四则运算

$$\sum_{n=0}^{\infty} a_n x^n \pm \sum_{n=0}^{\infty} b_n x^n = \sum_{n=0}^{\infty} (a_n \pm b_n) x^n,$$

$$\sum_{n=0}^{\infty} a_n x^n \cdot \sum_{n=0}^{\infty} b_n x^n = \sum_{n=0}^{\infty} \left(\sum_{i+j=n} a_i b_j\right) x^n,$$

等式在区间 $(-R_1, R_1) \cap (-R_2, R_2)$ 内成立，其中 R_1, R_2 分别是两个级数的收敛半径. 对于商

$$\sum_{n=0}^{\infty} a_n x^n \Big/ \sum_{n=0}^{\infty} b_n x^n = \sum_{n=0}^{\infty} c_n x^n \quad (b_0 \neq 0),$$

系数 c_n 可由解方程组

$$\sum_{i+j=n} b_i c_j = a_n \quad (n = 1, 2, \cdots)$$

确定，而商级数的收敛区间可能比 $(-R_1, R_1) \cap (-R_2, R_2)$ 小得多.

(2) 幂级数和函数的性质

(ⅰ) 连续性　$s(x)$ 在幂级数的收敛区间上连续.

(ⅱ) 可积性　$s(x)$ 在幂级数的收敛区间内可积，并有逐项积分公式：

$$\int_0^x s(x)\mathrm{d}x = \int_0^x \left(\sum_{n=0}^{\infty} a_n x^n\right)\mathrm{d}x = \sum_{n=0}^{\infty} \int_0^x a_n x^n \mathrm{d}x = \sum_{n=0}^{\infty} \frac{a_n}{n+1} x^{n+1}, (|x| < R),$$

且逐项积分后所得级数与原级数有相同的收敛半径 R.

(ⅲ) 可微性　$s(x)$ 在幂级数的收敛区间内可微，并有逐项求导公式：

$$s'(x) = \left(\sum_{n=0}^{\infty} a_n x^n\right)' = \sum_{n=0}^{\infty} (a_n x^n)' = \sum_{n=1}^{\infty} n a_n x^{n-1} \quad (|x| < R),$$

且逐项求导后所得级数与原级数有相同的收敛半径 R.

$s(x)$ 在收敛区间内任意阶可导.

课后习题全解

习题 9－4 解答

1. 设幂级数 $\sum\limits_{n=0}^{\infty} a_n x^n$ 的收敛半径为 R，试问幂级数 $\sum\limits_{n=0}^{\infty} a_n x^{kn+m}$ 的收敛半径为多少？其中 k, m 都是取定的正整数.

【知识点窍】　通过已知条件找出 $\dfrac{|a_{n+1}|}{|a_n|}$ 代入即得.

解：依题意 $\lim\limits_{n\to\infty} \left|\dfrac{a_{n+1}}{a_n}\right| = \dfrac{1}{R} = \rho$

$$\lim_{n\to\infty} \left|\frac{a_{n+1} x^{nk+m+k}}{a_n x^{nk+m}}\right| = \rho |x^k| = \frac{|x^k|}{R}$$

当 $\rho|x^k| < 1$ 即 $|x| < \sqrt[k]{R}$ 时，级数绝对收敛.

综上可知，$\sum\limits_{n=0}^{\infty}a_nx^{kn+m}$ 收敛半径为$\sqrt[k]{R}$.

2. 求下列幂级数的收敛域：

(1) $\sum\limits_{n=1}^{\infty}(n+1)x^n$；　(2) $\sum\limits_{n=1}^{\infty}\frac{x^n}{n^2+1}$；

(3) $\sum\limits_{n=1}^{\infty}\frac{x^n}{n^n}$；　(4) $\sum\limits_{n=1}^{\infty}\frac{x^n}{(2n)!!}$；

(5) $\sum\limits_{n=2}^{\infty}\frac{(-1)^n}{\ln n}(x-1)^n$；　(6) $\sum\limits_{n=1}^{\infty}\sqrt{n}(3x+1)^n$；

(7) $\sum\limits_{n=1}^{\infty}\frac{2^n}{n+1}x^{2n-1}$；　(8) $\sum\limits_{n=1}^{\infty}\frac{(-1)^n}{n\cdot 2^n}x^{3n}$.

【知识点窍】 先用比值法求收敛半径 R，再分别验证端点的敛散性，得出收敛区间.

解：(1) $\lim\limits_{n\to\infty}\frac{n+2}{n+1}=1$，得 $R=1$.

当 $x=1$ 时，原级数为$\sum\limits_{n=1}^{\infty}(n+1)$，发散.

当 $x=-1$ 时，原级数为$\sum\limits_{n=1}^{\infty}(n+1)(-1)^n$，发散.

所以收敛区间为$(-1,1)$.

(2) $\lim\limits_{n\to\infty}\frac{\frac{1}{(n+1)^2+1}}{\frac{1}{n^2+1}}=\lim\limits_{n\to\infty}\frac{n^2+1}{n^2+2n+2}=1$ 得 $R=1$

当 $x=1$ 时，原级数为$\sum\limits_{n=1}^{\infty}\frac{1}{n^2+1}$，由$\frac{1}{n^2+1}<\frac{1}{n^2}$而$\sum\limits_{n=1}^{\infty}\frac{1}{n^2}$收敛，故$\sum\limits_{n=1}^{\infty}\frac{1}{n^2+1}$收敛.

由$\lim\limits_{n\to\infty}\frac{1}{n^2+1}=0$且$\frac{1}{(n+1)^2+1}<\frac{1}{n^2+1}$，得$\sum\limits_{n=1}^{\infty}\frac{1}{n^2+1}(-1)^n$收敛.

所以收敛区间为$[-1,1]$.

(3) $\lim\limits_{n\to\infty}\frac{\frac{1}{(n+1)^{n+1}}}{\frac{1}{n^n}}=\frac{n^n}{(n+1)^{n+1}}=0$，得 $R=+\infty$.

所以收敛区间为$(-\infty,+\infty)$.

(4) $\lim\limits_{n\to\infty}\left|\frac{\frac{1}{2(n+1)!!}}{\frac{1}{(2n)!!}}\right|=\frac{2n!!}{(2n+2)!!}=\frac{1}{2n+2}=0$，得 $R=+\infty$.

所以收敛区间为$(-\infty,+\infty)$.

(5) 令 $t=1-x$ 原级数变为$\sum\limits_{n=2}^{\infty}\frac{(-1)^n(-t)^n}{\ln n}$，即$\sum\limits_{n=2}^{\infty}\frac{t^n}{\ln n}$.

$$\lim_{n\to\infty}\frac{\frac{1}{\ln(n+1)}}{\frac{1}{\ln n}}=\lim_{n\to\infty}\frac{\ln n}{\ln(n+1)}=1$$

当 $t=1$ 时 $\sum\limits_{n=2}^{\infty}\frac{1}{\ln n}$，由 $\frac{1}{\ln n}>\frac{1}{n}$ 发散，故 $\sum\limits_{n=2}^{\infty}\frac{1}{\ln n}$ 发散.

当 $t=-1$ 时，$\sum\limits_{n=2}^{\infty}\frac{(-1)^n}{\ln n}$，由 $\lim\limits_{n\to\infty}\frac{1}{\ln n}=0$ 且 $\frac{1}{\ln(n+1)}<\frac{1}{\ln n}$，故 $\sum\limits_{n=2}^{\infty}\frac{(-1)^n}{\ln n}$ 收敛，即原级数收敛区间为 $1-x\in[-1,1)$，即 $x\in(0,2]$.

(6) 令 $t=3x+1$，则级数变为 $\sum\limits_{n=1}^{\infty}\sqrt{n}t^n$.

$\lim\limits_{n\to\infty}\left|\frac{\sqrt{n+1}}{\sqrt{n}}\right|=1$，得 $R=1$.

当 $t=-1$ 时，级数变为 $\sum\limits_{n=1}^{\infty}\sqrt{n}(-1)^n$ 发散.

当 $t=1$ 时，级数变为 $\sum\limits_{n=1}^{\infty}\sqrt{n}$，发散，于是 $-1<t<1$，即

$-1<3x+1<1,-\frac{2}{3}<x<1$,

故此级数的收敛区间为 $\left(-\frac{2}{3},0\right)$.

(7) $\lim\limits_{n\to\infty}\left|\frac{2^{n+1}x^{2n+1}}{n+2\cdot\frac{2^nx^{2n-1}}{n+1}}\right|=2x^2<1$，得 $|x|<\frac{\sqrt{2}}{2}$.

当 $x=\frac{\sqrt{2}}{2}$ 时，原级数变为 $\sum\limits_{n=1}^{\infty}\frac{\sqrt{2}}{n+1}$，发散.

当 $x=-\frac{\sqrt{2}}{2}$ 时，原级数变为 $\sum\limits_{n=1}^{\infty}\frac{-\sqrt{2}}{n+1}$，发散.

所以收敛区间为 $\left(-\frac{\sqrt{2}}{2},\frac{\sqrt{2}}{2}\right)$.

(8) $\lim\limits_{n\to\infty}\left|\frac{(-1)^{n+1}x^{3n+3}/(n+1)\cdot 2^{n+1}}{(-1)^nx^{3n}/n\cdot 2^n}\right|=\frac{x^3}{2}$ 得 $R=\sqrt[3]{2}$

当 $x=\sqrt[3]{2}$ 时，原级数变为 $\sum\limits_{n=1}^{\infty}\frac{(-1)^n}{n\cdot 2^n}\cdot 2^n=\sum\limits_{n=1}^{\infty}\frac{(-1)^n}{n}$，收敛.

当 $x=-\sqrt[3]{2}$ 时，原级数变为 $\sum\limits_{n=1}^{\infty}\frac{1}{n}$，发散.

所以收敛域为 $(-\sqrt[3]{2},\sqrt[3]{2}]$.

3. 利用幂级数的和函数的性质求下列级数在各自收敛域上的和函数：

(1) $\sum\limits_{n=1}^{\infty}nx^{n-1}$； (2) $\sum\limits_{n=1}^{\infty}\frac{(-1)^{n+1}}{2n-1}x^{2n-1}$；

(3) $\sum\limits_{n=1}^{\infty}\dfrac{x^{n-1}}{n\cdot 2^n}$； (4) $\sum\limits_{n=1}^{\infty}\dfrac{x^{n+1}}{n(n+1)}$.

【知识点窍】 主要考虑和函数的可积性和可微性，将所给级数通过积分或求导化为易于计算的级数形式，须注意的问题：先求收敛区间.

解：(1) $\lim\limits_{n\to\infty}\left|\dfrac{n}{n+1}\right|=1$，得 $R=1$，

显见端点处级数均发散，所以收敛区间为$(-1,1)$.

令 $\sum\limits_{n=1}^{\infty}nx^{n-1}=s(x)$，则两边从 0 至 x 作积分，得

$$\int_0^x s(t)\mathrm{d}t=\int_0^x\sum_{n=1}^{\infty}nt^{n-1}\mathrm{d}t=\sum_{n=2}^{\infty}\int_0^x nt^{n-1}\mathrm{d}t=\sum_{n=1}^{\infty}x^n,(|x|<1),$$

于是得 $\int_0^x s(t)\mathrm{d}t=\dfrac{x}{1-x}$

两边对 x 求导得 $s(x)=\dfrac{1}{(1-x)^2}$，$|x|<1$.

(2) $\lim\limits_{n\to\infty}\left|\dfrac{(-1)^{n+2}x^{2n+1}/2n+1}{(-1)^{n+1}x^{2n-1}/2n-1}\right|=x^2<1$，得 $|x|<1$，即收敛半径为 1.

当 $x=1$ 时，原级数为 $\sum\limits_{n=1}^{\infty}\dfrac{(-1)^{n+1}}{2n-1}$，收敛；

当 $x=-1$ 时，原级数为 $\sum\limits_{n=1}^{\infty}\dfrac{(-1)^{n+2}}{2n-1}$，收敛；

收敛区间为$[-1,1]$.

令 $A_n=\dfrac{(-1)^{n+1}x^{2n-1}}{2n-1}$，$(A_n)'=(-1)^{n+1}x^{2n-2}=(-1)^{n-1}x^{2(n-1)}=(-x^2)^{n-1}$

$$\sum_{n=1}^{\infty}(A_n)'=\sum_{n=1}^{\infty}(-x^2)^{n-1}=\frac{1}{1+x^2}$$

由和函数的性质，$\sum\limits_{n=1}^{\infty}A_n=\int\dfrac{1}{1+x^2}\mathrm{d}x=\arctan x+C$

而 $s(0)=0$，则有 $C=0$，所以

$s(x)=\arctan x,x\in[-1,1]$

(3) $\lim\limits_{n\to\infty}\dfrac{(n+1)\cdot 2^{n+1}}{n\cdot 2^n}=2$，即此幂级数的收敛域为$[-2,2)$.

令 $s(x)=\sum\limits_{n=1}^{\infty}\dfrac{x^{n-1}}{n\cdot 2^n}$，则 $xs(x)=\sum\limits_{n=1}^{\infty}\dfrac{x^n}{n2^n}$.

当 $x\in(-2,2)$ 时，由于

$$[xs(x)]'=\sum_{n=1}^{\infty}\frac{x^{n-1}}{2^n}=\frac{1}{2}\sum_{n=1}^{\infty}\left(\frac{x}{2}\right)^{n-1}=\frac{1}{2}\frac{1}{1-\frac{x}{2}}=\frac{1}{2-x},$$

故 $xs(x)=\int_0^x[xs(x)]'\mathrm{d}x=\int_0^x\dfrac{1}{2-x}\mathrm{d}x=\ln\dfrac{2}{2-x}$,

于是 $s(x)=\frac{1}{x}\ln\frac{2}{2-x},(x\neq 0)$.

由于所给幂级数在 $x=-2$ 处收敛，而 $\frac{1}{x}\ln\frac{2}{2-x}$ 在 $x=-2$ 处连续，故上式当 $x=-2$ 时也成立.

又 $\sum\limits_{n=1}^{\infty}\frac{x^{n-1}}{n\cdot 2^n}\bigg|_{x=0}=\frac{1}{2}$，即 $s(0)=\frac{1}{2}$，故得

$$s(x)=\begin{cases}\frac{1}{x}\ln\frac{2}{2-x}, & 当 -2\leqslant x<0 或 0<x<2\\ \frac{1}{2}, & 当 x=0\end{cases}$$

(4) $\lim\limits_{n\to\infty}\left[\frac{1}{(n+1)(n+2)}\Big/\frac{1}{n(n+1)}\right]=1$，得 $R=1$.

当 $x=1$ 时，级数为 $\sum\limits_{n=1}^{\infty}\frac{1}{n(n+1)}$，收敛；

当 $x=-1$ 时，级数为 $\sum\limits_{n=1}^{\infty}\frac{(-1)^{n+1}}{n(n+1)}$，收敛；

所以收敛区间为 $[-1,1]$

令 $s(x)=\sum\limits_{n=1}^{\infty}\frac{x^{n+1}}{n(n+1)}$，则 $s'(x)=\sum\limits_{n=1}^{\infty}\frac{x^n}{n}$，$s''(x)=\sum\limits_{n=1}^{\infty}x^{n-1}$

① 当 $x\neq 1$ 时，即 $x\in[-1,1)$ 时

$s''(x)=\frac{1}{1-x}$　$s(0)=s'(0)=0$

解上述初值问题有 $s'(x)=-\ln(1-x)$

$s(x)=\int s'(x)\mathrm{d}x=-x\ln(1-x)+x+\ln(1-x)+C$

$s(0)=0$ 可得 $C=0$

所以　$s(x)=(1-x)\ln(1-x)+x,x\in[-1,1)$

② 当 $x=1$ 时，$s(x)=\sum\limits_{n=1}^{\infty}\frac{1}{n(n+1)}=\sum\limits_{n=1}^{\infty}\left(\frac{1}{n}-\frac{1}{n+1}\right)=1$

综上所述，$s(x)=\begin{cases}(1-x)\ln(1-x)+x, & x\in[-1,1)\\ 1, & x=1\end{cases}$

第五节 函数的泰勒级数

知识点归纳

1. 泰勒级数的概念

设函数 $f(x)$ 在点 x_0 的某一邻域 $U(x_0,r)$ 内具有各阶导数，则称下列幂级数

$$\sum_{n=0}^{\infty}\frac{f^{(n)}(x_0)}{n!}(x-x_0)^n=f(x_0)+f'(x_0)(x-x_0)+\frac{f''(x_0)}{2!}(x-x_0)^2$$
$$+\cdots+\frac{f^{(n)}(x_0)}{n!}(x-x_0)^n+\cdots \qquad ①$$

为 $f(x)$ 在 $x=x_0$ 处的泰勒级数.

若级数 ① 在 $U(x_0,r)$ 内收敛,且其和函数就是 $f(x)$,即

$$f(x)=\sum_{n=0}^{\infty}\frac{f^{(n)}(x_0)}{n!}(x-x_0)^n \quad (x\in U(x_0,r)),$$

则称 $f(x)$ 在 $U(x_0,r)$ 内可展开成泰勒级数,并把幂级数 ① 称为 $f(x)$ 在 $x=x_0$ 处的泰勒(级数)展开式(或 $f(x)$ 的 $(x-x_0)$ 的幂级数展开式).

$x_0=0$ 时的泰勒(级数)展开式称为麦克劳林(级数)展开式.

2. 泰勒级数的收敛定理

设 $f(x)$ 在 $U(x_0,r)$ 内具有各阶导数,则 $f(x)$ 在该领域内可展开成泰勒级数的充要条件是 $f(x)$ 的泰勒公式余项 $R_n(x)$ 满足

$$\lim_{n\to\infty}R_n(x)=0 \quad (x\in U(x_0,r)).$$

3. 函数展开成幂级数的方法

(1) 直接展开法

求出 $f^{(n)}(0),n=0,1,2,\cdots$,组成 $f(x)$ 的麦克劳林级数

$$\sum_{n=0}^{\infty}\frac{f^{(n)}(0)}{n!}x^n=f(0)+f'(0)x+\cdots+\frac{f^{(n)}(0)}{n!}x^n+\cdots, \qquad ②$$

并根据收敛定理证明级数 ② 在其收敛域内是否收敛于 $f(x)$.

(2) 间接展开法

利用已知的函数展开式和幂级数的运算性质,如四则运算、逐项求导、逐项积分以及变量代换等,把所给函数展开成幂级数.经常用到的函数展开式有:

$$e^x=1+x+\frac{x^2}{2!}+\cdots+\frac{x^n}{n!}+\cdots,x\in\mathbf{R}$$

$$\sin x=x-\frac{x^3}{3!}+\frac{x^5}{5!}+\cdots+(-1)^{n-1}\frac{x^{2n-1}}{(2n-1)!}+\cdots,x\in\mathbf{R}$$

$$\cos x=1-\frac{x^2}{2!}+\frac{x^4}{4!}+\cdots+(-1)^n\frac{x^{2n}}{(2n)!}+\cdots,x\in\mathbf{R}$$

$$\ln(1+x)=x-\frac{x^2}{2}+\frac{x^3}{3}+\cdots+(-1)^{n-1}\frac{x^n}{n}+\cdots,x\in(-1,1]$$

$$(1+x)^\alpha=1+\alpha x+\frac{\alpha(\alpha-1)}{2!}x^2+\cdots+\frac{\alpha(\alpha-1)\cdots(\alpha-n+1)}{n!}x^n+\cdots,x\in(-1,1)$$

$$\frac{1}{1-x}=1+x+x^2+\cdots+x^{n-1}+\cdots,x\in(-1,1)$$

$$\arctan x=x-\frac{x^3}{5}+\frac{x^5}{5}-\cdots+(-1)^n\frac{x^{2n+1}}{2n+1}+\cdots,x\in[-1,1]$$

课后习题全解

习题 9－5 解答

1. 若函数 $f(x)$ 具有各阶导数的最大区间是 $(-A,A)$，并且在区间 $(-R,R)$ 内可展开成幂级数，那么 R 是否恰为 A？

解：一般说不是. 例如函数 $f(x)=\arctan x$ 在区间 $(-\infty,+\infty)$ 内具有各阶导数，但仅在区间 $[-1,1]\subset(-\infty,+\infty)$ 上可展开成幂级数为

$$\arctan x=\sum_{n=0}^{\infty}\frac{(-1)^n}{2n+1}x^{2n+1},(x\in[-1,1]).$$

2. 将下列函数展开成 x 的幂级数并指出展开式成立的区间：

(1) $\sinh x$；　(2) $\ln(2+x)$；；　(3) $\sin^2 x$；

(4) $\dfrac{x}{4+x^2}$；　(5) $\dfrac{1}{(1+x)^2}$；　(6) $\dfrac{1}{x^2-5x+6}$；

(7) $(1+x)e^{-x}$；　(8) $\arcsin x$.

【知识点窍】 展开泰勒级数的方法分直接法和间接法，其中后者应用较多，关键在于将所给级数通过变形，表示成特殊级数的形式，常用的特殊级数有：e^x，$\sin x$，$\ln(1+x)$，$\arctan x$，$(1+x)^2$ 等.

解：(1) $\sinh x=\dfrac{e^x-e^{-x}}{2}$，将 $e^x=\displaystyle\sum_{n=0}^{\infty}\frac{x^2}{n!}$ 代入，得

$$\sinh x=\frac{1}{2}\left[\sum_{n=0}^{\infty}\frac{x^n}{n!}-\sum_{n=0}^{\infty}\frac{(-1)^n}{n!}\right]=\frac{1}{2}\sum_{n=0}^{\infty}\frac{1-(-1)^n}{n!}x^n$$

$$=\sum_{n=1}^{\infty}\frac{x^{2n-1}}{(2n-1)!},x\in(-\infty,+\infty).$$

(2) $\ln(2+x)=\ln2\left(1+\dfrac{x}{2}\right)=\ln2+\ln\left(1+\dfrac{x}{2}\right)$

利用公式　$\ln(1+x)=\displaystyle\sum_{n=1}^{\infty}(-1)^{n-1}\frac{x^n}{n},x\in(-1,1]$，得

$$原式=\ln2+\sum_{n=1}^{\infty}(-1)^{n-1}\cdot\frac{\left(\frac{x}{2}\right)^2}{n},\left(-1<\frac{x}{2}\leqslant1\right)$$

$$=\ln2+\sum_{n=1}^{\infty}(-1)^{n-1}\frac{x^n}{n\cdot2^n},x\in(-2<x\leqslant2).$$

(3) $$\sin^2x=\frac{1}{2}(1-\cos2x)=\frac{1}{2}-\frac{1}{2}\cos2x=\frac{1}{2}-\frac{1}{2}\sum_{n=0}^{\infty}(-1)^n\frac{2^{2n}x^{2n}}{(2n)!}$$

$$=\sum_{n=1}^{\infty}(-1)^{n-1}\frac{2^{2n-1}x^{2n}}{(2n)!},x\in(-\infty,+\infty).$$

(4) $$\frac{1}{4+x^2}=\frac{1}{4}\frac{1}{1-\left(-\frac{x^2}{4}\right)}$$

利用公式 $\dfrac{1}{1-x}=\sum\limits_{n=0}^{\infty}x^n,x\in(-1,1)$

故 $\dfrac{1}{1-\left(-\dfrac{x^2}{4}\right)}=\sum\limits_{n=0}^{\infty}\left(-\dfrac{x^2}{4}\right)^n$,且$\left|-\dfrac{x^2}{4}\right|<1$得$|x|<2$

所以有 $\dfrac{1}{4+x^2}=\dfrac{1}{4}\sum\limits_{n=0}^{\infty}(-1)^n\dfrac{x^{2n}}{4^n}=\sum\limits_{n=0}^{\infty}(-1)^n\dfrac{x^{2n}}{4^{n+1}},x\in(-2,2)$.

(5) $\dfrac{1}{(1+x)^2}=(1+x)^{-2}=1+\sum\limits_{n=1}^{\infty}\dfrac{(-2)(-3)\cdots(-2-n+1)}{n!}x^n,x\in(-1,1)$

$$=1+\sum_{n=1}^{\infty}\frac{(-1)^n(n+1)!}{n!}x^n=1+\sum_{n=1}^{\infty}(-1)^n(n+1)x^n$$

$$=\sum_{n=0}^{\infty}(-1)^n(n+1)x^n,x\in(-1,1).$$

(6) $\dfrac{1}{x^2-5x+6}=\dfrac{1}{x-3}-\dfrac{1}{x-2}=\dfrac{1}{2}\cdot\dfrac{1}{1-\dfrac{x}{2}}-\dfrac{1}{3}\cdot\dfrac{1}{1-\dfrac{x}{3}}$

利用公式$\dfrac{1}{1-x}=\sum\limits_{n=0}^{\infty}x^n,x\in(-1,1)$

则 $\dfrac{1}{x^2-5x+6}=\dfrac{1}{2}\sum\limits_{n=0}^{\infty}(\dfrac{x}{2})^n-\dfrac{1}{2}\sum\limits_{n=0}^{\infty}\left(\dfrac{x}{3}\right)^n=\sum\limits_{n=0}^{\infty}\left(\dfrac{1}{2^{n+1}}-\dfrac{1}{3^{n+1}}\right)x^n$

且 $-1<\dfrac{x}{3}<1,-1<\dfrac{x}{2}<1$

得 $-2<x<2$

(7) 因为 $e^{-x}=\sum\limits_{n=0}^{\infty}\dfrac{(-x)^n}{n!},x\in(-\infty,+\infty)$,

所以 $(1+x)e^{-x}=\sum\limits_{n=0}^{\infty}(-1)^n\dfrac{x^n}{n!}+\sum\limits_{n=0}^{\infty}(-1)^n\dfrac{x^{n+1}}{n!}$

$$=1-x+\sum_{n=1}^{\infty}(-1)^{n+1}\frac{x^{n+1}}{(n+1)!}+x+\sum_{n=1}^{\infty}(-1)^n\frac{x^{n+1}}{n!}$$

$$=1+\sum_{n=1}^{\infty}(-1)^n\left(\frac{1}{n!}-\frac{1}{(n+1)!}\right)x^{n+1}$$

$$=1+\sum_{n=1}^{\infty}(-1)^n\frac{n}{(n+1)!}x^{n+1},x\in(-\infty,+\infty).$$

(8) $\arcsin x=\int_0^x\dfrac{dt}{\sqrt{1-t^2}}=\int_0^x\left[1+\sum\limits_{n=1}^{\infty}\dfrac{(2n-1)!!}{(2n)!!}t^{2n}\right]dt$

$$=x+\sum_{n=1}^{\infty}\frac{(2n-1)!!}{(2n)!!(2n+1)}x^{2n+1},\quad x\in(-1,1).$$

由于$\dfrac{(2n-1)!!}{(2n)!!(2n+1)}<\dfrac{1}{\sqrt{2n+1}(2n+1)}$(见习题9－3第6题解答),故上列幂级数在$x=\pm1$处都收敛,又 $\arcsin x$ 在 $x=\pm1$ 处分别左、右连续,故上列展开式成立的区间是$[-1,1]$.

3. 将下列函数在指定点 x_0 处展开成 $(x-x_0)$ 的幂级数并指出展开式成立的区间：

(1) $\sqrt{x}, x_0=1$；　(2) $\frac{1}{x^2}, x_0=1$；

(3) $\ln x, x_0=2$；　(4) $\ln\frac{x}{1+x}, x_0=1$；

(5) $\frac{1}{x^2+3x+2}, x_0=-4$；　(6) $\sin 2x, x_0=\frac{\pi}{2}$.

解：(1) $\sqrt{x}=\sqrt{1+(x-1)}=[1+(x-1)]^{1/2}$

$$=1+\sum_{n=1}^{\infty}\frac{\frac{1}{2}\left(-\frac{1}{2}\right)\left(-\frac{3}{2}\right)\cdots\left[\frac{1}{2}-n+1\right]}{n!}(x-1)^n,$$

$$(-1\leqslant x-1\leqslant 1)$$

$$=1+\frac{x-1}{2}+\sum_{n=2}^{\infty}\frac{(-1)^{n-1}(2n-3)!!}{2^n\cdot n!}(x-1)^n,$$

$$(0\leqslant x\leqslant 2)$$

$$=1+\frac{x-1}{2}+\sum_{n=2}^{\infty}\frac{(-1)^{n-1}(2n-3)!!}{(2n)!!}(x-1)^n$$

$$(0\leqslant x\leqslant 2)$$

(2) $\frac{1}{x^2}=\frac{1}{[1+(x-1)]^2}=[1+(x-1)]^{-2}$

$$=1+\sum_{n=1}^{\infty}\frac{(-2)(-3)\cdots[-2-n+1]}{n!}(x-1)^n,$$

$$(-1<x-1<1)$$

$$=1+\sum_{n=1}^{\infty}\frac{(-1)^n(n+1)}{n!}(x-1)^n$$

$$=\sum_{n=0}^{\infty}(-1)^n(n+1)(x-1)^n$$

$$(0<x<2)$$

(3) $\ln x=\ln[2+(x-2)]=\ln\left[1+\frac{x-2}{2}\right]$

$$=\ln 2+\ln\left(1+\frac{x-2}{2}\right)$$

$$=\ln 2+\sum_{n=0}^{\infty}(-1)^n\frac{\left(\frac{x-2}{2}\right)^{n+1}}{n+1}$$

$$\left(-1<\frac{x-2}{2}\leqslant 1\right)$$

$$=\ln 2+\sum_{n=0}^{\infty}(-1)^n\frac{(x-2)^{n+1}}{2^{n+1}(n+1)}$$

$$(0<x\leqslant 4)$$

$$= \ln 2 + \sum_{n=1}^{\infty}(-1)^{n-1}\frac{(x-2)^n}{2^n \cdot n}$$

$$(0 < x \leqslant 4)$$

(4) $\ln\frac{x}{1+x} = \ln x - \ln(1+x)$

$$= \ln[1+(x-1)] - \ln[2+(x-1)]$$

$$= \ln[1+(x-1)] - \ln 2\left[1+\frac{x-1}{2}\right]$$

$$= \sum_{n=0}^{\infty}(-1)^n\frac{(x-1)^{n+1}}{n+1} - \left[\ln 2 + \sum_{n=0}^{\infty}(-1)^n\frac{\left(\frac{x-1}{2}\right)^{n+1}}{n+1}\right]$$

上述展开式成立的区间为

$-1 < x-1 \leqslant 1$ 与 $-1 < \frac{x-1}{2} \leqslant 1$,即 $0 < x \leqslant 2$ 与 $-1 < x \leqslant 3$ 的交集 $0 < x \leqslant 2$.

整理化简

$$\ln\frac{x}{1+x} = -\ln 2 + \sum_{n=0}^{\infty}\frac{(-1)^n}{n+1}\left[1-\frac{1}{2^{n+1}}\right](x-1)^{n+1}$$

$$= -\ln 2 + \sum_{n=1}^{\infty}\frac{(-1)^{n-1}}{n}\left(1-\frac{1}{2^n}\right)(x-1)^n$$

$$(0 < x \leqslant 2)$$

(5) $\frac{1}{x^2+3x+2} = \frac{1}{x+1} - \frac{1}{x+2} = \frac{1}{-3+(x+4)} - \frac{1}{-2+(x+4)}$

$$= \frac{1}{2}\cdot\frac{1}{1-\frac{x+4}{2}} - \frac{1}{3}\cdot\frac{1}{1-\frac{x+4}{3}}$$

$$= \frac{1}{2}\sum_{n=0}^{\infty}\left(\frac{x+4}{2}\right)^n - \frac{1}{3}\sum_{n=0}^{\infty}\left(\frac{x+4}{3}\right)^n$$

$$= \sum_{n=0}^{\infty}\left(\frac{1}{2^{n+1}} - \frac{1}{3^{n+1}}\right)(x+4)^n$$

由于

$-1 < \frac{x+4}{2} < 1$　并且　$-1 < \frac{x+4}{3} < 1$,

即

$-6 < x < -2$　并且　$-7 < x < -1$,

于是展开式成立的区间为$(-6,-2)$.

(6) $\sin 2x = \sin 2\left[\frac{\pi}{2} + \left(x-\frac{\pi}{2}\right)\right]$

$$= \sin\left[\pi + 2\left(x-\frac{\pi}{2}\right)\right]$$

$$=-\sin 2\left(x-\frac{\pi}{2}\right)$$

$$=-\sum_{n=1}^{\infty}(-1)^{n-1}\frac{\left[2\left(x-\frac{\pi}{2}\right)\right]^{2n-1}}{(2n-1)!}$$

$$2\left(x-\frac{\pi}{2}\right)\in(-\infty,+\infty)$$

$$=\sum_{n=1}^{\infty}\frac{(-1)^{n}2^{2n-1}}{(2n-1)!}\left(x-\frac{\pi}{2}\right)^{2n-1}$$

$$x\in(-\infty,+\infty)$$

4. 设函数 $f(x)$ 在区间 $(-R,R)$ 内可展开成 x 的幂级数，证明：当 $f(x)$ 是奇函数时，幂级数中不含 x 的偶次幂项；当 $f(x)$ 是偶函数时，幂级数中不含 x 的奇次幂项.

解： $f(x)$ 可在 $(-R,R)$ 内展成 x 的幂级数，因此有

$$f(x)=f(0)+\sum_{n=1}^{\infty}\frac{f^{(n)}(0)}{n!}x^{n}$$

(1) 当 $f(x)$ 为奇函数时，由于奇函数的导函数为偶函数，偶函数的导函数为奇函数，则有 $f(x)$ 的奇数阶导为偶函数，偶数阶导为奇函数

当 $n=2k$ 时，$f^{(n)}(x)$ 为奇函数，

即 $f^{(n)}(0)=0$，展开式中不含 x 的偶次项；

(2) 当 $f(x)$ 为偶函数时，同理有 $f(x)$ 的奇数阶导为奇函数，偶数阶导为偶函数

当 $n=2k-1$ 时，$f^{(n)}(x)$ 为奇函数，

即 $f^{(n)}(0)=0$，展开式中不含 x 的奇次项.

第六节　函数的幂级数展开式的应用

知识点归纳

1. 利用函数的幂级数展开式进行函数值的近似计算，定积分的近似计算以及求解某些一阶与二阶微分方程，也可以对截断误差和舍入误差进行控制与估计。

2. 欧拉公式

复变量指函数 e^z 定义为下列复数项级数的和函数：

$$e^{z}\xlongequal{\text{def}}1+z+\frac{z^{2}}{2!}+\cdots+\frac{z^{n}}{n!}+\cdots,\ |z|<+\infty.$$

由此可得以下的欧拉公式：$e^{ix}=\cos x+i\sin x$，

$$\cos x=\frac{e^{ix}+e^{-ix}}{2},\ \sin x=\frac{e^{ix}-e^{-ix}}{2}.$$

典型例题与解题技巧

题型Ⅴ:函数的幂级数展开式应用

【题型分析】 利用幂级数展开式可进行函数值和定积分的近似计算,计算时确定余项足够小.

例24 利用函数的幂级数展开式求近似值:

(1)e(精确到10^{-3}); (2)$\cos 2^\circ$ 精确 10^{-4}; (3)$\sqrt[3]{9}$(精确到10^{-3}).

分析 本题是在预先指定的精度要求内计算函数的近似值,先展开,再取前几项,计算.

解:(1) $e^x=1+x+\frac{1}{2!}x^2+\cdots+\frac{1}{n!}x^n+\cdots, x\in(-\infty,+\infty)$,令$x=1$,得

$$e=1+1+\frac{1}{2!}+\cdots+\frac{1}{n!}+\cdots.$$

余项 $$r_n=\frac{1}{(n+1)!}+\frac{1}{(n+2)!}+\cdots=\frac{1}{(n+1)!}[1-\frac{1}{n+2}+\frac{1}{(n+3)(n+2)}+\cdots]$$

$$<\frac{1}{(n+1)!}[1-\frac{1}{n+2}+\frac{1}{(n+2)^2}+\cdots]=\frac{1}{(n+1)!}\frac{1}{1-\frac{1}{n+2}}$$

$$=\frac{1}{(n+1)!}\frac{n+2}{n+1}$$

故取$n=6$,$r_6<\frac{1}{7!}\frac{8}{7}=\frac{10^{-1}}{21^2}<\frac{1}{4}\times10^{-3}<10^{-3}$,从而$e\approx2+\frac{1}{2!}+\frac{1}{3!}+\cdots+\frac{1}{6!}=2+\frac{517}{720}\approx2.718$.

(2) 注意到 $2^\circ=\cos\frac{\pi}{90}=1-\frac{1}{2!}(\frac{\pi}{90})^2+\frac{1}{4!}(\frac{\pi}{90})^4\cdots$,

$$|r^2|\leqslant\frac{1}{4!}(\frac{\pi}{90})^4\approx10^{-8}$$

故 $$\cos2^\circ\approx1-\frac{1}{2!}(\frac{\pi}{90})\approx0.9994.$$

(3) $\sqrt[3]{9}=\sqrt[3]{8+1}=2(1+\frac{1}{8})^{\frac{1}{3}}$,由于

$$(1+x)^a=1+ax+\frac{a(a-1)}{2!}x^2+\cdots-\frac{a(a-1)\cdots(a-n+1)}{n!}x^n+\cdots,(-1<x<1),$$

所以 $$\sqrt[3]{9}=2(1+\frac{1}{8})^{\frac{1}{3}}=1+\frac{1}{3}\frac{1}{8}+\frac{1}{2!}\frac{1}{3}(\frac{1}{3}-1)(\frac{1}{8})^2+\cdots,$$

取第3项,则余项有如下估计(自第3项起,是交错级数):

$$|r^3|\leqslant\frac{1}{3!}\frac{1}{3}(\frac{1}{3}-1)(\frac{1}{3}-2)(\frac{1}{8})^3$$

$$=\frac{1}{3!}\frac{1}{8^3}\frac{10}{27}=\frac{5}{81\times64\times8}<\frac{5}{81\times64\times8}<\frac{1}{7}\times10^{-3}<10^{-3}$$

故$\sqrt[3]{9}\approx1+\frac{1}{3}\cdot\frac{1}{8}+\frac{1}{2!}\cdot\frac{1}{3}(\frac{1}{3}-1)(\frac{1}{8})^2=\frac{599}{576}\approx1.039$.

课后习题全解

习题 9－6 解答

1. 利用函数的幂级数展开式求下列各数的近似值：

(1) $\ln 3$（误差不超过 10^{-4}）； (2) $\frac{1}{\sqrt[5]{36}}$（误差不超过 10^{-5}）；

(3) $\sinh 0.5$（误差不超过 10^{-4}）； (4) $\sin 3°$（误差不超过 10^{-5}）.

【知识点窍】 先取适当的级数，根据误差限确定需要计算的项，将各项相加即可，关键在于对麦克劳林展开式的熟练掌握.

解：(1) 利用展开式

$$\ln\frac{1+x}{1-x}=2\left(x+\frac{x^3}{3}+\frac{x^5}{5}+\cdots+\frac{x^{2n-1}}{2n-1}+\cdots\right),x\in(-1,1)$$

来计算.

令 $\frac{1+x}{1-x}=3$ 知 $x=\frac{1}{2}\in(-1,1)$，于是有

$$\ln 3=\ln\frac{1+1/2}{1-1/2}=2\left(\frac{1}{2}+\frac{1}{3\cdot 2^3}+\frac{1}{5\cdot 2^5}+\cdots+\frac{1}{(2n-1)2^{n-1}}+\cdots\right)$$

$$\begin{aligned}
|r_n|&=2\left[\frac{1}{(2n+1)2^{2n+1}}+\frac{1}{(2n+3)2^{2n+3}}+\cdots\right]\\
&=2\cdot\frac{1}{(2n+1)2^{2n+1}}\left[1+\frac{2n+1}{(2n+3)\cdot 2^2}+\cdots\right]\\
&<\frac{1}{(2n+1)2^{2n}}\left(1+\frac{1}{2^2}+\frac{1}{2^4}+\cdots\right)\\
&=2\left(\frac{1}{2}+\sum_{n=1}^{\infty}\frac{1}{(2n+1)2^{2n+1}}\right)\\
&<\sum_{n=1}^{\infty}\left[\frac{1}{(2n+1)2^{2n}}\left(1+\frac{1}{2^2}+\frac{1}{2^4}+\cdots\right)\right]\\
&=\sum_{n=1}^{\infty}\left[\frac{1}{(2n+1)2^{2n}}\cdot\frac{1}{1-\frac{1}{4}}\right]
\end{aligned}$$

当 $n=5$ 时，截断误差 $<\frac{1}{3\cdot 13\cdot 2^{10}}\approx 0.000\,025=2.5\times 10^{-5}<10^{-4}$

故 $\ln 3\approx 2\left(\frac{1}{2}+\frac{1}{3\cdot 2^3}+\frac{1}{5\cdot 2^5}+\frac{1}{7\cdot 2^7}+\frac{1}{9\cdot 2^9}+\frac{1}{11\cdot 2^{11}}\right)$

$=1.098\,58\approx 1.098\,6.$

(2) $$\frac{1}{\sqrt[5]{36}}=(32+4)^{-\frac{1}{5}}=\left[32(1+\frac{1}{8})\right]^{-\frac{1}{5}}=\frac{1}{2}(1+\frac{1}{8})^{-\frac{1}{5}}$$

$$=\frac{1}{2}\left[1+\sum_{n=1}^{\infty}\frac{\left(-\frac{1}{5}\right)\left(-\frac{6}{5}\right)\cdots\left(-\frac{1}{5}+1-n\right)}{n!}\left(\frac{1}{2^3}\right)^n\right]$$

$$=\frac{1}{2}\left[1+\sum_{n=1}^{\infty}\frac{(-1)^n 1\cdot 6\cdot 11\cdots(5n-4)}{5^n n!}\left(\frac{1}{2^3}\right)^n\right]$$

$$=\frac{1}{2}\left[1-\frac{1}{5}\cdot\frac{1}{8}+\frac{6}{5^2\cdot 2}\cdot\left(\frac{1}{8}\right)^2-\frac{6\cdot 11}{5^3\cdot 3!}\cdot\left(\frac{1}{8}\right)^3+\cdots\right]$$

$$<\frac{1}{2}\left[1-\frac{1}{5}\cdot\frac{1}{8}+\frac{6}{5^2\cdot 2}\left(\frac{1}{8}\right)^2-\frac{6\cdot 11}{5^3\cdot 3}\left(\frac{1}{8}\right)^3+\frac{6\cdot 11\cdot 16}{5^4\cdot 4!}\cdot\left(\frac{1}{8}\right)^4\right]$$

截断误差 $<\frac{1}{2}\left[\frac{6\cdot 11\cdot 16\cdot 21}{5^5\cdot 5!}\left(\frac{1}{8}\right)^5\right]=\frac{231}{10^6\cdot 256}<10^{-6}$

故 $\frac{1}{\sqrt[5]{32}}\approx\frac{1}{2}\left[1-\frac{1}{40}+\frac{3}{1\,600}-\frac{11}{6\,400}+\frac{11}{640\,000}\right]\approx 0.488\,36$

(3) $\sinh x=\frac{e^x-e^{-x}}{2}$

利用展开式

$$e^x=1+x+\frac{x^2}{2!}+\cdots+\frac{x^n}{n!}+\cdots,x\in(-\infty,+\infty)$$

$$e^{-x}=1-x+\frac{x^2}{2!}+\cdots+\frac{(-1)^n x^n}{n!}+\cdots,x\in(-\infty,+\infty)$$

$$\sinh 0.5=\frac{1}{2}\left(1+0.5+\frac{0.5^2}{2!}+\frac{0.5^3}{3!}+\frac{0.5^4}{4!}+\frac{0.5^5}{5!}\right)-$$

$$\frac{1}{2}\left(1-0.5+\frac{0.5^2}{2!}-\frac{0.5^3}{3!}+\frac{0.5^4}{4!}-\frac{0.5^5}{5!}\right)$$

$$=0.5+\frac{0.5^3}{3!}+\frac{0.5^5}{5!}$$

$$=0.521\,090$$

截断误差 $<\frac{0.5^7}{7!}=0.000\,001\,55<10^{-4}$

故 $\sinh 0.5\approx 0.5211$

(4) $\sin 3^\circ=\sin\left(\frac{3\pi}{180}\right)=\sin\frac{\pi}{60}=\frac{\pi}{60}-\frac{\left(\frac{\pi}{60}\right)^3}{3!}+\frac{\left(\frac{\pi}{60}\right)^5}{5!}-\frac{\left(\frac{\pi}{60}\right)^7}{7!}+\cdots\approx\frac{\pi}{60}-\frac{\left(\frac{\pi}{60}\right)^3}{3!}$

截断误差 $\leqslant\frac{\pi^5}{5!}\left(\frac{1}{60}\right)^5=\frac{\pi^5}{5!\cdot 6^5\cdot 10^5}<10^{-5}$

故 $\sin 3^\circ\approx\frac{\pi}{60}-\frac{1}{3!}\left(\frac{\pi}{60}\right)^3\approx 0.05\,234$

2. **利用函数的幂级数展开式求下列积分近似值：**

(1) $\int_0^{\frac{1}{2}}\frac{1}{x^4+1}dx$（误差不超过 10^{-4}）；　(2) $\int_0^{\frac{1}{2}}\frac{\arctan x}{x}dx$（误差不超过 10^{-3}）；

(3) $\int_0^{\frac{1}{2}}x^2e^{-x^2}dx$（误差不超过 10^{-4}）；　(4) $\int_0^{\frac{1}{2}}\cos x^2dx$（误差不超过 10^{-3}）.

【知识点窍】 先将积分表示为幂级数形式，再近似求解.

解:(1) $\dfrac{1}{x^4+1}=(1+x^4)^{-1}=1-x^4+\dfrac{x^8}{2!}-\dfrac{xa^{12}}{3!}+\cdots\int_0^{\frac{1}{2}}\dfrac{1}{x^4+1}\mathrm{d}x=\int_0^{\frac{1}{2}}(1-x^4)\mathrm{d}x$

$$=\left(x-\frac{x^5}{5}\right)\Big|_0^{\frac{1}{2}}=\frac{1}{2}-\frac{1}{5\cdot 2^5}\approx 0.494\ 0$$

截断误差$<\left|\dfrac{1}{78.2^{13}}\right|<10^{-4}$

故　$\displaystyle\int_0^{\frac{1}{2}}\frac{1}{x^4+1}\mathrm{d}x\approx 0.494\ 0$

(2) $(\arctan x)'=\dfrac{1}{1+x^2}=1-x^2+x^4-\cdots$

$\arctan x=\displaystyle\int_0^x\frac{\mathrm{d}x}{1+x^2}=x-\frac{x^3}{3}+\frac{x^5}{5}-\cdots(|x|<1)$,

$\displaystyle\int_0^{\frac{1}{2}}\frac{\arctan x}{x}\mathrm{d}x=\int_0^{\frac{1}{2}}\left[1-\frac{x^2}{3}+\frac{x^4}{5}-\cdots+(-1)^n\frac{x^{2n}}{2n+1}+\cdots\right]\mathrm{d}x$

$$=\left(x-\frac{x^3}{9}+\frac{x^5}{25}-\frac{x^7}{49}+\cdots\right)\Big|_0^{1/2}$$

$$=\frac{1}{2}-\frac{1}{9}\frac{1}{2^3}+\frac{1}{25}\frac{1}{5^5}-\frac{1}{49}\frac{1}{2^7}+\cdots$$

这是交错级数,$|r_n|<u_{n+1}$,试算几项:

$u_2=\dfrac{1}{9}\dfrac{1}{2^3}\approx 0.013\ 9$,$u_3=\dfrac{1}{25}\dfrac{1}{2^5}\approx 0.001\ 3$,

$u_4=\dfrac{1}{49}\dfrac{1}{2^7}\approx 0.000\ 2<10^{-3}$,

所以取前三项,

$\displaystyle\int_0^{\frac{1}{2}}\frac{\arctan x}{x}\mathrm{d}x\approx 0.5-0.013\ 9+0.001\ 3$

$$=0.487\ 4\approx 0.487$$

(3) $x^2\mathrm{e}^{-x^2}=x^2\left[1-x^2+\dfrac{x^4}{2!}-\dfrac{x^6}{3!}+\dfrac{x^8}{4!}-\dfrac{x^{10}}{5!}\cdots\right]$

$\displaystyle\int_0^{\frac{1}{2}}x^2\mathrm{e}^{-x^2}\mathrm{d}x=\left[\frac{x^3}{3}-\frac{x^5}{5}+\frac{x^7}{2!\cdot 7}-\frac{x^9}{3!\cdot 9}+\frac{x^{11}}{4!\cdot 11}+\cdots\right]_0^{\frac{1}{2}}$

$$=\frac{1}{3}\left(\frac{1}{2}\right)^3-\frac{1}{5}\left(\frac{1}{2}\right)^5+\frac{1}{14}\left(\frac{1}{2}\right)^7-\frac{1}{9\times 6}\left(\frac{1}{2}\right)^9+\cdots$$

取截断误差$\left|-\dfrac{1}{9\times 6}\left(\dfrac{1}{2}\right)^9+\dfrac{1}{11\times 4!}\left(\dfrac{1}{2}\right)^{11}\cdots\right|<\dfrac{1}{9\times 6}\left(\dfrac{1}{2}\right)^9<\dfrac{1}{10^4}$

$\displaystyle\int_0^{\frac{1}{2}}x^2\mathrm{e}^{-x^2}\mathrm{d}x=\frac{1}{3}\left(\frac{1}{2}\right)^3-\frac{1}{5}\left(\frac{1}{2}\right)^5+\frac{1}{14}\left(\frac{1}{2}\right)^7\approx 0.035\ 4$

(4) $\cos x^2=1-\dfrac{x^4}{2!}+\dfrac{x^8}{4!}-\dfrac{x^{12}}{6!}+\cdots$

$\displaystyle\int_0^{\frac{1}{2}}\cos x^2\mathrm{d}x=\left[x-\frac{x^5}{2!\cdot 5}+\frac{x^9}{4!\cdot 9}-\frac{x^{13}}{6!\cdot 13}\cdots\right]_0^{\frac{1}{2}}$

$$=\frac{1}{2}-\frac{\left(\frac{1}{2}\right)^5}{2!\cdot 5}+\frac{1}{4!\cdot 9}\left(\frac{1}{2}\right)^9-\cdots$$

取截断误差 $\left|\frac{1}{4!\cdot 9}\left(\frac{1}{2}\right)^9-\frac{1}{6!\cdot 13}\left(\frac{1}{2}\right)^{13}\cdots\right|<\frac{1}{4!\cdot 9}\left(\frac{1}{2}\right)^9<10^{-3}$

$$\int_0^{\frac{1}{2}}\cos x^2\,dx\approx\frac{1}{2}-\frac{1}{2!\cdot 5}\left(\frac{1}{2}\right)\approx 0.497$$

3. 用幂级数求解下列微分方程的初值问题：

(1) $y'-y^2-x^3=0, y|_{x=0}=\frac{1}{2}$；

(2) $y''+y\cos x=0, y|_{x=0}=1, y'|_{x=0}=0$；

(3) $y''+xy'+y=0, y|_{x=0}=1, y'|_{x=0}=1$；

(4) $xy''+y'+xy=0, y|_{x=0}=1, y'|_{x=0}=0$.

【知识点窍】 假定解为一个 x 的幂级数，通过待定系数法求每一项的系数，从而得出近似解.

解：(1) 令 $y=a_0+a_1x+a_2x^2+a_3x^3+a_4x^4+a_5x^5+a_6{}^6+\cdots$　　①

则 $y'=a_1+2a_2x+3a_3x^2+4a_4x^3+5a_5x^5+6a_6x^6+\cdots$

$y^2=a_0^2+a_1^2x^2+a_2^2x^4+a_3^2x^6+2a_0a_1x+2a_0a_2x^2+2a_0a_3x^3+\cdots$

因 $y^1-y^2-x^3=0$，得

$(a_1+2a_2x+3a_3x^2+4a_4x^3+5a_5x^4+6a_6x^5+\cdots)-(a_0^2+a_1^2x^2+a_2^2x^4+a_3^2x^6+2a_0a_1x+2a_0a_2x^2+2a_0a_3x^3+\cdots)-x^3=0$

已知 $y|_{x=0}=0$，代入①式得 $a_0=\frac{1}{2}$　　②

由②式对比系数，得

$a_1-a_0^2=0, 2a_2-2a_0a_1=0, 3a_3+a_1^2+2a_0a_2=0, 4a_4+2a_0a_3=1, \cdots\cdots$

得 $a_1=\frac{1}{4}, a_2=\frac{1}{8}, a_3=\frac{1}{16}, a_4=\frac{9}{32}, \cdots\cdots$

$y=\frac{1}{2}+\frac{1}{4}x+\frac{1}{8}x^2+\frac{1}{16}x^3+\frac{9}{32}x^4+\cdots$ 为所求.

(2) 设 $y=a_0+a_1x+a_2x^2+a_3x^3+a_4x^4+a_5x^5+a_6x^6+\cdots$　　①

则　$y'=a_1+2a_2x+3a_3x^2+4a_4x^3+5a_5x^4+6a_6x^5+\cdots$　　②

$y''=2a_2+6a_3x+12a_4x^2+20a_5x^3+30a_6x^4+\cdots$

$y\cos x=y\left(1-\frac{x^2}{2!}+\frac{x^4}{4!}-\frac{x^6}{6!}+\cdots\right)$

$=a_0+a_1x+\left(a_2-\frac{a_0}{2!}\right)x^2+\left(a_3-\frac{a_1}{2!}\right)+x^3+\left(a_4-\frac{a_2}{2!}+\frac{a_0}{4!}\right)x^4+\cdots$

由 $y''+y\cos x=0$，得

$(a_0+2a_2)+(a_2+6a_3)x+\left(a_2-\frac{a_0}{2}+12a_4\right)x^2$

$$+\left(a_3-\frac{a_1}{2}+20a_5\right)x^3+\left(30a_6+a_4-\frac{a_2}{2!}+\frac{a_0}{4!}\right)x^4+\cdots=0,$$

已知 $y|_{x=0}=1$,代入 ① 式得 $a_0=1$.

由 $a_0+2a_2=0, a_0=1, 2a_2=-1, a_2=-\frac{1}{2}$.

已知 $y'|_{x=0}=0$,代入 ② 式得 $a_1=0$.

由 $a_1+6a_3=0$ 得 $a_3=0$.

由 $a_2-\frac{a_0}{2}+12a_4=0, a_2=-\frac{1}{2}, a_0=1$ 得 $a_4=\frac{1}{12}$,

由 $a_3-\frac{a_1}{2}+20a_5-0, a_1=a_3=0$,得 $a_5=0$.

由 $30a_6+a_4-\frac{a_2}{2!}+\frac{a_0}{4!}=0, a_4=\frac{1}{2}, a_2=-\frac{1}{2}, a_0=1$,得 $a_6=-\frac{1}{80}$,故

$$y=1+0-\frac{1}{2}x^2+0+\frac{1}{12}x^4+0-\frac{1}{80}x^6+\cdots$$

$$=1-\frac{1}{2!}x^2+\frac{2}{4!}x^4-\frac{9}{6!}x^6+\cdots$$ 即为所求.

(3) 令 $y=\sum_{n=0}^{\infty}a_nx^n=a_0+\sum_{n=1}^{\infty}a_nx^n$, ①

$$y'=\left(a_0+\sum_{n=1}^{\infty}a_nx^n\right)'=\sum_{n=1}^{\infty}na_nx^{n-1}=a_1+\sum_{n=2}^{\infty}na_nx^{n-1}, \quad ②$$

$$y''=\sum_{n=2}^{\infty}n(n-1)a_nx^{n-2}, xy'=a_1x+\sum_{n=2}^{\infty}na_nx^n=\sum_{n=1}^{\infty}na_nx^n,$$

代入方程 $y''+xy'+y=0$,得

$$\sum_{n=2}^{\infty}n(n-1)a_nx^{n-2}+\sum_{n=1}^{\infty}na_nx^n+\sum_{n=0}^{\infty}a_nx^n=0,$$

即 $$\sum_{n=2}^{\infty}n(n-1)a_nx^{n-2}+\sum_{n=0}^{\infty}(n+1)a_nx^n=0. \quad ③$$

已知 $y|_{x=0}=1, y'|_{x=0}=1$,分别代入 ①、② 式可得

$a_0=1, a_1=1$.

在 ③ 式的第 1、2 两个 $\sum$ 中,n 分别取 2、0,可得 ③ 式两边的常数项相等,即

$2\cdot1\cdot a_2+a_0=0$,得 $a_2=-\frac{a_0}{2}=-\frac{1}{2}$

③ 式的第 1、2 两个 $\sum$ 中,n 分别取 3、1,可得 ③ 式两边 x 的系数相等,即

$3\cdot2\cdot a_3+2a_1=0$,得 $a_3=-\frac{a_1}{3}=-\frac{1}{3}$.

同理,在 ③ 两边第 1、2 两个 $\sum$ 中 n 分别取 $2(k+1)$、$2k$,可得 ③ 式两边 x^{2k} 的系数相等 $(k=0,1,2,\cdots)$,即

$2(k+1)(2k+1)a_{2(k+1)}+(2k+1)a_{2k}=0$,

从而得

$a_{2(k+1)}=-\dfrac{a_{2k}}{2(k+1)}$,递推得 $a_{2(k+1)}=\dfrac{(-1)^{k+1}a_0}{[2(k+1)]!!}$,

而 $a_0=1$,所以有 $a_{2k}=\dfrac{(-1)^k}{(2k)!!}\quad(k=0,1,2,\cdots)$.

在③式两边第1、2两个 $\sum$ 中 n 分别取 $2k+1$、$2k-1$ 可得③式两边 x^{2k-1} 的系数相等 $(k=1,2,3,\cdots)$,即

$(2k+1)\cdot 2ka_{2k+1}+2ka_{2k-1}=0$,从而得

$a_{2k+1}=-\dfrac{a_{2k-1}}{2k+1}$,递推得 $a_{2k+1}=\dfrac{(-1)^k a_1}{(2k+1)!!}$,

而 $a_1=1$,所以有 $a_{2k-1}=\dfrac{(-1)^{k-1}}{(2k-1)!!}$,$(k=1,2,3,\cdots)$.

以上求出了幂级数①的各系数,

故 $y=\sum\limits_{k=0}^{\infty}a_{2k}x^{2k}+\sum\limits_{k=1}^{\infty}a_{2k-1}x^{2k-1}$,即

$$y=\sum_{n=0}^{\infty}a_{2n}x^{2n}+\sum_{n=1}^{\infty}a_{2n-1}x^{2n-1}$$

$$=\sum_{n=0}^{\infty}\frac{(-1)^k}{(2n)!!}x^{2n}+\sum_{n=1}^{\infty}\frac{(-1)^{n-1}}{(2n-1)!!}x^{2n-1}\quad \text{即为所求.}$$

(4) 设此方程有解 $y=\sum\limits_{n=0}^{\infty}a_nx^n$,则

$y'=\sum\limits_{n=1}^{\infty}na_nx^{n-1}$,$y''=\sum\limits_{n=2}^{\infty}n(n-1)a_nx^{n-2}$,

代入方程,有

$$\sum_{n=2}^{\infty}n(n-1)a_nx^{n-1}+\sum_{n=1}^{\infty}na_nx^{n-1}+\sum_{n=0}^{\infty}a_nx^{n+1}=0,$$

即 $\sum\limits_{n=1}^{\infty}[na_nx^{n-1}+(a_{n-1}+n(n+1)a_{n+1})x^n]=0$.

比较上式两端 x 的偶次幂的系数,得

$a_1=0$,$3a_3+a_1+6a_3=0$,得 $a_3=0$,同理可得 $a_5=0,\cdots$;

又由 $y(0)=1$,得 $a_0=1$,比较上式两端 x 的奇次幂的系数,

可得

$2a_2+a_0+2a_2=0$,得 $a_2=-\dfrac{1}{4}$,

$4a_4+a_2+12a_4=0$,得 $a_4=\dfrac{1}{64}$,

$6a_6+a_4+30a_6=0$,得 $a_6=-\dfrac{1}{36}a_4=-\dfrac{1}{36\cdot 64},\cdots$

$2na_{2n}+a_{2n-2}+(2n-1)\cdot 2na_{2n}=0$，得

$a_{2n}=-a_{2n-2}/(2n)^2$，

递推得　$a_{2n}=\dfrac{(-1)^n a_0}{(n!)^2 2^{2n}}=\dfrac{(-1)^n}{(n!)^2 2^{2n}}$，

故原方程的解缺奇次幂的项，为　$y=\sum\limits_{n=0}^{\infty}\dfrac{(-1)^n}{(n!)^2}\left(\dfrac{x}{2}\right)^{2n}$

第七节　傅里叶级数

知识点归纳

1. 三角级数与三角函数的正交性

(1) 三角级数

一般地，形如 $f(x)=\dfrac{a_0}{2}+\sum\limits_{n=1}^{\infty}(a_n\cos nx+b_n\sin nx)$ 的级数叫做三角级数，其中 a_0,a_n,b_n $(n=1,2,3,\cdots)$ 都是常数. 如果函数 $f(x)$ 能写成三角级数的形式，就称函数 $f(x)$ 可展开为三角级数.

(2) 三角函数系的正交性

三角函数系数 $1,\cos x,\sin x,\cos 2x,\sin 2x,\cdots,\cos nx,\sin nx,\cdots$ 在区间 $[-\pi,\pi]$ 上正交，是指在此三角函数系中任何两个不同函数的乘积在区间 $[-\pi,\pi]$ 上的积分等于零.

2. 函数展开成傅里叶级数

(1) 傅里叶系数

设函数 $f(x)$ 在区间 $[-\pi,\pi]$ 上可积，则

$a_0=\dfrac{1}{\pi}\int_{-\pi}^{\pi}f(x)\mathrm{d}x$

$a_n=\dfrac{1}{\pi}\int_{-\pi}^{\pi}f(x)\cos nx\,\mathrm{d}x,(n=1,2,\cdots)$

$b_n=\dfrac{1}{\pi}\int_{-\pi}^{\pi}f(x)\sin nx\,\mathrm{d}x,(n=1,2,\cdots)$

称为 $f(x)$ 的傅里叶系数.

(2) 傅里叶级数

以 $a_0,a_n,b_n,(n=1,2,\cdots)$ 为系数的三角级数

$$\frac{a_0}{2}+(a_1\cos x+b_1\cos x)+\cdots+(a_n\cos nx+b_n\sin nx)+\cdots=\frac{a_0}{2}+\sum_{n=1}^{+\infty}(a_n\cos nx+b_n\sin nx)$$

称为函数 $f(x)$ 的傅里叶级数，记作

$$f(x) \sim \frac{a_0}{2} + \sum_{n=1}^{+\infty}(a_n\cos nx + b_n\cos nx)$$

3. 傅里叶级数的收敛定理

设 $f(x)$ 是周期为 2π 的周期函数,如果它满足:

(1) 在一个周期内连续或只有有限多个第一类间断点;

(2) 在一个周期内至多只有有限多个极值点,则 $f(x)$ 的傅里叶级数收敛,并且

当 x 是 $f(x)$ 的连续点时,级数收敛于 $f(x)$;

当 x 是 $f(x)$ 的间断点时,级数收敛于 $\frac{1}{2}[f(x^-)+f(x^+)]$.

课后习题全解

习题 9-7 解答

1. 设周期为 2π 的周期函数 $f(x)$ 在区间 $[-\pi,\pi)$ 上的表达式为 $f(x)=e^{2x}$,试把它展开成傅里叶级数,并求级数 $\sum_{n=1}^{\infty}\frac{(-1)^{n-1}}{n^2+4}$ 的和.

【知识点窍】 先将 $f(x)$ 按公式展开成傅里叶级数,利用其结果求级数的和.

解: $a_0=\frac{1}{\pi}\int_{-\pi}^{\pi}e^{2x}dx=\left[\frac{1}{2\pi}e^{2x}\right]_{-\pi}^{\pi}=\frac{1}{2\pi}(e^{2\pi}-e^{-2\pi})=\frac{1}{\pi}\sinh 2\pi$

$$a_n=\frac{1}{\pi}\int_{-\pi}^{\pi}e^{2\pi}\cos nx\,dx=\frac{1}{\pi}\cdot\frac{2(-1)^n}{n^2+4}(e^{2\pi}-e^{-2\pi})$$

$$=\frac{1}{4}\cdot\frac{4(-1)^n}{n^2+4}\sinh 2\pi$$

$$b_n=\frac{1}{\pi}\int_{\pi}^{\pi}e^{2x}\sin nx\,dx=\frac{-1}{\pi}\,\frac{n(-1)^n(e^{2\pi}-e^{-2\pi})}{n^2+4}$$

$$=\frac{2n(-1)^{n+1}}{\pi}\sinh 2\pi$$

则 $$f(x)=\frac{a_0}{2}+\sum_{n=1}^{\infty}(a_n\cos nx+b_n\sin nx)$$

$$=\frac{\sinh 2\pi}{2\pi}+\frac{2\sinh 2\pi}{\pi}\sum_{n=1}^{\infty}\frac{(-1)^n}{(n^2+4)}(2\cos nx-\sin nx),(x\neq(2k+1)\pi,,k\in\mathbf{Z})$$

即为所求傅里叶展开式.

$$f(0)=1-\frac{\sinh 2\pi}{2\pi}+\frac{4\sinh 2\pi}{\pi}\sum_{=1}^{\infty}\frac{(-1)^n}{n^2+4}$$

故 $$\sum_{n=1}^{\infty}\frac{(-1)^{n-1}}{n^2+4}=\frac{\frac{\sinh 2\pi}{2\pi}}{4\,\frac{\sinh 2\pi}{\pi}}=\frac{\pi}{4\sinh 2\pi}-\frac{1}{8}$$

2. 把下列函数展开傅里叶级数:

(1) $f(x)=\sin\frac{x}{3}(-\pi\leqslant x\leqslant\pi)$;　　(2) $f(x)=|\sin x|(-\pi\leqslant x\leqslant\pi)$

(3) $f(x)=\cos\lambda x(-\pi\leqslant x\leqslant\pi,0<\lambda<1)$；(4) $f(x)=\begin{cases}e^x & 当-\pi\leqslant x<0\\ 1 & 当0\leqslant x\leqslant\pi\end{cases}$

解：(1) 先设上述函数已延拓成周期为 2π 的函数，不妨把延拓后的函数在区间$[-\pi,\pi]$上仍记为 $f(x)$，易见它满足收敛定理的条件.

$f(x)$ 为奇函数，从而 $a_n=0(n=0,1,2\cdots)$.

$$b_n=\frac{1}{\pi}\int_{-\pi}^{\pi}\sin\frac{x}{3}\sin nx\,dx=\frac{1}{\pi}\int_0^{\pi}\left[\cos\left(\frac{1}{3}-n\right)x-\cos\left(\frac{1}{3}+n\right)x\right]dx$$

$$=\frac{3}{\pi}\left[\frac{-\cos n\pi\cdot\sqrt{3}/2}{3n-1}-\frac{\cos n\pi\cdot\sqrt{3}/2}{3n+1}\right]$$

$$=(-1)^{n+1}\frac{9\sqrt{3}}{\pi}\frac{n}{9n^2-1}$$

由于 $f(x)$ 在$(-\pi,\pi)$内连续，在端点处间断，所以

$$f(x)=\frac{9\sqrt{3}}{\pi}\sum_{n=1}^{\infty}(-1)^{n-1}\frac{n\sin nx}{9n^2-1},(-\pi<x<\pi);$$

在 $x=\pm\pi$，右边级数收敛于 0.

(2) 将 $f(x)$ 拓广为$(-\infty,+\infty)$上以 2π 为周期的函数 $\varphi(x)$，$\varphi(x)$ 在$(-\infty,+\infty)$上满足逐点收敛的充分条件，可将其展开为它的傅里叶级数. 在$[-\pi,\pi]$上，$\varphi(x)\equiv f(x)$，$f(x)$ 的展开式就是 $\varphi(x)$ 的展开式. 所以，$f(x)$ 的傅里叶系数如下：

$$a_0=\frac{1}{\pi}\int_{-\pi}^{\pi}|\sin x|\cdot dx=\frac{1}{\pi}\left[\int_{-\pi}^{0}(-\sin x)dx+\int_0^{\pi}\sin x\,dx\right]$$

$$=\frac{1}{\pi}\left[\cos x\Big|_{-\pi}^{0}+(-\cos x)\Big|_0^{\pi}\right]$$

$$=\frac{1}{\pi}\{[1-(-1)]-[(-1)-1]\}=\frac{4}{\pi};$$

$$a_n=\frac{1}{\pi}\int_{-\pi}^{\pi}|\sin x|\cdot\cos nx\,dx$$

$$=\frac{1}{\pi}\left[\int_{-\pi}^{0}(-\sin x)\cdot\cos nx\,dx+\int_0^{\pi}\sin x\cdot\cos nx\,dx\right]$$

$$=\frac{1}{2\pi}\left[\int_{-\pi}^{0}-(\sin(x+nx)+\sin(x-nx))dx+\int_0^{\pi}(\sin x+nx)+\sin(x-nx)dx\right]$$

$$=\frac{1}{2\pi}\left[\frac{1}{1+n}\cos(x+nx)\Big|_{-\pi}^{0}+\frac{1}{1-n}\cos(x-nx)\Big|_{-\pi}^{0}\right.$$

$$\left.-\frac{1}{1+n}\cos(x+nx)\Big|_0^{\pi}-\frac{1}{1-n}\cos(x-nx)\Big|_0^{\pi}\right]$$

$$=\frac{1}{2\pi}\left\{\frac{1}{1+n}[(1-(-1)^{1+n})-((-1)^{1+n}-1)]\right.$$

$$\left.+\frac{1}{1-n}[(1-(-1)^{1-n})-((-1)\,1-n-1)]\right\},$$

当 $n=$ 奇数时

$$a_n=\frac{1}{2\pi}\left\{\frac{1}{1+n}\cdot 0+\frac{1}{1-n}\cdot 0\right\}=0;$$

当 $n=2k\quad(k=1,2,3,\cdots)$ 时，

$$a_n=a_{2k}=\frac{1}{2\pi}\left\{\frac{4}{1+2k}+\frac{4}{1-2k}\right\}=\frac{4}{2\pi}\cdot\frac{-2}{4k^2-1}=-\frac{4}{\pi}\cdot\frac{1}{4k^2-1};$$

即 $\quad a_{2n+1}=0,a_{2n}=-\frac{4}{\pi}\cdot\frac{1}{4n^2-1};$

$$b_n=\frac{1}{\pi}\int_{-\pi}^{\pi}|\sin x|\cdot\sin nx\,dx=0,$$

于是 $f(x)=|\sin x|=\frac{a_0}{2}+\sum_{n=1}^{\infty}a_{2n}\cdot\cos 2nx=\frac{4}{\pi}\cdot\frac{1}{2}+\sum_{n=1}^{\infty}\left(-\frac{4}{\pi}\cdot\frac{1}{4n^2-1}\right)\cos 2nx,$

故 $\quad f(x)=\frac{2}{\pi}-\frac{4}{\pi}\sum_{n=1}^{\infty}\frac{\cos 2nx}{4n^2-1},(-\pi,\pi).$

(3) $f(x)=\cos\lambda x$ 为偶函数，所以 $b_n=0$

$$\begin{aligned}a_n&=\frac{1}{\pi}\int_{-\pi}^{\pi}\cos\lambda x\cos nx\,dx\\&=\frac{2}{\pi}\int_0^{\pi}\frac{1}{2}[\cos(\lambda+n)x+\cos(\lambda-n)x]dx\\&=\frac{1}{\pi}\int_0^{\pi}(\cos(\lambda+n)\pi+\cos(\lambda-n)x)dx\\&=\frac{1}{\pi}\left[\frac{(-1)^n\sin\lambda\pi}{\lambda+n}+\frac{(-1)^n\sin\lambda x}{\lambda-n}\right]\\&=\frac{\sin\lambda\pi}{\pi}(-1)^n\cdot\frac{2\lambda}{\lambda^2-n^2}\end{aligned}$$

$$a_0=\frac{1}{\pi}\int_{-\pi}^{\pi}\cos\lambda x\,dx\cdot\frac{\sqrt{2}}{2}=\frac{2}{\pi}\int_0^{\pi}\cos\lambda x\,dx=\left[\frac{2}{\pi}\ \frac{\sin\lambda x}{\lambda}\right]_0^{\pi}=\frac{2\sin\lambda\pi}{\lambda\pi}$$

$f(x)$ 的傅里叶展开式为

$$\begin{aligned}f(x)&=\frac{a_0}{2}+\sum_{n=1}^{\infty}a_n\cos nx\\&=\frac{\sin\lambda\pi}{\lambda\pi}+\frac{\sin\lambda\pi}{\pi}\sum_{n=1}^{\infty}(-1)^n\frac{2\lambda}{\lambda^2-n^2}\cos nx,\quad[-\pi,\pi]\end{aligned}$$

(4) $f(x)$ 已定义在 $[-\pi,\pi]$ 上，将它拓广为在 $(-\infty,+\infty)$ 上以 2π 为周期的函数 $\varphi(x)$，则 $\varphi(x)$ 在 $(-\infty,+\infty)$ 上满足逐点收敛的充分条件，可将其展开为它的傅里叶级数. 在 $[-\pi,\pi]$ 上，$\varphi(x)\equiv f(x)$，$f(x)$ 的展开式就是 $\varphi(x)$ 的开展式，所以 $f(x)$ 的傅里叶系数如下：

$$\begin{aligned}a_0&=\frac{1}{\pi}\int_{-\pi}^{\pi}f(x)\cdot dx=\frac{1}{n}\left[\int_{-\pi}^{0}e^x\cdot dx+\int_0^{\pi}1\cdot dx\right]\\&=\frac{1}{\pi}\left[e^x\Big|_{-\pi}^{0}+\pi\right]=\frac{1}{\pi}[1+\pi-e^{-\pi}],\end{aligned}$$

$$a_n=\frac{1}{\pi}\int_{-\pi}^{\pi}f(x)\cdot\cos nx\,dx=\frac{1}{\pi}\left[\int_{-\pi}^{0}e^x\cdot\cos nx\,dx+\int_0^{\pi}1\cdot\cos nx\,dx\right],$$

其中，$\int_{-\pi}^{0}e^x\cos nx\,dx=\frac{1}{n}\int_{-\pi}^{0}e^x\,d\sin nx$

$$=\frac{1}{n}\left[e^x\sin nx\Big|_{-\pi}^{0}-\int_{-\pi}^{0}\sin nx\cdot e^x\,dx\right]$$

$$=\frac{1}{n}\left[0+\frac{1}{n}\int_{-\pi}^{0}e^x\,d\cos nx\right]$$

$$=\frac{1}{n^2}\left[e^x\cos nx\Big|_{-\pi}^{0}-\int_{-\pi}^{0}e^x\cos nx\,dx\right]$$

$$=\frac{1-(-1)^ne^{-\pi}}{n^2}-\frac{1}{n^2}\int_{-\pi}^{0}e^x\cos nx\,dx$$

$$\left(1+\frac{1}{n^2}\right)\int_{-\pi}^{0}e^x\cos nx\,dx=\frac{1-(-1)^ne^{-\pi}}{n^2},$$

$$\int_{-\pi}^{0}e^x\cos nx\,dx=\frac{1-(-1)^ne^{-\pi}}{n^2+1},$$

于是 $a_n=\frac{1}{\pi}\left[\frac{1-(-1)^ne^{-\pi}}{n^2+1}+0\right]=\frac{1-(-1)^ne^{-\pi}}{(n^2+1)\pi},$

$$b_n=<f(x),\sin nx>=\frac{1}{\pi}\int_{-\pi}^{\pi}f(x)\cdot\sin nx\,dx$$

$$=\frac{1}{\pi}\left[\int_{-\pi}^{0}e^x\sin nx\,dx+\int_0^{\pi}1\cdot\sin nx\,dx\right]$$

$$=\frac{1}{\pi}\left[\frac{n(-1)^ne^{-\pi}-1}{n^2+1}+\frac{(-1)^{n+1}+1}{n}\right],$$

从而有 $f(x)=\frac{a_0}{2}+\sum_{n=1}^{\infty}[a_n\cos nx+b_n\sin nx]$

$$=\frac{\sqrt{2}(1+\pi-e^{-\pi})}{2\pi}\cdot\frac{1}{2}+\sum_{n=1}^{\infty}\left\{\frac{1-(-1)^ne^{-\pi}}{(n^2+1)\pi}\cos nx\right.$$

$$\left.+\frac{1}{\pi}\left[\frac{n((-1)^ne^{-\pi}-1)}{n^2+1}+\frac{(-1)^{n+1}+1}{n}\right]\sin nx\right\}$$

$$=\frac{1+\pi-e^{-\pi}}{2\pi}+\frac{1}{\pi}\sum_{n=1}^{\infty}\left\{\frac{1-(-1)^ne^{-\pi}}{n^2+1}\cos nx\right.$$

$$\left.+\left[\frac{-n(-1)^nne^{-\pi}}{n^2+1}+\frac{1-(-1)^n}{n}\right]\sin nx\right\},(-\pi<x<\pi)$$

$\varphi(x)$ 的傅里叶级数的和函数 $\Phi(x)$ 的图形如图 9.1 所示.

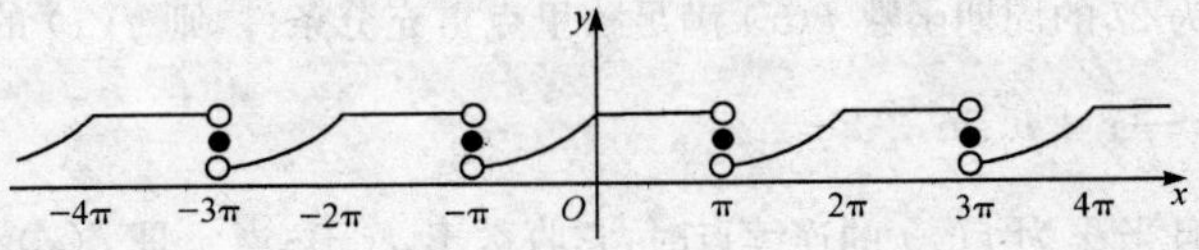

图 9.1

3. 写出函数 $f(x)=x(-\pi\leqslant x<\pi)$ 的傅里叶级数，并利用此展开式求级数 $\sum_{n=1}^{\infty}\frac{(-1)^{n-1}}{2n-1}$ 的和.

【逻辑推理】 先用公式求 $f(x)$ 的展开式，求出展开式后通过观察将其变形为与所给级数相近的形式.

解: $f(x)=x$ 为奇函数，所以 $a_0=0, a_n=0$

$$b_n=\frac{1}{\pi}\int_{-\pi}^{\pi}x\sin nx\,dx=\frac{2}{\pi}\int_{0}^{\pi}x\sin nx\,dx=\frac{2(-1)^{n+1}}{n}$$

$$f(x)=\sum_{n=1}^{\infty}b_n\sin nx=\sum_{n=1}^{\infty}\frac{2(-1)^{n+1}}{n}\cdot\sin nx,\quad x\in(-\pi,\pi)$$

(1) 当 $n=\frac{\pi}{2}$ 时，$f(\frac{\pi}{2})=\sum_{n=1}^{\infty}\frac{2(-1)^{n+1}}{n}\sin(n\cdot\frac{\pi}{2})$

$$=\sum_{k=1}^{\infty}\frac{2(-1)^{2k}}{2k-1}(-1)^{k-1}=2\sum_{k=1}^{\infty}\frac{(-1)^{k-1}}{2k-1}$$

即 $2\sum_{n=1}^{\infty}\frac{(-1)^{n-1}}{2n-1}=f(\frac{\pi}{2})=\frac{\pi}{2}$

所以 $\sum_{n=1}^{\infty}\frac{(-1)^{n-1}}{2n-1}=\frac{\pi}{4}$

第八节 一般周期函数的傅里叶级数

知识点归纳

1. 奇偶函数的傅里叶级数

(1) 偶函数(余弦级数)

若 $f(x)$ 在 $[-\pi,\pi]$ 上满足狄里克雷条件，且 $f(x)$ 为偶函数，则有 $b_n=0,(n=0,1,2,\cdots),a_n=\frac{2}{\pi}\int_{0}^{\pi}f(x)\cos nx\,dx,(n=0,1,2,\cdots)$，且在连续点处有 $f(x)=\frac{a_0}{2}+\sum_{n=1}^{+\infty}a_n\cos nx$；

(2) 奇函数(正弦级数)

若 $f(x)$ 在 $[-\pi,\pi]$ 上满足狄里克雷条件，且 $f(x)$ 为奇函数，则有 $a_n=0,(n=0,1,2,\cdots),b_n=\frac{2}{\pi}\int_{0}^{\pi}f(x)\sin nx\,dx,(n=1,2,\cdots)$，且在 $f(x)$ 的连续点处有 $f(x)=\sum_{n=1}^{+\infty}b_n\sin nx$.

2. 周期为 $2l$ 的周期函数的傅里叶级数

定理 设周期为 $2l$ 的周期函数 $f(x)$ 满足狄里克雷充分条件，则 $f(x)$ 的傅里叶级数

$$\frac{a_0}{2}+\sum_{n=1}^{\infty}\left(a_n\cos\frac{n\pi}{l}x+b_n\sin\frac{n\pi}{l}x\right)$$

在每点处收敛，且当 x 为 $f(x)$ 的连续点时，它收敛于 $f(x)$；当 x 是 $f(x)$ 的间断点时，它收敛于 $\frac{1}{2}[f(x^-)+f(x^+)]$，其中

$$a_n=\frac{1}{l}\int_{-l}^{l}f(x)\cos\frac{n\pi}{l}x\mathrm{d}x\quad(n=0,1,2,\cdots)$$

$$b_n=\frac{1}{l}\int_{-l}^{l}f(x)\sin\frac{n\pi}{l}x\mathrm{d}x\quad(n=1,2,3,\cdots)$$

典型例题与解题技巧

题型Ⅵ:常数项级数求和

【题型分析】 常数项级数求和主要有以下三种方法：

方法1° 直接计算部分和 S_n,然后求极限,得到级数的和 $\sum_{n=1}^{\infty}u_n=\lim_{n\to\infty}S_n$；

方法2° 借助于求幂级数的和函数；

方法3° 借助于函数的傅里叶级数展开式.

一般地说,只有特别简单的情况才能直接计算部分和,从而得到级数的和;当级数通项中含有某个数 n 次幂作为因子时用第二种方式,而能够借助于傅里叶级数展开式的不易找规律,往往是将某个函数展开后,发现其系数具有某种特性,才知道可以得到某个常数项级数之和,详细说明见后面题型七.

例25 求下列级数的和;

(1) $\sum_{n=0}^{\infty}(-1)^n\frac{n^2-n+1}{2^n}$；　　(2) $\sum_{n=2}^{\infty}(-1)^n\frac{1}{(n^2-1)2^n}$.

分析 由于数列与常数项级数有着一一对应关系,求数列极限可以转化为求相应的常数项级数的和. 特别是求 $\lim_{n\to+\infty}\sum_{k=1}^{n}a_k$,即求 $\sum_{n=1}^{\infty}a_n$,因此若用本题型方法可求出 $\sum_{n=1}^{\infty}a_n$,也就求出了极限 $\lim_{n\to+\infty}\sum_{k=1}^{n}a_k$.

解:(1) $S=\sum_{n=0}^{\infty}(-1)^n\frac{n^2-n+1}{2^n}=\sum_{n=0}^{\infty}(-1)^n\frac{n(n-1)}{2^n}+\sum_{n=0}^{\infty}(-1)^n\frac{1}{2^n}=S_1+S_2$

S_1 为几何级数,其和为2.3,S_1 可看作幂级数 $\sum_{n=0}^{\infty}(-1)^nn(n-1)x^n$ 在 $x=1/2$ 处的值,记

$$S(x)=\sum_{n=0}^{\infty}(-1)^nn(n-1)x^n=x^2\sum_{n=2}^{\infty}(-1)^nn(n-1)x^{n-2}$$

$$=x^2(\sum_{n=0}^{\infty}(-1)^nx^n)''=x^2(\frac{1}{1+x})''=\frac{2x^2}{(1+x)^3},$$

从而　$S_1=S(\frac{1}{2})=\frac{4}{27}$,$S=S_1+S_2=\frac{4}{27}+\frac{2}{3}=\frac{22}{27}$

(2) 令 $S=\sum_{n=2}^{\infty}\frac{1}{(n^2-1)2^n}$,先分解成

$$S=\frac{1}{2}\sum_{n=2}^{\infty}(\frac{1}{n-1}-\frac{1}{n+1})\frac{1}{2^n}=\frac{1}{4}\sum_{n=2}^{\infty}\frac{1}{n-1}\cdot\frac{1}{2^{n-1}}-\sum_{n=3}^{\infty}\frac{1}{n}\frac{1}{2^n}$$

直接利用 $\ln(1+x)$ 的展开式得

$$S=\frac{-1}{4}\sum_{n=1}^{\infty}\frac{(-1)^{n-1}}{m}(\frac{-1}{2})^n+\sum_{n=1}^{\infty}\frac{(-1)^{n-1}}{n}(\frac{-1}{2})^n$$

$$=-\frac{-1}{4}\ln(1-\frac{1}{2})+\ln(1-\frac{1}{2})+\frac{1}{2}+\frac{1}{8}=\frac{5}{8}-\frac{3}{4}\ln2$$

课后习题全解

习题 9－8 解答

1. 将下列周期函数(已给出函数在一个周期内的表达式)展开成傅里叶级数:

(1) $f(x)=1-x^2\quad\left(-\frac{1}{2}\leqslant x<\frac{1}{2}\right)$;

(2) $f(x)=\begin{cases}2x+1 & 当-3\leqslant x<0,\\ 1 & 当0\leqslant x<3;\end{cases}$

(3) $f(x)=x\cos x\quad\left(-\frac{\pi}{2}\leqslant x\leqslant\frac{\pi}{2}\right)$;

(4) $f(x)=\begin{cases}\cos\frac{\pi x}{l} & 当|x|\leqslant\frac{l}{2},\\ 0 & 当\frac{l}{2}<|x|\leqslant l.\end{cases}$

【知识点窍】 周期为 $2l$ 的函数展开傅里叶式,$a_0=\frac{1}{l}\int_{-l}^{l}f(x)\mathrm{d}x$,$a_n=\frac{1}{l}\int_{-l}^{l}f(x)\cos\frac{n\pi x}{l}\mathrm{d}x$,$b_n=\frac{1}{l}\int_{-l}^{l}f(x)\sin\frac{n\pi x}{l}\mathrm{d}x$.

解:(1) $a_0=2\int_{-\frac{1}{2}}^{\frac{1}{2}}f(x)\mathrm{d}x=2\int_{-\frac{1}{2}}^{\frac{1}{2}}(1-x^2)\mathrm{d}x=\frac{11}{6}$

$$a_n=4\int_0^{\frac{1}{2}}(1-x^2)\cos2n\pi x\mathrm{d}x=4\left[\left(\frac{1-x^2}{2n\pi}\sin2n\pi x\right)\Big|_0^{\frac{1}{2}}+\frac{1}{2n\pi}\sin2n\pi x\Big|_0^{\frac{1}{2}}\right]$$

$$=(-1)^{n+1}\frac{1}{n^2\pi^2}(n=1,2,\cdots)$$

且 $f(x)$ 是偶函数,所以 $b_n=0$

由于 $f(x)$ 在$(-\infty,+\infty)$ 内连续

所以 $f(x)=\frac{11}{12}+\frac{1}{\pi^2}\sum_{n=1}^{\infty}\frac{(-1)^{n+1}}{n^2}\cos2n\pi x,x\in(-\infty,+\infty)$.

(2) $a_0=\frac{1}{3}\int_{-3}^{3}f(x)\mathrm{d}x=\frac{1}{3}\left[\int_{-3}^{0}(2x+1)\mathrm{d}x+\int_1^3 1\cdot\mathrm{d}x\right]=-\frac{\sqrt{2}}{2}$

$$a_n=\frac{1}{3}\int_{-3}^{3}f(x)\cdot\cos\frac{n\pi x}{3}\mathrm{d}x$$

$$=\frac{1}{3}\left[\int_{-3}^{0}(2x+1)\cos\frac{n\pi x}{3}\mathrm{d}x+\int_0^3 1\cdot\cos\frac{n\pi x}{3}\mathrm{d}x\right]$$

$$=\frac{1}{3}\left[\int_{-3}^{0}2x\cos\frac{n\pi x}{3}dx+\int_{-3}^{3}\cos\frac{n\pi x}{3}dx\right]$$

$$=\frac{1}{3}\int_{-3}^{0}2x\cdot\cos\frac{n\pi x}{3}dx=\frac{2}{3}\cdot\frac{3}{n\pi}\int_{-3}^{0}d\sin\frac{n\pi x}{3}$$

$$=\frac{2}{n\pi}\left[x\sin\frac{n\pi x}{3}\Big|_{-3}^{0}-\int_{-3}^{0}\sin\frac{n\pi x}{3}dx\right]=\frac{2}{n\pi}\cdot\frac{3}{n\pi}\cos\frac{n\pi x}{3}\Big|_{-3}^{0}$$

$$=\frac{6}{n^2\pi^2}[1-(-1)^n]$$

$$b_n=\frac{1}{3}\left[\int_{-3}^{0}(2x+1)\sin\frac{n\pi x}{3}dx+\int_{0}^{3}\sin\frac{n\pi x}{3}dx\right]$$

$$=\frac{1}{3}\left[\int_{-3}^{0}2x\cdot\sin\frac{n\pi x}{3}dx+\int_{-3}^{3}\sin\frac{n\pi x}{3}dx\right]$$

$$=\frac{2}{3}\int_{-3}^{0}x\sin\frac{n\pi x}{3}dx=-\frac{2}{3}\cdot\frac{3}{n\pi}\int_{-3}^{0}xd\cos\frac{n\pi x}{3}$$

$$=-\frac{2}{n\pi}\left[x\cos\frac{n\pi x}{3}\Big|_{-3}^{0}-\int_{-3}^{0}\cos\frac{n\pi x}{3}dx\right]$$

$$=-\frac{2}{n\pi}[0-(-3)(-1)^n-0]=\frac{6\cdot(-1)^{n+1}}{n\pi}$$

故　$$f(x)=\frac{a_0}{2}+\sum_{n=1}^{\infty}\left(a_n\cos\frac{n\pi x}{3}+b_n\sin\frac{n\pi x}{3}\right)$$

$$=\left(-\frac{\sqrt{2}}{2}\right)\cdot\frac{1}{2}+\sum_{n=1}^{\infty}\left\{\frac{6}{n^2\pi^2}[1-(-1)^n]\cos\frac{n\pi x}{3}+\frac{6}{n\pi}(-1)^{n+1}\sin\frac{n\pi x}{3}\right\}$$

$$(x\neq 3(2k+1),k\in\mathbf{Z})$$

$f(x)$ 在$(-\infty,+\infty)$上的和函数 $F(x)$ 的图形如图 9.2 所示.

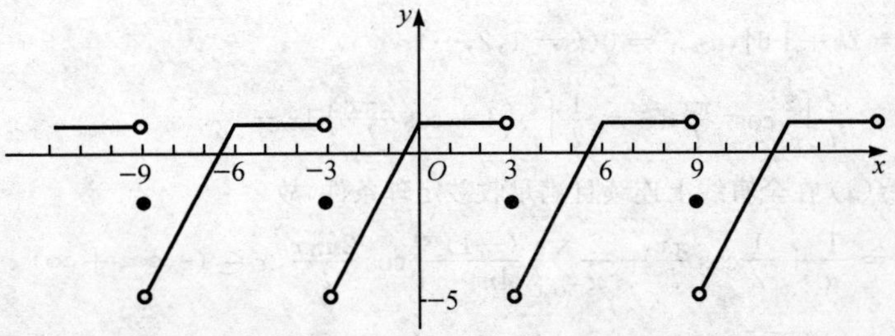

图 9.2

(3) $f(x)=x\cos x$ 为奇函数,所以 $a_0=0,a_n=0$

$$b_n=\frac{2}{\pi}\int_{-\frac{\pi}{2}}^{\frac{\pi}{2}}x\cos x\sin 2nx ds=\frac{2}{\pi}\left[\int_{-\frac{\pi}{2}}^{\frac{\pi}{2}}\left[\frac{x}{2}\sin(2n+1)x+\sin(2n-1)x\right]dx\right.$$

$$=\frac{1}{\pi}\left[\int_{-\frac{\pi}{2}}^{\frac{\pi}{2}}x\sin(2n+1)xdx+\int_{-\frac{\pi}{2}}^{\frac{\pi}{2}}x\sin(2n-1)xdx\right]$$

$$=\frac{2}{\pi}\left[-\frac{1}{2n+1}\int_{0}^{\frac{\pi}{2}}xd\cos(2n+1)x-\frac{1}{2n-1}\int_{0}^{\frac{\pi}{2}}xd\cos(2n-1)x\right]$$

$$=-\frac{2}{(2n+1)\pi}\left\{[x\cos(2n+1)x]_0^{\frac{\pi}{2}}-\int_0^{\frac{\pi}{2}}\cos(2n+1)x\mathrm{d}x\right\}-\frac{2}{(2n-1)\pi}$$

$$\left\{[x\cos(2n-1)x]_0^{\frac{\pi}{2}}-\int_0^{\frac{\pi}{2}}\cos(2n-1)x\mathrm{d}x\right\}$$

$$=\left[\frac{2}{(2n+1)^2\pi}\sin(2n+1)\pi\right]_0^{\frac{\pi}{2}}+\left[\frac{2}{(2n-1)^2\pi}\sin(2n-1)x\right]_0^{\frac{\pi}{2}}$$

$$=\frac{2}{(2n+1)^2\pi}(-1)^n+\frac{2}{(2n-1)^2\pi}(-1)^{n-1}$$

$$=\frac{2(-1)^{n-1}}{\pi}\frac{8n}{(4n^2-1)^2}$$

$$f(x)=\sum_{n=1}^{\infty}b_n\sin 2nx=\sum_{n=1}^{\infty}\frac{(-1)^{n-1}}{\pi}\cdot\frac{16n}{(4n^2-1)^2}\cdot\sin 2nx, x\in(-\infty,+\infty)$$

(4) $f(x)$ 为偶函数，$b_n=0(n=1,2,\cdots)$；

$$a_0=\frac{2}{l}\int_0^l f(x)\mathrm{d}x=\frac{2}{l}\int_0^{\frac{l}{2}}\cos\frac{\pi x}{l}\mathrm{d}x=\frac{2}{\pi}$$

$$a_n=\frac{2}{l}\int_0^l f(x)\cos\frac{n\pi x}{l}\mathrm{d}x$$

$$=\frac{2}{l}\int_0^{\frac{1}{2}}\cos\frac{\pi x}{l}\cos\frac{n\pi x}{l}\mathrm{d}x$$

$$=\frac{1}{l}\int_0^{\frac{1}{2}}\left[\cos\frac{(n-1)\pi x}{l}+\cos\frac{(n+1)\pi x}{l}\right]\mathrm{d}x$$

$$=\frac{1}{\pi}\left[\frac{1}{n-1}\sin\frac{(n-1)\pi}{2}+\frac{1}{n+1}\sin\frac{(n+1)\pi}{2}\right],(n\neq 1)$$

当 $n=2k$ 时，$a_{2k}=\frac{1}{\pi}\left[\frac{(-1)^{k+1}}{2k-1}+\frac{(-1)^k}{2k+1}\right]=\frac{(-1)^{k-1}}{\pi}\frac{2}{4k^2-1},(k=1,2,\cdots)$；

当 $n=2k+1$ 时，$a_{2k+1}=0(k=1,2,\cdots)$；

而 $a_1=\frac{2}{l}\int_0^{\frac{1}{2}}\cos^2\frac{\pi x}{l}\mathrm{d}x=\frac{1}{l}\int_0^{\frac{1}{2}}\left(1+\cos\frac{2\pi x}{l}\right)\mathrm{d}x=\frac{1}{2}.$

由于 $f(x)$ 在全直线上连续且满足收敛定理条件，故

$$f(x)=\frac{1}{\pi}+\frac{1}{2}\cos\frac{\pi x}{l}+\frac{2}{\pi}\sum_{n=1}^{\infty}\frac{(-1)^{n-1}}{4n^2-1}\cos\frac{2n\pi x}{l}, x\in(-\infty,+\infty)$$

2. 将函数 $f(x)=\frac{\pi-x}{2}(0\leqslant x\leqslant\pi)$ 展开成正弦级数.

【知识点窍】 此类题应先将 $f(x)$ 奇延拓或偶延拓为周期函数，再按周期函数展开为傅里叶级数的方法进行展开.

解：因为要求展开为正弦级数，则将 $f(x)$ 进行奇延拓，得到 $f(x)$ 在一个周期内表达式：

$$f(x)=\begin{cases}\frac{\pi-x}{2} & (0\leqslant x\leqslant\pi)\\ \frac{-\pi-x}{2} & (-\pi\leqslant x\leqslant 0)\end{cases}$$

$a_0 = a_n = 0$

$b_n = \frac{1}{\pi}\int_{-\pi}^{\pi} f(x)\sin nx\mathrm{d}x = \frac{2}{\pi}\int_0^{\pi} \frac{\pi - x}{2}\sin nx\mathrm{d}x = \frac{1}{n}$

所以 $f(x)$ 展开为正弦级数为 $\sum_{n=1}^{\infty}\frac{1}{n}\sin nx$，$(0 < x \leqslant \pi)$，在 $x = 0$ 处，收敛于

$\frac{1}{2}[f(0-0) + f(0+0)] = 0.$

3. 将函数 $f(x) = 2x^2 (0 \leqslant x \leqslant \pi)$ 分别展开成正弦级数和余弦级数.

【知识点窍】 正弦级数即奇延拓，余弦级数即偶延拓.

解:(1) 正弦级数，

将 $f(x)$ 奇延拓后，$f(x)$ 在一个周期内表达式为

$$f(x) = \begin{cases} 2x^2 & (0 \leqslant x \leqslant \pi) \\ -2x^2 & (-\pi < x < 0) \end{cases}$$

则　$a_0 = a_n = 0$

$$\begin{aligned} b_n &= \frac{2}{\pi}\int_0^{\pi} 2x^2\sin nx\mathrm{d}x = \frac{2}{\pi}\left[\int_0^{\pi}\frac{-2x^2}{n}\mathrm{d}\cos nx\right] \\ &= \frac{2}{\pi}\left\{\left[\frac{-2x^2}{n}\cdot\cos nx\right]_0^{\pi} + \int_0^{\pi}\frac{4x}{n^2}\mathrm{d}\sin nx\right\} \\ &= \frac{2}{\pi}\left\{\frac{-2\pi^2}{n}\cdot(-1)^n + \left[\frac{4x\sin nx}{n^2}\right]_0^{\pi} + \int_0^{\pi}\frac{4\sin nx}{n^2}\mathrm{d}x\right\} \\ &= \frac{2}{\pi}\left\{\frac{2\pi^2(-1)^{n+1}}{n} + \left[\frac{4\cos nx}{n^3}\right]_0^{\pi}\right\} \\ &= \frac{2}{\pi}\left[\frac{2\pi^2(-1)^{n+1}}{n} + \frac{4(-1)^n - 4}{n^3}\right] \\ &= \frac{4}{\pi}\left[\frac{-2}{n^3} + (-1)^n\left(\frac{2}{n^3} - \frac{\pi^2}{n}\right)\right] \end{aligned}$$

所以，$f(x)$ 展开为正弦级数为

$$f(x) = \frac{4}{\pi}\sum_{n=1}^{\infty}\left[-\frac{3}{n^3} + (-1)^n\left(\frac{2}{n^3} - \frac{\pi^2}{n}\right)\right]\sin nx, x \in (0,\pi)$$

当 $x = \pi$ 时收敛于 $\frac{1}{2}[f(\pi - 0) + f(\pi + 0)] = 0$

(2) 余弦级数，

将 $f(x)$ 偶延拓后，在一个周期内的表达式为

$f(x) = 2x^2, -\pi < x < \pi$

$f(x)$ 为偶函数所以 $b_n = 0$

$a_0 = \frac{2}{\pi}\int_0^{\pi} 2x^2\mathrm{d}x = \frac{4}{3}\pi^2$

$a_n = \frac{2}{\pi}\int_0^{\pi} 2x^2\cos nx\mathrm{d}x = \frac{2}{\pi}\left\{\left[\frac{2x^2\sin nx}{n}\right]_-^{\pi} + \int_0^{\pi}\frac{\sin nx\cdot 4x}{n}\mathrm{d}x\right\}$

$$= \frac{2}{\pi}\left[0+\int_0^{\pi}\frac{4x}{n^2}\mathrm{d}\cos nx\right]$$

$$= \frac{2}{\pi}\left\{\left[\frac{4x\cos nx}{n^2}\right]_0^{\pi}-\left[\frac{4\sin nx}{n^3}\right]_0^{\pi}\right\}$$

$$= \frac{2}{\pi}\ \frac{4\pi(-1)^n}{n^2}$$

$$= \frac{8(-1)^n}{n^2}$$

$f(x)$ 展开为余弦级数为 $\frac{2}{3}\pi^2+8\sum_{n=1}^{\infty}\frac{(-1)^n}{n^2}\cos nx, x\in[0,\pi]$

4. 将函数 $f(x)=\begin{cases} x & 当\ 0\leqslant x<\frac{l}{2} \\ l-x & 当\ \frac{l}{2}\leqslant x<l \end{cases}$ 分别展开成正弦级数和余弦级数.

解: 设 $f(x)$ 已作奇延拓和周期延拓,则 $f(x)$ 可展为正弦级数,$a_n=0\ (n=0,1,2,\cdots)$. 而

$$b_n=\frac{2}{l}\left[\int_0^{\frac{l}{2}}x\sin\frac{n\pi x}{l}\mathrm{d}x+\int_{\frac{l}{2}}^{l}(l-x)\sin\frac{n\pi x}{l}\mathrm{d}x\right]$$

$$=-\frac{2}{l}\left[\frac{l}{n\pi}\left(x\cos\frac{n\pi x}{l}\right)\Big|_0^{\frac{l}{2}}-\frac{l^2}{n^2\pi^2}\sin\frac{n\pi x}{l}\Big|_0^{\frac{l}{2}}\right]-\frac{2}{l}\left[\frac{l}{n\pi}(l-x)\cos\frac{n\pi x}{l}\Big|_{\frac{l}{2}}^{l}+\frac{l^2}{n^2\pi^2}\sin\frac{n\pi x}{l}\Big|_{\frac{l}{2}}^{l}\right]$$

$$=\frac{4l}{n^2\pi^2}\sin\frac{n\pi}{2},(n=1,2,\cdots)$$

又 $f(x)$ 作了上述延拓后在$[0,l]$上连续且满足收敛定理条件,所以

$$f(x)=\frac{4l}{\pi^2}\sum_{n=1}^{\infty}\frac{1}{n^2}\sin\frac{n\pi}{2}\sin\frac{n\pi x}{l},(0\leqslant x\leqslant l)$$

再设 $f(x)$ 已作偶延拓和周期延拓,则 $f(x)$ 可展为余弦级数,$b_n=0,(n=1,2,\cdots)$. 同理,

$$a_n=\frac{2}{l}\left[\int_0^{\frac{l}{2}}x\cos\frac{n\pi x}{l}\mathrm{d}x+\int_{\frac{l}{2}}^{l}(l-x)\cos\frac{n\pi x}{l}\mathrm{d}x\right]$$

$$=\frac{2l}{\pi^2}\left[\frac{1}{n^2}\left(2\cos\frac{n\pi}{2}-1-(-1)^n\right)\right],(n\neq 0,n\in\mathbf{N}^*)$$

而 $a_0=\frac{2}{l}\left[\int_0^{\frac{l}{2}}x\mathrm{d}x+\int_{\frac{l}{2}}^{l}(l-x)\mathrm{d}x\right]=\frac{l}{2}$,

又 $f(x)$ 作上述延拓后在$[0,l]$上连续且满足收敛定律条件,所以

$$f(x)=\frac{l}{4}+\frac{2l}{\pi^2}\sum_{n=1}^{\infty}\frac{1}{n^2}\left[2\cos\frac{n\pi}{2}-1-(-1)^2\right]\cos\frac{n\pi x}{l}\qquad (x\in[0,l])$$

题 9－9 解答

1. 用归纳法证明推广的勾股定理:设 $f_i\in\boldsymbol{R}_{2\pi(k=1,2,\cdots,n)}$,且 $<f_i,f_j>=0,(i\neq j;i,j=1,2,\cdots,n)$,则 $\|f_1+f_2+\cdots+f_n\|^2=\|f_1\|^2+\|f_2\|^2+\cdots+\|f_n\|^2$

解: (1) 当 $n=2$ 时,$<f_1,f_2>=0\Leftrightarrow\|f_1+f_2\|^2=\|f_1\|^2+\|f_2\|^2$

(2) 假定 $n=k$ 时，$<f_i,f_j>=0(i\neq j,ij=1,2,\cdots k)$ 的充要条件为

$\|f_1+f_2+\cdots+f_k\|^2=\|f_1\|^2+\|f_2\|^2+\cdots+\|f_k\|^2$

当 $n=k+1$ 时，$<f_i,f_j>=0(i\neq j;i,j=1,2,\cdots,k,k+1)$

即　$<f_i,\sum\limits_{i\neq j}f_j>=0$

故　$\|f_i+\sum\limits_{j\neq i}f_i\|^2=\|f_i\|^2+\|\sum\limits_{j\neq i}f_j\|^2$

$=\|f_1\|^2+\|f_2\|^2+\cdots+\|f_k\|^2+\|f_{k+1}\|^2$

得　$\|f_1+f_2+\cdots+f_k+f_{k+1}\|^2=\|f_1\|^2+\|f_2\|^2+\cdots+\|f_k\|^2+\|f_{k+1}\|^2$

综上，可断定，$<f_i,f_j>=0,(i\neq j,j=1,2,\cdots,n)$ 时，

$\|f_1+f_2+\cdots+f_n\|^2=\|f_1\|^2+\|f_2\|^2+\cdots+\|f_n\|^2$

2. 设 $f\in R_{2\pi}$，F_n 是 f 的傅里叶多项式，验证：

$<f,F_n>=\|F_n\|^2$.

解：$F_n=a_0\dfrac{\sqrt{2}}{2}+\sum\limits_{k=1}^{\infty}(a_k\cos kx+b_k\sin kx)$，则 $\|F_n\|^2=a_0^2+\sum\limits_{k=1}^{n}(a_k^2+b_k^2)$，其中

$a_0=<f,\dfrac{\sqrt{2}}{2}>,a_k=<f,\cos kx>,b_k=<f,\sin kx>$

则　$<f,F_n>=<f,a_0\dfrac{\sqrt{2}}{2}>+\sum\limits_{k=1}^{n}(<f,a_k\cos kx>+<f,b_k\sin kx>)$

$=a_0<f,\dfrac{\sqrt{2}}{2}>+\sum\limits_{k=1}^{n}(a_k<f,\cos kx>+b_k<f,\sin kx>)=a_0^2+\sum\limits_{n=1}^{n}(a_k^2+b_k^2)$

即 $<f,F_n>=\|F_n\|^2$ 成立.

3. 设 $f\in R_{2\pi}$，并且 $f(x)$ 是奇函数，则它的傅里叶多项式的各项都是正弦函数；若 $f(x)$ 是偶函数，则它的傅里叶多项式的各项除常数项外都是余弦函数.

解：(1) 若 $f\in \boldsymbol{R}_{2\pi}$，且 $f(x)$ 为奇函数，则

$$a_0=\frac{1}{\pi}\int_{-\pi}^{\pi}f(x)\cdot\frac{\sqrt{2}}{2}\mathrm{d}x=0$$

$$a_k=\frac{1}{\pi}\int_{-\pi}^{\pi}f(x)\cdot\cos kx\,\mathrm{d}x=0\quad（奇函数在对称区域上积分为 0）$$

$$b_k=\frac{1}{\pi}\int_{-\pi}^{\pi}f(x)\sin kx\,\mathrm{d}x=\frac{2}{\pi}\int_{0}^{\pi}f(x)\cdot\sin kx\,\mathrm{d}x$$

因为 $a_0=a_k=0$ 而 $F_n=a_0\dfrac{\sqrt{2}}{2}+\sum\limits_{n=1}^{n}(a_k\cos kx+b_k\sin kx)$

中不含常数项和余弦函数，显然其各项都是正弦函数.

(2) 若 $f\in \boldsymbol{R}_{2\pi}$，且 $f(x)$ 为偶函数

则　$a_0=\dfrac{1}{\pi}\displaystyle\int_{-\pi}^{\pi}f(x)\frac{\sqrt{2}}{2}\mathrm{d}x=\frac{\sqrt{2}}{2}\int_{0}^{\pi}f(x)\mathrm{d}x$

$$a_k = \frac{1}{\pi}\int_{-\pi}^{\pi} f(x)\cos kx\,\mathrm{d}x = \frac{2}{\pi}\int_{0}^{\pi} f(x)\cos kx\,\mathrm{d}x$$

而 $\quad b_k = \frac{1}{\pi}\int_{-\pi}^{\pi} f(x)\sin kx\,\mathrm{d}x = 0$

故 $F_n(x)$ 中不含正弦项,即除常数项外,都是余弦函数.

总习题九

1. 将"充分"、"必要"、"充要"、"充分而非必要"、"必要而非充分"之一填入空格:

(1) $\lim\limits_{n\to\infty} u_n = 0$ 是级数 $\sum\limits_{n=1}^{\infty} u_n$ 收敛的________ 条件;

(2) 对正项级数 $\sum\limits_{n=1}^{\infty} u_n$,部分和数列 $(S_n)_{n=1}^{\infty}$ 有界是 $\sum\limits_{n=1}^{\infty} u_n$ 收敛的________ 条件;

(3) 级数 $\sum\limits_{n=1}^{\infty} |u_n|$ 收敛是级数 $\sum\limits_{n=1}^{\infty} u_n$ 收敛的________ 条件;

(4) 数列 $(u_n)_{n=1}^{\infty}$ 单调且 $\lim\limits_{n\to\infty} u_n = 0$ 是交错级数 $\sum\limits_{n=1}^{\infty} (-1)^{(n-1)} u_n$ 收敛的________ 条件;

(5) 级数 $\sum\limits_{n=1}^{\infty} u_n$ 按某一方式经加括弧后所得的级数收敛是级数 $\sum\limits_{n=1}^{\infty} u_n$ 收敛的________ 条件;

(6) $\lim\limits_{n\to\infty} \left|\frac{u_{n+1}}{u_n}\right| = \rho > 1$ 是任意项级数 $\sum\limits_{n=1}^{\infty} u_n$ 发散的________ 条件.

解:(1) 必要; (2) 充要; (3) 充分;

(4) 充分; (5) 必要; (6) 充分.

2. 选择题

(1) 设常数 $\alpha > 0$,则级数 $\sum\limits_{n=1}^{\infty} (-1)^n \frac{\alpha + n}{n^2}$( ).

(A) 发散 (B) 绝对收敛 (C) 条件收敛 (D) 收敛性与 α 的值有关

(2) 下列命题中正确的是( ).

(A) 若 $u_n < v_n (n = 1,2,3,\cdots)$,则 $\sum\limits_{n=1}^{\infty} u_n \leqslant \sum\limits_{n=1}^{\infty} v_n$

(B) 若 $u_n < v_n (n = 1,2,3,\cdots)$,且 $\sum\limits_{n=1}^{\infty} v_n$ 收敛,则 $\sum\limits_{n=1}^{\infty} u_n$ 收敛

(C) 若 $\lim\limits_{n\to\infty} \frac{u_n}{v_n} = 1$,且 $\sum\limits_{n=1}^{\infty} v_n$ 收敛,则 $\sum\limits_{n=1}^{\infty} u_n$ 收敛

(D) 若 $w_n < u_n < v_n (n = 1,2,3,\cdots)$,且 $\sum\limits_{n=1}^{\infty} w_n$ 与 $\sum\limits_{n=1}^{\infty} v_n$ 均收敛,则 $\sum\limits_{n=1}^{\infty} u_n$ 收敛

(3) 若幂级数 $\sum\limits_{n=1}^{\infty} a_n (x-1)^n$ 在 $x = -1$ 处收敛,则此级数在 $x = 2$ 处( ).

(A) 条件收敛 (B) 绝对收敛 (C) 发散 (D) 收敛性不能确定

(4) 设 $f(x)=\begin{cases} x & 当 0\leqslant x<\dfrac{1}{2} \\ 2-x & 当\dfrac{1}{2}\leqslant x<1 \end{cases}$，$S(x)=\dfrac{a_0}{2}+\sum\limits_{n=1}^{\infty}a_n\cos n\pi x, x\in\mathbf{R}$，其中 $a_n=2\int_0^1 f(x)\cos n\pi x\mathrm{d}x(n=0,1,2,\cdots)$，则 $S\left(-\dfrac{5}{2}\right)$ 等于(　　).

(A) $\dfrac{3}{2}$　　(B) $-\dfrac{3}{2}$　　(C) 1　　(D) -1

解：(1)C；　(2)D；　(3)B；　(4)C.

3. 判断下列级数的收敛性：

(1) $\sum\limits_{n=1}^{\infty}(\sqrt[n]{2}-1)$；　　(2) $\sum\limits_{n=1}^{\infty}\dfrac{\ln n}{2^n}$；

(3) $\sum\limits_{n=1}^{\infty}\int_0^{\frac{1}{n}}\dfrac{\sqrt{x}}{1+x^2}\mathrm{d}x$；　　(4) $\sum\limits_{n=1}^{\infty}\dfrac{a^n}{n^s}(a>0,s>0)$.

解：(1) 当 $n\to\infty$ 时，$\sqrt[n]{2}-1=\mathrm{e}^{\frac{\ln 2}{n}}-1\sim\dfrac{\ln 2}{n}$，而 $\sum\limits_{n=1}^{\infty}\dfrac{\ln 2}{n}$ 是发散的，故原级数发散；

(2) 用比值审敛法，$\dfrac{a_{n+1}}{a_n}=\dfrac{\ln(n+1)\cdot 2^n}{\ln n\cdot 2^{n+1}}=\dfrac{1}{2}\dfrac{\ln(n+1)}{\ln n}\to\dfrac{1}{2}(<1)(n\to\infty)$，故原级数收敛；

(3) $a_n=\int_0^{\frac{1}{n}}\dfrac{\sqrt{x}}{1+x^2}\mathrm{d}x<\int_0^{\frac{1}{n}}\sqrt{x}\mathrm{d}x=\dfrac{2}{3}\dfrac{1}{n^{\frac{3}{2}}}$，而 $\sum\limits_{n=1}^{\infty}\dfrac{1}{n^{\frac{3}{2}}}$ 是收敛的，故由比较审敛法知原级数收敛；

(4) 由于 $\sqrt[n]{a_n}=\sqrt[n]{\dfrac{a^n}{n^s}}=\dfrac{a}{(\sqrt[n]{n})^s}\to(n\to\infty)$，由根值审敛法知，

当 $a<1$ 时，原级数收敛；当 $a>1$ 时，原级数发散；

当 $a=1$ 时，原级数成为 $\sum\limits_{n=1}^{\infty}\dfrac{1}{n^s}$，于是 $s>1$ 时，级数收敛，$s\leqslant 1$ 时级数发散.

4. 讨论下列级数是否收敛？如果收敛，是条件收敛还是绝对收敛？

(1) $\sum\limits_{n=1}^{\infty}(-1)^{n-1}\dfrac{\sin n}{\pi^n}$；　　(2) $\sum\limits_{n=1}^{\infty}(-1)^{n-1}\left(\dfrac{n}{n+1}\right)^n$；

(3) $\sum\limits_{n=1}^{\infty}(-1)^n\dfrac{(n+1)!}{n^{n+1}}$；　　(3) $\sum\limits_{n=1}^{\infty}(-1)^n\ln\left(1+\dfrac{1}{\sqrt{n}}\right)$.

【知识点窍】　讨论级数的收敛性一般步骤是：

① 观察一般项是否趋于 0，如果一般项不趋于 0，则级数发散.

② 如果一般项趋于 0，则考察级数是否绝对收敛.

③ 如果不是绝对收敛，则进一步考察级数是否条件收敛.

解：(1) 因 $|a_n|=\left|\dfrac{\sin n}{\pi^n}\right|\to 0(n\to\infty)$，故级数绝对收敛.

(2) 因 $|a_n|=\left(\frac{n}{n+1}\right)^n=\frac{1}{\left(1+\frac{1}{n}\right)^n}\to\frac{1}{\mathrm{e}}\neq 0$,即一般项 $a_n\not\to 0(n\to\infty)$,故级数发散.

(3) $\lim\limits_{n\to\infty}\frac{|a_{n+1}|}{|a_n|}=\lim\limits_{n\to\infty}\frac{\frac{(n+2)!}{(n+1)^{n+2}}}{\frac{(n+1)!}{n^{n+1}}}=\lim\limits_{n\to\infty}\frac{n+2}{n+1}\left(\frac{n}{n+1}\right)^{n+1}=\frac{1}{\mathrm{e}}<1$

故级数 $\sum\limits_{n=1}^{\infty}|a_n|$ 收敛即原级数绝对收敛.

(4) $|a_n|=\ln(1+\frac{1}{\sqrt{n}})\sim\frac{1}{\sqrt{n}}$,而级数 $\sum\limits_{n=1}^{\infty}\frac{1}{\sqrt{n}}$ 发散所以 $\sum\limits_{n=1}^{\infty}|a_n|$ 发散.

而 $\lim\limits_{n\to\infty}\ln(1+\frac{1}{\sqrt{n}})=0$ 且 $\ln(1+\frac{1}{\sqrt{n}})>\ln(1+\frac{1}{\sqrt{n+1}})$ 由莱布尼茨审敛法知原级数收敛,

且为条件收敛.

5. 设级数 $\sum\limits_{n=1}^{\infty}u_n^2$ 与 $\sum\limits_{n=1}^{\infty}v_n^2$ 都收敛,证明 $\sum\limits_{n=1}^{\infty}u_nv_n$,$\sum\limits_{n=1}^{\infty}(u_n+v_n)^2$,$\sum\limits_{n=1}^{\infty}\frac{u_n}{n}$ 也都收敛.

解:因 $\sum\limits_{n=1}^{\infty}u_n^2$ 与 $\sum\limits_{n=1}^{\infty}v_n^2$ 收敛,故必存在 k,使 $k\sum\limits_{n=1}^{\infty}(u_n^2+v_n^2)$ 收敛.

(1) 由于 $|u_nv_n|\leqslant\frac{1}{2}(u_n^2+v_n^2)$,而 $\sum\limits_{n=1}^{\infty}\frac{1}{2}(u_n^2+v_n^2)=\frac{1}{2}\sum\limits_{n=1}^{\infty}(u_n^2+v_n^2)$ 收敛,由比较审敛法

知 $\sum\limits_{n=1}^{\infty}u_nv_n$ 绝对收敛,从而收敛;

(2) 同理,由 $(u_n+v_n)^2\leqslant(u_n^2+v_n^2)$ 知 $\sum\limits_{n=1}^{\infty}(u_n+v_n)^2$ 收敛;

(3) 由 $\left|\frac{u_n}{n}\right|\leqslant\frac{1}{2}\left(u_n^2+\frac{1}{n^2}\right)$,因 $\sum\limits_{n=1}^{\infty}u_n^2$ 与 $\sum\limits_{n=1}^{\infty}\frac{1}{n^2}$ 都收敛,故 $\sum\limits_{n=1}^{\infty}\frac{u_n}{n}$ 绝对收敛从而必收敛.

6. 设 $a_n\leqslant c_n\leqslant b_n(n=1,2,3,\cdots)$,且级数 $\sum\limits_{n=1}^{\infty}a_n$ 与 $\sum\limits_{n=1}^{\infty}b_n$ 都收敛,证明级数 $\sum\limits_{n=1}^{\infty}c_n$ 也收敛.

解:由于 $a_n\leqslant c_n\leqslant b_n(n=1,2,\cdots)$,可得 $0\leqslant c_n-a_n\leqslant b_n-c_n$,$(n=1,2,\cdots)$

又 $\sum\limits_{n=1}^{\infty}(b_n-a_n)$ 收敛,所以 $\sum\limits_{\infty}^{n=1}(c_n-a_n)$ 收敛.

因为 $c_n=(c_n-a_n)+a_n$,且级数 $\sum\limits_{n=1}^{\infty}(c_n-a_n)$ 与级数 $\sum\limits_{n=1}^{\infty}$ 都收敛,

故级数 $\sum\limits_{n=1}^{\infty}c_n$ 收敛.

7. 设函数 $f(x)$ 在 $x=0$ 的某一邻域内具有二阶连续导数,且 $f(0)=0$,$f'(0)=0$,证明 $\sum\limits_{n=1}^{\infty}f\left(\frac{1}{n}\right)$ 绝对收敛.

证:由 $\lim\limits_{x\to 0}\frac{f(x)}{x}=0$ 推得 $f(0)=0$,$f'(0)=0$.

因为 $f(x)$ 在 $x=0$ 处具有二阶连续导数，于是得 $f(x)$ 在 $x=0$ 处的二阶麦克劳林公式

$$f(x)=f(x)+f'(0)x+\frac{1}{2}f''(\theta x)x^2,(0<\theta<1),$$

因而

$$f\left(\frac{1}{n}\right)=\frac{1}{2}f''\left(\frac{\theta}{n}\right)\frac{1}{n^2}$$

所以

$$\left|f\left(\frac{1}{n}\right)\right|=\frac{1}{2n^2}\left|f''\left(\frac{\theta}{n}\right)\right|\leqslant\frac{1}{2}M\cdot\frac{1}{n^2},$$

其中 $M=\max\limits_{x\in I}\{f''(x)\}$（因为由题设知：$f''(x)$ 在包含于该邻域内、含原点的闭区间 I 上连续，故在 I 上必有界，从而当 n 充分大后，有 $\left|f''\left(\frac{\theta}{n}\right)\right|\leqslant M$).

而 $\sum\limits_{n=1}^{\infty}\frac{1}{n^2}$ 收敛，故级数 $\sum\limits_{n=1}^{\infty}f\left(\frac{1}{n}\right)$ 绝对收敛.

8. 利用已知函数的幂级数展开式，求下列幂级数的和函数，并指出其收敛区间：

(1) $\sum\limits_{n=1}^{\infty}\frac{n}{2^n}x^{2n}$；　　(2) $\sum\limits_{n=0}^{\infty}\frac{(x+1)^n}{(n+2)!}$；

(3) $\sum\limits_{n=0}^{\infty}\frac{(2n+1)x^{2n}}{n!}$；　　(4) $\sum\limits_{n=1}^{\infty}\frac{x^n}{n(n+1)}$.

解：(1) 令 $\frac{x^2}{2}=t$，则原级数变换为 $\sum\limits_{n=1}^{\infty}nt^n$.

级数的收敛半径为：

$$\rho=\lim_{n\to\infty}\frac{|a_n|}{|a_{n+1}|}=\lim_{n\to\infty}\frac{n}{n+1}=1,$$

且在 $t=\pm1$ 处，$\sum\limits_{n=1}^{\infty}nt^n$ 发散，故 $\sum\limits_{n=1}^{\infty}nt^n$ 的收敛域为 $-1<t<1$.

现 $t=\frac{x^2}{2}(\geqslant0)$，由 $0\leqslant t<1$，得 $0\leqslant\frac{x^2}{2}<1$，即 $|x|<\sqrt{2}$（这就是原级数的收敛域）.

令 $s_1(t)=\sum\limits_{n=1}^{\infty}nt^n$，则 $s_1(t)=t\cdot\sum\limits_{n=1}^{\infty}nt^{n-1}=ts_2(t)$，即

$$s_2(t)=\sum_{n=1}^{\infty}nt^{n-1}=\left(\sum_{n=1}^{\infty}t^n\right)'=\left(\frac{t}{1-t}\right)'=\frac{1}{(1-t)^2}$$

故　$s_1(t)=\frac{t}{(1-t)^2}$

从而原级数的和函数

$$s(x)=s_1\left(\frac{x^2}{2}\right)=\frac{\frac{x^2}{2}}{\left(1-\frac{x^2}{2}\right)^2}=\frac{2x^2}{(2-x^2)^2},x\in(-\sqrt{2},\sqrt{2})$$

(2) 因 $\rho=\frac{|a_n|}{|a_{n+1}|}=\frac{(n+3)!}{(n+2)!}=n+3\to\infty(n\to\infty)$,故级数的收敛区间为$(-\infty,+\infty)$.

令 $s(x)=\sum\limits_{n=0}^{\infty}\frac{(x+1)^n}{(n+2)!}$,则 $s(-1)=\frac{1}{2}$ 且

$$(x+1)^2 s(x)=\sum_{n=0}^{\infty}\frac{(x+1)^{n+2}}{(n+2)!}$$

上式两端关于 x 求导,得

$$[(x+1)^2 s(x)]'=\sum_{n=0}^{\infty}\frac{(x+1)^{n+1}}{(n+1)!}=\sum_{n=1}^{\infty}\frac{(x+1)^n}{n!}=\sum_{n=0}^{\infty}\frac{(x+1)^n}{n!}-1,$$

即 $[(x+1)^2 s(x)]'=e^{x+1}-1\left(此处利用\sum\limits_{n=0}^{\infty}\frac{(n+1)^n}{n!}=e^{x+1}\right)$

上式两端从 -1 到 x 作积分,得

$$(x+1)^2 s(x)=\int_{-1}^{x}(e^{x+1}-1)dx=(e^{x+1}-x)\Big|_{-x}^{x}=e^{x+1}-x-2$$

于是有

$$s(x)=\begin{cases}\dfrac{e^{x+1}-x-2}{(x+1)^2} & 当 x\neq-1\\[2mm] \dfrac{1}{2} & 当 x=-1\end{cases}$$

(3) 令 $s(x)=\sum\limits_{n=0}^{\infty}\frac{2n+1}{n!}x^{2n}$,此级数的收敛区间为$(-\infty,+\infty)$.

逐项积分得

$$\int_0^x s(x)dx=\sum_{n=0}^{\infty}\frac{x^{2n+1}}{n!}=x\sum_{n=0}^{\infty}\frac{x^{2n}}{n!}=xe^{x^2},$$

再求导得 $s(x)=(1+2x^2)e^{x^2}, x\in(-\infty,+\infty)$.

(4) 级数的收敛半径为

$$R=\lim_{n\to\infty}\left|\frac{a_n}{a_{n+1}}\right|=\lim_{n\to\infty}\frac{(n+1)(n+2)}{n(n+1)}=1$$

且在 $x=\pm1$ 处,$\sum\limits_{n=1}^{\infty}\frac{x^n}{n(n+1)}$ 收敛,故$\sum\limits_{n=1}^{\infty}\frac{x^n}{n(n+1)}$ 的收敛域为 $-1\leqslant x\leqslant1$.

$$xs(x)=\sum_{n=1}^{\infty}\frac{x^{n+1}}{n(n+1)},$$

$$[xs(x)]'=\sum_{n=1}^{\infty}\frac{x^n}{n}$$

$$[xs(x)]''=\sum_{n=1}^{\infty}\frac{x^n}{n}=\frac{1}{1-x}$$

则将$\frac{1}{1-x}$积分两次得

$$xs(x)=x+(1-x)\ln(1-x)$$

$$\text{故 } s(x)=\begin{cases}1+\dfrac{|1-x|}{x}\ln(1-x) & -1\leqslant x\leqslant 0 \text{ 和 } 0<x<1\\ 0 & x=0\\ 1 & x=1\end{cases}$$

9. 求下列数项级数的和函数：

(1) $\sum\limits_{n=1}^{\infty}\dfrac{n^2}{n!}$；　　(2) $\sum\limits_{n=1}^{\infty}\dfrac{1}{(2n-1)\cdot 2^n}$.

解：(1) $\sum\limits_{n=1}^{\infty}\dfrac{n^2}{n!}=\sum\limits_{n=1}^{\infty}\dfrac{n}{(n-1)!}=\sum\limits_{n=1}^{\infty}n\cdot\dfrac{x^{n-1}}{(n-1)!}\Bigg|_{n=1}$

令 $s(x)=\sum\limits_{n=1}^{\infty}n\dfrac{x^{n-1}}{(n-1)!}$，两边从 0 到 x 积分，得

$$\int_0^x s(x)\mathrm{d}x=\sum_{n=1}^{\infty}\frac{x^n}{(n-1)!}\mathrm{d}x=x\sum_{n=1}^{\infty}\frac{x^{n-1}}{(n-1)!}=x\mathrm{e}^x$$

$$s(x)=(x\mathrm{e}^x)'=(x+1)\mathrm{e}^x$$

而 $\sum\limits_{n=1}^{\infty}\dfrac{n^2}{n!}=s(1)=2\mathrm{e}$

(2) 令 $x=\dfrac{1}{\sqrt{2}}$ 则原级数变形为

$$\sum_{n=1}^{\infty}\frac{1}{(2n-1)2^n}=\sum_{n=1}^{\infty}\frac{1}{2n-1}\left(\frac{1}{\sqrt{2}}\right)^{2n-1}\cdot\frac{1}{\sqrt{2}}=\frac{1}{\sqrt{2}}\sum_{n=1}^{\infty}\frac{x^{2n-1}}{2n-1}$$

考虑级数 $\sum\limits_{n=1}^{\infty}\dfrac{x^{2n-1}}{2n-1}\cdot\dfrac{1}{\sqrt{2}}$，则 $\sum\limits_{n=1}^{\infty}\dfrac{1}{(2n-1)2^n}=s\left(\dfrac{\sqrt{2}}{2}\right)$

$$s(x)=\frac{1}{\sqrt{2}}\sum_{n=1}^{\infty}\frac{x^{2n-1}}{2n-1}$$

$$s'(x)=\frac{1}{\sqrt{2}}\sum_{n=1}^{\infty}x^{2n-2}=\frac{1}{\sqrt{2}}\frac{1}{1-x^2}$$

两边积分得

$$s(x)=\frac{1}{2\sqrt{2}}[\ln(1+x)-\ln(1-x)]=\frac{1}{2\sqrt{2}}\ln\frac{1+x}{1-x}$$

令 $x=\dfrac{1}{\sqrt{2}}$，则

$$s\left(\frac{1}{\sqrt{2}}\right)=\frac{1}{2\sqrt{2}}\ln\frac{2+\sqrt{2}}{2-\sqrt{2}}=\frac{1}{\sqrt{2}}\ln(\sqrt{2}+1)=\frac{\sqrt{2}}{2}\ln(1+\sqrt{2})$$

10. 将下列函数展成麦克劳林级数：

(1) $\ln(x+\sqrt{x^2+1})$；　　(2) $\dfrac{1}{(2-x)^2}$.

解：(1) 令 $f(x)=\ln(x+\sqrt{x^2+1})$，则

$$f'(x)=\frac{1+\frac{x}{\sqrt{x^2+1}}}{x+\sqrt{x^2+1}}=\frac{1}{\sqrt{x^2+1}}=(1+x^2)^{-\frac{1}{2}}$$

利用公式$(1+x)^{\alpha}=\sum_{n=1}^{\infty}\frac{\alpha(\alpha-1)\cdots(\alpha+1-n)}{n!}x^n+1$

$$f'(x)=1+\sum_{n=1}^{\infty}\frac{\left(-\frac{1}{2}\right)\left(-\frac{3}{2}\right)\cdots\left(-\frac{2n+1}{2}\right)}{n!}(x^2)^n$$

$$=1+\sum_{n=1}^{\infty}\frac{(-1)^n[1\cdot 3\cdot 5\cdots(2n-1)]}{2^n\cdot n!}x^{2n}$$

$$=1+\sum_{n=1}^{\infty}\frac{(-1)^n(2n-1)!!}{(2n)!!}x^{2n}$$

两边积分有

$$f(x)=x+\sum_{n=1}^{\infty}\frac{(-1)^n(2n-1)!!}{(2n)!!}\frac{x^{2n+1}}{(2n+1)},x\in[-1,1]$$

(2) $\frac{1}{(2-x)^2}=\frac{1}{4\left(1-\frac{x}{2}\right)^2}=\frac{1}{4}\left(1-\frac{x}{2}\right)^{-2}$　　①

$$=\frac{1}{4}\left[1+\sum_{n=1}^{\infty}\frac{(-2)(-3)\cdots(-2-n+1)}{n!}\left(-\frac{x}{2}\right)^n\right]$$

$$=\frac{1}{4}\left[1+\sum_{n=1}^{\infty}\frac{(-1)^n(n+1)!}{n!}\cdot(-1)^n\cdot\frac{x^n}{2^n}\right]$$

$$=\frac{1}{4}\left[1+\sum_{n=1}^{\infty}(n+1)\left(\frac{x}{2}\right)^n\right]$$

$$=\frac{1}{4}+\sum_{n=1}^{\infty}\frac{nx^{n-1}}{2^{n+1}}.$$

又知$\frac{1}{(2-x)^2}=\sum_{n=1}^{\infty}\frac{nx^{n-1}}{2^{n+1}}$,故此展开式的收敛区间可从①式处利用二项展开式的收敛区间可知

$-\frac{x}{2}\in(-1,1)$,即$-1<-\frac{x}{2}<1$,从而$1>\frac{x}{2}>-1$,

故得此展开式的收敛区间为$-2<x<2$.

11. 证明:(1) $\sum_{n=1}^{\infty}(-1)^{n-1}\frac{\cos nx}{n^2}=\frac{\pi^2-3x^2}{12},-\pi\leqslant x\leqslant\pi$;

(2) $\sum_{n=1}^{\infty}\frac{\cos nx}{n^2}=\frac{3x^2-6\pi x+2\pi^2}{12},0\leqslant x\leqslant 2\pi$.

解:(1) 设$\frac{x^2}{4}\sim\frac{a_0}{2}+\sum_{n=1}^{\infty}(a_n\cos nx+b_n\sin nx)$.

由于$\frac{x^2}{4}$为偶函数,故$b_n=0(n=1,2,\cdots)$.

$$a_0=\frac{2}{\pi}\int_0^{\pi}\frac{x^2}{4}\mathrm{d}x=\frac{1}{2\pi}\int_0^{\pi}x^2\mathrm{d}x=\frac{\pi^2}{6},$$

$$a_n=\frac{2}{\pi}\int_0^{\pi}\frac{x^2}{4}\cos nx\mathrm{d}x1=\frac{1}{2n\pi}\int_0^{\pi}x^2\mathrm{d}(\sin nx)=\frac{1}{2n\pi}\left(x^2\sin nx\Big|_0^{\pi}-2\int_0^{\pi}x\sin nx\mathrm{d}x\right)$$

$$=\frac{1}{n^2\pi}\int_0^{\pi}x\mathrm{d}(\cos nx)=\frac{1}{n^2\pi}\left(x\cos nx-\frac{1}{n}nx\right)\Big|_0^{\pi}$$

$$=\frac{(-1)^n}{n^2}$$

故　$\dfrac{x^2}{4}\sim\dfrac{\pi^2}{12}+\displaystyle\sum_{n=1}^{\infty}\dfrac{(-1)^n}{n^2}\cos nx.$

又显然$\dfrac{\pi^2}{12}$的傅里叶级数就是$\dfrac{\pi^2}{12}$，于是

$$\frac{\pi^2}{12}-\frac{x^2}{4}\sim\sum_{n=1}^{\infty}\frac{(-1)^{n-1}}{n^2}\cos nx$$

因为$\dfrac{\pi^2}{12}-\dfrac{x^2}{4}$在$[-\pi,\pi]$满足收敛定理的条件，而且周期延拓后的函数处处连续，故

$$\frac{\pi^2}{12}-\frac{x^2}{4}=\sum_{n=1}^{\infty}\frac{(-1)^{n-1}}{n^2}\cos nx,x\in[-\pi,\pi]$$

(2) 记 $f_1(x)=x$，作偶延拓后以 $2l=4\pi$ 为周期作延拓，则

$b_n^{(1)}=0,n=1,2,\cdots;$

$$a_0^{(1)}=\frac{2}{2\pi}\int_0^{2\pi}x\mathrm{d}x=\frac{1}{\pi}\int_0^{2\pi}x\mathrm{d}x=2\pi$$

$$a_n^{(1)}=\frac{2}{2\pi}\int_0^{2\pi}x\cos\frac{nx}{2}\mathrm{d}x=\frac{2}{n\pi}\left(x\sin\frac{nx}{2}\Big|_0^{2\pi}-\int_0^{2\pi}\sin\frac{nx}{2}\mathrm{d}x\right)$$

$$=\frac{4}{n^2x}\cos\frac{nx}{2}\Big|_0^{2\pi}=\frac{4}{n^2\pi}[(-1)^n-1]$$

$$=\begin{cases}0 & 当\ n=2k,\\ -\dfrac{8}{(2k-1)^2\pi} & 当\ n=2k-1\end{cases}(k=1,2,\cdots)$$

由于延拓后的 $f_1(x)$ 在$[-2\pi,2\pi]$连续且满足收敛定理之条件，故

$$x=\pi-\frac{8}{\pi}\sum_{n=1}^{\infty}\frac{1}{(2n-1)^2}\cos\frac{(2n-1)x}{2},x\in[-2\pi,2\pi]$$

记 $f_2(x)=x^2$，以 $2l=4\pi$ 为周期作延拓，则

$b_n^{(2)}=0,n=1,2,\cdots;$

$$a_0^{(2)}=\frac{2}{2\pi}\int_0^{2\pi}x^2\mathrm{d}x=\frac{8}{3}\pi^2;$$

$$a_n^{(2)}=\frac{2}{2\pi}\int_0^{2\pi}x^2\cos\frac{nx}{2}\mathrm{d}x=\frac{2}{n\pi}\left(x^2\sin\frac{nx}{2}\Big|_0^{2\pi}-\int_0^{2\pi}2x\sin\frac{nx}{2}\mathrm{d}x\right)$$

$$=\frac{8}{n^2\pi}\int_0^{2\pi}x\mathrm{d}\left(\cos\frac{nx}{2}\right)$$

$$= \frac{8}{n^2\pi}\left(x\cos\frac{nx}{2}\bigg|_0^{2\pi} - \int_0^{2\pi}\cos\frac{nx}{2}\mathrm{d}x\right)$$

$$= \frac{8}{n^2\pi}2\pi(-1)^n$$

$$= \frac{16}{n^2}(-1)^n, (n = 1,2,\cdots)$$

由于延拓后的 $f_2(x)$ 在$[-2\pi,2\pi]$连续且满足收敛定理之条件,故

$$x^2 = \frac{4\pi^2}{3} + 16\sum_{n=1}^{\infty}\frac{(-1)^n}{n^2}\cos\frac{nx}{2}, x \in [-2\pi, 2\pi]$$

于是得

$$\frac{3x^2 - 6\pi x + 2\pi^2}{12} = \frac{x^2}{4} - \frac{\pi}{2}x + \frac{\pi^2}{6}$$

$$= \left(\frac{\pi^2}{3} + 4\sum_{n=1}^{\infty}\frac{(-1)^n}{n^2}\cos\frac{nx}{2}\right) - \left(\frac{\pi^2}{2} - 4\sum_{n=1}^{\infty}\frac{1}{(2n-1)^2}\cos\frac{(2n-1)x}{2}\right) + \frac{\pi^2}{6}$$

$$= 4\sum_{n=1}^{\infty}\frac{1}{(2n)^2}\cos\frac{2nx}{2}$$

$$= \sum_{n=1}^{\infty}\frac{1}{n^2}\cos nx, \quad 0 \leqslant x \leqslant 2\pi$$

12. 当人们用货币支付各类消费时,这些货币随之流向了另一部分人,这一部分人又从所得收益中提取部分用于自己的各类消费,由此产生了货币的二次流通,货币的这一流通过程可以不停地继续下去,经济学家称之为增值效应. 现在假设政府部门最初投入了 D 元,同时假设处于货币流通过程中的每个人都将其个人收益的 $100C\%$ 用于消费,余下的 $100S\%$ 用于储蓄,这里的 C 与 S 分别称为"边际消费倾向"与"边际储蓄倾向",C 与 S 都是正数,并且 $C + S = 1$.

(1) 设 s_n 表示经 n 次流通后的总消费量,试写出 s_n 的表达式;

(2) 证明 $\lim\limits_{n\to\infty}s_n = kD$,其中 $k = 1/S$ 称为增值率;

(3) 假设边际消费倾向为 80%,试问此时 k 为多少?

解:(1) 每次的消费量是数列

$$c_1 = D, c_2 = DC, \cdots, c_n = DC^{n-1},$$

于是有 $\quad s_n = \sum\limits_{n=1}^{\infty}c_k = \dfrac{D\cdot(1-C^n)}{1-C}$

(2) $\lim\limits_{n\to\infty}s_n = \lim\limits_{n\to\infty}\dfrac{D(1-C^n)}{1-C}(0 < C < 1) = \dfrac{D}{1-C} = \dfrac{D}{S} = kD\left(k = \dfrac{1}{S}\right)$

(3) 由 $C = 0.8$ 求得 $S = 0.2$,故 $k = \dfrac{1}{0.2} = 5$.

13. 本题考察有趣的雪花曲线. 雪花曲线是这样作出来的:以边长为 1 的等边三角形作为基础,第一步:将每边三等分,以每边的中间一段为底各向外作一个小的等边三角形,随后把这三个小等边三角形的底边删除. 第二步:在第一步得出的多边形的每条边上重复第一步,如此无限地继续下去,

最后得出的曲线称之为雪花曲线(图 9.3).

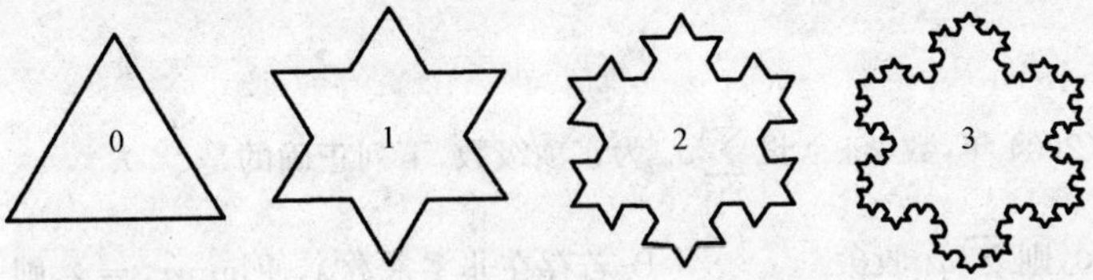

图 9.3

(a) 令 s_n，l_n 和 p_n 分别代表第 n 个多边形的边数、每边的长和周长，求出 s_n，l_n 和 p_n 的表达式，并证明：当 $n\to\infty$ 时，$p_n\to\infty$；

(b) 利用级数求出雪花曲线所围图形的面积.

本题显示了一个有趣的结果：尽管雪花曲线的"长度"为无限长，但它所围的图形却有有限面积.

【逻辑推理】 观察可知：由一边三等分，以中间一段为底向外作等边三角形后，边数增加为 4 倍，而边长为原来的 $\frac{1}{3}$，由此关系可求解各问.

解：(a) 由图 9.3 可见，边数为 $s_0=3, s_1=3\times4, s_2=3\times4^2,\cdots,s_n=3\times4^n$，

设 $l_0=1$，则每边长为 $l_1=\frac{1}{3},l_2=\frac{1}{3^2},\cdots,l_n=\frac{1}{3^n}$，

故周长为 $p_n=s_n\cdot l_n=\frac{4^n}{3^{n-1}}(n=0,1,2,\cdots)$

于是 $\lim\limits_{n\to\infty}p_n=4\lim\limits_{n\to\infty}\left(\frac{4}{3}\right)^{n-1}=+\infty$

(b) 在 s_n 边形上再做一次，增加了 s_n 个小正三角形，每个小三角形的面积为

$\frac{1}{2}l_{n+1}^2\sin\frac{\pi}{3}=\frac{\sqrt{3}}{4}\frac{1}{9^{n+1}}$，

故 s_{n+1} 边形与 s_n 边形的面积之差为 $A_{n+1}-A_n=s_n\cdot\frac{1}{2}l_{n+1}^2\sin\frac{\pi}{3}=\frac{\sqrt{3}}{12}\left(\frac{4}{9}\right)^n,(n=0,1,2,\cdots)$

其中 $A_0=\frac{\sqrt{3}}{4}$. 由此，递推得

$A_n-A_{n-1}=\frac{\sqrt{3}}{12}\left(\frac{4}{9}\right)^{n-1}$　　$A_{n-1}-A_{n-2}=\frac{\sqrt{3}}{12}\left(\frac{4}{9}\right)^{n-2}$

…………　　$A_1-A_0=\frac{\sqrt{3}}{12}$

将以上各式相加，得

$$A_n=A_0+\frac{\sqrt{3}}{12}\left[1+\frac{4}{9}+\left(\frac{4}{9}\right)^2+\cdots+\left(\frac{4}{9}\right)^{n-1}\right]=\frac{\sqrt{3}}{4}+\frac{\sqrt{3}}{12}\cdot\frac{1-\left(\frac{4}{9}\right)^n}{1-\frac{4}{9}}$$

所以 $\lim\limits_{n\to\infty}A_n=\frac{\sqrt{3}}{4}+\frac{\sqrt{3}}{12}\cdot\frac{9}{5}=\frac{2\sqrt{3}}{5}$

历年考研真题评析

Ⅰ. 选择题

题 1 (2004 年,数学一)设 $\sum_{n=1}^{\infty} a_n$ 为正项级数,下列正确的是( ).

A. $\lim_{n\to\infty} na_n = 0$,则 $\sum_{n=1}^{\infty} a_n$ 收敛　　B. 若存在非零常数 λ,使 $\lim_{n\to\infty} na_n = \lambda$,则 $\sum_{n=1}^{\infty} a_n$ 发散

C. 若级数 $\sum_{n=1}^{\infty} a_n$ 收敛,则 $\lim_{n\to\infty} n^2 a_n = 0$　　D. 若级数 $\sum_{n=1}^{\infty} a_n$ 发散,则存在非零常数 λ,使得 $\lim_{n\to\infty} na_n = \lambda$

解: C 中令 $a_n = \frac{1}{n^{\frac{3}{2}}}$,$\sum_{n=1}^{\infty} \frac{1}{n^{\frac{3}{2}}}$ 收敛,但 $\lim_{n\to\infty} n^2 \cdot \frac{1}{n^{\frac{3}{2}}} = +\infty$

由正项级数的比较判别法可知,应选 B.

题 2 (2002 年,数学一)设 $u_n \neq 0(n = 1,2,3\cdots)$,且 $\lim_{n\to\infty} \frac{n}{u_n} = 1$,则级数 $\sum_{n=1}^{\infty} (-1)^{n+1} (\frac{1}{u_n} + \frac{1}{u_{n+1}})$ 为( ).

A. 发散　　B. 绝对收敛　　C. 条件收敛　　D. 收敛性根据所给条件不能判定

解: 先判断是否绝对收敛,令 $u_n = n$,显然 $\sum_{n=1}^{\infty} (-1)^{n+1} (\frac{1}{u_n} + \frac{1}{u_{n+1}})$ 不绝对收敛. 因为 $\lim_{n\to\infty} \frac{n}{u_n} = 1$,

所以 n 充分大时,$u_n > 0$.

因为然 $\sum_{n=1}^{\infty} (-1)^{n+1} (\frac{1}{u_n} + \frac{1}{u_{n+1}} = 1 + (-1)^{m+1} \frac{1}{m+1} \to 1, (m\to\infty)$

所以级数条件收敛,即选 C.

Ⅱ. 解答题

题 1 (2004 年,数学一)设有方程 $x^n + nx - 1 = 0$,其中 n 为正整数,证明此方程存在唯一正实根 x_n,并证明当 $a > 1$ 时,级数 $\sum_{n=1}^{\infty} x_n^a$ 收敛.

解: (1) 设 $F(x) = x^n + nx - 1$

则　$F'(x) = nx^{n-1} + n > 0$　(当 $x > 0$ 时)

因为　$F(x)$ 在 $(0, +\infty)$ 内严格单增.　①

$\left.\begin{array}{l} F(1) = n > 0 \\ F(0) = -1 < 0 \end{array}\right\} \xlongequal{\text{由零点定理}}$ 至少存在一点 $x_n \in (0,1)$,使 $F(x_n) = 0$　②

由①,②可得 $F(x)$ 存在唯一正实根 x_n.

(2) 所以　$0 < x_n < 1$,由 $x_n^n + nx_n - 1 = 0$ 与 $x_n > 0$ 知

$0 < x_n = \frac{1 + x_n^n}{n} < \frac{1}{n}$,

故当 $a > 1$ 时,$0 < x_n^n < (\frac{1}{n})^a$,得正项级数 $\sum_{n=1}^{\infty} (\frac{1}{n})^a$ 收敛,

故当 $a>1$ 时，级数 $\sum\limits_{n=1}^{\infty} x_n^n$ 收敛.

题 2　(2005 年，数学一) 求幂级数 $\sum\limits_{n=1}^{\infty}(-1)^{n-1}(1+\frac{1}{n(2n-1)})x^{2n}$ 的收敛区间与和函数 $f(x)$.

解：所以 $\lim\limits_{n\to\infty}\frac{|u_{n+1}(x)|}{|u_n(x)|}=\lim\limits_{n\to\infty}\frac{(1+\frac{1}{(n+1)(2n+1)})x^{2n+2}}{(1+\frac{1}{n(2n-1)})x^{2n}}=x^2$

故当 $x^2<1$，即 $-1<x<1$ 时，原级数收敛，

当 $x^2>1$，即 $x>1$ 或 $x<-1$ 时，原级数发散，

当 $x^2=1$，即 $x=\pm 1$ 时，原级数 $=\sum\limits_{n=1}^{\infty}(-1)^{n-1}(1+\frac{1}{n(2n-1)})$，

$\lim\limits_{n\to\infty}(-1)^{n-1}(1+\frac{1}{n(2n-1)})\to 0$，则发散，所以收敛域为 $(-1,1)$。

下面求和函数 $f(x)$

$$\begin{aligned}f(x)&=\sum_{n=1}^{\infty}(-1)^{n-1}(1+\frac{1}{n(2n-1)})x^{2n}\\&=\sum_{n=1}^{\infty}(-1)^{n-1}x^{2n}+\sum_{n=1}^{\infty}(-1)^{n-1}(1+\frac{1}{n(2n-1)})x^{2n}\\&=S_1+S_2\end{aligned}$$

$S_1=x^2-x^4+x^6+\cdots=\frac{x^2}{1+x^2}$

$S_2=\sum\limits_{n=1}^{\infty}(-1)^{n-1}(1+\frac{1}{n(2n-1)})x^{2n}$，两边对 x 求一阶、二阶导数.

则 $S'_2=2\sum\limits_{n=1}^{\infty}(-1)^{n-1}\frac{x^{2n-1}}{2n-1}$，$S''_2=2\sum\limits_{n=1}^{\infty}(-1)^{n-1}x^{2n-2}=2(1-x^2+x^4-x^6+\cdots)=\frac{2}{1+x^2}$，

对 S'' 在 $[0,x]$ 上积分，则 $S'_2\int_0^x 2\arctan t\mathrm{d}t=2x\arctan x-\ln(1+x^2)$，

故和函数 $f(x)=\frac{x^2}{1+x^2}+2x\arctan x-\ln(1+x^2)$.

题 3　(2006 年，数学一) 将函数 $f(x)=\frac{x}{2+x-x^2}$ 展开成 x 的幂级数.

解：$\frac{x}{2+x-x^2}=\frac{x}{3}(\frac{1}{2-x}+\frac{1}{1+x})=\frac{x}{3}[\frac{1}{2}\frac{1}{1-\frac{x}{2}}+\frac{1}{1+x}]$

$\frac{x}{3}(\frac{1}{2}\sum\limits_{n=0}^{\infty}\frac{x^n}{2n}+\sum\limits_{n=0}^{\infty}(-1)^n x^n)=\sum\limits_{n=0}^{\infty}\frac{1}{3}[\frac{1}{2^{n+1}}+(-1)^n]x^{n+1}$，$(-1,1)$

第一个级数收敛域为 $(-2,2)$，第二个级数收敛域为 $(-1,1)$，两个级数的公共收敛域为 $(-1,1)$.

中国水利水电出版社万水高等教材意见反馈表

尊敬的老师、同学们，作为中央级的十五家全国优秀出版社之一，中国水利水电出版社出版的面向21世纪的十五规划高等学校计算机及其他相关类教材，以其先进的策划及严谨的质量，正在为我国普通高校教材及高等职业教育教材的改革进行着艰苦而富成效的实践。为了让更广大的师生用上更高质量的教材，我们希望各位老师及同学们在百忙之中能给我们以帮助（填写下表并寄回我公司即可），我们将认真研读您的意见并即时改进我们的产品和服务。

我期望贵社能赠给我一本 ________ 方面的 □入门 □普通 □较深 层次的计算机类图书（教师若需一本以上的参考资料或教材样书可在本表空白处列出，教材编写出版事宜请按此表底部电话直接联系）。

校名：　　　　　　　　　　　　　地址：

邮编：　　　　电话：　　　　　　手机（或小灵通）：　　　　　　email：

系别：　　　　专业：

姓名：　　　　职务：　　　　　　我是：□老师　□学生

书名：　　　　　　　　　　　　　书号（在封底的定价上方）：

从何处得到本书？□书店　□学校教材　□其他 ____________

我发现本教材存在以下错误或值得考究之处（请按第几页第几行）：

我感觉本教材做以下改进后会更好（从内容、结构及发展方向方面评述都可以）：

我觉得本教材以下方面还算可以，夸你几句以资鼓励：

来信请寄：北京市海淀区长春桥路5号新起点嘉园4号楼1707室中国水利水电出版社北京万水电子信息有限公司市场部收　邮编：100089　咨询电话：010－82564391，82564393，82564394

我系共有__________名在校生

我所知道的我系领导的姓名、职务及电话：

系办电话：

系主任： 电话：

系副主任(分管教学)： 电话：

系副主任(分管后勤)： 电话：

我的任课老师的姓名、所任课程及电话：

老师： 任教课程： 电话：

老师： 任教课程： 电话：

老师： 任教课程： 电话：

老师： 任教课程： 电话：

老师： 任教课程： 电话：

老师： 任教课程： 电话：

老师： 任教课程： 电话：

我系共分以下几个专业：

我系所开的计算机相关课程有：

□计算机公共基础 □计算机文化基础 □操作系统 □操作系统原理 □计算机系统结构

□软件基础 □硬件基础 □网络基础 □多媒体基础□多媒体 CAI

□软件工程□软件过程管理□数据结构(C 语言描述)□数据结构(C＋＋描述)

□微机原理与接口技术 □汇编语言程序设计 □可编程控制器 □单片微型计算机

□C 语言程序设计 □C＋＋程序设计 □数据库系统原理 □数据库应用

□Visual Foxpro □SQL □PowerBuilder □Oracle □Delphi □Access

□Visual C＋＋ □Visaul Basic □ASP □Java

□AutoCAD □3DS MAX □Photoshop □SPSS □MathCAD

□计算机专业英语 □电子商务教程(概论) □电子商务专业英语

□数字电路 □模拟电路 □电路分析基础 □人工智能 □微机控制技术 □微机远动

□计算机网络实用教程 □Internet 技术与应用 □计算机网络与 Internet 应用 □计算机网络安全 □计算机网络实用技术 □局域网技术与组网工程 □网页设计与制作 □Web 高级程序设计 □计算机网络原理及维护 □计算机等级考试

我系开设的其他课程有：____

____